Second Edition

WINE OENOLOGY
와인양조학

김준철·이선희·민혜련·이동승 공저

 백산출판사

머리말

우리나라에서 와인다운 와인을 만들기 시작한 것은 1970년대 전후반으로 동양에서도 상당히 늦게 시작하였습니다. 이때는 식량이 모자랐던 시절이라, 정부에서도 곡주보다는 과실주를 만들도록 권유하였기 때문에 대기업이 참여하게 된 것입니다. 가장 처음에 나온 것은 '애플와인 파라다이스'로서 1969년부터 나와서 당시 대학생들 사이에서 선풍적인 인기를 끌었으며, 그다음이 1974년에 나온 '해태 노블와인'입니다. 우리가 잘 아는 '마주앙'은 세 번째 주자로서 1977년 뒤늦게 출발하였지만, 기존 맥주시장을 발판으로 우리나라 과실주 시장을 순식간에 장악하기 시작하였습니다. 그 뒤 라이벌인 진로에서 '샤또 몽블르'를 출시하였고, 이어서 금복주의 '두리랑', '엘레지앙', 대선주조의 '그랑주아', '앙코르', 그리고 파라다이스를 인수한 수석농산에서 '위하여' 등이 나오면서 1980년대에는 우리나라 와인의 전성시대를 구가하게 됩니다. 그러나 불리한 기후조건에, 여러 가지 여건이 확립되지 않은 상태에서 외국산 와인이 수입되면서 1990년대부터 하나둘씩 자리를 감추고 겨우 이름만 유지하는 상태가 되었습니다.

이제 와서 남아도는 포도를 어떻게 처리할까 고민하다가 '농민주'라는 이름으로 허가도 쉽게 내주고, 정부의 지원도 아까울 만큼 잘 되고 있지만, 농민들의 의욕과 정부지원에 비해 기술수준이 낮아, 아직도 많은 시행착오를 거쳐야 합니다. 원숭이도 와인을 만든다고 합니다. 정해진 과정을 거치면 누구나 와인을 만들 수 있지만, 원하는 성격과 품질을 가진 와인을 만들려면, 포도가 어떻게 자라고 환경과 반응하는지, 그리고 와인 생산의 생물학적 · 화학적 역할에 대한 상당한 지식이 있어야 합니다. 1980년대 우리나라 와인의 전성기 때는 대기업이 주도하여 와인양조회사를 차리고, 대학에서 식품이나 화학을 전공하고 외국에서 양조교육을 받은 사람들이 와인을 만들었지만, 수입 개방 후 오래 버티지 못하고 모두들 사라졌는데, 하물며 양조 이론에 대한 기초 지식도 없이 주먹구구식으로 와인을 만들어서 수백 년 역사를 가진 외국 와인과 어떻게 경쟁이 될 수 있겠습니까?

와인을 만든다면, 포도의 당도, 산도, pH 등의 측정과 조정, 효모의 활용, 아황산의 적정 농도와 사용방법, 색소나 타닌 추출 정도, 발효가 멈추거나 발효 온도가 올라갈 경우의 조치, 오크통 숙성 여부, 정제와 여과방법, 적절한 살균방법의 선택과 주병방법까지 모든 과정을 완벽하게 이

해하고, 거기서 본인 스스로 적절한 방법을 선택할 수 있어야 합니다. 대학을 비롯한 기술 단체와 컨설팅도 좋지만, 먼저 자신의 양조지식을 갖춰야 이들의 지식을 제대로 받아들일 수 있습니다. 양조에 관한 모든 일은 본인의 책임이며, 본인 스스로 결정해야 합니다.

와인 양조에는 생물과 화학을 바탕으로 토양학, 원예학, 미생물학, 발효화학, 화학공학 등 응용지식은 물론, 수많은 시행착오와 함께 이루어진 양조 경험이 필요합니다. 그러나 국내에는 와인 양조에 대해 제대로 교육하는 곳은 거의 없고, 책이라고 해야 식품가공이나 발효공학의 일부로서 개괄적인 정보를 소개하는 것밖에 없기 때문에, 이제는 와인 양조에 대한 지식을 체계적으로 정리한 책이 필요한 시점이 됐다고 생각했습니다. 그동안 한국와인아카데미와 서울와인스쿨에서 와인 양조학을 함께 공부한 분들과, 10년 동안 강의한 자료 그리고 국내외 양조 경험을 바탕으로 국내 최초로 '와인 양조학'이란 제목의 책을 집필하게 되었습니다.

와인 양조를 하지 않는 분이라도 와인을 깊이 이해하려는 분들에게 양조 지식은 필수적이기 때문에, 보다 많은 와인 마니아를 위해서 될 수 있으면 쉽게 풀어 쓰려고 애를 썼지만, 꼭 필요한 전문적인 용어나 화학식을 어쩔 수 없이 기재한 점은 양해하시고, 어려운 부분은 읽지 않으셔도 좋습니다. 이 책은 읽는 사람의 전공분야와 수준에 따라 어려울 수도 있지만, 와인을 양조하는 분은 전부 소화를 할 수 있어야 하며, 와인 마니아라면 필요한 지식을 찾아보는 수준에서 하나둘 읽어 가면서 호기심을 해결하시기 바랍니다.

저자 김 준 철

차 례

제1장 알코올 음료의 역사와 개요

제1장 알코올 음료의 역사와 개요

와인 분야가 과학적인 이론을 수용하는데 보수적이긴 하지만, 현대의 와인은 화학, 생물 등 기초과학괴 포도재배, 발효, 숙성, 저장 등 관련 분야의 끊임없는 연구 덕분에 탄생한 것이다. 옛날의 와인은 과학의 도움 없이 시작되었지만, 오늘날 와인메이커는 포도재배, 양조, 저장 등 모든 분야에 과학기술을 적용하여 유사 이래 가장 질 좋은 와인을 생산하고 있다. 현대의 와인은 과학의 발전 덕분에 순수 효모의 배양, 살균, 그리고 숙성에 이르는 제조방법을 개선하게 되었고, 발달된 기계공업을 도입하여, 비교적 싼값으로 와인을 대량생산하게 되어, 와인은 일반대중의 생활 깊숙이 침투하게 되었다. 오늘날 와인은 이러한 오랜 전통과 자연과학이 빚어낸 걸작으로, 그 가치를 더욱 빛내고 있다고 할 수 있다.

[그림 1-1] 고대 이집트 벽화

와인과학의 발전

와인의 탄생

포도나무의 원산지는 이란 북쪽 카스피 해와 흑해 사이 소아시아 지방으로 알려져 있다. 이곳은 성경에 나오는 노아가 홍수가 끝난 뒤 정착했다는 아라라트 산 근처로, 우연인지 필연인지 성경구절과 일치하고 있다. 성경에는 노아가 포도나무를 심고 포도주를 마셨다 창세기 9 : 20, 21 는 구절부터 시작하여 모세, 이사야, 예수 그리고 제자들의 선교활동에 이르기까지 포도나무와 와인에 대하여 수백 번 언급되어 있다.

소아시아 문화가 그리스, 로마에 흡수되어 발달하면서, 찬란한 문화의 꽃을 피우던 헬레니즘시대에는 신화와 더불어 와인이 전성기를 맞게 된다. 바카스는 그리스 신화에서는 디오니소스라고 부르는 술의 신으로, 최초로 인류에게 와인 담는 법을 가르쳤다고 한다. 이들은 풍요로운 생활을 바탕으로 시와 음악, 그리고 미술 등 예술의 발달과 공연, 집회, 축제 등 문화적인 환경으로 인하여, 많은 사람들이 와인과 함께 시와 음악 그리고 철학을 이야기하게 된다.

그러나 와인에 대해서 문자나 그림으로 명확하게 표시된 것은 메소포타미아 수메르인의 기록으로 진흙판에 와인의 재고, 거래 규약, 부정행위 방지법 등을 기록해 두었다. 고대 이집트 등 유적을 보면, 이들은 포도를 으깨어 즙을 짜내고, 레드 와인과 화이트 와인을 구분하였고, 와인에 세금을 부과할 정도로 산업형태를 이루고 있었다. 초기에는 왕족 사이에서 고급음료와 의약품으로 사용되다가 점점 일반인에게 퍼지게 되었다. 고대 바빌로니아 함무라비 법전에는 와인에 물을 섞는 사건에 대해 언급할 정도로 중동지방에서는 와인산업이 발달했으며, 그 제법 또한 많이 발전하여 공기 접촉을 방지하기 위해 아스팔트를 사용하고, 항상 시원하고 온도가 일정한 곳에 와인을 보관했다.

로마인들은 포도 품종의 분류, 재배방법, 담는 방법에 이르기까지 획기적인 발전을 이룩하여 와인의 질을 향상시키고, 오크통과 유리병을 사용하여 와인을 보관, 운반하기 시작했다. 이때부터 와인은 로마의 중요한 무역상품으로 유럽 전역에 퍼지기 시작했고 당시 식민지이던 프랑스, 스페인, 독일 남부까지 포도재배가 시작되었다.

그러나 와인의 기원은 여러 가지 정황을 고려해 보면 나와 있는 자료보다 훨씬 이전으로 기원전 8000년경 농경이 시작되기 이전 즉, 사람들이 채집생활을 하던 신석기시대라고 볼 수 있다. 항상 기아와 공포에 시달리던 이 시대의 사람들은 채집이 가능한 시기에 많은 양의 식량을 모아서, 비수기에 대비하여 이를 저장하는 것은 생명 유지에 가장 중요한 작업이었기 때문이다. 와인의 탄생은 이렇게 채집한 포도를 저장하다가 우연히 일어나는 포도과즙의 발효로서 된 것이다. 이런 이유로 야생 포도를 쉽게 대량으로 얻을 수 있는 중동지역이 포도의 원산지로서 이야기되는 것이다.

우연한 결과로서 나온 포도과즙의 발효를 처음으로 의도적인 기술로 이용하기 시작한 것은 메소포타미아의 수메르인으로 생각하고 있다. 이때는 신석기시대 말 기원전 약 5000년경으로, 보리를 위주로 한 농경생활을 영위하였을 때다. 농경시대에 포도가 도입되어 와인 생산이 정착되었다고 볼 수 있다. 이는 보리나 밀의 재배가 곤란한 척박한 지역에서 포도가 자랄 수 있었기 때문이다.

양조기술의 발전

원시 와인은 오늘날 와인과는 달리 우연한 발효의 결과물로서 양조과정에서 실패할 위험성이 높은 것으로 생각된다. 초기의 획기적인 발전은 로마시대에 나온 오크통의 사용이다. 이 오크통은 원래 갈리아지방의 켈트인이 맥주 저장에 이용했던 것이다. 시저의 갈리아 정복으로 도입되어 그전에 사용된 암포라에 비하면, 오크통은 취급하기 편리할 뿐 아니라 저장 중 와인의 숙성에 관여하는 기능을 발휘하여 와인의 품질개선에 큰 공헌을 한다. 로마인은 또 착즙기를 발명했다. 이 착즙기는 통 위에 추를 올리고 이것을 끈을 이용하여 위 아래로 움직이게 만든 것으로 9세기에 나오는 지레를 이용한 착즙기의 원형이라고 할 수 있다. 10세기 후반부터 13세기에 걸쳐 철을 이용한 새로운 농기구가 보급되는 일종의 농업혁명이 일어나 포도밭의 생산성도 비약적으로 높아지게 된다.

15~16세기에는 레드 와인과 화이트 와인의 구분이 확립되는 시기이다. 그때까지는 레드 와인과 화이트 와인을 특별하게 의식하지 않고 합쳐서 담가 버리는 일이 많았으나, 이 시기부터 양자를 명확히 구분하여 별도로 담갔으며, 각각 특징을 지닌 와인 양조가 행해지게 된다. 또 유황 훈증이라는 형태의 이산화황의 이용 기술이 정착된 것도 이 시대이다. 항산화작용, 살균 등 다양한 작용을 갖춘 이 첨가제를 대체할 만한 것은 현재에 이르러서도 나오지 않고 있다.

17세기 말부터 18세기에 걸쳐서는 저장과 유통에 사용하는 용기로서 유리병과 코르크 마개의 사용이 시작된다. 이것으로 와인의 유통은 한층 간편하게 되고, 와인의 숙성은 통 숙성과 병 숙성을 합하여 완전한 형태를 이루게 되어 와인의 품질도 한 단계 향상된다.

[그림 1-2] 18세기 프랑스의 착즙시설 모형도

와인과학의 발전

1680년 네덜란드의 레벤후크(Antonie van Leeuwenhoek)는 최초로 맥주의 효모(yeast)를 현미경으로 관찰하였지만, 이 물질과 알코올 발효의 관계를 확립하지는 못하였다. 18세기 말부터는 자연과학이 급속하게 발전하면서, 와인 양조 모든 면에서 새로운 과학적인 방법이 도입되기 시작한다. 18세기가 끝날 무렵 라부아지에(Lavoisier)가 알코올 발효의 화학적인 연구를 시작하였고, 이어서 19세기 초 게이뤼삭(Gay-Lussac)은 라부아지에의 연구를 계속 발전시켰다. 1837년에는 프랑스 물리학자 샤를 카냐르(Charles Cagniard de La Tour)는 최초로 효모가 살아 있는 생명체라고 밝히고, 식물과 같이 증식을 하며, 당분을 함유한 액체를 발효하면서 활동을 한다고 했다. 1845년 독일의 자연주의자인 슈반(Theodor Schwann)은 알코올 발효 중에 당을 알코올과 탄산가스로 전환시키는 작은 생명체가 존재한다고 밝히면서 발효의 메커니즘이 하나둘 베일을 벗기 시작하였다.

오늘날에는 알코올 발효에서 효모의 역할이 확실하게 밝혀져 있지만, 이를 최초로 명백하게 확립한 사람은 루이 파스퇴르(Louis Pasteur)로서 유명한 와인(1866)과 맥주(1876) 연구에서, 알코올 발효의 생물학적인 면을 확실하게 밝혔다. 그는 포도를 으깨면 자연히 발효가 일어나는 것은 껍질에 있는 효모 때문이라며, 효모를 따로 분리하기도 했다. 또 효모의 성질에 따라 맛이 달라지며, 산소의 영향력에 대해서 언급하였으며, 부산물로서 글리세롤과 탄산가스가 나온다고 밝혔다. 이때부터 미생물의 분리, 순수배양방법이 확립되고, 종래의 자연발효법이 바뀌어 선발된 우량 효모를 주모(酒母)로 첨가하는 와인 양조가 이루어지게 되었다. 이렇게 알코올 발효의 원리가 알려짐에 따라서 과즙 중의 당분과 알코올의 수량적 관계가 명확해지고, 설탕을 첨가하여 알코올 농도를 높이는 방법(Chaptalization)이 개발되어 추운 지방에서 나오는 산도 높고, 당도가 낮은 포도나 작황이 좋지 않은 포도를 구제하게 된다. 한편, 파스퇴르가 개발한 저온살균법(Pasteurization)은 와인의 보존성을 개선하면서, 효모 첨가법과 합쳐서 와인 양조의 실패를 방지하여 안전성을 향상시키게 된다. 이 안전성의 향상은 와인산업에 자본유입을 촉진시키고, 자본의 유입은 설비장치의 충실한 발전을 이루게 된다.

알코올 발효 메커니즘의 확립

1897년에는 독일 뷔흐너(Büchner) 형제가 효모의 추출액(cell-free extract)으로 알코올 발효가 일어난다는 사실을 밝히고, 이 추출액을 '치마아제(zymase)'라고 명명하였다. 이는 알코올 발효를 효소 수준에서 연구한 것으로, 발효현상은 효모가 생성하는 치마아제에 의해서 이루어진다는 것을 밝힌 것이다. 한편, 1883년 덴마크의 한센(Hansen)은 맥주 효모를 순수 분리하는 데 성공하여 효모의 순수배양시대를 열었으며, 1912년에는 독일의 노이베르크(Neuberg)가 알코올 발효의 화학적인 메커니즘을 확립하여, 1940년대에는 알코올 발효현상이 거의 해명되었다. 이윽고 1943년, 'EMP 경로(Embden-Meyerhof-Parnas)'가 확립됨으로써 알코올 발효가 화학적 및 효소 차원에서 완전히 해명되었다.

20세기 후반에는 기계장치의 개선이 두드러진다. 새로운 타입의 착즙기의 등장은 가장 골치 아픈 작업이었던 포도의 파쇄와 제경 및 착즙을 아주 쉽게 만들었다. 발효탱크는 개방형의 오크통에서 글라스 라이닝을 한 시설이나 스테인리스스틸 밀폐형 탱크로 대체된다. 그리고 저온기술의 진보는 발효온도를 제어하고 저온처리에 의한 와인의 안정화에 큰 역할을 하게 된다. 그 외, 포도 수확의 기계화, 여과기나 원심분리기의 고성능화로 발효 전 과즙이나 와인의 청징화를 쉽게 하고, 건조 효모(dry yeast)의 이용, 와인 양조에 효소의 이용, 과즙 농축법의 진보 등 신기술이 도입되어, 현재의 과학적인 와인 양조형태가 정착된 것은 1960년대 이후라고 할 수 있다.

알코올 음료의 분류

용어

- **알코올** : 음료로 사용하는 알코올은 에틸알코올이며, 이 에틸알코올은 반드시 발효과정을 거쳐서 얻어지는 것만을 술로써 사용할 수 있다. 화학적 합성으로 얻어진 알코올은 아무리 순수하더라도 식용으로 사용해서는 안 된다.

- **알코올 농도** : 술 100㎖에 들어 있는 알코올의 ㎖ 수를 알코올 농도로 표시한다. 15℃에서 에틸알코올의 부피를 %로 나타낸 것이다. 주세법에서는 '도(度)'라고 하는데 이는 부피 %와 같은 뜻이다. '주정도(酒精度)'라고도 한다. 즉 10도=10%이다.

프루프(Proof)

미국의 버번위스키에서 이런 단위를 많이 보게 되는데, 이 단위는 우리가 사용하는 % 농도에 두 배를 하여 나타낸 수치이다. 즉 80proof는 40%(40도)가 된다. 옛날 영국에서는 술을 증류하여 고농도의 알코올을 얻었을 때, 이를 정확히 측정하는 기술이 발달되지 않아, 그 농도를 측정하는 방법으로 증류한 알코올에 화약을 섞은 다음, 여기에 불을 붙여 불꽃이 일어나면 'Proof(증명)'라고 외쳤다. 즉, 원하는 농도가 되었다는 표시다. 나중에 물리학적인 측정방법이 발전하자, 이 proof 때의 농도가 50%를 약간 초과한다는 사실을 알게 되었다. 현재 영국에서는 100proof를 57.1%로 정하고 미국은 100proof를 50%로 정해서 사용하고 있다. 영국의 스카치위스키는 % 농도를 주로 사용하고 있다.

- **주류** : 주정酒精과 알코올 1도 이상의 음료를 말한다. 용해하여 음료로 사용할 수 있는 분말상태의 것을 포함하되, 약사법 규정에 의한 의약품으로서 알코올 6도 미만의 것은 제외한다.
- **주정** : 희석하여 음료로 사용할 수 있는 것을 말하며, 불순물이 함유되어 직접 음료로 할 수는 없으나 정제하면 음료로 할 수 있는 조주정粗酒精을 포함한다.

발효주(양조주)

알코올 발효가 끝난 술을 직접 또는 여과하여 마시는 것으로, 원료 자체에서 우러나오는 성분을 많이 가지고 있다. 포도과즙을 용기에 넣고 발효가 일어나면, 과즙의 당분은 알코올과 탄산가스로 변한다. 탄산가스는 공기 중으로 날아가고 알코올만 액 중에 남아 있게 된다. 이것이 와인이다.

맥주의 경우는 보리를 발아시켜 맥아malt를 만들고, 이 맥아 중에 형성된 당화효소의 작용으로 곡류를 당화시킨 다음 알코올 발효를 시킨다. 이 맥주와 와인이 대표적인 양조주이다. 우리나라 막걸리, 청주도 여기에 속한다.

- **단발효주** : 원료의 주성분이 당분으로서 효모의 작용만으로 만들어진 술을 말하며, 과실주, 미드mead : 꿀로 빚은 술 등이 있다.
  - 천연 와인Natural wine : 보통 테이블 와인으로 레드, 화이트, 로제 와인 등으로 분류한다.
  - 스파클링 와인Sparkling wine : 탄산가스를 남겨 거품이 이는 와인을 말하며 이 와인의 상대적인 표현인 스틸 와인still wine은 일반 와인을 말한다. 샴페인이 대표적인 것이다.
  - 강화 와인Fortified wine : 알코올브랜디 등을 가해 알코올 농도를 높인 와인으로 포트Port, 셰리Sherry 등을 들 수 있다.
  - 가향 와인Flavored wine : 허브 계통을 넣어 특유의 향을 가진 와인으로 베르무트Vermouth가 대표적이다.
- **복발효주** : 원료의 주성분이 녹말이기 때문에, 녹말을 당분으로 분해시키는 당화과정이 필요하여 두 번 발효시키기 때문에 복발효주라고 한다.
  - 단행복발효주 : 당화와 발효의 공정이 분명히 구분되는 것으로 맥주가 대표적이다.
  - 병행복발효주 : 당화와 발효의 공정이 분명히 구별되지 않고 두 가지 작용이 병행해서 이루어지는 것으로 청주, 탁주 등을 예로 들 수 있다.

사이다(Cider)

사과로 만든 술로서 우리나라와 일본에서는 탄산음료로 잘못 전달되었다. 소프트 사이다(soft cider)는 사과 주스를 말하며, 하드 사이다(hard cider)는 사과주를 말한다. 한편, 애플 와인(apple wine)은 사과 주스에 가당하여 발효시킨 것으로 알코올 농도가 12% 정도 되는 것을 가리킨다.

증류주

양조주 또는 그 찌꺼기를 증류한 것, 또는 처음부터 증류를 목적으로 만든 술덧을 증류한 것으로 고형분이 적고 주정도가 높다. 양조주를 증류하면 증류주가 된다. 와인을 증류하면 브랜디를 만들 수 있고, 보리로 만든 술을 증류하면 위스키, 보드카 등을 만들 수 있다. 우리나라의 전통소주, 중국의 고량주는 모두 여기에 속한다. 양조주는 미생물 특성상 알코올 농도 20% 이상의 술이 나오지 않는다. 그러나 증류주는 원하는 만큼 알코올 농도를 조절할 수 있어서, 증류법의 발견은 양조기술의 획기적인 사건이었다.

증류는 알코올과 물의 끓는점의 차이를 이용하여 고농도 알코올을 얻어내는 과정으로, 양조주를 서서히 가열하면 끓는점이 낮은 알코올이 먼저 증발하는데, 이 증발하는 기체를 모아서 적당한 방법으로 냉각시켜 다시 고농도의 알코올 액체를 얻어내는 과정이다.

- **곡류로 만든 양조주를 증류한 것**
- 위스키(Whisky) : 보리로 만든 술을 증류하여 오크통에서 숙성시킨 것으로 스카치위스키(Scotch whisky), 버번위스키(Bourbon whiskey)가 유명하다.
- 보드카(Vodka) : 곡류나 감자 등으로 증류주를 만든 다음, 숯으로 여과하여 만든 무색, 무취의 술이다.
- 진(Gin) : 노간주나무 열매(juniper berry)를 알코올에 넣어 추출한 술이다.
- 소주(燒酒) : 막걸리를 증류한 것이다.
- 고량주(高粱酒) : 수수로 만든 술을 증류한 것이다.

- **과실로 만든 양조주를 증류한 것**
- 브랜디(Brandy) : 과실주를 증류하여 오크통에서 숙성시킨 것으로, 포도가 원료인 것으로는 코냑(Cognac), 아르마냑(Armagnac)이 유명하며, 사과가 원료인 브랜디로 칼바도스(Calvados), 애플잭(Apple jack)이 유명하다.

- **기타**
- 럼(Rum) : 제당공업의 부산물인 당밀로 만든 양조주를 증류한 것이다.
- 테킬라(Tequila) : 용설란의 일종인 아게이브(Agave)란 식물의 잎을 제거하고, 남은 밑둥치를 가열하여 나오는 당액으로 만든 양조주를 증류한 것이다.

혼성주

양조주 또는 증류주에 다른 종류의 술을 혼합하거나 식물의 뿌리, 열매, 과즙, 색소 등을 첨가하여 만든 새로운 술. 예를 들면 합성과실주, 인삼주, 칵테일 등이 이런 범주에 속한다.

- 압생트(Absinthe) : 웜우드(wormwood) 등 여러 가지 약초를 배합하여 만든 술로서 알코올 농도가 너무 높아 판매 금지된 나라가 많다. 현재 나오는 것의 알코올 농도는 트렌트(TRENT) 60%, 합스부르크(HAPSBURG) 72.5%, 데도(DEDO) 75%, 합스부르크 슈퍼 딜럭스 엑스트라(HAPSBURG SUPER De-Luxe Extra) 85% 등이 있다.

- 베네딕틴(Benedictine) : 베네딕트 수도원에서 발명하여 1500년대 치료제로 사용하던 약용주를 제품으로 만든 것이다.

- 샤르트뢰즈(Chartreuse) : 카르투지오 교단에서 발명한 약용주를 제품으로 만든 것이다.

- 크렘(Crème)류 : 유제품 뜻이 아니고 본질, 알맹이, 가장 좋은 것이란 뜻으로 브랜디에 과일, 약초 등을 넣고 감미한 리큐르이다.

리큐르(liqueur)는 혼성주이며, 리쿼(liquor)는 독한 술을 말한다.

제2장 와인의 성분

제2장 와인의 성분

유럽연합에서는 "와인이란 으깨거나 으깨지 않은 포도 혹은 포도 머스트의 전부 혹은 일부를 알코올 발효를 거쳐서 얻어진 산물만을 말한다."라고 정의를 내리고 있다. 그리고 양조학적인 면에서는 "와인이란 포도를 으깨거나 포도 세포의 침출에 의해서 얻은 주스를 효모에 의한 발효, 그리고 특정한 경우 젖산균의 발효로 얻어진 음료를 말한다."라고 할 수 있다.

와인은 과일의 조직이 미생물의 작용으로 변한 것이다. 와인의 구성성분과 그 변화는 생화학적인 현상과 직접 관련이 있다. 양조하는 사람은 가능한 한 완벽하게 와인의 성분을 공부해야 하며, 포도가 익어가는 동안 그리고 양조과정 중에 일어나는 그 성분의 특성과 양의 변화를 알아야 한다.

[표 2-1] 대표적인 레드 와인 성분

알코올	12%	주석산	2.21g/ℓ
밀도(20℃)	0.9977	사과산	0
밀도(알코올 제외)	1.0107	젖산	2.02g/ℓ
환원당	1.9g/ℓ	호박산	1.02g/ℓ
불휘발분	27.0g/ℓ	글리세롤	11.7g/ℓ
회분	2.92g/ℓ	부틸렌 글리콜	0.75g/ℓ
총 산도	5.39g/ℓ	폴리페놀지수	43meq/ℓ
휘발산도	0.55g/ℓ	총 질산염	0.40g/ℓ
초산에틸	0.12g/ℓ	안토시안	165meq/ℓ
유리 이산화황	6mg/ℓ	타닌	2.30g/ℓ
총 이산화황	64mg/ℓ	이산화탄소	0.24g/ℓ

머스트(Must)

포도를 으깨서 와인이 완성되기 전까지의 상태를 말하는 것으로 우리나라의 '술덧' 이라는 말과 같은 뜻이다. 즉 포도 혹은 주스 상태도 아닌 어정쩡한 상태를 통틀어 머스트(must)라 한다.

탄수화물

탄수화물은 가수분해에 의해 생성되는 당 분자의 수에 따라 단당류(monosaccharides), 소당류(oligosaccharides), 다당류(polysaccharides)의 세 가지로 분류된다. 단당류는 더 이상 가수분해되지 않는 당류이며, 분자 내의 탄소 수에 따라 삼탄당, 사탄당, 오탄당, 육탄당, 칠탄당으로 구별된다. 소당류는 두 개 또는 여러 개의 단당류가 결합된 것으로 구성 단당류의 수에 따라 이당류, 삼당류, 사당류로 구분한다. 다당류는 수백 또는 수천 개의 단당류가 축합된 분자량이 큰 탄수화물로서 한 가지 당류로만 된 것을 단순다당류(simple polysaccharides), 두 가지 이상의 단당류로 구성된 것을 복합다당류(conjugated polysaccharides)라고 한다. 자연계에 분포되어 있는 탄수화물을 분류하면 다음 [표 2-2]와 같다.

[표 2-2] 탄수화물의 분류

단당류(Monosaccharides)		
삼탄당(Triose) : Glycerose, Dihydroxyacetone		
사탄당(Tetrose) : Erythrose, Threose, Erythrulose		
오탄당(Pentose) : Ribose, Arabinose, Xylose, Ribulose		
육탄당(Hexose) : Glucose, Fructose, Galactose, Mannose		
칠탄당(Heptose) : Mannoheptose, Sedoheptulose		

소당류(Oligosaccharides)	
이당류(Disaccharides)	Sucrose(Glucose^1–^{2}Fructose)
	Maltose(Glucose^1–^{4}Glucose)
	Lactose(Galactose^1–^{4}Glucose)
	Trehalose(Glucose^1–^{1}Glucose)
삼당류(Trisaccharides)	Raffinose(Galactose^1–^{6}Glucose^1–^{2}Fructose)
	Gentianose(Glucose^1–^{6}Glucose^1–^{2}Fructose)
사당류(Tetrasaccharides)	Stachyose(Galactose^1–^{6}Galactose^1–^{6}Glucose^1–^{2}Fructose)

다당류(Polysaccharides)
단순다당류(Simple polysaccharides) : Starch, Cellulose, Inulin, Glycogen, Chitin
복합다당류(Conjugated polysaccharides) : Pectin, Hemicellulose, Lignin

환원당(Reducing sugars/Hexoses)

효모는 육탄당인 포도당과 과당을 이용하여 알코올 발효를 한다. 이 두 가지 당을 환원당이라고 하는데, 그 이유는 당에 산화가 될 수 있는 작용기를 가지고 있기 때문이다. 즉, 다른 물질을 환원시키는 성질을 가지고 있다. 오탄당도 환원당으로 분류할 수는 있지만, 효모가 이를 이용하여 발효하지는 못한다. 이런 단당류는 자연계에서 몇 가지를 제외하고는 유리상태로 존재하는 경우는 드물고, 대개의 경우 소당류, 다당류, 배당체의 분자 중에 결합상태로 존재한다.

- 포도당(D-glucose) : 포도에서 처음 발견되어 포도당이라고 하며, 관습적으로 덱스트로스(dextrose)라고도 한다. 포도당은 과실에 많이 함유되어 있는 육탄당이며, 그 외에 식물의 잎, 줄기에도 분포되어 있다. 또, 포유동물의 혈액에도 0.07~0.1% 함유되어 있다. 결합상태로는 전분(starch), 섬유소(cellulose) 등의 다당류, 설탕(sucrose), 맥아당(maltose), 젖당(lactose) 등 소당류 및 각종 배당체 성분으로 식물계에 널리 분포되어 있으며, 동물체 내에서는 글리코겐(glycogen) 형태로 저장되어 있다.

- 과당(D-fructose) : 과당은 포도당과 함께 과일, 벌꿀 등에 함유되어 있으며, 레불로스(levulose)라고도 한다. 결합상태로는 설탕(sucrose), 라피노스(raffinose) 등의 소당류와 돼지감자에 많이 들어 있는 다당류인 이눌린(inulin)의 구성 당으로 존재한다. 천연 당류 중에서 가장 단맛이 강하고 상쾌하여 감미료로서도 중요하지만, 강한 흡습 조해성을 갖고 있어서 널리 이용되지 않고 있다.

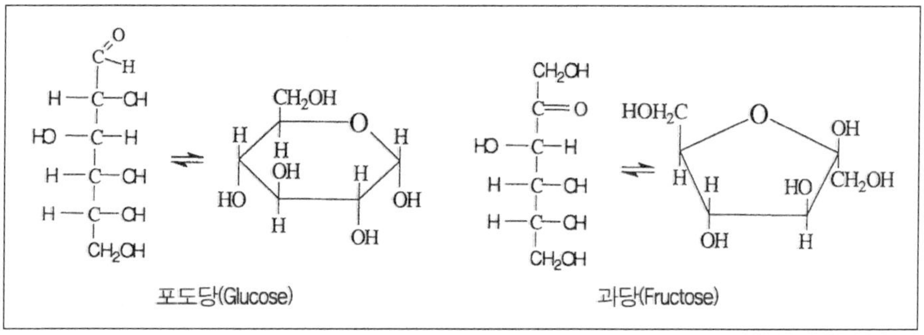

[그림 2-1] 포도당과 과당의 구조식

포도당과 과당의 비율(Glucose-Fructose ratios)

포도에는 15~25%의 당이 있는데, 포도당과 과당이 대부분을 차지하며, 이 두 가지 당은 비슷한 구조를 가지고 있다. 완전히 익은 포도에는 거의 같은 양으로 존재하지만 과당의 비율이 약간 높다. 포도당/과당 비율이 0.95 정도 된다. 발효가 끝날 무렵에는 0.25 정도로 이 비율이 감소하는데, 이는 효모가 포도당을 먼저 발효시키기 때문이다. 다음 [표 2-3]은 발효 중 당분의 변화를 나타낸 것이다.

[표 2-3] 발효 중 당분의 변화

	알코올 농도	포도당 (g/ℓ)	과당 (g/ℓ)	포도당/과당 비율
발효 전 머스트		123	126	0.97
발효 중 알코올 농도와 당의 양	0.7%	111	125	0.88
	5.3%	57	103	0.55
	12.4%	8	32	0.25

그러므로 발효가 끝날 무렵에 존재하는 당은 대부분 과당이 된다. 완전히 발효된 와인에는 과당이 몇 g/ℓ 정도 남아 있기 마련이며, 약간의 포도당도 있는데, 이 포도당은 저장 중에 배당체 (glucoside)의 가수분해에서 나온다. 그리고 비니페라 V. vinifera 포도에는 설탕(sucrose) 성분이 극히 적은 양 존재하지만, 비니페라가 아닌 품종에는 당분의 10% 정도를 차지한다. 자연적이든 첨가한 설탕이든 설탕은 포도당과 과당으로 분해되어 발효 중에는 모두 사라진다. 그리고 보트리티스 와인에서는 이당류인 트레할로스(trehalose)도 발견된다.

설탕(Sucrose)

식물계에 가장 널리 분포되어 있는 소당류로서 사탕수수 줄기나 사탕무에 10~15% 정도로 많이 들어 있다. 이당류인 설탕은 포도당과 과당이 축합된 화합물로 비환원당이며, 산이나 알칼리, 효소 등에 의해 가수분해되면, 포도당과 과당의 동량 혼합물이 되는데 이를 '전화당(invert sugar)' 이라고 한다. 식물체 내에서 설탕은 에너지 저장물질로서 중요한 역할을 한다. 포도의 경우, 설탕이 열매 쪽으로 이전되면 포도에 있는 효소(invertase)가 이를 포도당과 과당으로 가수분해시키기 때문에 포도 열매의 설탕 함량은 0.2~1% 정도밖에 안 된다. 당분이 부족한 머스트에 설탕을 넣으면, 설탕 자체는 발효가 되지 않지만, 효모가 분비하는 가수분해효소가 설탕을 포도당과 과당으로 분해하므로 발효될 수 있는 상태가 된다.

오탄당(Pentose)

포도에는 소량의 비발효당인 오탄당과 그 축합물이 몇 g/ℓ 존재한다. 드라이 와인에서는 환원당의 28% 정도를 차지하며, 주로 아라비노스(arabinose), 자일로스(xylose) 등이 많다. 이런 당과 기타 환원성 물질 때문에 드라이 와인에서 환원당의 함량이 0으로 될 수는 없다. 오탄당은 효모가 이용하지 못하는 당이지만, 일부는 말로락트발효에서 에너지원이 되기도 하며, 가열법으로 만든 셰리에서는 중요한 향미 성분인 푸르푸랄(furfural)의 근원이 된다.

- 자일로스(D-xylose) : 짚이나 나무껍질, 헤미셀룰로오스(hemicellulose) 등의 구성성분으로 존재하며, 효모에 의해서 발효되지 않는다.

- 아라비노스(L-arabinose) : 아라비아 검, 펙틴, 헤미셀룰로오스 구성성분으로 존재하며, 효모에 의해서 발효되지 않는다.

- 리보스(D-ribose), 데옥시리보스(2-Deoxy-D-ribose) : RNA, DNA를 이루는 오탄당으로 와인에서 중요성은 없다.

다당류(Polysaccharides)

　다당류는 식물의 조직(셀룰로오스, 펙틴 등)을 형성하고, 저장 에너지(전분 등)로서 작용을 하는 중요한 물질이지만, 와인에서는 콜로이드로 작용하여 청징과 여과를 방해한다. 펙틴과 검 등은 식물세포의 결착조직으로 당과 산의 중합체로 이루어져 있으며, 부분적으로 수용성이기 때문에 포도를 파쇄와 착즙할 때 주스로 추출된다. 발효 중에는 알코올 형성 때문에 콜로이드 형태가 되어 침전되는 경향이 있다. 머스트나 산을 첨가한 와인에 약간의 알코올을 부으면 혼탁이 일어나는 것도 바로 이런 점성물질의 침전 때문이다.

- 셀룰로오스(Cellulose) : 자연계에 가장 널리 분포되어 있는 다당류로서 고등식물 세포벽의 구성성분으로 존재한다.

- 헤미셀룰로오스(Hemicellulose) : 식물 세포벽을 구성하고 있는 성분 중에서 셀룰로오스를 제외한 각종 다당류 혼합물에 주어진 명칭으로, 산에 의한 가수분해로 일부가 와인으로 용출될 수 있다.

- 펙틴(Pectin) : 펙틴은 식물조직의 세포벽이나 세포와 세포 사이를 연결해 주는 세포간질에 주로 존재하는 다당류이며, 이들 세포들을 서로 결착시켜 주는 물질로 작용한다. 펙틴은 갈락투론산(galacturonic acid)과 메탄올이 에스터(ester) 결합으로 연쇄상을 이루고 있으며, 적당량의 당과 산이 존재할 때 겔(gel)을 형성하는 물질로서 모든 과일에 들어 있다. 이 펙틴은 발효 중에 가수분해되어, 메탄올과 펙트산(pectic acid)으로 분해되어 침전을 형성하므로 몇 개월만 지나면 와인에서 펙틴을 발견하기는 힘들다. 머스트에 펙틴분해효소를 사용하면 착즙수율이 높아지고, 와인에서는 청징효과도 볼 수 있지만, 메탄올 함량의 증가를 수반한다.

- 글루칸(Glucan) : 글루칸은 포도당의 중합체로서 다당류의 총칭이지만, 여기서는 보트리티스 곰팡이가 낀 포도에 주로 형성되어 타닌이나 단백질과 같은 콜로이드 물질의 침전을 방해하여 주스와 와인의 청징을 어렵게 만드는 물질을 말한다. 글루칸은 여과포에 섬유성 막을 형성하여 구멍을 막아 버리기 때문에 여과 전에 제거해야 한다. 글루칸은 두 가지가 있는데, 분자량이 900,000

에 달하는 중합도가 큰 것은 청징에 문제를 일으키고, 분자량이 40,000인 복합다당류는 알코올 발효를 방해한다. 효모에서 유출되는 다당류는 효모가 자가분해되면서 효모의 세포벽에서 나오며, 이런 종류는 베타 글루칸(β-1,3 glucan)으로 당단백질(주로 mannoprotein)이다.

보트리티스 곰팡이 낀 포도에서 글루칸이 유출되는 정도는 포도를 다루는 방법에 따라 달라진다. 이 글루칸은 껍질 안쪽에만 존재하기 때문에 수확과 착즙을 조심스럽게 하면 어느 정도는 추출을 최소화시킬 수 있다. 글루칸은 아주 낮은 농도(2~3mg/ℓ)에서도 여과를 방해하며, 알코올 농도가 높아질수록 용해도가 감소한다. 청징제로 글루칸을 제거하기는 어려우므로 분해효소(glucanase)를 사용하는 것이 효과적이다.

- 검(Gum) : 검은 적은 양의 용액으로 높은 점성을 나타내는 다당류 및 그 유도체를 말하며, 갈락틴(galactin), 아라빈(arabine), 자일린(xyline), 프럭토신(fructosine) 등이 중합체를 형성한 것으로 와인에는 0.1~3.0g/ℓ 정도 존재한다. 이들도 와인에서 콜로이드성 물질로서 청징과 여과를 어렵게 만든다. 한편, 젖산박테리아(Pediococcus, Leuconostoc)가 설탕이나 과당을 소비하면서 생성하는 포도당 중합체인 덱스트란(dextran)도 검의 일종이다.

당의 관능적 성격

보통 드라이 와인의 잔당은 1~2g/ℓ로서 사람의 입맛으로는 검출될 수 없지만, 미생물적인 안정성은 충분하지 않다. 잔당이 0.5g/ℓ 이상이면 산도와 알코올 농도가 낮을 경우 미생물이 이용할 수 있기 때문이다. 그리고 오크통에 있는 동안 나무의 배당체가 분해되어 당분이 증가하며, 또 효모가 당분을 합성하거나 방출하여 그 양이 다소 증가할 수도 있다. 관능적인 측면에서, 잔당이 2g/ℓ 이상인 경우 예민한 사람은 단맛을 느낄 수 있지만, 보통 사람은 10g/ℓ 이상 되어야 단맛을 느낀다. 단맛은 알코올, 산, 타닌의 영향을 받으며, 신맛과 쓴맛을 누그러뜨리는 효과가 있다. 화이트 와인에서 당은 아미노산과 마이야르(Maillard) 반응을 일으켜 갈변을 일으키기도 한다.

[표 2-4] 포도에 존재하는 당의 농도 및 상대적 감미도

당의 종류	농도(g/ℓ)	감미도(설탕 100)	최소감응농도(g/ℓ)
D-glucose	80 ~ 130	70	16
D-fructose	80 ~ 130	115	9.5
sucrose	2 ~ 10	100	8
L-rhamnose	0.15 ~ 0.4	–	–
L-arabinose	0.5 ~ 1.5	–	–
D-xylose	tr ~ 0.5	65	–
pectin	0.2 ~ 4.0	–	–

당도의 단위

- 브릭스(Brix)/볼링(Balling) : 우리나라, 일본, 미국 등에서 사용하는 단위로서, 용액 100g 중의 고형물 양을 무게로 나타낸 것이다. 머스트를 굴절 당도계나 비중계로 측정할 때는 당도와 함께 다른 물질도 같이 측정되므로 엄밀하게는 당도를 표시하는 것이 아니지만, 머스트 성분의 대부분이 당분이기 때문에 굴절계로 브릭스를 측정하여 보통 당도로 이야기할 수 있다. 10브릭스는 설탕물 10%와 동일한 농도를 말한다. 볼링(Balling) 역시 브릭스 단위가 사용되기 전에 사용했던 것으로 브릭스와 동일하다고 봐도 된다. 대부분의 나라에서는 20℃ 측정치를 기준으로 한다.

- 보메(Baumé) : 프랑스, 오스트레일리아 등에서 사용하는 당분 농도 단위로서, 원래는 10% 소금물의 농도를 10° 보메로 표시하는 단위이지만, 이 단위는 발효 후에 생성되는 알코올 도수와 거의 비슷하여 사용하기 편하다.

- 웩슬레(Oechsle) : 당액의 비중에서 1을 뺀 다음에 1,000을 곱한 수치로서 독일 등에서 사용하는 당분농도의 단위이다. 과즙 1,000㎖의 무게가 1,090g일 경우, 90이라고 표시한다.

[표 2-5] 머스트의 당도 환산표

Density (20℃)	Oechsle	Baumé	Brix	굴절계 당도	당 농도 (g/ℓ)	생성될 알코올 농도 (16.83g/ℓ 당 = 1% 알코올)
1.0371	37.1	5.2	9.1	10	82.3	4.9
1.0412	41.2	5.7	10.1	11	92.9	5.5
1.0454	45.4	6.3	11.1	12	103.6	6.2
1.0495	49.5	6.8	12.0	13	114.3	6.8
1.0538	53.8	7.4	13.0	14	125.1	7.4
1.0580	58.0	7.9	14.0	15	136.0	8.1
1.0623	62.3	8.5	15.0	16	147.0	8.7
1.0666	66.6	9.0	16.0	17	158.1	9.4
1.0710	71.0	9.6	17.0	18	169.3	10.1
1.0754	75.4	10.1	18.0	19	180.5	10.7
1.0798	79.8	10.7	19.0	20	191.9	11.4
1.0842	84.2	11.2	20.1	21	203.3	12.1
1.0886	88.6	11.8	21.1	22	214.8	12.8
1.0932	93.2	12.3	22.1	23	226.4	13.5
1.0978	97.8	12.9	23.2	24	238.2	14.2
1.1029	102.9	13.5	24.4	25	249.7	14.8
1.1075	107.5	14.0	25.5	26	261.1	15.5
1.1124	112.4	14.6	26.6	27	273.2	16.2
1.1170	117.0	15.1	27.7	28	284.6	16.9
1.1219	121.9	15.7	28.8	29	296.7	17.6
1.1268	126.8	16.2	29.9	30	308.8	18.4
1.1316	131.6	16.8	31.1	31	320.8	19.1
1.1365	136.5	17.3	32.2	32	332.9	19.8
1.1416	141.6	17.9	33.4	33	345.7	20.5
1.1465	146.5	18.4	34.5	34	357.7	21.3

굴절계로 측정한 당도는 머스트 중 고형물의 양을 나타낸 것이므로 15브릭스 이상에서 측정된 것만 유효하다고 할 수 있다. 그보다 낮은 수치일 경우 유기산, 아미노산 등 여러 성분이 모두 당으로 표시되기 때문이다.

알코올

탄화수소 중의 수소 원자 1개를 수산기─OH로 치환시킨 화합물을 알코올이라고 하며, 탄소원자에 알킬기─R가 1개 결합한 것을 1차 알코올, 2개 결합한 것은 2차 알코올, 3개는 3차 알코올이라고 한다. 또 수산기가 여러 개 있는 글리세롤 역시 폴리올polyol의 일종이며, 페놀도 6개의 탄소고리에 수산기가 붙은 알코올의 일종이다.

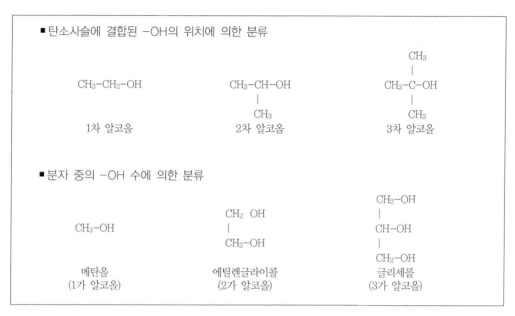

[그림 2-2] 알코올의 분류

에틸알코올(Ethyl alcohol)/에탄올(Ethanol)

에틸알코올은 와인에서 물(85~90%)을 제외하고 가장 많은 성분으로 9~15% 정도 되며, 와인의 강도body를 결정한다. 주로 당분의 알코올 발효를 거쳐서 생기며, 18g/ℓ의 당분 농도는 1% 알코올이 된다. 그러나 알코올 농도 16% 이상은 발효로 생성되기 힘들다. 또 에틸알코올은 상당한 단맛과 복합적인 맛을 가지고 있지만, 쓴맛을 더 강하게 만들고 타닌의 떫은맛을 덜 느끼게 만든다. 그리고 발효 중 여러 가지 성분을 추출하는 용매로서 작용하여, 페놀, 향 등의 성분을 추출하여 와인의 향미에 기여하며, 산과 결합하여 여러 가지 향을 내는 에스터(ester)도 형성한다. 이렇게 형성된 아로마와 부케의 용매 역할도 하기 때문에 포도 주스와는 전혀 다른 복합적인 향미를 부여하므로 와인 향에는 기본적으로 알코올 냄새가 있다. 또 다른 역할로서 고농도 알코올은 산도pH와 함께 와인을 오래 보존할 수 있게 만든다.

에틸알코올은 색깔이 없고, 특유의 냄새를 갖는 액체로서 78.3℃에서 끓고 물과 잘 섞인다. 밀도는 15℃에서 0.79로서 부피%로 그 함량을 표시한다. 보통 알코올이라 하며, 주정이라고도 한다.

눈물(Tear, Leg)이 많을수록 좋은 와인이다?

와인이 담긴 잔을 흔든 다음에 그대로 두면, 얇은 막이 형성되어 눈물같이 밑으로 흘러내리는데, 이것을 'Legs', 'Tears', 혹은 'Arches'라고도 한다. 이 현상을 마랑고니 효과(Marangoni effects)라고 하는데, 영국의 물리학자 제임스 톰슨(James Thomson)이 이미 1855년에 이 현상을 정확하게 설명했다고 한다.

와인이란 화학적인 성질 즉, 증발률과 표면장력이 다른 알코올과 물의 혼합물로서 이루어져 있어서, 와인 잔을 흔들면 잔 벽에 와인의 얇은 막이 형성된다. 이 얇은 막 표면에서 알코올이 먼저 증발하기 때문에, 그 밑에 있는 액체보다는 물의 함량이 훨씬 더 많아진다. 알코올이 가장 잘 증발되는 곳은 유리와 액이 닿는 끝부분 즉 반달 모양의 메니스커스 꼭대기의 공기/액체/글라스의 경계면이라고 할 수 있다. 그러므로 물의 농도는 이 부분이 최고가 되며, 표면장력도 가장 클 수밖에 없다. 처음에는 중력을 무시하고 글라스 표면에 수직의 표면장력에 의한 막이 형성되지만, 점점 많아지면 막의 꼭대기 부분부터 물방울이 형성되어 흘러내리게 되는데, 지속적으로 이 현상이 반복된다.

그러니까 이 눈물은 주로 물일 수밖에 없으며, 알코올 함량이 높은 와인일수록 안쪽과 바깥쪽의 농도 차이가 많아지기 때문에 이 현상이 잘 일어난다. 알코올 농도가 높은 위스키나 코냑으로 해 보면 훨씬 더 잘 된다. 그러나 잔에 세제가 남아 있지 않도록 깨끗이 잘 닦아야 한다. 여러 책에서 이 현상의 원인을 와인의 글리세롤 혹은 당분 때문이라고 이야기하지만 이것은 잘못된 것이다. 글리세롤의 끓는점은 290℃로서 증기압이 물보다 낮기도 하지만, 와인에 1% 내외의 적은 양이 있기 때문에 물리적인 영향력은 거의 없다고 봐야 한다.

메틸알코올(Methyl alcohol)/메탄올(Methanol)

주로 펙틴의 분해로 생성되는데, 펙틴은 주로 껍질에서 나오기 때문에 레드 와인에 많다. 메탄올은 화이트 와인에 40~120mg/ℓ, 레드 와인에는 120~250mg/ℓ 정도 있으며, 보트리티스 곰팡이 낀 포도로 만든 와인은 더 많이 나오는 것(360mg/ℓ)으로 알려져 있다. 양조 중에 착즙수율과 청징 효과를 높이기 위해 펙틴분해효소를 사용할 경우는 메탄올 함량이 증가하지만, 허용량(1,000mg/ℓ 이하)을 넘는 경우는 드물다.

이 메탄올은 향미에 기여하는 역할은 거의 없고, 맛으로도 감지할 수 없다. 메탄올은 에탄올과 맛과 향, 색깔이 비슷하지만, 인체에 흡수되면 폼알데히드로 변하여 치명적인 독성을 나타내므로(LD50은 350mg/kg) 조심해야 한다. 메틸알코올은 무색의 액체로서 65℃에서 끓고, 연료, 용매 등으로 사용된다.

고급 알코올(Higher alcohol)/퓨젤오일(Fusel oil)

탄소 수가 3개 이상인 알코올을 고급 알코올이라고 하며, 퓨젤오일(Fusel oil) 혹은 퓨젤알코올(fusel alcohol)이라고도 한다. 주로, 알코올 발효의 부산물로 생성되는데, 이 중에서 헥산올(hexanol)은 허브류의 향을 낸다. 중요한 것은 아이소뷰틸 알코올(isobutyl alcohol), 아이소아밀 알코올(isoamyl alcohol), 펜에틸 알코올(phenethyl alcohol) 등이며, 이들은 자극적인 냄새를 풍긴다. 보통 테이블 와인에 140~420mg/ℓ 정도 있으며, 양이 적을 때(300mg/ℓ 이하)는 복합적인 부케를 형성하지만, 농도가 높아지면 와인의 섬세한 향을 덮어 버린다.

이 고급 알코올은 효모가 생성하거나 당이나 아미노산에서 직접 생성되기도 한다. 발효 중에 산소가 있거나, 온도가 높은 경우, 부유물질이 많은 경우, 설탕을 많이 첨가한 경우에는 고급 알코올이 많이 생성되며, 반대로, 머스트를 미리 청징한 경우, 아황산이 있을 경우, 낮은 발효온도에서는 생성량이 적어진다. 그리고 효모의 종류에 따라서 생성량도 달라진다. 이 알코올도 유기산과 다양한 에스터를 형성하여 와인의 숙성된 향에 기여하지만, 숙취의 원인이 되는 물질로서, 자극적인 향을 내기도 한다.

글리세롤(Glycerol)/글리세린(Glycerine)

와인의 중요한 성분으로 물, 알코올 다음으로 많은 성분 5~20g/ℓ 정도이다. 글리세롤은 수산기를 세 개 가지고 있는 폴리올polyol로서 알코올 발효의 부산물로 생성된다. 정상적인 상태에서 알코올 함량의 1/10~1/15 정도로 주로 발효 초기에 형성되는데, 초기 당분함량, 효모의 종류, 온도, 공기, 산도, 아황산 함량 등에 따라서 그 함량이 달라진다. 보트리티스 곰팡이 낀 포도에는 이미 글리세롤이 형성되어 그 와인에는 함량이 매우 높아 15g/ℓ가 된다. 또 셰리 등의 플로르flor에서는 다른 미생물의 영양원도 된다.

글리세롤은 비중이 크고1.26, 점성이 있고, 무색이며, 물에 용해되고, 뚜렷하게 단맛을 가진 끓는점이 높은 액체끓는점 290℃이다. 포도당과 비슷한 단맛과 부드럽고 풍부한 맛을 주지만, 이 풍미를 내는 데 절대적인 요소는 아니다. 또 점도를 부여하여 매끄러운 맛을 준다지만, 와인에 있는 적은 양으로는 점도에 별 도움을 주지 못한다.

유기산

와인의 산은 다음 [표 2-6]과 같이 유기산으로 카복시기—COOH를 가지고 있다.

[표 2-6] 와인에 존재하는 산의 분류

포도에서 유래된 산	주석산(Tartaric acid)		
	사과산(Malic acid)		
	구연산(Citric acid)		
		고정산(Fixed acidity)	총산 (Total acidity)
발효에서 나오는 산	호박산(Succinic acid)		
	젖산(Lactic acid)		
	초산(Acetic acid)	→ 휘발산(Volatile acidity)	

와인에서 발견되는 산은 두 가지 형태로 존재하는데, 대부분의 산은 유리된 형태로 총산으로 표시되며, 나머지는 염으로 존재한다. 유기산은 신맛을 주기도 하지만 특히 화이트 와인에서는 미생물학적, 물리화학적 안정성을 증가시켜 와인의 보존성을 높여 준다. 덜 익은 과일에는 산이 많지만 익어 감에 따라 연소되어 그 양이 줄어드는데, 온도가 높을수록 연소가 잘 되기 때문에 더운 지방의 포도는 산 함량이 적다.

휘발산은 초산을 비롯한 휘발성 산을 말하며, 고정산은 총산 중에서 휘발산을 제외한 나머지가 된다. 초산이 휘발산의 대부분을 차지하며 기타, 폼산(formic acid), 뷰티릭산(butyric acid), 프로피온산(propionic acid) 등이 있으나 그 함량은 많지 않다. 고정산의 90% 이상을 차지하는 것은 주석산과 사과산이며, 사과산은 말로락트발효(malolactic fermentation) 때 거의 사라진다.

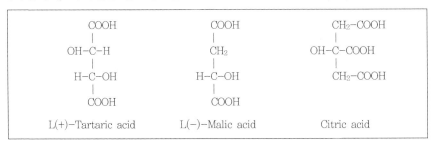

[그림 2-3] 포도에서 유래된 주요 산의 구조식

주석산(Tartaric acid)

주석(酒石)에서 발견되는 산이라서 주석산(酒石酸)이라고 하며, 와인에서 가장 중요한 산으로 온대지방에서 나오는 과일 중 포도에만 다량 존재하는 산이다. 사과산과 함께 포도의 주요 산을 이루고 있으며, 포도가 익어 가더라도 사과산과는 달리 그 함량이 급격하게 감소하지 않고, 와인에 있는 산 중에서 박테리아의 분해작용에 대한 저항성이 가장 강하다. 와인의 pH는 주석산의 함량에 따라 달라지는데, 이는 강산으로 작용하여 와인의 pH 수치를 낮추기 때문이다. 와인 산도의 절반 이상을 차지하며, 포도의 주석산 함량은 2~8g/ℓ 정도 된다. 더운 지방에서 자란 포도일수록 사과산에 대한 주석산 비율이 높다.

그리고 온도가 낮고, 알코올 농도가 증가할수록 주석산은 칼슘이나 칼륨과 결합하여 주석산칼슘(calcium tartrate), 주석산칼륨(potassium bitartrate) 등 침전(주석, 酒石)을 형성하므로 그 농도가 감소한다. 주석의 침전 특히, 칼슘염은 그 침전속도가 느려서 와인의 콜로이드성 물질이나 부유물질의 방해를 받기 때문에 여과나 원심분리를 이용하여 제거해야 한다. 주석은 와인을 냉각시키면 용해도가 증가하여 잘 가라앉으므로 쉽게 제거할 수 있다. 주석산과 그 염은 와인의 pH, 색깔, 박테리아에 대한 저항성, 맛 등에 미치는 영향이 크기 때문에 와인의 품질에 중대한 영향을 끼친다.

이 주석산도 젖산균의 공격을 받을 수 있는데, 이때는 젖산과 초산을 생성하여 고정산도가 낮아지면서 와인이 싱거워지고 색깔이 옅어진다. 이 현상을 '투른(tourne)'이라고 하는데, 오늘날에는 자주 일어나지 않지만 아황산이 없이 양조를 하거나 저장할 때 이 현상이 일어난다.

사과산(Malic acid)

식물계에 가장 널리 분포되어 있는 산으로 어린 과실에 그 함량이 많다. 특히, 사과에 많이 존재하기 때문에 사과산이라고 한다. 주석산에 비해 불안정하여 쉽게 다른 물질로 변하기 때문에 포도의 성숙과 와인제조 과정에서 중요한 산이다. 이린 포도에서 날카로운 맛을 내지만 포도가 익어 감에 따라 그 양이 감소한다. 포도의 성숙도, 품종, 연도에 따라 다르지만, 보통 머스트에 1~8g/ℓ 정도 있으며, 서늘한 곳일수록 그 함량이 높아진다. 더운 지방의 포도에서는 총산의 10~40%를 차지하지만, 추운 지방의 포도인 경우는 총산의 70%를 차지한다. 알코올 발효를 거치면서 20~30%가 감소되며, 말로락트발효(malolactic fermentation)를 거치면서 그 양이 거의 사라진다. 이로 인해 와인 맛이 부드러워지고 영 와인의 성질이 사라지면서 품질이 개선된다.

구연산(Citric acid)

포도에는 많지 않아서 130~390mg/ℓ 정도 있으며, 사과산과 마찬가지로 젖산균에 의해 사라진다. 나라에 따라 한정된 양의 구연산을 사용하기도 한다. 구연산은 제2철의 용매로 작용하므로 철염의 혼탁을 방지할 수 있지만, 영 레드 와인에서는 젖산발효를 일으켜 휘발산이 증가할 수 있다.

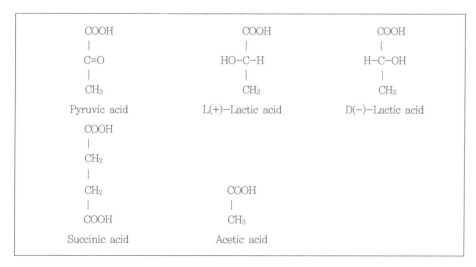

[그림 2-4] 발효 중에 생성되는 주요 산의 구조식

피루브산(Pyruvic acid)

와인에는 거의 없다시피 미량 존재하지만, 대사작용의 중간물질로서 중요한 산이다.

호박산(Succinic acid)

효모가 생성하는 산으로 당 발효 때 나오며, 와인에 0.5~1.5g/ℓ 정도 있다. 박테리아에 안정적이며 저장 중 함량의 변화가 없다. 신맛과 짠맛, 쓴맛을 혼합한 맛을 내기 때문에 특수한 향미를 제공한다.

젖산(Lactic acid)

포도에는 없는 산으로 발효하면서 생성된다. 상태가 좋지 않은 와인에 많이 있지만, 상한 와인의 지표가 되는 것은 아니다. 젖산은 알코올 발효 때 효모가 생성하는 것으로 정상적인 상태에서 200~400mg/ℓ 정도 생성되며, 말로락트발효 때 박테리아가 사과산을 발효시켜 보통 1.0~2.5 g/ℓ 정도 생성된다. 그리고 와인이 오염될 경우도 와인에 있는 당, 글리세롤, 주석산 등이 발효되어 상당량의 젖산을 생성한다. 와인에 있는 젖산은 L+형과 D-형 두 가지가 있는데, 효모는 주로 D-형 젖산을, 젖산박테리아는 주로 L+형 젖산을 생성한다.

초산(Acetic acid)

식초의 주성분이기 때문에 초산이라고 한다. 와인에 있는 대부분의 산은 고정산(fixed acid)으로 증류과정에서 휘발하지 않고 남게 되지만, 초산은 휘발하므로, 와인의 산을 고정산과 휘발산(volatile acid)으로 구분한다. 초산은 주로 초산박테리아의 작용으로 생성되지만, 젖산과 같이 알코올 발효와 말로락트발효 두 과정에서도 부산물로서 형성된다. 휘발산 함량이 650~750mg/ℓ를 초과하지 않는 한 맛에 영향을 주지는 못하지만, 낮은 농도(300mg/ℓ 이하)에서는 바람직한 향으로 와인의 복합성에 기여하며, 몇 가지 초산 에스터는 과일 향을 낼 수 있다. 그러나 300mg/ℓ 이상의 농도에서는 신맛과 자극적인 냄새를 풍겨 부정적인 영향을 준다. 휘발산 함량이 많을수록 부케가 좋아진다는 말은 옳지 않다. 거칠고 쓴맛으로 나타나며 아세톤 냄새와 비슷한 초산에틸(ethyl acetate) 냄새가 날 수 있다.

[표 2-7] 국제적인 휘발산의 법적 한계(g/ℓ as acetic acid)

와인 타입	BATF	California	OIV
레드 와인	1.40	1.20	0.98
화이트 와인	1.20	1.10	0.98
디저트 와인	1.20	1.10	−

* BATF : Bureau of Alcohol, Tobacco, Firearms and Explosives
* OIV : International Organization of Vine and Wine

적정 산도(Titratable acidity)

총산도(total acidity)와는 다른 개념이지만, 0.1N NaOH로 적정하여 나온 값을 주석산으로 표시한다. 프랑스에서는 황산으로 표시하기 때문에 주석산으로 표시한 값의 0.653밖에 되지 않는다. 그러므로 프랑스식 산도를 0.653으로 나누면, 주석산으로서 산도가 나온다. 보통 와인의 산도는 4~8g/ℓ 정도다.

pH(수소이온지수)

산의 강도 혹은 해리도를 나타내는 지표로서 수소이온농도[H⁺]를 말한다. 그러나 수용액에서 [H⁺]는 매우 작은 값을 가지므로 비교가 쉽지 않다. 그래서 수용액 중 수소이온농도를 역수의 상용 로그값을 pH로 정하여 이 수치의 크기로 산성인지 염기성인지 판별하는 척도로 사용한다. 즉, pH=$-\log[\text{H}^+]$로 표시된다. 와인의 pH는 2.8~4.0 범위로서 그 수치가 낮을수록 미생물에 대한 저항력이 강해진다.

pH와 산도

pH와 산도는 상당한 차이가 있는 개념이다. pH는 용액의 수소이온농도를 표시하는 것이니까 해리된 수소이온의 양만 측정하여 표시한 것이고, 산도는 와인에 있는 산의 농도 즉, 해리된 것과 안 된 것 모두의 양을 표시하는 것이다. 이렇게 해리되는 정도에 따라 강산과 약산으로 나눈다.

• **강산과 약산** : 강산은 물과 접촉하면 이온으로 완전 해리된다. 수용액 중에 있는 염산(HCl) 분자는 모두 H⁺와 Cl⁻ 이온으로 즉시 이온화된다. 그러나 약산은 용액 안에서 부분적으로 해리되므로 산의 일부 극히 작은 비율만이 수소이온과 음이온으로 해리된다. 초산(CH3COOH)은 초산 분자의 0.5% 정도만 이 용액 안에서 해리된다. 이것은 평균적으로 물에 가한 초산 분자 1,000개당 995개

는 그대로 초산 분자(CH3COOH)형태로 남아 있다는 것을 의미한다. 그러니까 동일한 산도라 하더라도 강산은 수소이온이 많이 해리되어 나오고, 약산은 수소이온이 적게 해리되어 나온다. 이 수소이온농도를 위와 같이 지수로 나타낸 것이 pH이므로 강산은 pH 수치가 낮게 나오고, 약산은 pH 수치가 높게 나온다.

예를 들어, 0.1M의 HCl과 CH3COOH의 pH를 비교한다면, 0.1M의 HCl은 100% 모두 해리되어 수소이온농도가 0.1(10−1)M이 되어 pH가 1이 되지만, CH3COOH은 1%만 해리된다고 가정했을 때 수소이온농도가 0.001(10−3)M이 되기 때문에 pH는 3이 된다. 그러니까 와인의 산도를 조절할 때는 이 점을 유의하여 사과산보다는 주석산과 같은 강산이 많이 남도록 배려해야 한다.

- **pH와 신맛** : 해리된 산이 해리되지 않은 산보다 신맛에 대한 영향력이 10배 더 강하지만, 와인에 있는 대부분의 산은 1% 이하의 해리도를 나타내기 때문에 맛에 영향을 주는 것은 전체적인 산도 즉 총산의 양이다.

- **산의 종류** : 포도에 존재하는 산은 약산인 주석산과 사과산이 대부분을 차지하며, 주석산이 사과산보다 강산으로 작용한다. 이것은 동일한 산도를 가진 주석산 용액과 사과산 용액이 있다면 주석산 용액의 pH가 더 낮게 나타난다는 것으로 증명된다. 추운 지방의 포도는 사과산이 많으므로 산도는 높지만 pH가 높은 포도를 얻게 된다. 그러므로 와인 양조에서는 주석산의 함량이 높을수록 품질이 좋다고 할 수 있다.

- **pH(= 품질)** : 와인의 pH는 향미, 색깔, 미생물학적 안정성, 단백질 안정성, 산화, 아황산 첨가량 등에 직접 영향을 끼치므로 품질을 좌우한다고 할 수 있다. pH가 낮을수록 향미가 좋아지며 신선한 맛이 난다. 또, pH가 낮으면 발효 속도를 감소시켜 발효가 서서히 진행되어 더 좋은 와인을 만들 수 있다. 그러나 pH 3.0 이하에서는 발효가 방해받고, 신맛도 강해져 거부감을 준다. 일반적으로 pH 수치가 낮고, 산도가 낮아야 좋은 와인이라고 할 수 있다. 이상적인 pH는 화이트 와인은 3.3 이하, 레드 와인은 3.4 이하, 이상적인 산도는 0.5~0.8% 정도라고 할 수 있다.

질소 화합물

와인에서 질소 화합물은 단백질, 펩티드, 아미노산, 아민, 질산태, 암모니아태 등으로 발견된다. 와인에는 1~3g/ℓ의 질소 화합물이 있다. 맛에 대한 영향력은 없지만, 효모와 박테리아의 중요한 영양원이 되며, 너무 많으면 일부는 불용성으로 되어 저장 중 화이트 와인에 혼탁을 일으키기도 한다.

단백질(Protein)

알부민성 물질로서 분자량이 10,000이 넘는 고분자 물질이다. 와인에 있는 질소 화합물 중 차지하는 비율이 2% 정도로 전체적으로 3~15mg/ℓ 정도밖에 안 된다. 이들은 와인에서 미세한 분자형태나 콜로이드 형태로 발견되며, 가열하거나 타닌이 있으면 침전을 형성한다. 화이트 와인의 청징과 안정화에 방해되는 물질로서 특수한 조치로 제거해야 한다. 와인의 청징에 쓰이는 청징제 역시 단백질로 된 것이 있다. 단백질은 타닌 등 물질과 결합하여 침전을 형성하기 때문에 여과과정에서 대부분 사라지고, 와인에는 물에 잘 녹는 아미노산 형태만 남아 있다. 일반적으로 샴페인은 보르도 와인보다 2~3배 질소 화합물이 더 들어 있으며, 화이트 와인보다 레드 와인에 더 많이 함유되어 있다.

아미노산(Amino acid)

아미노산은 단백질과 펩티드를 구성하는 물질로서 포도 주스와 와인에 1~4g/ℓ 정도 있으며, 와인에서는 프롤린(proline)과 아르지닌(arginine)이 가장 많다. 포도에는 프롤린이 300~2,000mg/ℓ (평균 1,000mg/ℓ), 아르지닌은 200~800mg/ℓ(평균 600mg/ℓ) 정도 들어 있다. 카베르네 소비뇽이 프롤린의 농도가 가장 높은 것(1,700mg/ℓ)으로 알려져 있다. 두 번째로 많은 아미노산은 글루타민(glutamine)과 알라닌(alanine)으로 100~200mg/ℓ 정도 있다. 그리고 글루탐산과 같은 아미노산은 와인에 특별한 향미를 주기도 한다. 아미노산은 증류 중에 가열되면 방향 성분인 피라진(pyrazine)이 되며, 가열법으로 만든 셰리나 마데이라에서는 당과 함께 마이야르 반응을 일으켜 갈변을 일으킨다.

효모는 자신에게 필요한 아미노산을 머스트에 있는 암모늄이온과 당을 이용하여 합성하기도 하지만, 이미 머스트에 있는 아미노산이 효모의 성장과 발효에 도움을 준다. 그러므로 발효가 진행되면서 머스트의 아미노산 함량은 감소한다. 아르지닌, 글루탐산(glutamic acid), 알라닌 등 대부분의 아미노산은 효모의 성장에 사용되지만, 가장 많이 있는 프롤린은 효모가 산소가 없는 상태에서 질소원으로 사용하지 못하기 때문에 와인에 가장 많은 양이 남아 있다.

[표 2-8] 와인의 유리 아미노산 함량(mg/ℓ)

Arginine	50	Lysine	50
Aspartic acid	30	Proline	100~500
Glutamic acid	200	Serine	50
Leucine	20	Threonine	200
Isoleucine	20	Valine	40

암모니아(Ammonia)

머스트와 와인에 주로 암모늄이온(NH4+) 형태로 존재하며, 머스트에 5~175mg/ℓ(평균 125mg/ℓ) 정도 있다. 효모는 발효 중에 암모늄이온을 이용하기 때문에 와인에는 12mg/ℓ 정도 존재한다. 머스트의 암모늄이온의 농도는 토양의 질소 함량이 좌우한다. 포도가 아닌 과일은 이 성분이 부족하기 때문에 다른 과일로 알코올 발효시킬 때는 인산암모늄이나 요소 등을 첨가하는 것이 좋다. 최근에는 포도 머스트에도 암모늄염을 첨가하면 좋은 결과를 얻을 수 있다는 것이 밝혀졌으나, 암모니아태 질소가 너무 많아지면 히스티딘(히스타민 전구물질)과 같은 아미노산이 증가한다. 한편, 질소원이 결핍된 머스트는 효모가 단백질을 분해하여 함황 아미노산을 유리시켜 황화수소가 증가한다.

아민(Amine)

포도에 있는 휘발성 아민은 알코올 발효 중에 감소하기도 하지만, 비교적 발효온도에 안정적이며, 효모의 자가분해 때 증가하기도 한다. 방향 성분으로서 역할은 별로 알려진 것이 없지만, 와인에 약간 거친 맛을 준다. 또, 와인에는 몇 가지 생체 아민이 있는데, 주로 말로락트발효 때 형성된다. 농도가 높을 경우, 이들 중 티라민(tyramine)은 혈압을 상승시키고, 히스타민(histamine)은 그 반대 역할을 할 수도 있다. 이 아민은 대다수 사람들에게는 문제가 없지만, 소수의 사람들에게 퀴퀴한 냄새처럼 느끼게 만들고, 알레르기를 일으키기도 한다.

에틸카바메이트/카밤산에틸(Ethyl carbamate)

에틸카바메이트는 우레탄(urethane, 이것이 여러 개 이어지면 폴리우레탄 수지가 된다)으로도 알려져 있으며, 예전에는 동물의 마취제와 사람의 항종양 및 수면제로 널리 사용되었으나 1943년 쥐에서 폐종양의 형성을 유도하는 요인을 조사하면서 발암성이 알려지기 시작하였다.

- **에틸카바메이트의 형성** : 이 물질은 암모니아와 클로로폼산에틸의 반응으로 생성되며, 식품에서는 주로 요소(urea)와 에탄올을 가열할 때 생성된다는 점이 밝혀졌다.

$$ClCOOCH_2CH_3 + 2NH_3 \rightarrow NH_2COOCH_2CH_3 + NH_4Cl$$
ethyl chloroformate　　　　　ethyl carbamate

$$CH_3CH_2OH + NH_2CONH_2 \rightarrow NH_2COOCH_2CH_3 + NH_3$$
　ethanol　　　urea　　　　ethyl carbamate

[그림 2-5] 에틸카바메이트 생성 경로

제2장 와인의 성분 39

이 물질은 식품의 원료에 들어 있는 성분 특히 요소 등 질소 화합물이 발효과정을 거치면서 미생물 대사에 의해 변화하여 생긴다는 것이 일반적인 학설이다. 미국, 독일의 연구진은 효모의 영양원으로 공급하는 요소(尿素)가 에틸카바메이트의 원인물질이라고 밝히고, 발효온도가 높을수록 더 많이 생기므로 화이트 와인보다는 레드 와인에 이 물질이 더 많다고 밝혔다. 이때부터 포도재배나 양조과정에 요소의 사용을 자제하게 되었고, 와인 유통업체도 될 수 있으면 낮은 온도에서 유통, 보관하여 저장 중 에틸카바메이트가 생길 수 있는 기회를 차단시키게 되었다.

● **에틸카바메이트의 규제** : 이 물질은 식품에서 주로 요소(urea)와 에탄올을 가열할 때 생성되므로 일반 발효식품에서 많이 발견된다. 1990년대에 와서 빵(2ppb), 간장(20ppb) 등에서도 발견되었고, 이 물질의 생성반응이 높은 온도에서 잘 일어나므로 강화와인이나 위스키 등에서 더 많이 검출되었다.

　　　에틸카바메이트는 살균제(diethylpyrocarbonate)로 처리한 과일에서 처음으로 검출되었으며, 이어서 이 살균제를 사용하지 않은 채소류에서도 자연적으로 생긴다는 것을 발견했다. 1985년 캐나다 온타리오 주류통제국은 정상보다 이 물질의 농도가 높은 캐나다의 와인과 증류주를 거부하면서 식품과 음료의 에틸카바메이트 문제를 제기하였고, 뒤에 미국연방정부도 알코올 음료와 다른 식품의 에틸카바메이트 농도를 조사하여, FDA는 각 해당산업분야에서 제품 중 에틸카바메이트 실험방법을 발전시키고 그것을 감소시키는 방법을 찾을 것을 요구하고 있다. 1988년 알코올 음료 생산업자들이 자율적으로 그 함량을 규제하여, 와인은 15ppb 이하, 증류주는 125ppb 이하로 그 기준을 정하였다.

알코올 음료의 에틸카바메이트 함량(FDA 자료)

브랜디 : 10~45ppb	위스키 : 55~70ppb	럼 : 2~5ppb
리큐르 : 10~25ppb	셰리 : 10~40ppb	포트 : 23~26ppb
와인 : 10~15ppb	사케 : 55~60ppb	

● **에틸카바메이트의 대사** : 생체 내로 흡수된 에틸카바메이트의 4~6%는 변형되지 않은 채 오줌으로 배설되고, 대부분(90~95%)은 간에서 에스테라아제(esterase)에 의해서 가수분해되어 에탄올, 암모니아, 탄산가스가 된다. 나머지 1%가 문제를 일으키는데, 이 해독능력과 그 비율은 개인의 유전자에 따라서 달라진다.

　　　와인에서 에틸카바메이트가 별 문제가 되지 않는 것은 여러 가지 실험에서 밝혀진 것으로, 그 함량이나 인체에 미치는 영향은 거의 없다는 것이 학자들의 견해다. 덴마크 국립식품연구소에서는 알코올이 에틸카바메이트에 의한 폐종양을 감소시킨다고 하였으며, 제네바 연구팀의 멤버인 독성학자 스토샌드 박사에 의하면, 알코올이 에틸카바메이트의 종양형성을 방해하며, 와인은 여러 가지 항산화제 때문에 그 효과가 훨씬 더 뛰어나다고 밝혔다. 그는 동물실험에서 와인과 함께 에틸카바메이트를 쥐에 상당히 높은 농도로 투여해도 별 문제가 없다는 결과를 얻었다고 한다. 그는 와인의 에틸카바메이트는 건강상 문제가 없으며, 법적인 한계치를 설정할 필요가 없다고 했다.

결론적으로, 와인에는 에틸카바메이트라는 발암물질이 존재하지만 와인에 있는 페놀 화합물이 발암물질의 해독작용을 더 증가시키기 때문에 와인은 실제로 암의 위험을 더 감소시킨다고 볼 수 있다.

비타민(Vitamin)

비타민은 효모의 성장에 아주 중요한 인자로서, 포도 주스에는 그 함량이 많지 않지만, 특수한 경우가 아니면 발효 때 따로 첨가할 필요는 없다. 대체적으로 비타민은 발효나 숙성 중에 그 함량이 감소한다. 예를 들면, 아스코르브산(ascorbic acid, 비타민 C)은 파쇄 직후 재빨리 산화되고, 티아민(thiamine, 비타민 B_1)은 이산화황과 반응하거나 가열하면 분해되며, 벤토나이트에 흡착된다. 또, 리보플라빈(riboflavin, 비타민 B_2)은 빛에 노출되면 산화된다. 발효 중에 유일하게 증가하는 비타민은 파라아미노벤조산(para-aminobenzoic acid)뿐이다. 머스트에서 발견되는 중요한 비타민은 다음과 같다.

[표 2-9] 머스트의 비타민 함량

종류	범위(mg/ℓ)	평균(mg/ℓ)
Thiamine(B_1)	0.1~1.0	0.3
Riboflavin(B_2)	0.0~1.5	0.2
Pyridoxin(B_6)	0.1~3.0	0.5
Cobalamine(B_{12})	0.0~0.1	0.05
Pantothenic acid	0.25~10	1
Nicotinic acid	0.30~9	3
Biotin	1~60ppb	2.5ppb
Choline	24~40ppb	30ppb

페놀 화합물

페놀 화합물은 색소와 타닌성 물질을 구성하면서 관능적인 기능과 기술적인 면에서 아주 중요하다. 즉 색깔과 향미에 미치는 영향력이 대단히 크다. 이들은 레드 와인의 특성을 나타내며, 레드와 화이트 와인의 향미 차이는 이런 물질들 때문이다. 또, 단백질을 응고시키기 때문에 와인의 정제에도 사용되며, 항박테리아, 항산화제로 작용하여 심장질환을 감소시키기 때문에 와인이 건강에 좋다는 것도 바로 이 페놀 화합물 때문이다. 이 물질은 양조과정 중 포도의 여러 부위에서 추출된다. 이들의 구조는 오크통이나 병에서 숙성될 때 조건에 따라 다양한 구조로 변하는데, 아직까지 그 변화과정이 완벽하게 밝혀지지는 않았지만, 크로마토그래피 기술의 발달로 많은 부분이 규명되고 있다.

구조의 특성

모든 페놀 화합물의 기본구조는 벤젠(C_6H_6)고리에 있는 수소(1H)가 수산기(—OH)로 치환된 페놀로 이루어진 물질이다. 이 수산기를 두 개 이상 갖고 있는 물질을 폴리페놀(poly phenol) 즉, 다가 페놀이라고 총칭한다. 분자구조가 다르면 물질의 성질도 달라지듯이 폴리페놀은 벤젠과 달리 독성을 띠지 않는다. 폴리페놀은 활성산소를 감소시키는데, 활성산소는 산성을 띠며 여러 화합물을 산화시키는 물질이기 때문에, 염기성을 띠는 폴리페놀의 수산기는 활성산소와 쉽게 결합해 체내에 있는 활성산소를 감소시킬 수 있다. 구조에 따라 플라보노이드와 논플라보노이드로 나눈다.

논플라보노이드(Nonflavonoids)

플라보노이드 구조를 가지고 있지 않은 페놀산을 근간으로 한 물질로서, 포도와 와인에는 벤조산(benzoic acid)과 신남산(cinnamic acid) 등의 논플라보노이드 화합물이 있는데, 레드 와인에는 100~200mg/ℓ, 화이트 와인에는 10~20mg/ℓ 정도가 있다. 포도와 와인에서 발견되는 논플라보노이드 페놀 화합물은 하이드록시신남산(hydroxycinnamic acid)을 제외하고는 아주 낮은 농도로 존재하고 있다. 하이드록시신남산은 화이트 와인의 주요 페놀 화합물로서 화이트 와인의 색깔에 관여하는데, 껍질에도 있지만 주로 포도 과육에서 나온다. 레드 와인 역시 비슷한 양의 하이드록시신남산을 가지고 있다. 이 물질은 유리 산(free acid) 형태로 발견되었으나, 포도에서는 유리 산으로 존재하지 않고, 주석산과 에스터 결합을 하고 있다. 주석산과 에스터 형태로 특히, 카프타르산(caftaric acid or p-coumaryl-tartaric acid)은 포도 주스의 산화성 물질로서 화이트 머스트의 갈변 원인물질이 된다.

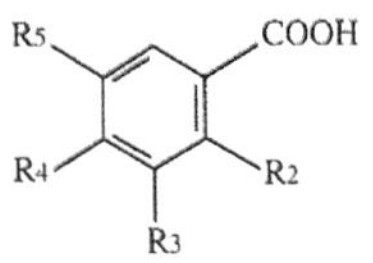

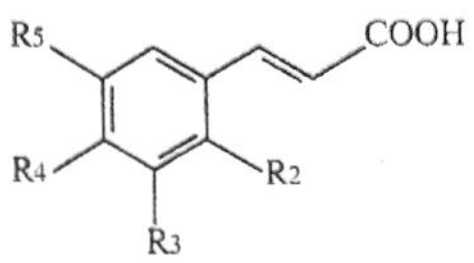

(1) Benzoic acids	R_2	R_3	R_4	R_5	(2) Cinnamic acids
p-Hydroxybenzoic acid	H	H	OH	H	*p*-Coumaric acid
Protocatechuis acid	H	OH	OH	H	Caffeic acid
Vanillic acid	H	OCH_3	OH	H	Ferulic acid
Gallic acid	H	OH	OH	OH	
Syringic acid	H	OCH_3	OH	OCH_3	Sinapic acid
Salicylic acid	OH	H	H	H	
Gentisic acid	OH	H	H	OH	

[그림 2-6] 포도와 와인에서 발견되는 페놀산

관능적인 관점에서 이들 물질은 특별한 향미를 나타내지 않지만, 특정한 미생물(*Brettanomyces* 나 박테리아)의 작용으로 휘발성 페놀의 전구체가 될 수 있다. 동물 향이 나는 에틸페놀(ethyl phenol)과, 에틸가야콜(ethyl gaiacol)은 레드 와인에서 발견되고, 화이트 와인에는 자극적인 과슈(gouache) 물감 냄새가 나는 바이닐페놀(vinyl phenol)과 바이닐가야콜(vinyl gaiacol) 등이 있다.

또, 오크통을 만들면서 나무를 태울 때 리그닌과 그 유사물질이 분해되어, 새 오크통에서 와인을 숙성시키면 토스트나 연기 냄새를 내는 가야콜 계통의 물질이 향을 형성한다. 꿀 향과 비슷한 향을 내는 티로솔(tyrosol)도 이 범주에 들 수 있는데, 이 물질은 레드, 화이트 와인 양쪽에 다 있으며(20~30mg/ℓ), 알코올 발효 중에 효모가 타이로신을 변화시켜 만든 것이다.

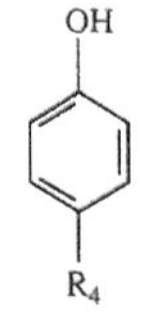

R_4	명칭	근원
CH_2-CH_3	Ethyl phenol	Red wine
$CH=CH_2$	Vinyl phenol	White wine

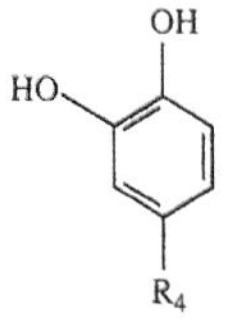

R_4	명칭	근원
OH	Gaiacol	Wood
CH_3	Methyl gaiacol	Wood
CH_2-CH_3	Ethyl gaiacol	Wood
$CH=CH_2$	Vinyl gaiacol	Red wine
$CH_2-CH_2-CH_3$	Propyl gaiacol	Wood
$CH=CH-CH_3$	Allyl gaiacol	Wood

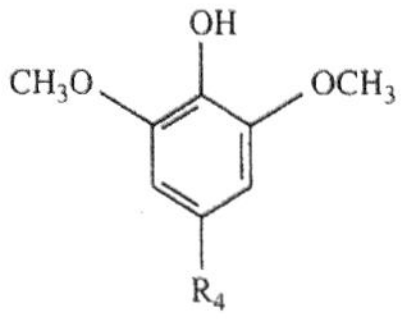

R_4	명칭	근원
H	Syringol	Wood
CH_3	Methyl Syringol	Wood

[그림 2-7] 휘발성 페놀 화합물

쿠마린(coumarin)도 신남산의 유도체로 볼 수 있는데, 이 분자는 오크의 성분으로 나무에서 배당체(glycoside) 형태로 있거나, 자연 건조된 나무에서는 아글리콘(aglycone) 상태로 발견되는데, 많은 양은 아니지만, 배당체 형태는 쓴맛, 아글리콘 상태는 신맛을 주는 등 관능적인 면에 영향을 준다. 더 복

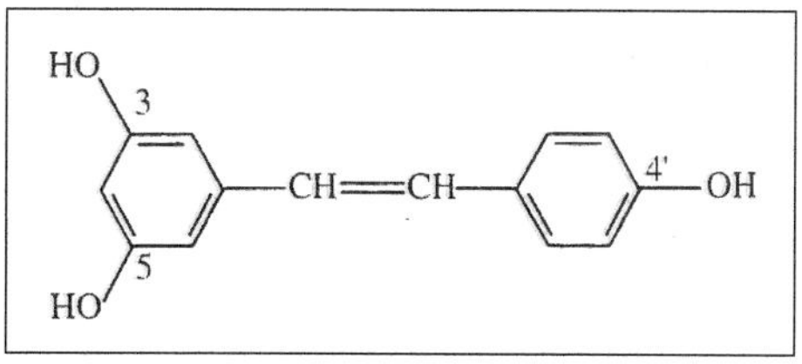

[그림 2-8] 레스베라트롤

잡한 폴리페놀로서 포도와 와인, 오크에서 발견되는 것이 있는데, 레스베라트롤(resveratrol, 3,5,4-trihydroxystilben)이라는 물질로 포도가 항균물질로서 생산하는 것으로 생각되고 있다. 이 레스베라트롤은 포도 껍질에 많이 들어 있으며, 레드 와인 발효 중에 추출되어 건강에 유익한 특성을 가진 것으로 알려져 있다. 농도는 1~3mg/ℓ 정도다.

플라보노이드(Flavonoid) 화합물

황색 색소로서 두 개의 벤젠고리가 산화 형태의 헤테로 사이클로 묶여 있는 형태를 이루고 있다.

가장 널리 퍼져 있는 물질은 플라보놀(flavonol)로서 레드와 화이트 포도의 껍질에 있는 황색 색소이며, 그 다음이 플라바놀(flavanol)로서 색깔이 옅다. 포도에서 이들 분자는 배당체를 형성하고 있으며, 이들은 각 위치에 붙는 기에 따라 캠페롤(kaempferol), 케르세틴(quercetin), 미리세틴(myricetin) 등

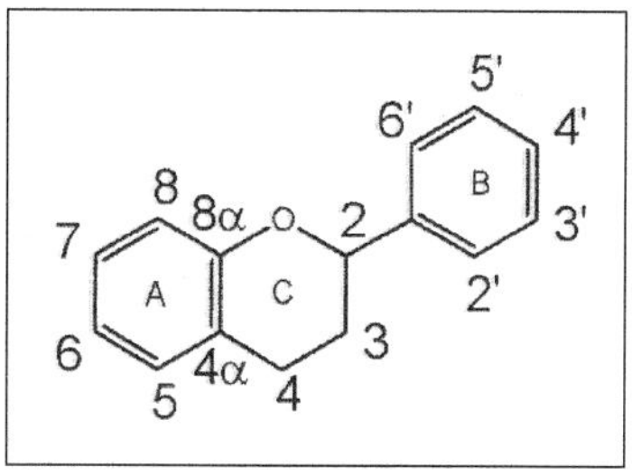

[그림 2-9] 플라보노이드 기본구조

으로 되며, 이 세 가지 색소는 모두 레드 와인에 존재하지만, 화이트 와인에는 캠페롤, 케르세틴 두 가지만 있다. 레드 와인에는 100mg/ℓ 정도 있으며, 화이트 와인은 품종에 따라 다르지만 1~3 mg/ℓ 정도 된다. 포도에서 이 물질은 햇볕을 많이 받을수록 축적이 잘 되는 것으로 알려져 있다. 안토시아닌, 카테킨 모두 이 플라보노이드 구조를 기본으로 한다.

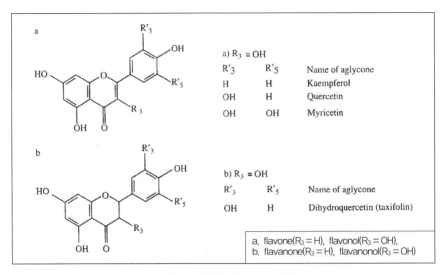

[그림 2-10] 플라보노이드 종류

안토시아닌(Anthocyanin)

붉은 색소로서 영 레드 와인에 200~500mg/ℓ 정도 들어 있으며, 주로 껍질에 분포되어 있지만, 품종에 따라 과육에 있는 것(Alicante Bouschet 등)도 있다. 포도의 성장기 마지막 단계에서는 잎에서도 많은 양이 발견된다. 이들은 배당체(glucoside)로서 각 분자는 한 개 혹은 두 개의 포도당 분자를 가지고 있다가, 숙성기간 중 점차적으로 포도당을 유리시키고 안토시아니딘(anthocyanidin)이 된다. 안토시아닌과 안토시아니딘을 합쳐서 안토시안(anthocyan)이라고 한다. 이들 분자는 아글리콘(anthocyanidin)보다 배당체(anthocyanin) 형태가 더 안정적이다.

비니페라(V. vinifera) 포도와 와인에서는 단당 배당체와 아실화 형태로 된 안토시아닌으로 발견된다. 이당 배당체의 안토시아닌은 미국종 포도(V. riparia, V. rupestris)에서 많은 양이 발견되며, 유럽종 포도에서는 없거나 흔적만 나타난다. 그러므로 이당 배당체를 가진 것은 유전법칙에 따라 각 포도의 주요 특성으로 나타난다. 유럽종과 미국종 포도(V. riparia, V. rupestris)의 잡종 1세대는 모두 이당 배당체가 나오며, 잡종 1세대와 유럽종 포도의 잡종에서 이당 배당체는 나오지 않는다. 이런 점을 이용하여 원래의 프랑스 품종을 식별할 수 있다.

안토시아닌은 두 개의 벤젠고리가 산화 형태의 불포화 양이온의 헤테로 사이클로 묶여 있는 형태를 이루고 있다. 각 위치에 붙는 기에 따라 5종이 있다. 그리고 이 색소의 색깔은 분자 구조, 환경, pH, 아황산에 따라 달라지기 때문에 와인에 따라 다양한 적색을 나타낸다. 산성에서는 적색, 중성에서 자색, 알칼리성에서는 청색으로 변하는 pH 의존형 색소이며, pH가 낮을수록 안정성이 증가한다.

안토시아닌은 타닌과 쉽게 결합하여 와인에서 부분적으로 중합체(polymer)를 형성하면서, 거대한 분자가 되어 콜로이드 형태가 되어 조건에 따라 침전을 형성할 수 있다. 그러므로 시간이 지날수록 안토시아닌의 양이 적어져 몇 년 후에는 불과 몇 mg/ℓ에 지나지 않는다. 안토시아닌과 타닌의 중합체는 떫은맛보다는 쓴맛이 강하다. 안토시아닌의 농도는 와인의 숙성 기간과 품종에 따라 달라지는데, 발효 직후 100mg/ℓ(피노 누아)~1,500mg/ℓ(시라, 카베르네 소비뇽 등)로 시작되었다면, 첫해에 통이나 병에서 급속하게 감소되어 0~50mg/ℓ까지 된다. 이 색소의 대부분이 와인에서 타닌과 결합하거나 축합되어 보다 안정한 물질로 변하여, 또 다른 종류의 색소 분자가 되어 버린다. 그리고 소량의 안토시아닌은 외부적인 요소(온도, 빛, 산소 등)나 콜로이드성 색소 침전을 형성하면서 분해되어 사라진다.

Anthocyanidin	R_1	R_2
cyanidin	OH	H
peonidin	OCH_3	H
delphinidin	OH	OH
petunidin	OCH_3	OH
malvidin	OCH_3	OCH_3

[그림 2-11] 안토시아닌의 구조

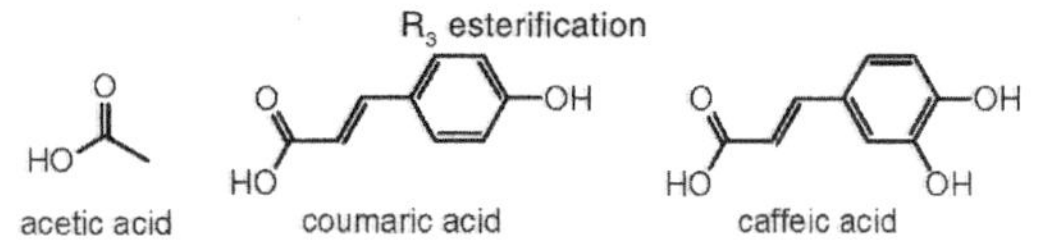

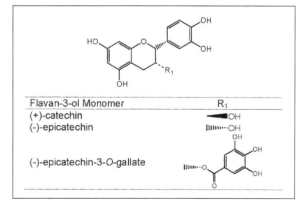

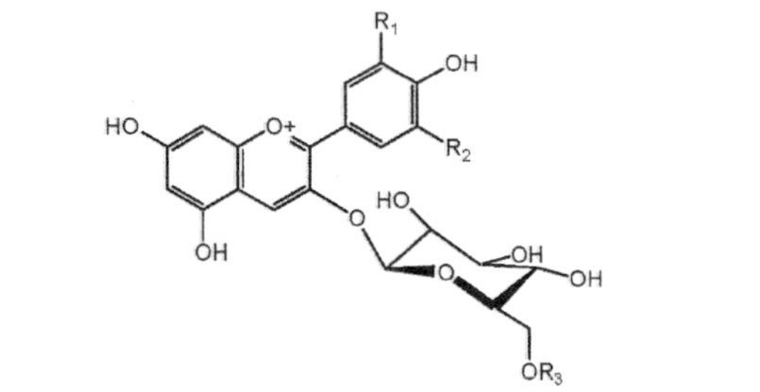

카테킨(Catechin)/플라반-3-올 단량체(Flavan-3-ol monomer)

플라반-3-올 단량체(카테킨)는 와인의 쓴맛과 떫은맛에 관여하는 성분으로 축합형 타닌의 구성 성분으로 중요도가 크다. 포도와 와인에서 이 구조를 가진 물질은 (+)카테킨과 (-)에피카테킨(epicatechin), 갈산에피카테킨(epicatechin-3-O-gallate)이며, 포도와 와인에서 발견되는 카테킨은 씨에 많이 존재한다. 이 성분은 변색기(*véraison*) 이전에 생성되고, 익어 감에 따라 변한다. 이 성분은 포도의 씨에 많으므로 추출시간이 길수록, 온도가 높을수록, 알코올농도가 높을수록 많이 생성된다.

[그림 2-12] 플라반-3-올 단량체 및 프로안토시아니딘 단위

프로안토시아니딘(Proanthocyanidins)

이 물질은 '프로안토시아니딘'이라는 명칭 외에 '프로시아니딘(procyanidin)', '안토시아노겐(anthocyanogens)', '류코안토시아니딘(leucoanthocyanidin)', '플라반-3,4-다이올(flavan-3,4-diols)', '축합형 타닌(condensed tannins)', 혹은 '타닌(tannins)' 등 여러 가지 명칭을 가지고 있다. 최근 문헌에서는 타닌이나 프로안토시아니딘으로 많이 부르고 있다. 프로안토시아니딘은 레드 와인에 떫은맛을 내고, 포도의 껍질, 씨, 열매자루에서 추출된다. 기본 단위인 플라반-3-올의 중합도에 따라 분자량이 달라지기 때문에 연구에 어려움이 많다.

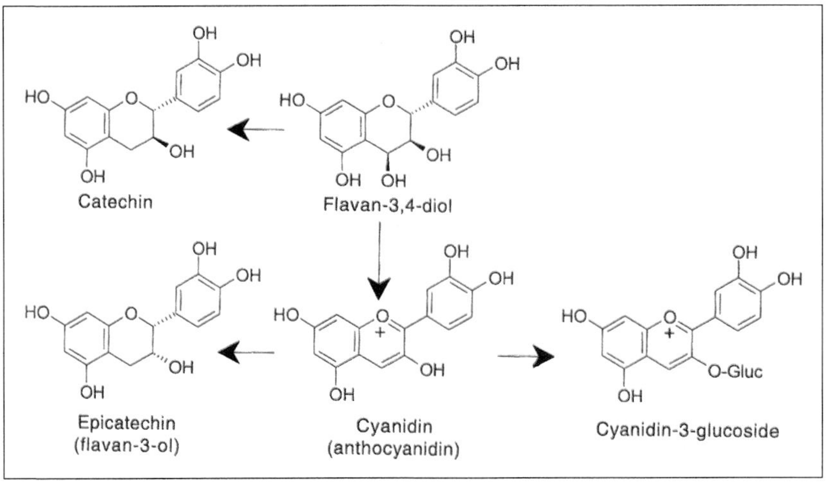

[그림 2-13] 플라반-3,4-다이올의 변화

타닌(Tannin)

• 정의 : 광범위한 범위의 타닌은 식물계에 광범위하게 존재하는 폴리페놀 화합물로서 단백질과 결합하여 물에 불용성 복합체를 형성하고, 가죽을 부드럽게 만드는 특성을 가지고 있으며, 수렴성의 떫은맛이 있는 물질을 말한다. 가죽을 썩지 않게 만드는 것은 무두질 때 콜라겐과 타닌의 반응을 이용한 것이다. 떫은맛은 침에 있는 글리코프로테인(glycoprotein)과 타닌의 반응으로 나타나며, 와인의 정제도 타닌과 단백질의 작용을 이용한 것이며, 타닌의 효소불활성화도 효소의 단백질과 타닌의 반응으로 일어난다.

화학적으로 타닌은 비교적 큰 페놀 분자로서 페놀기를 가진 분자의 중합체를 말하며, 이들의 결합상태에 따라 반응성이 달라진다. 이들이 단백질과 안정된 화합물을 형성하려면 분자가 충분히 커야 하지만, 너무 크면 단백질의 활성 위치에서 멀어지게 된다. 활성상태의 타닌의 분자량은 대략 600~3,500 정도가 된다. 기본 분자의 타입에 따라 가수분해성 타닌(hydrolyzable tannin)과 축합형 타닌(condensed tannin)으로 구분된다.

- 가수분해성 타닌(Hydrolyzable tannin) : 가수분해성 타닌은 갈로타닌(gallotannin)과 엘라기타닌(ellagitannin)이 있으며, 이들을 산으로 가수분해하면 각각 갈산(gallic acid)과 엘라그산(ellagic acid)을 내놓는다. 그리고 이들은 포도당 한 분자를 함유하고 있다. 오크통을 만드는 오크에는 엘라기타닌이 두 개의 이성질체로 나타나는데, 이들은 대부분 수용성이며 와인이나 브랜디와 같은 묽은 알코올 용액에 신속하게 용해된다. 이들은 자체 산화력과 향미 때문에 오크통에 있는 와인의 숙성에 중요한 역할을 한다. 엘라기타닌은 오크 목재에서 추출되는 성분으로 유럽 오크에서는 모두 4개의 단량체(monomer)와 4개의 이합체(dimer)로 된 엘라기타닌이 나오지만, 미국오크에는 이합체가 존재하지 않는다. 이 가수분해성 타닌은 포도에는 존재하지 않고, 오크통이나 합법적으로 와인에 첨가할 목적으로 제조한 판매용 타닌에 있다. 그러므로 와인에서 발견되는 엘라그산은 오크통이나 첨가하는 타닌에서 나온 것이다. 그러나 껍질과 씨에서 나오는 갈산은 와인에 항상 존재한다. 가수분해성 타닌은 축합형 타닌보다 떫은맛이 강하다.

- 축합형 타닌(Condensed tannin) : 포도와 와인에 존재하는 축합형 타닌은 플라반-3-올(flavan-3-ols)의 복합 중합체로서 가상적인 사합체의 기본 단위는 카테킨, 에피카테킨, 에피갈로카테킨, 갈산에피카테킨이 4-8 결합으로 연결되어 있고, 항상 갈산에피카테킨이 말단에 있다. 포도 타닌의 대부분은 카테킨과 에피카테킨으로 되어 있으며, 그중에서 에피카테킨이 더 많다. 껍질의 타닌은 씨의 타닌보다 더 크고, 에피갈로카테킨 단위를 가지고 있지만, 씨의 타닌은 이 성분이 거의 없다. 그러나 씨의 타닌은 갈산에피카테킨 단위를 가지고 있지만, 껍질의 타닌에는 이 성분이 없다. 이러한 차이를 이용하여 껍질과 씨의 타닌의 양을 측정할 수 있다.

이들 물질의 중합체를 산 수용액에서 가열하면 아주 불안정한 갈색의 축합물인 카보양이온(carbocation)이 유리되는데, 이 물질은 불안정하고 주로 붉은 색의 안토시아니딘(anthocyanidin)이 되기 때문에 축합형 타닌을 '프로안토시아니딘(proanthocyanidin)' 혹은 '프로시아니딘(procyanidin)'이라고 부르게 된 것이다. 예전에는 '류코시아니딘(leucocyanidin)'이라고 한 것이다.

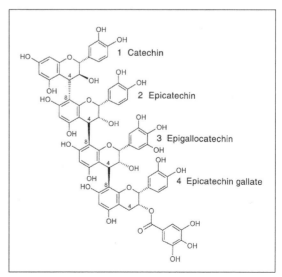

[그림 2-14] 가상적인 축합형 타닌의 결합형태

이들 물질은 수산기의 수와 위치, 이성질체, 기본 단위의 결합 등에 따라서 수많은 구조를 가진 다른 물질이 될 수 있다. 이러한 다양성 때문에 타닌은 포도와 와인에서 향미 등이 서로 다른 성질을 갖게 된다. 그러니까 분석으로 단순하게 그 농도만 나타내서는 안 되고, 분자 구조에 따라 달라지는 종류도 함께 표시해야 한다.

포도와 와인에서 (+) 카테킨, (−) 에피카테킨, 이합체, 삼합체, 과합체, 축합형 프로시아니딘 등으로 분리할 수 있는데, 기본적인 카테킨 단위는 타닌으로 포함시키지 않는다. 그 이유는 분자량이 너무 작고 단백질과 작용이 미미하기 때문이다. 이합체 이상으로 분자량이 커져야 단백질과 안정한 결합을 할 수 있다.

떫은맛은 중합 정도에 따라 달라지기 때문에 전체의 양과 떫은맛은 비례하지 않는다. 타닌이 많은 오래된 레드 와인은 떫은맛이 부드러워지고, 영 와인 때 안토시아닌의 밝은 색깔은 타닌의 벽돌색깔이 대신해 버린다. 타닌의 분자량이 작을 때는 단백질과 반응하지 않기 때문에 떫은맛보다는 신맛이 나며, 분자량이 커지면서 쓴맛과 떫은맛이 강해지고 바디가 강해진다. 즉, 분자량이 작으면 쓴맛이 많고 분자량이 커지면 떫은맛이 강해진다. 그러나 분자량이 너무 커지면 미각세포와 반응이 어렵고, 단백질과 침전을 형성하므로 그 맛이 약해진다. 타닌과 다당류의 결합체는 바람직한 것으로 와인에 부드러움을 준다.

축합형 타닌 즉, 프로시아니딘과 카테킨은 포도송이의 모든 부분 껍질, 씨, 열매자루에 있으므로 와인에 용해된다. 레드 와인에는 이 성분이 포도의 품종이나 양조방법에 따라 다르지만, 1~4g/ℓ로서 상당량이 들어 있다. 드라이 화이트 와인은 양조방법에 따라 보통의 방법이면 100㎎/ℓ, 효모 찌꺼기 위에서 발효시키면 200~300㎎/ℓ 정도 된다. 보트리티스 스위트 와인은 타닌 함량이 아주 낮아지는데, 이는 곰팡이가 이 성분을 완벽하게 파괴시키기 때문이다.

안토시아닌과 타닌의 화학적 성질

- **안토시아닌과 pH** : 안토시아닌은 양으로 하전된 옥소늄이온을 가진 플라빌륨 (flavylium) 핵을 가지고 있기 때문에 안토시아닌의 색깔은 pH의 영향을 직접 받는다. pH가 낮으면 플라빌륨 상태의 농도가 증가하여 적색이 강해지며, pH가 증가할수록 색깔이 약해진다. pH 3.2~3.5에서 가장 많이 붉은 색깔이 없어지며, pH 4 이상에서는 담자색에서 청색, 그리고 중성이나 알칼리성에서는 황색으로 옅어진다. 그리고 안토시아닌 용액은 아황산이 있을 때 표백작용이 강하게 일어나 일시적으로 색깔이 없어진다. 이는 아황산과 결합한 부위 (2번 탄소)가 다른 페놀 화합물과 강하게 반응하여 시간이 지나면 다른 페놀 화합물로 대체되기 때문이다.

- **안토시아닌 분해반응** : 안토시아닌 분자는 안정적이지 못하여 오크통에서 숙성시킬 때, 불과 2~3개월 만에 그 함량이 급속하게 감소하여, 2~3년이 지나면 붉은색은 남아 있어도 안토시아닌

은 완전히 사라진다. 이는 와인에 있는 다른 성분 특히 타닌과 결합하거나 분해반응이 일어나기 때문이다. 색소의 안정성은 여러 가지 요소 즉 분자의 타입, 용액의 농도, pH, 온도, 산화, 빛, 용매의 타입에 따라 달라진다.

안토시아닌 용액을 100℃로 가열하면 시간에 따라 색깔이 현저하게 감소한다. 이 반응은 불가역적으로 어떤 조건에서도 원래의 색깔로 돌아오지 않는다. 그러므로 와인을 오크통이나 병에서 장기 보관할 때 온도가 색깔 유지에 가장 큰 변수가 된다.

산을 첨가(0.1% HCl)한 알코올 용액에서 안토시아닌은 빛에 노출되었을 때 불과 2~3일 만에 색깔을 잃는다. 이 반응은 주로 알코올 농도와 그 종류(에탄올, 메탄올 등)에 따라 영향을 받는다. 이 반응에서 산소와 빛은 촉매제로서 작용하기 때문이다.

- **타닌의 단백질과 다당류와 반응** : 폴리페놀 특히 타닌은 단백질이나 다당류와 안정된 화합물을 만든다. 이 반응은 pH, 반응시간, 온도, 용매, 이온의 강도 등 여러 가지 변수가 타닌–단백질 결합체 형성에 영향을 끼치며, 단백질의 종류와 분자량이 불용성 화합물 형성에 주도적인 역할을 한다. 프롤린(proline) 함량이 높은 단백질은 축합형 타닌과 친화력이 좋은데, 이 반응이 와인의 정제에서 중요한 역할을 한다.

- **프로시아니딘의 산화반응** : 페놀 화합물은 산화되는 성질을 가지고 있기 때문에 포도와 레드 와인의 산화가 방지된다. 이 산화반응은 화학적으로 혹은 효소적으로 일어나는데, 포도의 페놀 화합물을 산화하는 효소는 티로시나아제(tyrosinase)와 보트리티스 곰팡이 낀 포도의 라카아제(laccase)에 의해서 일어난다. 이 산화반응은 산성 용액에서 아주 복잡하며, 빛과 온도 그리고 과산화수소, 특정 금속이 있으면 산화된 라디칼 형성이 촉진되고, 플라바놀, 프로시아니딘, 축합형 타닌은 그들의 형태에 따라 이 프리 라디칼과 반응하는 정도가 달라진다. 이러한 연쇄반응으로 여러 가지 구조를 가진 갈색 폴리머를 형성하면서 침전된다.

- **프로시아니딘의 중합반응** : 산 용액에서 프로시아니딘의 이합체를 비롯한 중합체는 불안정한데, 이는 서로 중합하면서 성질이 변하기 때문이다. 이산화황과 함께 질소를 채우고 빛을 차단하더라도 색깔은 황색에서 갈색으로 변하면서 바로 침전이 생성된다. pH 3.2, 5℃에서는 10개월, 20℃에서는 2~3개월, 30℃에서는 1~2개월 정도 걸린다. 산소가 있고 높은 온도에서는 용액의 변화가 훨씬 더 강하고 침전물도 달라진다. 이런 중합체는 분자량이 3,000 이상이다. 중합체는 분자량이 3,600 이상, 크기가 4㎚가 되면 소수성 물질로서 콜로이드를 형성하며, 크기가 400㎚ 이상이 되면 침전이 일어난다. 이렇게 해서 와인에서는 여러 가지 중합체가 형성되는데, 양조방법, 오크통 숙성 조건에 따라 향미와 품질에 영향을 준다.

- **안토시아닌의 상호착색반응(Copigmentation)** : 안토시아닌 용액의 색깔은 농도, pH, 아황산, 온도 등 여러 가지 변수의 영향을 받지만, 다른 물질의 존재 여부에 따라 보라색으로 기울기도 하

고, 강도가 더 증가할 수도 있다. Al^{3+}, Fe^{3+}, Cu^{2+}, Mg^{2+} 등 금속 양이온은 안토시아닌과 결합하여 보라색을 훨씬 더 강하게 만든다. 또, 여러 종류의 안토시아닌과 색깔 없는 다른 페놀 화합물이 같이 있으면 안토시아닌 자체의 색깔보다 더 진한 색깔이 나올 수도 있다. 이는 색깔 없는 결합성 물질이 유리 안토시아닌을 더 많이 결합시키고, 결합된 안토시아닌의 색깔이 더 진하기 때문이다. 이렇게 안토시아닌이 다른 물질과 함께 색깔을 더 진하게 만드는 현상을 상호착색반응이라고 한다.

그러니까 색깔 없는 페놀 화합물과 같은 결합성 물질의 농도가 낮으면 상호착색반응을 일으킬 수 없어서 색깔이 약해지는데, 예를 들면, 피노 누아나 산조베제가 포도의 색깔은 진하지만, 가끔 와인의 색깔이 옅게 나오는 이유는 바로 결합성 물질의 농도가 약하기 때문이다. 반면, 포도에 결합성 물질이 많으면 색소를 많이 흡착하여 색깔이 진해지고 특히, 보랏빛이 강해진다. 이러한 상호착색반응은 안토시아닌의 종류와 농도, 결합성 물질 특히 페놀 화합물의 종류와 농도, pH, 온도 특히, 용매의 종류에 따라 영향을 받는다.

- **안토시아닌과 타닌의 축합반응** : 안토시아닌의 플라빌륨 양이온은 아미노산, 카테킨 등 여러 물질과 직접 반응하여 색깔을 변화시킨다. 이런 반응은 와인 숙성 중에 일어나는데, 이때 안토시아닌 자체는 많이 사라지지만, 레드 와인의 색깔이 더 강해질 수도 있다. 이렇게 형성된 색소는 pH나 아황산에 그렇게 민감하지 않다.

안토시아닌과 타닌의 축합은 결합방식에 따라 세 가지로 나눌 수 있는데, 색깔은 오렌지색에서 등자색까지 걸쳐 있다. 첫째, 축합된 안토시아닌과 타닌이 반응하면 색깔 없는 플라벤(flavene)이 되는데, 색깔을 회복하려면 산소나 산화적 조건이 필요하다. 안토시아닌 용액을 공기가 없는 상태에서 20℃ 이상으로 두면 색깔이 옅어지지만, 공기가 들어가면 다시 회복된다. 이와 비슷한 반응으로 탱크에서 와인을 따라낼 때 공기가 들어가기 때문에 색깔이 진해지는 경우가 있다.

둘째, 안토시아닌과 축합된 타닌이 반응한 것은 색깔이 없지만, 탈수반응으로 붉은 오렌지색이 된다. 이 반응은 공기가 없는 상태에서 산화와 무관하게 진행되고, 온도가 높을수록 카보양이온이 잘 형성되어 반응이 잘 일어나며, 안토시아닌의 양에 따라 달라진다. 색깔은 카보양이온의 종류와 중합도에 따라 달라진다. 와인을 탱크나 병에서 공기를 차단시키면서 보관하면 이런 식의 축합으로 향미가 좋아진다.

셋째는 에탄알 아세트알데히드이 산 용액에서 카보양이온을 형성하여 플라바놀 카테킨과 안토시아닌을 결합시키는데, 이 반응은 pH에 따라 플라바놀과 안토시아닌의 비율이 달라진다. 와인에서 이런 반응은 다른 물질이 관여하는 프로시아니딘의 중합으로서, 오크통 숙성 중 에탄올의 산화로 에탄알이 생길 때 동시에 일어난다. 그리고 와인의 색깔이 진해지고, 오크통에서 2~3개월 후면 더 진해진다.

페놀 화합물의 관능적 성격

페놀 화합물은 레드 와인의 향미에 아주 중요한 역할을 한다. 이들은 와인의 맛에 긍정적인 영향을 끼치기도 하고 부정적인 영향도 끼친다. 바디, 구조, 풍부함, 원만함 등은 고급 레드 와인의 관능적인 품질이지만, 쓴맛, 거친 맛, 떫은맛, 엷은 맛 등은 와인의 결점으로서 없는 것이 좋다. 전체적인 관능적인 인상은 안토시아닌이나 타닌과 같은 여러 가지 분자의 농도와 타입에서 나온다. 이 물질은 침에 있는 당단백질(glycoprotein)이나 구강에 있는 단백질과 반응하며, 그 종류와 농도에 따라서 이들은 부드럽고 균형 잡힌 인상을 주거나 뒤끝에 쓴맛을 주거나 떫은 뒷맛을 주는 경우도 있다.

타닌과 단백질의 반응은 프로시아니딘의 중합도에 따라 달라진다. 떫은맛은 7합체까지는 증가하지만, 그 이상부터는 감소한다. 최고의 쓴맛은 프로시아니딘의 4합체에서 일어난다. 카테킨과 프로시아니딘의 작은 중합체(2, 3합체 등)는 단백질과 반응이 어렵고 수용액은 떫은맛보다 신맛이 더 있다. 프로시아니딘의 과합체나 중합체는 바디를 강하게 만들고 쓴맛과 떫은맛을 준다. 그러나 다른 분자가 들어간 중합체는 반응성이 감소하는 구조로 변경된다. 축합형 타닌 용액의 떫은맛은 프로시아니딘으로 구성되어 중합도에 따라 감소하며, 타닌과 다당류의 결합체는 바람직한 풍만함과 원만함을 준다. 안토시아닌과 타닌의 결합체는 그렇게 떫지 않고, 영 와인 때는 쓴맛을 낸다.

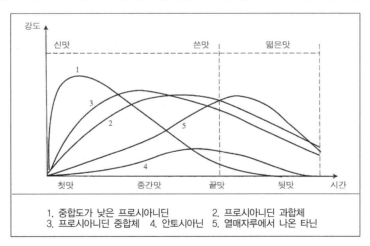

[그림 2-15] 페놀 화합물의 구조와 관능적 성격

껍질에서 우러나온 타닌은 씨나 줄기에서 나온 것보다 반응성이 더 약한데, 이는 거의 프로시아니딘으로서 포도의 성숙도에 따라 다양한 중합도를 보인다. 영 레드 와인에서 타닌의 균형은 이 두 가지 타닌의 조화에서 나온다. 씨의 타닌은 와인에 바디와 골격을 주며, 껍질의 타닌은 풍부함과 원만함 그리고 색깔을 준다. 그러나 씨의 타닌이 지배적일 경우 너무 떫은맛이 많아질 위험이 있으며, 껍질의 타닌이 너무 많으면 특히 포도가 덜 익었을 경우, 쓰고 풋내가 날 수 있다.

통이나 병에서 숙성시키는 동안 수많은 산화반응이 원래의 프로시아니딘 구조를 변경시킨다. 와인의 페놀 화합물은 여러 종류로 나눌 수 있는데, 주어진 와인에서 각 종류별 비율을 보면, 전반적인 타닌과 반응성을 계산할 수 있으며, 관능적인 성격도 유추할 수 있다. 그러나 페놀 화합물의 관능적인 성격은 다른 성분 즉, 단백질, 다당류, 에탄올, 글리세롤, 주석산 등이 관여하여 떫고 쓴맛을 완화시키거나 더 촉진시킬 수도 있으므로 페놀 화합물만으로 단정 짓기는 어렵다.

[표 2-10] 숙성 중 페놀 화합물별 관능적인 성격의 변화(젤라틴지수로 표현)

	1년	5년	15년	맛의 성격
중합도가 낮은 프로시아니딘	55	58	44	신맛
축합형 타닌	63	70	45	바람직한 떫은맛
타닌과 안토시아닌 결합체	42	51	30	쓴맛
타닌과 단백질 결합체	32	67	56	떫지만 부드러운 맛

무기질

와인에는 토양에서 흡수된 여러 가지 무기질이 있는데, 전체적으로 0.15~0.35% 수준이다. 이 무기질은 다른 술보다 와인에 많이 들어 있으며, 와인의 유효성분이 세포 내로 이동하는 것을 도와주고, 생체 내에서 작용하는 효소는 생리기능을 조절하는 호르몬을 활성화하는 데 필수적이기 때문에 그 기능이 높이 평가되고 있다. 이들은 이온 형태로서, 양이온으로는 금속원자와 암모늄, 음이온으로는 염소, 인산, 황산이온 등이 있다. 무기질은 회분(ash)으로 표현하기도 하는데, 이는 와인의 고형물질을 태우고(600℃) 난 다음에 남는 재를 말한다.

[표 2-11] 와인에 존재하는 무기이온의 함량

화학식	함량(mg/ℓ)
K^+	1,000
Na^+	80
Ca^{++}	50
Mg^{++}	100
Fe^{++}, Fe^{+++}	2
Cu^+, Cu^{++}	0.15
Cl^-	60
$PO4^{---}$	300
$SO4^{--}$	700

양이온(Cations)

- **칼륨(Potassium)** : 가장 많고 중요한 양이온으로서 와인의 pH에 대한 영향력이 크다. 농도는 200~2,000mg/ℓ 정도이며, 화이트 와인에는 평균 800mg/ℓ, 레드 와인에는 평균 1,100mg/ℓ 정도 된다. 많은 양의 칼륨이 발효 중에 주석산과 결합하여 주석(tartrate)으로 침전된다.

- **나트륨(Sodium)** : 토양에는 이 성분이 많이 있지만, 칼륨과 같이 쉽게 흡수되지는 않는다. 와인에는 10~300mg/ℓ 정도로, 평균 100mg/ℓ 정도 된다. 나트륨은 이산화황의 한 형태인 산성아황산나트륨(sodium bisulfite, NaHSO₃)을 첨가하거나, 불순물이 많은 벤토나이트를 첨가하면 와인에서 그 함량이 증가할 수 있다.

- **칼슘(Calcium)** : 토양에 아주 흔한 성분으로 와인에는 30~200mg/ℓ 정도 있으며, 평균 80mg/ℓ 정도 된다. 칼슘은 주석산이나 옥살산과 함께 침전을 형성하기도 한다. 머스트나 와인의 산도를 높이기 위해 황산칼슘을 처리하거나, 산도를 감소시키기 위해 탄산칼슘으로 처리할 경우 칼슘 함량이 증가하여 침전이 형성되지만, 정상적인 상태에서 별 문제는 없다.

- **마그네슘(Magnesium)** : 와인 양조와는 별 관련성이 없지만, 엽록소를 구성하는 성분으로 포도가 자라는 데 필수적인 성분이다. 주석의 안정성과 신맛에 영향을 준다.

- **철(Iron)** : 머스트에 있는 대부분의 철은 발효 중에 많은 양이 사라지며, 양조과정 중에 철로 된 기구와 접촉하지 않는 한, 영 와인에 1~2mg/ℓ 정도 존재한다. 철 함량이 7~10mg/ℓ 이상이 되면 혼탁을 일으키거나 산화를 촉진시킨다. 와인을 공기가 차단된 상태에서 보관하면 80~95%의 철은 제1철(Fe⁺⁺) 형태로 있지만, 공기와 접촉하면 제2철(Fe⁺⁺⁺) 형태의 함량이 증가한다.

- **구리(Copper)** : 머스트와 와인의 구리 함량은 0.1~0.3mg/ℓ 정도지만, 포도밭에 보르도액(Bordeaux mixture)을 살포한 경우나, 구리로 된 용기와 접촉했을 때는 그 함량이 증가한다. 구리 함량이 0.2~0.4mg/ℓ 이상 되면 단백질과 결합하여 혼탁의 원인이 된다.

음이온(Anions)

와인의 음이온은 주석산이온, 사과산이온, 젖산이온, 초산이온, 질산이온, 염산이온, 인산이온, 황산이온 등 여러 가지가 있다.

- **인산이온(Phosphate)** : 포도가 자라는 동안 토양에서 흡수되며, 효모 영양제로서 머스트에 첨가하는 인산암모늄(diammonium phosphate) 등에서도 나온다.

- **황산이온(Sulfate)** : 발효 중 효모는 황산이온을 환원하여 이산화황이나 황화수소를 만들 수 있는데, 황화수소를 적게 만드는 효모를 선택하는 것이 좋다. 황산이온의 농도가 높으면 약간 쓴맛을 풍길 수도 있다.

불휘발분(Extract)

와인의 불휘발성 성분으로 와인에서 증발될 수 있는 물과 알코올 기타 휘발성 성분을 제외한 나머지 성분을 말한다. 그러므로 불휘발분에는 당분, 고정산, 글리세롤, 부틸렌 글리콜, 페놀 화합물, 무기질 등이 포함된다. 이 중에서 가장 많이 차지하는 것이 당분이기 때문에 당분이 없는 상태로 불휘발분을 비교할 경우는 나온 값에서 당분 함량을 제외시켜야 한다.

국제적으로 g/ℓ로 표시하지만, g/100㎖로 표시하는 곳도 많다. 우리나라 주세법에서는 술 100㎖에 함유된 불휘발성분의 총 g으로 표시한다. 드라이 화이트 와인은 20~30g/ℓ(2~3%), 드라이 레드 와인은 30g/ℓ(3%)를 초과하는 경우가 많은데, 이는 레드 와인에 페놀 함량이 높기 때문이다. 이 불휘발분은 와인의 바디를 측정하는 데 사용되기도 한다. 보통, 드라이 테이블 와인의 불휘발분이 20g/ℓ 이하면 라이트 바디, 30g/ℓ 이상이면 풀 바디라고 할 수 있다. 그러니까 당도가 낮은 포도로 만든 와인에 알코올을 첨가하거나 설탕을 첨가하여 만든 와인은 불휘발분이 낮다.

기 체 성 분

와인에는 몇 가지 기체가 녹아 있는데, 중요한 것은 산소, 이산화탄소, 질소, 황화수소, 이산화황 등이다.

산소(Oxygen)

직접적으로 와인의 향이나 맛에 영향을 끼치지 않지만, 머스트나 와인의 용존산소의 양에 따라 산화환원전위가 달라진다. 산소가 존재하면, 머스트나 와인의 성분이 산화될 수 있으며, 산소가 없으면 환원된다. 이런 반응이 와인의 숙성과 품질에 큰 영향을 끼친다. 파쇄 전 포도에는 산소가 거의 없지만, 파쇄 후에는 산소를 재빨리 흡수하여 6㎖(0㎎)/ℓ까지 된다. 그러므로 파쇄기를 사용할 때 산소 유입을 최소화해야 한다. 그러나 머스트에 있는 약간의 산소는 발효가 완벽하게 될 수 있도록 도움을 준다. 효모는 산소를 이용하여 필요한 물질 즉, 지방산, 스테롤, 니코틴산 등을 합성하기 때문이다. 효모는 성장하면서 이렇게 산소를 사용하기 때문에 발효가 끝나면 산소는 없어지고, 머스트는 이산화탄소로 포화된다. 그러므로 첫 번째나 두 번째 따라내기를 할 때는 산화가 방지된다. 그러나 그 다음부터는 와인이 산소를 흡수하여 다른 성분과 결합하여 화학적인 변화가 일어난다. 산소의 농도는 이산화황, 타닌과 같은 페놀 화합물, 아스코르브산 비타민 C), 철, 구리 등의 양에 좌우된다.

발효가 끝난 레드 와인의 경우는 따라내기나 토핑 때 산소가 유입되어 숙성기간 중 느린 산화와 함께 페놀 화합물을 중합시키므로 숙성에 도움이 되지만, 그 이후에는 산소가 유입되지 않도록 조심해야 하며, 특히, 화이트 와인은 모든 공정에서 산소의 유입을 최소화해야 한다. 이렇게 산소는 숙성기간 중 초기에는 레드 와인의 색소를 안정시키고, 타닌의 쓴맛과 떫은맛을 감소시키지만, 산소가 너무 많으면 산화취가 나고 갈변되며, 미생물 오염의 기회도 많아진다.

이산화탄소(Carbon dioxide)/탄산가스

알코올 발효나 말로락트발효 때 많은 양이 생성되지만, 숙성 중에는 이산화탄소가 방출되어 그 농도가 포화 농도인 $2g/\ell$까지 떨어진다. 이 정도의 농도에서는 관능적인 면에 영향이 없으며, 과포화상태로 주병한 경우는 글라스에 따를 때 기포가 발생한다. 농도가 $5g/\ell$ 이상이 되면, 혀에서 감촉을 느낄 수 있다. 이 이산화탄소는 와인에 녹아 물과 반응하여 신맛을 가진 탄산이 된다. 샴페인 방식의 스파클링 와인에서 용존 이산화탄소는 품질의 가장 중요한 요소가 되는데, 이산화탄소는 효모의 분해성분과 장기간 접촉하면서 생성된 단백질이나 다른 성분과 느슨한 결합을 형성하여, 뚜껑을 열었을 때 이산화탄소를 주입한 와인보다 이산화탄소가 더 서서히 방출되도록 도와준다.

질소(Nitrogen)

공기의 주성분 75% 으로 이산화탄소보다는 용해성이 훨씬 더 낮지만, 산소보다는 용해성이 좋다. 질소는 주로 탱크 보관이나 주병 전에 탱크나 병의 남은 공간에 공기를 제거하고 채우는 데 사용한다.

방향 성분

와인에는 수백 가지의 향 성분이 존재하고 있지만, 대부분은 극히 적은 양으로 성분에 따라 최소감응농도(threshold) 이하인 것도 많다. 향 성분은 최소감응농도 이하로 존재하더라도 다른 성분과 작용하여 간접적으로 와인의 향에 영향을 끼친다. 바람직한 향은 이러한 여러 가지 향이 어우러져서 나오는 것이다. 와인의 향은 여러 가지 알코올, 카보닐 화합물, 산, 에스터, 페놀 화합물 등에서 나오며, 이 중에서 가장 많은 에탄올은 우리가 와인 향을 맡을 때 90% 이상이 코로 전달된다. 고농도의 에탄올은 다른 냄새를 막아 버리지만, 와인의 에탄올은 냄새의 농도가 강하지 않아서 다른 향을 느낄 수 있게 만든다.

에스터(Ester)

과일 향은 대부분 여러 가지 에스터에서 나오는데, 이 에스터는 대부분 포도 자체에서 나오거나, 알코올 발효 중에 효모의 효소에 의해서 생성되며, 또, 오크통에서 숙성되는 기간에 생성되기도 한다. 그래서 숙성이 될수록 그 양이 많아진다. 유기산과 알코올의 반응으로 에스터가 생기지만, 이 반응은 매우 느리고, 물이 있는 경우는 그 한계가 있다. 가장 대표적인 에스터는 초산에틸(ethyl acetate)로서 다음과 같은 반응으로 일어난다.

$$CH_3COOH + \quad CH_3CH_2OH \rightarrow \quad CH_3COOCH_2CH_3 + H_2O$$
$$\text{acetic acid} \qquad \text{ethanol} \qquad \text{ethyl acetate}$$

[그림 2-16] 초산에틸 생성반응

바람직한 에스터가 형성되기 위해서는 발효 전에 머스트의 부유물질을 제거하고, 우수한 효모를 사용하고, 발효온도가 높아야 한다. 발효온도가 높을수록 에스터가 많이 형성되지만, 쉽게 휘발해 버리기 때문에 화이트 와인의 경우, 발효온도를 12~15℃로 유지시키는 것이 가장 좋은 에스터를 형성한다고 알려져 있다. 와인의 에스터 함량은 200~400mg/ℓ 초산에틸로서 정도이며, 이 중 초산에틸과 초산아이소아밀(isoamyl acetate) 함량이 가장 많고, 보통은 최소감응농도 이하로 존재한다.

- 휘발성 에스터(Volatile ester) : 와인의 휘발성 에스터는 그 양이 적지만, 초산에틸을 제외하면, 과일 향을 풍긴다. 초산에틸(ethyl acetate)은 와인에 존재하는 에스터 중에서 가장 많이 차지하는 것으로 알코올 발효 때 약간 생성되며, 보통은 공기가 있을 때 초산균의 작용으로 생성된다. 매니큐어 냄새와 같은 특유의 향이 있어서 쉽게 감지된다. 초산에틸은 초산과 에탄올의 반응으로 생성되므로 초산에틸 냄새가 나면 초산이 이미 형성되었다는 지표가 된다. 이는 초산에틸의 최소감응농도(120mg/ℓ)가 초산(750mg/ℓ)보다 훨씬 낮기 때문이다. 초산에틸은 최소감응농도보다 더 낮은 농도에서도 와인의 부케를 손상시킬 수 있다. 초산에틸은 아주 낮은 농도(50~80mg/ℓ)일 경우는

와인의 복합성에 기여하는 등 긍정적인 면도 있지만, 비교적 높은 농도(120mg/ℓ 이상)에서는 레드 와인에 화끈한 맛을 주고, 쓴맛을 더 강하게 만들어 거칠고 강한 인상을 줄 수 있다.

그 외, 와인에서 발견되는 휘발성 에스터는 초산아이소아밀(isoamyl acetate) 등 약 300여 종이 존재한다. 영 와인은 휘발성 에스터 함량이 높지만, 숙성되면서 점차적으로 분해되어 그 양이 감소한다.

- 불휘발성 에스터(Nonvolatile ester) : 와인에 있는 주요 산들과 알코올이 반응한 것으로 주석산, 사과산, 호박산 등의 에스터를 말한다. 나머지 산들의 에스터는 와인과 같은 환경(pH, 온도, 농도 등)에서 에스터 반응이 일어나기 힘들기 때문에 거의 존재하지 않는다. 이들은 와인의 관능적인 성격에 거의 영향력이 없지만, 산도가 높은 화이트 와인의 맛을 부드럽게 만드는 정도의 영향력을 가지고 있다.

- 안트라닐산메틸(Methyl anthranilate) : 페놀성 에스터는 최소감응농도 이하로 존재하는 것이 많아서 냄새가 약하지만, 안트라닐산메틸은 포도냄새를 강하게 풍긴다. 미국종 포도인 V. labrusca 종에는 안트라닐산메틸이 0.1~1mg/ℓ 존재하여 콩코드 포도 주스 냄새를 풍긴다. 이 냄새를 '폭시 플레이버(foxy flavor)'라고 하지만, 잘못 전달된 용어로서 동물 냄새는 아니다. 오히려 꽃이나 과일 향에 가까운 향으로 거부감을 주지 않는다.

- 락톤(Lactone) : 락톤은 분자 내부에서 카복시기와 하이드록시기 사이에서 에스터 반응이 일어나 생성된 고리형 에스터(cyclic ester)를 말한다. 와인에서 락톤은 포도, 발효, 숙성 혹은 오크통에서 유래된다. 포도에서 유래되는 락톤은 일반적으로 품종의 특성을 나타내지 않지만, 리슬링이나 머스캣에는 특유의 락톤이 들어 있다. 락톤은 온도가 높을 때 생성되므로 더운 기후에서 자란 포도에 생성되는 건포도 향도 특유의 락톤 때문이다. 특히, 소톨론(sotolon)은 보트리티스 곰팡이 낀 포도에서 많이 생성되며, 셰리 향의 구성성분이기도 하다. 대부분의 락톤은 발효 중에 생성되며, 이들은 아미노산이나 유기산 특히, 글루탐산과 호박산에서 생성된다. 오크에서 나오는 락톤을 '오크 락톤(oak lactone)'이라고 하며 오크 특유의 향을 낸다.

알데히드(Aldehyde)

와인에 흔히 존재하는 물질로서 와인에 따라 상당량 존재할 수도 있으며, 휘발성 알데히드는 보통 자극적인 냄새를 가지고 있다. 와인에는 아세트알데히드(acetaldehyde)와 하이드록시메틸푸르푸랄(hydroxymethylfurfural) 형태가 많다.

- 아세트알데히드(Acetaldehyde)/에탄알(Ethanal) : 와인에 있는 알데히드 중 90%를 차지하는 것으로, 알코올 발효의 중간 산물이지만, 발효 중에 거의 모두 에탄올로 환원된다. 완성된 와인에서는

에탄올과 산소의 반응 혹은 탈수소반응으로 생성되는데, 레드 와인에서는 아세트알데히드가 타닌이나 안토시아닌과 반응을 하기 때문에 별 문제가 없지만, 화이트 와인은 공기와 접촉하여 이와 같은 물질이 생성되지 않도록 주의해야 한다. 화이트 와인에서 이 물질이 많아져서 냄새로 인식할 만큼 되면 갈변을 동반한 산화라고 볼 수 있다.

$$CH_3-CH_2-OH + NAD^+ \rightarrow \quad CH_3-CHO + NADH$$
$$\text{ethanol} \qquad\qquad\qquad\qquad \text{acetaldehyde}$$

[그림 2-17] 아세트알데히드 생성반응

테이블 와인에서는 아세트알데히드가 50mg/ℓ 이상이 되면 바람직하지 않은 산화의 신호로 볼수 있지만, 셰리와 같이 산화시킨 와인에서는 300mg/ℓ 이상이라도 바람직한 향이 된다. 최소감응 농도는 1.5mg/ℓ이지만, 아황산이 있는 와인에서는 100mg/ℓ 정도 된다. 순수한 아세트알데히드 냄새는 자극적이지만, 와인에서는 다른 향과 섞여 적당량이 있으면 거부감을 주지 않는다. 그러나 어느 농도 이상이면 와인에 맥 빠진 느낌을 준다. 아세트알데히드 냄새는 이렇게 농도에 따라 다르지만, 적당량이 있으면 견과류 냄새가 난다.

와인에 있는 이산화황은 아세트알데히드와 반응하여 불휘발성 중아황산화합물을 형성하여 아세트알데히드 냄새를 없애고 신선함을 주지만, 이 반응은 가역적이기 때문에 이산화황이 휘발이나 산화로 소진되면 아세트알데히드 냄새가 다시 나게 된다. 이 반응은 발효 중에도 일어나, 이산화황의 농도가 높으면 아세트알데히드와 결합하는 비율이 높아지므로 아세트알데히드가 에탄올로 변하는 반응을 방해한다. 그러므로 이산화황 농도가 낮으면 발효 끝 무렵에 아세트알데히드가 더 많이 생성된다. 또, 아세트알데히드는 레드 와인의 색소와 반응하므로 화이트 와인의 아세트알데히드 함량이 더 높다. 그리고 이 반응은 레드 와인의 색깔 특히, 보랏빛을 더 강하게 만든다.

- 하이드록시메틸푸르푸랄(Hydroxymethylfurfural) : 과당(fructose)의 탈수반응으로 생기므로 포도주스를 높은 온도에서 농축시킬 때 많이 생성된다. 그러므로 셰리나 말라가 등을 가열방식으로 만든 와인에 300mg/ℓ 이상 존재한다. 냄새는 캐러멜과 비슷하며, 농축 주스로 만든 와인에서 이 냄새가 난다.

- 헥산알(Hexanal), 헥센알(Hexenal) : 발효 도중에 생성되는데 이들은 그르나슈나 소비뇽 블랑과 같은 품종을 사용하거나 덜 익은 포도에서 풋내(leaf aldehyde) 혹은 풀냄새를 내는 물질로서 알려져 있다.

- 페놀성 알데히드(Phenolic aldehyde) : 신남알데히드(cinnamaldehyde)와 바닐린(vanillin) 등을 들수 있는데, 이들은 와인을 오크통에서 숙성시킬 때 우러나오며, 리그닌의 분해산물이다.

케톤(Ketone)

화학적 구조는 알데히드와 비슷하지만, 반응성은 더 약하다. 포도에 존재하는 아로마로서 바이올렛, 라즈베리 등 냄새를 내는 것도 있지만, 와인이 공기와 접촉할 때나, 말로락트발효 때도 형성되어 다이아세틸(diacetyl)이나 아세토인(acetoin) 등으로도 존재한다.

- 다이아세틸(Diacetyl) : 효모가 포도당을 아세토락테이트(acetolactate)라는 에스터를 형성하여 발린(valine)을 합성하고, 여분의 아세토락테이트가 낮은 pH에서 다이아세틸이 된다. 이때 산소가 있고, 온도가 높으면 이 반응이 촉진된다. 그러나 효모가 발효를 계속할 경우는 생성된 다이아세틸을 흡수하여 아세토인을 만들고, 다시 냄새가 없는 부탄다이올(2,3-butanediol)을 형성한다.

  다이아세틸은 와인에 0.1~7mg/ℓ(평균 2.5mg/ℓ) 정도 있으며, 말로락트발효를 거친 레드 와인은 평균 2.8mg/ℓ, 그렇지 않은 것은 1.3mg/ℓ 정도 되므로, 알코올 발효의 부산물로도 나오지만, 말로락트발효를 거치면서 많이 생성된다. 최소감응농도는 1mg/ℓ로 레드 와인에 2~4mg/ℓ 정도면 버터 아로마로서 복합성에 기여하지만, 그 이상 되면 상한 우유 냄새가 난다.

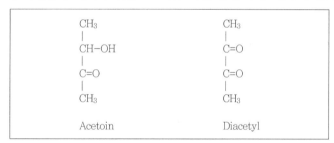

[그림 2-18] 대표적인 케톤의 구조

- 아세토인(Acetoin) : 아세토인은 다이아세틸이 환원되어 생성된다. 정상적인 발효기간 중 25~100mg/ℓ 정도 생성되지만, 점차 감소하여 5~20mg/ℓ 정도 된다. 그러나 알코올을 첨가하여 발효를 중단시킨 포트와인 타입에서는 20~50mg/ℓ 정도 된다. 아세토인은 단 냄새와 버터 냄새를 풍기는데 미량으로 있을 때는 맛에 기여하지만, 많으면 품질에 악영향을 끼친다.

아세탈(Acetal)

아세탈은 알데히드와 알코올의 반응으로 생성되는 물질로서 숙성이나 증류과정에서 생성되는데, 보통 신선한 채소류 냄새를 형성한다. 와인에는 20여 종의 아세탈이 있으며, 대표적인 것이 아세트알데히드와 에탄올이 형성하는 다이에톡시에탄(diethoxyethane)이다. 일반 테이블 와인에서 관능적인 중요성은 약하지만, 셰리와 같은 와인에서 부케를 형성한다.

$$R^1\text{-CHO} + 2\ R^2\text{-OH} \rightarrow R^2\text{-O-}\overset{\displaystyle H}{\underset{\displaystyle R^1}{\text{C}}}\text{-O-}R^2$$

알데히드   알코올   아세탈

[그림 2-19] 아세탈 생성반응

휘발산(Volatile acid)

휘발산에는 여러 가지가 있지만, 와인에서 가장 많고 중요한 것은 초산(acetic acid)이다. 발효의 부산물로서 약간 생성되며, 초산박테리아에 오염이 되었을 때 생성된다. 식초의 주성분으로 식초 냄새가 난다.

휘발성 페놀(Volatile phenol)

포도에서 나오는 휘발성 페놀은 거의 없지만, 바닐린 향을 내는 아세토바닐론(acetovanillone)이 있으며, 보다 중요한 것은 미국종 포도 냄새를 내는 안트라닐산메틸(methyl anthranilate)이다. 또, 장미 냄새를 풍기는 2-페닐에탄올(2-phenyl ethanol)은 일부 미국종 포도(V. rotundifolia)의 특이한 냄새로 나타난다. 유럽종 포도에서는 페닐에탄올, 바닐린 등이 불휘발성 성분으로 존재하다가 효소나 산의 가수분해로 인식할 수 있는 향으로 나타난다.

포도에 불휘발성 성분으로 있다가, 발효되면서 휘발성 성분으로 변하는 것으로 중요한 것은 하이드록시신남산에스터(hydroxycinnamic acid esters)로서 이들은 효모나 젖산박테리아가 생성하는 효소에 의해 휘발성 성분이 된다. 예를 들면, 4-에틸과이아콜(4-ethylguaiacol)과 4-바이닐과이아콜(4-vinylguaiacol)은 스모키 향과 바닐라, 클로브(clove) 향을 내며, 유제놀(eugenol)은 스파이시한 향을 낸다. 과이아콜(guaiacol)은 보통 농도에서는 와인 향에 미치는 영향력이 거의 없지만, 고농도에서는 부정적인 향을 낸다. 티로솔(tyrosol)은 효모가 생성하는 페놀성 알코올로서 꿀 냄새를 내는데, 보트리티스 와인에서 많이 발견된다.

오크통에서 나오는 휘발성 페놀로서는 페놀알데히드가 대표적인 것으로 예를 들면, 아몬드 향을 내는 벤즈알데히드(benzaldehyde)는 셰리 향에 중요한 역할을 하며, 바닐라 향을 내는 바닐린(vanillin)과 시린즈알데히드(syringaldehyde)는 나무의 리그닌이 분해되면서 나온 것이다. 또 다른 휘발성 페놀알데히드인 하이드록시메틸푸르푸랄(hydroxymethylfurfural)은 과당(fructose)의 탈수반응으로 생기므로 포도 주스를 높은 온도에서 농축시킬 때 많이 생성된다.

터펜(Terpene) 및 그 유도체

터펜은 꽃, 과일, 씨, 잎, 나무, 뿌리 등의 독특한 특성을 나타내는 아로마 성분이다. 베르무트 (Vermouth)와 같은 와인의 허브 향이나, 일반 와인의 과일 향 그리고 포도 품종별 특성을 결정짓는 중요한 향으로 작용한다. 화학적으로 기본구조는 아이소프렌(isoprene) 단위가 몇 개씩 결합한 형태를 가지고 있어서 그 단위의 수에 따라 여러 가지 이름이 붙는다.

터펜은 와인에 있는 다른 방향 성분과는 달리 주로 포도에서 나오는 것으로, 포도를 파쇄하거나 발효 등 과정에서는 큰 영향은 받지 않고, 품종에 따라서 그 종류나 양이 달라진다. 그러나 보트리티스 곰팡이가 끼면 그 함량이 감소하여 품종별 특성이 사라진다. 그리고 숙성 중에는 그 타입이나 함량이 변하는데, 화이트 와인의 경우는 심하고 레드 와인에서는 그 변화가 적다. 대부분의 터펜은 상쾌한 향을 내지만, 코르크에 낀 페니실륨 곰팡이 (Penicillium roqueforti)는 머스크 향을 내는 터펜을, 코르크나 오크의 스트렙토미세스(Streptomyces)는 흙냄새 나는 터펜을 만든다. 이런 냄새는 와인의 결정적인 결점으로 작용한다.

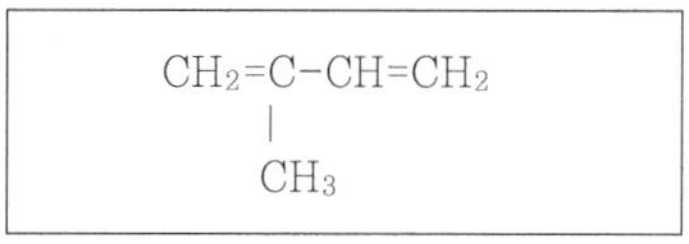

$$CH_2=C-CH=CH_2$$
$$|$$
$$CH_3$$

[그림 2-20] 아이소프렌(C_5H_8) 단위

- **모노터펜(Monoterpene)** : 모노터펜은 터페노이드(terpenoid)라고 부르는 여러 가지 물질에 속하는 것으로 아이소프렌 단위가 두 개로 이루어져 있다. 머스캣 품종은 이 물질의 함량(1~3mg/ℓ)이 높고, 그와 관련된 리슬링, 질바너, 게뷔르츠트라미너 등 품종은 그 함량(0.1~0.3mg/ℓ)이 더 낮다. 즉, 모노터펜은 머스캣 포도의 꽃 향을 나타내는 전형적인 성분이라고 할 수 있다. 모노터펜은 300여 종이 있지만, 와인에서는 몇 종밖에 되지 않는다.

  머스캣 포도에 있는 모노터펜 중에서 리나룰(linalool)과 제라니올(geraniol)의 농도가 가장 높은데, 각각 0.1~1.5mg/ℓ, 0.1~1mg/ℓ 정도로서 머스캣 포도의 모노터펜의 80%를 차지하고 있다.

피라진(Pyrazine)

피라진은 과일과 채소류의 기본 향으로서 질소 원자를 가진 헤테로고리 분자(heterocyclic molecule) 형태를 하고 있으며, 아미노산의 대사로 생성된다. 가장 많은 형태는 3-알킬-2-메톡시 피라진(3-alkyl-2-methoxypyrazine)으로 피망, 아스파라거스 등 향의 주성분을 이루고 있다. 최소 감응농도가 아주 낮아서 조금만 있어도 금방 알 수 있는 향으로 카베르네 소비뇽이나 소비뇽 블랑의 독특한 향을 나타내며, 서늘한 지방에서 자란 포도나 덜 익은 포도에 이 성분이 많다. 레드 와인에서 이 농도가 높으면 풋내로 변하여 문제가 되지만, 일부 화이트 와인에서는 신선한 풀 냄새를 풍기면서 긍정적인 작용을 한다.

황 화합물

황 화합물은 완성된 와인에서 미량 발견되지만, 최소감응농도가 낮아서 쉽게 인식된다. 대체적으로 바람직하지 못한 냄새를 풍기므로 이를 제거해야 한다.

- **황화수소(Hydrogen sulfide, H_2S)** : 가장 흔한 황 화합물로서 계란 썩은 냄새가 나지만, 발효가 갓 끝난 와인에서 최소감응농도 정도일 경우, 효모 냄새로 인식된다. 발효 도중에 환원적인 조건이 되면 효모가 황 화합물을 변화시켜 생성하는데, 포도밭에 황을 살포한 경우는 더 많이 생성된다. 그리고 효모가 질소원이 부족한 환경에서 자랄 때 함황 단백질이나 아미노산을 분해하면서 생성하기도 한다. 최소감응농도는 102ppb로서 극히 적은 양이라도 감지가 된다. 그러나 발효가 끝나고 따라내기를 하면서 거의 사라진다. 그리고 몇 주가 지나면 다른 성분과 반응하여 휘발성인 머캅탄(mercaptan)을 형성하며, 몇 달이 지나면 더 산화되어 제거하기 힘든 이황화물(disulfide)을 형성하므로, 와인메이커는 처음 몇 번의 따라내기 때 이를 제거해야 한다.

- **머캅탄(Mercaptan)** : 알코올기(-OH)를 가진 분자의 산소 자리를 황이 차지하여 생긴 −SH기를 설프히드릴기(sulfhydryl group)라 부르고, 싸이올(thiol)의 작용기이다. 싸이올은 수은이온과 반응하여 머캅티드(mercaptide)를 만들기 때문에 머캅탄이라고 부르기도 하지만, 최근 명명법에서는 머캅탄이란 용어는 사용하지 않고, −SH기를 나타내는 접두사 '머캅토(mercapto-)'로만 사용한다. 싸이올에는 메탄싸이올, 부탄싸이올 등이 있다.

  이들 물질은 양파, 고무와 같은 냄새를 풍기며, 농도가 높으면 더욱 고약한 냄새가 되지만, 종류에 따라서 낮은 농도일 경우, 포도 껍질에서 추출되어 아스파라거스나 피망 등 채소류 냄새를 풍기는 것도 있고, 발효 중에 효모가 형성되어 소비뇽 블랑 등에서 회양목이나 고양이 오줌 냄새를 풍기는 성분(4-mercapto-4-methyl-pentan-2-one)이나 그레이프푸르트 향(3-mercaptohexyl acetate)을 내는 것도 있다.

- **이산화황(Sulfur dioxide, SO_2)** : 항산화제로서 와인에 첨가하는 것으로 적정 농도를 초과하면 와인의 톡 쏘는 냄새에 금속성 향과 거친 맛을 준다.

- **황화이메틸(Dimethyl sulfide)** : 대부분의 와인에 존재하는 황 화합물로서 적은 양이 있을 때는 와인의 복합성에 기여하지만, 많아지면 올리브, 송로버섯 등의 냄새로 발전하며, 너무 많으면 익힌 양배추 냄새가 난다. 최소감응농도는 개인별 차이가 심하지만, $0.02 \sim 0.1 mg/\ell$ 정도 된다.

제3장 포도재배와 그 원리

제3장 포도재배와 그 원리

포도를 비롯한 과수는 씨앗을 퍼뜨리기 위한 수단으로서 동물을 유혹하기 위해 맛있는 과육과 주스를 만들어 놓는다. 그래서 씨앗이 여물기 전에는 보호색을 띠고, 쓰고 신맛을 가득 담아 두지만, 씨앗이 여물면 색깔부터 눈에 띄게 변화시키고, 단맛과 향을 가득 넣어 동물이 먹도록 유도한다. 포도가 익어 가는 과정도 바로 이런 것이다. 와인의 품질은 포도의 품질 및 상태에 따라 직접적인 영향을 받으므로, 좋은 포도를 재배하는 것이 와인 양조의 가장 기본 사항이다.

포도의 분류와 품종

포도는 포도 속 *Vitis* 에 속하는 덩굴성 식물로서 줄기에 마디가 있으며, 이 마디에 교대로 잎이 나고, 잎의 반대측에 송이 혹은 덩굴손이 붙어 있는 낙엽식물이다. 원산지는 북반구의 온대나 아열대지방이며, 학자에 따라 분류가 다르지만 종류는 50종 내지 100종으로 보고 있다. 현재 재배되는 품종으로서 와인과 직·간접적으로 관계되는 종은 10종 정도이다.

포도의 분류

포도는 식물계 〉 속씨식물문 〉 쌍떡잎식물강 〉 갈매나무목 〉 포도과 *Vitaceae* 〉 포도속 *Vitis* 으로 분류할 수 있으며, 포도과에는 포도속, 개머루속, 담쟁이속, 거지덩굴속 등 네 가지가 있으며, 포도속은 다음과 같이 분류할 수 있다.

- 유럽종 포도 : 비티스 비니페라 *Vitis vinifera* 1종으로 카스피 해, 흑해연안의 코카사스지방이 원산지로, 여기서 서방으로 나아가 지중해 연안부터 유럽 중남부에 퍼지고, 반대측의 아시아, 중국까지 넓게 퍼져 있다. 중국의 용안 *龍眼*, 일본의 코슈 *甲州* 도 유럽종 포도의 동방계에 속하는 품종으로 생각되고 있다. 유럽종 포도는 주로 와인용으로 사용되며, 일부 식용이나 건포도용에도 사용된다. 이 포도는 원산지가 건조지대인 관계로 여름이 건조한 지중해성 기후에서 재배하기 적합하며, 석회질 토양에 대한 내성이 강하다.

- **미국종 포도** : 비티스 라브루스카 *Vitis labrusca*, 비티스 리파리아 *Vitis riparia*, 비티스 루페스트리스 *Vitis rupestris* 등 29종으로 북아메리카 대륙의 동북부를 가르는 애팔래치아 산맥의 동측에 걸쳐 있는 습하고 비옥한 토양이 원산지이다. 이 포도는 내한성, 내병성이 강하고 수세가 왕성하며 강수량이 많은 지역에서도 잘 자라기 때문에 우리나라 포도의 주종을 이루고 있다. 그러나 특유의 향미 *foxy flavor* 를 가진 품종이 많아서 와인용으로는 적합하지 않고, 주로 생식, 주스용으로 사용되지만, 필록세라에 저항성이 있어서 접붙이기 대목으로 사용되어 19세기 세계 와인산업을 위기에서 구한 적이 있다. 아직도 미국종 포도는 와인용 포도의 육종, 내병성, 내충성, 토양 적응성 등 개선에 크게 공헌하고 있다.

- **카리브종 포도** : 비티스 인디카 *V. indica* 로서 카리브 해 연안이 원산지다.

- **아시아종 포도** : 아시아종 포도는 10~15종으로 분류되는데, 중국, 한국, 일본, 자바에 이르는 광대한 지역에 분포하고 있다. 우리나라의 것은 비티스 아무렌시스 *V. amurensis*, 왕머루, 비티스 플렉수오사 *V. flexuosa*, 새머루, 비티스 코이그네티에 *V. coignetiae*, 머루, 비티스 툰베르기이 *V. thunbergii*, 까마귀머루 등으로 나눌 수 있다.

잡종(Hybrid & Cross)

이와 같이 포도의 생물학적인 분류는 다양하지만, 와인과 관련하여 포도의 종류는 유럽종과 미국종 두 계통으로 대별된다. 세계적으로 와인용 포도는 거의 유럽종을 사용하며, 이 포도는 건조한 기후에서 좋은 와인을 만들 수 있다. 그래서 미국 동부나 일본과 같이 습한 지역에서는 와인 양조에 유럽종과 미국종을 교잡시킨 잡종을 많이 사용하고 있다. 그러나 잡종이라도 다른 종끼리 잡종은 '하이브리드 *hybrid*', 같은 종끼리 잡종은 '크로스 *cross*'라 하여 다른 용어를 사용한다.

- **하이브리드(Hybrid)** : 다른 종끼리의 잡종으로 두 가지로 나눈다. '미국계 잡종 *American hybrid*'은 수많은 미국종끼리의 잡종으로 주로 야생에서 우연히 생긴 것이 많으며, '프랑스계 잡종 *French hybrid*'은 19세기 후반부터 인위적으로 유럽의 비니페라계 포도와 미국종을 교잡시킨 것이다.

- **크로스(Cross)** : 동일한 종끼리의 잡종을 말하는데, 서로 다른 장점을 공유하기 위해 유럽종 사이에서도 잡종을 개발하고 있다. 이렇게 같은 종 사이의 잡종을 '크로스 *cross*'라고 한다. 예를 들면, 뮐러 투르가우 *Müller-Thurgau*는 리슬링 *Riesling*과 질바너 *Silvaner*를 교잡시킨 것이다.

품종과 클론의 선택

와인품질에 절대적인 영향을 주는 것은 주어진 포도밭 환경에 가장 적합한 품종을 선택하는 것이다. 고급 화이트 와인은 약간 서늘한 지역이 좋고, 포도 품종은 샤르도네, 소비뇽 블랑, 세미용, 리슬링, 게뷔르츠트라미너가 가장 바람직하며, 레드 와인은 카베르네 소비뇽이나 메를로, 좀 더 시원한 곳에는 피노 누아가, 덥고 건조한 곳은 시라 등이 좋다. 약간 더운 지방에서 자라고 수확량이 많은 것은 값싼 와인으로 큰 병이나 박스에 넣어 대량생산용으로 쓰인다.

그러나 동일한 품종이라도, 수세기 동안 특정 지역에서 재배된 품종은 자연 돌연변이에 의해서 '클론(clone)'이라는 것으로 분류된다. 즉 품종이 또다시 분류된다는 말이다. 포도는 꺾꽂이, 접붙이기, 또는 눈접과 같은 영양 번식을 하기 때문에 같은 품종이라면 어느 것이나 유전적 조성이 같아야 한다. 그러나 오랜 번식세대를 거치는 동안 돌연변이에 의한 부분적인 변이가 발생하여 축적된 것이 많기 때문에, 동일한 품종이라 하더라도 내병성, 수확량, 내한성이 다르기 마련이다. 이렇게 동일한 품종에서 변이가 일어나 유전적 조성이 동일한 자손을 '클론(clone)'이라고 한다.

이 클론에 따라 동일한 품종이라도 포도 열매의 크기, 색깔의 강약, 타닌 함량 등이 다양하게 나온다. 동일한 부르고뉴지방 혹은 다른 지방에서 나오는 피노 누아의 다양성은 이러한 클론의 차이에서 나온 것이다. 그러니까 품종의 선택보다는 유전적으로 다양한 클론의 선택에 세심한 주의를 기울일 필요가 있다. 그래서 품종이 결정되면, 어떤 클론을 사용하느냐에 따라 다시 한 번 와인의 품질이 결정된다. 그러므로 우리나라에 유럽종 포도를 도입하려면, 품종의 선택도 중요하지만 그 포도밭의 미기후와 토양의 성질에 적합한 클론의 선택에 주의를 기울여야 한다.

주요 와인용 품종의 특성

● **카베르네 소비뇽(Cabernet Sauvignon)** : 프랑스 보르도의 메도크에서 레드 와인의 주품종으로 재배되고 있으며, 고급 레드 와인용으로 세계적으로 널리 재배되고 있다. 미국, 호주, 칠레 등에서는 보르도와 다른 특징을 가진 타입의 와인이 되고 있다. 줄아가 늦고 잎 모양은 상 하 잎자루 갈라진 곳이 깊고 겹쳐 있는 것이 특징이다. 성숙기가 늦은 부류에 속하며, 병충해에 강한 편이다. 포도 열매는 껍질이 두껍고 진한 흑색을 띠며 색소가 풍부하다. 이것으로 만든 와인은 색깔이 진하며 타닌이 많고 중후하며, 블랙커런트를 비롯한 붉은색 과일 향을 가지고 있다. 오랜 시간 숙성시켜야 하며 그 후에도 수명이 오래 간다. 우리나라에서 거의 재배가 불가능하지만, 웃자라는 현상이 있고, 흰가루병(oidium)에 약하며, 내한성이 약하여 특별한 관리가 필요하다.

● **메를로(Merlot)** : 프랑스 보르도의 레드 와인용 품종으로 줄아가 비교적 빨라 늦서리의 피해를 받는 수가 있다. 노균병, 잿빛곰팡이병 등의 병해에 약하고, 가을비는 피해를 확대시킨다. 성숙기는

중간 정도로 카베르네 소비뇽보다 2주 정도 빠르고 수확량이 많다. 와인은 신맛과 타닌이 적고 벨벳으로 표현되는 부드러운 향과 맛으로 우아함을 가지고 있으며, 숙성이 빠르다.

- **피노 누아(Pinot Noir)** : 프랑스 부르고뉴의 코트 도르(Côte d'Or)의 레드 와인 주품종으로 세계적인 고급 레드 와인 품종이다. 재배지의 기후, 토양의 차이에 따라 품질에 미치는 영향력이 크다. 성숙기는 비교적 빠르고 열매가 작고 밀착되어 있으며, 껍질은 청흑색이며 수확량이 적고 내병성이 약하다. 와인은 타닌이 적고 색소도 옅은 편이며 영 와인은 과실 향이 풍부하지만, 숙성됨에 따라 특징 있는 향을 나타내며, 좋은 것은 세계 제일의 레드 와인으로 보증서가 붙는다. 우리나라에서는 탄저병만 잘 방제하면 재배가 어느 정도 가능하다.

- **시라(Syrah)** : 프랑스 론의 북부지방에서 주로 재배하는 품종으로 색깔이 진하고 타닌이 많아서 숙성이 늦고 오래 보관할 수 있는 묵직한 남성적인 와인을 만든다. 17세기 프랑스 위그노파 수도 승들이 남아프리카로 전파하여 이름을 '쉬라즈(Shiraz)'라고 했으며, 이것이 다시 오스트레일리아로 전파되어 오스트레일리아 최고의 레드 와인을 만들고 있다. 프랑스의 시라는 가죽, 축축한 흙, 블랙베리, 스모크, 후추 냄새가 나며 향이 폭발적이다. 오스트레일리아, 캘리포니아의 것은 부드럽고 두텁고, 스파이시하다.

- **샤르도네(Chardonnay)** : 프랑스 부르고뉴의 샤블리 및 코트 도르의 화이트 와인 주품종으로 세계적인 고급 화이트 와인 품종이다. 발아가 비교적 빠르고, 성숙도 빠른 편이다. 이 때문에 늦서리에 의한 피해가 크다. 잿빛곰팡이병에 약하고 노균병에는 강하며, 내한성이 우수하다. 송이는 조밀하고 완숙되면 황금색을 띤다. 와인은 미네랄(부식토)과 같이 살아나는 향으로 표현되는 특징을 가지고 있으며, 널리 퍼지는 향으로 신맛이 좋은 세계 최고의 화이트 와인이라고 한다. 샴페인의 원료용 품종도 된다.

- **소비뇽 블랑(Sauvignon Blanc)** : 가장 개성이 뚜렷한 품종으로 산뜻한 향미가 특색이다. 일명 '퓌메 블랑(Fumé Blanc)'이라고도 하며, 프랑스 보르도의 그라브와 소테른, 그리고 루아르지방에서 많이 사용되는 품종이다. 요즈음은 뉴질랜드의 것이 세계적으로 인정받고 있다. 보르도에서는 세미용과 블렌딩하여 묵직한 화이트 와인을 만든다. 영 와인 때 마시면 신선하고 강한 맛을 즐길 수 있으며, 샤르도네에 비하여 색깔이 옅은 편이다. 비교적 추운 지방에서도 잘 자라면서 고유의 향을 발휘한다. 그러나 그늘에서 재배하면 채소류 냄새가 지배적이고, 일조량이 많은 곳에서는 무화과, 멜론 등 과일 향이 많이 난다.

- **세미용(Sémillon)** : 프랑스 보르도의 화이트 와인용 주품종으로 발아 및 완숙기는 중간 정도이며 내한성이 우수하다. 보트리티스(Botrytis) 곰팡이가 낀 포도로 만든 고급 스위트 와인으로 유명하다.

- 리슬링(Riesling) : 독일 화이트 와인의 주품종으로 발아가 늦고 성숙기는 비교적 늦은 부류이며, 만들 와인의 타입에 따라 수확시기는 가지각색이다. 와인은 과실 향이 풍부하며, 산뜻한 신맛을 띤다. 이 와인의 품질은 기후조건에 따라 큰 영향을 받는다. 우리나라에서 한때 재배했던 품종이지만, 요즈음은 보기 힘들다.

우리나라 포도 품종

- 캠벨 얼리(Campbell Early) : 우리나라 포도재배 면적의 약 70% 이상을 차지하는 대표적인 품종이다. 미국에서 무어 얼리(Moore Early)에 벨비데레(Belvidere)와 머스캣 함부르크(Muscat Hamburg)를 교배시켜 육성한 구미 잡종이라고 할 수는 있지만, 미국종 특성이 아주 강하게 나타난다. 수세는 강하지 않지만, 한 가지에 1~4개의 꽃송이가 달리므로 너무 많이 매달릴 수 있다. 열매의 껍질이 두껍고, 완숙되기 전에 착색이 되므로 종종 미숙과를 출하하게 되어 신포도로 알려져 있으나, 완숙되면 단맛과 신맛이 적당하고 미국종 특유의 풍미가 있어서 생식용으로 환영받는 품종이다.
- 머스캣 베일리 에이(Muscat Bailey A) : 일본에서 베일리(Bailey)에 머스캣 함부르크를 교배시켜 육성한 품종으로 생식과 양조 겸용으로 소개된 것이다. 만생종으로 당도가 높고 신맛이 적은 편이라서, 한때 우리나라 레드 와인용 품종으로 환영을 받았다.
- 시벨 9110(Seibel 9110) : 프랑스계 잡종으로 보통 '화이트 얼리'라고도 한다. 수세가 왕성하고 내한성과 내병성이 강하여, 한때 우리나라 화이트 와인용 포도로 많이 사용되었다.

포도재배 환경

테루아르(Terroir)

다소 낯선 용어지만, 와인 마니아들이 가장 즐겨 쓰는 단어로서 단위 포도밭의 특성을 결정짓는 제반 자연환경, 즉 토양, 지형, 기후 등 제반 요소의 상호작용을 프랑스 말로 '테루아르(terroir)'라고 한다. 다른 나라에는 이런 뜻을 가진 단어가 없고, 와인의 나라 프랑스에서만 보편적으로 사용되는 말이다. 예전에는 '촌스럽다' 혹은 '흙냄새가 난다'는 부정적인 뜻으로 사용되었지만, 20세기 후반부터 긍정적인 뜻으로 바뀌어 와인의 특성을 결정하는 중요한 요소가 되었다. 이 테루아르가 다르기 때문에 각 포도밭은 다른 스타일의 와인을 만들 수 있고, 특히 프랑스에서는 테루아르를 중심으로 포도밭의 등급을 매긴다. 그러니까 테루아르는 어떤 포도밭의 기후, 지

형, 토양, 그리고 약간의 인위적인 손길까지 해당되는 것이다. 와인의 품질은 일조량, 강우량, 풍속 및 풍향, 서리 등 기후인자의 영향에 토양과 지형, 위치 등의 테루아르가 거의 좌우한다고 볼 수 있다.

그러나 신세계 와인메이커들은 테루아르 하나로 와인의 품질을 규정짓는 것은 모순이 있다고 생각한다. 자연환경도 중요하지만, 경작방법, 수확시기 선택, 품종의 블렌딩, 발효, 숙성 등의 요소도 중요하므로 수확도 하기 전에 품질의 등급을 정해 버린다는 점은 문제가 많다는 주장이다. 이들은 테루아르란 품질개선을 위한 수단으로 작용할 뿐이라고 주장한다.

고정적 요소와 유동적 요소

테루아르는 고정적인 요소로서 한번 포도밭을 조성하면 거의 변경이 불가능하다. 그러니까 품종이나 클론의 선택은 사전에 신중하게 고려해야 한다. 좋다는 품종을 심었으나 좋은 와인이 나오지 않는다면, 그동안 소요된 시간과 비용의 손실은 어떻게 보상받을 것인가? 포도밭과 그에 맞는 품종의 포도나무를 심으면, 이제부터는 고정적인 요소를 바탕으로 경험과 지식을 더해 자신이 원하는 스타일의 와인을 만들어야 한다. 그러기 위해서는 유동적인 관리요소인 가지치기, 관개와 시비, 수확량 조절, 수확시기의 선택 등을 잘 해야 한다. 인위적인 손길 역시 고정적인 요소 못지않게 와인의 품질에 큰 영향을 끼친다. 동일한 소비뇽 블랑이라도 어떤 것은 풀 냄새가 나고, 어떤 것은 과일 향이 나는데 왜 그럴까? 이런 점을 해결하는 것이 포도재배의 중요한 요소가 된다.

기온(Air temperature)

포도는 환경 적응력이 뛰어난 과수로서 영하 20℃에서 영상 40℃까지의 온도에서 생육할 수 있지만, 주요 와인 산지는 연평균기온 10~20℃(10~16℃ 최적)로서 여름이 건조한 곳에 있다. 포도가 다 익으면 포도나무 자체는 더 이상 할 일이 없어지고 자발적인 휴면상태로 들어갔다가, 기온이 떨어지면서 더 이상 성장상태가 아닌 타발적인 휴면으로 들어간다. 그러다 봄철 기온이 10℃로 올라가면 휴면상태가 타파되고 생장이 시작된다. 포도나무는 20~25℃에서 가장 성장이 왕성하지만, 온도가 너무 높으면 당분 함량, 유기산 함량, 착색도가 낮아지는 등 불균형을 초래한다.

포도재배의 1년은 싹이 트고, 새로운 가지가 신장하고, 꽃이 피어 열매가 열리고, 익어서 수확하면 끝난다. 싹이 날 때부터 익을 때까지 시간적인 길이는 일수에 결정되는 것이 아니고, 그 기간에 포도가 얻을 수 있는 온도량(일반적으로 열량을 말함)이 어느 일정치가 되는 때에 도달하는 것이라고 할 수 있다. 그러므로 포도의 성숙은 온도의 영향력이 가장 크다고 할 수 있다. 이렇게 포도의 성장은 10℃(50°F)를 기준으로 결정되므로 미국에서는 이 기온을 기준으로 '적산온도(degree days)'라는 개념을 도입(Winkler & Amerine)하여 그에 맞는 품종과 재배방법을 선택하도록 안내하고 있다.

- 적산온도(Degree days) : 4월부터 10월까지 일평균 50°F(10℃)를 초과하는 온도를 합한 수치로 분류한 것으로 적산온도 2,500~3,000이 고급 와인용 포도재배에 적합하다.

  Ⅰ지역 : 2,500(섭씨 1,389) 이하. 추운 지역으로 청포도나 적포도인 피노 누아 정도를 재배할 수 있는 북부 유럽 수준

  Ⅱ지역 : 2,501~3,000(섭씨 1,390~1,667). 프랑스 보르도 수준으로 고급 레드 및 화이트 와인 생산

  Ⅲ지역 : 3,001~3,500(섭씨 1,668~1,944). 프랑스 론지방 수준으로 묵직한 레드 와인과 빈약한 화이트 와인 생산

  Ⅳ지역 : 3,501~4,000(섭씨 1,945~2,222). 디저트 와인 즉, 강화와인에 적합

  Ⅴ지역 : 4,001(섭씨 2,223) 이상. 사실상 와인용은 재배불가, 건포도, 식용포도 생산

이렇게 적산온도는 포도재배의 안내로서 편리하지만, 포도의 발육을 지배하는 것은 단지 기온뿐만 아니고 강수량, 일조시간, 낮의 길이 등 기후조건과 토양조건이 복합적으로 작용하기 때문에 적산온도의 많고 적음이 절대적인 의미를 가지고 있다고 할 수는 없다.

생육기간 중 기온이 35℃ 정도의 고온이 되면 대개 가지의 신장이 나빠지고 꽃봉오리는 개화 전에 모두 떨어지며, 성숙기의 고온은 착색을 나쁘게 하고, 당 함량을 감소시킨다. 이는 온도의 상승에 따라 호흡량이 증가하여 당과 산 등 동화 산물이 호흡기질로 분해되어 손실되기 때문이다. 낮에는 광합성과 호흡이 동시에 이루어지고 밤에는 호흡작용만 하기 때문에 적당한 온도 이하라야 호흡에 의한 분해작용보다 광합성에 의한 동화량이 많아져서 잎은 동화물질을 축적하여 수체의 새로운 성장에 이용한다.

강수량(Amount of precipitation)

강수량은 비, 눈, 우박, 이슬, 안개 따위가 일정한 기간 동안 일정한 곳에 내린 물의 양(물이)으로 단위는 ㎜로 표시한다. 생육기간 중 강수량의 다소는 나무의 생육, 포도의 품질, 병충해의 발생 등에 영향을 주며, 특히 포도가 익을 때 강우량의 다소는 품질에 미치는 영향력이 대단히 크다. 비가 많으면 가지가 웃자라고 품이 많이 들며, 흰가루병(백분병), 노균병, 탄저병 등에 걸리기 쉽고, 또 익은 포도 열매가 터져서 품질이 나빠지므로 좋은 와인용 포도가 나올 수 없다. 그리고 열매는 커지지만 포도의 당도가 떨어지며, 일조량 부족으로 광합성을 감소시켜 품질이 저하되며,

토양습도가 높을수록 포도의 산도가 높아진다. 강수량은 500~800㎜가 적당하므로 그렇지 않은 곳에서는 환경에 따라 인위적으로 조절해야 한다.

특히 수확기에는 비가 없어야 한다. 유럽의 와인 주산지의 연간 강수량은 850㎜ 이하이며, 생육기간인 4~9월의 강수량은 400㎜ 이하이며, 나머지는 겨울에 내린다. 우리나라의 연간 강수량은 1,000~1,500㎜이며, 그중 60%가 여름에 내리므로 유럽의 와인 주산지 강수량에 비하면 대단히 많은 편이다.

일조(Sunshine)

잎은 기공에서 흡수한 탄산가스와 뿌리에서 흡수한 물을 태양에너지를 이용하여 합성하여 당을 만드는데 이 과정을 광합성이라고 한다.

태양에너지

$$광합성 : 6CO_2 + 6H_2O \rightarrow C_6H_{12}O_6 + 6O_2$$

탄산가스   물   포도당   산소

[그림 3-1] 광합성의 화학식

이 식으로 보면, 포도당 생성량은 탄산가스와 물이 많을수록 많아진다고 할 수 있지만, 지구상에 탄산가스와 물은 얼마든지 있기 때문에 광합성에 영향을 끼치는 절대적인 요소는 태양에너지가 된다. 즉, 태양열이 많을수록 잎에서 광합성이 더 잘 되고 당분 생성량이 많아진다. 그러나 태양열에 비례하여 광합성이 무한대로 증가하지는 않는다. 한여름 맑은 날은 태양 강도의 1/3~1/2 정도면 충분한 광합성이 일어난다. 즉 처음에는 햇볕의 강도에 따라 광합성이 증가하지만 나중에는 전체 강도의 1/3~1/2에 도달하면 더 이상 증가하지 않는다. 포도 잎이 한 층으로 되어 있다면 태양 빛을 100% 사용하지 못하고 1/2~2/3가 남게 되므로 잎을 더 우거지게 만들어 햇빛의 강도를 2/3 수준으로 감소시키는 정도가 가장 좋고, 이때가 광합성이 극대화되는 시점이다.

그러나 잎이 4~5층 이상으로 되어 있으면, 즉 포도 잎의 밀도가 아주 높을 경우는 포도나무에 치명적인 결함을 일으킨다. 첫째, 위쪽의 잎은 햇볕을 충분히 받을 수 있지만, 아래쪽의 잎은 그것을 이용하는 데 한계가 있다. 둘째는 햇볕을 충분히 받지 못하는 잎은 자신에게 필요한 광합성마저 하지 못한다는 점이다. 바람이 불어서 순간적으로 안쪽에 햇볕이 비추는 경우도 있겠지만 잎은 이 빛을 이용하지 못한다. 여분의 잎이 매달려 있으면 자체 에너지와 자원을 소모하며, 안쪽 깊숙이 있는 잎은 다른 잎에서 광합성으로 만든 당으로 기생하는 결과를 빚는다. 이런 당은 포도 생산을 위해서 사용되어야 한다. 그리고 그늘에 가려 있는 싹은 다음해 수확량을 떨어뜨리는 결과를 가져온다. 결국 잎 층의 두께와 와인의 품질은 반비례하며, 그늘에 있는 잎과 과일은 와인의 질을 떨어뜨린다는 것을 알 수 있다.

가장 좋은 예는 캐노피(canopy, 잎이 달려 있는 부분)를 광전기판으로 생각하고, 당을 생산하기 위해 잎에 필요한 햇볕이 가장 적절하게 도달할 수 있도록 캐노피를 구상하는 것이다. 즉 캐노피는 태양의 집열판과 같이 태양 빛의 흡수를 최대로 해야 한다. 그러므로 햇볕이 캐노피에 가려 진한 그림자기 생겨서도 안 되지만, 캐노피의 밀도가 너무 낮아서 빛이 지면에 닿도록 만들어서도 안 된다.

햇볕이 부족하면 당분형성이 감소되는 것은 물론, 주석산(tartaric acid)보다는 사과산(malic acid)의 함량이 많아진다. 특히 색깔과 떫은맛에 영향을 주는 폴리페놀 성분, 즉 타닌이나 안토시아닌이 감소되며, 와인에 향을 부여하는 성분도 감소되어 풋내가 증가한다. 그러므로 포도재배에서 그늘은 품질을 저하시키는 가장 큰 원인이 된다. 그러나 과다한 햇볕은 포도의 호흡을 증가시켜 당과 산을 소모시키며, 수확 직전의 포도에 화상을 줄 우려가 있다.

예를 들면, 캐노피 관리가 소비뇽 블랑의 향미에 가장 중요한 영향을 주는 요소라는 연구 결과를 들 수 있다. 열매가 햇볕을 많이 받을 수 있도록 잎을 따주면, 황금빛 색깔에 과일 향이 증가하지만, 잎을 그대로 두면 풀 냄새가 증가한다. 이는 햇볕이 피망 냄새를 만드는 메톡시피라진(methoxypyrazines)의 합성반응을 방해하기 때문인 것으로 추측하고 있다. 카베르네 소비뇽도 잎과 송이의 그늘과 잎 제거의 효과에 관한 연구에서 소비뇽 블랑과 비슷한 결과를 보여주고 있다.

색깔은 레드 와인에서 아주 중요한 것으로 동일한 재배방법으로 최고의 향미와 좋은 색깔을 얻어야 한다. 캐노피의 신중한 관리는 착색에 필수적인 사항으로 열매의 착색을 위해 햇볕이 필요하지만, 너무 많으면 색소가 파괴된다. 또, 포도송이가 너무 많이 열리거나(과도한 생산), 나무 자체가 과도한 성장(수확량은 감소)을 하면 색깔이 감소된다. 열매의 크기가 작을수록 과즙 대비 껍질의 비율이 높아지고 와인의 색깔이 더 진해진다. 이런 이유로 열매의 크기는 와인의 색깔을 결정짓는 재배요소가 된다. 여기에는 관개시기, 관개수량, 포도의 영양상태, 병충해 관리, 클론의 선택까지 포함된다. 이렇게 햇볕은 광합성과 착색에 직접 영향을 끼치기 때문에 포도밭은 햇볕이 잘 드는 남동향이 좋다. 광선이 많을수록 착색이 잘 되고, 착색이 잘된 쪽이 당분도 많기 때문이다.

서리(Frost)

대기 중 수증기가 얼어붙은 것으로 결정형과 비결정형이 있다. 수증기가 영하 $10°C$로 냉각되어 승화하고, 즉시 찬 물체 표면에 붙은 것이 결정형 서리이며, 기온이 $0°C$ 이하가 되면 처음에는 이슬이 맺히지만 점차 온도가 내려가면 이슬이 얼게 되며 그 위에 부분적으로 수증기가 승화하여 붙는 것이 비결정형 서리다. 봄철 밤중에 갑자기 기온이 내려가 서리가 맺힐 때 이것을 늦서리라고 하며, 포도재배 지역에 5월에 내리는 서리는 포도재배에 치명적이다.

서리의 피해예방 방법으로 ① 찬 공기의 유입을 막는 방법, 즉 방상림을 심거나 낮은 울타리를 만들어 준다. ② 복사열이 날아가지 않도록 비닐이나 건초로 덮어 주거나 연기를 피운다. ③ 공기를 뒤섞어 지표면 부근의 찬 공기를 제거하기 위하여 송풍기를 사용하면 효과적이다. ④ 지표면 부근의 기온이 냉각되지 않도록 살수하거나 물을 대주는 것도 좋다. ⑤ 지표면 부근의 기온을 높이기 위해 소형 난로를 군데군데 설치하여 불을 피워두는 방법도 있다.

토양(Soil)

포도는 토양에 내린 뿌리로 나무를 지탱하면서 필요한 양분, 수분을 흡수하여 광합성 등 여러 가지 생리작용을 하면서 열매를 키우는 것으로, 토양의 상태는 나무의 생육, 수량, 품질 등에 영향을 주는 것으로 기상조건만큼 결정적인 것이 된다. 그러나 너무 비옥한 토양은 수세를 왕성하게 만들어 좋은 열매가 나오지 않기 때문에, 고급 포도밭은 토양이 그다지 비옥하지 않고, 배수가 잘 되는 토양이다.

그러므로 토양은 토질, 관개, 배수를 묶어서 판단한다. 토양의 성질은 토양 모재(무슨 암석으로 되어있는가?), 토양의 입도(점토, 모래, 자갈 중 어느 것인가?), 지층구조(배수가 잘 되고 뿌리가 깊이 뻗을 수 있는가?) 등의 영향을 받는다. 포도나 와인에 영향을 주는 요소 중에서 토양의 화학적 영향은 그리 크지 않다. 토양의 영향력은 물리적인 영향 즉, 토양의 열 유지력, 보수력, 영양성분 보유력 등이 중요하다. 예를 들면, 토양의 색깔과 구조는 열 흡수력에 영향을 끼쳐 포도의 성숙과 서리 방지에 중요하다. 토양이 포도의 생장에 미치는 영향은 토양의 물리, 화학적 성질 즉 토성, 입단의 구조, 유효 영양성분, 유기물 함량, 유효 깊이, pH, 배수, 유효 수분 등 다양한 속성을 알아야 한다.

재배관리에 있어서는, 본질적으로 토양의 성질을 변화시키는 것은 어렵지만, 어떤 지질계통의 토양이라도 우선은 물리적 성질이 좋은 토양에서 시비, 토양관리, 토양수분의 조절 등의 관리를 잘 하여 영양생장과 생식생장의 균형을 이루면, 자연히 품질이 좋은 원료 포도가 생산된다.

토양단면(Soil profile)

- 부식토(Organic horizon)/O 층(O-horizon): 낙엽이나 풀, 동물의 사체 등의 유기물이 있는 층
- 표층토(Surface soil, 작토)/A 층(A-horizon): 토양 광물과 유기물이 섞여서 이루어진 곳으로 토양 생물의 활동이 가장 왕성한 층

- 하층토(Sub soil)/B 층(B–horizon): 수백만 년 다양한 기후 요소가 변화시킨 토양으로 토양수가 이동시킨 철, 알루미늄 등의 산화물과 유기물이 집적된 층으로 비교적 입자가 가는 층
- C층(C–horizon): 토양의 생성작용을 거의 받지 않은 암석이 풍화되어 토양이 되는 단계에 있는 층
- 기층(Substratum)/기암(Bed rock)/R층(D–horizon): 모암(Mother rock)과 연결되어 있는 층

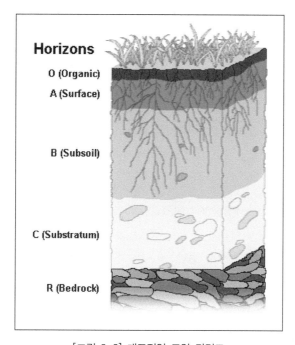

[그림 3–2] 대표적인 토양 단면도

토양 모재(Parent material)

토양 모재는 포도의 품질에 거의 영향력이 없다. 좋은 와인은 세 가지 모재로 된 토양 즉 화성암(화강암, 현무암), 퇴적암(혈암, 사암, 석회암), 변성암(점판암, 편마암, 편암) 어느 것이든 상관없이 나올 수 있다. 주로 한 가지 암석으로 된 유명한 와인지방으로 샹파뉴, 샤블리(백악질 토양), 헤레스(석회암), 포트, 모젤(편암) 등이 있는가 하면, 똑같이 유명한 지방으로 여러 가지 암석의 혼합물로 이루어진 곳으로 라인가우, 보르도, 보졸레 등도 들 수 있다. 물론 특정한 품종이 특정한 암석으로 이루어진 토양에서 더 잘 자란다는 주장도 있지만, 중요한 것은 환경이다. 이러한 주장은 설득력이 약하다.

토양 모재의 종류

- **화성암(Igneous rock)** : 마그마가 냉각 고결되어 형성된 암석으로 심성암과 화산암으로 나눌 수 있다. 심성암(plutonic rock)은 마그마가 지표면에서 깊은 곳에서 느리게 고결된 암석으로 화강암 (granite)을 예로 들 수 있으며, 화산암(volcanic rock)은 마그마가 지표면에서 냉각되어 기포가 많은 암석으로 현무암(basalt)을 예로 들 수 있다.

- **퇴적암(Sedimentary rock)** : 암석이 대기, 물, 생물 등의 기계적, 생물학적, 화학적 작용을 받아 이루어진 풍화산물이나 바람, 물의 운반작용으로 퇴적되어 이루어진 암석으로 지표면의 3/4을 차지하고 있으며, 사암, 혈암, 석회암 등이 있다. 사암(sandstone)은 모래가 점토, 석회 등 응결제에 의해 고결된 것이며, 혈암(shale)은 모래가 압력을 받아 해저에서 점토와 같은 미세한 입자로 고결된 것, 석회암(limestone)은 비교적 pH가 높은 곳에서, 탄산석회질의 껍데기를 분비하는 생물에 의하여 유기적으로 침전 고정되거나, 바닷물에서 직접적으로 무기적 화학작용에 의하여 침전하여 생성된 것이다.

- **변성암(Metamorphic rock)** : 화성암이나 퇴적암이 고온, 고압, 수증기 등의 영향으로 구조와 조직에 변화를 일으켜 형성된 암석으로 편마암, 편암, 점판암, 대리석 등이 있다. 편마암(gneiss)은 화강암이 얇은 판으로 변한 것이며, 편암(schist)은 현무암이 얇은 판 모양으로 변한 것, 점판암 (slate)은 혈암이 판 모양으로 된 것으로 빨리 더워지고 열을 잘 간직하며 고급 와인이 나오는 지역이 된다. 한편, 대리석(marble)은 석회석이 변한 것이다.

토양의 종류

- **초크(Chalk)** : 백악질 토양이라고 하며, 석회암의 한 종류로서 백악질 토양은 부드럽고 시원하며 다공성 백색토로서 알칼리성 퇴적토이기 때문에 포도의 산도를 높여 준다. 또 뿌리를 깊게 뻗도록 만들어 배수를 좋게 해주며 동시에 보수력도 갖추고 있다.

- **클레이(Clay)** : 점토를 말하며, 입자가 가는 충적토로서 유연하고 가소성을 가지고 있으며 특히 보수력이 좋다. 그렇지만 비교적 물성이 차고 산성이며 배수가 나쁘다. 점토가 많으면 포도 뿌리가 질식하지만, 소량 섞여 있으면 이점이 많다. 입자 크기는 1/256㎜ 이하.

- **로움(Loam)** : 옥토로서, 성질이 따뜻하고 부스러지기 쉬운 것으로 점토, 모래, 미사(silt)의 비율이 비슷하다. 대량생산하는 평범한 와인에 완벽한 토양이다. 고급 와인에는 너무 기름지다고 할 수 있다.

- **뢰스(Loess)** : 풍적 황토로서, 미시시피 강 유역, 라인 강 유역, 중국 북부 등지가 유명하다. 즉

점토가 바람에 날려 와서 쌓인 것이다. 주로 미사(silt)로 이루어졌으며, 석회질이지만 풍화되면서 칼슘이 없어진다. 비교적 빨리 더워지며 보수력이 좋다.

- **마를(Marl)** : 이회토라고 하며, 성질이 차고 석회질로 된 점토이다. 포도의 성숙을 늦추고 산도를 더해 준다.

토성(Soil texture)

토성은 토양 입자의 크기와 그 비율을 말하는 것으로 토양의 물리적인 성질을 좌우한다. 국제적으로 토양을 입자의 크기에 따라 흙은 조사(0.25~2.0mm), 세사(0.05~0.25mm), 미사(0.002~0.05mm), 점토(0.002mm 이하)로 나누고, 자갈은 그래벌(gravel, 2~4mm), 페블(pebble, 4~64mm), 코블(cobble, 64~256mm)로 나눈다. 대부분의 경작토는 모래와 미사, 점토의 함량에 따라 분류하며, 무거운 토양 혹은 차가운 토양이라는 것은 점토함량이 많은 것이고, 가벼운 토양 혹은 따뜻한 토양은 모래나 자갈의 함량이 많은 것이다.

점토나 미사보다 큰 토양 입자는 모암의 성질을 그대로 유지하고 있지만, 점토 입자는 화학적으로나 구조적으로 모암의 성질을 거의 가지고 있지 않다. 점토는 부피에 대한 표면적이 크고 판상구조이며 음전하를 띠고 있으며, 토양의 물리적·화학적 성질에 가장 영향을 많이 끼친다. 또 점토 입자는 너무 미세하여 건조하면 딱딱해지고 응집성을 갖게 되고, 습기가 많아지면 스펀지와 같이 팽창한다. 점토는 표면적이 크기 때문에 많은 양의 물을 흡수할 수 있지만 물분자를 강하게 흡착하고 있기 때문에 대부분의 물은 식물에 이용되지 못한다.

토성은 물과 영양분의 유효도, 토양, 공기 등 중요한 요소를 결정짓기 때문에 토성이 포도의 성장과 성숙에 미치는 영향은 대단히 크다. 토성에서 가장 중요한 것은 열 유지력이다. 입자가 미세한 토양은 흡수된 많은 열이 물로 이동하여 이를 증발시키면서 그 에너지가 소실되지만, 토양 입자가 크면 수분함량이 적기 때문에 흡수한 열을 대부분 그대로 유지하고 있다가 밤에 그 열을 방출한다. 이러한 열은 서리 해를 방지하고 가을에 포도가 익는 데 큰 역할을 한다. 토양 열은 포도나무의 온도를 조절하고 서리 해를 감소시킬 수 있다.

- **모래땅** : 열매가 작아지며 밀착되는데, 열매는 잘 열리나 수량이 떨어진다. 생식용은 좋지만, 와인용은 품질이 떨어진다.
- **질흙** : 보수, 보비성이 커서 숙기가 늦으며, 병해의 발생이 쉽고 과실의 품질이 좋지 않다. 그러나 석회를 많이 함유하는 모래질 질흙(사질식토)에서는 품질 좋은 와인이 생산된다.
- **참흙** : 포도나무가 잘 생육하나, 자칫하면 웃자라는 경향을 보이는데, 수량은 떨어지지 않으나 향기가 나빠지고 열매 껍질이 두꺼워진다.

- **자갈땅** : 배수가 양호하고, 열의 복사작용이 커서 포도나무 재배에 이상적이다.

배수와 토양의 깊이(Drainage & Soil depth)

포도의 품질에 가장 큰 영향을 주는 토양요인은 토양의 수분함량이다. 특히 과실 발육 후반기 토양수분의 영향력은 아주 크다. 수분이 작으면 열매가 작아지고 당, 산의 함량은 높아지며, 착색도 빨라진다. 따라서 착색, 품질 모두 토양이 적당한 건조상태로 있는 것이 바람직하다. 가뭄이 들 때의 관수는 품질을 올리는 효과가 현저하지만, 와인용 포도재배에서 무작정 관수는 오히려 품질을 떨어뜨리는 경우가 많다. 가뭄의 피해가 없을 정도의 강우량이면 품질은 좋아진다.

보르도의 그랑 크뤼 포도밭은 개천이나 배수로가 있는 조그만 언덕에 거친 토성의 토양으로 되어 있어서 배수가 빠르고 뿌리가 깊게 뻗어 나갈 수 있게 만든다. 거친 토양에서 자유수는 24시간 이내에 20m 깊이까지 침투할 수 있다. 이렇게 포도의 뿌리가 깊이 뻗어 가면 안정된 지하수 공급을 받을 수 있으므로 뿌리 깊은 포도나무는 홍수나 가뭄의 피해를 적게 받는다. 포도는 토양 수분이 너무 많으면 열매가 터지거나 썩게 되지만, 품종에 따라 습한 토양에 잘 견디는 것도 있다. 예외로, 토양층이 얇더라도 가뭄이나 홍수에 잘 견딜 수 있는 경우도 있는데, 이때는 프랑스 생테밀리옹같이 조밀한 석회암이 얕은 토양에 깔려 있으면 아래쪽 물이 위로 올라올 수는 있다.

양분과 pH(Nutrient content & pH)

토양의 양분 유효성은 여러 가지 요인 즉 모재, 입자의 크기, 부식함량, pH, 수분함량, 온도, 뿌리의 표면적, 근균의 발달 등의 상호작용의 영향을 받는다. 무기질은 모암의 영향을 그대로 받으며, 유명한 포도밭이란 곳도 토양의 양분으로 설명할 수 있다. 열매의 질소 축적의 정도가 와인의 질을 좌우하며, 또 칼리의 유효도와 축적도 와인의 질에 영향을 미친다. 보르도의 유명한 포도밭은 다른 곳보다 부식 함량과 유효한 양분이 더 많은 것으로 알려져 있다. 이 데이터를 등급체계에 이용하기도 했지만, 이 포도밭의 양분상태는 등급을 설명할 때 거의 같거나 더 나을 수도 있으며, 경작과 시비로 개선될 수도 있다. 와인의 질은 토양의 무기질 영향을 받는다는 설도 있지만 학자에 따라 그 견해가 다르다.

피복작물(Cover crop)

포도밭 사이사이에 줄을 따라 생긴 통로에 심는 작물로서 클로버나 콩 등 콩과작물을 주로 심는다. 콩과식물은 질소를 합성하여 토양을 기름지게 만들기 때문이다. 언뜻 보기에는, 잡초로서 포도나무에 이로울 것이 없어 보이지만, 수분을 유지시키고, 비나 바람에 의한 토양 유실을 방지하며, 서리 피해도 줄일 수 있다. 또, 피복작물은 물과 양분의 흡수를 위하여 포도나무와 경쟁하기 때문에 포도나무의 뿌리가 옆으로 가지 않고 깊게 내려가도록 만든다. 그리고 봄에 갈아 엎어서 녹비로도 사용할 수 있는 이점이 많다.

지형의 영향(Topographic influences)

- **방향** : 남향이 이상적이다(남반구에서는 북향).
- **고지대와 저지대** : 고지대의 포도는 산도가 강하고 거칠고, 저지대는 가볍고 빈약하므로 위도에 따라 잘 조절해야 한다.
- **경사지와 평지** : 경사지는 빛의 각도가 커지므로 햇볕을 더 많이 받을 수 있으며, 배수가 잘 된다.
- **호수나 강변** : 물에 빛이 반사되어 일조량 효과가 더 커지며, 급격한 온도변화를 방지한다.

포도재배

포도재배 Viticulture 는 봄에 움이 트기 시작하여 가을에 수확할 때까지의 일만을 논하는 것을 목적으로 하는 것은 아니다. 작년이나 재작년의 기상상황이나 거기에 대한 포도의 생육상태를 고려하여, 금년에도 오늘 이후에 일어날 변화를 예측하여 거기에 대응하는 일을 하지 않으면 안 된다. 더욱 엄밀하게 이야기한다면, 지질이나 토양의 조성, 그곳의 품종과 그 대목 등 1~3년의 단기간, 5~10년의 장기적인 실적과 계획이 필요하다.

포도를 심을 때는 100년 이상 자란다는 장기적인 전망과 사전 조사와 검토가 충분히 되지 않으면 안 된다. 품종과 클론의 신중한 선택, 과거 3~5년간 면밀한 기상조사, 지형, 지질, 토양의 조성, 경사도 등의 조사, 기타 수원水源의 유무, 인근 작물의 식물상, 배수로 등 주변 조사가 따라야 한다. 이 중에서 가장 중요한 것은 기상조건이다. 그리고 그 데이터를 모집하여 면밀하게 해석하는 것이 가장 중요하다.

포도나무의 성장 특성

포도나무 가지를 자연상태로 방임하면 새 가지는 지난해 1년생 가지(열매어미가지)의 끝부분에서 발육이 빠르고 세력도 좋아 결과 부위가 매년 전진하게 되므로 열매어미가지는 잘라 주거나 갱신 시킨다. 열매는 올 봄에 나온 가지(열매가지)에서 열리기 때문에 가지치기를 해서 수확량을 조절하고, 수형을 유지시켜야 한다.

포도나무는 덩굴성으로 독자적으로 수형 유지가 안 되므로 반드시 지주를 설치해야 한다. 우리나라와 같이 습기가 많은 지역에서는 포도나무를 높게 재배하지만, 와인용 포도는 대개 낮게 재배를 한다. 가지를 방치하게 되면 서로 엉키어 관리가 곤란해지고, 새 가지가 늘어져 열매어미 가지에서 떨어지기 쉬우므로 철선에 묶어 주면서 재배지역의 특성에 따라 적절한 수형을 유지하도록 지주를 설치해야 한다.

양조용 포도는 2~3년째부터 결실이 가능하지만 이때는 품종을 확인하는 정도로 한두 송이만 수화하고, 대개 와인 양조는 5년째부터 시작하는 것이 좋다. 포도는 꽃눈 형성이 잘 되므로 해갈이 없이 매년 균일한 생산이 가능하며, 흡비력이 강하여 메마른 땅에서도 생육이 비교적 양호하고 빠르기 때문에 전통적으로 메마른 경사지에서 재배하고 있다.

포도의 생육 사이클(Vine cycle) 및 관리

포도는 겨울이 되어 온도가 낮아지면 휴면상태가 되어 성장이 멈추는데, 빠른 품종은 9월부터, 보통의 것은 11월부터 3월경까지 휴면을 한다. 휴면 중이라도 너무 춥거나 의외로 온난하면 균형이 깨져 그 후 생육에도 종종 장해를 유발한다. 즉, 개화 후 결실률의 저하 및 과실 성숙의 지연, 전엽, 개화의 지연, 각종 기관의 발육 저하 및 이상 현상 등을 들 수 있다. 즉 휴면 중이라도 겨울철에 적절한 평상의 온도가 되지 않으면 안 된다는 말이다.

- **봄** : 가지치기를 완료하고, 3월이 되어 기온이 10℃ 이상이면 나무에 물이 오르면서 가지가 부드러워지므로 가지를 철사줄에 묶어 주는 유인작업을 하여 4월 발아기를 대비한다. 이때 어린 포도나무의 접목을 한다. 4월은 발아기로서 지난해 북돋운 뿌리 근처의 흙을 제거하고, 새로 나온 가지의 유인을 시작한다. 전년도 접목을 했던 어린 묘목을 재식한다. 제초 겸 경운을 하거나 제초제를 살포하고, 서리 방지 대책을 세운다.

    5월은 순이 왕성하게 뻗어 나가므로 가지를 적절하게 제거하여 생장을 억제시켜 양분을 꽃송이로 이행시켜 열매를 잘 맺도록 도와준다. 이 시기에 위도가 높은 지방에서 늦서리가 내리면 치명적이므로 서리 방지에도 대책을 마련해야 한다. 살충제와 살균제를 살포하고, 통로를 확보하고 새로운 가지에 햇볕이 들도록 흩어진 가지를 철사줄 안쪽으로 묶는다. 잎, 가지 솎기,

관수, 병충해 방지, 서리 방지, 제초작업을 한다. 새로 접목할 묘목을 온상에 심는다.

- **여름** : 6월은 개화기 및 결실기로서 꽃이 피면서 열매가 맺는 가장 예민한 시기라고 할 수 있다. 보통, 꽃이 피고 약 100~130일 후에 수확을 하게 되는데, 품종에 따라 약간씩 차이가 있다. 꽃이 피고 열매가 맺으면 이때부터는 포도송이가 햇볕을 잘 받을 수 있도록 주변의 잎을 솎아 주고, 7월부터는 상태가 좋지 않은 열매를 제거(green harvest)하여 건강한 송이가 잘 자랄 수 있게 만든다. 이때부터는 열매의 색깔이 변해 가는 변색기(véraison)로서 산이 점차 감소하고 당분이 축적되면서, 청포도는 노란색으로 투명한 색깔이 되고, 적포도는 붉게 착색되면서 서서히 아로마가 증가하기 시작한다. 8월은 열매가 커지고 부드러워지면서 익어 가므로 조생종은 수확이 가능하다. 수확과 양조에 대한 면밀한 계획을 세워야 한다.

- **가을** : 온도는 낮에는 15~25℃, 밤은 10~20℃가 이상적이다. 이때 밤 온도가 높으면 호흡이 왕성해져 당도와 산도가 떨어지면서 착색이 나빠진다. 그러므로 착색은 서늘한 기후에서 일교차가 클 때 잘 된다. 수확기가 되면 비 피해를 조심하고, 적절한 수확시기를 예측하여 와이너리에서는 수확한 포도를 받을 준비를 해야 한다. 와이너리에서 양조에 이상이 없도록 장비와 기구를 점검한다. 정기적으로 샘플을 채취하여 당도, 산도, 타닌, 향 등을 체크하고, 최고의 성숙도에 달했을 때 수확한다. 수확 후에는 새로 어린 나무를 심을 포도밭을 정리하고, 상태가 나쁜 포도나무를 뽑아내고 새로 심을 준비를 한다. 잎은 색깔이 변하고 서리를 맞으면서 낙엽이 된다.

- **겨울** : 겨울에는 지난해 1년생 가지를 선별하여 몇 개만 남기고 모두 잘라 주는 가지치기(pruning)를 한다. 겨울에는 나무에 물이 오르기 전이라서 가지를 잘라도 수액이 나오지 않으므로 감염되는 등 부작용이 없기 때문이다. 겨울철 전정은 포도의 생육, 작업, 또 경영적인 면에서 아주 중요한 작업이다. 이 전정은 나무의 건강을 유지하고, 수량, 품질을 조절하고, 안정된 생산으로 경제적 가치를 증진시킨다. 유럽에서는 전통적으로 성 빈센트의 날(1월 22일)부터 가지치기를 시작한다. 열매어미가지로서 남길 가지는 금년 봄 신장하여 과실을 맺은 열매가지(신초) 중에서 둥근 모양으로 충실한 것을 선택하여 단초(2~3눈), 중초(5~8눈), 장초(10~13눈) 전정 중 선택한다. 이 일은 가장 전문적인 일로 기계화는 불가능하다. 추운 곳에서는 동해를 방지하기 위해 뿌리 근처 접목한 부분을 흙으로 덮는다. 경사진 곳에서는 유실된 토양을 회수하여 보충한다. 경우에 따라 늦게 수확(late harvest)을 할 수도 있다.

관개(Irrigation)

포도의 구성성분에 영향을 끼치는 요인 중 물의 공급이 가장 중요하다. 최고의 빈티지는 강우량이 적을 때지만 비가 많아도 안 되고, 너무 적어도 안 된다. 식물 생육에 필요한 물은 공급되어야 한다. 좋은 포도밭은 성장기에는 토양이 수분을 보유하고, 수확기에는 건조한 것이 좋다. 습기가 많은 토양에서 잎은 많이 생기지만, 포도 열매의 성숙이 늦어지고 산이 많아지며, 배수가 잘 되는 건조한 토양에서는 포도 열매가 빨리 익고 산이 적어진다. 변색기 이후에는 물의 공급이 차단되어야 풋내가 사라지고 바람직한 향이 형성되고, 당분 함량이 높아지고, 산도가 감소되면서 색깔도 진해진다. 그러므로 변색기까지는 제한된 양의 물을 공급하고, 그 이후 수확기까지 관개를 하지 않는 것이 좋다. 포도나무는 가뭄에 잘 견디므로 유럽의 고급 포도밭은 원칙적으로 관개를 하지 않는다. 그러나 강수량이 부족한 신세계 등에서는 적절한 관개방법을 선택하여 성장기 때 물이 부족하지 않도록 관리할 필요가 있다.

- **담수관개(Flood irrigation)** : 관개수로를 이용하여 포도밭 전면에 물을 공급하는 방법으로, 관개수의 손실이 많고, 토양의 유실 우려도 있기 때문에 요즈음은 점차 점적관개 방법으로 바뀌고 있다.

- **점적관개(Drip irrigation)** : 작은 관을 따라서 흐르는 물이 원하는 지점에서 방울방울 떨어지도록 관개하는 방법이다. 물을 공급하는 속도가 느리기 때문에 토양 표면의 유실이 없고, 포도나무에 필요한 적정량의 물을 공급하기 때문에 효율성이 크다. 그러나 구멍이 막힐 우려가 있기 때문에 여과장치를 설치해야 한다.

포도의 번식

- **접목(Grafting, *Greffage*)** : 풍토에 강한 대목(rootstock)과 형질이 좋은 접순(scion)을 붙이는 방법으로 필록세라를 해결하는 데 큰 공을 세웠다. 병충해에 강한 뿌리를 가진 대목의 선택이 중요하다. 대목의 눈이 약간 트기 시작할 무렵에 아직 발아되지 않은 접순을 접붙여야 활착이 잘 된다. 풍토에 강한 대목에 양호한 품종의 눈을 접붙이는 방법(bud grafting)도 있다.

- **삽목(Cutting, *Bouture*)** : 꺾꽂이. 식물체의 재생능력을 이용하여 인위적으로 번식시키는 보편적 방법으로 꺾꽂이의 밑 부분에는 발근하여 뿌리를 이루고, 꺾꽂이의 눈에서는 새 가지가 나와 줄기가 됨으로써 한 개의 독립된 개체가 된다.

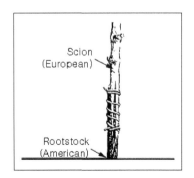

[그림 3-3] 포도나무 접목

- **휘묻이(Layering plantation, *Marcottage*)** : 지난해 자란 1년생 가지를 4월 상, 중순경에 20~25cm 깊이로 구덩이를 파고, 원 가지 끝부분에서 나온 강한 가지를 휘어서 지상에 2~3개의 눈이 나오도록 묻는다. 이때는 발근을 촉진시키기 위해 휘묻이한 가지의 아랫부분을 박피하거나 철선을 감아

준다. 그리고 휘묻이한 부분과 모본 사이의 가지에서 나오는 눈은 모두 따주어야 하며, 휘묻이한 가지에서 새 눈이 나오면 충실한 한두 개의 새 가지만 남기고 나머지는 제거하여 충실하게 새 가지를 신장시킨다.

- **조직배양(Tissue culture)** : 바이러스 없는 (virus free) 묘목을 생산할 수 있는 방법으로 생장점을 시험관에 배양하여 하나의 개체로 성장시킨다.

수형(Trellis system)

- **평덕(Overhead/Pergola)** : 다습한 지역에서 사용하는 수형으로 한국, 일본 등에서 등나무 식으로 재배하는 방법이다.
- **귀요식(Guyot)** : 와인용 포도의 일반적인 방법으로 유럽, 캘리포니아의 경사지나 평지에서 사용한다.
- **모젤(Mosel)** : 급경사지에서 사용하는 방법으로 독일의 모젤지방에서 사용한다.
- **고블렛(Goblet)/부시(Bush)** : 성장을 억제할 필요가 없는 품종에 적용하는 것으로 보졸레, 코트 뒤 론 및 지중해 연안에서 사용한다.

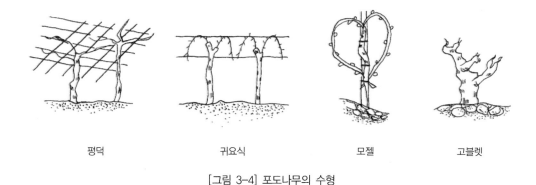

평덕   귀요식   모젤   고블렛

[그림 3-4] 포도나무의 수형

포도의 육종(Grapevine breeding)

육종이란 종래의 품질에 만족하지 않고 새로운 형질에 대한 욕구가 높아져 더 나은 품질, 적응성의 확대 등을 위하여 인위적으로 품종을 개량하는 것이다. 육종의 목적은 시대배경과 함께 변화되어, 옛날에는 필록세라에 저항력을 가진 품종을 만들어 내는 것이었으나 현재는 생산국가에 따라 내동내한성을 가진 품종, 내병성 품종, 인력절감용 품종, 기계화에 맞는 품종, 농약이 필요 없는 품종 등 개발에 노력을 기울이고 있다. 포도의 육종은 주로 교잡육종법을 사용하며, 유럽에서는 영양계 선발도 병행하여 큰 성과를 보았다. 그 외, 변이된 눈을 분리하는 방법, 인공적으로 돌연변이를 유발하는 방법, 최근에는 유전자를 재조합하는 연구도 활발하게 진행되고 있다.

- **교잡육종(Breeding by crossing)** : 원하는 형질을 가진 양친을 선정하여 하나의 꽃가루를 다른 하나의 암술에 교배시키는 방법이다. 교배의 성패는 가을에 종자를 얻을 때부터 시작되지만, 육종 본래의 성패는 와인 품질이 평가될 때 결정되므로 대체로 십수 년 후라고 말할 수 있다.

- **영양계 선발(Clonal selection)** : 포도는 접목이나 삽목 등 영양번식을 하므로 같은 품종이라면 유전적인 조성이 같아야 하지만, 오랜 세대를 거치는 동안 돌연변이에 의한 부분적인 변이가 발생되어 축적된 것이 많다. 즉, 또 하나의 클론이 생성되는 것이다. 자연상태의 돌연변이는 임의적으로 식물체에 불리한 방향으로 진행되지만, 드물게 나타나는 유용한 변이를 놓치지 않고 선발하여 개량시키는 방법이다.

포도나무 병충해

- **필록세라(*Phylloxera vastatrix*)** : 진딧물의 일종으로 농황색에 몸길이가 1㎜ 내외이며, 난형으로 날개를 가진 것도 있다. 1년에 6~9회 발생하며 알 또는 유충상태로 땅속이나 뿌리에 기생하여 월동하며, 유충과 성충이 뿌리와 잎에 붙어 수액을 흡수한다. 진흙땅에서 수분이 부족할 때 갈라진 틈을 따라 이동하므로 모래땅에서는 피해가 적다. 묘목에 붙어서 도입되므로 묘목구입 시 묘목의 흙을 제거하고 소독을 해야 한다.

  필록세라는 미국 동부지역 포도에 기생하는 해충으로, 1850년대 말 미국에서 보르도지방으로 보낸 연구용 묘목에 붙어서 유럽에 전파된 것으로 추정하는데, 이 필록세라는 순식간에 저항력이 없는 유럽종 포도에 번식하여 유럽 전역의 포도밭을 황폐화시켰다. 해결은 필록세라에 저항력이 강한 미국종 대목에 유럽종 포도를 접목하는 방식으로 시작하였다(1880). 아직까지 필록세라 문제가 완벽하게 해결된 것은 아니다. 저항력이 있는 대목이란 것이 필록세라에 면역성을 갖춘 것이 아니기 때문이다. 게다가 최근에는 필록세라가 돌연변이 등으로 또 다른 타입이 나타나 기존 저항력을 갖춘 대목에 침입하는 일이 발생하고 있어서 끊임없는 연구가 요구되고 있다.

- **흰가루병(Powdery mildew/Oidium)** : 그늘진 곳에서, 생육이 왕성하고 주로 연한 조직 즉 꽃송이, 잎의 뒷면, 과실에 발생한다. 처음에는 지름 6㎜ 정도의 담황색 곰팡이가 생겨 회백색 포자 덩이로 퍼져 나가며, 시간이 지나면서 피해 부위가 홍갈색이나 검은색으로 된다. 어린잎은 뒤틀리거나 위축되고, 황백색으로 변하면서 낙엽이 되고, 꽃송이는 착립이 되지 않고 어린 열매가 떨어진

다. 줄기는 약해져 부러지기 쉽고, 포도 알에는 단단한 검은 무늬가 생겨 돌 포도가 되거나 갈라진다.

- **노균병(Downy mildew)** : 주로 잎에서 발생하나 새순과 과실에도 피해가 크다. 잎에 담황록색으로 크게 나타나며 그 뒷면에는 흰색 곰팡이가 생긴다. 이 증상이 심해지면 잎 전체가 말라 낙엽이 된다. 어린 포도송이에 감염되면 시들고 갈색으로 변하여 떨어지게 된다.

- **잿빛곰팡이병/회색곰팡이병(Gray mold)** : 잿빛곰팡이균인 보트리티스 시네레아 *Botrytis cinerea* 가 습한 지역에서 자라는 식물에 일으키는 병으로, 상처가 있거나 오래되거나 죽은 식물체가 먼저 감염된다. 이 병에 걸리면 황갈색에서 갈색에 이르는 점이나 얼룩이 생기고, 이 부위는 날씨가 습하면 칙칙한 곰팡이로 덮인다. 어린나무, 새싹, 잎은 말라 부서지고, 눈은 썩으며, 꽃에 얼룩과 반점이 생기고, 오래된 꽃과 열매는 갈색으로 변해서 썩는다. 여기에 페니실륨 *Penicillium* 이나 아스페르길루스 *Aspergillus* 등이 자라기 시작하면 더욱 심각하다. 잿빛곰팡이가 먼저 자라거나 썩은 부분이 건조되면 이것으로 만든 와인에서 안 좋은 곰팡이나 균류 냄새와 페놀 맛이 난다.

  잿빛 곰팡이는 와인의 질을 떨어뜨리지만, 일기 조건이 좋으면 '노블 롯 Noble rot'이 되어 맛이 개선될 수 있다. 그러나 이 곰팡이가 곤충 때문에 포도의 갈라진 부분이나 파괴된 부분으로 침투하면 치명적이다. 껍질이 얇은 품종이나 빽빽하게 찬 포도송이의 경우는 감염될 가능성이 더욱 크다.

  이 곰팡이가 끼면 수확량도 감소하지만 안토시아닌을 파괴하여 색깔을 변하게 만들고 와인의 산화를 촉진하며, 껍질에 있는 아로마도 사라지게 만들어 결국에는 맛을 떨어뜨린다. 살충제와 황산구리 용액으로 이 곰팡이의 침투를 방지할 수 있지만 충분하지는 않다. 살균제가 더 효과적이다. 이런 약제들을 수확 직전에 사용하면 머스트의 발효가 방해받으므로 방법을 신중하게 선택해야 한다. 이 곰팡이가 포도나무나 흙에 묻어 있으면 다음해에도 감염될 위험성이 크다.

- **탄저병/만부병(Ripe rot)** : 우리나라 포도재배에서 가장 무서운 병으로 유럽종 포도에 많이 발생하며, 7~8월에 많이 발생한다. 열매가 콩알만 할 때부터 적갈색이나 흑갈색의 작은 점으로 나타나, 착색기가 되면 병반은 커지고 검어지고, 그 표면에 작고 검은 점이 밀생하여 붉그레해지며 끈적끈적한 진을 분비한다.

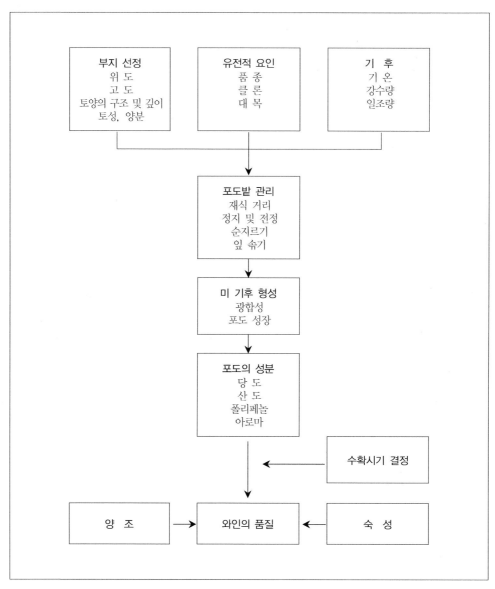

[그림 3-5] 포도와 와인의 성분에 영향을 끼치는 요소

제4장 포도의 성숙과 수확

제4장 포도의 성숙과 수확

　포도의 성숙도는 와인의 질과 타입을 결정하는 조건이 된다. 그러므로 성숙도는 와인제조의 가장 중요한 요인이 된다. 좋은 와인이란 잘 익은 포도에서 얻어지며, 좋은 해란 여름이 더워서 포도의 성숙도가 최고에 이르러야 한다. 그러나 너무 더운 지방에서는 과숙되기 쉬워 신선함이 사라지는 불균형을 초래할 수 있다. 빈티지에 따라 다르지만, 지역에 따라 어떤 곳은 산도가 충분하고 과일 향이 풍부한 화이트 와인을 만들 수 있으며, 또 다른 곳에서는 산도가 낮고 당도가 높은 포도로 무덤덤한 와인을 만들 수도 있다. 그러므로 와인메이커는 포도 성숙 중 변화를 알아야 하며 변화에 관심을 가지고 있어야 한다. 즉 와인메이커는 포도의 성숙도를 조절할 수 있어야 한다.

포도의 성숙

포도의 구성

　포도송이는 열매자루와 열매 두 부분으로 나눌 수 있고, 각 열매는 껍질, 씨, 과육으로 구성되어 있다. 열매에 압력을 가하면 혼탁한 주스를 얻을 수 있는데, 이 주스에는 세포벽에서 나오는 섬유소와 펙틴, 껍질에서 나오는 원형질과 단백질 등이 함유되어 있다. 주스를 짜고 난 찌꺼기에는 껍질과 씨, 제경을 하지 않은 것은 열매자루가 포함된다.

[표 4-1] 주요 품종의 포도송이 구성

	카베르네 소비뇽	세미용	캠벨 얼리	MBA
송이의 구성				
열매자루(%)	2.9	3.1	1.7	1.5
열매(%)	97.1	96.9	98.3	98.5
열매의 구성				
평균 중량(g)	1.32	1.83	4.98	5.35
과육(%)	74	76	81	84.4
껍질(%)	20	21	16	13
씨(%)	6	3	3	3

열매자루는 pH 4~5 정도로 유리산 함량이 낮고 칼륨 함량이 높다. 당도는 1% 이하, 폴리페놀은 0.5~3.5% 정도 되므로 쓰고 떫은맛을 가지고 있다. 씨 역시 타닌 함량이 많고 쓴맛의 기름이 들어 있다.

껍질은 포도에서 가장 중요한 부분으로 당분이 상당량 과육의 30% 수준 들어 있고, 색깔이 없는 타닌이 들어 있지만, 적포도 껍질에는 안토시아닌이 있어서 총 페놀 함량은 청포도의 두 배 이상이 된다. 품종별 고유의 향도 껍질에 많고, 과육에는 약간만 있다. 껍질의 바깥쪽은 지방산과 스테롤을 함유하고 있어서 이는 효모와 박테리아의 영양원이 될 수 있다. 그러므로 와인 양조에서 껍질과 접촉하는 기간이 온도, 알코올 함량과 더불어 추출의 지표가 된다.

과육은 주스즙를 많이 함유하고 있어서 포도를 으깨면 바로 주스가 흘러나온다. 주스의 pH는 3.0~3.8 정도며, 유리산과 칼륨과 결합한 형태의 산이 존재한다. 대신, 페놀 함량은 많지 않다.

포도의 성숙단계

- **녹과기(Vegetative period)** : 작은 열매가 열리기 시작 nouaison 하여 색깔이 변하기 véraison 전까지 단계로서 열매가 단단하며 클로로필chlorophyll, 엽록소로 인해 녹색을 띠고 당분은 20g/kg이며, 산이 아주 많다.

- **변색기(Véraison)** : 색깔이 변하는 시점으로 열매는 부풀어 부드러워진다. 청포도는 녹색에서 황금색으로, 적포도는 엷은 적색으로 된 다음에 진한 색깔이 된다. 이 변화는 급작스럽게 일어나며 당 함량도 급증한다. 이상적인 상태에서는 2주 만에 이루어진다.

- **성숙기(Maturation)** : 처음 익을 때부터 최종 성숙기까지 40~50일 지속되는 기간을 말한다. 열매가 커지고 당분이 증가하면서 산이 감소한다. 열매가 가장 크고 당분 함량이 가장 높은 생리적 성숙과 수확에 적합한 시기인 기술적 성숙을 구분해야 한다. 이 두 가지 성숙기의 날짜는 항상 일치하지 않는다.

- **과숙기(Overripening)** : 정상적인 수확기를 지나 포도 알이 수분을 잃고 주스가 농축되는 시기로서 이때 보트리티스 Botrytis 곰팡이가 낄 수 있다.

열매의 발달

열매는 생성 후 익을 때까지 계속 커지면서 무거워진다. 열매의 크기는 수분의 순환과 관계가 있으므로 수분이 많을수록 커진다. 예를 들면, 변색기 이전에 열매 100개의 무게가 메를로는 97g, 카베르네 소비뇽은 77g이었다가, 익으면 138g, 114g이 된다. 열매의 크기는 해마다 달라지는데, 특히 강우량의 영향을 받는다. 메를로 열매 100개의 무게를 보면, 건조한 여름에는 118~120g, 습한 여름에는 160~165g으로 상당한 차이를 보인다. 이렇게 열매의 크기는 해마다 25~30% 정도 변하므로 정확한 수확량 예측이 어렵고, 너무 비가 많으면 열매가 터지기도 한다. 그리고 열매의 크기는 씨의 개수에 비례하며, 주스의 각종 성분은 씨의 숫자에 반비례한다.

당분의 저장

가장 두드러진 변화로서 단순히 포도가 달면 익었다고 판단한다. 포도의 당분은 대부분 포도당(glucose)과 과당(fructose) 형태로 있으며, 포도가 덜 익었을 때는 포도당 비율이 높고, 완전히 익은 포도에 거의 같은 양으로 존재하지만, 과당 비율이 약간 높아서 포도당/과당 비율이 0.95 정도 된다. 이는 포도당이 과당보다 세포막 투과성이 더 좋기 때문이다.

기타, 소량의 비발효당인 오탄당과 그 축합물이 몇 g/ℓ 존재한다. 주로 아라비노스(arabinose), 자일로스(xylose), 라피노스(raffinose), 스타키오스(stachyose), 멜리비오스(melibiose), 말토오스(maltose), 갈락토오스(galactose) 등이 있지만, 양조학적 중요성은 없다.

열매의 당분은 포도가 익을 때 나무에 저장했던 당분이 이동한 것이다. 당분은 포도의 과육에 가장 많이 축적되며, 다음으로 껍질에 축적되는데 이는 품종과 재배방법에 따라 달라질 수 있다. 대부분의 당분은 광합성으로 생성되지만, 사과산(malic acid)이 당분으로 변하기도 한다. 이렇게 생성된 당분을 나무(뿌리, 줄기, 가지)에 저장하기 때문에, 포도나무에는 당분이 10~25g/kg, 전분으로 40~60g/kg 정도 있다. 포도가 익는다는 것은 저장된 당분이 열매로 이동하는 것이므로 포도나무의 수령, 건강상태 등이 포도의 품질을 좌우한다. 포도 열매의 당분 중 40%는 목질부인 줄기에서 이동된다. 그러므로 오래된 포도나무는 당분 저장능력이 크기 때문에 날씨(vintage)의 영향을 덜 받으며, 추운 해라 하더라도 전년도에 저장한 당분을 사용하여 적절한 당도를 유지할 수 있다.

그리고 8월 말에 포도가 익기 시작할 때는 잎, 줄기, 가지 등에서 당분이 포도로 이동하지만, 9월 말에는 잎에서만 이동한다. 이때는 포도나무 자체의 성장이 멈추고, 포도 열매의 당분만 농축될 무렵이다. 그러므로 8, 9월 햇볕이 품질에 미치는 영향력이 가장 클 수밖에 없으며, 이 시기의 광합성은 햇볕 받는 기간과 강도에 절대적인 영향을 받는다.

[표 4-2] 포도나무 각 부위별 당 함량(g/kg)의 변화

	8/31 14:00	9/1 05:00	차이	9/28 14:00	9/29 05:00	차이
잎	21.3	18.6	-2.7	19.3	13.3	-6.0
줄기	9.6	7.5	-2.1	8.0	8.0	0
열매자루	16.0	13.4	-2.6	8.0	9.0	+1.0

산의 변화

포도의 산은 주석산(tartaric acid)과 사과산(malic acid) 두 종류가 70~90%를 차지하며, 약간의 구연산(citric acid) 등이 있다. 이들은 변색기까지는 증가하지만, 변색기 이후 많은 양이 소모되면서 감소한다. 산도는 변색기에서 수확기까지는 포도 열매가 커지면서 희석되고, 호흡으로 인한 손실, 염기의 포도 열매 내 이동으로 인한 부분적인 중화 등으로 급격히 감소한다. 주석산은 익기 전후 함량에 큰 차이를 보이지 않지만, 사과산은 성숙기 마지막 단계에서 당으로 변하는데, 처음에는 급속하게 감소하고 점차 서서히 감소한다. 아주 더운 여름, 30℃ 이상일 때는 사과산 함량이 감소하지만, 여름이 서늘하면 감소하지 않는다.

이렇게 포도의 산 함량은 환경의 영향에 따라 달라지며, 또 유전적인 요소의 영향을 받는다. 대체적으로 진펀델, 카베르네 프랑, 슈냉 블랑, 시라, 피노 누아, 말벡 등은 사과산 함량이 높고, 리슬링, 세미용, 메를로, 그르나슈, 팔로미노 등은 주석산 함량이 높다고 알려져 있다. 주석산은 덜 익은 상태에서는 유리 형태로 있지만, 익을 무렵에는 칼륨, 칼슘과 결합하여 주석(酒石)을 생성한다. 그러나 사과산은 계속 유리 형태로 남는다.

수확한 포도는 당과 산의 함량이 일정하지 않으므로 열매 하나씩 분석하여 함량이 10~30% 차이를 나타나면 덜 익은 상태라고 할 수 있다. 산의 함량은 연도, 품종에 따라 차이가 심하다.

포도 성숙 중 안토시아닌과 타닌의 변화

포도가 익기 시작한다는 것은 포도 열매의 클로로필(chlorophyll)이 없어지면서 색깔이 변하는 시점으로, 적포도 껍질 세포는 안토시아닌을 축적하면서 색깔이 진해진다. 그래서 포도의 성숙도는 머스트의 색깔로 알 수 있는데, 이는 껍질에 있는 안토시아닌(xanthocyanin)이 주스 전체로 퍼지기 때문이다. 청포도 역시 카로틴(carotene), 크산토필(xanthophyll), 케르세틴(quercetin)과 같은 플라보놀(flavonol)이 껍질에 생성되면서 황금 색깔로 변한다.

이 적색 색소 형성에는 많은 양의 태양에너지가 필요한데, 색소는 당 대사의 부산물로 나오기 때문에 빛이 없으면 색깔도 형성되지 않는다. 그래서 적포도는 위도가 낮고 일조량이 많은 지방에서 색깔이 진해진다. 그러나 비료를 사용하여 수확량을 증가시키면 색깔이 옅어지고 타닌 함량도 낮아진다. 그러므로 안토시아닌은 기온, 당의 축적, 유전적 요소, 또 칼륨, 칼슘 함량의 영향을 받는다.

색소 이전에 타닌도 축적되는데 이 타닌은 씨에 65%, 열매자루에 22%, 껍질에 12%, 과육에는 1%에 불과하다. 이 타닌의 축적 역시 당 대사의 부산물로 생성되기 때문에 태양열이 강할수록 많이 생긴다. 기타, 향미(flavor)를 형성하는 성분들도 익기 시작할 때 형성되기 때문에 성숙기의 환경에 따라 포도 각 성분이 풍부해지거나 빈약해진다. 그러므로 성숙기의 조건이 좋으면 포도의 모든 성분이 풍부해진다.

- **페놀 화합물의 분포** : 안토시아닌은 주로 껍질 세포의 액포에 있는데, 바깥쪽에서 안쪽으로 갈수록 이 성분이 많아지므로 과육에 가까운 부분이 표피보다는 더 많이 분포한다. 드물게, 알리칸트 부셰(Alicante Bouschet) 등은 '텡튀리에(teinturier, 염색제)'라고 알려진 것으로 과육에도 안토시아닌이 있으며, 색깔이 아주 진하다. 안토시아닌은 잎에도 존재하는데, 성장기 끝 무렵 즉 가을에 잎을 붉게 변화시킨다. 안토시아닌은 소비뇽 블랑, 샤르도네, 세미용 등 화이트 품종에는 전혀 존재하지 않고, 위니 블랑, 피노 블랑 등에는 흔적으로 존재한다.

  타닌은 씨와 껍질에 존재하는데, 씨의 타닌은 바깥쪽에 있으며 안쪽은 씨눈 보호를 위해 감싸져 있다. 이들은 외피가 용해될 때만 바깥쪽으로 용출된다. 포도가 익어 가면, 페놀 화합물의 농도가 높아지고, 동시에 단백질과 반응성이 높은 타닌을 갖게 된다. 잘 익은 포도의 껍질은 안토시아닌이 풍부하지만, 반응성이 약한 타닌을 가지고 있으며, 씨는 중합도가 낮은 타닌으로 단백질과 반응성이 강하다. 그러니까 껍질의 안토시아닌 함량이 최대일 때 반드시 와인의 색깔이 최대가 되지는 않는다.

[표 4-3] 유럽종 포도의 부위별 페놀 화합물의 함량(GAE mg/kg)

구성	적포도	청포도
껍질	1,859	904
과육 및 주스	247	211
씨	3,525	2,778
계	5,631	3,893

- **안토시아닌과 타닌의 변화** : 안토시아닌은 변색기부터 나타나서 익어 가는 과정 동안 축적되어 완전히 익었을 때 최대에 이르고, 과숙되면 파괴된다. 이런 양식은 모든 포도 품종과 포도밭에서 비슷하지만, 안토시아닌의 축적과 최대치는 환경과 기후의 영향을 받는다. 실제로 안토시아닌의 최대치는 최고의 성숙도에 이를 때지만 예외가 많다.

  껍질의 타닌은 이미 변색기 때 어느 정도에 이르지만 안토시아닌과 비슷한 방식으로 증가한다. 씨의 타닌은 변색기부터 포도가 익어 감에 따라 감소하는데,

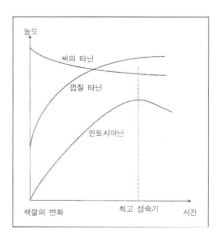

[그림 4-1] 포도의 성숙기 중 안토시아닌과 타닌의 변화

성숙조건에 따라 달라지며, 껍질의 안토시아닌 축적과 관련이 있다. 그러나 특별한 경우는 변색기 이전에 초기단계부터 감소하는 수도 있는데, 그 후 익을 때까지 그 함량은 거의 변하지 않는다. 씨의 타닌 감소는 품종에 따라 다른데, 카베르네 소비뇽은 원래 낮은 농도를 보이지만, 카베르네 프랑, 피노 누아 등은 그 함량이 높다. 열매자루의 타닌 함량은 변색기 때가 가장 높고, 익는 동안 변화는 적다. 이와 같은 현상은 청포도도 마찬가지로 껍질에 타닌이 축적되는 동안 씨의 타닌 함량은 규칙적으로 감소한다.

- **페놀의 성숙도** : 페놀의 성숙도란 이 계통의 모든 물질의 양뿐 아니라 그 구조와 발효 중에 추출되는 정도까지 포함한다. 성숙기 때 안토시아닌과 타닌의 분석으로 이들 분자들의 변화와 포도밭 더 나아가 개별적인 포장까지 분류하는 지표로 삼을 수 있다. 이론적으로 양조조건이 비슷하다면 안토시아닌 함량이 높은 포도로 만든 와인의 색깔이 진하게 나오지만, 반드시 그렇지는 않다. 포도 품종과 성숙조건에 따라 다양한 모습을 보인다.

  안토시아닌의 추출은 포도가 익어 감에 따라 껍질 세포가 파괴되어 일어난다. 포도가 완전히 익었을 때 혹은 약간 과숙이 되었을 때 포도의 색소는 감소하지만, 와인의 안토시아닌 함량은 높아진다. 그리고 색깔과 총 페놀 함량이 최대가 된다. 포도밭에서 포도 알을 손가락으로 터뜨려 보면 대략적으로 알 수 있다. 아주 적극적인 방법을 사용하지 않아도 쉽게 추출될 만큼 세포가 물러져야 한다. 페놀의 성숙이란 것은 색소가 최고점에 이르러야 하고 또 그것이 쉽게 추출되는 시점을 말한다.

[표 4-4] 수확시기에 따른 안토시아닌 함량과 와인의 색깔(Cabernet Sauvignon, 1995 ; Glories, 1997)

수확일	안토시아닌 함량(mg/ℓ)		추출 정도(%)	와인의 색도
	껍질	와인		
9/13	1,550	930	61	0.686
9/20	1,743	1,046	59	0.812
9/28	1,610	1,207	75	0.915

펙틴의 변화

포도가 익어가는 과정에서 가장 눈에 띄는 변화는 열매의 조직이 부드러워지는 것이다. 이 변화가 일어나야 과육에서 주스가 나올 수 있고, 껍질에서 페놀 화합물과 향미가 우러나올 수 있다. 이 연화반응은 수용성 펙틴의 함량이 증가하면서 세포 사이의 결속력이 느슨해지는 것으로 효소의 작용과 세포벽에 있는 펙틴의 칼슘 함량 감소 때문에 일어난다. 칼슘은 펙틴의 결속력을 유지시키는 중요한 성분으로 대부분 식물세포에 존재하는데, 변색기부터 칼슘의 흡수가 멈추게 된다. 그 외 펙틴분해효소, 섬유질분해효소 등도 열매의 연화에 관여한다.

아로마 형성

포도에 존재하는 아로마는 수백 종으로서 탄화수소, 알코올, 에스터, 알데히드 등 여러 가지 형태로 존재한다. 대부분의 물질에 대해서 규명은 되어 있지만, 극히 적은 양으로서 종류가 너무 많기 때문에, 특정 품종의 아로마를 어떤 화합물이라고 규정하기는 어렵다. 대체적으로 안트라닐산의 메틸이나 에틸은 콩코드 등 미국종 포도, 피라진 계통은 카베르네 소비뇽 냄새 등으로 구분될 정도다.

아로마는 열매 여러 곳에서 생성되지만, 과육보다는 껍질 세포 내부에 품종의 특성을 나타내는 특유의 아로마가 존재한다. 몇 가지 예외가 있지만, 과육은 특유의 아로마가 약하고 허브류 향이 강하고, 이것도 따라내기 때 많이 사라진다. 대체적으로 포도가 익으면서 많이 생성되지만 종류에 따라서 감소하는 것도 있다.

아로마는 변색기 이후에 풋내 계통에서 과일이나 꽃 향인 터펜(terpene) 계통의 리나룰(linalool)이나 제라니올(geraniol) 등의 바람직한 향으로 변하므로, 열매가 발달할수록 이들 농도가 증가한다. 그러나 유리상태의 것은 변색기까지는 증가하지만 그 후 약간씩 감소하고, 결합형은 수확할 때까지 계속 증가한다.

카로티노이드와 같은 향의 전구물질은 껍질에 많이 있는데, 포도가 익어 갈수록 그 함량이 감소하고, 대신 그 유도체 성분은 증가한다. 기타, 품종의 특성을 나타내는 성분들은 그 양이 극히 적지만, 덜 익은 카베르네 소비뇽에 있는 피라진 계통의 물질은 포도가 익어 가면서 많이 사라지지만, 추운 지방의 것은 상당량이 남아 있게 된다.

전반적으로 모든 향이 바람직할 때 수확하게 되는데, 메를로 포도를 예로 들면, 9월 14일에는 풋내, 9월 21일은 신선한 과일 향, 9월 28일에는 안정되면서 더욱 강한 과일 향, 10월 5일에는 완전히 바뀌어 정교하고 진한 향을 느낄 수 있다. 껍질에서 나오는 향의 강도와 질은 잘 익은 포도일수록 좋아진다. 그러나 과숙되거나 더운 지방이나 기후에서 빨리 익은 포도는 바람직한 향이 약해지고, 나무껍질에서 나오는 타닌과 같은 페놀 화합물 냄새가 강해진다.

과숙

과숙은 당도 높은 포도를 얻기 위한 방법으로 열매가 최대로 커지고 당분 함량이 가장 높을 때부터 시작된다. 이때는 호흡에 의한 당분의 소모만 있을 뿐 광합성으로 생성된 당분의 이동이 없고 포도는 수분을 잃어 농축될 뿐이다. 이렇게 과숙이 시작되면 열매는 더 이상 나무에서 받는 것이 없어진다.

과숙시키는 방법은 포도를 나무에 그대로 남겨두거나, 가지를 비틀어 수액이 올라오지 못하게 하면 열매가 수축되면서 주스가 농축되어 향이 풍부해진다. 그러나 사과산이 산화로 감소되므로 산도는 농축된 만큼 증가하지 않는다. 이 방법은 껍질이 두꺼운 품종이 가능하고, 그렇지 않은 품종은 보트리티스 곰팡이에 감염될 수 있다. 또 다른 방법으로 포도를 수확하여 짚방석 위에서 건조시키거나 실내에 매달아 몇 주 혹은 몇 달 동안 두는 방법도 있다. 이때도 정기적으로 부패된 열매를 제거하여 전체적으로 곰팡이가 끼지 않도록 유의해야 한다.

또, 일부러 곰팡이 낀 포도로 과숙시키는 방법도 있는데, 이 방법은 기후조건이 맞아야 가능하다. 이 곰팡이가 포도 열매에 끼어서 모든 성분을 농축시키려면 습기와 햇볕이 동시에 필요하기 때문에 이 조건이 맞는 곳은 대개 강이 흐르는 곳이 된다. 이 현상은 보트리티스 시네레아(Botrytis cinerea)라는 곰팡이가 포도 껍질에 구멍을 뚫어 각종 성분을 농축시키고 변화시키는 것인데, 이렇게 된 포도는 당분을 비롯한 모든 성분이 농축되어 증가하지만 산도는 농축된 만큼 증가하지 않는다. 이 곰팡이는 주석산을 소비하고, 글리세롤과 글루콘산(gluconic acid)을 형성하고, 특수한 아로마를 가진 물질을 분비하여 향미를 다양하게 만든다. 그러나 초산 함량이 증가하고, 영양물질의 감소와 항생물질(botryticine) 생성으로 알코올 발효가 쉽게 일어나지 않는다.

인공적으로 과숙을 시키려면 포도를 40℃ 뜨거운 공기로 몇 시간 가열하면 된다. 이렇게 하면 사과산이 연소되고, 수분이 증발하여 농축되면서 포도의 산도가 감소되고, 머스트는 더욱 진해지고 색소가 잘 용해된다. 색깔이 옅고, 산도가 높고, 당도가 낮은 우리나라 포도에 적용시킬 만한 방법이다.

수확시기의 결정

수확시기의 선택은 포도재배에서 가장 중요한 결정사항으로서 포도의 각 성분이 가장 이상적인 상태에서 수확할 수 있어야 한다. 좋은 포도밭이란 수확기에 모든 성분이 좋은 와인을 만들 수 있도록 완벽한 조건을 갖춘 포도가 나오는 곳이므로, 적절한 수확시기를 예측하는 일은 와인 양조의 첫 번째 조건이 된다. 그러나 수확시기는 와인의 타입과 기후, 품종, 포도의 상태에 따라 달라진다. 예를 들어, 디저트 와인의 경우는 드라이 와인보다 포도를 좀 더 오랫동안 나무에 매달아 놓고 나중에 수확한다. 또 품종에 따라 적절한 기후조건이 다르며, 포도의 건강상태 또한 중요한 요소가 된다. 그러므로 수확기간이 얼마나 걸리는지 예측하여 너무 늦게 끝나지 않도록 한다.

와인의 품질은 수확기의 날씨에 달려 있기 때문에 수확기 날씨가 좋아야 한다. 수확기의 날씨가 와인 품질의 절반 정도는 좌우한다고 할 수 있다. 특히, 수확기 때 비는 치명적이다. 수확시기를 짐작으로 정해서는 안 되며, 단순히 포도의 상태나 신맛, 열매자루의 색깔 등으로 판단해서는 안 된다. 정확한 측정으로 성숙도를 판단해야 한다. 그리고 위험요소를 미리 예측하여 대비할 수 있어야 한다. 수확시기는 두 가지 방법으로 예측할 수 있는데, 장기적인 안목으로 식물의 성장주기를 기초로 하거나, 단기적으로는 성숙기 포도의 성분을 기초로 정하는 방법이다.

성장주기에 따른 결정

평균적인 기후조건에서 식물의 성장주기를 기초로 개화기와 성숙기, 변색기 등의 기간을 계산하여 수확시기를 결정하는 것이다. 이 성장주기의 기간은 품종과 지역에 따라 달라지므로 예년을 기준으로 비교하여, 그 포도밭에서 얻은 경험을 기초로 해야 한다. 포도밭에 따라 다르지만, 3개월 전에 이 방법으로 대략적인 수확시기의 계산이 가능하다. 예를 들면, 부르고뉴 가메이는 꽃이 완전히 핀 다음 102일 후에, 샤르도네와 피노 누아는 107일, 혹은 변색기 이후 45~50일 후에 다 익은 것으로 본다. 그러므로 8월까지 수확시기를 결정해야 한다. 실제로는 품종에 따라 달라지는데, 메를로는 카베르네 소비뇽보다 8일 전에 익지만, 변색기는 비슷하고, 카베르네 프랑은 카베르네 소비뇽보다 변색기는 늦지만 카베르네 소비뇽보다 먼저 수확한다. 그러므로 각 지방에 따라 식물기후에 따른 달력을 만들어야 한다.

그리고 습기가 많아서 곰팡이 낄 우려가 있을 때나 날씨가 더워서 과숙될 우려가 있을 때, 혹은 수확량이 많아져 수확기간이 길어질 가능성이 있을 때는 이론적인 날짜보다 더 빨리 수확한다. 가능하다면, 수확시기는 최대한 늦추고 수확기간은 단축하는 것이 좋다.

성숙도에 따른 결정

정기적으로 성분을 측정하여 수확시기를 결정하는 방법이다. 당도, 산도 등을 측정하여 기록해 두는 방법으로 성숙과정을 알아 가는데 아주 유용한 방법이다. 이 방법으로 미리 머스트의 성분을 알 수 있으며, 양조방법도 결정할 수 있다. 대부분 와인 산지에서는 각 품종에 따라 포도의 정기적인 분석치가 정리되어 있으며, 어디서나 실제적으로 사용할 수 있다. 프랑스는 여러 기관, 즉 양조연구소, INAO, 농업국, 농업회의소, 포도재배연합 등에서 이런 일을 하고 있다. 변색기 20일 후부터 품종별로 일주일에 두 번씩 샘플을 채취하여 검사를 하면, 성숙과정을 면밀하게 알 수 있으며, 수확시기를 결정하는 데 결정적인 역할을 한다.

시료 채취 및 성숙도의 측정

포도가 익어 가는 도중에 몇 개의 포도송이를 부정기적으로 크고 잘 보이는 순서대로 채취해서는 안 된다. 이런 식으로 얻은 결과는 전체의 평균적인 상황을 대표한다고 볼 수 없기 때문이다. 평균적인 당도와 산도를 파악하는 것이 가장 중요하다. 같은 포도밭이라도 동시에 채취한 시료의 조성이 다르고, 같은 나무에서 채취하더라도 송이마다, 열매마다 다른 결과가 나온다.

가능한 한 여러 포도나무에서 시료를 채취하되, 하나의 포도나무에서도 위치에 따라서 시료를 골고루 채취해야 하며, 한 송이에서도 위치에 따라 성숙도가 다르므로 주의해야 한다. 그러므로 아무리 넓어도 포도밭을 2ha 이하 단위로 구분하여, 열 나무 중 한 그루를 선택하여, 그중에서 몇 송이를 선택하여 각 송이마다 위치에 따라 동일하게 포도 열매를 채취해야 한다. 그러므로 포도밭 줄을 따라 지그재그로 이동하면서 포도 열매를 채취하는 방식이 된다. 포도나무가 1,500그루라면, 150그루에서 열매 2개를 채취하므로 300개의 열매를 채취하는 꼴이 된다.

이렇게 열매를 채취하여 분석을 몇 번 반복해야 대표성을 지닐 수 있다. 그리고 무게, 당도, 산도, 색깔, 건강상태 등을 기록하여 연도별로 보관해야 한다. 시료의 당도와 실제 당도가 1% 이하로 나타나야 정확하다고 볼 수 있다. 그렇지 않으면 시료 채취방법을 개선해야 한다.

경험적으로 당/산 비율로 표시하는 것이 가장 간편하고, 정확하다. 포도가 익어 갈수록 당도가 올라가고 산도가 떨어지기 때문이다. 그러나 품종에 따라 수치가 다르기 때문에 주의해야 한다. 최근에는 레드 와인에서 안토시아닌, 타닌 등 페놀 화합물의 함량과 추출 가능성, 그리고 포도의 향미를 중심으로 판단하기도 한다.

가장 이상적인 성숙도를 가진 포도를 수확한다는 것은 사실상 불가능하지만 그에 근접하도록 노력은 해야 한다. 보통, 레드 와인의 경우는 당도 18~25브릭스일 때 수확하며, 완성된 와인의 pH는 3.3~3.6 범위에 들도록 수확시기를 선택한다. 포도의 pH는 알코올 발효를 거치면서 껍질에서 칼륨, 나트륨, 칼슘, 마그네슘 등이 추출되기 때문에 pH가 증가하며, 말로락트발효를 거치면서 또 pH가 증가하기 때문에 이를 고려하여 수확 때 포도의 pH를 고려해야 한다.

[표 4-5] 이상적인 포도의 당도와 산도

와인 타입	Brix	총산	pH
화이트	19~23	0.7~0.9	3.1~3.4
레드	21~24	0.6~0.8	3.3~3.8

수확

포도 수확에 필요한 기구나 운반장비를 준비하는 일에는 열심이지만, 임시로 고용한 비전문 노동자를 교육하여 양질의 포도를 수확하는 일에는 의외로 관심이 없다. 각 작업자들은 포도를 선별하여 썩은 것, 덜 익은 것, 곰팡이가 낀 것 등을 수확하지 않도록 하고, 또 흙이나 잎이 섞이지 않도록 철저하게 교육을 해야 한다. 특히, 보트리티스 포도는 선택적으로 수차례에 걸쳐 과숙된 것만을 골라서 수확해야 하므로 작업자의 주의가 필요하다.

포도의 운반은 바구니나 버켓 등 용기를 자기 사정에 맞게 고안하여 사용한다. 스크루가 달린 컨베이어는 스크루의 지름, 회전속도 등은 작업속도에 맞출 수 있도록 조절할 수 있어야 하며, 운반용 나무나 플라스틱 박스는 깊지 않아야 포도가 으깨지지 않는다. 가장 중요한 것은 포도밭에서 착즙을 해서는 안 된다는 점이다. 포도가 와이너리에 도착하기 전에 산화와 침출이 진행되면 심각한 손상을 초래한다. 또 수확하여 파쇄하기 전까지 너무 오래 두거나 온도가 높을 때는 먼저 발효가 진행되어 더 큰 문제를 일으킬 수 있다. 이때 이산화황을 첨가하더라도 원하는 보호 작용이 일어나지 않으므로, 포도가 으깨지지 않도록 주의해야 한다.

요즈음은 포도 수확의 기계화가 발전되어 레드 와인의 경우 수확과 동시에 제경, 파쇄가 이루어지면서 바로 발효가 진행될 수 있다. 수확의 기계화에 대해서 논란이 많지만, 와인메이커는 원칙적인 양조방법에 어긋나는 기계화는 피해야 한다. 기계 수확의 품질은 기계구조와 사용방법 그리고 포도의 상태나 포도밭의 조건에 따라 달라진다. 기계 수확은 머스트의 산화가 촉진되고 침출이 일어나며 잎이나 가지, 줄기 등이 혼입될 가능성이 많지만, 노동력이 절감되고, 적절한 수확기를 놓치지 않고 일시에 수확할 수 있는 장점도 있다. 수확의 기계화에 대한 연구가 많이 진행되어 개선점을 찾고 있지만, 아직도 만족할 만한 수준은 아니다.

[그림 4-2] 포도 수확기계(GREGOIRE)

포도의 품질

역설적이지만, 고급 와인을 생산하는 지역이 포도가 잘 자라고 생산이 잘 되는 곳일 필요는 없다. 지중해성 작물인 포도는 더운 곳에서 고급 와인이 나오지 않는다. 더운 지방에서는 품종 고유의 향이 적고 타닌 함량도 떨어진다. 고급 와인 생산지역은 외진 곳으로 날씨도 불규칙하지만, 양호한 미기후(microclimate) 영향을 받는 곳이다.

지중해 연안을 제외한 유럽의 포도밭은 여름 날씨에 의해서 와인의 성격이 좌우된다. 동일한 와인이 2년 연속 나올 수는 없다. 캘리포니아에서 최고의 와인은 시원한 해안가의 나파나 소노마에서 나오고, 내륙의 더운 곳에서는 나오지 않는다. 그리고 포도는 전체적인 품질도 좋아야 하지만, 시장 상황을 고려하여 수확량도 조절해야 한다.

일반적으로 좋은 해란 8월과 9월이 덥고 건조해야 한다. 그래야 조금 일찍 수확하더라도 포도가 잘 익을 수 있는 햇빛을 보다 많이 받을 수 있다. 그러나 9월에 비가 내리면 조기 수확은 불가능하다. 수확량과 품질이 꼭 반비례하는 것은 아니지만, 일반적으로 좋은 와인은 메마른 토양에서 나오며 수확량이 많지 않다. 고급 와인에서 가장 위험한 것은 수확량을 증가시키는 것이다.

생물기능농법(Biodynamic viticulture)

오스트리아 철학자 루돌프 슈타이너(Rudolf Steiner, 1861~1925)가 1924년에 기술한 포괄적이고 실용철학적인 개념에 유기농법(organic culture)을 포함시킨 것으로, 포도재배를 화학적인 작용에 의지하지 않고, 토양의 활기를 되찾기 위한 퇴비 조성과 식물의 생장에 활력을 주는 지구, 해, 달, 태양계의 순환으로 생성되는 에너지의 형태에 대한 전반적인 개념으로 관리하는 것이다. 그리고 토양 생태학뿐만 아니라, 윤리ㆍ정신적 사고에 기초한 점진적인 생태학적ㆍ자기 충족적 사고를 포함한다.

생물기능농법의 기본원리는 1924년에 확립되었지만, 1980년대까지 별 움직임이 없었고, 루아르의 쿨레 드 세랑(Coulée de Serrant)을 현대적인 생물기능농법의 발생지로 보고 있다. 특히, 이곳의 와인메이커인 니콜라 졸리(Nicolas Joly)는 이 운동의 대변자로 많은 시간을 소비했다. 오늘날 이러한 철학적인 운동에 합류한 포도밭은 부르고뉴의 '도멘 를루아(Domaine Leroy)', 보르도의 '라 투르 피작(Ch. la Tour Figeac)', 론의 '샤푸티에(M. Chapoutier)', 스페인 리베라 델 두에로의 '도미노 드 핑구스(Domino de Pingus)', 뉴질랜드 기스본의 '밀턴 빈야드(Milton Vineyard)' 등으로, 전 세계에 450곳 이상 퍼져 있다.

생물기능농법을 적용하는 농부는 해와 달 그리고 점성학적인 순환과 관련하여 일을 한다. 예를 들면, 식목이나 주병을 일 년 중 특정한 날에 해야 한다는 믿음으로 일을 한다. 천연식물과 광물처리법이 사용되며 이것은 유사요법에 따라서 처리하고, 계절에 따라서 적용된다. 『사이언스(Science)』지를 비롯한 여러 곳의 연구 결과를 보면, 생물기능농법은 생산량은 적지만, 품질이 우수한 것으로 나타나고 있으며, 포도의 경우는 처음 6년 정도는 차이가 없지만, 타닌, 안토시아닌 등 함량이 훨씬 높은 것으로 밝혀졌으며, 생물의 다양성, 토양 비옥도, 작물영양, 잡초, 해충과 질병 등 관리에서도 개선되었다고 주장하고 있다. 그리고 이런 포도로 만든 와인의 맛도 더 뛰어나고 테루아르를 잘 표현한다고 한다. 그러나 일부 비평가들은 생물기능농법 자체보다는 생물기능농법을 신봉하는 와인제조업자들의 높은 장인정신과 세밀한 관심도 때문에 질이 좋아진다고 주장하기도 한다.

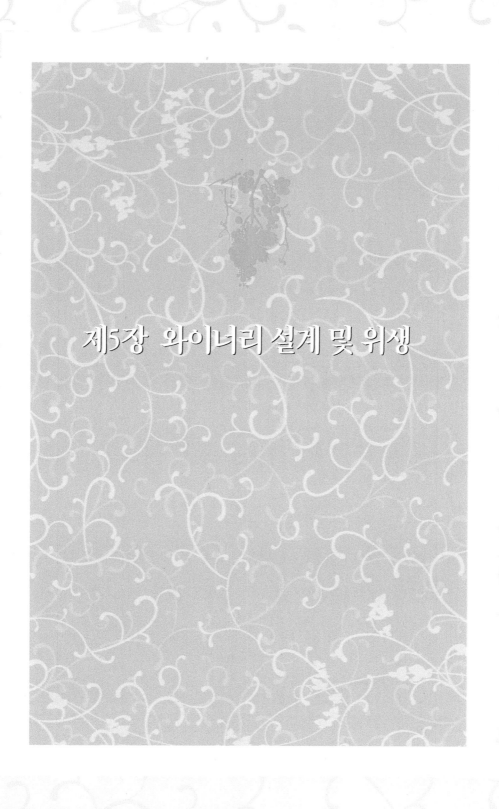

제5장 와이너리 설계 및 위생

제5장 와이너리 설계 및 위생

와이너리를 설계하는 경우, 투자한 비용에 대한 회수를 고려하여 경제적인 면을 최우선으로 해야 한다. 낭만적인 감정을 앞세워 과잉투자를 하거나, 면밀한 계산을 하지 않고 주먹구구식으로 결정을 하면 시작부터 난관에 봉착하게 된다. 여러 가지 경우를 고려하여 착오가 없어야 한다. 가장 기본이 되는 사항은 어떤 타입의 와인을 얼마나 제조할 것인가를 시장상황을 고려하여 결정해야 한다는 점이다. 그리고 각 공정에 사용되는 시설과 설비는 기대하는 와인의 품질과 양이 충분히 나올 수 있는 기능을 가지고 있어야 한다. 그러므로 와이너리 설계는 양조 경험이 필요하며, 경험이 없으면 파이로트 설계단계까지는 거쳐서, 시행착오를 줄여야 한다.

와이너리 설계

와이너리의 위치는 포도를 온전한 상태로 운반하여 파쇄할 수 있는 수송거리에 있어야 하기 때문에 건물 레이아웃은 포도와 와인이 자연스럽게 물 흐르듯이 배치되어야 한다. 그리고 견학코스를 설계할 경우는 외관이 화려해야 하며, 리셉션 홀, 테이스팅 룸, 주방, 숙박시설 등도 고려하여 견학하는 사람들을 만족시키는 안내가 가능한 시설을 갖추어야 한다. 기타 시음회, 전시회, 공연 등 이벤트를 개최할 수 있는 공간을 확보하는 것도 좋다.

설계 시 고려해야 할 사항

- **자금 계획** : 국내외 와인시장을 철저하게 분석하여 경쟁력을 갖출 수 있는지 여부를 확실하게 판단하여 투자와 회수에 대한 장기자금 계획이 나와야 한다. 아울러 와인의 타입과 생산량을 결정하고 설계를 한다.
- **포도밭 조성 여부** : 포도밭 조성은 엄청난 자금과 시간이 소요되므로 자가 포도밭을 경영하면서 와인을 만들 것인지, 아니면 포도를 주변 농가에서 구입하여 만들 것인지 결정해야 한다.

- **부지선정** : 주변 경관이 수려하고, 큰 나무가 한두 그루 있는 곳을 선택하고, 남향으로 건설하여 냉·난방비를 절약할 수 있는 곳이 좋다. 그리고 경사진 곳보다는 평지를 선택하는 것이 여러 가지로 편리하다. 대형 트럭의 통행이 가능한 진입로를 확보할 수 있어야 하며, 충분한 주차공간이 나와야 한다. 기타 홍수, 산사태, 화재 등을 피할 수 있는 곳을 선택한다.

- **유틸리티** : 충분한 전력과 용수 확보가 가능한지 살펴야 한다. 특히 용수는 수량이 풍부해야 하며, 와인 1ℓ를 생산하는데 10ℓ의 용수가 소요된다고 보고 수원을 확보하고, 가능하면 필터 세척 등에 필요한 고품질의 용수를 생산할 수 있는 정수시설도 갖추는 것이 좋다. 기타 보일러, 냉동설비, 가스 저장시설, 하수 및 폐수처리시설 등도 면밀한 계산을 근거로 설계한다.

- **레이아웃** : 처리량과 저장능력을 고려하면서 공정도를 기본으로 원재료, 제품 및 인력의 이동거리를 단축할 수 있는 배치를 기본으로 한다. 단층으로 계획하여 수평이동을 하거나, 고층으로 설계하여 맨 위층으로 원료를 투입하여 공정 순서대로 수직으로 이동하는 방식을 사용하면 에너지를 절약할 수 있다. 원료 처리실, 발효실, 저장실, 주병라인, 실험실, 창고, 사무실, 화장실, 휴게실 등 공간 배치는 시뮬레이션을 거쳐서 할당 면적을 구한다. 특히 발효실은 환기가 원활하도록 설계해야 한다.

- **건축** : 건축법 및 소방법은 물론, 주세법, 식품위생법 등에 위반사항이 없어야 하며, 가능한 한 모든 건축물은 철저한 보온시설을 갖추어 냉·난방비를 절약하고, 작업자들이 쾌적한 환경에서 일을 할 수 있어야 한다. 작업실 바닥은 강화 콘크리트를 사용하여 지게차나 트럭 등 운전에 이상이 없어야 하며, 경사 1/100를 주어 물이 잘 빠지도록 하고, 벽은 방균 페인트를 사용하여 곰팡이 서식을 방지한다.

- **처리량과 저장용량** : 일반적으로 연간 포도 처리량의 1.5~2배의 저장능력이 있어야 하므로, 연간 100톤 주스로는 70,000ℓ 의 포도를 처리한다면 총 저장용량은 105,000~140,000ℓ는 되어야 한다. 그러나 와인의 타입과 저장기간에 따라 정확하게 계산하여 그 용량과 수량을 정한다.

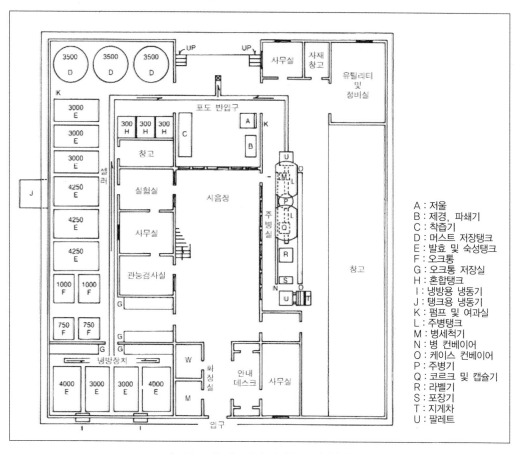

[그림 5-1] 대표적인 와이너리 레이아웃

A : 저울
B : 제경, 파쇄기
C : 착즙기
D : 머스트 저장탱크
E : 발효 및 숙성탱크
F : 오크통
G : 오크통 저장실
H : 혼합탱크
I : 냉방용 냉동기
J : 탱크용 냉동기
K : 펌프 및 여과실
L : 주병탱크
M : 병세척기
N : 병 컨베이어
O : 케이스 컨베이어
P : 주병기
Q : 코르크 및 캡슐기
R : 라벨기
S : 포장기
T : 지게차
U : 팔레트

용기의 세척 및 위생처리

와인은 식품이다. 우유나 주스와 같이 준비, 조작, 저장하는 데 상당한 주의가 필요하다. 와인은 다른 식품과 달리 알코올과 산, 타닌 등이 있어 자체 방어력과 항박테리아 성질까지 가진 관계로 위생적인 안전성이 어느 정도까지는 보장되지만, 와인의 맛과 향은 오염이나 불순물에 대해서 아주 민감하다. 그러니까 와인의 부패를 방지하기 위한 위생관리보다는 향미를 손상시키지 않는 위생관리가 필요하다. 실내환경과 용기 등에서 나쁜 맛과 냄새가 와인에 들어오면 쉽게 감지할 수 있다. 또 효모와 박테리아 오염 등 미생물은 용기와 기구를 통해서 이루어지므로 셀러 내부의 시설은 청결해야 한다.

청결은 와인을 담글 때부터 병에 들어갈 때까지 유지시켜야 한다. 이런 점은 용기, 기구 그리

고 실내환경까지 적용된다. 청결은 와인 품질의 기본 조건이다. 더러운 상태에서 일을 진행시키는 것은 양조를 무의미하게 만드는 것이다. 위생설비는 품질보증의 기본이며, 제조공정은 항상 청결할 수 있는 구조로 만들고, 그것을 유지하는 노력을 해야 한다.

청결의 기본조건

밀폐된 곳에서는 양조가 곤란하다. 와이너리는 넓고 통풍이 잘 되어야 하므로, 지방에 따라서 옥외에 대규모로 설치하여 태양광선만 차단하는 곳도 있다. 양조장소는 건조하고 물청소를 할 수 있어야 하므로 타일이나 시멘트로 만들며, 저장실도 동일한 기준으로 만들어야 한다.

오크통 저장조건은 탱크와 다르다. 이들은 작은 공간에 저장해야 하고, 될 수 있는 한 통풍이 안 되고, 온도변화가 적어야 한다. 오크통이 있는 곳은 어느 정도 습기가 있어야 한다. 그러나 축축하고 곰팡이가 끼거나 벽에 하얀 무늬가 있는 곳은 개조해야 한다. 밑바닥이 울퉁불퉁한 곳도 콘크리트를 다시 해야 한다. 오크통에서 증발한 알코올은 벽을 덮고 있는 곰팡이의 먹이가 된다. 이 곰팡이는 실내 냄새를 없애는 역할도 하지만, 좋지 않은 곰팡이를 계속 자라게 하는 나쁜 점도 있다. 실내의 청결을 유지시키려면 벽을 매끄럽게 하거나 방균 페인트를 칠하는 것이 좋다. 그렇다고 벽에 타일을 붙이고 탱크를 윤이 나게 만들 필요는 없다.

작업에 사용되는 운반용기, 수확기구, 착즙기 등 모든 것이 깨끗해야 한다. 더러운 셀러에서 모든 장비를 깨끗이 유지시킬 수는 없다. 작업자는 저녁 때 일이 끝나고 모든 것을 세척해야 하는 필요성을 인식하고 있어야 한다. 대형 셀러는 이런 점을 고려하여 시설을 설치해야 하며, 발효실과 셀러는 물로 세척하고 배수가 되도록 설계한다. 또, 청결은 곤충을 방제한다는 말도 된다. 초파리는 초산박테리아를 옮기므로 발효나 따라내기 때 휘발성 살충제 등으로 제거하고, 주병실도 1년에 2~3번 살충제를 살포하여 코르크 벌레의 유충과 성충을 제거한다.

세척 및 살균

각 공정에서 혼입되는 오염 균이 많으면, 그에 맞게 설정된 가열조건, 여과조건이 더 엄격해지며, 품질에 미치는 영향이 크다. 설비, 기계, 기구를 청결하게 유지한다는 것은 철저하게 세척한다는 것이며, 그 다음으로 적절하게 살균하는 것이라고 할 수 있다. 이 말은 세척으로 모든 미생물을 제거할 수 있다는 것으로, 기구 등에 부착된 모든 유기물을 제거하여 살균의 사각지대가 없도록 확실하게 살균을 해야 한다는 것을 의미한다.

그러므로 머스트나 와인을 취급하고 난 후에는 용기나 배관에는 내용물이 남아 있지 않도록 철저하게 제거하고, 물로 세척 한 다음, 세제를 사용하여 씻는다. 그리고 재사용 여부에 따라 소독 혹은 열처리 순서로 한다. 충분한 세척과 살균을 하기 위해서는 세척하기 용이한 구조라야 한다. 더러운 부분은 고압세척기나 브러시 등으로 제거하고, 대형 저장탱크나 배관은 CIP(Clean-in-Place) 방법을 이용하여, 배관 등을 해체하지 않고 물과 세제 등을 주입하여 자동세척으로 제거한다.

공정에서 불결한 물질로 문제되는 것은 색소와 주석이며, 이들은 CIP 세척으로 제거할 수 있다. 일상적인 세척과 살균은 온수 살균을 주로 하며, 약제를 사용한 살균을 정기적으로 추가할 수 있다. 세제나 약제를 사용한 세척과 살균은 모든 기계의 내외부로서 특히, 플랜지 배관 등의 연결부분의 더러운 물질에 주의할 필요가 있다. 또 설비의 재질에서 내열성, 내약성을 충분히 고려하여 선정하지 않으면 안 된다.

- **열처리** : 가장 보편적이고 확실한 방법으로 60~85℃에서 몇 초에서 한 시간 정도면 충분하다. 열수나 스팀을 이용하여 배관과 탱크를 살균하는 방법이다. 단, 냉각될 때 음압이 발생하여 탱크를 찌그러뜨리는 경우가 있으므로 조심해야 한다.

- **세제 및 소독제** : 소독제의 효과는 그 농도와 노출시간에 비례한다. 허가된 세제와 소독제를 사용하되, 이들은 용해성이 좋고, 금속표면을 부식시키지 않아야 하며, 경제적이고, 저장기간 중 안정성이 있어야 하며, 수동으로 세척할 경우 인체에 해를 주지 않는 것이라야 한다. 용기나 배관에 세제나 소독제가 남지 않도록 주의를 해야 한다.
  - 염소 화합물 : 세균과 세균 포자, 곰팡이, 효모, 바이러스까지 넓은 범위에서 작용하며 경제적이고 신속하다. 그러나 장기보존이 어렵고 부식성이며 피부를 자극한다.
  - 아이오딘(I₂) 제제 : 부식성이 적고, 여러 미생물에 살균력을 가지고 있지만, 독성이 낮고, 용해성이 좋지 않아 식품 사용에는 제한적이다.
  - 제4차 암모늄염 : 피부자극이 없어 안전하나, 값이 비싸고 거품이 많다.

그 외, 자외선 살균, 방사선 조사 등이 있으므로 용도에 따라 잘 선택해야 한다.

탱크의 청결유지

나무나 콘크리트 탱크는 정기적으로 점검하고 본체를 검사해야 한다. 큰 나무 탱크는 비어 있을 때만 건조상태가 유지된다. 젖어 있으면 곰팡이가 끼고, 나무가 오래된 것은 썩고, 나쁜 냄새가 난다. 콘크리트 탱크도 잘못하면 말썽의 소지가 된다. 코팅이 제대로 되어 있는지 살피고, 주석이 끼어 있는지 점검한다. 찌꺼기와 유기물은 주석과

[그림 5-2] 잘 정리된 셀러

함께 축적되어 나쁜 맛의 근원이 되며, 박테리아 오염원이 된다.

탱크 벽에 낀 스케일은 브러시를 사용하여 제거하고, 주석 등 두꺼운 것은 가볍게 쳐서 작은 조각으로 분해시켜 제거하거나, 탱크 전면에 알칼리액을 분무하여 주석을 알칼리액에 녹여서 제거한다. 오크통을 비우고 건조된 때 유황을 태워서 나오는 아황산가스로 처리할 수 있으나, 이를 콘크리트 탱크에 사용해서는 안 된다.

오크통 위생

새 오크통은 사용 전에 특별한 조치를 해야 한다. 나무의 강한 수렴성 타닌 때문에 강한 냄새를 풍긴다. 와인에 나쁜 냄새가 들어가지 않도록 중화작업이 필요하다. 스팀이나 끓는 물로 처리하거나, 이산화황을 섞은 물을 넣는다. 새 오크통에 와인을 넣기 며칠 전에 중급 와인을 채워 놓는 것도 좋은 방법이다.

빈 오크통은 깨끗이 씻고 건조시킨 다음에 이산화황으로 살균하고 완벽하게 밀봉시켜 보관한다. 특히, 오크통 저장실의 바닥은 너무 습하거나 건조되지 않도록 보온이 필요하다. 와인이 들어 있는 오크통을 비울 때는 바로 청소하고 고압세척기로 씻고, 내용물을 비우고 입구를 아래쪽으로 한 다음에 유황 촛불로 소독한다. 그리고 5~6일 그대로 두어 완전히 건조되면, 다시 유황초를 켜서 안에 넣고 완전히 밀봉시킨다. 이렇게 하면 두 달 정도 유지되며 그 후 다시 유황처리를 한다.

[그림 5-3] 오크통 저장실

오크통을 수개월 동안 비워 둘 때는 아황산을 혼합한 물로 다시 채운다. 비어 있는 통의 나무에는 훈증으로 들어간 황산이 스며들어 있고 흡수된 와인에는 초산이 생성되어 있다. 사용 후 빈 오크통 225 ℓ 에는 약 5 ℓ 의 와인이 스며들어 있다고 보면 된다. 그러므로 물로 씻지 않으면 와인의 산도가 증가되어 질적 저하를 초래한다.

와인제조의 부산물, 환경관리

와인제조에서 포도는 먼저 열매자루와 열매를 분리하여 레드, 화이트에 따라 그 처리법이 다르고, 또 목표 품질에 따라 착즙수율도 다르지만, 박의 양은 원료 포도의 10~20% 정도가 된다. 열매자루와 박은 주로 퇴비로서 밭으로 환원시키는 것이 현실적이지만, 짧은 기간에 많은 양이

쏟아져 나오기 때문에 그 처리법이 문제가 되고 있다. 이 폐기물에는 아직 이용하지 않는 자원도 함유하고 있기 때문에 그 처리와 이용에 대해 슬기롭게 대처할 필요가 있다.

포도 각 부위의 성분

열매자루는 송이의 약 2~3%를 차지하며, 페놀 화합물이 많고, 머스트에 들어가 용출되어 와인의 변색을 촉진하기 때문에 제거하여 폐기하는 것이 좋다. 청포도의 껍질에는 10% 남짓의 당분이 있으며, 적포도의 껍질에는 품종에 따라 여러 가지 안토시아닌 색소가 있는데 유럽계 포도의 색소가 안정성이 좋다. 씨는 과실의 약 3~6% 정도를 차지하며, 타닌 5% 과 지질 14% 을 함유하고 있다. 타닌은 레드 와인 발효 때나 탄산가스 침출에 의해 용출되며, 레드 와인의 떫은맛에 중요한 영향을 끼친다. 씨에서 나오는 지질의 지방산은 리놀레산 linoleic acid 이 많아서 51~72% 앞으로 유망한 유지자원으로서 보고되고 있으며, 와인 생산국에서도 실용화 연구가 진행되고 있다.

찌꺼기의 이용

- **브랜디 제조** : 레드 와인 제조에서는 껍질도 발효되므로 앙금이나 와인 찌꺼기에서 알코올을 회수할 수 있다. 이렇게 와인 양조 중에 나오는 껍질이나 앙금을 증류하여 만든 브랜디를 프랑스에서는 마르 marc , 이태리에서는 그라파 grappa , 독일에서는 트레스터 브란트바인 trester branntwein 이라 하며, 위의 불쾌감 해소에 효과가 있다고 알려져 있다.

- **미활용 자원의 활용** : 와인의 찌꺼기는 단백질, 지방, 섬유소가 풍부하여 사료로 이용할 수 있으며, 껍질은 위와 같이 증류하여 알코올을 얻고, 다음에 안토시안 색소, 산을 추출·분리하고, 나머지는 메탄 발효를 시킬 수 있다. 씨는 타닌과 유지를 추출하고 나머지는 사료로 사용할 수 있으며, 요즈음은 건강식품이나 화장품의 원료로도 사용되고 있다.

- **기타** : 주석에서 주석산의 추출, 정제 시 가라앉은 찌꺼기를 이용한 포도식초 생산 등 앞으로 활용해 볼 수 있는 분야가 많다.

폐수 처리

와이너리의 폐수는 착즙기나 용기의 세척 또는 찌꺼기가 가라앉은 탱크의 세척액이나 찌꺼기가 주를 이루며, 찌꺼기를 제외하면 비교적 오염량은 적은 편이다. 외국의 데이터를 보면, 성수

기의 오염량은 와인 1,000㎘에 대해 BOD 양은 약 2kg/day가 된다고 한다. 폐수는 대부분 와이너리에서는 활성오니법으로 처리하고 있으며, 폐수의 성질은 작업에 따라 다르며, 폐수의 저장탱크를 설치하고 그 부하의 균질화를 계산할 필요가 있다.

와인 생산국에서는 먼저 와인이나 찌꺼기에서 알코올을 제조하는 폐수 처리의 예가 보고되고 있다. 이 와이너리는 1일 10㎘ 알코올을 생산하며, 증류폐액의 COD는 25~75g/ℓ로서 활성오니법에 의해 0.1~0.2g/ℓ로 감소시켜 1일 1톤의 찌꺼기 사료가 됨와 300㎥의 메탄가스를 얻고 있다.

제6장 포도 및 머스트의 처리

제6장 포도 및 머스트의 처리

와인 양조(Vinification)란 포도를 파쇄하여 나오는 주스와 껍질을 변화시켜 와인으로 만드는 모든 과정으로, 화이트 와인과 같이 포도 주스로 만들거나, 레드 와인과 같이 껍질이나 씨에서 성분을 추출하는 여러 가지 방법이 사용된다. 그러므로 와인메이커는 이에 적합한 기계장치의 선택, 설치, 운전까지 포함하여 다룰 수 있어야 한다. 최적의 양조에는 주어진 조건에서 양조에 관계있는 메커니즘, 요인 등에 대한 총체적인 지식이 필요하다. 레드 와인의 경우 기계적인 포도의 처리, 알코올 발효, 추출, 말로락트발효(malolactic fermentation), 온도, pH, 추출시간, 아황산 사용 등에 대해서 알아야 하며, 화이트 와인은 머스트(must)의 추출, 정제, 발효, 산화방지 등에 대한 지식이 필요하다.

이런 모든 이론이 실질적으로 응용되지 않는 한 양조에 완벽을 기할 수 없고, 또 경험적인 인자가 너무 많이 작용하기 때문에 지식과 경험 모두가 필요하다. 와인메이커는 자신의 방법과 취향에 따라 일을 할 수 있지만, 양조는 환경의 영향을 받는다는 점을 항상 명심해야 한다. 더운 해와 서늘한 해에 동일한 방법을 사용할 수 없으며, 덜 익은 포도와 잘 익은 포도 또한 다르게 취급해야 한다. 고급 와인을 만들려면 좋은 포도가 있어야 한다. 최선의 양조란 좋은 포도로 좋은 와인을 만드는 것이지만, 품질의 요소는 자연의 산물이며 와인메이커는 이들을 바람직한 방향으로 진행되도록 도와주는 것이 임무이다.

포도의 기계적 처리

포도밭에서 포도는 여러 형태의 용기에 담겨서 여러 가지 방법으로 운반되는데, 어떤 경우든 포도가 으깨지지 않도록 해야 하며, 도착 즉시 처리할 수 있어야 한다. 즉 포도 수확 전에 와이너리는 모든 준비를 완료하고 있어야 한다. 가장 먼저 해야 할 일은 당도를 측정하여 와인의 알코올 농도를 추산하고, 산도와 pH를 측정하여 적절한 양조방법을 정해야 한다. 계약재배인 경우는 포도의 양과 당도를 기준으로 정산해야 하며, 수확속도와 처리속도를 잘 조절하여 공정에 이상이 없도록 한다. 수확한 포도를 하루 이상 방치할 경우 손실은 물론, 품질과 위생적인 문제가 곤란해진다.

포도 처리 공간

원료인 포도를 트럭 등으로 운반하여 내릴 수 있는 곳과 이를 제경, 파쇄하여 착즙할 수 있는 시설이 있는 곳이다. 그러니까 옥외와 실내 공간이 연결되는 곳이라고 할 수 있다. 이곳은 포도나 즙을 흘리거나 곤충의 출입 등으로 더러워지기 쉬우므로 위생처리에 만전을 기해야 하며, 세척시설과 폐기물 처리시설이 잘 되어 있어야 한다. 가을 날씨가 좋은 곳에서는 포도를 옥외에서 처리하는 곳이 많지만, 우리나라에서 포도 처리는 실내에서 하는 것을 원칙으로 하고, 포도가 도착하는 옥외공간에는 지붕을 설치하여 비를 피할 수 있어야 한다. 포도를 처리하는 실내공간은 곤충과 미생물 침투를 방지할 수 있도록 위생처리가 잘 되어야 하며, 바닥은 세척하기 쉬운 재질로 타일이나 콘크리트에 에폭시 수지를 코팅한 것을 사용하고, 배수가 잘 되도록 1/50~1/100 정도의 구배를 둔다. 설비와 설비의 연결이나 배관, 와인 운반용 파이프에는 내용물이나 세척수가 남아 있지 않도록 경사를 두어야 한다.

- **저울** : 반입되는 포도의 양을 정확하게 측정할 수 있어야 생산관리가 가능하다. 와이너리 규모에 따라 20kg들이 플라스틱 상자 정도의 물량을 측정할 수 있는 것, 1톤 이상을 측정할 수 있는 것, 운반 차량의 중량까지 측정할 수 있는 것 등 여러 가지를 용도에 따라 선택한다.

- **상자 세척장치** : 운반용 상자에 있는 포도를 파쇄기에 붓고, 바로 빈 상자를 세척할 수 있어야 다음에 포도를 운반할 때 오염을 줄일 수 있다. 상자의 크기에 따라 알맞게 고안하여, 스프레이 장치를 이용하여 자동으로 세척할 수 있어야 한다.

- **선별대** : 수확한 포도는 다음 [그림 6-1]과 같이 여러 형태의 컨베이어 벨트 위에서 잎이나 줄기, 썩은 송이, 덜 익은 송이를 선별할 수 있도록 선별대를 설치해야 한다. 고급인 경우는 제경 후에도 좋지 않은 포도 열매를 골라내기도 한다.

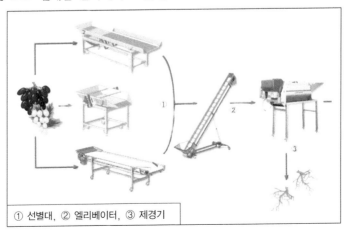

① 선별대, ② 엘리베이터, ③ 제경기

[그림 6-1] 포도 처리 시설의 예(DIEMME)

포도를 씻지 않는다?

포도를 깨끗이 씻어서 와인을 만든다고 써진 책도 있지만, 세계 어디서나 포도를 씻어서 와인을 담그지는 않는다. 포도를 씻지 않는 이유는 다음과 같다. 첫째, 포도를 씻으면 더러워진 물이 상처 난 포도에 접촉하여, 더욱 부패하게 만드는 잡균 오염의 기회를 제공하게 된다. 둘째, 포도란 포도 알이 붙어 있는 형상이라서 세척 후 물기를 완벽하게 제거하기 힘들기 때문에 포도즙이 물과 섞여서 당도 등 여러 성분이 희석되는 수가 있다. 또 포도를 씻을 때 포도 알이 떨어져 나가 손실이 많아진다. 그러니까 포도를 물로 씻으면 여러 가지 곤란한 점이 많아진다.

그러면 포도에 묻어 있는 농약이나 이물질은 어떻게 될까? 농약은 두 가지로 나눌 수 있는데, 균을 죽이는 살균제와 벌레를 죽이는 살충제로 나눌 수 있다. 살균제는 농도가 낮아 별 문제가 안 되고, 살충제도 생각과는 달리 시간이 지남에 따라 그 양이 줄어든디. 성분에 따라 다르지만, 살충제의 양이 1/2로 줄어드는 시간은 4~20일 정도 되니까 포도를 수확하기 전에는 농약을 살포하지 않으며, 외국에서는 잔류농약검사를 받기도 한다. 그리고 효모가 포도의 당분을 알코올로 변화시키는 발효과정에서 농약이 거의 사라지게 된다.

또 발효란 효모라는 미생물이 생육하는 기간이라서 만약 농약이 너무 많이 있으면 발효가 진행되지 않는다. 그래서 발효가 진행됐다는 것은 미생물이 정상적으로 생육하고 번식했다는 증거가 되므로 그 정도라면 사람에게도 해롭지 않다는 것이 증명된 셈이다. 즉 효모의 생육이 안전의 지표가 된다. 또 발효가 다 끝나면 여과하기 전에 와인을 맑게 만드는 젤라틴이나 벤토나이트와 같은 첨가물을 넣어 침전시키고 여과하는 과정에서 또 한 번 농약이 사라지니까 농약문제는 안심해도 된다.

제경(Destemming, *Egrappage*)

포도 열매를 열매자루에서 분리시키는 작업으로, 파쇄한 다음에 제경하는 것보다는 제경을 먼저 하는 것이 좋다. 이렇게 하면 롤러 사이에서 열매자루가 부러지지 않기 때문에 열매자루 냄새가 주스에 흡수되지 않는다.

기계장치는 드럼을 옆으로 눕힌 형태로, 드럼에는 구멍이 뚫려 있으며 드럼 내부에는 날개 달린 샤프트가 있어서 서로 반대로 회전한다. 포도송이가 드럼 내부로 들어와 회전하면 주스와 과육은 원심력 때문에 구멍을 통해서 배출되고, 열매자루는 드럼 뒤편으로 밀려 나온다. 좋은 제경기는 열매자루가 완벽하게 분리되는 것으로, 열매를 찢거나 잘라서도 안 되고, 열매자루도 손상시키지 않아야 한다. 즉 손으로 하는 것과 동일한 효과가 있어야 한다.

열매자루를 제거하면 쓴맛이나 풋내가 제거되고, 공간 절약, 색도 증가 등 효과가 있으나, 열매자루가 있으면 열 흡수, 착즙수율 증가 등 효과가 커진다. 그러나 고급 와인을 만들려면 제경을 하는 것이 좋다. 특수 품종이나 건조시킨 포도, 곰팡이 낀 것 등은 제경하지 않는다. 또 타닌 함량을 높이기 위해 열매자루를 넣어서 발효시키기도 한다.

파쇄(Crushing, *Foulage*)

포도 껍질을 터뜨려서 주스와 과육을 분리시키는 작업이다. 파쇄의 정도는 와인의 타입이나 품종, 성숙도에 따라 다르게 하지만, 어떤 경우든 껍질이 난도질되지 않게 터뜨려야 하며, 씨가 깨져서는 안 된다. 그렇지 않으면 와인에 강한 쓴맛을 남기게 된다. 그러나 곰팡이 낀 포도나 과숙한 포도는 파쇄를 하지 않고 바로 착즙시키는 것이 좋다. 파쇄는 이동성 증가, 균질화, 껍질 관리, 공기 접촉, 효모 증식, 추출 등이 좋아지지만, 과도할 경우 부작용이 있으므로 와인 스타일에 맞추어 적절히 조절할 수 있어야 한다.

파쇄기는 서로 맞물려 안쪽으로 향하는 두 개의 롤러가 있고, 알맹이는 여기를 통과하면서 파쇄되며, 과즙과 껍질 등이 섞여서 머스트로 되어 펌프에 의해 다음 공정으로 이송된다. 제경, 파쇄할 때 껍질, 씨, 줄기를 부수지 않고 부드럽게 으깨는 일이 품질을 높이는 데 중요하기 때문에 제경기의 날개와 구멍의 크기, 파쇄기 롤러의 간격은 포도의 품종 등에 따라서 조절할 수 있어야 한다.

- **제경 및 파쇄기**(Crusher-Stemmer) : 포도를 파쇄하고 열매자루를 제거하는 기계로서 제경, 파쇄, 머스트 펌프가 하나의 세트로 이루어져 있는 것이 많다.

[그림 6-2] 제경기 및 구조

- **머스트 펌프**(Must pump) : 으깬 포도를 정해진 장소로 이동시키는 펌프로서 포도 껍질과 씨에 손상이 가지 않도록 설계된 것이다. 보통 '모노 펌프'라고 부르며, 여러 가지 타입이 있으므로 용도와 용량에 맞춰 선택한다.

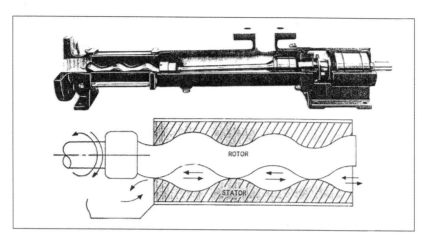

[그림 6-3] 머스트 펌프 및 작동원리(성원부스타)

셀러 설비 및 조작

와이너리 셀러cellar 는 청소하기 쉬워야 하고, 통풍이 잘 되는 곳으로 습기가 많아서는 안 된다. 탱크 역시 청소가 쉬워야 하고, 적정 온도를 유지시킬 수 있는 장치가 있어야 한다. 좁은 공간에 탱크가 너무 많아서도 안 되고, 천장의 높이 등도 고려하여 원료 등이 재빨리 처리될 수 있도록 배치를 해야 한다. 외관보다는 기능을 우선으로 한다.

발효 및 저장탱크

전통적으로 발효탱크는 크고 작은 오크통이 사용되어 왔으나, 밀봉이 완벽하지 않고, 오염의 기회가 많으며, 온도조절이 힘들어 요즈음은 일부를 제외하고 그렇게 많이 사용하고 있지 않다. 그리고 코팅된 콘크리트 탱크, 철제에 글라스 라이닝이나 합성수지 라이닝을 한 탱크 등도 사용되고 있지만, 코팅 부분에 손상이 가면 와인의 품질에 치명적인 결함을 일으킨다. 요즈음은 내구성과 내약품성이 우수하고, 위생적이고 사용이 편리한 스테인리스스틸(SUS 316) 탱크가 주로 사용되고 있다. 그리고 온도관리를 정확하게 할 필요가 있는 고급 와인의 발효에는 브라인을 순환시킬 수 있는 온도관리용 재킷이 부착된 형태가 보급되어 있다.

레드 와인의 발효 중에는 탄산가스의 압력으로 껍질이 액 위로 올라와 캡cap 을 형성하기 때문에 껍질에서 색소 등의 추출을 충분히 하기 위해 캡을 가라앉혀 액 속으로 넣거나, 탱크 아래쪽의 액을 뽑아서 캡 위에 살포하는 순환법 등이 행해지고 있으므로, 탱크 설계 시에 이런 점을 참작하여야 한다. 발효탱크의 맨홀, 밸브 및 온도계 등의 위치, 온도조절용 재킷, 가스 배출구, 오버 플로(over flow) 관 등은 기능을 고려하여 운전이 쉽게 설계하고, 바닥은 약 8도 정도의 경사를 두어 청소를 쉽게 한다. 그리고 발효탱크는 발효가 끝난 다음에는 저장탱크로 사용할 수 있도록 설계하는 것이 좋다.

보르도(카베르네 소비뇽) 타입   부르고뉴(피노 누아) 타입(Santa Rossa)

[그림 6-4] 대표적인 발효탱크

최근에는 머스트의 순환이나 가스의 배출을 쉽게 만든 '로터리 퍼멘터(rotary fermenter)' 타입의 발효탱크도 도입되어 있다. 이는 탱크 전체가 회전할 수 있게 되어 있어서 발효 중에 정기적으로 회전시켜서 껍질, 씨 등에서 색소, 타닌의 추출량의 제어가 확실하며, 가스 배출과 껍질 배출도 용이하도록 설계된 것이다.

[그림 6-5] 로타리 퍼멘터

저장탱크의 경우, 와인을 가득 채우지 않을 때는 공기 접촉 면적이 넓어지므로 빈 공간에 질소 가스를 채우는 등 특별한 조치가 있어야 하지만, 최근에는 용량을 조절할 수 있는 탱크가 개발되어 사용되고 있다. 탱크 상부가 개방되어 상부가 위 아래로 이동이 가능하도록 설계된 것이다. 어떤 탱크든지 용량 변경이 가능하고, 다목적용으로 사용할 수 있고, 위생처리가 쉬워야 한다.

- 헤드 스페이스(Head space) : 전체 용량의 80%까지 머스트가 들어가도록 설계를 고려한다.

- 탄산가스 배출 : 1ℓ의 머스트에서 50ℓ의 탄산가스가 나오므로 이를 신속하게 배출시킬 수 있어야 한다. 발효 중 가스배출이 인 되거나, 발효 직후 탱크에 들어가는 것은 위험하다.

- 찌꺼기 배출 : 가장 어려운 작업으로 노동력이 많이 소비되고, 위생처리에 어려움이 많은 공정이다. 찌꺼기 배출이 용이하고 뒤처리를 깨끗이 할 수 있도록 레이아웃을 잘 고려해야 한다.

- 펌핑 오버(Pumping over)/펀칭(Punching) : 껍질 관리를 위한 펌핑 오버나 펀칭이 용이하도록 설계한다. 개방형 탱크 부르고뉴 타입는 가라앉기를 주로 하며, 밀폐형 탱크 보르도 타입는 펌핑 오버로 적시는 방법을 사용한다. 발효탱크 용량은 와인의 특성에 따라 따로 담을 수 있도록 너무 커서도 안 된다. 높이와 지름의 관계 역시 캡의 두께에 따라 결정해야 한다. 지름이 클수록 추출 효과는 커진다. 그리고 펌핑, 따라내기, 청소가 용이하도록 설계한다.

- 기타 : 따라내기와 청소를 고려하여 아래쪽 밸브와 맨홀을 다른 위치에 두 개 설치한다. 그리고 액면 표시, 온도계, 샘플링 코크, 가스 배출구, 질소나 탄산가스 보관 및 주입장치 등을 설치한다. 가능하면 자동온도관리 시스템을 부착하는 것도 좋다.

착즙기(Press)

대규모 와이너리는 스크루 디주서 screw dejuicer와 스크루 프레스의 연속식 착즙기로 되어 있는 형식이 많지만, 보통은 배치 batch 타입이 사용된다. 옛날에는 수직형 바스켓 모양이 많았으나 최근에는 판, 백 bag, 다이어프램 diaphragm 등에 의해 착즙이 되는 수평형이 주류를 이루고 있다. 예전에는 착즙기 안으로 들어온 포도가 회전방향에 따라 착즙판에 가까워지거나 멀어지면서 착즙되는 형식을 많이 사용하였지만, 최근에 많이 사용되는 것은 외벽에 작은 구멍이 있는 스테인리스스틸 통 안에 큰 고무 부대가 들어 있어, 이 고무 부대를 압축공기로 팽창시키면서 포도를 외벽으로 눌러서 착즙시키는 형식이다.

착즙기는 머스트에서 프리 런 주스를 많이 얻고, 될 수 있으면 저압으로 착즙할 수 있는 타입으로 포도박의 배출이 쉬운 것이 좋다. 포도의 품질과 성숙도에 따라 원통의 벽에 머스트가 부착되어 충분히 과즙을 얻지 못할 경우도 있으므로, 착즙기의 타입과 착즙시간이나 압력의 영향을 고려하여 입력 프로그램을 설정할 필요가 있다.

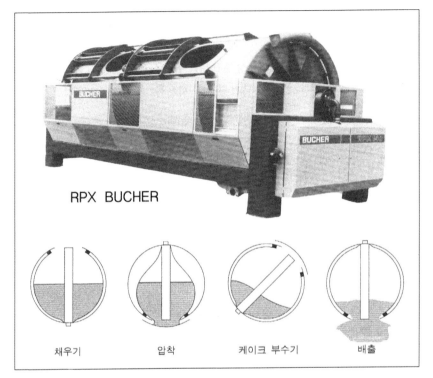

RPX BUCHER

| 채우기 | 압착 | 케이크 부수기 | 배출 |

[그림 6-6] 공압식 착즙기(Press) 및 작동원리

배관 및 호스(Fittings, unions and hoses)

와인 제조는 계절 작업으로 작업의 연속성이 없으므로 영구적인 배관보다는 작업 사정에 따라 호스를 사용하는 것이 더 편리하고 경제적이다. 기본적인 배관을 갖추고, 작업 목적에 맞게 호스를 연결하여 사용한다. 호스와 밸브, 펌프, 호스끼리의 연결장치는 사용이 간편하고 위생적이고 누수가 없는 완벽한 것을 사용한다. 장기간 방치했던 호스 등을 사용할 때는 물을 보내면서 누수 여부를 확인하고, 이어서 소독약이나 세제를 순환시킨 다음에 깨끗한 물로 씻어낸다.

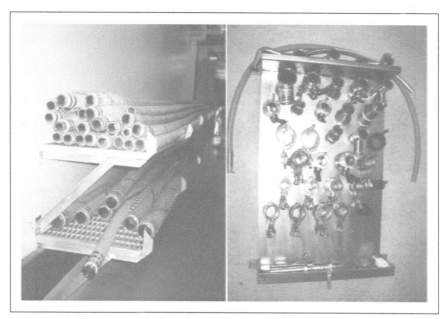

[그림 6-7] 호스 및 연결장치

과즙의 개선

포도의 성숙은 토질과 기후 등 여러 가지 변수에 의해서 영향을 받으므로, 양질의 와인을 생산하기 위한 조건을 완벽하게 갖추기는 힘들다. 그래서 수확한 포도 품질의 안정화를 도모하기 위하여 제한된 범위 내에서 과즙을 개선할 수 있다. 그러나 인위적인 조작이 성숙에 의한 원래 포도의 성분을 따라갈 수는 없기 때문에 토질이나 기후조건이 양호한 곳에서 양질의 와인이 나올 수밖에 없다. 그래서 많은 나라에서 첨가제 사용을 제한하고 있다.

우리나라는 겨울이 춥고, 여름이 더운 대신 습기가 많아, 고급 와인용 포도 생산지로서 적합한 곳을 찾아보기 힘들다. 대부분 남부지방에서 와인용 포도를 많이 재배하지만, 수확된 포도의 당분 함량이 낮고 산도가 높아서, 설탕이나 중화제를 사용하는 등 인위적인 조작을 거쳐야 한다. 이렇게 기후조건이 좋지 못한 곳에서는 양질의 와인을 만들기 위해서 과즙을 개선하는 일이 매우 중요하다.

아황산 첨가

와인 양조에 아황산(sulfite)을 이용하는 기술은 이집트시대부터 시작되었지만, 머스트에 아황산을 기술적으로 첨가하는 기술은 20세기 초에 시행되었다. 처음에는 그렇게 중요하게 생각하지 않았는데, 와인의 질을 한 단계 올려놓은 중요한 발전이라고 할 수 있다. 적당량의 아황산 투입은 와인 양조에 필수적인 것이다. 포도를 파쇄하자마자 바로 투입해야 효과가 있다.

적정량의 아황산사용은 매우 중요하다. 사용량을 고려하는 인자로서 포도의 성숙도, 상태, 온도, 당 함량 특히 산도 등을 고려해야 한다. 포도가 건강하고 산도가 있는 경우는 $30 \sim 50mg/\ell$, 포도가 건강하지만 잘 익고 산도가 낮은 경우는 $50 \sim 100mg/\ell$, 곰팡이 낀 포도는 $100 \sim 150mg/\ell$ 정도 투입한다.

또 다른 인자로서 특히 박테리아 오염이 있을 경우 사용량을 증가시켜야 하며, 특히, pH에 따라서 아황산 양을 조절한다. pH 3.0에서 $30mg/\ell$이면, 3.5에서는 $100mg/\ell$, 3.8에서는 $200mg/\ell$가 된다는 사실을 인식해야 한다. 위의 예는 pH 3.2~3.3일 경우의 예를 든 것이다. 더운 지방에서는 사용량을 증가시키고, 곰팡이가 낄 경우도 사용량을 증가시킨다.

$$100mg/\ell = 0.1g/\ell = 1g/10\ell = 10g/100\ell = 100g/1,000\ell$$

아황산 사용방법

골고루 퍼질 수 있게 해주는 것이 가장 중요하다. 자주 첨가하는 것보다 완벽하게 혼합해 주는 것이 중요하다. 몇 가지 지켜야 될 사항을 보면,

- **액체상태로 투입할 것** : 가스나 분말형태로 투입해서는 안 된다. 보통, 분말상태의 메타중아황산 칼륨(potassium metabisulfite, K2S2O5) 형태로 투입하는데, SO_2로 $100mg/\ell$를 투입하려면 $K_2S_2O_5$ $172mg/\ell$가 필요하다.

- **포도에 투입하지 말 것** : 포도에 뿌리면 증발되거나 고형물과 결합하고, 파쇄 중에 특정 성분이 우러나와 금속과 반응하면서 작용이 불규칙해진다.

- **파쇄 직후 바로 투입할 것** : 효모가 과량의 알코올을 생성하기 전에는 박테리아가 먼저 번식하기 때문에, 탱크에 머스트가 떨어질 때 아황산을 분무하는 것이 좋다. 그리고 이 일이 끝나면 바로 펌핑 오버(pumping over) 등의 조작으로 골고루 섞어 준다.

- **투입방법** : 미리 들어갈 양을 계산하여 (계산치보다 조금 더) 용액으로 만들어 플라스틱 용기에 넣어 탱크에 머스트가 채워지는 동안 조금씩 떨어지게 만들면 머스트와 잘 섞이게 된다. 머스트 투입 펌프가 멈추면 이 장치도 닫히도록 만든다. 머스트 펌프 출구에 정량 펌프를 연결하여 사용하면 좋다.

가당(Sugaring/Chaptalization)

머스트에 가당하는 작업을 'Chaptalization'이라고 하는데, 이는 프랑스의 '샤프탈Chaptal'이란 사람이 1801년 그의 책『와인제조의 기술』에서 머스트에 진한 설탕 용액을 첨가하여 와인 맛을 더 강하게 만들 수 있다고 제안한 데서 나온 것이다. 가당에 대한 규정은 나라마다 다른데, 이는 주변 여건이나 경제적인 면을 고려하여 결정하기 때문이다. 유럽의 와인생산지역은 유럽연합에서 위도에 따라 여섯 지역으로 나누고 있다. 각 지역에 따라 가당하지 않았을 때 최소 알코올 농도와 가당한 다음의 최대 알코올 농도를 규정하고 있다. 북쪽 지방은 매년 가당을 할 수 있지만, 남쪽 지방은 지역에 따라 좋지 않은 해만 가당하도록 규정하고 있으며, 기타 따뜻한 지역은 가당하지 못한다. 프랑스에서는 적어도 3일 이전에 각 지역 세무서에 서면으로 신고를 한 다음에 가당을 한다.

- **설탕 첨가** : 주로 백설탕을 사용하는데, 캐러멜 냄새가 나는 황설탕은 사용하지 않는다. 레드 와인의 경우 사탕수수, 사탕무 구분이 없지만, 화이트 와인과 샴페인에는 사탕수수 설탕을 사용한다. 그리고 완벽하게 밀봉된 부대의 설탕이라야 나쁜 냄새 침투를 방지할 수 있다. 일반적으로 알코올 농도를 1% 높이려면 17g/ℓ화이트 와인~18g/ℓ레드 와인의 설탕이 필요하다. 레드 와인의 경우는 발효온도가 높아서 펌핑 오버pumping over 중 알코올이 많이 증발하기 때문이다.

　가당은 적정선에서 이루어져야 한다. 알코올 농도를 1.0~1.5% 정도 높이는 것이 좋다. 너무 가당이 많으면 와인 맛의 균형이 깨지고 과일 향이 가려지면서 희석된 맛을 풍기게 된다. 약간만 가당하여 바디와 부드러움을 증가시키는 것이 좋다. 설탕을 분말형태로 투입하면 바닥에 녹지 않고 남아 있는 수가 있으므로 반드시 주스에 녹여서 첨가한다. 이때 물을 첨가하여 시럽을 만드는 것은 보통 금지되어 있다. 그러니까 발효가 시작되어 머스트 온도가 올라갔을 때 펌핑 오버를 하면서 여기에 설탕을 녹여서 뿌려 주면 고루 섞이게 된다. 발효 초기단계는 발열반응이 시작되고 캡이 형성되는 시기로서 이때 발효가 가장 왕성하기 때문이다. 중간단계 때는 효모에 필요한 영양분이 고갈되는 시기라서 발효가 완전히 끝나기 어려울 수도 있다.

　단, 포도의 산도가 높고 2~3일 정도 짧게 침출하는 경우는 발효가 완전히 끝나기 전에 방해받을 수 있으므로 따라내기 때 할 수도 있다. 이 방법을 사용하면 포도 껍질에 묻어 나가는 당분의 손실을 막을 수 있다고 생각할 수 있지만, 바람직한 방법은 아니다. 나중에 가당을 하면 당분이 완전히 소모되기 전에 말로락트발효malolactic fermentation가 일어나 썩은 버터 냄새 등 좋지 않은 냄새가 날 수 있다.

　가당이 되면 칼로리가 더 많이 발생하므로 온도조절에 유념해야 한다. 그리고 가당으로 알코올 농도가 1% 추가되면 주석이 더 생기기 때문에 산도는 0.15~0.31% 정도 감소한다. 가당이 아주 많지 않은 한 휘발산의 증가는 무시해도 되지만, 알코올 농도가 13% 이상이 되면 0.08g/ℓ

까지 될 수 있다. 페놀 화합물의 추출은 알코올이 1% 추가되면 5% 더 증가되지만 글리세롤과 불휘발분은 에탄올보다 더 적게 증가한다.

- **농축 주스의 첨가** : 농축 주스는 포도 주스를 진공상태에서 가열하여 수분을 제거한 것으로 보통 비중이 1.240~1.330이 되는 것을 사용한다. 주스의 모든 성분이 농축되어 산도 역시 그 비율만큼 증가하므로 주스를 농축하기 전에 산을 제거한 것을 사용해야 한다. 유럽연합에서는 농축 주스의 사용량을 설탕과 동일하게 규제하고 있다.

- **역삼투압(Reverse osmosis) 처리** : 머스트를 반투막에 통과시켜 수분을 제거하는 방식으로 RO방식이라고 한다. 유럽연합에서는 이 장치를 사용하여 전체 부피를 20% 이상 감소시키거나, 알코올 농도를 2% 이상 올리지 못하도록 규제하고 있다.

- **설탕 첨가량 계산**

  $$S = w(b-a)/100-b$$

  S : 첨가할 설탕 kg / a : 현재의 당도 / b : 원하는 당도 / w : 과즙의 kg

제산(Deacidification)

일반적으로 서늘한 지방에서 자란 포도는 산도가 높아서 산도를 감소시키는 과정이 필요하다. 알코올 발효 때 약간의 산도가 감소하고, 특수한 효모(Schizosaccharomyces)를 사용하는 경우나 특수한 조건(carbonic maceration)에서도 산도가 감소하지만 말로락트발효 때 가장 많이 감소한다. 그러나 이러한 자연적인 방법으로는 과도한 산을 제거하기 힘들기 때문에 화학적인 처리를 해야 한다.

- **제산제** : 머스트의 감산에 사용되는 물질은 탄산칼슘(calcium carbonate, $CaCO_3$), 탄산수소칼륨(potassium bicarbonate, $KHCO_3$), 주석산칼륨(potassium tartrate, $K_2C_4H_4O_6$) 등이 있다. 일반적으로 산도가 높은 머스트에는 탄산칼슘을 많이 사용하며, 산도를 1.5g/ℓ(as tartaric acid) 낮추는 데 탄산칼슘은 1g/ℓ가 필요하다. 탄산수소칼륨은 산도를 약간만 조절할 때 사용하며, 산도를 1.5g/ℓ(as tartaric acid) 낮추는 데 탄산수소칼륨 1.5g/ℓ가 필요하다. 주석산칼륨은 가격이 비싸고 중화력이 약하기 때문에 잘 사용되지 않으며, 산도를 1.5g/ℓ(as tartaric acid) 낮추는 데 주석산칼륨 2.5~3.0g/ℓ가 필요하다. 어느 경우든 와인에서 분해되면서 탄산가스를 형성하고, 정상적인 상태에서 이들은 주로 주석산(tartaric acid)에 작용하여 불용성 침전물을 만든다.

- **복염 이용법** : 머스트에 탄산칼슘을 첨가하여 원하는 산도를 얻을 수는 있지만, pH 수치가 예상보다 더 올라가는 현상이 일어난다. 이는 탄산칼슘이 주석산과 사과산에 작용하여 염을 형성하는데, 사과산칼슘(calcium malate)은 실온에서 수용성이고, 주석산칼슘은 불용성이기 때문에 주석산

만 제거되어 산의 불균형 즉 pH 상승을 초래한다. 그래서 머스트의 일부에만 탄산칼슘을 과량 사용하여 pH를 4.5 이상까지 올려 양쪽 염이 모두 침전될 수 있게 만드는 복염(double salt) 형성 방법을 사용하는 것이 좋다. 이때는 주석산과 사과산 칼슘염을 1% 정도 함유하는 탄산칼슘(상품명으로 Acidex)을 사용하며, 염이 생성된 다음에 여과하여 먼저 제산이 많이 된 머스트를 만든 다음에, 제산하지 않은 머스트와 섞는다.

예) 상품명으로 에시덱스(Acidex) 사용법

일정량의 머스트에 사용할 에시덱스(Acidex) 양과 먼저 처리할 머스트의 양을 [표 6-1]을 참조 하여 산출하고, 일부 머스트에 계산한 에시덱스 일정량을 녹이고, 여과하여 나머지 머스트에 투입한다. 이때는 반드시 발효 전 상태라야 한다.

머스트의 양이 910ℓ 이며, 현재의 산도는 1.75%, 원하는 산도가 0.8%인 경우, [표 6-1]을 찾아 보면, 첨가할 에시덱스의 양은 6.5kg, 이 에시덱스를 녹이는 머스트의 양은 590ℓ가 된다. 표는 1,000ℓ를 기준으로 한 것이므로 전체 머스트의 양(910ℓ)을 기준으로 환산하면,

에시덱스를 녹이는 머스트의 양 : 590ℓ × 910/1,000 = 537ℓ

첨가할 에시덱스의 양 : 6.5kg × 910/1,000 = 5.92kg

즉, 5.92kg의 에시덱스를 머스트 537ℓ에 녹인 다음, 몇 시간 후 혹은 하룻밤 둔(낮은 온도로 보관) 다음에 여과하여 침전된 염을 제거하고, 나머지 처리하지 않은 머스트(373ℓ)와 합친다.

[표 6-1] 머스트 1,000ℓ 제산에 필요한 에시덱스의 첨가량(kg)과 머스트 처리량(ℓ)

Actual acidity of must before treatment	1.2% Acidex kg	Must litres	1.1% Acidex kg	Must litres	1.0% Acidex kg	Must litres	0.9% Acidex kg	Must litres	0.8% Acidex kg	Must litres	0.7% Acidex kg	Must litres	0.6% Acidex kg	Must litres	0.5% Acidex kg	Must litres
1.0%									1.3	260	2.0	350	2.7	420	3.4	495
1.05%									1.7	290	2.4	380	3.1	450	3.7	520
1.1%							1.3	225	2.0	320	2.7	400	3.4	495	4.0	560
1.15%							1.7	260	2.4	350	3.1	435	3.7	520	4.4	590
1.2%					1.3	190	2.0	290	2.7	380	3.4	460	4.0	550	4.7	620
1.25%					1.7	225	2.4	320	3.1	420	3.7	495	4.4	580	5.1	640
1.3%			1.3	160	2.0	260	2.7	350	3.4	435	4.0	530	4.7	610	5.4	670
1.35%			1.7	190	2.4	290	3.1	380	3.7	465	4.4	550	5.1	630	5.8	680
1.4%	1.3	160	2.0	225	2.7	320	3.4	400	4.0	475	4.7	570	5.4	640	6.1	690
1.45%	1.7	190	2.4	260	3.1	350	3.7	420	4.4	510	5.1	590	5.8	660	6.5	700
1.5%	2.0	225	2.7	290	3.4	380	4.0	435	4.7	520	5.4	600	6.1	670	6.8	710
1.55%	2.4	260	3.1	320	3.7	400	4.4	465	5.1	530	5.8	610	6.5	680	7.1	720
1.6%	2.7	290	3.4	350	4.0	420	4.7	480	5.4	550	6.1	620	6.8	690	7.4	730
1.65%	3.1	320	3.7	380	4.4	450	5.1	495	5.8	570	6.5	650	7.1	700	7.8	740
1.7%	3.4	350	4.0	400	4.7	465	5.4	510	6.1	580	6.8	640	7.4	710	8.1	750
1.75%	3.7	380	4.4	420	5.1	480	5.8	520	6.5	590	7.1	650	7.8	720		
1.8%	4.0	400	4.7	435	5.4	495	6.1	540	6.8	600	7.4	660	8.1	720		
1.85%	4.4	420	5.1	450	5.8	510	6.5	550	7.1	610	7.8	670	8.4	730		
1.9%	4.7	435	5.4	465	6.1	520	6.8	570	7.4	620	8.1	670	8.7	730		
1.95%	5.1	450	5.8	480	6.5	530	7.1	580	7.8	630	8.4	690				
2.0%	5.4	465	6.1	495	6.8	540	7.4	590	8.1	640	8.7	700				

화이트 와인에서 제산은 머스트를 맑게 한 다음(혹은 벤토나이트를 첨가할 때), 발효 전에 하는 것이 좋고, 레드 와인은 펌핑 오버 때 하는 것이 편리하다. 알코올 발효가 끝나고 따라내기를 할 때 제산하면 말로락트발효가 잘 되지만, 탄산칼슘을 발효 끝 무렵에 첨가하면 칼슘 함량이 증가하여 주병 후 주석(KHT) 침전을 만들기 때문에 초기에 사용하는 것이 좋다. 반면 탄산수소칼륨 (potassium bicarbonate)은 발효가 끝난 영 와인에 사용할 수 있다. 어쨌든 pH가 올라가면 여러 가지 요인이 불안정한 상태를 유발하기 때문에 조심스럽게 다루어야 한다.

가산(Acidification)

산도가 부족한 포도에는 주석산을 첨가할 수 있다. 유럽연합에서는 각 지방에 따라 그 규정을 정하고 있다. 가산은 가당된 머스트나 완성된 와인에서는 금지되어 있다. 그러나 말로락트발효 이후 예상 밖으로 산도가 저하되면 첨가할 수 있다.

더운 지방에서는 주석산을 첨가하여 균형을 맞추고, 색깔, 맛 등을 유지하지만, 온화한 지방에서도 예외적으로 고급 와인 생산지역에서 가산을 하기도 하지만 극히 드물다. 실제로 가산은 와인의 저장성을 높이지만 품질의 손상을 초래할 수도 있다. 산을 첨가하면 거친 맛이 강해지고 부드러운 맛이 사라진다. 그래서 가산은 저장의 안정성을 위해서 하는 곳이 많다. 고급 레드 와인으로서 항상 부드럽고 향미가 풍부한 와인은 산도가 낮지만 이런 와인을 성공적으로 생산하기는 어렵다. 즉 저장성과 품질 유지 중 어느 것을 선택할 것인가는 어려운 결정이다.

일반적으로 정해진 것은 없지만, 머스트의 산도는 6.1g/ℓ 이하가 마시기는 좋다. 그리고 또 다른 산도의 지표인 pH가 3.6 이상이면 가산을 해야 한다. 산도가 4.6~5.4g/ℓ일 경우 주석산을 0.5g/ℓ 첨가하고, 산도가 3g/ℓ 이하인 경우는 주석산을 2.0g/ℓ 정도 첨가하면 된다. 대체적으로 유럽에서는 주석산을 1.5g/ℓ 이상 첨가할 수 없도록 규정하고 있다.

레드 와인이든 화이트 와인이든 주석산의 첨가는 발효 전이나 발효 중에 하는 것이 좋다. 침전되는 양을 감안하여 산도를 1.5g/ℓ 상승시키려면 주석산을 1g/ℓ 첨가하면 된다. 그러나 첨가하는 산의 양은 계산 수치와 맞아 떨어지지 않는다. 첨가한 산은 칼륨과 불용성 염을 형성하므로 산도가 올라간 것보다 pH가 더 낮아지므로 신맛이 더 강해진다. 산도를 너무 올리지 않고 pH만 약간 상승시키는 데 목적을 두는 것이 좋다. 완전히 익기 전에 수확하여 산도를 유지시키는 방법이 더 좋다.

구연산(citric acid)을 첨가하는 방법은 좋지 않다. 유럽에서는 구연산 첨가량을 1g/ℓ 이하로 제한하기 때문에 이 양으로는 산도가 눈에 띄게 올라가지 않는다. 그리고 구연산은 불안정하여 젖산박테리아의 공격을 받으면 분해되어 다이아세틸(diacetyl)을 형성하거나 휘발산이 증가할 우려가 있다.

스페인 헤레스(Jerez)에서는 전통적으로 석고(황산칼슘, CaSO4)를 사용하여 pH를 낮추고 주석산 칼슘을 생성시키는데, 요즈음은 잘 사용하지 않는다. 이 방법은 효과적이지만 바람직한 것은 아니다. 이것을 사용할 경우는 상표에 반드시 표시를 해야 한다. 나라에 따라서 금지된 곳이 많지만, 머스트나 와인을 양이온교환수지에 통과시켜 조절하는 방법을 사용하기도 한다.

타닌 등 첨가

양조용 타닌(밤나무나 오크)을 머스트에 첨가하거나 기타 발효 촉진제, 아황산, 인산암모늄 등의 첨가에 대해서는 아직 논란이 많은 편이다. 레드 와인에 첨가하는 타닌으로서 포도의 타닌과 다른 구성을 가진 것은 색소를 잘 녹게 만들거나 와인을 안정화시키지는 못한다. 즉 산화방지를 하지 못한다. 타닌이 낮은 레드 와인에서는 SCT(skin contact time)를 연장하여 씨에서 나오는 타닌을 더 추출하거나 열매자루를 넣어서 타닌을 추출하는 것이 타닌을 첨가하는 것보다 바디를 강하게 하는 데 더 효과적이다. 단백질이 많은 화이트 와인의 청징에는 타닌을 50mg/ℓ 정도 넣으면 잘 가라앉으며, 이때 벤토나이트와 병용하면 더 효과적이다.

펙틴분해효소 사용

펙틴(Pectin)은 식물조직의 세포벽이나 세포와 세포 사이를 연결해 주는 세포간질에 존재하는 다당류로서 이들 세포를 서로 결착시켜 주는 물질로서 작용한다. 이 펙틴이 분해되면 세포가 각각 분리되어 식물조직은 견고성을 잃고 연해진다. 포도에서는 포도가 익어 감에 따라 이 펙틴을 분해하는 효소가 증가하여 포도의 조직이 연해진다. 그러므로 포도를 파쇄하여 장시간 방치시키면 펙틴분해효소가 작용을 시작하여 착즙효율이 높아지고, 주스도 점도가 낮아지면서 맑아진다. 그리고 발효 중에도 분해작용이 서서히 일어난다.

보다 효율적인 방법은 포도를 파쇄할 때 펙틴분해효소를 첨가하면 주스를 보다 더 많이(10% 이상 증가) 얻을 수 있으며, 청징, 색조 개선, 아로마 증가 중 여러 가지 장점이 많다. 그러나 펙틴분해효소 중에서 PME(pectin methyl esterase)는 펙틴의 기본 단위인 갈락투론산메틸(methyl galacturonic acid)의 에스터 결합을 풀어서 메탄올을 생성할 수 있으므로 실험을 거쳐서 검토한 후 사용하는 것이 좋다.

우리나라 주세법상의 과실주

과실주의 정의(「주세법 별표 주류의 종류별 세부내용, 2. 발효주류 마. 과실주」)

우리나라 주세법에는 '와인'이란 술에 대한 정의는 없고, 과실주에 대해서 다음과 같이 정의하고 있다.

(1) 과실 과즙과 건조시킨 과실을 포함 또는 과실과 물을 원료로 하여 발효시킨 술덧 fermented을 여과 · 제성하거나 나무통에 넣어 저장한 것.

(2) 과실을 주된 원료로 하여 당분과 물을 혼합하여 발효시킨 술덧을 여과 · 제성하거나 나무통에 넣어 저장한 것.

(3) (1) 또는 (2)의 규정에 의한 주류의 발효 · 제성과정에 과실 또는 당분을 첨가하여 발효시켜 인공적으로 탄산가스가 포함되도록 하여 제성한 것.

(4) (1) 또는 (2)의 규정에 의한 주류의 발효 · 제성과정에 과실즙을 첨가한 것 또는 이에 대통령령이 정하는 물료를 첨가한 것.

(5) (1) 내지 (4)의 규정에 의한 주류의 발효 · 제성과정에 대통령령이 정하는 주류 또는 물료를 혼합하거나 첨가한 것으로서 알코올 25도 이하의 것.

(6) (1) 내지 (5)의 규정에 의한 주류의 발효 · 제성과정에 대통령령이 정하는 물료를 첨가한 것.

당분 및 알코올 첨가 규정(「주세법 시행령 제3조⑪⑤」)

과실주 제조에서 첨가하는 당분의 중량은 주원료 당분과 첨가하는 당분의 합계 중량의 80/100을 초과하여서는 아니 되며, 과실주 발효 · 제성과정에 주정 · 브랜디 또는 일반 증류주를 혼합하는 경우, 혼합하는 주류의 알코올분의 양은 혼합 후 당해 주류의 알코올분 총량의 80/100 이하여야 한다.

> 예) 당분 함량 10%인 과실 100g이 있다고 가정할 때, 최대로 첨가할 수 있는 당분의 양을 계산하면, 주원료의 당분의 양은 10g(100g×10%)이고, 첨가하는 당분의 양을 Sg이라 하면, Sg < (10g + Sg)×80/100이라는 식이 되어, Sg < 40g이 된다. 즉 첨가하는 당분의 양은 40g 이하면 된다.

그러므로 우리나라 과실주는 적당량의 물을 첨가하여 규정량 이하의 당분을 첨가하여 만들 수 있으며, 정해진 물료를 첨가하여 향미를 개선시킬 수 있고, 주정이나 브랜디를 첨가하여 알코올 농도를 25도까지 높일 수 있다.

첨가물 규정(「주세법 시행령 제2조」)

주류에 첨가할 수 있는 물료는 당분, 산분, 조미료, 향료 및 색소로 그 종류는 다음과 같다.

- **당분** : 설탕(백설탕, 갈색설탕, 흑설탕 및 시럽을 포함한다), 포도당(액상포도당, 정제포도당, 함수결정포도당 및 무수결정포도당을 포함한다), 과당(액상과당 및 결정과당을 포함한다), 엿류(물엿, 맥아엿 및 덩어리 엿을 포함한다), 당 시럽류(당밀시럽 및 단풍시럽을 포함한다), 올리고당류 또는 꿀.

- **산분** : 젖산, 호박산, 식초산, 푸말산, 글루콘산, 주석산, 구연산, 사과산 또는 타닌산.

- **조미료** : 아미노산류, 글리세린, 덱스트린, 홉, 무기염류, 기타 국세청장이 정하는 것.

- **향료** : 퓨젤유, 에스터류, 알데히드류, 기타 국세청장이 정하는 것.

- **색소** : 식품위생법에 의하여 허용되는 것.

이상 첨가물료 외에 탄산가스와 식품위생법에 의하여 허용되는 방부제를 첨가할 수 있다.

제7장 알코올 발효와 효모

제7장 알코올 발효와 효모

학문적인 와인 양조학(enology)은 미생물학에서 비롯된 것으로 와인의 학문은 다양한 범위의 미생물학이라고 할 수 있다. 양조에 관여하는 미생물은 발효와 저장에 지대한 영향을 끼치고, 와인의 향미에 관여하므로 와인 양조의 성공 여부는 미생물 현상을 얼마나 잘 조절하느냐에 달려 있다. 와인메이커는 미생물에 대해서 모두를 알 수는 없어도, 이들의 행동양식과 방향을 파악하고 있어야, 이를 예측하고 좀 더 유리한 방향으로 유도하고, 오염을 방지하며, 품질을 개선할 수 있다.

알코올 발효

으깬 포도나 포도 주스에 발효가 일어나면 머스트는 혼탁해지고 발열되면서 거품이 일고 끓는다. '발효(fermentation)'란 끓는다는 뜻의 라틴어 'fervere'에서 유래된 말이다. 머스트는 이렇게 해서 단맛을 잃고 술이 된다. 프랑스의 화학자 라부아지에(Lavoisier)는 당분이 알코올과 탄산가스로 변한다고 했고, 게이뤼삭(Gay-Lussac)은 이를 화학식으로 표현하였으며, 파스퇴르는 게이뤼삭의 식에서 당분의 90%만 알코올이 되고 나머지는 각종 부산물이 된다고 하였으며, 발효는 효모가 공기가 없는 혐기적인 상태에서 생체 내 반응으로 일어나는 것이라고 하였다.

알코올 생성반응의 수지

포도당이 알코올로 변하는 과정은 다음과 같은 화학식으로 표현되는 정량적인 반응이다.

$$C_6H_{12}O_6 \rightarrow 2C_2H_5OH + 2CO_2$$

180	92	88
100.0g	51.1g	48.9g

[그림 7-1] 알코올 발효 화학식

그러나 실제로는, 발효 중 포도당(glucose)의 5%는 글리세롤(glycerol), 호박산(succinic acid), 젖산(lactic acid), 초산(acetic acid) 등 부산물로 변하고, 2.5%는 효모가 탄소 원으로 소비하며, 0.5%는 발효되지 않고 잔당으로 남기 때문에 포도당의 92%만 알코올로 변한다고 볼 수 있다. 무게 비율로 보면, 포도당 100g이 알코올 발효를 거치면, 생성된 알코올의 양은 51.1 × 0.92 = 47.0g이 되기 때문에 포도당 무게의 약 47%가 알코올이 된다고 볼 수 있다.

그러니까 포도당 180g에서 생성되는 알코올의 양은 180g × 0.47=84.6g이 된다. 이 양을 부피로 환산하면, 알코올의 밀도는 0.789g/㎖이므로, 84.6g/0.789g/㎖=107.2㎖가 된다. 이 알코올에 물을 섞어 1ℓ로 만들면, 전체 부피가 0.7% 감소하므로 당도 180g/ℓ인 당액의 알코올 발효 후에 알코올 부피는 107.2 × 1.007=108㎖/ℓ로서 알코올 농도는 10.8%(v/v)가 된다.

그런데 굴절당도계로 측정한 브릭스 단위에서는 표시된 수치(고형분)의 95%가 당분이므로, 1%(v/v)의 알코올을 얻기 위해서는 다음과 같은 수치의 브릭스가 필요하다. 180/0.95/108=1.75. 즉 굴절당도계로 1.75브릭스는 1%(v/v) 알코올이 된다. 이를 바꾸어 표현하면, 1/1.75이 되어, 1브릭스는 알코올 0.57%(v/v)가 된다고 볼 수 있다. 그러므로 생성될 알코올 농도(v/v)는 Brix(당도계 수치) × 0.57로 표현될 수 있다.

발효의 정의

발효에는 두 가지 의미가 있다. 첫째, 산업적인 의미의 발효로서 인간에게 유용한 물질을 미생물이 생산하는 경우는 그 생산물의 명칭에 발효라는 글자를 붙여서 알코올 발효, 초산 발효 등으로 부른다. 두 번째는 생화학적인 의미의 발효로서 혐기적(anaerobic) 조건에서 생물이 당에서 에너지를 획득하기 위한 대사작용을 발효라고 한다. 효모에 의한 알코올 발효는 산업적 발효인 동시에 생화학적 의미의 발효도 된다.

알코올 발효과정은 간단하게 표현되지만, 실제는 십여 단계의 화학반응이 일어나는 복잡한 반응의 결과이다. 알코올 발효란 효모가 공기가 없는 상태에서 생육과 증식에 필요한 에너지를 획득하기 위한 수단이고, 생성물인 알코올은 포도당에서 에너지를 획득하고 남은 것이 된다.

에너지 획득

생물이 생명을 유지하고 성장증식하기 위해서는 에너지가 필요하다. 광합성 능력을 가진 생물은 태양광의 에너지를 이용할 수 있지만, 효모와 같이 광합성 능력이 없는 생물은 화학물질 에너지에 의존하게 된다. 미생물은 에너지원이 되는 물질을 산화시켜 그 반응에서 유리되는 에너지를 이용하는데, 포도당과 과당 등이 보편석으로 이용되는 에너지원이다.

그러나 태양광의 에너지나 화학물질의 에너지 모두 생물이 직접 이용하지는 못하기 때문에 생체 내에서 에너지 방출반응과 에너지 요구반응(생합성 반응)은 공통반응성분으로서 에너지 캐리어의 역할을 ATP(adenosine triphosphate)가 한다. 즉, 생물은 에너지를 ATP에서 얻을 수밖에 없다. 이 ATP의 인산기는 고에너지 결합으로 가수분해되면 7.3kcal의 에너지를 방출하고, 생물은 이를 이용한다.

- **ATP의 화학구조** : ATP는 아데닌과 리보오스가 결합한 아데노신에 인산 분자 3개가 붙은 화합물이며, 끝의 두 인산이 고에너지 결합으로 되어 있다. ATP가 가수분해되면 그 말단의 인산기가 분리되어 ADP(adenosine diphosphate)로 되며, ADP가 가수분해되면 다시 인산기가 하나 떨어져서 AMP(adenosine monophosphate)로 된다. 그리고 이때 각각 7.3kcal의 에너지가 방출된다. 한편, 그 역반응으로 AMP는 인산기 한 분자를 받아 ADP로 되고, ADP는 다시 인산기 한 분자를 받아 ATP로 되는데, 이때는 반대로 같은 양의 에너지 공급이 필요하다. 이와 같은 에너지의 양은 보통 화학결합이 1몰당 2~3kcal의 화학에너지를 간직하는 데 비하면 매우 큰 양이 된다. 따라서 ATP의 마지막 두 인산결합을 고에너지 인산결합이라고 하며, ~으로 표시한다. 일반적으로 모든 생물에는 공통적으로 ATP가 있어서 에너지 대사에 관여한다. ATP는 생물체 내에서 ADP 또는 AMP에 인산이 첨가되어 생성된다.

$$ATP \rightleftharpoons ADP + Pi + 7.3kcal$$

$$(무기인산)$$

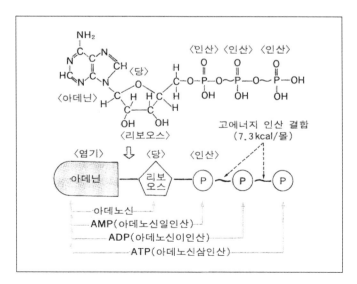

[그림 7-2] ATP 분자구조와 모식도

호흡과 발효

태양광에너지를 이용하여 ATP를 생산하는 과정을 '광인산화 photophosphorylation'라고 하며, 화학물질 에너지를 이용하여 ATP를 생산하는 과정은 산소 이용 여부에 따라 호흡과 발효로 나눈다. 호흡 respiration은 분자상 산소를 이용할 수 있는 능력을 가진 대부분의 생물이 호기성 aerobic 조건에서 유기물을 분해하여 에너지를 얻는 과정이며, 발효 fermentation는 혐기적 anaerobic 조건에서 유기물을 다른 간단한 유기물로 변화시키면서 에너지를 얻는 과정이다. 발효는 일부 미생물의 호흡 형식인데, 호흡 기질이 완전히 분해되지 못하고 중간 생성물이 생기므로 발생하는 에너지는 호흡에 비하면 훨씬 적다.

효모는 통성 혐기성으로 호기성 조건이나 혐기성 조건에서도 생육하지만, 호기성 조건에서는 호흡이 이루어지면서 많은 양의 에너지를 얻고, 혐기성 조건에서는 발효를 하면서 부산물로 알코올을 생성하고, 소량의 에너지를 얻는다. 즉, 효모를 호기성 조건에 두면 ATP 생성계가 호흡으로 되어 균체는 많아지지만, 알코올 발효는 잘 되지 않아 알코올 생성량이 적어진다. 그래서 알코올 발효는 혐기적 조건으로 한다.

알코올 발효의 과정

효모는 산소가 없는 조건에서 포도당을 분해하여 에탄올로 만들고, 이 과정에서 에너지를 얻어 살아가는데, 이를 알코올 발효라고 한다. 포도당이 알코올로 변하는 과정은 십여 단계를 거치면서 각 역할에 해당하는 여러 가지의 효소가 작용하여 이루어진다. 그중에서 포도당 glucose이 피루브산 pyruvic acid까지 변하는 과정을 당분이 분해된다고 해서 '해당작용' 혹은 이를 규명한 사람들의 이름을 따서 'EMP Embden, Meyerhof, Parnas 경로'라고 하는데, 발효, 호흡 모두 여기까지는 공통으로 이루어진다. 포도당 한 분자가 두 분자의 피루브산이 되기까지의 반응이며, 이때 두 분자의 ATP가 생성된다.

해당작용은 세포질의 기질 부분에서 일어나며, 산소의 유무와는 관계없이 일어나는 무기호흡 과정이다. 이렇게 생성된 피루브산은 산소가 없는 조건에서 아세트알데히드 acetaldehyde를 거쳐 에탄올로 변하는데, 이것을 알코올 발효라고 한다. 반면, 호흡은 피루브산이 미토콘드리아 내에서 TCA tricarboxylic acid 회로를 거쳐 탄산가스와 물로 완전히 분해되면서 에너지를 얻는데, 이 과정에서는 산소가 필수적이다.

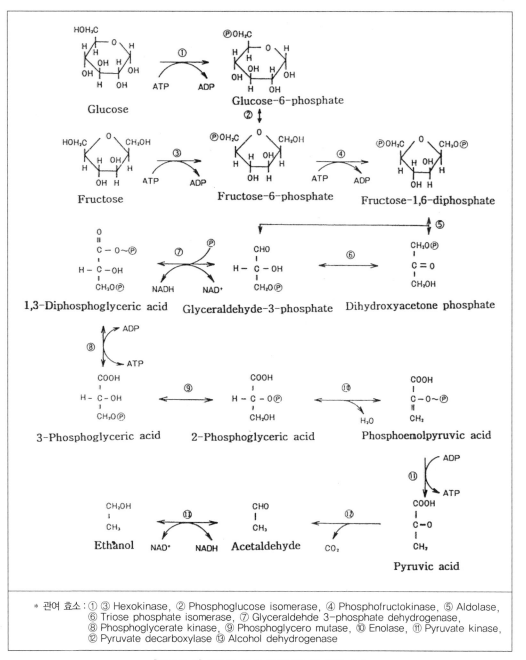

* 관여 효소 : ① ③ Hexokinase, ② Phosphoglucose isomerase, ④ Phosphofructokinase, ⑤ Aldolase,
⑥ Triose phosphate isomerase, ⑦ Glyceraldehde 3-phosphate dehydrogenase,
⑧ Phosphoglycerate kinase, ⑨ Phosphoglycero mutase, ⑩ Enolase, ⑪ Pyruvate kinase,
⑫ Pyruvate decarboxylase ⑬ Alcohol dehydrogenase

[그림 7-3] 알코올 발효 메커니즘 및 관여 효소

글리세로피루브 발효(Glyceropyruvic fermentation)

　에너지원이 되는 물질에서 에너지를 생성하는 반응은 일반적으로 산화반응이다. 산화반응에는 산소 첨가 혹은 탈수소 반응으로 생체 내에서 일어나는 것으로 생합성이나 특수한 해독작용 또는 호흡의 최종단계 등에 한정되며, 에너지를 취득하기 위한 산화반응은 오로지 탈수소에 의한다. 알코올 발효과정 중 여기에 해당되는 것은 글리세르알데히드-3-인산(glyceraldehyde-3-phosphate)에서 1,3-다이포스포글리세르산(1,3-diphosphoglyceric acid)으로 변하는 과정(반응 29)이다. 이 반응에 의해서 유리된 에너지를 이용하여 ATP를 생성하는데, 탈수소반응이 일어나면 기질에서 수소원자 2개가 이탈되며, 이 수소원자 2개는 발효과정 중 다른 반응인 아세트알데히드를 에탄올로 환원(반응 5)하는 데 이용된다. 그러므로 전체적으로 산화도 환원도 아닌 산소가 필요 없는 반응이 된다. 그리고 여기에 관여하는 수소 캐리어는 NAD$^+$(nicotinamide adenine dinucleotide)가 된다.

　알코올 발효에서 탈수소와 같이 일어나는 환원반응은 아세트알데히드의 환원이지만, 발효 초기 혹은 충분한 양의 아세트알데히드가 생성되지 않은 경우나, 공존하는 이산화황과 아세트알데히드가 결합하여 환원반응이 일어나지 않으면, 다이하이드록시아세톤 인산(dihydroxyacetone phosphate)이 수소 수용체가 되어 글리세롤-3-인산(glycerol-3-phosphate)이 생성되고, 이것이 인산을 유리하여 글리세롤(glycerol)이 된다. 알코올 발효의 부산물로 글리세롤이 생성되는 것은 이 때문이다.

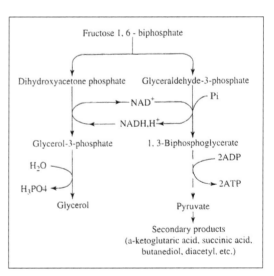

[그림 7-4] 글리세롤 생성과정

인산화(Phosphorylation)

　알코올 발효는 ATP 생성과정이므로 인산의 움직임에 특히 주의할 필요가 있다. 발효과정 중 글리세르알데히드-3-인산에서 1,3-다이포스포글리세르산이 되는 과정(반응 29)에서 무기 인산이 필요하므로 무기 인산이 결핍되면 이 반응이 일어나기 힘들어 발효가 멈추게 된다. 다음으로 이 고에너지 인산은 ADP에 전이되어 ATP를 만든다(반응 31). 이렇게 되는 ATP 생성과정을 기질 레벨 인산화(substrate level phosphorylation)라고 한다. 산소를 이용하는 호흡과정에는 기질 레벨 인산화 외에 산화적 인산화라고 하는 ATP 생성도 일어나지만, 이 인산화는 전자전달계에서 일어나는 것으로 기질 레벨 인산화와는 다른 메커니즘이다.

두 번째 ATP 생성은 피루브산이 형성되는 과정(반응⑩)에서 나온다. 전체적으로 ATP 생성은 포도당 1몰에서 글리세르알데히드-3-인산이 2몰이 생성되어, 각 2회씩 ATP를 내므로 총 4몰의 ATP가 생성된다. 그러나 발효 초기반응에서 2몰의 ATP가 소모(반응① 혹은 ③과 ④)되는데, 이때 ATP의 역할은 반응성이 풍부한 고에너지 인산을 이용하여 당에 인산을 결합시켜 이것을 활성화하는 데 있다. 인산화 당의 에너지는 다음 반응을 가능하도록 높여 주는 데 있다. 그래서 인산화가 안 된 당은 발효가 열역학적으로 곤란하다. 그러므로 이때의 ATP 소비를 빼면, 발효에 의한 ATP 생성은 총 2몰이 된다.

발효 부산물(Byproducts of Fermentation)

알코올 발효 경로의 주변에는 여러 가지 반응이 부수적으로 일어나기 때문에 알코올 이외에도 많은 부산물이 생성된다. 그중에는 앞에서 이야기한 글리세롤 이외 고급 알코올, 다가 알코올, 기타 유기산 등 많은 것이 있다.

효모의 작용을 받는 것은 당질만이 아니다. 과즙 중의 아미노산도 효모는 영양원으로 이용한다. 그래서 효모의 생육에 필요한 과즙 중의 아미노산은 프롤린(proline)을 제외하고는 거의 소비되어 버린다. 그러나 발효가 끝날 무렵에는 사멸한 효모 세포의 자가소화로 인해 효모 균체를 구성하고 있는 아미노산이 와인 중에 방출되기 때문에 와인 중 아미노산은 다시 증가한다. 아미노산의 일부는 효모에 의해 탈아미노, 탈탄산 반응을 일으켜 케토산, 알코올 등 여러 가지 생성물로 된다. 그중에는 아이소뷰틸알코올(isobutyl alcohol), 아이소아밀알코올(isoamyl alcohol) 등 와인의 향에 관여하는 고급 알코올도 포함하고 있다.

당이나 아미노산에서 생성된 각종 알코올류와 산 등은 2차적 반응으로 다양하게 조합하여 에스터를 형성한다. 이 에스터도 와인의 향기 성분의 일부로서 발효 중에 생성되는 에스터는 이른바 발효 부케의 구성성분이며, 저장 중에 형성되는 에스터는 숙성 향의 일부를 구성한다. 와인의 향에 관련해서는 알코올 발효 그 자체보다는 여기에 부수적으로 형성되는 고급 알코올이나 에스터 등 양적으로는 많지 않은 부산물 쪽이 더 중요한 역할을 한다고 할 수 있다.

- 글리세롤(Glycerol) : 글리세롤은 정상적인 알코올 발효의 부산물로서 다이하이드록시아세톤 인산에서 나온다. 건강한 포도 주스의 글리세롤 함량은 1g/ℓ 이하지만, 와인에서는 1.9~14.7g/ℓ(평균 7.2g/ℓ) 정도 된다. 글리세롤은 비중이 높아서 특정한 와인의 바디에 영향을 줄 수 있지만, 보통 와인에서는 농도가 낮아 관능적 영향력은 약하다. 글리세롤 함량은 효모의 종류에 따라 생성량이 달라지며, 발효온도가 높을수록 생성량이 많아진다. 보트리티스 곰팡이 낀 포도는 이미 글리세롤이 형성되어 와인에 훨씬 더 많은 양이 생성된다.

- 고급 알코올(Higher alcohol/Fusel oil) : 3개 이상의 탄소를 가진 알코올로 보통 퓨젤오일이라고도 한다. 아이소아밀알코올(isoamyl alcohol), 아이소뷰틸알코올(isobutyl alcohol), 프로필알코올(propyl alcohol) 등이 많은데, 이들은 에탄올보다 끓는점이 높아서 증류 때 마지막에 나와서 브랜디 등에 섞이게 된다. 테이블 와인에서 이들 함량은 140~420mg/ℓ 정도로서 와인의 복합성을 갖게 하지만, 양이 더 많아지면 부정적인 영향을 끼친다. 이들은 아미노산과 α-케토산의 반응으로 생성된다. 발효 초기에 머스트에 있는 아미노산은 효모가 소비를 하므로 퓨젤오일은 발효과정을 통해서 생성된다. 발효온도가 높을수록, pH가 높을수록, 공기가 있을수록, 질소 성분이 많을수록 생성량이 많아진다.

- 다가 알코올(Polyol) : 단맛이 있어서 당알코올이라고도 하는데, 포도에 있던 원래의 당이 미생물 작용을 받아 당알코올로 변한 것이다. 만니톨(mannitol), 에리트리톨(erythritol), 아라비톨(arabitol), 솔비톨(sorbitol), 자일리톨(xylitol), 미오이노시톨(myo-inositol) 등이 있다.

- 에스터(Ester) : 와인에서 과일 향과 꽃 향을 이루는 성분으로 와인의 향미에 중요한 영향을 끼친다. 발효 중에는 다양한 산과 알코올이 반응하여 여러 가지 에스터가 형성되는데, 초산과 에탄올이나 퓨젤오일의 반응으로 생성되거나 에탄올과 지방산의 반응으로 생성되는 것으로 나눌 수 있다.

- 메탄올(Methanol) : 메탄올은 알코올 발효의 정상적인 산물이 아니며, 펙틴이 분해되어 생성된다. 그래서 착즙수율을 높이고, 색소 추출, 청징효과를 얻기 위해 펙틴분해효소를 사용하면 메탄올 함량이 상당히 증가한다. 그러나 포도로 만든 와인의 경우, 메탄올 함량의 국제기준인 1,000mg/ℓ(0.1%)까지 증가하지는 않는다. 보통 메탄올 함량은 화이트 와인 40~120mg/ℓ, 레드 와인은 120~250mg/ℓ 정도를 나타낸다. 콩코드나 나이아가라 등 포도는 메탄올 함량이 높고(200~250mg/ℓ), 보트리티스 곰팡이 낀 포도로 만든 와인도 메탄올 함량이 높아진다. 화이트 와인은 발효 초기에만 메탄올이 생성되지만, 레드 와인은 전 발효과정을 통하여 꾸준히 증가하여 레드 와인의 메탄올 함량이 더 많아진다. 그 이유는 펙틴이 포도 껍질에 훨씬 많기 때문이다.

- 초산(Acetic acid) : 휘발산(Volatile acid)의 대부분을 차지하는 것으로 초산균이나 젖산균의 오염으로 생성되지만, 정상적인 알코올 발효 중 효모에 의해서 아세트알데히드가 에탄올로 변하는 과정에서 부산물로 나온다. 와인의 종류와 나라에 따라 다르지만, 휘발산의 법적인 한계치는 1g/ℓ 정도이며, 정상적인 와인에서 0.2~0.5g/ℓ 정도 된다. 기타 휘발산으로 폼산(formic acid), 프로피온산(propionic acid), 뷰티릭산(butyric acid) 등이 있지만 극소량이다.

- 호박산(Succinic acid) : 포도에 존재하지 않는 산으로 알코올 발효 때 0.5~1.5g/ℓ 정도 생성된다. 안정성이 좋아서 숙성 중에도 함량이 유지된다.

- 젖산(Lactic acid) : 말로락트발효에서 주로 나오지만, 알코올 발효 때도 $0.2\sim0.4g/\ell$ 정도 생성된다.

- 아로마(Aroma) : 효모는 해당작용을 통하여 부산물로서 적은 양의 아미노산과 다른 영양소의 대사산물을 생성한다. 이 성분 중 몇 가지는 휘발성이 있어서 생성된 와인의 아로마를 결정하게 된다. 중요한 성분들은 에스터, 알데히드, 케톤, 지방산, 다가 알코올 및 휘발성 황 화합물 황화수소, 머갑탄들로 이루어져 있다. 효모는 머스캣, 리슬링 등 품종의 주요 향 성분인 모노터펜(monoterpene)을 변화시키기도 하며, 과일 향을 지닌 휘발성 싸이올(thiol)을 발생시키기도 한다. 또 페놀산을 휘발성 바이닐페놀(vinylphenol)로 분해하여 이상한 냄새를 발생시키고, 레드 와인의 바이닐페놀은 안토시아닌과 작용하여 안정적인 색소를 형성한다. 브레타노미세스(Brettanomyces)라는 효모는 이러한 불안정한 바이닐페놀을 안정한 에틸페놀(ethyl phenol)로 전환시켜 노린내 가까운 향을 낼 수도 있다.

[표 7-1] 아로마 생성량

방 향 성 분	생 성 량	
ethanol	$12\pm2\%$	(v/v)
acetaldehyde	30 ± 10	mg/ℓ
ethyl acetate	40 ± 10	〃
n-propanol	20 ± 10	〃
isobutanol	40 ± 10	〃
amyl alcohol	140 ± 30	〃
고급 alcohol(1)	200 ± 50	〃
A/B(2)	4 ± 2	-
2-phenylethanol	40 ± 10	mg/ℓ
ethyl caproate	1 ± 0.2	〃
ethyl caprylate	2 ± 0.5	〃
ethyl caprate	1 ± 0.2	〃
isoamyl acetate	4 ± 1	〃
2-phenylethanol acetate	1 ± 0.2	〃
glycerol	6 ± 1	g/ℓ

(1) n-propanol + isobutanol + iso amyl, 활성 amyl alcohol
(2) amyl alcohol/isobutanol

호흡(Respiration)

포도당이 피루브산까지 변하는 해당작용은 발효, 호흡 모두 공통으로 이루어진다. 포도당한 분자가 두 분자의 피루브산이 되기까지 반응이며, 이때 두 분자의 ATP가 생성된다. 이렇게생성된 피루브산은 산소가 없는 조건에서는 알코올 발효를 하지만, 호흡은 피루브산이 미토콘드리아 내에서 TCA(tricarboxylic acid) 회로를 거쳐 탄산가스와 물로 완전히 분해되는 반응이며,일련의 회로반응을 거치면서 많은 에너지(ATP)를 얻는데, 이 과정에서는 산소가 필수적이다.

피루브산은 미토콘드리아 속으로 들어가, 탈탄산 효소와 탈수소 효소의 작용을 받아 이산화탄소(CO_2)와 수소(H_2)를 잃고 조효소 A(coenzyme A=Co-A)와 결합하여 활성초산(acetyl Co-A)이 된다. 이 활성초산은 미토콘드리아에 있던 옥살초산(oxaloacetic acid)과 결합하여 구연산(citric acid)이 되며, 구연산은 다시 α-케토글루타르산(α-ketoglutaric acid), 호박산(succinic acid), 퓨마르산(fumaric acid), 사과산(malic acid)을 거쳐 옥살초산으로 되어 회로를 완료한다. 피루브산은 TCA회로를 한 바퀴 일주하는 동안 1분자당 3분자의 CO_2와 10원자의 수소(H)를 유리하는데 다음과 같은 반응으로 나타낼 수 있다.

$$C_3H_4O_3 + 3H_2O \rightarrow 3CO_2 + 10H$$

결국 포도당 1분자가 해당작용을 거쳐서 2분자의 피루브산을 생성하므로 포도당 1분자는TCA 회로를 두 바퀴 돌면서 6분자의 CO_2와 10분자의 수소(H)를 유리시킨다. 그러면서 2분자의 ATP가 생성되고, 수소 수용체는 8분자의 $NADH_2$와 2분자의 $FADH_2$가 된다.

$$2C_3H_4O_3 + 6H_2O \rightarrow 6CO_2 + 10H_2$$

TCA 회로에서 탈수소 효소에 의해 떨어져 나온 수소는 해당에서 생긴 수소와 함께 전자전달계에 넘겨져 전자 전달 효소들을 차례로 거쳐 마지막에 산소와 결합하여 물이 된다. 그리고 이과정에서 ATP가 합성되는데, $NADH_2$의 형태로 전자 전달계에 투입된 것은 1분자당 2.5ATP를,$FADH_2$의 형태로 전자 전달계에 투입된 것은 1분자당 1.5ATP를 생성한다. 그러니까 전자 전달계에서는 8분자의 $NADH_2$에서 20ATP, 2분자의 $FADH_2$에서 3ATP가 생성되고, 해당과정에서넘어온 2분자의 $NADH_2$에서 3-5ATP가 생성되어 총 26-28ATP가 생성된다. 결국, 호흡까지 오는 과정에서 포도당 1분자가 완전 산화되어 탄산가스와 물로 분해되면서, 해당작용에서 2ATP,TCA 회로에서 2ATP, 전자 전달계에서 26-28ATP가 생성되므로 모두 30-32분자의 ATP가 생성된다.

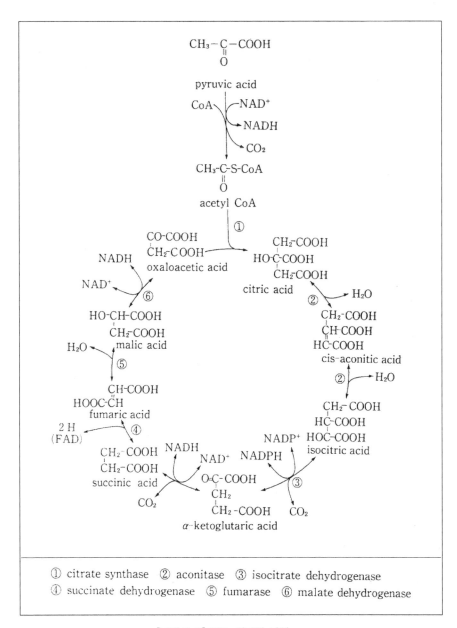

[그림 7-5] TCA 회로의 과정

그러므로 포도당 1분자가 알코올 발효되면 겨우 2분자의 ATP를 생성하지만, 산소가 필수적인 호흡으로 되면 30-32분자의 ATP가 생성된다. 효모가 생육하는 데는 호흡으로 많은 에너지를 얻는 것이 유리하지만, 산소가 없는 상태에서는 알코올 발효로 전환되어 약간의 에너지를 얻고 부산물로 에탄올을 생성한다. 이론적으로, 알코올 발효는 산소가 차단된 상태에서 이루어지지만, 초기에 효모가 증식하려면 어느 정도 산소는 필요하다.

세포 호흡에서 이론적으로는 포도당 1분자는 32ATP를 생성할 수 있지만, 실제로는 피루브산(해당과정에서 생성됨)과 인산, ADP(ATP 합성의 기질)를 미토콘드리아 기질로 이동시키는 데서 에너지 손실이 발생하기 때문에 이론치만큼 ATP를 생성하지 못한다.

효모_Yeast

미생물의 학문적 분류

- **원핵생물군**: 원핵생물은 DNA는 있으나 핵막이 없어 핵이 관찰되지 않는다. 또 세포벽은 있으나 미토콘드리아, 골지체, 소포체, 색소체 등의 세포기관도 없다. 즉, 원핵세포(procaryotic cell)를 가지는 하등미생물(lower protista)을 말하며, 세균역과 고세균역으로 나눈다.
  - 세균역: 세포가 하나하나 떨어진 상태로 존재하지만 남조류와 같이 여러 세포가 모여 균체를 이루는 경우도 있다. 보통 1~5㎛ 크기로 결핵, 폐렴, 콜레라, 이질, 리케차 등 병원균과 유용한 젖산균 등이 있다. 대개 분열로 번식하지만, 간혹 포자를 만들어 번식하는 것도 있다.
  - 고세균역: 같은 원핵생물인 세균과는 세포막과 세포벽을 구성하는 성분이 다르며, DNA 복제 및 단백질 합성 과정이 오히려 진핵생물에 가깝다. 극한의 상황에서 단백질이 파괴되지 않고 에너지를 만들어내기 때문에 고세균 활용에 대한 연구에 많이 이용되고 있다.
- **진핵생물군**: 진핵생물은 핵막에 싸인 핵과 미토콘드리아, 골지체, 소포체, 색소체 등 여러 가지 세포 기관들이 분화되어 있는 진핵세포(eucaryotic cell)를 가지고 있는 고등미생물(higher protista)을 말한다.
  - 원생동물(Protoza): 진핵세포를 가진 단세포 생물로서 유성 또는 무성생식을 하며, 운동성에 따라 편모류, 위족류, 섬모류, 포자충류 등이 있다.
  - 조류(Algae): 진핵세포를 가진 단세포 또는 다세포 생물로서 유성 또는 무성생식을 하고 광합성을 하며, 유글레나, 규조류, 홍조류, 갈조류 등이 있다.
  - 균류(Fungi): 진핵세포를 가진 단세포(효모) 또는 다세포(곰팡이, 버섯) 생물로서 유성 또는 무성생식을 하며, 환경에서 유기 영양물질을 섭취한다.
  - 기타: 점균류(Slime mold), 물곰팡이류(Saprolegniales) 등이 있다.

지의류(Lichens)

단일 생물이 아니고, 균류의 균사체 내에 조류의 세포들이 들어가 사는 공생체 식물이다. 매화나무이끼, 석이, 꽃이끼 등이 있다.

- 바이러스(Virus) : 바이러스는 3역 6계 중 어디에도 속하지 않은 것으로 DNA나 RNA는 있지만, 자체 증식은 불가하여 숙주세포에 기생한다.

진균류(Eumycetes, True fungi)

다세포 생물이면서 키틴 성분으로 이루어진 세포벽을 가지며 엽록소가 없고, 균사로 이루어진 종속영양생물이다. 균류는 균사에서 효소를 내어 양분을 분해하여 흡수한다. 포자를 만들어 번식한다.

- 접합균류(Zygomycota): 격벽이 없는 균사로서 포자낭 속에 운동성이 없는 포자를 생성하는 무성생식과 배우체의 융합에 의한 유성생식으로 접합포자를 생성한다.
  예) 리조푸스(Rhizopus)

- 자낭균류(Ascomycota): 누룩곰팡이, 푸른곰팡이, 붉은빵곰팡이 등의 곰팡이 무리와 맥각균, 효모(yeast) 등이 여기에 속한다. 효모를 제외하고는 모두 다세포 격벽을 가진 균사로 되어 있고, 자낭이라고 부르는 주머니 속에 4-8개의 자낭 포자를 형성하여 번식한다. 효모는 단세포이며, 출아로 번식하고, 몸이 균사체로 되어 있지도 않다.
  예) 노이로스포라(Neurospora), 페니실륨(Penicillium)

- 담자균류(Basidiomycota): 버섯 종류와 깜부기균, 녹병균 등이 여기에 속한다. 포자가 발아하면 격벽이 있는 균사가 되고 두 개의 균사가 접합하여 2차 균사를 만들며 이것이 생장하여 자실체(버섯의 몸체)가 된다.
  예) 크립토코쿠스(Cryptococcus)

와인 관련 미생물의 일반적인 분류

- 세균(Bacteria) : 1㎛ 내외의 구균(coccus, 복수형 cocci), 간균(bacillus, 복수형 bacilli), 나선균(spirillum, 복수형 spirilla) 등으로 구분하며, 단세포로 분열에 의하여 생육하는 것이 특징이다. 발효산업에 중요한 역할을 하지만, 일부 세균은 부패의 원인도 된다. 대부분이 아황산에 약하여 제대로 된 발효과정에서 별 문제가 없지만, 초산균인 아세토박테르(Acetobacter)는 알코올을 초산으로 변화시키는 호기성세균으로 공기가 접촉되는 발효액 표면에서 알코올을 산화시킨다. 젖산균인 락토바실루스(Lactobacillus), 페디오코쿠스(Pediococcus), 류코노스톡(Leuconostoc) 등은 말로락트발효에 관여하는 세균이다.

- 곰팡이(Mold) : 한 개의 세포 속에 많은 핵이 있으며, 균사 hyphae를 형성하고 포자로 번식한다. 와인에서 중요한 곰팡이는 보트리티스 Botrytis로서 이는 불완전균류 자낭류 중 유성생식 아닌 것에 속하며, 포도에 번식하여 수분을 증발시킨다.

- 효모(Yeast) : 알코올 발효에 이용되는 사카로미세스 Saccharomyces가 대표적이며, 맥주·와인· 빵 제조에 이용되는 것은 '사카로미세스 세레비시에 Saccharomyces cerevisiae'이다.

와인 효모의 분류

효모는 알코올 발효능력이 강한 종류가 많아서, 옛날부터 양조, 빵의 제조 등에 이용되었지만, 한편으로는 양조, 식품 등에 유해한 효모나 병원성을 지닌 효모도 많이 알려져 있다. 효모는 생활의 대부분을 구형, 계란형 등의 단세포로 생활하며, 주로 출아에 의해 생식하는 진균류의 총칭이지만, 곰팡이, 버섯과 같이 분류학상으로 부르는 명칭은 아니다. 기술적으로는 진균 불완전균류에 속하지만, 진균류에 포함된 곰팡이나 버섯의 형태와 다르기 때문에 보통 이러한 균들과는 구별하여 취급한다.

효모를 비롯한 수많은 미생물을 명확하게 분류하여 그 이름을 결정하는 일은 불가능하다. 그이유는 초창기 현미경으로는 자세한 것을 알 수 없었고, 미생물의 형태가 생육조건이나 분리 및보존상태에 따라 달라지기 때문이다. 그래서 미생물의 분류와 명명은 기술 발전에 따라 자주 변할 수밖에 없다. 특히, 염색체 DNA를 포함한 유전정보를 찾아내는 방법이 발달하면서 효모를 분류하고 특정지을 수 있는 보다 믿을 만한 방법이 나오면서, 1996년 고등 유기체로서는 최초로'사카로미세스 세레비시에 Saccharomyces cerevisiae' 전체 유전자 서열이 밝혀졌다. 염색체 분석결과, 유사할 것으로 생각되는 몇몇 효모는 아주 다르고 그 반대의 경우도 있었다. 더욱이 속 genus을 분류하는 데 사용되었던 효모의 몇 가지 특징 중 당 발효 특성 등은 단지 그 속 genus 간에 자연스러운 변화를 나타내고, 결과적으로 다른 종을 구분할 수 있는 특징이 아니었다. 이러한 이유로 수십 년 전에 흔히 사용하던 많은 효모 이름들이 더 이상 받아들여지지 않고 있다.

- 사카로미세스(Saccharomyces)속 : 식품공업, 발효공업과 관계가 깊은 효모로서 계란형, 구형, 타원형 또는 원주형 등이 있으며, 출아법으로 생육하거나 접합하여 자낭포자를 형성하기도 한다.
- 사카로미세스 세레비시에 Saccharomyces cerevisiae : 사카로미세스속의 대표적인 것으로 당을 알코올로 전환시키는 능력이 강하다. 영국의 에든버러 맥주에서 처음 분리되어 현재는 와인, 맥주 및 빵 발효에 관련하여 가장 널리 사용되고 있다. 'Saccharomyces'라는 속명은 'sugar fungus 당 진균'를 의미하고 'cerevisiae'란 종명은 'cereals 곡류'라는 말에서 유래되었다. 이 균주는 과즙을 발효시키는 세포로서 원형보다는 타원형에 가깝기 때문에 예전에는 '사카로미세스

엘립소이두스(*S. ellipsoideus*)'라고 불렀다.

- 사카로미세스 바이아누스(*S. bayanus*) : 효모 분류에서 생리적 또는 형태적 구분이 명확하지 않아 '사카로미세스 오비포르미스(*S. oviformis*)'도 여기에 포함시킨다. 이 균주는 고농도 알코올에 내성이 강하여, 일부는 19% 이상의 알코올 농도까지 생산하기도 한다. 알코올 내성이 강하기 때문에 샴페인 제조에도 이용된다. 여기에 속하는 사카로미세스 베티커스(*S. beticus*)나 사카로미세스 체리엔시스(*S. cheriensis*)는 셰리 제조에 관여하여 극히 적은 잔당을 이용하고 글리세롤과 휘발산을 감소시키며, 아세트알데히드와 에스터를 생산한다.

- **쉬조사카로미세스(*Schizosaccharomyces*)속** : 원통형이고 분열법으로 생육하는 특징을 가진 유포자 효모로 열대지방에 분포된 것이 많다.

- 쉬조사카로미세스 폼베(*Schizosaccharomyces pombe*) : 이 효모는 고농도 알코올에 견디나, 발효 속도는 사카로미세스보다 느리다. 높은 당도, 낮은 pH에서 잘 견딘다.

- **사카로미코데스(*Saccharomycodes*)속** : 레몬형 효모로 설탕을 발효하고 맥아당은 발효하지 않는다. 사카로미코데스 루드위기이(*Saccharomycodes ludwigii*) 한 종만 있다.

- **한세니아스포라(*Hanseniaspora*)속** : 레몬형(apiculate 효모)으로 양극출아를 한다. 와인에서 알코올을 감소시키고 휘발산을 증가시키는 유해균이 많다. 종류에 따라서 발효 초기에 나타났다가 사라지는 것이 많다.

- **피히아(*Pichia*)속** : 헬멧형, 모자형, 부정각형 등 여러 가지 형태를 가지고 있으며, 배양액면에 풍선 모양의 피막을 형성하는 산막효모로 다극 출아를 하며, 유해 효모가 많다. 당의 발효는 거의 하지 못하고, 에탄올을 소비한다. 알코올 농도 10% 부근에서 방해를 받지만, 경우에 따라 알코올 13% 이상의 와인에서도 발견된다.

- **한세눌라(*Hansenula*)속** : 피히아(*Pichia*)와 같이 여러 가지 형태를 가지고 있으며, 산막효모로서 당의 발효는 거의 하지 못하고 알코올에서 에스터를 형성한다. 휘발산을 많이 생성하는 유해균이지만, 일부 방향성분 생성으로 숙성에 관여한다.

- **토룰롭시스(*Torulopsis*)속** : 구형 또는 계란형 무포자 효모로서 당도가 높은 환경에서 잘 자라므로 보트리티스 곰팡이 낀 포도의 머스트에서 많이 발견된다. 알코올 발효 초기단계에서 잘 자라지만 발효가 진행되면서 사라진다. 아황산에 저항력이 있으며, 휘발산을 많이 생성한다. 현재는 칸디다속으로 분류된다.

- 토룰롭시스 스텔라타(*Torulopsis stellata*) : 당 농도 300~400g/ℓ에서도 잘 자라지만, 발효 초기단계에서 활동하다가 사라진다. 휘발산을 1g/ℓ 이상 생성한다. 현재는 '칸디다 스텔라타(*Candida stellata*)'라고 한다.

- 클로에케라(*Kloeckera*)속 : 레몬형 무포자 효모로서 발효 초기에 포도당만으로 알코올 발효를 하지만, 발효력이 약하고 알코올 농도가 4~5% 정도 되면 바로 사라진다. 자연적으로 발효된 와인에서 발견되며, 나쁜 냄새를 풍길 수 있다.
  - 클로에케라 아피쿨라타(*Kloeckera apiculata*) : 양극 출아로 번식하며, 발효 전 머스트에 많이 나타난다. 아황산에 민감하여 아황산이 첨가150㎎/ℓ되면 모두 사라지며, 알코올에도 민감하여 알코올 농도 4~5% 정도면 성장이 중단된다. 휘발산, 초산에틸, 휘발성 페놀 등을 생성하여 와인 향미에 악영향을 끼친다.
- 칸디다(*Candida*)속 : 구형, 계란형, 원통형 무포자 효모로서 다극출아로 생육하며, 알코올 농도가 낮은 와인 표면에 백색의 산막을 형성한다. 산소가 있으면 더욱 빠르게 성장하며, 에탄올과 산을 이용하여 산화물을 생성한다. 종래의 토룰롭시스(*Torulopsis*), 토룰라(*Torula*), 미코데르마(*Mycoderma*)속은 칸디다속으로 통합된다.
- 브레타노미세스(*Brettanomyces*)속 : 와인 부패에 관여하는 균으로 와인에서는 1950년대에 발견되었다. 사카로미세스 세레비시에와 비슷하게 생겼지만 약간 더 작다. 데케라(*Dekkera*)라고도 하는데, 데케라는 포자를 형성하지만, 브레타노미세스는 포자를 형성하지 않는다. 이 효모는 저장 중인 오크통에서 와인에 노린내와 비슷한 악취를 풍긴다.

① 타원형 효모(*Saccharomyces*)
② 포자를 형성한 타원형 효모
③ 구형 효모(*Torula*)
④ 가늘고 긴 효모(*Torulopsis stellata*)
⑤ 레몬형 효모(*Hanseniaspora*)
⑥ 큰 레몬형 효모(*Saccharomycodes ludwigii*)

[그림 7-6] 효모의 여러 가지 형태

효모의 종류별 분포

포도에서 가장 많이 발견되는 효모는 적색 효모로서 산화적 대사를 하는 '로도토룰라(*Rhodotorula*)'와 알코올에 약하고, 초산을 생성하는 '한세니아스포라 우바룸(*Hanseniaspora uvarum*)'과 그의 불완전한 형태인 '클로에케라 아피쿨라타(*Kloeckera apiculata*)' 이 세 가시가 90% 이상을 차지하고, 알코올 발효능력이 좋고, 아황산에 내성이 강한 '사카로미세스 세레비시에(*Saccharomyces cerevisiae/ellipsoideus*)'는 그렇게 많지 않다.

그 외 적포도에서는 '사카로미세스 케발리에리(*Saccharomyces chevalieri, Saccharomyces ellipsoideus*와 거의 같음)'가 발견되며, 보트리티스 곰팡이 영향을 받은 머스트에서는 소시지형 '칸디다 스텔라타 C*andida stellata*, 예전에는 *Torulopsis stellata*’ 등이 발견된다. 또 ‘사카로미세스 오비포르미스 (*Saccharomyces oviformis/bayanus*)’는 고농도 알코올에 잘 견디며, ‘사카로미세스 로세이(*Saccharomyces rosei*)’는 휘발산 생성이 거의 없다. 드물게 ‘쉬조사카로미세스 폼베(*Schizosaccharomyces pombe*)’가 있는데, 이는 사과산(*malic acid*)을 파괴하여 제산작용도 한다. 양조에 관여하는 미생물은 여러 가지가 있지만, 실제로 주작용을 하는 미생물의 종류는 극히 적은 편이다.

발효가 시작되면 서로 다른 효모가 연속하여 성장한다. 아황산이 처리된 머스트에서 초기에는 레몬형인 ‘한세니아스쪼라 우바룸(*Hanseniaspora uvarum*)’이 발효를 시작하고, 보트리티스 영향을 받은 머스트에서는 ‘칸디다 스텔라타(*Candida stellata*)’가 발효를 시작한다. 그러나 레몬형 효모는 알코올 농도 3~4%까지만 견딜 수 있고 ‘칸디다’는 7~10%까지 견딘다. 아황산 농도가 높을수록 이들 활동은 제약을 받는다.

이어서 타원형 효모인 ‘사카로미세스(*Saccharomyces*)’가 중간 발효를 주도하면서 처음 발효를 시작한 균주는 사라진다. 그러면서 타원형 효모 중 어느 것 하나가 관여하여 알코올 8~16%까지 발효시킨다. ‘사카로미세스 세레비시에(*Saccharomyces cerevisiae/ellipsoideus*)’는 알코올 농도와 관계없이 당을 알코올로 전환시키는 능력이 강하다. 그러나 마지막 단계에서 잔당이 있을 경우, ‘사카로미세스 오비포르미스(*Saccharomyces oviformis/bayanus*)’가 지배한다. 이들은 알코올 내성이 강하여 17~18%의 알코올 농도까지 견딜 수 있으며, 실험실적인 방법으로 20%까지 가능하다.

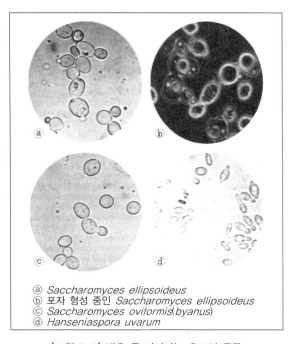

ⓐ *Saccharomyces ellipsoideus*
ⓑ 포자 형성 중인 *Saccharomyces ellipsoideus*
ⓒ *Saccharomyces oviformis*(*byanus*)
ⓓ *Hanseniaspora uvarum*

[그림 7-7] 발효 중 나타나는 효모의 종류

해로운 효모

오염을 일으키는 효모 역시 많은데, 이들은 용기와 기구를 오염시키며 알코올, 아황산 등에도 잘 견디는 것이 많다. 이들은 발효에 관여하는 효모와는 다른 것으로 저장 중인 와인에 혼탁을 일으키거나 침전을 형성하며, 잔당이 있을 경우는 발효를 시작하여 가스를 형성한다. 이런 효모는 모두 제거해야 한다. 오염을 일으키는 효모의 확인은 현미경이나 배양법으로 그 수치를 파악할 수 있으므로 확인하여 조치를 해야 한다.

- 재발효(Refermentation)를 일으키는 효모 : 알코올 농도가 높은 와인에서는 '사카로미세스 오비포르미스(*Saccharomyces oviformis/bayanus*)'가 주로 자라는데, 이들은 디저트 와인의 재발효에 관여하며, 와인에 피막을 형성하고, 스파클링 와인에서 2차 발효도 한다. 그러므로 고농도 알코올 발효에는 공헌을 하지만, 완성된 와인에서는 해로운 균이다. 또 스위트 와인의 재발효에 관여하는 것으로 '지고사카로미세스 바일리(*Zygosaccharomyces bailii*)'는 낮은 알코올 농도에서 잘 자라며, 비교적 아황산 내성이 강하지만, 더 강한 것은 '사카로미코데스 루드위기이(*Saccharomycodes ludwigii*)'로서 아황산 500㎎/ℓ의 주스에서도 잘 자란다.

- 나쁜 냄새 형성하는 효모 : '브레타노미세스(*Brettanomyces*)'는 와인 표면에서 자라면서 노린내(mousy flavor)를 형성할 수 있다.

- 피막 형성 효모(Film forming yeasts) : 피막을 형성하는 효모는 '칸디다(*Candida vini*)', '피히아(*Pichia*)', '한세눌라(*Hansenula*)' 등이다.

- 킬러 효모(Killer yeasts) : 킬러 효모란 아황산이 첨가된 머스트에서 증식하여, 균체 밖으로 독소를 내어 공존하는 기타 야생 효모를 죽이는 작용을 하는 효모다. 킬러 효모 자신은 그 킬러 독소에 의해 죽지는 않는다. 킬러 효모는 효모 간 죽이는 양상에 따라 11개 타입(K1~K11)으로 분류된다. 사카로미세스(*Saccharomyces*) 속 효모는 K1, K2, K3 타입으로 어떤 것이든 사카로미세스 및 그와 유사한 효모만 죽인다. 이것은 세포질의 바이러스 모양 입자에 함유된 이중 나선의 RNA(dsRNA) 플라스미드에 지배된다. 킬러 와인효모의 분포는 꽤 넓고, K2 타입이 비교적 많다. 발효탱크에 이 효모가 0.1%만 오염되어도 얼마 지나지 않아 양조용 효모는 완전히 사멸된다.

이러한 유해 효모는 용기, 기구, 오크통, 벽, 바닥 등 모든 곳에 존재하기 때문에 오염 확산 방지에 유의하여 적절한 세척과 소독방법을 사용해야 한다. 와이너리에서 발견되는 효모는 모두 해롭다는 인식을 가지고 조심해야 한다.

효모의 특성

효모 중에서는 드물게 포자를 형성하지 않고 출아법으로만 번식하는 것이 있지만, 대부분은 출아법과 포자에 의해서 번식이 이루어진다. 효모는 이상적인 조건에서 출아법으로 두 배 증식하는 데 2시간이 걸린다. 영양상태가 좋지 않으면 포자를 형성했다가 환경이 좋아지면 다시 발아하는데 이렇게 형성된 포자는 건조, 열, 약품 등에 저항성이 강하다.

효모는 종류에 따라 다르지만, 2~10㎛이므로 현미경으로 관찰하려면 600~900배 확대해야 한다. 발효가 왕성할 때는 머스트 1㎖에 8천만~1억 2천 개 정도 있으므로 한 방울의 주스에는 500만 개의 효모가 있다. 효모는 포도에 묻어 있다가 와이너리까지 이동하여 와이너리에서도 번식한다. 겨울에는 토양에 있다가 포도가 익기 시작할 무렵에 곤충 등이 포도 껍질로 이동시키므로 포도 껍질에는 효모 이외 여러 가지 미생물이 묻어 있다. 그러므로 이 야생 효모(wild yeast)는 포도 품종, 재배방법, 날씨 등에 따라 다양한 분포와 성질을 보인다. 야생 효모는 포도를 수확하는 순간부터 증식하기 시작하여 파쇄 후 더 많아진다.

[표 7-2] 수확 후 효모 개체 수의 변화(개/㎖)

수확 직후 포도	1~160
와이너리 도착	2~280
파쇄 후	460~6,400

배양 효모와 야생 효모

자연상태의 포도 열매에는 다양한 종류의 효모가 상당량 존재하고 있으며, 이들도 와인 양조에 관여하고 있다. 이러한 자연계에서 분리한 효모를 '야생 효모(wild yeast)'라 하고, 목적하는 성질을 지닌 효모를 분리하여 목적에 따라 대개 배양한 것을 '배양 효모(cultured yeast)'라 하며, 맥주효모, 청주효모, 빵효모 등도 여기에 속한다. 포도에 있는 야생 효모 중에 흔한 것으로는 '사카로미세스(Saccharomyces)', '클로에케라/한세니아스포라(Kloeckera/Hanseniaspora)', '메츠크니코위아(Metschnikowia)', '칸디다(Candida)' 속 등과 비교적 적은 수의 '피히아(Pichia)', '한세눌라(Hansenula)', '지고사카로미세스(Zygosaccharomyces)', '토룰라스포라(Torulaspora)' 속 등이 있다. 이 야생 효모들은 아황산에 매우 민감하고, 5% 이상의 알코올 농도에서는 생육이 어렵기 때문에 대개 '자연발효'의 초기에 활동하며, 포도 주스나 머스트에서는 아황산을 첨가하지 않거나 아주 농도가 낮을 때만 존재한다.

다행히, 머스트와 와이너리의 모든 시설, 기구 등의 표면에는 충분한 양의 사카로미세스 세레

비시에(Saccharomyces cerevisiae)가 존재하므로, 5% 정도의 알코올 농도에서 이 효모가 발효를 진행하여 와인을 완성할 수 있다. 그러니까 머스트에 사카로미세스 세레비시에(Saccharomyces cerevisiae)를 접종하더라도 발효 초기에는 머스트에 원래 존재하는 야생 효모들의 생육을 억제하지 못한다. 따라서 배양 효모를 접종한다 하더라도 결국은 다양한 종류의 효모가 와인을 만든다고 볼 수 있다.

　야생 효모를 사용하고 있는 와이너리에서는 포도 찌꺼기(pomace)와 효모 찌꺼기(lees)를 포도밭에 되돌려 야생 효모의 분포도를 유지한다. 이렇게 함으로써 와인발효에 적당한 특정 효모들의 분포를 안정화시킨다고 믿고 있는 것이다. 따라서 이런 효모를 '환경 효모(ambient yeast)', '토착 효모(indigenous yeast)' 또는 '천연 효모(natural yeast)'라고 부르며 과거 유럽의 전통적인 와인 생산 지역에서는 배양 효모보다 훨씬 더 많이 사용해 오고 있었다.

야생 효모(Wild yeast)

　포도재배와 와인의 양조에 오랜 전통을 지닌 유럽의 프랑스나 스페인 등에서는, 현재도 배양 효모를 사용하지 않고 자연발효에 의한 양조가 행해지고 있는 곳이 많다. 그 이유는 자연발효에 의해서 지역 특유의 향미가 있는 와인이 얻어지고, 배양 효모에 의한 발효는 품질의 단순화로 이어진다고 생각하기 때문이다. 그러나 자연발효는 머스트의 부패, 발효 정지가 일어날 수 있어, 항상 안정된 발효가 진행되지 않고, 또 야생 효모 중에는 나쁜 냄새를 생성하는 것도 있어 품질을 악화시킬 수도 있다. 따라서 포도재배나 양조환경이 좋은 곳이 아닌 지역이나 대량생산을 하는 경우는, 안전하고 안정된 발효를 진행하여 고급 와인을 만들기 위해서 우수한 배양 효모를 주모(酒母)로 첨가하여 발효시키고 있다.

　순조롭게 진행된 자연발효와 순수배양 효모를 첨가하여 발효하여 얻은 와인을 비교해 보면 전자의 품질은 후자 와인보다도 강렬하다고 알려져 있다. 분석치를 보면, 전자의 와인은 야생 효모에서 유래된 고급 알코올 함량이 많고, 후자는 발효가 순조롭게 진행되어 잔당이 적고 알코올 함량이 높다.

[표 7-3] 자연발효와 배양 효모 첨가발효 와인의 분석치

성 분	자연발효	배양 효모 발효
Glycerol(g/ℓ)	4.4	3.8
pH	3.06	3.03
pyruvic acd(mg/ℓ)	18	16
keto-glutaric acid(mg/ℓ)	40	33
n-propanol(mg/ℓ)	18	15
isopropanol(mg/ℓ)	21	8
active amyl alcohol(mg/ℓ)	32	17
isoamyl alcohol(mg/ℓ)	108	77
phenyl alcohol(mg/ℓ)	26	6

배양 효모(Cultured yeast)

　대부분의 와이너리는 야생 효모를 이용하여 발효할 경우, 발생되는 위험성을 최소화시키기 위해 배양 효모(cultured yeast)를 사용한다. 환경 효모 중에서 특정 효모를 선별하여 배양 효모로 사용할 경우에는 발효특성을 예측할 수 있고, 발효가 순조롭게 진행되며, 보다 중요한 것은 이취의 형성이나 발효 중단의 위험성이 없다는 것이다. 사용된 효모의 종류에 따라 와인 숙성 시 생성되는 향미의 차이는 그렇게 크지 않아서, 일반 소비자는 거의 감지할 수 없다.

　양조용 효모는 알코올 발효능력이 좋아야 하고, 알코올이나 아황산에 내성이 강해야 하며, 초산 등 불쾌한 향미가 나오지 않아야 한다. 스파클링 와인의 경우는 2차 발효가 쉽고, 셰리의 경우는 피막 형성이 잘 되어야 하며, 기타 거품이 적게 나오고, 색깔이 좋은 것, 영양분이 고갈될 때 견디는 능력 등 우수한 와인을 양조할 때 필요한 조건을 두루 갖추도록 유도하고 선별한다. 그러므로 야생 효모나 환경 효모를 잘 순화시켜 능력과 특징이 다양한 여러 가지를 분리하여 사용하면 다양한 향미와 특징을 지닌 와인을 만들 수 있다.

　목적하는 균주가 선별되면, 이들의 배양은 무균상태에서 알코올 발효를 최대한 억제하고 균체를 최대한 많이 얻기 위해 통기조건에서 이루어진다. 그 후 여과, 수세, 건조를 거쳐 주로 진공상태에서 멸균된 용기에 포장하여 양조장이나 제과점으로 이송된다. 현재 약 100가지 이상의 균주가 이와 같이 활성 건조 효모(active dry yeast)상태로 와인 양조에 이용되고 있다.

양조용 효모의 사용방법

와인 양조는 순수 효모만으로 되는 것이 아니다. 발효에는 다양한 효모가 관여하며, 나중에는 젖산균까지 관여한다. 맥주나 다른 발효공업과 같이 순수접종에 의한 순수배양은 바람직하지도 않고, 실행 가능성도 없다. 선별된 효모를 사용할 경우는 야생 효모를 제거한 다음에 접종해야 하는데, 머스트를 완전히 살균한다는 것은 불가능하며, 야생 효모는 순수 효모보다 적응력이 더 강하기 때문에 순수 배양은 현실적으로 어렵다. 특히, 레드 와인은 머스트에서 아황산이 전체적으로 퍼지기를 기대하기 힘들기 때문에 더욱 어렵다. 그래서 효모는 활성이 왕성한 상태의 것을 한꺼번에 많은 양(전체의 5~10%)을 투입해야 한다. 즉 주모(酒母, starter)를 사용하는 방법이 일반적이다. 양이 많은 균주가 주도권을 잡기 때문이다.

본 수확 1주일 전에 포도를 일부 따서 제경, 파쇄한 다음 아황산을 처리하여 몇 백 ℓ 머스트를 준비한 다음, 원하는 효모를 접종하여 발효를 시킨다. 이 주모가 발효되어 가장 왕성할 때 본 배양과 합치면 된다. 요즈음은 우량 균주를 선별하여 포장한 건조 효모(dry yeast, 수분함량 6~8% 이하, 균수 10~160억/g)를 사용하는 것이 편하다. 이 건조 효모는 한 가지로 된 것과 사카로미세스 세레비시에(Saccharomyces cerevisiae)와 사카로미세스 오비포르미스(S. oviformis) 혼합형태도 있다. 이 건조 효모는 사용이 편하고, 어느 때든 즉시 사용이 가능하며, 발효가 중단되었을 때 사용도 편하다. 한꺼번에 많은 양이 투입되므로 야생 미생물에 의한 초산에틸(ethyl acetate), 황화수소 생성 등 부작용을 방지할 수 있다.

건조 효모는 용도에 따라 다양하게 나와 있으므로 상황에 따라 달리 사용하면 된다. 너무 많으면 효모취가 나므로 적정량을 사용해야 한다. 1,000ℓ당 50~100g을 사용하는데, 분말상태로 바로 투입하지 말고, 미지근한 물에 풀어서 세포가 활발하게 활동할 때 머스트에 투입한다.

제8장 레드 와인의 발효관리

제8장 레드 와인의 발효관리

알코올 발효는 포도를 술로 변화시키는 과정으로, 원하는 알코올 농도가 나올 수 있도록 효모의 생육조건을 잘 파악하여 이를 조절할 수 있어야 한다. 여기에는 온도조절, 영양물질 보충, 적절한 공기조절 등 발효관리는 물론, 껍질이나 씨에서 적절한 색깔과 향미를 얻어야 레드 와인이 되는 것이다. 레드 와인은 붉은 포도를 따서 으깬 상태 그대로 발효시키므로 발효가 진행되면서 알코올이 생성되고, 씨와 껍질에서 쓴맛과 떫은맛이 우러나오고 껍질에서 색소가 우러나온다. 즉, 레드 와인은 포도에서 필요한 성분을 추출하는 것이 가장 중요하다. 그래서 발효온도를 25~30℃ 정도로 올려서 많은 성분을 추출시켜야 한다. 바로 마실 가벼운 와인은 추출을 가볍게 하고, 오래 두면서 숙성된 맛을 즐기려면 추출을 많이 해야 한다. 떫고 쓴맛을 주는 타닌을 비롯한 폴리페놀 함량이 많을수록 산화가 방지되어 와인의 수명이 길어지기 때문이다.

효모의 생육조건

효모의 생육과 증식이 없이는 당이 알코올로 변하지 않는다. 발효의 중단은 효모의 사멸을 의미한다. 모든 생물과 마찬가지로 효모 역시 적절한 영양조건과 환경이 필요하다. 와인메이커는 발효관리를 위해서 이 모든 과정을 이해해야 한다.

효모의 성장과 발효능력

아황산과 배양 효모가 첨가되지 않은 머스트에서 여러 가지 효모가 침투하여 자랄 수 있다. 초기에 가장 흔한 것이 레몬형 효모(*Kloeckera, Hanseniaspora*)이며, 호기성 효모(*Candida, Pichia, Hansenula*)는 초산과 초산에틸을 생성한다. 노린내 비슷한 냄새를 내는 브레타노미세스(*Brettanomyces*)는 머스트에서는 드물다. 이들 효모는 비교적 아황산에 저항력이 있지만, 아황산을 처리한 후에 따로 배양한 사카로미세스 세레비시에(*Saccharomyces cerevisiae*) 효모를 투입하면 이들 오염은 피할 수 있다.

효모의 성장주기는 다음 [그림 8-1]과 같이 세 단계로 나눌 수 있는데, 대수기에는 균수가 급격하게 증가하여 $10^7 \sim 10^8$개/㎖ 정도가 되며, 다음으로 정지기가 8일 정도 유지되다가 사멸기에 이르면 균수는 10^5개/㎖ 정도 되고, 이후 몇 주를 유지한다. 발효속도가 가장 빠를 때는 처음 10일 정도이며, 이후 점차 느려지지만 발효는 몇 주 동안 지속된다. 이 시점에서 균수는 살아남은 효모가 된다. 최종적으로 발효가 정지되는 것은 영양부족이 아니고, ATP의 고갈과 세포 내 에탄올 축적으로 대사작용이 방해받기 때문이다.

당도 200g/ℓ 이하에서는 효모의 활동이 대수기와 정지기를 거치면서 빠르고 완벽한 발효가 진행되지만, 그 이상의 당도에서는 발효의 마지막 단계인 사멸기에서도 발효가 진행되기 때문에 이때 살아남은 효모의 균수에 따라 발효 완료 여부가 좌우된다. 그래서 완벽한 발효를 하기 위해서는 활성화 조치를 통하여 최종 단계에서 살아남은 효모 수를 늘려야 한다.

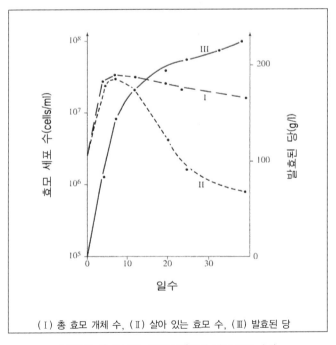

(Ⅰ) 총 효모 개체 수, (Ⅱ) 살아 있는 효모 수, (Ⅲ) 발효된 당

[그림 8-1] 효모의 성장곡선(초기 당도 320g/ℓ)

온도의 영향

온도는 효모 생육의 첫 번째 조건이다. 효모는 20℃ 이상에서 잘 자라며, 13~14℃ 이하에서는 생육이 지연되어 다른 미생물이 자랄 수 있는 여지를 줄 수 있다. 이때는 머스트의 일부를 50~60℃로 가열하여 온도를 높여 나머지와 혼합하고, 발효가 시작되면 바로 펌핑 오버

over)를 해야 한다. 또 35℃ 이상의 온도에서는 생육이 불가능하며, 효모에 따라서 30~32℃에서 죽는 것도 있고, 40~45℃에서 생육하는 것도 있지만, 온도가 올라가지 않도록 유의한다.

- **발효 중 발열량** : 포도당 1몰이 알코올과 탄산가스로 변하면서 자유 에너지가 40kcal 발생하는데, ATP는 2몰이 나오므로 효모가 사용할 수 있는 에너지는 14.6kcal이고, 나머지 25.4kcal는 열로 발생하면서 머스트의 온도를 상승시킨다. 이론적으로 포도당이 180g 들어 있는 1ℓ의 머스트에서 25kcal가 나오므로 초기 온도가 20℃라면 45℃까지 올라갈 수 있다는 말이다. 그러나 이 계산은 순간적으로 온도가 올라간다고 가정했을 때 이론적인 계산이고, 실제로는 수일 동안 발효가 계속되면서 주변에 열을 빼앗긴다.

  가장 많이 뺏기는 것은 가스로 나가는 부분이다. 머스트 1ℓ당 약 40ℓ의 가스가 발생되면서 몇 g 정도의 액도 증발되고, 동시에 열량도 방출된다. 그러나 방출되는 열량을 계산하기는 힘들다. 탱크의 크기, 배치, 통기, 주변 온도, 발효기간의 영향을 받기 때문이다. 그러므로 발효 중 발열량도 일정하지 않다. 처음 2~3일 동안 가장 왕성하고, 발효속도가 늦어지면 발열량도 감소하면서 온도도 낮아진다.

  정상적인 조건에서 온도상승 범위는 발효 후 나올 알코올 농도보다 약간 더 높다고 생각하면 된다. 예를 들면, 장차 나올 알코올 농도가 10%라면, 온도상승 범위는 12~13℃가 되며, 20℃에서 발효를 시작한다면, 최대 온도 허용치는 32~33℃가 된다. 요약해서 이야기하면, 보통 규모의 탱크에서 가능한 온도상승 범위는 발효 후 알코올 농도에 2~3을 더하면 된다. 그러니까 발효 후 알코올 농도가 10% 이상이고, 초기 온도가 20℃라면 항상 냉각할 방법을 생각하고 있어야 하며, 초기 온도가 30℃라면 바로 냉각을 해야 한다.

- **온도와 발효속도** : 발효는 온도가 높을수록 빨라지지만, 높은 온도에서는 발효가 완벽하게 끝나지 않는다. 당의 발효는 20℃보다는 30℃일 때 두 배 빠르고, 온도 1℃ 상승에 발효속도는 10% 정도 증가한다. 그러나 30℃를 넘는 온도에서 초기 발효속도는 빠르지만, 당이 있는 상태로 발효가 중지된다.

[표 8-1] 온도에 따른 발효속도

	20℃	25℃	30℃	35℃
발효 2일 후	0	36	60	75
발효 4일 후	22	107	123	127
발효 7일 후	95	167	172	145
발효 15일 후	145	176	176	148

- 초기 당도 178g/ℓ. 수치는 발효된 당의 양(g/ℓ)

- **온도와 알코올 농도** : 온도가 높을수록 발효 시작은 빠르지만, 발효 후에 생성되는 알코올 농도는 낮아진다. 온도가 높으면 알코올이 탄산가스와 함께 빠져 나가고, 부산물 생성량이 많아진다. 그리고 온도가 높으면 효모의 증식과 활동성이 떨어져 당분을 완전히 알코올로 전환시키지 못하고, 당분을 남기게 된다. 또, 머스트의 당도가 200g/ℓ 이상으로 아주 높은 경우는 다음 [표 8-2]와 같이, 온도가 올라감에 따라 발효가 중단되어 당을 남기게 된다. 결과적으로, 알코올 생성을 위해서는 발효온도가 비교적 낮아야 한다.

[표 8-2] 머스트 당도와 발효온도에 따른 알코올 농도(% vol)

머스트 당도 (g/ℓ)	이론적 알코올 농도 (% vol)	생성된 알코올 농도			
		9℃	18℃	27℃	36℃
127	7.2	7.0	6.9	6.9	4.2
217	12.4	11.8	11.0	9.4	4.8
303	17.3	9.9	9.1	7.7	5.1

- 이론적 알코올 농도는 머스트 당도(%)에 0.57을 곱해서 나온 수치임

- **온도 변화의 영향** : 발효 중 급작스런 온도 변화는 효모에게 열 충격을 줄 수 있다. 옥외에 탱크를 설치하여 화이트 와인을 발효시킬 경우, 밤낮의 온도 차이가 심해지면 20℃를 일정하게 유지하기 힘들고, 발효는 점차적으로 느려지면서 결국 멈춰 버린다. 이런 때는 다시 효모를 투입해도 효과가 없으므로, 온도가 일정하게 유지될 수 있는 다른 탱크로 이송하고 효모를 다시 투입해야 한다. 만약 19℃에서 발효를 하다가 중간에 갑자기 12℃로 온도를 낮추면 잔당이 남게 되고, 12℃에서 갑자기 19℃로 올려도 마찬가지 결과를 얻게 된다.

- **적정 온도** : 온도가 높을수록 발효가 왕성해지지만, 반대로 그 한계가 있다. 온도 때문에 발효가 멈추는 것은 머스트의 당도가 높은 경우나 공기가 부족한 경우 등 여러 가지 변수와 함께 작용하기 때문에 어떤 온도가 위험하다고 지정할 수는 없지만, 레드 와인의 경우는 30℃를 넘지 않는 것이 좋다. 이 온도보다 높을 경우 발효가 꼭 중단되는 것은 아니지만, 위험성이 커지기 때문이다.

효모는 초기 온도에 민감하지만, 마지막 단계에서는 온도 영향력이 그렇게 크지 않기 때문에 레드 와인의 발효는 18~20℃에서 시작하여 점차적으로 32℃까지 올리는 것이 좋다. 이렇게 마지막 단계에서 온도가 높으면 추출효과도 좋아진다. 그러나 초기 온도가 30℃ 정도로 높으면 마지막 단계의 발효가 어렵게 된다.

영양물질

정상적인 조건에서 포도에는 효모에 필요한 성분들이 충분히 있기 때문에 문제가 없지만, 곰 팡이 낀 포도나 과숙 포도에서 영양부족이 될 수 있다. 이때는 다음과 같은 성분들을 보충할 필 요가 있다.

- 탄소원 : 효모는 머스트에 있는 포도당과 과당을 비롯한 탄소원을 에너지로 사용한다. 당도가 아 주 낮으면 발효가 늦어지지만, 당도 $15\sim20g/\ell$부터 $200g/\ell$까지는 안정된 발효형태를 보이며, 그 이상의 당도가 되면 발효가 늦어지고, $300g/\ell$가 되면 아주 늦어진다. 사실, 당도 $600\sim650g/\ell$가 되면 발효는 거의 불가능하다고 볼 수 있다. 당도가 높으면 삼투압이 높아져서 효모 성장이 방해되고, 균수도 감소되기 때문이다. 그러므로 가당은 발효가 시작된 다음 날 균수가 가장 많을 때 하는 것이 좋다.

- 질소원 : 머스트에는 당과 미네랄은 충분하지만, 질소원(아미노산 등)이 부족하다. 포도 머스트에는 $0.1\sim1g/\ell$의 용해된 질소 성분이 있는데, 이 중 $3\sim10\%$는 암모늄 양이온, $25\sim30\%$는 아미노산, $25\sim40\%$는 폴리펩티드(polypeptide), $5\sim10\%$는 단백질로 되어 있다. 효모 균체의 $25\sim60\%$가 질 소질로 이루어져 있기 때문에 세포 증식에 가장 쉽게 사용되는 것이 암모늄 양이온이다. 폴리펩 티드와 단백질은 분해능력이 없어서 사용하지 못하며, 아미노산은 직접 합성할 수 있으므로 이용 하지 않지만 암모늄 양이온은 필요하다.

발효 초기 36시간 내에 질소원이 고갈되기 시작하여 항상 질소원이 부족하지만, 말기에는 효모 균체가 사용되므로 어느 정도 유지는 된다. 그러므로 자연방치상태에서는 항상 질소원이 부족하며, 특히 과숙 포도나 보트리티스(Botrytis) 곰팡이 낀 포도에서는 영양부족상태가 심하다. 암모늄 양이온의 농도가 $25mg/\ell$ 이하일 경우는 질소원을 첨가해야 한다. 질산암모늄(ammonium nitrate, 25mg/ℓ 이하)을 첨가하면 효과적이다. 그 외 인산암모늄(diammonium phosphate)이나 황산암 모늄(ammonium sulfate) 등을 규정량 이하로 첨가한다. 유럽 규정은 황산암모늄이나 인산암모늄 $300mg/\ell$, 미국은 인산암모늄 $950mg/\ell$ 이하로 사용하도록 하고 있다.

질소원이 과량인 경우 카밤산에틸(ethyl carbamate) 등 좋지 않은 성분이 나올 수 있으므로 과량을 사용할 필요는 없지만, 암모늄염 농도가 $100\sim200mg/\ell$ 정도 되면 효모 개체 수와 발효속 도가 증가한다. 특히 소테른과 같은 스위트 와인 발효에서는 고농도 알코올을 생성하기 위해 질 소원의 보충은 필수적이다. 발효 전에 투입하는 것이 효과적이며, 발효가 정지되었을 때도 효과 를 볼 수 있다.

- 비타민 : 비타민은 성장인자로서 적은 농도에서도 효모의 증식과 활동에 영향을 주기 때문에 이 인자가 부족하면 대사작용에 방해를 받는다. 성장인자는 여러 가지가 있지만, 비타민이 가장 중

요하다. 그리고 머스트에 충분한 양의 성장인자가 있다 하더라도, 최적 농도는 아니기 때문에 첨가할 필요가 있다. 특히 비오틴과 티아민(thiamine)은 발효력을 향상시키는 데 많은 도움을 준다. 0.5mg/ℓ의 티아민을 첨가하면 균수가 30% 증가하며, 발효속도가 빨라진다.

- 스테롤(Sterol)과 지방산 : 스테롤과 지방산은 생존인자로서 발효조건이 어려울 때 효과가 크다. 예를 들면, 260g/ℓ의 당도 높은 머스트를 발효시키면 보통의 경우 10일 만에 175g의 당을 발효시키지만, 에르고스테롤(ergosterol) 5mg/ℓ를 첨가한 머스트는 같은 기간에 258g의 당을 발효시킨다.

공기의 영향

효모는 당을 분해하여 에너지를 얻는데, 공기 존재 여부에 따라 호흡과 발효 두 가지 경로 중 하나를 선택하게 된다. 공기가 없는 조건에서는 발효를 거쳐서 에너지를 획득하면서 알코올을 생산한다지만, 공기가 완벽하게 차단된 상태에서는 알코올 발효가 어렵게 된다. 왜냐하면 효모가 증식하는 데는 어느 정도의 공기(산소)가 필요하기 때문이다. 공기가 전혀 없으면 효모는 불과 몇 세대만 번식하다가 멈춘다. 그리고 공기가 공급되면 다시 증식하지만, 질식상태가 계속되면 곧 사멸한다.

즉, 알코올 발효에는 산소가 필요 없지만, 효모가 증식하기 위해서는 약간의 산소가 필요하다. 효모는 스테롤(sterol) 합성과 불포화지방산 동화, 세포막 투과성 개선 등을 위해 산소를 사용하는데, 스테롤은 호르몬과 비타민의 근원이 되기 때문에 효모는 이것이 꼭 필요하다. 즉 공기 공급은 스테롤 첨가의 효과와 동일하다고 할 수 있다.

공기 공급을 위해 개방형 탱크를 사용하면 박테리아 오염의 우려가 있으므로 밀폐형 탱크를 사용하면서 펌핑 오버(pumping over)를 통해서 공기를 공급하는 것이 좋다. 펌핑 오버를 하면 발효 중인 머스트는 쉽게 산소로 포화(6~8mg/ℓ)된다. 화이트 와인인 경우는 산화 방지와 아로마의 변질 때문에 공기 공급을 제한하지만, 발효 중인 효모는 많은 양의 산소를 흡수하기 때문에 별 문제는 없다. 공기의 공급은 발효가 시작된 다음날부터 하는 것이 좋다. 발효가 한참 진행된 다음에는 별 효과가 없다.

발효의 방해요소

- 에탄올 : 발효 중에 생성된 에탄올은 질소 대사를 느리게 만들고 효모를 불활성화시킨다. 이는 에탄올이 효모 세포막의 운반체계를 변경시키기 때문이다. 온도가 높으면 방해작용이 더 커진다.

- **지방산** : C_6, C_8, C_{10} 지방산은 세포막 투과성을 변형시켜 세포와 기질의 물질교환을 방해하지만, 불포화지방산(C_{18})은 활성을 촉진시킨다. 효모 균체는 이러한 독성 있는 지방산을 제거하므로 발효의 마지막 단계 혹은 고당도의 머스트에서 활성인자로 작용하여 활성 효모 균수를 증가시킨다.

- **삼투압(Osmotic pressure)** : 반투막을 사이에 두고 액의 농도 차이에 따라 생기는 압력으로, 머스트의 당분이나 염분의 농도가 너무 강하면 세포막 안팎에서 생기는 압력 차이에 의한 탈수로 자라지 못한다. 그래서 너무 당도가 높은(30~50%) 포도는 발효가 느리고 완진히 당을 알코올로 변화시키지 못한다. 당분 농도가 너무 높으면 효모 생육을 방해하므로 발효가 중단될 수 있다.

- **고온** : 발효는 발열반응이기 때문에 항상 온도 상승을 수반하므로, 와인메이커는 이를 효과적으로 조절할 수 있어야 한다. 온도가 높아지면 효모의 생육이 불가능하며, 효모가 사멸하면 다른 잡균이 번식하게 된다. 레드 와인은 26~30℃, 화이트나 로제와인은 15~20℃를 유지하고, 온도가 오르기 전에 냉각시키는 것이 가장 중요하다.

- **기타** : 농약이 있는 경우, 초기에 효모 수가 많으면 문제가 없지만 마지막 단계에서는 방해를 받는다. 그리고 과도한 타닌은 세포벽을 막아 버리지만 아직 확실하게 밝혀진 것은 없다. 탄산가스 역시 발효를 방해하는데, 스파클링 와인에 해당되는 것으로 7기압 이상에서는 발효가 불가능하다.

발효관리

발효를 관리한다는 것은 효모가 당을 완전히 변화시킬 수 있도록 조건을 조성해 주는 것으로, 박테리아 오염을 방지하고, 온도를 조절하고, 아황산 첨가 등을 잘 해야 한다. 그리고 탱크에 들어 있는 머스트에 대해서 모든 가능성을 예측하여 올바른 방향으로 유도할 수 있어야 하며, 사고 시 즉시 대처할 수 있어야 한다. 발효관리를 위해서는 당도와 온도를 일정 간격으로 측정하고 기록해야 한다.

발효관리

- **효모 균수 측정** : 일반적으로 발효를 시작하는 효모 숫자는 머스트 ㎖당 백만 개 정도면 충분하다. 현미경을 이용하거나 적절한 한천 배지에 머스트를 희석하여 일정량 떨어뜨려 2~3일 후에 생균

수를 센다.

- **발효 경과 점검** : 원칙적으로 탱크마다 소모된 당, 생성된 알코올 등을 측정해야 하지만, 간편하게 머스트의 밀도를 비중계나 당도계로 측정하면 발효 경과상태를 점검할 수 있다. 날짜별로 모든 측정치의 기록을 남겨야 한다.

- **온도관리** : 발효 중 매일 온도를 체크하여 기록한다. 온도관리는 센서를 이용하여 냉각수 밸브가 자동으로 개폐되고, 온도가 기록되는 자동온도조절장치를 갖추면 편리하다. 그러나 일정한 온도보다는 자연발효에 가까운 온도로 유도하는 것이 좋다.

- **거품 제거** : 탄산가스가 나오면서 거품이 생성되어 탱크에서 액이 넘칠 수 있다. 탱크에 머스트를 넣을 때 레드 와인은 75~80%, 화이트 와인은 85~90%까지만 채운다. 거품이 많을 경우는 적절한 소포제로 처리할 수도 있다.

발효기록표

날짜 :   년   월   일
품종 : _____
Lot No. _____
탱크 No. _____
용량 : _____

DATE	TIME	TEMP	BRIX	ALC	T.A.	V.A.	pH	COMMENTS

[그림 8-2] 발효기록표의 예

당도 측정

가장 먼저 측정해야 할 것이 당도로서 이것으로 장차 알코올 농도와 발효상황을 예측할 수 있다. 어떤 단위든 비교표를 이용하여 알코올 농도를 예측할 수 있는데, 화이트 와인은 비례하지만, 레드 와인은 오차가 심하다. 그리고 곰팡이 낀 포도의 당도는 실제보다 높게 나타난다. 또 파쇄하기 전에 측정하면 실제와 다르게 나온다. 어쨌든 샘플은 전체 내용물을 대표할 수 있는 것이라야 한다. 발효 후기에 밀도가 1.000 이하로 떨어지면서 0.991~0.996이 되면 알코올 발효가 완전히 끝난 것으로 본다. 이때 당도의 측정은 비중계가 아닌 화학적인 방법을 이용하는 것이 안전하다. 이때 굴절계(refractometer)를 이용하여 당도를 측정하면 알코올 때문에 방해를 받아 수치가 맞지 않으므로, 굴절계는 알코올이 없는 머스트에만 사용해야 한다.

온도 측정 및 관리

발효 도중 탱크 내부의 온도는 일정하지 않다. 껍질이 있는 윗부분은 온도가 높고, 아래쪽은 낮으므로, 껍질 바로 아래쪽 부분의 온도를 대표적인 것으로 측정해야 한다. 이 온도에 따라 모든 일이 일어나기 때문이다. 그러므로 정확한 온도는 펌핑 오버(pumping over) 직후에 측정하는 것이 좋다. 온도는 일정 간격으로 당도와 함께 정기적으로 측정하여 그래프를 그리고, 적어도 하루에 두 번 아침저녁으로 하고 문제가 있을 때는 더 자주 한다. 발효관리에서 가장 어려운 문제가 온도관리이다. 주변 온도가 낮아지면서 발효탱크가 작으면 보온이 필요하고, 규모가 크면 위험한 온도까지 올라갈 수 있다. 대체적으로 발효 중단은 온도가 너무 올라가기 때문에 일어나므로 발효를 관리한다는 것은 온도를 조절하는 일이라고 할 수 있다. 자동 온도조절장치와 함께 온도기록장치를 갖추는 것이 좋다.

주변 온도의 영향

서늘한 지방이나 서늘한 기후에서 자란 포도는 산도가 높아서 박테리아 오염 가능성은 적지만, 늦게 수확하기 때문에 곰팡이, 비 등의 영향으로 오염될 가능성은 커진다. 또 와이너리에 도착할 때 포도의 온도가 낮으면 발효의 시작이 어렵다. 적어도 20℃ 이상은 되어야 한다. 반대로, 더운 지방이나 더운 기후에서는 당도가 높아서 완벽한 발효가 어렵고, 산도가 낮아서 박테리아 오염이 쉽다. 이런 경우는 발효탱크에 온도 조절장치가 필수적이다. 예전에는 온화한 기후에서 좋은 와인이 나왔지만, 요즈음은 더운 기후에서 인위적으로 발효온도를 잘 조절하는 것이 품질이 더 좋다. 초기 온도가 26~28℃ 정도 되면, 휘발산이 증가하고, 발효 정지 가능성이 커지므로 초기 온도는 낮추는 것이 좋다. 발효온도는 30℃ 이상이 되면 위험하므로 25~28℃ 정도로 하는 것이 안전하다.

냉각방법

* 열교환기(Heat exchanger) 통과 : 머스트를 열교환기에 통과시켜 원하는 온도로 떨어뜨린다.

- **코일(Coil)이나 재킷(Jacket) 설치** : 탱크에 코일이나 재킷을 설치하여 냉각수를 통과시킨다. 센서를 부착하여 자동으로 냉각수가 공급되고 차단될 수 있게 만드는 것이 좋다. 냉각수 온도는 15~18℃가 좋으며, 사용 후 온도가 높아진 냉각수는 다시 냉각하여 재사용할 수 있도록 한다.

- **스프레이(Spraying water)** : 탱크 겉면에 냉각수를 뿌려서 냉각시키는 방법으로 탱크 재질이 금속이라야 가능하다.

- **기타** : 여러 개의 발효탱크가 있는 발효실 전체의 기온을 떨어뜨리거나, 온도가 낮은 완성된 와인을 첨가하여 발효를 지연시키는 방법도 있다. 펌핑 오버로 온도를 떨어뜨릴 수는 있으나, 효과가 적고, 효모 활성화로 오히려 온도상승의 우려가 있다.

펌핑 오버(Pumping over)

이 기술은 20세기 초부터 시작되었다. 프랑스에서는 '레시바주(lessivage, washing)'라고 하며, 지방에 따라서 '라비나주(ravinage, torrenting)'라고도 한다. 레드 와인은 발효가 시작되면 껍질이 위로 떠서 색소 추출이 어렵고, 장기간 둘 때는 위에 흰 곰팡이가 끼는 수가 있으므로 떠오르는 껍질을 가라앉혀야 한다. 옛날에는 탱크 위에서 사람의 힘으로 껍질을 가라앉혔지만, 요즈음은 아래쪽의 와인을 펌프를 이용하여 위에서 뿌려 주거나(pumping over, remontage), 적당한 기구를 이용하여 펀칭해 준다.

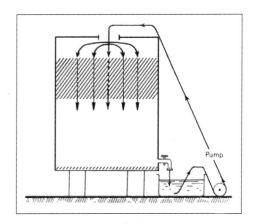

[그림 8-3] 펌핑 오버

- **펌핑 오버(Pumping over) 시기** : 탱크에 머스트가 차면 바로 펌핑 오버를 하여 아황산 등이 골고루 섞일 수 있게 만들고, 효모를 투입한 다음에도 바로 펌핑 오버를 해서 내용물 균질화를 도모한다. 그리고 발효가 시작된 다음날부터 날마다 하며, 발효가 끝나고 균질화, 껍질 세척 등이 필요하면 더 할 수 있다. 이렇게 액이 껍질과 접촉하면서 추출이 이루어지는 기간을 'Skin Contact Time(SCT)'이라고 하며, 이때 색깔과 타닌이 우러나오므로 레드 와인의 가장 핵심적인 작업이라고 할 수 있다. 이 기간을 '추출(extraction)' 혹은 '침출(maceration, cuvaison)'이라고도 하는데 만드는 사람에 따라 색깔이나 맛을 보면서 그 기간을 결정한다. 펌핑 오버는 탱크 용량을 계산하여 전체의 1/2~1/3 정도 순환시키는 시간으로 한다. 이론적으로는 발효 초기 효모가 증식하기 전에 시작하여 산소를 공급해 주는 것이 좋지만, 초기에는 공기가 많이 녹아 있으므로 실제로는 더 늦게 하는 것이 좋다. 그리고 계속하는 것보다 하루에 조금씩 여러 번 하는 것이 좋지만, 와인메

이커 자신이 시행착오를 거치면서 시간과 횟수를 정해야 한다.

- **펌핑 오버(Pumping over) 효과** : 효모는 자발적으로 퍼지지 않는다. 발효 끝 무렵에 탱크 바닥에는 1,500만 개/㎖, 중간에는 1,000만 개/㎖, 위쪽 40㎝까지는 1억 8,000만 개/㎖가 된다. 이렇게 위쪽에 효모가 많고 발효가 왕성하고 온도도 높기 때문에 발효의 주요 지점을 아래쪽으로 이동시키는 것이다. 아울러 공기의 공급으로 효모가 증식하여 발효가 왕성해지는 효과도 있다. 또 껍질에서 안토시아닌(anthocyanin), 타닌(tannin) 등 폴리페놀의 추출효과가 더해져 레드 와인으로서 특성을 얻을 수 있다. 그 밖에 내용물의 균질화, 온도의 평준화 등 부수적인 효과도 있다.

발효의 정지(Stuck fermentation)

당분이 남아 있는 상태에서 더 이상 발효가 진행되지 않는 상태를 말하며, 여러 가지 원인이 있을 수 있는데, 원인을 잘 파악하여 대처할 수 있어야 한다.

- **산소 부족** : 완벽한 공기 차단은 효모활동을 방해한다. 알코올 발효에는 공기가 필요 없지만, 효모 증식에는 공기가 필요하므로 발효 초기에 공기가 있으면 발효 속도가 빨라진다.

- **영양 부족** : 암모니아태 질소가 부족할 수 있다. 특히, 화이트 와인에서 머스트를 너무 맑게 처리하면 영양 부족상태가 되기 쉽다. 이때는 인산암모늄(diammonium phosphate, 100~200mg/ℓ 정도) 등을 첨가한다. 물이 부족한 포도밭이나 피복작물이 있는 포도밭, 오래된 포도나무 등에서 나온 포도는 영양 부족으로 발효가 어려울 수 있다.

- **온도** : 초기 온도가 낮을 경우는 효모 성장이 방해되어 증식이 어려워지면서 유도기간이 길어지며, 특히 pH가 낮고 당분이 많은 경우는 더욱 어렵다. 또 레드 와인 발효 때 온도가 35~40℃까지 올라가면 효모가 정상적인 활동을 하지 못하기 때문에 발효가 정지될 수 있다.

- **높은 당도** : 초기 당도가 높으면 삼투압 때문에 효모의 활동이 미약해지고, 발효가 끝날 무렵에는 고농도 알코올 때문에 또 제약을 받는다. 이런 발효는 특수한 효모를 선택하여 사용해야 한다. 또 가당하는 시기가 늦을 때는 효모에 필요한 영양원이 고갈되어 발효가 멈출 수 있다.

- **지방산** : C_6, C_8, C_{10} 포화지방산(hexanoic acid, octanoic acid, decanoic acid 등)은 효모 성장을 방해하고, 알코올 독성을 강화한다.

- **경쟁적 요인** : 초기에 발효를 일으키는 효모 균체의 수가 적을 경우, 발효가 지연되면서 다른 미생물이 자랄 우려가 있다. 특히 킬러 효모나 다른 종의 효모, 혹은 젖산균이 자라면 효모의 성장이 방해되고, 이취, 이미 등을 발생시킬 수 있다. 이때는 건조 효모를 첨가하거나 아황산을 첨가하여 해결한다.

발효정지상태의 관리

대개 온도가 높거나, 통기가 불충분하면 발효가 정지된다. 발효 도중에 발효의 진행속도가 늦어지면 효모가 죽어간다고 생각해야 한다. 이때는 지체 없이 바로 조치를 취해야 한다. 다시 발효가 진행될 것으로 기대해서는 안 된다. 조치할 수 있는 시간이 극히 짧다. 이런 기미가 보이면 당이 얼마 남아 있든지 상관없이 즉시 따라낸다. 껍질과 같이 두면 말로락트발효(malolactic fermentation), 박테리아 오염 등으로 휘발산이 증가하므로 위험하다. 빨리 껍질을 제거하고 30~40mg/ℓ의 아황산을 첨가하여 효모를 자극시킨다. 이렇게 하면 공기 공급(aeration), 냉각, 아황산의 자극 등으로 재발효가 일어난다.

위와 같은 조치 후에도 재발효가 일어나지 않을 경우는 효모를 첨가(200mg/ℓ)해야 하는데, 보통 건조 효모는 알코올 농도 8~9%에서 활성이 살아나지 못하므로 재발효 전용 효모(Saccharomyces oviformis)를 따로 배양하여 활성상태의 것을 머스트에 투입(5~10%)한다. 이때 온도는 20~25℃가 좋다. 혹은 새로 발효가 시작되는 탱크가 있다면 발효가 정지된 탱크의 머스트를 5~20% 첨가하는 방법도 있다. 화이트 와인도 발효가 중단되면 약간의 아황산을 첨가하고 효모를 첨가한다. 기타 영양물질로서 암모늄염 50mg/ℓ, 티아민(thiamine) 0.5mg/ℓ 정도를 첨가하면 좋다.

어떤 경우든지 한번 발효가 멈추면, 고농도의 알코올, 저농도의 당분과 영양분 부족 등의 이유로 다시 발효를 시키기 어렵고, 재발효가 된다 하더라도 품질의 저하를 가져오므로 처음부터 주의해야 한다.

기타

발효 끝 무렵에는 사과산 함량을 측정하여 말로락트발효(malolactic fermentation) 가능성을 예측한다. 아황산 농도 부족 등 상황에서는 알코올 발효와 말로락트발효가 동시에 일어날 수도 있으며, 이때는 휘발산(volatile acid) 함량이 높아지므로 휘발산 함량도 측정하여 박테리아 오염 가능성을 체크해야 한다.

레드 와인의 추출

알코올 발효는 와인을 비롯한 모든 술의 양조과정에 필요한 것으로, 술로서 가치를 지니게 만들지만, 레드 와인은 포도의 껍질, 과육, 씨, 주스에서 바람직한 색깔과 향미를 추출해야 그 본연의 가치를 지닌다고 할 수 있다. 즉, 레드 와인은 추출의 와인이다. 어떻게 해서 최고의 관능적인 요소를 추출하느냐가 레드 와인의 성패를 좌우한다. 포도에는 우리가 좋아하는 바람직한 향미도 있고, 좋지 않은 풀냄새, 채소류 냄새, 자극적인 맛, 쓴맛, 풋내 등도 가지고 있다. 그러므로 레드 와인 양조에서 바람직한 향미는 최대한 추출하고, 좋지 않은 향미는 나오지 않도록 조절하는 것이 중요하다.

포도의 품질

뽀도의 품질은 직접적으로 침출과정에 영향을 준다. 포도의 품종, 테루아르, 성숙도, 질병 유무 등이 와인의 페놀 화합물질과 양을 좌우한다. 최적의 성숙조건은 페놀 화합물의 축적에 필수적이다. 기후는 페놀 화합물의 축적에 가장 영향력이 큰 것으로 여기에는 상당한 에너지가 필요하기 때문이다.

또한 재배방법 역시 성숙도에 영향을 준다. 어린 포도나무는 페놀 화합물 축적에 한계가 있으므로 오래된 포도나무에서 고급 와인이 나온다. 단위면적당 수확량 역시 페놀 화합물과 안토시아닌 축적에 영향을 주지만, 상황에 따라 잘 해석해야 한다. 양이 많으면서도 질이 좋을 때가 있기 때문이다. 그러니까 최고의 품질이 꼭 수확량이 적어야만 되는 것은 아니다. 단위면적당 포도나무의 수와 수확량이 비례하지 않기 때문에 이 점을 고려해야 한다. 그러나 적절한 기후조건에서 단위면적당 생산량이 많으면 아무래도 포도의 성숙도가 떨어지며, 성숙기간이 지연된다.

생산량과 성숙조건의 관계는 한마디로 설명하기 어렵지만, 포도의 생육이 왕성하면 성숙이 지연된다. 특히, 페놀 화합물이 가장 먼저 영향을 받는다. 단위면적당 수확량이 많아지면 모든 성분이 희석되어 색깔이 옅어지고, 단위면적당 수확량이 너무 적으면 경제적인 면에서 수지가 맞지 않으므로 모든 조건을 고려하여 결정해야 한다. 생육이 왕성하고 비가 많이 오면 포도가 커지고 수확량이 많아지므로 미리 포도송이를 제거하는 것이 좋다. 포도가 착생하고 변색기가 오기 전에 이 작업을 하는데, 변색기 즈음에 하는 것이 좋다. 이 작업(green harvest)은 성숙의 지연이 방지되고 생장에 영향력도 적다. 이때 30%의 포도를 제거하면 수확량은 15% 감소한다.

서늘한 곳에서 자란 카베르네 소비뇽은 타닌이 부족하고 풋내가 나고, 너무 더운 곳에서도 타닌이 적정량에 이르기 전에 당도를 기준으로 수확하면 동일한 현상이 일어난다. 조건이 허락한다면, 페놀 화합물이 적정선에 이르기 전에 수확해서는 안 된다. 당/산 비율에 근거한 수확시기는 타닌 함량을 고려하여 좀 더 연기되어야 한다. 단, 이때는 곰팡이 감염이나 지나친 당분이 축적되지 않도록 조심할 필요가 있다.

침출(Maceration)

발효 중 포도의 과육과 주스에 있는 당분이 알코올로 변하고, 생성된 알코올은 껍질과 씨에서 색깔과 타닌을 추출한다. 이렇게 껍질과 씨 등에서 필요한 성분을 추출하는 과정을 '침출 maceration'이라고 한다. 레드 와인 양조 중에 추출되는 물질은 색깔과 와인의 견고성을 나타내는 타닌, 아로마와 그 전구물질, 질소 화합물, 다당류 등으로 와인에 독특한 성격을 부여한다. 열매자루에서는 풋내가 나기 때문에 타닌 부족 등 특수한 경우가 아니면 제거하는 것이 좋다. 그리고 씨에서는 거친 맛이 나오고, 껍질에서는 부드럽지만 뭔가 부족한 듯한 느낌을 받기 때문에 껍질과 씨에서 동시에 우러나오는 물질을 얻는 것이 바람직하다. 그리고 숙성과정에서 이들 성분이 점차 사라지면서 부드러워진다는 점을 고려하여 추출하여야 한다.

좋은 포도밭이란 와인에서 바람직한 향미가 많이 나오고, 부정적인 향미가 적게 나오는 포도를 생산하는 곳으로, 여기서 나오는 포도로 추출을 많이 하여, 장기간 숙성시키면서 오래될수록 맛이 좋아지는 와인이 된다. 그렇지 않은 곳에서 나오는 포도는 오래 추출하면 오히려 바람직한 향미보다는 결점이 더 많아지기 때문에 추출을 짧게 하여 바로 마실 수 있게 만들어야 한다. 즉, 침출기간과 방법은 테루아르와 원하는 와인 스타일에 따라 달라진다고 할 수 있다.

침출의 원리

포도가 와인이 되는 것은 용해, 액화, 추출, 확산 등 복합적인 일련의 분리작용의 결과로서, 이 작용은 파쇄, 착즙, 교반 등 기계적인 조작과 알코올 발효의 도움을 받아서 이루어진다. 추출은 각 성분의 용해작용과 확산작용으로 구분되며, 여기에 결합, 불용화, 침전, 결정화, 응집작용 등이 더해지면서 방해를 하기도 한다.

- **용해(Dissolution)** : 용해는 세포에서 추출된 고체성분이 액체로 변하는 것이다. 이 용해작용은 포도조직에 기계적인 충격 즉, 파쇄 등으로 쉽게 일어나며, 혐기적 상태에서 알코올이 있을 때 세포와 조직이 파괴되어 더욱 촉진된다. 결국, 온도와 접촉시간이 이 용해의 가장 중요한 요인이 된다. 용해는 껍질에서 가장 잘 일어나며, 이렇게 용해된 성분은 펌핑 오버로 확산되므로 껍질을 가라앉히는 작업이 중요하다.

  그리고 긱 성분에 따라 용해속도가 달라지는데, 붉은 색소인 안토시아닌은 빨리 추출되며, 특히, 잘 익은 특정 품종에서는 파쇄 중이나 발효가 시작되기 전에도 추출이 일어난다. 그리고 펌핑 오버로 더욱 촉진된다. 그러나 타닌 등 다른 페놀 화합물은 용해작용이 늦다. 그래서 잘 익은 포도는 접촉시간을 짧게 해도 색깔이 잘 우러나오고 떫은맛이 별로 없는 와인을 얻을 수 있는 것이다. 추출시간이 짧으면 아로마와 신선도가 높아지고, 추출을 오래하면 타닌 등 폴리페놀 함량이 많아진다. 그러므로 오래 보관할 와인은 장기 추출하여 타닌 함량을 높여야 색깔과 맛이 안정된다. 몇 개월 혹은 몇 년 후 와인의 색깔은 안토시아닌의 존재와 관계가 없어지고(거의 사라진다), 타닌 색깔 그리고 타닌과 안토시아닌의 중합체의 색깔이 지배한다.

- **확산(Diffusion)** : 머스트가 추출된 성분으로 포화상태가 되면 더 이상 추출은 되지 않는다. 이 성분이 펌핑 오버 등으로 다른 곳에 확산되어야 다시 추출이 일어난다.

- **변형(Modification)** : 안토시아닌은 일시적으로 감소하여 색깔이 없는 물질이 될 수 있는데, 이 반응은 가역적인 것으로 공기 중에 노출시키면 24시간 내에 다시 색깔이 나타난다. 에탄올은 타닌-안토시아닌 중합체를 파괴할 수 있지만, 숙성 중에 이 중합체가 다시 형성되어 안정된 색깔을 유지한다. 와인의 안토시아닌과 타닌의 양은 무엇보다도 포도에 있는 이 물질들의 절대적인 함량에 좌우되지만, 포도의 성숙도, 추출방법 및 조건에 따라 달라진다. 포도의 껍질과 씨에서 보통 20~30%만 추출된다.

침출기간

침출기간은 추출에 영향을 끼치는 첫 번째 요인으로 포도의 질, 와인 타입 등을 고려하여 와인 메이커가 나름대로 결정한다. 이 기간이 바디, 떫은맛, 와인의 수명, 말로락트발효에 영향을 끼친다. 그러나 침출기간과 추출되는 양은 비례하지 않는다. 실험에 의하면, 색깔은 8~10일 정도 되었을 때 최고조에 이르며, 그 후 옅어지지만, 총 페놀 함량은 그 후 더 증가하여 점차 증가폭이 낮아진다. 이는 원래 포도에 안토시아닌보다는 타닌이 10배 이상 더 들어 있기 때문이지만, 침출기간이 너무 길어지면 안토시아닌이 껍질, 타닌, 심지어는 가지에도 흡착되기 때문이다. 또 효모까지 안토시아닌을 흡착하여 가라앉는다.

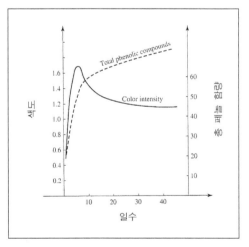

[그림 8-4] 침출기간과 총 페놀 함량 및 색깔의 변화색도(CI = A_{420} + A_{520}), 총 페놀 (과망간산지수)

추출 순서를 보면, 껍질의 안토시아닌이 가장 먼저 빠져 나오며, 이때는 에탄올의 용해작용이 필요하지 않다. 다음으로 껍질의 타닌이 우러나오는데 에탄올이 있으면 더 잘 된다. 씨에 있는 타닌의 추출은 많은 시간이 필요하며, 에탄올이 있으면 지방을 용해시켜 더 빨라진다. 껍질의 타닌은 부드럽지만 덜 익은 포도에서는 쓴맛이 나며, 씨의 타닌은 쓰지 않고 거친 맛이 난다.

안토시아닌은 향미가 거의 없으며, 타닌의 비율이 맛과 수명을 조절한다. 그러므로 모든 와인은 타닌 함량을 많게 만들어 오래 둘 것인가, 아니면 부드럽고 과일 향이 많은 와인을 만들 것인가 양자 타협을 기초로 숙성에 따른 품질과 성공적인 양조가 결정된다. 추출의 정도는 와인의 타입, 품종에 따라 다르다. 테루아르가 적합하지 못한 곳에서 나오는 평범한 와인은 추출을 짧게 하고, 최고의 산지에서 나오는 고급 와인은 길게 한다. 침출기간 중 질소 화합물, 다당류, 미네랄 등도 추출된다. 특히 껍질에서 나오는 향 성분은 매우 빠르게 퍼지며, 약한 알코올 농도에서도 추출된다.

침출의 종료는 추구하는 와인의 타입과 빈티지, 심지어는 각 탱크의 상태에 따라 결정해야 하는데, 발효 중 폴리페놀 측정과 테이스팅 결과를 바탕으로 다음과 같이 세 가지 경우가 될 수 있다.

- 발효 종료 전(당분이 있을 때) : 침출 후 3~4일 정도로, 당도가 3~7브릭스일 때 종료한다. 이렇게 하면 가볍고 부드러운 와인이 된다. 값싼 테이블와인으로 영 와인으로 소비되는 것, 타닌 함량이 너무 많은 포도, 더운 지방에서 자란 포도에 적용한다. 또 발효가 중간에 정지된 와인이나 곰팡이 낀 포도가 많을 때 이 방법을 사용한다. 비중이 1.01이나 1.02가 될 때 껍질을 제거한다.

- 발효 종료 직후(Hot draining) : 오래 숙성시킬 와인으로 빈티지가 좋고 잘 익은 포도나 개방형 탱크에서 발효시킬 때 적용한다. 잔당이 거의 없는 약 8일 정도 된 때로 색깔이 최고조에 이르고 타닌도 적절할 때이다. 맛도 균형이 잘 잡히고 폴리페놀이 과일 향을 가리지도 않기 때문에 바로 판매할 수 있는 고급 와인이 될 수 있다. 아주 잘 익은 포도로 고급 와인을 만드는 방법이라고 할 수 있다.

- 발효 종료 수일 후(Cold draining) : 침출기간이 2~3주 정도로서 고급 와인에서 많이 사용하는데, 이 기간 동안 타닌이 더 많이 추출된다. 그리고 몇 년 후에는 유리 안토시아닌도 많이 사라지면서 와인의 색깔은 안토시아닌과 타닌 사이의 결합에 영향을 받는다. 타닌 함량이 많은 포도라야 장기간 숙성이 가능하지만, 영 와인은 비교적 부드럽고 신선해야 하는 점이 문제다. 의도적으로 천천히 숙성시킬 와인으로 빈티지, 지역, 성숙도가 평균적일 때 적용한다.

이상은 정해진 법칙이 아니고 원하는 와인의 종류와 포도의 질에 따라 달라질 수 있다.

펌핑 오버(Pumping over) 및 가라앉히기(Punching own)

펌핑 오버는 추출과 균질화에 가장 큰 역할을 한다. 다음 표는 펌핑 오버에 따른 타닌과 색도를 비교한 것이다.

[표 8-3] 펌핑 오버의 영향력

기간	펌핑 오버 하지 않은 것		펌핑 오버 한 것	
	타닌	색도	타닌	색도
침출 3일째	39	0.83	46	0.93
침출 6일째	43	0.87	48	0.98
침출 10일째	45	0.89	52	1.04
프리 런 와인	48	0.93	56	1.16
프레스 와인	102	1.35	95	1.30

- 색도(Color intensity) = A_{420} + A_{520}으로 표현
- 타닌은 과망간산지수로 표현

펌핑 오버는 껍질의 조직을 파괴하지 않고 향미와 타닌을 추출할 수 있으며, 이로 인해 풍부하고 가득 찬 풀 바디의 와인을 얻을 수 있다. 껍질의 타닌은 쉽게 빠져 나오지만, 씨의 타닌이 빠져 나와야 좋은 와인을 얻을 수 있으므로 최종 단계까지 펌핑 오버를 해야 한다. 그러나 바람직하지 않은 향미가 우러나와서는 안 된다.

펌핑 오버 대신에 탄산가스, 질소, 여과된 공기 등을 불어넣는 방법도 있는데, 이때는 3기압으로 10,000ℓ당 1분 정도 하는 것이 효과가 좋다. 또 다른 방법으로 가라앉히기를 하는 곳도 있는데, 껍질층을 액 속으로 밀어넣는 방법이다. 이렇게 하면 씨에 있는 타닌의 추출이 빨라진다. 이 방법은 소규모 와이너리에서 피노 누아에 많이 사용하며, 카베르네 소비뇽, 메를로 등에는 풋내가 나므로 적용하지 않는다. 요즈음은 동력을 이용하여 이 방법을 사용한다. 최근에는 '로타리 퍼멘터rotary fermenter'라는 발효탱크를 이용하는데, 레미콘과 비슷한 구조의 스테인리스스틸 탱크를 만들어 탱크 전체가 회전할 수 있도록 되어 있다. 추출이 다 되면 먼저 주스를 스크린을 거쳐서 배출시키고, 껍질은 통이 회전하면서 자동으로 입구로 나오게 되어 있다.

온도

침출기간이 너무 길고, 온도가 너무 올라가면 안토시아닌 함량과 색도가 떨어지므로 과일 향이 풍부하고 영 와인 때 마시는 와인은 적당한 온도25℃에서 추출하는 것이 좋다. 또 머스트의 당도가 높아서 발효가 어려운 와인 역시 이 정도 온도가 적당하다. 높은 온도30℃에서는 타닌이 많이 나오기 때문에 오래 숙성시킬 와인에 좋지만, 너무 높으면 효모 활성이 저하된다. 추운 지방이나 서늘한 기후에는 발효온도가 너무 낮아질 수 있으므로 초기 머스트의 온도를 높여 주어야 한다. 머스트의 온도는 떠 있는 껍질층 바로 아랫부분이 밑에 있는 주스보다 10℃ 정도 높으므로 머스트 온도는 펌핑 오버 후에 측정해야 한다. 레드 와인의 발효온도는 바로 이 지점을 말한다.

온도가 높으면 각 성분의 용해작용이 증가하므로 옛날부터 온도를 높여서 추출하는 방법 (thermovinification)을 사용해 왔는데, 이때 온도는 평균온도와 최고 온도 모두 추출에 영향을 끼친다.

[표 8-4] 침출온도와 기간에 따른 페놀 화합물의 양

기간 및 온도	색조	색도	안토시아닌 (g/ℓ)	타닌 (g/ℓ)	총 페놀 화합물 (과망간산지수)
침출 4일					
20℃	0.54	1.04	0.54	2.2	39
25℃	0.52	1.52	0.63	2.4	45
30℃	0.58	1.46	0.64	3.3	55
침출 8일					
20℃	0.45	1.14	0.59	3.0	43
25℃	0.56	1.62	0.61	3.2	48
30℃	0.56	1.54	0.62	3.6	55
침출 14일					
20℃	0.53	1.16	0.49	2.5	48
25℃	0.51	1.36	0.59	3.5	58
30℃	0.56	1.44	0.58	3.8	59
침출 30일					
20℃	0.56	1.45	0.38	3.5	63
25℃	0.67	1.20	0.39	3.7	67
30℃	0.80	1.47	0.21	4.3	72

- 색도(Color intensity) = $A_{420} + A_{520}$
- 색조(Hue) = $(A_{420})/(A_{520})$

침출효과를 높이는 방법

- **발효 후 침출(Post-fermentation maceration)** : 발효가 끝난 다음에 온도를 높이는 방법으로, 발효 후에 와인만 분리하여 50~60℃로 온도를 높인 다음 탱크에 다시 주입하면, 전체적으로 탱크 내 온도가 35~40℃로 유지되면서 수일간 두면 추출효과가 좋아진다. 맛에 나쁜 영향을 끼치지 않고, 말로락트발효 역시 정상적으로 이루어진다. 잔당이 없으므로 오염이나 휘발산 증가의 위험도 없다. 서늘한 지방이나 덜 익은 포도를 사용할 경우 맛이 개선될 수 있지만, 경우에 따라서 타닌의 맛이 너무 거칠게 나타나고, 숙성 중 떫은맛이 더 증가할 수도 있고, 부유물질이 많아지고, 프레스 와인을 버리기도 하므로 사전에 소규모 실험을 거쳐서 적용 여부를 정해야 한다. 이때는

펌핑 오버를 하면 문제점이 더 커지므로 하지 않는 것이 좋다.

- **발효 전 침출(Pre-fermentation maceration/Cold maceration)** : 파쇄 혹은 파쇄하지 않은 머스트를 발효 전에 낮은 온도로 수일 동안 두는 방법으로 아로마가 훨씬 좋아질 수 있다. 이때는 발효가 일어나지 않도록 낮은 온도(4℃)를 유지시키고, 아황산을 첨가해야 한다. 액체 탄산가스(−80℃)를 정기적으로 주입하여 온도를 낮추고 탱크를 탄산가스로 포화시키면 산화가 방지된다. 추출이 끝나면 머스트를 20℃로 높여서 효모를 접종하여 정상적인 발효를 시작한다. 이 방법은 와인의 향과 맛을 더 좋게 만든다고 알려져 있다.

- **주스의 제거** : 주스의 일정량을 제거하면, 주스 대비 껍질의 양이 증가하기 때문에 타닌 함량이 증가한다. 탱크에 머스트를 채우고 몇 시간 지난 다음에 주스의 약 10~20%를 제거(로제와인을 만든다)하면, 침출기간 중 타닌과 안토시아닌의 양이 증가한다. 단, 과도하지 않도록 사전에 실험하여 그 양을 결정한다. 실험 결과를 보면 주스와 껍질의 비율이 8 : 2일 때보다는 6 : 4일 때 품질이 훨씬 좋았다고 한다.

- **기타** : 머스트를 농축시키는 방법으로 역삼투압(reverse osmosis)과정을 이용하거나 진공상태에서 낮은 온도(20~24℃)로 증발시키는 방법도 있다. 이 방법은 당분을 농축시키는 효과도 얻을 수 있다.

아황산의 영향

건강한 포도인 경우 펌핑 오버, 온도, 시간 등이 추출에 영향을 많이 미치지만, 아황산은 세포의 조직을 파괴하여 용해도를 높여 추출을 촉진시켜, 색도와 페놀 화합물의 농도를 높이기도 한다. 그러므로 로제와인이나 화이트 와인의 경우처럼 페놀 화합물의 농도가 낮은 와인에서는 효과가 크다. 그리고 곰팡이 낀 포도에서는 아황산 농도가 아주 높으면 색도와 페놀 화합물의 농도는 증가하지만 색조(tint)는 낮아져 선명한 색깔이 된다.

[표 8-5] 아황산 농도와 페놀 화합물의 양

아황산 농도	총 페놀 화합물	색도	색조
0mg/ℓ	32	0.53	0.76
100mg/ℓ	41	0.63	0.42
200mg/ℓ	55	0.83	0.43

- 총 페놀 화합물 = 과망간산지수
- 색도(Color intensity) = A_{420} + A_{520}
- 색조(Hue) = $(A_{420})/(A_{520})$

알코올의 영향

먼저, 알코올은 조직을 파괴하여 용해성을 더 높이므로 추출효과가 커진다. 대형 와이너리에서 동일한 품종을 발효시키는 각 탱크를 살펴보면 알코올 농도가 높은 탱크의 것이 타닌 함량과 색도가 높게 나타난다. 그러나 SCT 동안에 색도가 증가하다가 감소하는 이유는 알코올이 타닌-안토시아닌 결합을 파괴하여 색도가 더 낮은 안토시아닌이 유리되기 때문이라고 밝히고 있다.

[표 8-6] 알코올 농도와 페놀 화합물의 추출량(침출기간 10일, 20℃, pH 3.2)

알코올	타닌(g/ℓ)	총 페놀 화합물	안토시아닌(mg/ℓ)
0%	0.66	12	169
4%	0.96	16	214
10%	1.32	20	227

- 총 페놀 화합물 = 과망간산지수
- 색도(Color intensity) = $A_{420} + A_{520}$

기계적인 조작

포도를 으깨면 확산이 잘 일어나 추출효과가 증대하지만, 과도하게 파괴되어 나오는 타닌은 풋내가 많아서 질이 떨어진다. 정확한 측정방법은 없지만, 과도하게 으깬 포도와 펌핑 오버한 포도의 것을 비교해 보면 펌핑 오버로 나오는 타닌이 훨씬 더 부드럽고 바람직하다. 물론 품종이나 여건에 따라 다르지만, 고급 포도일수록 너무 으깨서는 안 된다. 펀칭하는 방법은 예전부터 소규모 업체에서 사용한 것으로 개방형 탱크 위에 사람이 올라가서 도구를 이용하여 위로 뜨는 껍질을 가라앉히는 방법이다. 이 때문에 박테리아 오염 가능성이 있어서 요즈음은 잘 사용하지 않지만, 위생적으로 기계적인 장치를 갖추고 피노 누아 등에 사용되고 있다. 회전형 발효탱크를 사용하여 내부에서 혼합시키는 것도 있지만 값이 비싸다. 이 방법은 페놀 화합물 함량이 적은 포도에서 추출을 빠르게 만든다. 또 포도를 65~90℃로 가열한 다음 바로 30~35℃로 냉각시키면 세포가 파괴되어 추출이 빨라진다. 어떤 방법이든 실험을 통하여 자신의 상황에 적합한지 검토한 후에 적용하는 것이 좋다.

침출과정과 품질

레드 와인은 침출시간과 추출 정도를 조절함으로써 품질이 개선될 수 있다. 안토시아닌과 타닌 함량이 낮은 포도는 가벼운 와인으로 만들어야 하지만, 침출과정을 통하여 신선하고 과일 향이 풍부해질 수 있다. 그러나 페놀 화합물이 많은 포도는 장기간 보존할 수 있는 고급 와인을 만들 수 있는데, 이는 타닌이 알코올, 산과 함께 와인을 오래 숙성하는 데 중요한 역할을 하기 때문이다. 그러나 타닌이 충분히 성숙되지 않고 작업환경이 나쁘면 거친 맛을 낼 수 있다. 좋은 테루아르에서 나온 포도로 침출시간을 충분히 해야 고급 와인이 나온다. 그리고 이런 와인은 영 와인때는 맛이 거칠지만 오래 둘수록 그 맛이 부드러워진다. 이러한 페놀 화합물 함량은 품종, 재배조건에 따라 달라지므로 이에 맞는 양조방법을 선택해야 한다.

결론적으로, 가볍고 신선한 레드 와인을 만들기는 쉽지만, 농축된 맛에 부드러운 타닌을 가진고급 와인을 만들기는 어렵다. 이들은 테루아르와 제조방법에 좌우된다. 최고의 테루아르에서 최고의 품종으로 타닌 함량이 많은 와인을 만들어서 장기간 숙성시키면서, 복합성을 갖고 점차 부드러워지는 와인이라야 고급 와인이다. 어쨌든 와인메이커는 페놀 화합물의 화학적인 이해가 있어야 적절한 기술을 응용할 수 있으며, 그 양보다는 추출된 타닌의 질을 관능적으로 따져서 바람직한 타닌과 그렇지 않은 타닌을 구별할 수 있어야 한다.

안토시아닌과 타닌의 추출 양상

안토시아닌은 발효 전에 탱크에 들어가면서 추출이 시작되어, 알코올 발효 초기단계에서 대부분 추출된다. 그리고 알코올 발효가 어느 정도 진행되면 안토시아닌 양은 감소하기 시작한다. 이 단계에서 안토시아닌 추출은 대부분 완료되고, 안토시아닌 농도를 감소시키는 몇 가지의 반응이 일어난다. 이 반응은 고형물 효모, 포도박의 안토시아닌 흡착, 구조 변경 타닌과 안토시아닌 결합, 안토시아닌 파괴 등으로 이루어진다.

으깬 포도를 탱크에 넣으면 처음에는 껍질에서 타닌이 안토시아닌과 함께 추출되지만, 껍질세포에 있는 타닌의 추출은 장기간 지속되지 않는다. 씨의 타닌은 표피가 에탄올에 녹으면서 추출되는데, 이 반응은 알코올 발효 중간에 시작되어 발효 후에도 계속된다. 색도는 초기단계에서 최대에 이르지만, 경우에 따라서 후기에도 증가할 수 있다. 첫 단계에서는 포도에서 색소의 추출과 안토시아닌의 상호착색반응 copigmentation에 따라 달라진다. 두 번째 단계에서 생성된 알코올은 상호착색반응의 결합을 파괴하고, 세 번째 단계에서는 타닌과 안토시아닌의 결합으로 색도가 더 증가할 수 있다. 발효 후기와 발효 후 침출기간에는 추출이 더 깊어지면서 색소의 구조가 변경 타닌의 중합 및 타닌과 안토시아닌의 결합 등 된다. 이 현상은 포도의 종류와 그 구성에 따라 다양한 관능적인 성격을 부여한다.

침출기술의 조절

와인메이커는 포도의 종류와 성숙도에 따라서 다양한 색소 추출 기술을 사용할 수 있다. 완전히 익은 포도로서 페놀의 성숙도가 좋은 것은 비교적 간편하게 페놀 화합물을 추출할 수 있지만, 이상적인 상태가 아닌 경우 몇 가지 보완을 해야 한다. 침출시간의 조절, 껍질 대비 주스 양의 조절, 수분 제거, 아황산 처리, 산소 공급, 색소 추출 효소의 사용, 효모 선별, 온도 조절, 파쇄, 펌핑 오버, 혹은 펀칭 등의 조치를 달리할 수 있다.

- **포도가 건강하고 안토시아닌 함량이 높은 경우** : 발효 전 침출할 때 아황산을 약간 30㎎/ℓ 첨가한다. 이런 와인은 첫 번째 따라내기 때 와인의 색소가 풍부하며, 차후 색깔에도 문제가 없다. 안토시아닌의 추출이 잘 안 되는 것은 아황산을 50~60㎎/ℓ 첨가하여 세포막 투과성을 높여 주고, 알코올 발효를 1~3일 연기시켜 색소가 더 우러나오도록 만든다. 효소를 처리하면 추출률이 높아지나, 마지막 단계에서는 효과가 거의 없다. 이런 포도는 껍질에서 타닌을 추출하는 것이 더 바람직하다.

- **포도가 건강하고 안토시아닌 함량이 낮은 경우** : 이 경우는 안토시아닌 추출이 어렵다. 앞에서 이야기한 여러 방법을 사용하고, 펌핑 오버를 자주 해야 한다. 높은 온도에서 발효, 냉동 추출, 낮은 온도에서 발효 전 침출 등 방법을 사용할 수 있다. 이 모든 조작은 세포를 파괴하여 내용물을 유리시키는 것으로 색깔이 개선되지만, 부정적인 효과도 나올 수 있으므로 조심스럽게 해야 한다.

- **포도가 덜 익고 곰팡이 낀 경우** : 이 경우는 아주 위험한 상황으로 사전에 이 상태가 되지 않도록 조심해야 한다. 안토시아닌의 변질은 피할 수 없고, 라카아제laccase가 있어서 와인의 변질을 일으킬 위험이 있다. 아황산 처리를 해야 하며, 공기 접촉을 최대한 피해야 한다. 머스트를 가열하는 방법이 좋지만 불안정한 콜로이드성 색소물질을 얻을 수 있다.

- **포도 씨의 타닌 함량이 높은 경우** : 알코올 발효 중간부터 끝날 때까지 펌핑 오버를 조심스럽게 해야 한다. 씨에서 너무 많은 타닌이 나와서 와인에 거친 맛을 줄 수 있기 때문이다.

- **포도 씨의 타닌 함량이 낮은 경우** : 이때는 씨에서 나오는 과다한 타닌의 위험성은 없다. 반면 최대한 추출을 하여 타닌의 균형을 맞춰야 한다. 알코올 발효 중간부터 끝날 때까지 펌핑 오버를 자주 하고 높은 온도에서 발효시키고, 발효가 끝난 다음에도 펌핑 오버를 하는 것이 좋다.

일반적으로 색깔이 좋고 균형 잡힌 맛으로 부드럽고 아로마가 많으면서, 거친 맛이 적은 와인을 만들려면 껍질에서 타닌을 많이 추출하는 것이 좋다. 그러나 너무 많이 추출하면 풋내가 많이 난다. 발효 전에 펌핑 오버를 최소화하고, 초기에 추출이 많이 되도록 유도하며, 침출시간을 줄이고 발효온도도 30℃ 이하로 유지하는 것이 좋다.

장기간 숙성시킬 와인을 만들려면 타닌의 짜임새가 좋아야 한다. 그렇지만 너무 거친 맛을 내지 않도록 한다. 이때는 껍질의 타닌이 필요한 만큼 씨의 타닌도 필요하다. 그리고 페놀 화합물의 분자구조는 부드럽게 될 수 있는 구조로 변경되어야 한다. 여기에는 약간의 공기 접촉이 필요하고, 발효 마지막 단계와 발효 후 침출기간에 비교적 높은 온도가 필요하다. 침출기간은 품종에 따라 다르지만 3~4주 정도로서 포도는 질이 뛰어나고 완벽하게 익어야 가능하다. 포도가 덜 익었을 경우는 풋내를 방지하기 위해 이 기간을 줄이고, 과숙된 경우도 씨에서 나온 타닌의 거친 맛을 피하기 위해 이 기간을 줄여야 한다.

고형물 분리_Draining

원하는 색깔과 타닌이 나오면, 껍질과 씨 등 고형물을 분리시키는 작업을 한다. 먼저 중간층의 액을 뽑아내는데, 이렇게 힘을 가하지 않고 자연적으로 유출되는 와인을 '프리 런 와인(free run wine, vin de goutte)'이라 하며, 고급 와인용으로 쓰인다. 그리고 남아 있는 껍질 등 고형물을 착즙시켜 나오는 와인을 '프레스 와인(press wine, vin de press)'이라고 하는데, 이 프레스 와인은 타닌 함량이 많으므로, 분리하여 따로 와인을 만들어, 프리 런 와인에 조금 혼합하거나, 저급 와인을 만든다. 이런 조작을 '고형물 분리(draining, drawing off)'라고 하는데, 머스트에서 와인을 따로 분리하고, 나머지 찌꺼기는 발효탱크 밖으로 꺼내어 착즙하여 다른 곳으로 옮기는 일이다.

고형물 분리 시점

고형물의 분리는 중력의 힘으로 자연스럽게 액을 유출시키고, 남아 있는 고형물을 착즙하는 작업이다. 고형물을 분리하는 시점은 원하는 와인의 타입과 포도의 성숙도에 따라 달라진다. 밀폐된 탱크에서 발효시킨 것은 이 침출기간을 연장시킬 수 있지만, 개방형 탱크의 것은 박테리아 오염 가능성이 있으므로 이 기간을 줄이는 것이 좋다. 1950년대 프랑스에서는 3~4주 정도 침출시켰으나 점차 그 기간이 짧아지고 있는데, 이는 부드러운 와인을 만들고, 오염 가능성을 줄이기 위해서이다. 요즈음 보통 와인은 5~6일, 고급 와인의 경우는 2~3주 정도 걸린다. 이 기간이 오래될수록 와인의 타닌 함량이 증가하지만, 3주 이상 되면 그렇게 많이 증가하지는 않는다. 장기간 침출의 경우는 산화 방지를 철저하게 해야 한다.

착즙

발효탱크에서 프리 런 와인을 분리하고 남은 껍질은 쇠스랑 등으로 꺼내어 착즙기로 보내는데, 스크루를 사용하는 것보다는 컨베이어 벨트를 사용하는 것이 껍질의 손상이 적다. 와이너리는 프리 런 와인의 이동, 고형물 분리, 껍질 이동 등이 쉽도록 레이아웃을 잘해야 하며, 위생적으로 처리할 수 있어야 한다.

발효가 끝난 껍질은 발효 전 상태보다 훨씬 민감하므로 기계적인 손상이 없도록 조심해야 한다. 이때 껍질이 뭉개지면 부유물질이 많아져 와인이 혼탁해지고, 쓴맛이 나며, 색깔도 옅어지며, 산화 가능성도 커진다. 프레스 와인은 장차 프리 런 와인과 혼합하므로 프레스 와인의 질도 중요하다. 아예, 발효탱크에서 두 가지를 섞은 다음 펌프로 착즙기에 보내는 방법도 있지만 풋내 등이 생겨 와인의 질을 떨어뜨린다. 질 좋은 와인을 얻기 위해서는 프리 런 와인을 분리하고 껍질을 수동으로 꺼내어 조심스럽게 착즙해야 한다. 착즙기는 여러 가지 형태가 있지만, 공기 압력을 이용하여 멤브레인을 부풀려 압력을 가하는 방식이 껍질에 손상이 가지 않고 가장 좋다.

프레스 와인의 조성과 사용

껍질을 착즙하여 나온 와인을 '프레스 와인(press wine)'이라고 하는데, 전체 와인의 15% 정도 된다. 발효탱크 내용물을 펌핑 오버로 균질화하고 포도의 파쇄가 적당하게 잘 된 경우에는, 처음에 별로 힘을 가하지 않고도 쉽게 나오는 프레스 와인(10%)도 프리 런 와인과 비슷하며, 나중에 상당한 힘을 가해서 나오는 프레스 와인(5%)은 쓰고 풋내가 나므로 따로 분리하여 저급 와인을 만들거나 증류한다.

[표 8-7] 프리 런 와인과 프레스 와인의 성분 비교

성 분	프리 런 와인	프레스 와인
알코올 농도(%)	12.0	11.6
환원당(g/ℓ)	1.9	2.6
불휘발분(g/ℓ)	21.2	24.3
총 산도(g/ℓ)	4.94	5.46
휘발산(g/ℓ)	0.43	0.55
총 질소(g/ℓ)	0.28	0.37
총 페놀 화합물(과망간산지수)	35	68
안토시아닌(g/ℓ)	0.33	0.40
타닌(g/ℓ)	1.75	3.20

프레스 와인에는 알코올을 제외한 나머지 성분이 프리 런 와인보다 더 많이 들어 있다. 좋은 지역에서 고급 포도를 사용하여 나온 프레스 와인은 방향 성분이 많고, 고급 타닌이 나오므로 프리 런 와인과 블렌딩하는 데 사용되지만, 보통의 것은 불쾌한 쓴맛과 향이 있으므로 증류하여 브랜디를 만든다. 프레스 와인은 포도의 종류, 지역에 따라 질이 다르기 때문에 휘발산 함량, 타닌 함량을 측정하고, 테이스팅을 해서 다음과 같이 사용 여부를 결정해야 한다.

오염되지 않고, 당이 적고, 사과산이 없으며, 맛이 좋은 경우는 즉시 프리 런 와인과 섞는다. 오염되지 않았지만 떫고 거친 경우는 겨울을 넘긴 다음에 정제하여 사용한다. 잔당이 있고 사과산이 있는 경우는 발효가 끝날 때까지 관찰하면서 기다려 보고, 조건을 참작하여 블렌딩한다. 휘발산이 높고 맛이 좋지 않을 경우는 증류하여 브랜디를 만든다.

분리한 와인의 처리

분리한 와인에 당이 남아 있다면 알코올 발효를 끝낼 수 있어야 하고, 이어서 말로락트발효를 완결시킬 수 있어야 한다. 유출된 액을 적절한 용기에 넣고 일정 온도를 유지시켜야 알코올 발효가 종료될 수 있다. 너무 작은 용기에 넣으면 늦가을에는 온도가 급격하게 떨어질 수 있으므로 발효 종료와 말로락트발효가 곤란해진다. 전통적으로 유럽에서는 이렇게 따라낸 액을 작은 오크통에 넣었지만, 오크통은 완벽한 밀폐가 어렵기 때문에 콘크리트나 스테인리스스틸 탱크를 이용하기 시작한 것이다. 와인을 이런 큰 탱크에 가득 채우고 밀폐시켜서 나머지 발효를 완료하고 작은 오크통에서 숙성시킨다.

분리한 와인을 바로 작은 오크통에 넣으면 통마다 품질이 다르기 때문에 발효 양상도 제각기 달라진다. 포도의 파쇄 정도가 약하거나 펌핑 오버가 부족할 경우는 통마다 차이가 더 심하다. 그러므로 발효 끝난 와인을 오크통에 넣기 전에 먼저 대형 탱크에서 혼합하여 품질을 균일하게 한 다음에 작은 오크통에 넣는 것이 좋다. 이렇게 서로 다른 단계에서 나온 와인을 큰 탱크에서 혼합시키면 다음과 같은 이점이 있다. 첫째, 색깔, 폴리페놀, 찌꺼기 함량 등이 각기 다른 와인이 혼합되는 기회를 얻게 되고, 둘째는 효모와 박테리아가 퍼져서 다음 발효가 쉽고, 셋째는 작은 통보다는 급격한 온도 저하가 일어나지 않는다. 네 번째로 작은 통에서 각각 발효상태를 점검하는 것보다 큰 탱크에서는 한번에 모든 일을 끝낼 수 있다.

새 와인은 저장방법에 따라 여러 가지 양상을 보일 수 있다. 큰 탱크에 저장하면 청징작업이 느리고 어려우며, 탄산가스가 오랫동안 남아 있고, 황화수소나 머캅탄 등 환원된 향이 난다. 그래서 요즈음은 다시 작은 오크통에 바로 넣는 경우도 있다. 오크통에서 말로락트발효를 하면 더 복합적인 향을 얻고 오크 향이 좋아지고, 이 단계에서 필요한 공기 공급이 자동적으로 이루어진다. 아황산은 다음 발효를 위해서 첨가하지 않지만, 산화적 변질, 박테리아 오염 등 우려가 있을 때는 첨가한다.

산화적 변질

곰팡이 낀 포도가 어느 정도 혼입된 포도로 담근 와인은 발효 중 침출기간 중에 샘플을 채취하여, 공기와 접촉시킨 다음 어떻게 변하는지 관찰해야 한다. 발효 중인 와인 샘플을 채취하여 잔에 반쯤 채우고 12시간, 즉 저녁부터 아침까지 공기와 접촉시킨다. 이때 색깔이 변하거나 혼탁이 일어나거나 침전이 형성되거나 선명한 색깔을 잃고 갈색을 띠거나 표면에 막이 형성되면, 이는 산화적 변질로서 공기 중에서 다루면 위험할 수 있다. 이런 머스트는 장기간 침출할수록 곰팡이나 아이오딘과 같은 나쁜 냄새를 풍기므로, 바로 고형물을 분리하고 아황산을 30~50mg/ℓ 처리하면 산화를 방지할 수 있다. 24~48시간 후에 이런 현상이 일어나면 심각한 상태는 아니므로 공기만 피하면 된다.

지역별 발효방법

와인의 타입과 명성에 따라 아직도 전통적인 양조방법을 고수하는 곳이 있지만, 오늘날에는 기술이 점차적으로 개선되고 있다. 레드 와인은 파쇄를 너무 하지 않고, 위생적이고 밀폐된 용기를 사용하고, 침출기간을 단축하는 경향으로 가고 있다. 보통, 온도관리로 발효과정을 조절하고, 말로락트발효로 산도를 떨어뜨린다.

보르도 고급 와인의 발효는 포도를 모두 제경하여 파쇄를 가볍게 하며, 아황산은 약 50mg/ℓ 정도 첨가하며, 펌핑 오버, 28~30℃에서 발효, 침출기간은 발효 종료 이후까지 진행하면서 테이스팅을 하면서 고형물 분리시기를 결정한다. 그리고 바로 말로락트발효를 하기 위해 다른 탱크로 이동시킨다. 이러한 방법은 세계적으로 고급 와인을 생산하는 곳이면 공통으로 사용되는 방법이다.

부르고뉴는 정착된 방법이 드물고, 와이너리에 따라서 양조방법에 많은 차이를 보인다. 열매자루를 완벽하게 제거하는 곳이 있는가 하면, 열매자루를 일부 넣어서 발효시키는 곳도 많다. 보통 열매자루는 70~80% 정도 제거하며, 침출기간 중에 펌핑 오버보다는 주로 펀칭하는 방법을 사용하며, 두 가지 방법을 병용하는 곳도 많다. 아황산은 50mg/ℓ 정도 첨가하고, 발효온도는 30~32℃ 정도로 한다.

제9장 말로락트발효와 젖산균

제9장 말로락트발효(Malolactic fermentation, *Malolactique*)와 젖산균

레드 와인은 알코올 발효를 끝내고 탱크에서 꺼내어 착즙시킨 것으로 완성되는 것이 아니다. 당이 알코올로 전환되고 그 다음에 품질에 중요한 영향을 주는 느린 발효가 일어난다. 이 발효가 끝나야 와인은 최상의 품질과 생물학적인 안정성을 얻게 된다. 이 반응은 와인의 품질을 향상시키고 산도가 낮아지면서 부드러워져 훨씬 좋아지므로 고급 와인에서 숙성의 첫 단계라고 할 수 있다.

말로락트발효의 개요

개요

말로락트발효는 사과산(malic acid)이 젖산(lactic acid)으로 변하면서 산도가 낮아지므로, 일조량이 부족하여 해마다 산도가 높은 와인을 생산하는 독일, 스위스에서 19세기 말 처음 보고되었고, 프랑스에서는 20세기 초에 인식하기 시작하였다. 이 발효의 원리가 확실하게 밝혀진 것은 20세기 중반으로 비교적 최근의 일이다. 즉, 알코올 발효의 원리가 밝혀진 훨씬 뒤의 일로서 파스퇴르시대 이후에 인식된 것이다. 발효의 원리를 밝힌 파스퇴르도 "효모는 와인을 만들고, 박테리아는 이를 훼손시킨다."라고 했을 정도로 예전에는 와인에서 박테리아가 해롭다는 인식이 지배적이었지만, 와인에서 박테리아가 향미의 발전에 기여한다는 사실이 밝혀진 것이다.

이 발효는 인식하지 못하는 사이에 자발적으로 일어나기 때문에 면밀한 관찰이 없이는 파악하기 힘들어 처음에는 잘 알려지지 않았지만, 사과산이 발효된다는 사실을 인식하고 인위적으로 조절하기 시작하였다. 1960년대까지만 하더라도 체계적인 진행을 하는 곳이 많지 않았고, 양조학적인 측면에서도 오랫동안 '오염'으로 인식하고 있었다. 이 발효는 고급 레드 와인에 아주 중요한 것으로 와인의 산도를 낮추고, 향미를 개선하며, 생물학적인 안정성을 부여한다. 보통은 알코올 발효의 마지막 단계에서 일어나거나, 착즙 후 다른 탱크로 옮긴 다음에 일어나지만, 당분이 없는

데도 겨울에 서서히 진행될 수도 있으며, 심지어는 다음해 봄에 온도가 올라가면서 발효가 일어나기도 한다. 시기적으로 알코올 발효가 끝난 직후에 일어나는 것이 바람직한 결과를 얻을 수 있으므로, 알코올 발효와 같이 그 원리를 알고 인위적으로 그 진행과정을 유도할 수 있어야 한다.

말로락트발효의 원리

말로락트발효(malolactic fermentation, 이하 MLF)는 젖산박테리아가 와인에 있는 사과산(malic acid)을 젖산(lactic acid)과 탄산가스로 변화시키는 반응이다. 탄산가스가 방출되기 때문에 얼핏 발효라는 인상을 줄 수 있지만, 엄밀히 말한다면 발효과정이 아니기 때문에 전환(conversion)이라는 표현이 더 적합하다. 이 발효가 끝나면 와인의 산도가 낮아지고, 젖산 때문에 맛이 부드러워지면서 향기도 변하여 훨씬 세련된 와인의 향미를 얻는 긍정적인 결과가 된다.

MLF는 산도를 감소시키는 목적이 크지만, 머스트의 산도가 너무 높아 1.2~1.5% 이상이 되면 MLF가 일어나지 않는다. 보통 MLF를 거치면서 산도는 0.8~1.0%에서 0.5~0.6%까지 떨어지는데, 이는 사과산의 감소로 인한 것이며 반면, 젖산의 농도는 높아진다. 이를 식으로 표현하면 다음 그림과 같다.

$$사과산(malic\ acid) \quad \rightarrow \quad 젖산(lactic\ acid) \quad + \quad 탄산가스(carbon\ dioxide)$$
$$HOOC-CH_2-CH(OH)-COOH \rightarrow CH_3-CH(OH)-COOH + CO_2$$
$$1g \qquad\qquad 0.67g \qquad\qquad 0.33g(165m\ell)$$

[그림 9-1] 말로락트발효의 반응

사과산은 두 개의 카복시기(-COOH)를 가지고 있으나 젖산은 한 개만 가지고 있기 때문에 사과산이 젖산으로 변하면 전체적인 산도가 떨어지게 된다. 즉, 사과산의 일부가 젖산으로 변하고, 나머지는 탄산가스로 변하여 날아가 버린다. MLF는 휘발산을 약간 상승시키는데, 이는 젖산균(특히 cocci)이 당이나 구연산을 변화시켜 초산 등을 생성하기 때문이다. 그러므로 와인에 구연산을 첨가하는 것은 바람직하지 못하다.

원래 머스트나 영 와인에 박테리아가 있으면 병든 것이라고 인식하였지만, MLF가 끝나지 않는 한 와인에 박테리아가 존재할 수 있다. 그러나 MLF가 끝나면 더 이상 박테리아가 존재해서는 안 된다는 사실이 매우 중요하다. 그리고 사과산은 생물학적인 분해가 잘 일어나기 때문에 완성된 와인에 사과산이 남아 있는 것도 위험하다. 당분이 완전히 소모된 다음에 이 반응이 일어나야 향미를 손상시키는 부산물이 생성되지 않는다. 박테리아가 잔당을 공격하면 휘발산을 비롯한 좋지 않은 물질이 생성되기 때문이다. MLF가 끝난 다음에도 젖산균은 오탄당, 글리세롤, 주석산을 공격하여 와인에 질병을 일으킬 수 있다. 다행히 젖산균은 사과산을 좋아하기 때문에 이 반응을 잘 유도하여 원하는 방향으로 가도록 조건을 조성해야 한다.

중요한 것은 이 과정을 영 와인 상태에서 재빠르게 진행시켜야 한다는 점이다. 알코올 발효가 끝난 직후, 추워지기 전에 완료하여 다음해 봄에 새로운 박테리아의 활동을 방지하여 와인을 완성시켜야 하며, 레드 와인에서는 이 두 가지 발효가 모두 완벽하게 끝나야 안정이 된다.

MLF는 다음과 같은 조건을 충족시켜야 한다. 첫째, 효모는 당을 발효시키고, 박테리아는 사과산을 발효시켜야지, 박테리아가 당분이나 기타 성분을 공격해서는 안 된다. 둘째, 당과 사과산이 사라지면 생물학적으로 반응이 완료된 것이므로, 나머지 미생물은 아황산 처리, 따라내기, 여과, 정제, 필요하면 살균 등으로 제거한다. 셋째, 당과 사과산은 초기에 없애는 것이 좋다. 이들이 존재하면 언젠가 발효가 일어날 수 있는 가능성이 있으므로 미리 위험한 기간을 줄여야 한다. 즉, 효모나 박테리아가 증식하면서 당이나 다른 성분을 변화시킬 수 있는 기회를 줄여야 한다. 아황산이 부족하면 바로 이런 현상이 일어날 수 있다. 이렇게 생물학적으로 안정성을 얻지 않는 한 박테리아와 효모는 다시 활동을 할 수 있다.

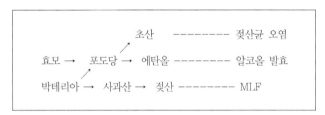

[그림 9-2] 발효 중 미생물의 작용에 따른 변화

결론적으로 모든 조건을 유리한 방향으로 흐르도록 조절해야 하며, 될 수 있는 한 위험한 기간을 단축시켜 빨리 끝내야 한다. 이 기간이 연장되면 와인의 불안정한 기간이 연장된다는 뜻이고, 결국 와인을 버릴 수 있는 위험성이 커진다. MLF가 끝나야 그 후 와인 저장에 안정성을 가질 수 있기 때문에 사과산을 없애지 않으면 정제, 안정화 작업에 위험이 따른다. 그러므로 머스트의 사과산과 젖산의 양을 잘 알고 있어야 한다. 사과산의 양은 페이퍼크로마토그래피(paper chromatography)로 간편하게 측정(20장 참조)할 수 있다.

향미의 개선

MLF는 생물학적인 감산효과와 산의 전환으로 맛을 개선시킨다. 부드러움에 현저한 차이가 나서 결국 미각적인 면이 개선된다. 사과산의 신맛이 젖산의 신맛으로 대체되고 사과산 1g이 젖산 0.67g이 됨으로써 산이 감소된다. 이렇게 해서 새로운 와인의 딱딱한 맛이 부드럽게 되고, 색깔

은 신선한 붉은색이 조금 없어진다. 아로마도 변하여 포도 향이 사라지지만 부산물로서 와인에 바디를 형성하는 젖산 에틸(ethyl lactate), 아로마의 복합성에 기여하는 다이아세틸(diacetyl, 4mg/ℓ 이상이면 버터 냄새), 히스티딘(histidine)의 탈탄산반응으로 히스타민(histamine)이라는 독성물질 등도 형성하며, 그 외에 아세토인(acetoin), 부탄다이올(2,3-butanediol), 휘발성 에스터(volatile ester) 등이 생성되어 훨씬 풍부하고 복합적인 향으로 바뀐다.

모든 와인이 MLF를 거치면서 좋아지는 것은 아니다. 드라이 화이트 와인은 아로마, 산도, 알코올 균형이 중요하며, 오히려 산도가 낮아지면 신선도가 더 떨어질 수 있다. 그러나 산도가 지나치게 강한 와인이 나오는 지역인 샹파뉴, 부르고뉴, 스위스 등 지역의 것은 MLF를 거치지만, 독일과 오스트리아는 주로 화학적인 방법으로 감산을 한다. 또 더운 지역에서 나오는 산도가 낮은 와인의 경우에 MLF를 하면 신선도가 떨어진다. 그러므로 품종과 지역 그리고 와인 스타일에 따라 MLF 실행 여부를 결정한다. 레드 와인과 샴페인, 고급 화이트 와인에서는 필수적이지만, 보통의 화이트 와인은 하지 않는다.

[표 9-1] MLF 전후 와인의 성분 변화

	전	후	차이
총 산	100	78	−22
휘발산	4.3	5.6	+1.3
고정산	96	73	−23
사과산	48	8	−40
젖 산	1.4	20	+19

젖산박테리아_Lactic acid bacteria

젖산박테리아는 사과산을 젖산으로만 변화시키는 것이 아니고, 포도당이나 유기산 및 기타 성분을 발효시키는 미생물로서 젖산뿐 아니라 균의 종류에 따라 여러 가지 부산물로서 알코올, 초산 등 우리가 원하지 않는 성분도 생성한다. 그러므로 젖산박테리아의 종류별 속성과 그 발효조건을 파악하여 우리가 원하는 반응(사과산을 젖산으로 변화)을 일으켜 향미와 안정성을 개선하는 발효가 되도록 유도할 수 있어야 한다.

젖산박테리아의 분류

젖산박테리아는 원핵세포를 가진 하등미생물로서 그람 양성균이며, 주로 포도당을 대사하여 젖산을 생성한다. 젖산박테리아는 현미경(900~1,500배)으로 보면 여러 가지 형태를 보이는데, 구균(cocci)은 0.4~1.0㎛, 간균(bacilli)은 두께 0.5㎛, 길이 2~5㎛ 정도의 크기를 가지고 있다.

MLF를 하는 박테리아는 초기에 오염을 일으키는 다른 젖산균과 현미경으로 구분이 쉽지 않다. 게다가 당분이 있고, pH가 높은 경우는 MLF 박테리아 자체가 오염의 원인이 된다. 세포의 형태와 성질 즉 생리학적·형태학적·분류, 종, 속 등을 파악해야 순수 MLF를 일으키는 박테리아의 구분이 가능하다. 이러한 여러 가지 균 때문에 알코올, 초산, 글리세롤, 만니톨, 다가알코올, 탄산가스 등이 나온다. 그리고 이러한 균의 분포는 기후, 풍토, 머스트의 산도에 따라

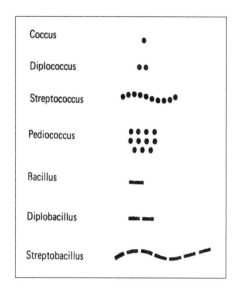

[그림 9-3] 여러 가지 형태의 젖산박테리아

달라질 수밖에 없다. 젖산박테리아는 생리적으로 다음과 같이 두 종류로 나뉜다.

- **호모(Homo)형 발효균** : 포도당에서 젖산만을 생성하는 박테리아로 포도당 1분자에서 2분자의 젖산을 생성한다. $C_6H_{12}O_6$(포도당) → $2CH_3CH(OH)COOH$(젖산)

- **헤테로(Hetero)형 발효균** : 포도당에서 젖산 외 탄산가스, 에탄올, 초산 등을 생성한다.
  $C_6H_{12}O_6$(포도당) → $CH_3CH(OH)COOH$(젖산) + CH_3CH_2OH(에탄올) + CO_2(탄산가스)

젖산박테리아는 류코노스톡(Leuconostoc, 헤테로형), 페디오코쿠스(Pediococcus, 호모형), 락토바실루스(Lactobacillus, 호모, 통성 헤테로, 헤테로형) 등이 있지만, 호모형 발효를 하는 락토바실루스(Lactobacillus)는 와인에 존재하지 않는다. 젖산박테리아는 종류에 따라 MLF 행동양식이 다르고, 전개과정에서 다른 결과를 나타낼 수 있으며, 와인 저장 중에도 그 성질에 따라 다른 방향으로 발전할 수도 있기 때문에 젖산박테리아를 성질에 따라 분류하여 그 동태를 파악하는 일은 아주 중요하다. 와인메이커는 이러한 일련의 미생물군의 성질을 실험으로 확실하게 파악하는 것이 중요하며, 이런 박테리아 이름이 효모만큼 친숙해져야 한다. 일반적으로 류코노스톡 오에노스(Leuconostoc oenos/Oenococcus oeni)가 부작용이 적어서 잘 쓰인다.

- **류코노스톡(Leuconostoc)속** : 비운동성, 무포자 세균으로 지름 0.5~0.7㎛, 길이 0.7~1.2㎛,이며, 구형 혹은 약간 긴 막대모양이다. 짝을 이루거나 짧은 체인을 형성한다. 통성 혐기성으로 포도당에서 탄산가스, 젖산, 에탄올을 형성한다. 류코노스톡 오에노스(Leuconostoc oenos/Oenococcus oeni)가 구연산을 분해하여 다이아세틸과 아세토인을 생성하며, 다른 젖산균 또는 다른 미생물보

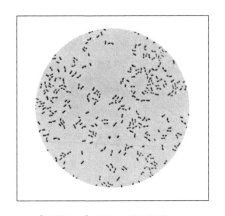

[그림 9-4] 류코노스톡 오에노스
(*Leuconostoc oenos*)
현미경 사진(1,200배)

다 빨리 발효를 시작하여, 다른 잡균을 저지할 정도의 산물을 생성하여 변패를 방지하므로 유제품 발효의 초기 배양체로 사용돼 왔다. 산에 저항성이 강하여(pH 3.0~3.5에서 활성), 산이 충분할 때는 당을 이용하지 않고, 사과산을 먼저 분해한다. 호기적 상태에서 당을 분해하여 젖산뿐 아니라 초산을 생성하지만, 알코올 발효 후 혐기적 상태에서는 부산물로 초산이 아닌 에탄올을 생성한다.

● 페디오코쿠스(*Pediococcus*)속 : 비운동성, 무포자 세균으로 지름 1~2㎛이며, 분리된 구형이고 체인을 형성하지 않는다. 통성 혐기성으로 포도당에서 젖산을 생성하지만 탄산가스는 생성하지 않는다.

● 락토바실루스(*Lactobacillus*)속 : 비운동성, 무포자 세균으로 0.5~1.2㎛ × 1.0~10㎛이며, 막대 모양이다. 통성 혐기성으로 포도당 대사산물의 1/2 이상이 젖산이며, 헤테로형은 초산, 에탄올, 탄산가스를 생성한다.

[표 9-2] 젖산균의 종류

간균	통성 헤테로형	*Lactobacillus casei*
		Lactobacillus plantarum
	편성 헤테로형	*Lactobacillus brevis*
		Lactobacillus hilgardii
구균	호모형	*Pediococcus damnosus*
		Pediococcus pentosaceus
	헤테로형	*Leuconostoc oenos*
		Leuconostoc mesenteroides

젖산박테리아의 분포

젖산박테리아는 수확기 때 익은 포도에서 효모, 곰팡이 등과 함께 발견된다. 그러나 이 박테리아를 발견할 확률은 불규칙적이다. 그래서 MLF 양상은 해마다 달라질 수밖에 없다. 그리고 와이너리 내에서도 발견되기 때문에 용기의 멸균에 세심한 주의가 필요하다. 이렇게 포도나 와이너리 설비 등에서 박테리아가 유입되지만, 머스트의 낮은 pH, 고농도 알코올, 효모와 경쟁 등에서 살아남아야 한다. 대개, 알코올 발효 끝 무렵에 아황산이 없으면 MLF를 일으킬 정도의 박테리아는 살아남는다. 저장 중에도 박테리아는 오탄당(pentose), 주석산, 글리세롤 등을 공격하여 휘발산을 증가시킬 수도 있다.

와인에서 박테리아는 부반응으로 향미에 도움을 주는 경우도 있지만, 박테리아는 MLF에만 이롭고, 항상 해롭다는 인식을 하고 있어야 한다. MLF 박테리아는 산에 저항성이 강해서 산이 충분할 때는 당을 공격하지 않고 사과산부터 먼저 변화시키고 휘발산을 거의 생성하지 않지만, 반대로 오염을 일으키는 젖산균은 산도가 낮을 때 당이나 다른 성분을 먼저 공격하여 휘발산을 증가시킨다. 즉 다음과 같이 두 종류의 반응으로 나눌 수 있다.

먼저 사과산을 분해하고, 다음으로 당과 구연산 등을 공격하지만, 주석산과 글리세롤은 공격하지 않는 정상적인 MLF 박테리아로서, 발효가 중단되어 단맛이 있는 와인일 경우만 손상시킨다. 그러니까 이 박테리아는 아황산이 없고 당이 남아 있고 pH가 높을 때만 위험하다. 또 한 종류는 먼저 오탄당(pentose), 주석산, 글리세롤 등을 분해하는 것으로 그 존재도 일정하지 않다. 이 박테리아는 정상적으로 발효되었더라도 오염을 시킬 수 있다. 와인을 취급하는 데 주의해야 할 균이며 미리 막아야 한다.

그러므로 이상적인 MLF 박테리아는 다른 성분은 공격하지 않고 사과산만 공격해야 하지만, 사실상 이런 박테리아는 존재하지 않는다. 그러나 종의 성질, 조건, 특히 당의 존재에 따라 정도가 달라지므로 원하는 성질을 가진 박테리아의 선택과 파악이 중요하다.

젖산박테리아의 대사

당 대사

- **육탄당의 호모형 발효** : 대부분의 육탄당 특히, 포도당을 젖산으로 전환시킨다. 포도당을 해당작용을 통해 피루브산으로 전환시킨 다음, 해당작용에서 생성된 NADH + H^+를 이용하여 피루브산을 환원시켜 젖산으로 만든다. 호모형 젖산발효는 포도당에서 젖산만 생성하지만, 혐기적 조건이나 포도당의 양이 제한될 경우는 락토바실루스 카세이(Lactobacillus casei)와 같은 호모형 젖산발효 박테리아는 젖산을 적게 생성하고 초산, 폼산(formic acid), 에탄올 등을 생성할 수도 있다.

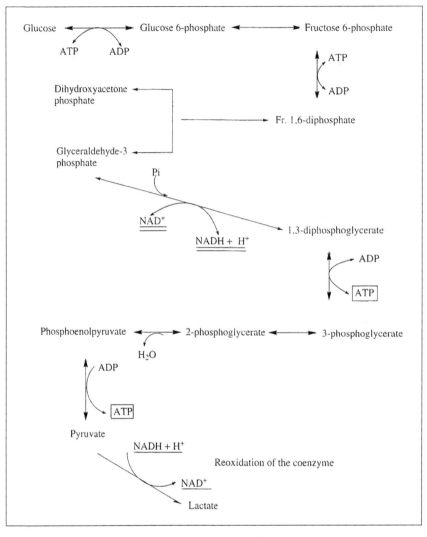

[그림 9-5] 포도당의 호모형 발효

- **육탄당의 헤테로형 발효** : 이 발효에서는 젖산뿐 아니라 탄산가스, 초산, 에탄올까지 생성된다.
  해당작용에서 포도당이 포도당-6-인산glucose-6-P으로 되었다가, NADP$^+$의 산화작용으로 글
  루콘산-6-인산gluconate-6-P이 되고, 또다시 NADP$^+$의 산화와 탈탄산반응으로 리불로오스
  -5-인산ribulose-5-P이 된다. 다음에 자일룰로스-5-인산xylulose-5-P이 되었다가 이것이 둘
  로 나뉘어 각각 아세트인산acetyl-P과 글리세르알데히드-3-인산glyceraldehyde-3-P이 되
  어, 아세트인산은 에탄올이 되고, 글리세르알데히드-3-인산은 호모형 대사와 동일한 과정
  을 거쳐 젖산을 생성한다. 조건에 따라 아세트인산에서 초산이 생성될 수도 있다. 류코노스
  톡Leuconostoc속은 약호기성 상태에서는 젖산과 에탄올을 생성하고, 호기성 상태에서는 젖산과

초산을 생성한다. 혐기적인 조건에서는 NADH 산화효소가 NAD를 생성하지 못하지만, 다른 경로에서 재산화가 되면 에탄올 생성량이 감소하고 초산 생성량이 증가한다. 이 반응은 호기성 조건이나 환원될 수 있는 물질이 있을 때 일어난다.

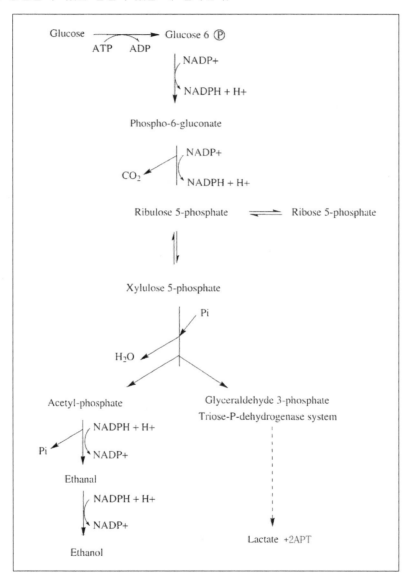

[그림 9-6] 포도당의 헤테로형 발효

- **오탄당 대사** : 락토바실루스(*Latobacillus*), 페디오코쿠스(*Pediococcus*), 류코노스톡(*Leuconostoc*)에 속한 몇 가지 좋은 리보오스(*ribose*), 아라비노스(*arabinose*), 자일로스(*xylose*) 등의 오탄당을 호모형 혹은 헤테로형 발효를 거쳐 젖산으로 변화시킨다. 리보오스가 ATP를 소모하면서 리보오스

5-인산ribose 5-P이 되고, 이어서 리불로오스-5-인산ribulose 5-P으로 변하면서 헤테로형 젖산발효와 동일한 경로를 밟는다. [그림 9-7]과 같이, 오탄당 발효는 젖산과 함께 항상 초산을 생성한다. 육탄당의 헤테로형 젖산발효 박테리아 역시 초산을 생성하지만, 생성물을 변화시키는 경로라고 할 수 있다.

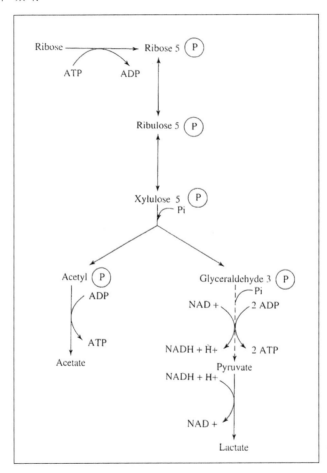

[그림 9-7] 젖산박테리아의 오탄당 발효

유기산 대사

박테리아는 와인에 있는 두 가지 유기산 즉 사과산과 구연산을 분해시킨다. 기타 다른 산 역시 분해되지만 양조학적인 중요성이 낮고 다만 주석산 분해에 대해서 약간의 연구가 있을 뿐이다.

- **사과산의 전환** : 와인에서 사과산이 젖산으로 변하는 반응은 대사경로를 거치지 않고 바로 탈탄산반응으로 이루어진다. 이때 반응에 참여하는 효소를 말로락틱 효소malolactic enzyme라고

하는데, 1975년 락토바실루스 플란타룸(*Lactobacillus plantarum*)에서 처음 분리되었다. 그 후 여러 가지 균주에서 이 효소가 분리되어, 류코노스톡 메센테로이데스(*Leuconostoc mesenteroides*), 류코노스톡 오에노스(*Leuconostoc oenos*) 등은 이 효소를 내놓을 수 있다. 그러나 추출한 효소를 바로 투입하면 산, 알코올, 폴리페놀 등의 방해를 받기 때문에 사과산을 변화시키지 못한다. 이는 MLF가 방해요소가 없는 박테리아 세포 내에서 일어나기 때문이다. 사과산의 분해력은 세포 내 이전 속도에 제한을 받는다. 이 효소의 적정 pH는 6.0이지만, 류코노스톡 오에노스(*L. oenos*) 세포의 pH는 3.0~3.5 근처로서 이 pH에서 사과산의 세포 내 이전 속도가 빠르기 때문에 더 잘 된다.

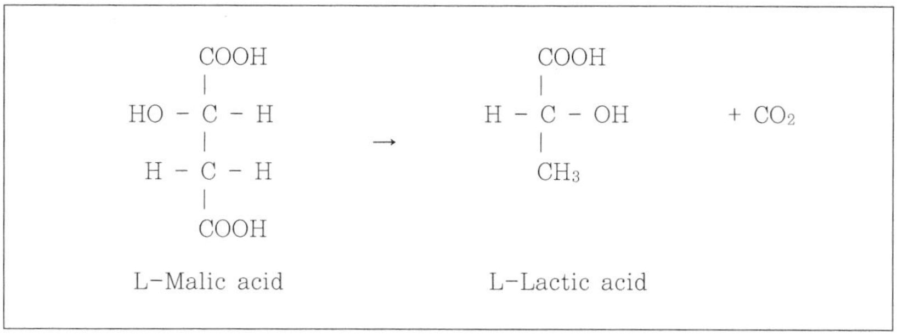

[그림 9-8] 말로락트발효 반응식

- **구연산 대사** : 와인에서 발견되는 락토바실루스 플란타룸(*Lactobacillus plantarum*), 락토바실루스 카세이(*Lactobacillus casei*), 류코노스톡 오에노스(*Leuconostoc oenos*), 류코노스톡 메센테로이데스(*Leuconostoc mesenteroides*) 등은 구연산을 신속하게 이용하며, 페디오코쿠스(*Pediococcus*) 속과 락토바실루스 힐가르디이(*Lactobacillus hilgardii*), 락토바실루스 브레비스(*Lactobacillus brevis*) 등은 구연산을 이용하지 못한다. 구연산을 이용하지 못하는 균은 구연산 분해효소(citrate lyase)가 없기 때문이다.

　구연산 대사를 통하여 생성되는 물질은 다양하여, 피루브산에서 호박산, 폼산 등을 생성할 수 있으며, 아세토인(acetoin), 다이아세틸(diacetyl), 부탄다이올(2,3-butanediol) 등이 생성되면서 관능적인 면에도 영향을 끼친다. 그리고 지방산 형성은 물론, 어떤 조건에서든지 가장 영향력이 큰 초산을 생성한다. 포도당이 제한된 조건에서, pH가 낮고 성장 방해요소가 있으면 구연산은 아세토인(acetoin)이 된다. 반대로 조건이 좋으면 피루브산은 지방산 합성에 이용되고, 다량의 초산을 생성한다. 실험 배지에서 류코노스톡은 pH 4.8에서 구연산 1몰로 초산 2몰을 형성하고, pH 4.1에서는 1.2몰의 초산을 형성한다는 보고가 있다.

　다이아세틸은 보통 화이트 와인에 2~3mg/ℓ, 레드 와인에는 5mg/ℓ 정도 있지만, 구연산 대사를 거치면서 다이아세틸 함량이 10mg/ℓ가 될 수 있다. 이 이상의 함량이면 와인에 버터 냄새

가 나면서 와인의 질을 떨어뜨린다. 그리고 다이아세틸은 알코올 발효에서도 생성되므로 MLF 조건, 구연산 함량, 균주에 따라 다이아세틸 함량이 결정된다.

구연산의 분해는 사과산 분해와 동일한 시기에 시작되지만 훨씬 속도가 늦기 때문에, MLF 이후에도 남아 있을 수 있다. 와인에 구연산이 남게 되면 특히, 잔당이 있는 경우는 박테리아의 생존인자가 되므로 사과산 대사 때 모두 제거하는 것이 바람직하다.

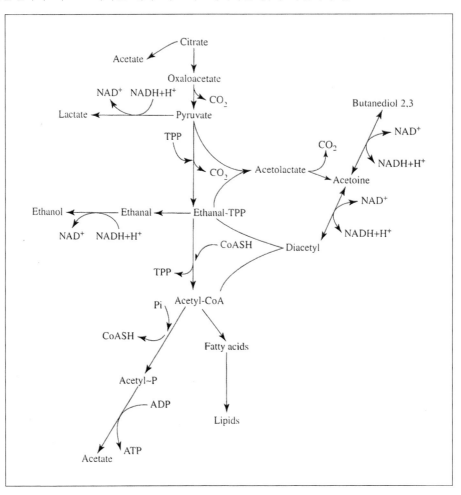

[그림 9-9] 젖산박테리아의 구연산 대사

- **주석산 대사** : 젖산박테리아의 주석산 분해는 사과산이나 구연산 대사와 다른 것으로 오염으로 봐야 한다. 이것을 파스퇴르는 '투른(*tourne*)'이라고 했다. 아주 위험한 것으로 와인에 필수성분인 주석산 함량이 낮아지고 휘발산 증가를 수반한다. 일부 혹은 전부가 될 수 있지만 와인의 질을 떨어뜨리는 것은 분명하다.

　　　이런 오염은 흔하지 않은데, 주석산을 분해하는 박테리아가 그렇게 많지 않기 때문이다.
이 종류의 박테리아는 주로 락토바실루스 계통이다. pH가 높으면 잘 생기며, 산도가 높은 와인에
서는 잘 일어나지 않는다. 이 박테리아는 아황산에 약하므로 이황산 처리와 와이너리 위생처리를
잘 하면 충분히 방지할 수 있다.

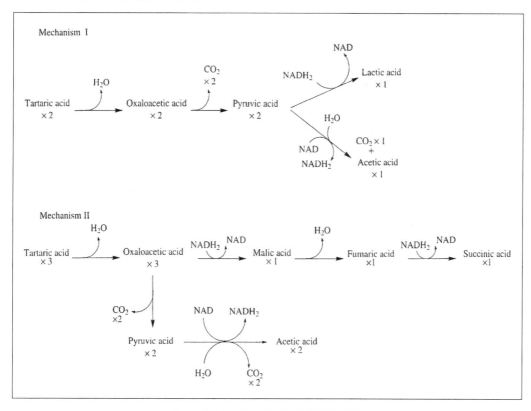

[그림 9-10] 젖산박테리아의 주석산 대사

기타 성분의 대사

- **글리세롤(Glycerol)의 분해** : 글리세롤은 와인의 주성분으로서 맛에 기여하는 면이 크기 때문에
  글리세롤의 분해는 와인의 품질을 떨어뜨리는 요인이 된다. 일부 젖산박테리아는 글리세롤 탈
  수효소(glycerol dehydratase)를 이용하여 글리세롤을 베타 하이드록시프로피온알데히드
  (β-hydroxypropionaldehyde)로 변화시킨다. 이 물질은 아크롤레인(acrolein)의 전구물질로서 아크롤레
  인은 와인을 가열하거나 천천히 숙성시킬 때 형성되는 물질이다. 그리고 아크롤레인과 타닌이
  결합하면 쓴맛이 난다. 그러나 이 효소를 가진 박테리아가 많지 않기 때문에 이 오염은 흔하지
  않다.

- 히스티딘(Histidine)의 탈탄산반응 : 와인의 아미노산인 히스티딘이 탈탄산반응으로 독성 있는 농도는 낮지만 생체 아민인 히스타민이 되는 현상이다. MLF 말기나 그 후에 일어나며, 페디오코쿠스 *Pediococcus* 속에 오염되었을 때 일어난다. 양조기술의 부족과 와이너리 위생처리 부족으로 일어난다.

- 아르지닌(Arginine) 대사 : 헤테로형 젖산박테리아 중에는 아르지닌을 시트룰린(citrulline)으로 변화시킨 다음에, 시트룰린을 오니틴(ornithine)으로 변화시키는 과정에서 카바밀 인산(carbamyl-P)을 생성하여 이를 탄산가스와 암모니아로 분해하면서 나오는 ATP로 에너지를 획득하는 것이 있는데, 이때 중간 대사물질인 시트룰린은 카밤산에틸(ethyl carbamate, 에틸카바메이트)로 전환될 수 있다.

- 세포 밖의 다당류 합성 : 세포 밖의 다당류 합성은 류코노스톡 메센테로이데스(Leuconostoc mesenteroides), 스트렙토코쿠스 무탄스(Streptococcus mutans) 등 젖산박테리아가 자주 일으켜 덱스트란(dextran)이나 글루칸(glucan) 등의 점성물질을 생성한다. 특히, 류코노스톡 메센테로이데스(L. mesenteroides)가 형성하는 덱스트란이 가장 잘 알려져 있다. 세포 밖으로 다당류가 형성되면 와인의 점도가 증가하여 여과 등 작업이 어렵게 된다. 이 현상은 오염으로 일어나므로 탱크 등 위생처리가 중요하다. 일반적으로 로프 형태가 생기는 것은 맛에는 영향을 주지 않고, 점도는 와인을 흔들면 낮아진다. 이 현상은 아황산 처리(30mg/ℓ), 살균이나 제균 여과, 가열처리 등으로 해결될 수 있다.

MLF 진행과 조건

젖산박테리아의 증식곡선

자연상태에서 젖산박테리아의 증식은 [그림 9-11]과 같이 두 개의 사이클로 연결된다. 처음에는 효모의 알코올 발효와 동시에 시작하다가, 알코올이 형성됨에 따라서 생육에 방해를 받아 균수가 감소하고, 저항력이 있는 균만 살아남는다. 알코올 발효 후에 남은 균수는 경우에 따라 다르지만, 수만 개/㎖ 정도 된다. 껍질을 제거하고 착즙하는 동안 와인이 기구나 장비와 접촉하면서 이 균들이 다시 증가하여, 106개/㎖ 정도가 되면 MLF를 시작한다. 유도기는 경우에 따라 기간이 다르지만, 수일에서 수 주 정도 되는데, 아황산이나 온도 등의 제한 요소가 있으면 몇 달 동안 지속될 수도 있다. 드물지만 알코올 발효와 MLF가 동시에 일어날 수도 있다.

유도기(latent period)를 지나 증식이 활발해지면서 MLF가 일어난다. 처음에는 젖산의 생성이 미약하지만, 대수기(logarithmic phase)에 도달했을 때 왕성해지면서, 정지기(stationary phase)나 사멸기(decline phase)에도 MLF가 어느 정도 진행된다. 이때 박테리아 균수가 너무 적으면 MLF가 일어나지 않는데, MLF가 일어나려면 백만 개/㎖ 이상은 되어야 한다. 이후 균수가 빠르게 감소하면서 사과산이 없어지면 남은 박테리아도 그대로 있는데, pH, 아황산, 정제과정, 저장기간에 따라 증가하거나 감소한다.

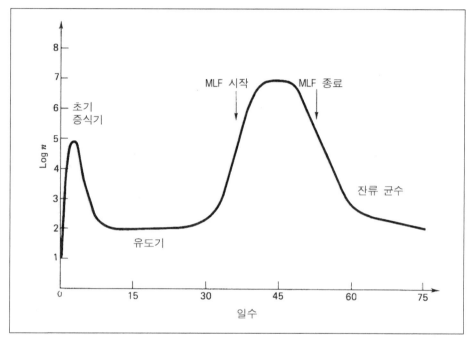

[그림 9-11] 레드 와인 양조 중 젖산박테리아와 MLF 전개과정

pH의 영향

가장 중요한 인자로서 산도에 따라 젖산박테리아의 종류와 발효될 수 있는 성분이 결정된다. 예를 들면, pH에 따라서 젖산박테리아가 순수한 MLF를 하는지 아니면 부산물을 많이 생성하는지가 결정되며, 사과산과 당분 중 어느 것을 이용하는지가 달라진다. 구균(cocci)은 낮은 pH에서 당분보다는 사과산을 발효시키기 때문에 MLF에 가장 적합하다. 이렇게 선택성을 보이는 박테리아가 MLF에 사용된다. 반면, 간균(bacilli)은 낮은 pH에서 당을 공격하기 때문에 잘 사용되지 않는다.

박테리아 증식에 적정한 pH 범위는 4.2~4.5로서 와인의 적정 pH 범위를 넘어선 것이기 때문에 와인의 pH(3과 4 사이)가 높을수록 MLF 시작이 빨라진다. pH의 한계는 2.9로서 이 범위 이하에서 MLF는 거의 불가능하다. 산도가 강한 와인은 MLF를 해야 맛이 개선되지만, MLF 시작이 힘들고, 발효가 일단 시작되면 위험성은 적어진다. 즉 pH가 낮을수록 박테리아가 방해를 받고

MLF가 힘들어지지만, 대신 부산물이 적어서 순수해진다. 반면, 산도가 약하면 발효는 잘 되지만, 맛에 영향력이 적고, 위험성이 커지는데, 이는 병을 일으키는 박테리아가 잘 자라기 때문이다. 이런 와인은 맛이 부드럽기 때문에 좋다고는 하지만, 오염 가능성이 크다. 이런 사항이 와인을 저장하는 데 가장 어려운 점이다. 와인의 맛이 최고일 때 저장하기가 가장 어려운 조건이 된다. 보다 나은 품질을 얻는 기술과 최고의 저장조건 사이에는 갈등이 있기 마련이다.

그러므로 산도를 약간 감소시키면 MLF가 상당히 빨라진다. 아주 적은 양을 변화시켜 pH를 약간만 올리면 된다. 산도가 0.99~1.07% 정도의 머스트에 0.5g/ℓ의 탄산칼슘을 첨가하면 MLF 후 산도가 0.46~0.54%가 될 수 있다. 그러나 화학적인 제산은 자연적인 제산의 우선수단이 되어야 한다.

온도의 영향

MLF는 20~25℃에서 가장 잘 된다. 15℃ 이하나 30℃ 이상에서는 느리거나 정지된다. 그러므로 알코올 발효가 끝나기 전까지 와인의 적정온도를 유지하는 것이 아주 중요하다. 또 적정온도는 알코올 농도의 영향을 받는데, 알코올 농도가 0~4%인 경우는 30℃가 생육에 적당하고, 알코올 농도가 10~14%인 경우는 18~25℃가 적당하니까 20~25℃ 정도면 무난하다. 그러니까 새 와인은 적어도 18℃ 이상은 되어야 하므로 가을에 와이너리 온도가 떨어지지 않도록 주의해야 한다.

MLF는 20℃에서 불과 며칠 만에 끝나지만 12~13℃에서는 수 주가 걸리고, 이보다 더 낮으면 몇 개월이 걸린다. 그러나 한번 시작되면 10℃ 이하라도 지속은 된다. 추운 겨울이나 추운 지방에서는 와이너리를 적절한 온도로 유지시키는 데 유의해야 한다. 그렇지 않으면 봄에 온도가 올라간 후 MLF가 일어날 수 있다. 초기 온도가 낮으면 MLF가 안 되고 다음해 봄에 자연적으로 일어나므로 이때는 아황산을 첨가해야 한다. 그러나 18℃ 정도의 낮은 온도에서는 유리한 점도 있다. 왜냐하면 온도가 올라갈수록 사과산보다 다른 성분을 변화시켜 휘발산이 더 생길 수 있기 때문이다.

탱크를 적정온도로 유지시키는 방법에는 여러 가지가 있는데, 와이너리 온도를 높이는 방법, 탱크를 직접 데우는 방법, 탱크에 재킷을 설치하여 더운물을 보내는 방법, 열교환기를 이용하는 방법 등이 그것이다.

공기의 영향

공기의 영향은 박테리아에 따라 달라지며, 큰 영향력은 없다. 공기를 접촉함으로써 MLF의 개시가 촉진되지만, 과도할 경우는 중단되므로 적정선에서 이루어져야 한다. 조심스런 공기공급은 박테리아 성장에 도움이 된다. 공기를 새 와인에 포화시키면 MLF가 며칠 내로 시작된다. 그러나 순수 산소로 포화시키면 발효가 멈추지는 않고 지연된다. 결론적으로 MLF에 공기가 필요하지만, 공기는 부분적인 요인이지 절대적인 요소는 아니다. 공기의 영향력은 박테리아 종류에 따라 다르다. 공기가 없는 곳에서도 자라는 박테리아가 있는데, 예를 들면, 류코노스톡 오에노스 *Leuconostoc oenos/Oenococcus oeni*는 거의 공기가 없는 상태에서 자란다.

영양물질의 영향

MLF를 일으키는 박테리아는 효모보다 특별한 영양성분으로 아미노산을 요구한다. 일반적으로 성장인자가 되는 비타민 B군이 상당량 필요하지만 적은 양만 이용될 뿐이다. MLF를 일으키는 박테리아는 부족한 성장인자를 합성하지 못한다. 종에 따라 다르지만, 질소를 기본으로 하는 4종의 비타민과 18종의 아미노산이 이들에게 절대적으로 필요한데, 아미노산은 박테리아의 동화작용에 필수적이다. 그렇지만 머스트나 와인에 아미노산이 그렇게 많지 않아서 MLF가 경우에 따라 어려워질 수 있다. 또 망간, 마그네슘, 칼륨 등 미네랄도 필요한데, 와인은 이러한 요구를 만족시킬 만큼 충분한 영양소를 갖고 있지는 않다. 즉 최소한의 생명을 유지하는 데 필요한 환경이라고 할 수 있다.

알코올 농도의 영향

MLF를 일으키는 박테리아는 알코올 내성이 강해야 하지만, 젖산박테리아는 대개 알코올 10% 이상의 고농도에서는 증식에 방해를 받는다. 레드 와인의 MLF에 주로 관여하는 류코노스톡 오에노스 *Leuconostoc oenos/Oenococcus oeni*는 알코올 농도 14% 이상에서는 살지 못한다. 이 알코올 농도가 박테리아 성장에 한계요소가 되며 장애가 된다. 그래서 MLF가 알코올 발효보다 먼저 일어나는 수도 있다. 어쨌든 알코올 농도가 높을수록 유도기가 길어지고, 최종 박테리아 균수도 적어지며 사과산의 변환도 늦어진다. 구균이 간균보다 알코올에 더 민감하다. 알코올에 강한 내성을 가진 락토바실루스 *Lactobacillus*의 한 종류는 알코올 농도 18~20%인 디저트 와인에서도 작용하여 맛을 시게 만든다.

아황산의 영향

아황산은 효모보다 박테리아에 더 치명적이다. 그러므로 아황산 농도에 따라서 MLF가 지연되

거나 빨라지며, 아황산 농도가 높으면 위험하다. 아황산은 포도를 파쇄할 때와 알코올 발효 후 껍질을 분리한 다음에 첨가하는데, MLF를 진행할 경우는 껍질을 분리할 때 아황산을 첨가하지 않는다. 단, 곰팡이로 오염된 포도를 사용하거나 중간에 발효가 멈출 경우는 예외가 된다. 껍질을 분리하는 시점에서 아황산 25㎎/ℓ를 첨가하면 MLF가 지연되어 다음해 여름에 일어날 수 있으며, 50㎎/ℓ 이상을 첨가하면 MLF는 불가능하다. 그리고 포도를 파쇄할 때 들어간 아황산도 MLF에 영향을 끼치므로 과도한 양을 넣지 않도록 주의한다. 초기에 투입하는 아황산의 양은 포도의 상태, pH, 이산화황의 결합률, 온도 등에 따라 달라지지만, 보르도의 경우 초기에 50㎎/ℓ를 투입하면 MLF가 약간 지연되며, 100㎎/ℓ이면 확실히 지연되고, 150㎎/ℓ 이상이면 불가능하다. 서늘한 북쪽지방인 경우는 50㎎/ℓ로 MLF가 중단되며, 더운 지방은 200㎎/ℓ에서도 MLF가 일어난다.

아황산의 영향력은 산도에 따라 달라진다. 아황산 농도의 결정은 쉬운 일이 아니다. 박테리아 종류 등 제반사항을 고려해서 결정해야 한다. 그리고 유리 아황산(free SO2)만이 항박테리아 작용을 하는 것은 아니고, pH가 낮은 와인에서는 결합형 아황산(bound SO2)도 90~120㎎/ℓ이면 박테리아 활동이 불가능하다. 그러니까 MLF를 피하고 싶을 때는 유리 아황산뿐 아니라 결합형까지 고려해야 하며, 저장 중에도 이 점은 참고해야 한다.

레드 와인의 MLF

MLF에 의한 와인의 변화

MLF 반응식은 탈탄산반응으로 사과산이 하나의 카복시기를 잃기 때문에 와인의 산도가 약해진다. 1g의 사과산이 젖산 0.67g이 되므로, 산도 7.8~9.8g/ℓ가 4.5~6.0g/ℓ 정도로 떨어지게 된다. 그리고 이 반응이 진행되는 동안 별도로 초산의 함량이 증가하는데 이는 일부 구연산과 오탄당 등이 분해되기 때문이다. 그리고 휘발산의 증가는 사과산이 거의 소모되는 MLF 후기에 산도가 낮아졌을 때 일어나므로, 산도가 낮은 와인은 휘발산이 더 증가할 수 있다. 그리고 pH는 사과산의 함량에 따라 다르지만, 0.05~0.4 정도 증가한다.

관능적인 변화로서 아로마가 더 복합성을 갖게 되고 부케가 강해지면서 맛과 향이 개선된다. 그리고 산도가 약해지면서 와인이 부드럽게 느껴지고, 사과산의 거친 맛이 젖산의 온화한 맛으로 대체된다. 전반적으로 와인은 부드럽고 풍부해진다. MLF를 오크통에서 하면 타닌이 많아지면서 부드러워지는 효과도 있지만, 일이 번거로운 단점이 있다.

MLF의 측정

각 탱크별로 MLF의 개시와 사과산의 함량을 알기 위한 측정은 필수적이다. 그러나 사과산의 함량을 화학적으로 측정하기가 어렵고, 총산의 측정으로 어느 정도 짐작은 할 수 있지만, MLF 때문에 산도가 감소했는지 아니면, 주석의 형성으로 산도가 떨어졌는지 구분하기가 쉽지 않다. 이 때문에 소규모 와이너리에서는 1950년대부터 간단한 페이퍼 크로마토그래피(paper chromatography)를 사용하여 사과산의 존재를 정성적으로 분석하여, MLF 완결 여부를 측정하고 있다. 요즈음은 효소를 이용한 방법이나 HPLC로 더 정밀하게 사과산의 농도를 측정하는 기술이 발달되었지만, 값이 비싸기 때문에 여전히 페이퍼 크로마토그래피 방법을 사용(20장 참조)하고 있다.

MLF의 측정은 알코올 발효가 끝나고 껍질을 분리할 때 한다. 알코올 발효 이전에 아황산 함량이 많지 않거나 젖산박테리아가 접종되면 MLF가 일찍 시작될 수도 있다. 이때는 두 가지 발효가 늦어지지만 완결이 될 수 있다. 두 가지 발효가 동시에 일어나면 알코올 발효가 멈출 수 있으며, 젖산박테리아는 당을 이용하여 휘발산을 생성한다. 이때는 심각한 문제를 일으킬 수 있으므로 항상 사과산과 휘발산의 함량을 측정하여 조심스럽게 조절할 수 있어야 한다. 젖산박테리아의 오염이 생길 경우는 아황산을 30mg/ℓ 정도 첨가해야 한다.

젖산박테리아는 당이 존재하더라도 먼저 사과산을 분해하지만, 사과산이 없어지면 당을 분해하여 초산을 형성한다. 그러므로 잔당이 있는 상태에서 껍질을 분리할 때는 조심해야 한다. 껍질을 분리하고 착즙이 끝나면 탱크에 주스를 가득 채우고 나서, 페이퍼 크로마토그래피를 이용하여 MLF 과정을 매일 체크해야 한다. MLF는 보통 수일에서 몇 주가 걸린다. 발효의 시작이 늦어지면 아황산이 많거나, pH가 너무 낮거나, 온도가 낮은 경우이므로 환경조건을 잘 살펴야 한다. MLF가 시작되지 않는다고 휘발산이 바로 생성되는 것은 아니다. 당이 존재하지 않으면 별 문제는 없다. 그러나 너무 지연될 경우는 산화방지를 위해 아황산을 첨가해야 한다. 사과산이 없어지면 아황산을 30~80mg/ℓ 첨가하여 안정화를 도모해야 하는데, 먼저 따라내기를 하여 침전물을 제거한 다음에 한다. 드물게 박테리오파지 때문에 MLF가 중단되는 수가 있는데 이때는 다시 젖산균을 접종해야 한다.

아황산을 첨가하여 안정화를 시킬 때 남아 있는 사과산 함량은 100mg/ℓ 이하라야 한다. 젖산균은 사과산이 200mg/ℓ 이하가 될 때까지 활동을 하기 때문에 차후 재발효 등을 방지하려면 사과산의 함량은 100mg/ℓ 이하로 한다. 사과산이 100mg/ℓ 이하로 되면 재빨리 아황산을 첨가하여 오염을 방지해야 한다. 왜냐하면 휘발산은 MLF 후기에 그 함량이 급격히 증가하기 때문이다. pH가 높을 때는 젖산균이 아황산에 내성이 생기지만, 당·사과산·구연산이 없고, 온도가 낮아지면 별 문제가 되지 않는다.

MLF 배양균의 이용

자연적인 MLF를 진행시키려면 여러 가지 조건이 맞아야 한다. 고급 와인을 생산하는 지역에서는 매년 MLF가 잘 일어나지만, 그 밖의 지역에서는 불가능할 수도 있다. 작은 탱크보다는 큰 탱크에서 잘 일어나고, 온도도 적절한지 살펴야 한다. 또 블렌딩으로 효과를 볼 수도 있다. 사과산이 많은 와인과 MLF가 진행 중이거나 끝난 와인을 25~50% 정도 섞거나, MLF 와인의 따라내기나 여과 찌꺼기와 섞어도 효과적이다. 가장 좋은 방법은 MLF 끝난 와인과 새 와인을 연속적으로 혼합해 주는 것이다. 이렇게 하면 짧은 기간에 많은 양을 끝낼 수 있다.

알코올 발효와 같이 순수 배양균을 접종하는 방법이 있는데, 이렇게 하면 빨리 완벽하게 처리할 수 있다. 이때는 알코올 발효가 끝난 직후에 접종하는 것이 좋다. 일반적으로 류코노스톡 오에노스(Leuconostoc oenos/Oenococcus oeni)를 많이 사용한다. 구균 종류는 알코올과 산에 저항성이 강하지만, 사과산 이외의 성분을 이용하여 곤란한 결과를 낼 수 있으므로 여러 종류를 혼합하여 사용하면 효과적이다. 락토바실루스는 배양하기 쉽고 대량으로 준비할 수 있다. 박테리아 현탁액을 원심분리하여 죽 상태로 만든 다음에 액체질소에 넣거나 건조시켜 분말로 만든다. 이렇게 만든 것은 재활성이나 증식능력을 반드시 갖춰야 한다. 이런 균주를 알코올 발효가 끝난 다음 바로 투입하면 머스트의 pH가 낮고, 알코올 농도가 높기 때문에 생육이 안 되고 바로 퇴화하여 사멸한다. 그러므로 많은 양의 균체를 얻기 위해서는 먼저 적합한 조건에서 배양을 하고, 와인이라는 특수한 조건에서 적응력을 키워야 한다.

사용방법은 정량을 투입하고 미리 녹여서 사용해야 한다. 영양물질이 들어 있는 배지에 풀어서 25~30℃에서 48시간 배양하면 활성이 좋아진다. 균수는 백만 개/㎖ 정도면 충분하다. 물론 유리 아황산 농도는 10mg/ℓ 이하라야 하고, 적절한 통기, pH 3.3 이상, 온도는 18~20℃가 좋다. 박테리아를 투입하고 필요하면 교반을 해준다. 반응이 끝나면 크로마토그래피로 사과산을 측정하고 곧바로 아황산을 처리(30~40mg/ℓ)하여 박테리아 활성을 정지시킨다. 요즈음은 냉동 건조시킨 박테리아를 판매하고 있다.

알코올 발효 전 접종

전통적인 방법으로 알코올 발효가 시작되기 전 당분이 있는 머스트에 섭종하는 방법이다. 알코올 발효가 시작되면서 젖산박테리아 균수가 점차적으로 감소하지만, 젖산박테리아의 환경 적응력은 높아진다. 효모의 방해작용을 피하기 위해서 효모와 젖산박테리아를 동시에 접종하는 것이 좋다. 판매용으로 냉동건조시킨 균주는 1011~1012개/㎖이므로 액 1,000ℓ당 10g을 접종시키면 106~107개/㎖ 정도 된다. 이 젖산박테리아는 사전 조작 없이 바로 머스트에 투입해도 된다.

초기 아황산이 150mg/ℓ 정도일 경우는 알코올 발효가 시작되는 시점으로 첫 펌핑 오버 때 접종하는 것이 좋다. 이때는 유리 아황산이 많이 사라지기 때문이다. 그러나 항상 만족할 만한 결과는 나오지 않고 다음과 같은 일이 일어날 수 있다.

알코올 발효 초기에는 젖산박테리아 균수가 감소하다가, 알코올 발효 끝 무렵에 MLF가 일어나면서 빨리 완료되는 것으로 가장 이상적인 상태지만, 젖산박테리아 균수가 감소하면서 완전히 사라져 버리면 MLF가 일어나지 않기 때문에 접종이 효과를 발휘하지 못한다. 반대로, 젖산박테리아 균수가 너무 많아서 알코올 발효를 일으키는 효모가 사멸하여 중간에 알코올 발효가 정지되는 경우로, 박테리아가 당분을 분해하여 휘발산이 많아진다.

흔히 사용하는 류코노스톡 오에노스(*Leuconostoc oenos/Oenococcus oeni*)는 MLF에 적합하지만, 헤테로 발효형 구균으로 당을 분해하여 초산을 생성하므로 심각한 사태를 초래할 수 있다. 그러므로 알코올 발효 전에 접종할 경우는 적응력이 우수한 호모 발효형 균주를 선택하는 것이 좋다. 또 효모와 동시에 접종하는 것은 발효가 늦어지고, 멈출 가능성이 있으므로 균주의 적응력을 높이는 것은 좋지만 바람직한 방법은 아니다. 이 방법은 휘발산의 증가를 염두에 두지 않는 와이너리에서 아직도 많이 사용하고 있다.

류코노스톡 오에노스(*Leuconostoc oenos/Oenococcus oeni*)를 선호하는 이유

알코올 발효 후에 포도당을 이용하여 젖산만을 생산하는 호모 발효형 젖산박테리아 대신에 젖산 이외의 부산물을 생산하는 헤테로 발효형 젖산박테리아인 류코노스톡 오에노스(*Leuconostoc oenos/Oenococcus oeni*)를 사용하는 이유는 pH 때문이다. 초산 생성의 걱정이 없는 호모 발효형은 와인에서 증식 자체가 어려워 이용이 불가능하다.

사과산을 젖산으로 분해하는 말로락틱 효소(malolactic enzyme)의 사과산 분해능력은 다른 젖산균의 경우 일반적으로 pH 6.0에서 최대인 데 반해, 류코노스톡 오에노스는 pH 3.0~3.5에서 더 높은 분해력을 나타내므로 와인에서 최대의 능력을 발휘한다. 또한 호기적 상태에서는 잔존하는 당을 분해해 젖산뿐만 아니라 휘발산인 초산을 동반 생산해서 문제가 되지만, 알코올 발효 후 혐기적 상태에서는 부산물로 초산이 아닌 에탄올 등을 생산하게 된다. 그러므로 MLF에서 류코노스톡 오에노스 균주 사용이 와인에서 문제가 되는 경우는 당이 남아 있는 호기적 상태이다.

비증식 박테리아 접종

최근에 개발된 방법으로 알코올 발효 전에 세포 증식을 수반하지 않은 류코노스톡 플란타룸(*Leuconostoc plantarum*)을 접종하는 방법이다. 머스트의 pH는 4 이하로 류코노스톡 플란타룸이 증식하기에는 열악한 환경으로 접종 직후 급격하게 사멸하게 된다. 그러므로 균수를 늘리지 못하고, 다만 생육곡선의 사멸기에 사과산을 젖산으로 바꾸는 효소(malolactic enzyme)를 많이 분비하여 머스트의 사과산을 젖산으로 분해시킬 수 있다. 이 젖산박테리아를 와인에 접종시키면 처음에는 균수가 급격하게 감소되지만, 나중에는 서서히 감소되며, 수일이 지나면 이 박테리아가 증식

할 수도 있지만 불확실하다. 그러나 감소기 때 사과산을 분해하는 효소를 분비하기 때문에 이 효소를 이용하는 것이다.

만일, 헤테로 발효형 젖산박테리아(예, *Leuconostoc oenos*)를 접종할 경우, 사과산을 젖산으로 분해시키기는 하겠지만, 크게 열악한 환경이 아니고는 풍부한 포도당을 이용하여 증식과 동시에 효모가 알코올 발효에 사용해야 할 포도당을 젖산으로 전환시키고, 초기의 호기적인 상태에서 휘발산인 초산 생성이 동반되므로 류코노스톡 오에노스(*Leuconostoc oenos/Oenococcus oeni*)를 알코올 발효 전에 접종하는 것은 바람직하지 못하다. 여러 가지 조건을 만족시킨다 해도 이 박테리아는 모든 사과산을 분해시키기 어렵다. 대량을 접종해야($10-50g/l$) 어느 정도 가능성이 있지만 실제로는 불가능하다. 일반적으로 균수가 감소하고 사라져 버리면 반응이 멈추고 사과산이 남게 된다. 그러나 효소적인 방법으로 이 문제가 개선될 수 있다.

이 효소적 방법은 알코올 발효 전에 사과산을 분해시킬 수 있다. 헤테로 발효형 젖산박테리아는 당이 있는 상태에서 휘발산을 생성하므로 호모 발효형인 류코노스톡 플란타룸(*Leuconostoc plantarum*)을 사용하여, 균수를 5×10^7개/㎖로 하면 사과산의 분해가 빨라진다. 사과산 분해가 늦더라도 알코올 발효 때 완료될 수 있다. 이 방법은 간편하고 관능적인 품질의 변화도 수반하지 않지만, 반응이 끝나기 전에 균체가 없어지거나, 아황산에 민감하므로 아직 실용적인 단계는 아니다.

판매용 균주(*Leuconostoc oenos*)의 재활성 후 접종

류코노스톡 오에노스(*Leuconostoc oenos/Oenococcus oeni*)는 MLF에 가장 적합한 균으로 와인에서 자연적으로 이 반응을 일으키기도 한다. 그러나 알코올이 있을 경우에는 그 활성이 불완전하여 완벽한 MLF를 기대하기 힘들다. 그래서 '재활성화' 단계를 거쳐서 적응시키는 방법이 최근 개발되었다.

아황산이 없는 포도 주스를 8브릭스 정도로 희석한 다음에 판매용 효모 찌꺼기(yeast autolysate-based)를 $5g/l$ 첨가하고, 탄산칼슘으로 pH를 4.5로 조절한다. 몇 시간 후 판매용 균주를 25℃에서 접종하여 균수를 10^6개/㎖로 하면 사과산 분해효소가 풍부해진다. 이 스타터는 적응력이 강해지면서 2시간, 24시간, 6일 두면 균수가 $10^7 \sim 10^9$개/㎖ 정도 된다.

이렇게 준비한 스타터를 알코올 발효가 끝난 다음에 접종시켜 균수가 10^6개/㎖가 되면 약 12일 후 거의 완벽하게 MLF가 끝난다. 재활성 기간은 2시간으로는 부족하고 24시간이나 6일이 적당하다. 스타터의 양은 전체 양의 1/1,000이 넘지 않도록 해야 한다. 너무 많으면 효모 냄새를 풍긴다. 균수를 와인에서 $10^6 \sim 10^7$개/㎖ 얻으려면 재활성 스타터는 48~72시간에 $10^8 \sim 10^9$개/㎖는 되어야 한다. 보통 판매용 균주는 $10^{10} \sim 10^{11}$개/㎖ 정도 되므로 스타터를 준비할 때 접종량은 10g/ℓ 정도 해야 한다.

　이 방법은 효과적이긴 하지만 미생물학적인 지식과 이해가 따라야 하기 때문에 일반 와이너리에서 사용하기는 힘들다. 그래서 아직도 자연발생적인 MLF를 선호한다.

재활성이 필요 없는 판매용 균주(*Leuconostoc oenos*) 접종

　알코올 발효 후에 직접 와인에 접종시킬 수 있는 MLF 균주의 개발이 실패하였으나, 1993년 덴마크 한센연구소에서 'Viniflora Oenos'라는 이름으로 개발하였다. 이 균주는 실험실과 와이너리에서 MLF의 진행이 빠르고 관능적인 면에도 이상이 없는 것으로 밝혀졌다. 이 균주는 알코올, pH, 아황산 등 여러 가지 요소에 맞는 균주를 선택하여 이미 적응을 시킨 것이다.

제10장 특수한 레드 와인 양조방법

제10장 특수한 레드 와인 양조방법

지금까지 살펴본 레드 와인 양조방법은 가장 보편적이고 널리 사용되는 방법으로 고전적인 양조법이라고 할 수 있다. 그러나 환경이나 와인메이커의 철학에 따라 다양한 타입의 와인이 나올 수 있으며, 대량생산의 필요성, 과학의 발달 등으로 새로운 기술이 필요할 수 있다. 여기에 소개되는 방법은 모든 와인에 적용되는 것이 아니며, 특수한 경우에만 해당되는 것이므로 고전적인 방법을 기초로 이를 응용할 수 있어야 한다.

연속식 발효_Continuous fermentation

최근에는 공업적 생산을 지향하면서 수작업을 배제하고, 발효의 조절 및 감시를 중앙 제어식으로 관리하고, 대형 탱크에 필요한 모든 기능을 갖춘 연속식 양조방법을 도입하여 값싸고 질 좋은 와인을 대량생산하고 있다. 와인은 다른 발효공업과는 달리 계절적으로 편중된 노동력이 필요하기 때문에 이를 감소시키고자 연속식 방법이 나온 것이다. 이 방법으로 동일한 스타일과 동일한 품질의 와인을 대량으로 생산할 수 있다.

원리

연속식 발효탱크는 [그림 10-1]과 같이 콘크리트나 스테인리스스틸, 플라스틱 코팅으로 된 80~400톤 규모의 탱크를 옥외에 설치한다. 머스트 투입구를 아래쪽에 설치하고, 들어가는 양과 나오는 양을 일정하게 한다. 와인이 나오는 쪽은 높이 조절을 가능하게 하여 껍질층 바로 밑에서 나가도록 한다. 이 파이프 입구는 망을 설치하며 와인이 중력으로 밀려 나올 때 고형물이 빠져 나오지 못하도록 한다.

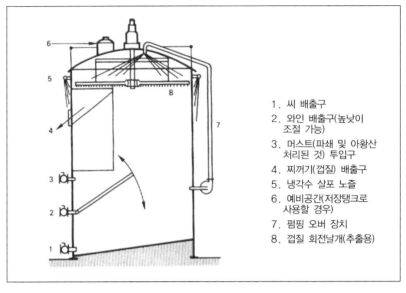

1. 씨 배출구
2. 와인 배출구(높낮이 조절 가능)
3. 머스트(파쇄 및 아황산 처리된 것) 투입구
4. 찌꺼기(껍질) 배출구
5. 냉각수 살포 노즐
6. 예비공간(저장탱크로 사용할 경우)
7. 펌핑 오버 장치
8. 껍질 회전날개(추출용)

[그림 10-1] 연속식 발효탱크의 예

으깬 포도를 탱크 중간층으로 연속적으로 투입하면, 발효가 진행되면서 추출이 끝난 껍질은 들어오는 양만큼 떠오르게 되므로, 이 껍질을 회전날개가 배출구로 밀어 넣으면, 껍질은 바로 연속식 착즙기로 떨어지게 되어 있다. 바닥은 씨가 모일 수 있게 경사를 두며, 씨는 날마다 제거한다. 그래야 떫은맛을 조절할 수 있다. 전통적인 방법과 마찬가지로 펌핑 오버로 껍질을 적시고, 탱크 밖에는 노즐을 설치하여 냉각수로 온도를 조절한다. 아황산이 첨가된 머스트는 투입량을 조절할 수 있는 정량 펌프를 이용하여 정량적으로 공급하고, 온도 조절과 펌핑 오버는 자동장치를 사용하며, 다른 일은 전통적인 방법과 마찬가지로 수시로 밀도와 온도를 체크하여 투입량과 배출량을 조절함으로써 원하는 만큼 추출이 가능하다.

장단점

• **온도상승 억제** : 날마다 새 포도가 투입됨으로써 온도상승이 억제되어 전통적인 방법보다 5~7℃ 낮다.

• **신속한 발효** : 지속적인 포도의 투입으로 산소가 공급되어, 전반적인 환경이 효모의 성장에 도움이 되므로 효모의 수가 전통적인 방법의 2배 이상이며, 따라서 발효가 빨라진다. 발효탱크에서 흘러나온 머스트에 아직 당분이 있더라도 효모의 밀도가 높아서 완벽한 알코올 발효를 기대할 수 있으므로, 전통적인 방법보다 알코올 발효 효율이 높아진다.

- **효모의 알코올 내성 증가** : 알코올 농도가 일정하게 유지되기 때문에 효모의 알코올 내성이 강해지며, 초산 등을 생성하는 레몬형 효모가 제거된다.

- **기타 성분** : 글리세롤은 약간 감소하며, 펙틴분해효소의 활동이 억제되어 메탄올 농도가 감소된다. 일정한 온도와 알코올 농도가 유지되는 상태에서 새로운 포도가 투입되므로 페놀 화합물의 추출효과가 커지며, 침출시간이 짧지만 펌핑 오버로 원하는 만큼 성분을 추출할 수 있다.

- **비용 절감** : 인건비가 절감되고 공간이 절약되기 때문에 기계설비비 절감효과를 얻을 수 있다.

- **단점** : 지속적으로 포도가 투입되므로 박테리아 오염 가능성이 많아지면서 당분이 있는 상태에서 젖산균이 침투할 가능성이 높아져, 휘발산 등 원하지 않은 성분이 증가할 수 있으므로 전통적인 방법보다 아황산 투입량을 증가시켜야 한다. 또 날마다 일정한 양의 포도를 공급해야 하므로 포도 수확과 양조, 모두 휴일과 관계없이 작업을 진행해야 하는 번거로움이 있으며, 이 시스템을 완벽하게 운영할 수 있는 숙련된 기술자가 필요하다.

　　　가장 큰 단점은 포도밭과 품질이 서로 다른 포도가 섞이게 되어 개성 있는 와인을 만들 수 없으므로 고급 와인에는 적용되지 못한다는 점이다.

가열 추출_Thermal vinification

　　포도를 가열하여 추출하는 방법은 옛날부터 경험적으로 알려진 방법으로 새로운 방법은 아니지만, 최근에 발전되어 많은 양을 짧은 시간에 가열하는 방법이 개발되었다. 이 방법은 페놀 화합물 특히, 안토시아닌 추출을 많이 하여 색깔이 진한 와인을 얻는 것이 목적이지만, 부수적으로 적은 노력과 시간으로 레드 와인을 만들 수 있는 경제적인 효과도 거둘 수 있다. 그리고 요즈음은 전통적인 방법으로도 충분한 색소를 추출할 수 있기 때문에 널리 통용되는 방법은 아니고, 부분적으로 약점 보완을 위해 사용되고 있는 정도이다. 문제점이 몇 가지 있지만, 색깔이 옅은 우리나라 포도의 경우에 시도해 볼 만한 방법이라고 할 수 있다.

포도의 가열

　　포도 껍질이 가열되면 껍질세포가 파괴되어, 포도가 으깨질 때 껍질 안에 있는 페놀 화합물이 주스로 확산되어 진한 색깔의 주스를 얻을 수 있으며, 파쇄된 포도를 가열해도 동일한 효과를 얻을 수 있다. 전통적인 발효에서 포도에 있는 색소의 30%만 추출된다. 따라서 열처리를 하면 더 많은 색소가 우러나온다. [그림 10-2]에서 보듯이 40℃까지는 별 차이가 없지만, 60℃에서는 충

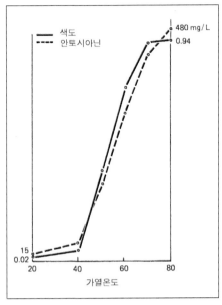

[그림 10-2] 가열온도와 색소 추출효과

분한 색깔이 나오고, 80℃가 되면 최고 지점에 이른다. 그 이상의 온도에서는 효과가 없으므로 보통 70℃에서 10분 정도가 적당하다.

가열 추출은 파쇄된 포도를 60~80℃로 가열하여 20~30분 둔 다음, 바로 냉각하여 착즙을 시켜 나온 짙은 색깔의 주스를 발효시키면 된다. 그리고 이 방법은 자동화가 쉬워서 인건비를 절감하고 공간도 절약할 수 있으며, 살균이 되므로 잡균에 의한 휘발산 생성을 피할 수 있는 장점이 있다. 관능적인 품질은 포도의 성분과 가열방법에 따라 다르지만, 색깔이 진해지고, 풀 바디의 와인을 얻을 수 있고, 경우에 따라서는 좋지 않은 맛, 익힌 채소류 냄새가 나고 신선함이 사라지며 뒷맛이 쓴 경우도 있다.

가열 추출은 포도의 펙틴분해효소를 파괴하므로 이렇게 얻은 와인의 청징이 어렵게 되며, 또 가열하여 나온 색소는 불안정하여 발효기간이나 숙성 중에도 상당히 감소하는 단점이 있지만, 산화효소가 파괴되어 와인의 안정화를 도모할 수도 있다. 특히, 보트리티스 포도는 가열하면 산화효소가 파괴되어 색깔이 안정될 수 있다. 그러나 온도를 급격하게 상승시켜야 하고, 즉시 실온으로 냉각시켜야 한다. 이 효소는 60℃에서 파괴되지만 이보다 약간 낮은 온도에서는 오히려 활동이 더 강해지므로 천천히 온도를 올리면 부작용이 생길 수 있다.

[표 10-1] 전통적인 방법과 가열 추출의 색소 비교

발효시간 (시간)	전통적인 방법		가열 추출방법	
	안토시아닌(mg/ℓ)	색도	안토시아닌(mg/ℓ)	색도
0	252	0.37	816	3.08
3	248	0.45	810	2.98
6	244	0.47	824	3.35
10	200	0.48	936	3.36
24	260	0.51	596	1.23
72	302	0.81	508	1.00
96	400	1.16	540	1.20
발효 종료	468	0.75	476	0.92

• 색도(Color intensity) = $A_{420} + A_{520}$

가열 추출방법

방법에 따라 여러 가지 결과가 나타나므로 어떤 방법이 좋다고 단정할 수는 없다.

- **포도송이째 가열** : 포도송이째 가열하는 방법은 컨베이어에서 포도송이를 천천히 이동시키면서 스팀을 분사하는 방법으로, 가열 후 껍질 부분은 75℃, 내부는 30℃ 이하가 된다. 냉각하여 공기를 불어넣어 건조시킨 후 전통적인 방법으로 발효시킨다. 이때 파쇄하고 착즙하여 주스만 발효를 시키거나, 전통적인 방법으로 껍질과 함께 추출과정을 거치면서 발효시키면 아주 다른 스타일의 와인을 얻을 수 있다. 이렇게 하면, 색도와 추출물질이 증가하고 산화효소가 파괴된다.

- **머스트의 직접 가열** : 파쇄와 제경을 한 머스트를 큰 솥에 넣고 교반하면서 20~30분 가열할 수 있지만, 재킷이 있는 탱크에서 온수를 순환시켜 간접적으로 가열하면 과열현상을 방지할 수 있고, 열이 골고루 전달되어 효과가 더욱 좋다. 포도 전체를 이 방법으로 하거나 일부분만 가열하여 섞는 것도 좋은 방법이다. 가열 후 바로 냉각시켜 발효한다. 이 방법은 색도를 개선시키고 추출효과를 증대시킨다.

- **연속식 가열** : 파쇄와 제경을 한 머스트를 머스트 펌프를 이용하여 이중으로 된 가열 파이프에 밀어 넣어 온도를 올리는 방법으로 껍질에 손상을 주지 않으므로 좋은 방법이다. 파이프의 가열은 스팀이나 온수로 80℃로 조절한다. 이 연속식 방법은 온도를 빨리 상승시킬 수 있고, 포도 전체를 모두 가열할 수 있는 장점이 있다. 이를 바로 착즙하여 주스를 냉각시켜 발효하거나, 가열된 머스트를 냉각시켜 껍질과 함께 발효할 수도 있다.

- **가열된 주스에 껍질 첨가** : 포도를 파쇄하여 가지를 제거하고 착즙하여, 주스만 80℃로 가열한 후, 껍질과 섞어서 추출하는 방법이다. 이후 다시 주스를 분리하고 착즙하여 발효시킨다. 대규모, 자동화에 적용되는 방법이다.

어떤 방법이든 모두 가열 후, 발효온도까지 즉시 냉각시킬 수 있어야 한다.

탄산가스 침출법_Vinification with maceration carbonique

원리

포도를 파쇄하지 않고, 탄산가스가 가득 찬 용기에 두면 세포 내에서 발효가 일어나 약간의 알코올이 생성된다. 옛날부터 사용하던 방법으로 최근 기술은 아니지만, 요즈음에 그 원리가 밝혀진 방법으로, 바로 마실 수 있는 가볍고 신선한 와인을 만드는 데 사용되고 있다. 전통적으로 프

랑스 남부지방 특히, 보졸레(Beaujolais)지방에서 빠른 소비를 위해서, 라이트 바디의 부드러운 레드 와인 생산에 사용되고 있다.

포도 열매와 같은 식물기관은 호기성 대사 즉 호흡이라는 과정을 통해서 에너지를 얻는다. 공기 중의 산소를 이용하여 당을 분해시켜 물과 탄산가스를 형성하는 작용이다. 그러나 공기가 없는 곳에서는 혐기성 대사를 하여 당에서 에탄올을 생성한다. 이 작용의 가장 대표적인 사례가 양조용 효모인 사카로미세스 세레비시에(Saccharomyces cerevisiae)라고 할 수 있다. 이 효모는 에탄올에 내성이 있기 때문에 다른 식물기관보다 고농도 알코올을 생성하며, 이것을 우리는 알코올 발효라고 부른다.

이렇게 으깨지지 않은 포도 열매도 산소가 없이 탄산가스로 가득 찬 환경에서는 혐기적 대사를 하면서 여러 가지 물리화학적인 반응을 일으키고 특히, 에탄올이 어느 정도 생성된다. 이 대사는 열매 세포의 기능에 좌우되는데 효모에 비해 열매 세포는 에탄올에 내성이 약하기 때문에 에탄올이 1.2~1.9% 정도밖에 형성되지 않는다. 물론 이는 품종, 빈티지, 침출온도, 침출기간에 따라 달라진다. 그리고 열매 세포의 효소계는 여러 가지 반응을 일으켜 탄산가스 침출법으로 만든 와인에 독특한 성격을 부여한다.

액체나 기체로 둘러싸여 산소농도가 낮은 환경이면 언제나 혐기적 대사가 일어나는데, 액체상태에서 더 약하게 일어난다. 즉 열매가 액체 속에 들어가 있을 때는 탄산가스에 있을 때보다 혐기적 대사가 더 약해진다. 약해지는 이유는 열매와 주변 환경 사이의 치환 때문으로 가스보다는 액체에 있을 때 치환작용이 더 커지기 때문이다. 즉 당, 페놀 화합물, 사과산이 껍질에서 액체로 확산되기 때문에 열매의 혐기적 대사에 필요한 기질의 농도가 낮아진다. 또 열매가 알코올이 있는 곳에 있으면 이들의 알코올 함량이 높아져서 혐기적 대사가 방해를 받는다. 그러므로 열매가 으깨지지 않아야 탄산가스 침출법의 효과가 커진다.

그러므로 기계로 포도를 파쇄하기 전, 옛날에 발로 밟아서 포도를 으깰 때는 많은 열매가 으깨지지 않아서 발효탱크에서 어느 정도 탄산가스 침출이 일어났다. 동시에 으깨지지 않은 열매는 무게 때문에 으깨져서 주스를 천천히 내어 발효가 늦어지고, 그 결과 온도가 많이 오르지 않아 더운 지방의 와인메이커는 이득을 보는 경우가 있었다.

가스의 치환

혐기적 대사의 초기에는 열매조직이 탄산가스를 흡수하여 대사과정에 이용하는데, 탄산가스가 열매 내부에 용해되는 양은 온도의 영향을 많이 받는다. 35℃에서는 열매 부피의 10%, 20℃에서는 30%, 15℃에서는 50%가 된다. 그리고 열매의 탄산가스 흡수가 평형을 이루면 탄산가스를 방출하기 시작한다. 밀폐된 공간에서 평형을 이루는 시간은 35℃에서 6시간, 25℃에서 24시간,

15℃에서는 3일이 걸린다. 초기 탄산가스 농도가 혐기적 대사의 속도를 좌우하며, 에탄올 생성량에 반영된다. 즉, 주어진 시간과 온도가 동일하다면 대기 중 탄산가스 농도의 영향력이 가장 크다.

혐기적 대사 중 변화

- **알코올 생성** : 포도 열매가 이렇게 에탄올을 생성할 수 있다는 사실은 오래전부터 알려진 사실이지만, 생성량이 아주 적고 품종에 따라 딜라신다. 상황에 따라 1.2~2.5%, 또는 0.44~2.20% 정도 생성되는데, 생성속도와 한계는 온도의 영향을 받으며, 온도가 높을수록 초기 생성량이 많지만, 최대 생성량은 낮은 온도에서 얻을 수 있다. 온도가 혐기적 대사에 가장 큰 영향을 주므로 지나치게 온도가 낮은 포도는 온도를 올릴 필요가 있다. 당이 알코올로 변하는 양은 효모 발효와 비슷하게 18.5g/ℓ의 당이 약 1%의 에탄올이 된다.

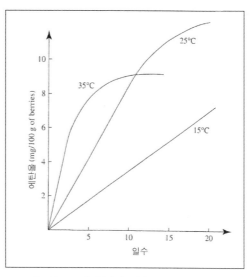

[그림 10-3] 혐기적 대사 중 발효온도와 에탄올 생성량

- **부산물 생성** : 혐기적 대사 중에 여러 가지 부산물이 나오는데, 머스트 1ℓ당 글리세롤 1.45~2.42g, 에탄알(ethanal, 아세트알데히드) 21~46mg, 호박산(succinic acid) 300mg, 초산(acetic acid) 30~60mg 정도가 생성된다. 혐기적 대사 때 생성물질의 양은 정상적인 효모 발효와 비슷한 양이지만, 글리세로피루브 발효(glyceropyruvic fermentation) 비율이 더 커져서 글리세롤/에탄올 × 100 비율이 효모 발효 때는 약 8%이지만, 여기서는 18~20%가 된다.

- **산도 감소** : 산도가 현저하게 감소되는데, 주석산과 구연산은 변동이 없지만, 사과산이 상당히 감소된다. 품종에 따라, 프티 베르도는 32%, 카베르네 프랑은 42%, 그르나슈 블랑은 15%, 그

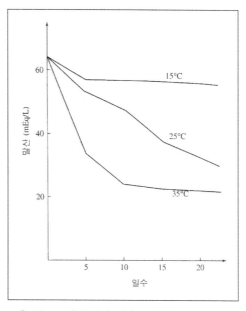

[그림 10-4] 혐기적 대사 중 사과산의 온도에 따른 변화

르나슈 누아르는 57%의 사과산이 감소한다. 그리고 온도가 높을수록 사과산 감소율이 증가한다. 이러한 사과산의 감소가 탄산가스 침출법의 가장 큰 효과로서 사과산에서 두 번의 탈탄산작용으로 에탄올이 생성되며, 효모 역시 동일한 과정을 이용한다. 사과산 효소malic enzyme의 활성은 35℃에서 3~4일째 최대를 보이며, 이 기간 중 알코올탈수소효소alcohol dehydrogenase는 점차적으로 활성이 약해지는데, 이는 에탄올의 축적 때문인 것으로 보고 있다.

- 기타 성분의 변화 : 이 기간 중 극소량의 호박산과 푸린산furinic acid, 시킴산shikimic acid이 형성되며, 아스코르브산ascorbic acid은 감소한다. 질소 화합물의 농도는 50~100mg/ℓ까지 증가하는데, 이는 포도에 있는 아미노산의 용해 때문인 것으로 보인다. 그러나 암모니아태 질소는 감소한다. 또 펙틴분해효소가 생성되어 펙틴도 분해되는데, 펙틴 함량이 적어지면서 세포 간 결합력이 약해진다. 결국 포도가 물러진다. 그리고 알맹이 내부에서 생긴 탄산가스가 나오면서 열매는 더욱 부드러워지지만, 탄산가스 압력으로 포도는 그 형태를 유지한다. 세포벽이 파괴되어 펙틴이 분해되면서 메탄올의 농도가 80mg/ℓ까지 증가할 수 있다.

  탄산가스 침출법은 포도 열매 세포의 혐기적 대사로서 이 작용은 효모가 관여하지 않고, 조직 자체가 분해되면서 페놀 화합물, 안토시아닌, 질소질 물질 등 포도 내 각종 화합물이 주스와 펄프로 확산되면서 이루어진다. 탄산가스 침출법으로 8일 정도 두면, 총 질소 함량이 증가하고, 미네랄도 약간 증가하며, 폴리페놀 함량도 증가한다. 안토시아닌의 용해로 색도color intensity가 강해지지만 이 단계에서는 핑크빛이다. 이때도 역시 온도가 높으면 8~10일째까지는 폴리페놀 함량이 많아지다가 그 다음부터는 감소한다. 실험에 의하면, 페놀 화합물이 4g/ℓ인 포도에서 0.7g/ℓ가 주스로 우러나오고, 안토시아닌 함량이 1,650mg/kg인 포도에서 150mg/kg이 주스로 우러나온다.

  색조tint가 처음보다 감소하는 것은 황색이 적색에 비해 더 약하다는 말이며, 안토시아닌이 색깔 없는 페놀 화합물보다 먼저 빠져 나온다는 뜻이다. 그러나 일반적으로 탄산가스 침출법에서 타닌과 안토시아닌의 추출은 전통적인 방법보다 덜하다. 이 점이 탄산가스 침출법의 장점혹은 단점이 될 수 있다.

- 아로마 형성 : 탄산가스 침출법의 독특한 아로마의 근원과 성질은 아직 확실하게 밝혀지지 않았지만, 사과산에서 아스파르트산aspartic acid이 형성되고, 아울러 호박산과 시킴산 등이 형성되면서 아로마 전구물질이 되는 것으로 보인다. 그리고 고급 알코올과 에스터의 함량이 효모 발효법과 차이가 나는 것으로 밝혀졌다. 근본적인 차이는 여러 가지 방향성분이 증가하지만, 특히, 신남산에틸ethyl cinnamate이 탄산가스 침출법의 지표물질이 된다. 그러나 실험에 의하면, 탄산가스 침출법 특유의 아로마는 포도 열매의 혐기적 대사만으로 형성되는 것이 아니라 효모, 심지어는 박테리아까지 연속적인 혐기적 대사에서 나오는 것으로 보고 있다.

관련 미생물

먼저, 포도 껍질에 묻어 있거나 첨가한 효모가 스타터로 작용한다. 이들은 탄산가스가 가득 차고(산소가 없음), 아황산이 없거나 약간 있는 환경에서 으깨진 포도에서 나오는 주스에서 생육을 한다. 고형물을 분리하고 착즙을 할 때는 효모 수가 108개/㎖, 간혹 2 × 108개/㎖가 되기도 하는데, 이는 알코올 농도가 낮고, 지방산 등이 있기 때문이다. 이 지방산(불포화)은 스테롤과 같이 발효를 촉진시키고 어느 정도 산소부족을 해결한다. 이렇게 많아진 활성효모가 두 번째 단계에서 당의 발효를 빠르게 진행시킨다. 그리고 혐기적 대사를 통하여 효모가 질소함량을 증가시키기 때문에 발효가 잘 된다. 그러나 탄산가스 침출단계에서 온도가 상승(35℃)하면 효모가 사멸하여 발효가 일어나지 않으며, 박테리아가 자랄 수 있는 기회를 제공한다. 이런 경우에는 휘발산이 증가하고, 오니친(ornithine)과 같은 방해물질이 생성된다.

탄산가스 침출법은 아황산이 거의 없고, 알코올 농도가 낮고, 당분이 있으며, 질소 함량이 증가하고, pH가 상승하고, 탄산가스와 지방산이 있어서 젖산박테리아가 자랄 수 있는 환경이 좋기 때문에 MLF는 쉽게 일어나지만, 알코올 발효 중 박테리아 오염 가능성이 커진다. 그러므로 아황산이 골고루 퍼지지 않더라도 아황산을 첨가해야 하며, 다양한 미생물의 움직임을 잘 파악하고 있어야 한다.

탄산가스 침출법의 과정

탄산가스 침출법은 다음과 같이 두 단계로 이루어진다. 발효탱크에 포도송이를 채우고 탄산가스로 포화시켜 8~15일 정도 둔다. 그러면 혐기적 대사가 일어나서 포도의 성분이 변하고, 혐기적 상태에서 붕괴된 조직에서 나온 성분이 주스와 펄프로 확산이 된다. 이것을 순수한 탄산가스 침출법이라고 한다. 그 다음에는 발효탱크를 비우고 껍질을 착즙하여 프리 런과 프레스를 블렌딩하여 정상적인 알코올 발효를 한다.

그러나 발효탱크에서 깨지지 않은 포도로만 채울 수는 없기 때문에 부분적으로 으깨진 포도에서는 정상적인 알코올 발효가 일어난다. 그리고 침출기간 중 포도가 계속 으깨지게 되므로 완벽하게 으깨진 포도의 정상적인 알코올 발효와 순수한 탄산가스 침출이 동시에 일어난다. 즉 포도의 상태에 따라서 탄산가스 침출법의 강도가 달라진다. 그러므로 효모에 의한 발효는 항상 혐기적 대사를 동반하기 때문에 와인메이커는 이 작용을 최소화해야 한다.

- 1차 발효 : 충분히 익고 파쇄하지 않은 건강한 포도를 조심스럽게 깨지지 않도록 수확하여, 제경을 하지 않고 송이째 밀폐할 수 있는 발효탱크에 집어넣는다. 발효탱크 용량은 6,000ℓ 이하로 하고, 높이는 2.5m 이하로 하는 것이 좋다. 가지 때문에 풋내가 나는 수가 있으므로 롤러가 없는

제경기를 사용하여 알맹이만 골라내면 좋다. 아무리 조심을 한다 하더라도 일부 포도는 으깨지기 마련이지만, 10~20% 이상의 포도 열매가 깨져서는 안 된다. 혐기적 대사과정에서 점차적으로 포도 열매가 깨지면서 주스의 양이 증가한다. 실험에 의하면, 카리냥 포도의 경우 24시간 이내 프리 런 주스의 15%가 나오며, 5일째는 60%, 7일째는 80%로 증가한다. 품종, 성숙도, 탱크의 높이가 프리 런 주스의 양을 결정한다. 박테리아 오염 방지를 위해 아황산(30~80 mg/ℓ)을 첨가하고, 퍼지게 만들려면 펌핑 오버 역시 효과적이다.

처음에는 포도를 넣고 탱크에 탄산가스를 가득 채운다. 빈 탱크에 탄산가스를 채우는 방법은 탄산가스 통을 이용하거나 다른 발효탱크에서 나온 것을 이용할 수 있다. 채운 탄산가스는 계속 유실되고 포도로 확산되어 없어지므로, 채우고 나서 24~48시간 동안 지속적으로 공급을 해야 한다. 그러나 이 시기가 지나면 발효 때 탄산가스가 나오면서 보충이 된다.

그러면 발효탱크 상부는 탄산가스로 가득 차서 산소가 없는 환경이 되어 혐기적 대사가 일어난다. 시간이 지나면서 점차 알코올이 생성되고, 사과산이 감소하고, 효모작용 없이 알코올 농도가 2% 정도 된다. 열매 내부에 알코올이 확산되어 착즙할 때 프레스 주스의 알코올 함량이 더 높아진다. 중간에는 열매가 주스에 침출되므로 혐기적 대사가 약하게 일어나지만, 알코올이 삼투압에 의해 깨지지 않은 포도 안으로 이동한다. 펌핑 오버를 하면 색깔, 타닌, 휘발성분이 얻어진다.

탱크 바닥에는 정상적인 효모에 의한 알코올 발효가 일어나는데, 이때는 박테리아 오염을 방지해야 한다. 발효가 느리면 초산박테리아가 증식하기 때문이다. 이때는 활성 효모를 다량 투입하면 이 현상을 방지할 수 있고 젖산균 오염도 방지된다. pH가 너무 높으면(pH 3.8 이상) 주석산을 탱크 바닥에 첨가(1.5 kg/1,000ℓ)한다. 그리고 펌핑 오버를 하면 균질화를 할 수 있다. 이 기간 중 당과 사과산의 소모량, 휘발산, 젖산 등의 측정을 통하여 미생물의 활동을 관찰한다.

온도는 중요하지 않지만, 높을수록 발효가 왕성해진다. 30~35℃가 효과적이지만 35℃ 이상이 되면 안 된다. 30~32℃에서 6~8일 하는 것이 바람직하다. 온도가 낮으면 발효가 느려져 25℃에서는 10일, 15℃에서는 15일 정도 걸리지만, 발효 후 그 와인의 질은 별 상관이 없다. 서늘한 지방에서는 온도를 인위적으로 높일 필요가 있다. 대체적으로 20% 포도는 파쇄되어 효모에 의한 발효가 되며, 20%의 포도는 깨지지 않고 세포 내 발효가 된다. 나머지 60% 포도는 양쪽 반응이 다 일어난다.

- **2차 발효** : 탱크를 비우는 시점은 온도가 낮아지고 더 이상 가스가 나오지 않을 때로서 프리 런 와인의 당도, 맛, 색깔 등을 관찰하여 결정한다. 착즙은 와인 스타일에 따라서 달라지는데, 경험과 온도, 색깔, 타닌 등을 고려하여 결정한다. 착즙할 때는 껍질에 손상을 주지 않아야 하며, 깨지지 않은 포도가 있으므로 압력이 더 강해야 한다. 착즙 시 프리 런 주스의 밀도는 1,000~1,010, 프레스 주스는 1,020~1,050 정도 된다.

프리 런과 프레스는 서로 성질이 다르므로 알코올 발효와 MLF 전에 블렌딩하여 서로 성질을 보완한다. 그리고 설탕을 첨가(Chaptalization)할 경우는 착즙 후에 하는 것이 좋다. 두 번째 발효에서 당의 알코올 전환은 빠르게 진행된다. 이때는 아로마의 보존을 위해 온도를 18~20℃로 하는 것이 좋다. MLF는 알코올 발효 직후에 시작한다. 이때는 이산화황이 적어야 하고 온도가 비교적 높은 편이 좋다. 두 단계를 거치지만 탄산가스 침출법은 전통적인 방법보다 시간이 단축되므로 빨리 시장에 내보낼 수 있다.

와인의 성격

이렇게 나온 와인은 산이 감소하고, 폴리페놀의 추출이 적어져 부드러운 풍미가 되며, 또 발효에 동반하여 생성된 부산물로 인해 복잡한 아로마와 부케를 형성한다. 그러나 추출기간 중 여러 가지 향미가 손실되고, 열매자루가 발효되고 있는 머스트에 오랫동안 들어 있기 때문에 쓴맛이 생성되며, 게다가 초산박테리아나 젖산박테리아가 번식하기 쉬워 와인이 산패될 가능성이 있다. 또 이 와인은 숙성에 의해 품질이 개선되지 않으므로 제조 후 바로 마시지 않으면 안 되는 결점이 있다.

[표 10-2] 탄산가스 침출법과 전통적인 방법으로 만든 와인의 성분 비교

	전통적 방법	탄산가스 침출법
불휘발분(g/ℓ)	24.8	18.5
총 산도(g/ℓ)	6.59	5.24
휘발산(g/ℓ)	0.37	0.51
사과산(g/ℓ)	1.34	0.07
색도	1.389	1.023
안토시아닌(mg/ℓ)	800	503
타닌(g/ℓ)	3.64	2.40
폴리페놀지수(meq/ℓ)	60	47

제11장 화이트 와인 양조

제11장 화이트 와인 양조

레드 와인은 추출하는 와인이지만, 화이트 와인은 아로마를 이전시키는 와인이다. 화이트 와인은 포도의 주스만 발효시킨 것으로 레드 와인과 같은 추출과정이 없다. 화이트 와인은 껍질, 씨 등에서 추출되는 물질이 거의 없으며, 양조과정에서 이런 성분이 추출되지 않도록 해야 고유의 신선미를 지니게 된다. 화이트 와인에서 품종 고유의 아로마와 그 전구물질은 껍질과 그 아래층에 있고, 또 포도가 덜 익었거나 좋지 않은 곳에서 나온 포도의 풋내와 쓴맛도 여기서 나오므로, 화이트 와인의 품질은 성숙도는 물론, 발효 전 처리 즉 수확, 파쇄, 착즙, 청징 등의 조작에 의해서 좌우된다. 그러므로 화이트 와인은 발효가 시작되면 이미 와인의 성격이 결정된 것이라고 봐야 한다.

화이트 와인의 타입

화이트 와인 종류 및 스타일

화이트 와인은 부드럽고, 너무 쓰거나 떫지 않은 것이 좋다. 일반적으로 화이트 와인은 파쇄, 착즙, 아황산 첨가, 발효, 따라내기 순으로 이루어지지만, 각 타입에 따라서 포도의 처리나 양조 방법이 달라진다. 어쨌든 가능한 한 빨리 처리하여 공기 접촉을 최소화하는 것이 중요하다. 레드 와인은 대개 드라이 타입이지만, 화이트 와인은 드라이, 세미 드라이, 스위트, 스파클링, 강화와인 등 여러 가지 타입이 있다. 일반적으로 드라이 화이트 와인은 고급 와인으로 병 숙성으로 부케가 좋아지는 것과 숙성이 되지 않고 영 와인으로 마시는 것 두 가지로 나눌 수 있다.

- 평범한 화이트 와인 : 이 와인은 품종의 특성이 나타나지 않고, 지방산의 에스터나 고급 알코올의 에스터 등 발효에서 나오는 아로마를 가지고 있으며, 주스를 맑게 여과하여 낮은 온도에서 발효시킨다. 주로 갈증을 해소하는 와인으로 약간의 탄산가스가 있거나, 산도를 지니면서 신선한 맛이 나게 만든다. 비교적 알코올 함량이 낮고 쓴맛이 없으며, 발효 후 몇 개월 만에 주병한 것으로 수확한 다음해에 모두 소비하는 것이 좋다. 일반적으로 수확량이 많고 아로마가 약한 품

종으로 위니 블랑, 마카베오(스페인의 비우라), 아이렌, 화이트 그르나슈, 클라레트 등이 사용되며, 고급 품종이라도 더운 곳에서 단위면적당 수확량이 많은 세미용, 소비뇽 등도 사용된다. 1970년대 이후 점차 수요가 감소하고 있다.

- **고급 화이트 와인** : 화이트 와인의 교과서라고 할 수 있는 것으로 샤르도네로 만든 부르고뉴의 뫼르소, 샤샤뉴 몽라셰, 샤블리 등이 유명하다. 이런 와인은 힘이 있고 견고하며 향이 풍부하고 잔당이 없어도 단맛을 느낄 수 있다. 고급은 오래 숙성시킬 수 있으며, 숙성 중 환원된 향이 발전한다. 전통적인 부르고뉴 와인은 오크통에서 발효시키고 효모 찌꺼기 위에서 숙성시켜 독특한 향미를 형성한다. 이런 품종은 유럽뿐 아니라 신세계에서도 더운 기후에 잘 적응하여 좋은 맛을 내고 있다.

다음으로 프랑스 중부 성세레, 푸이 퓌메 등에서 퍼진 소비뇽 블랑은 아로마가 독특하여 쉽게 구분된다. 소비뇽의 아로마는 기후의 영향을 많이 받는데, 지중해성 기후보다는 뉴질랜드와 같이 서늘한 기후에서 훨씬 좋은 아로마를 형성한다. 샤르도네보다 오래 숙성되지는 않지만, 보르도의 것은 세미용과 블렌딩하여 세미용은 바디, 소비뇽은 아로마를 형성하여 조화를 잘 이루고, 숙성 중에 부케도 좋아진다. 요즈음은 샤르도네와 마찬가지로 오크통에서 발효를 하고 효모 찌꺼기 위에서 숙성시키는 것도 많아지고 있다.

기타 유명한 고급 와인으로 생산지가 한정되어 있는 드라이 화이트 와인인 독일, 알자스, 오스트리아의 리슬링, 피노 그리, 게뷔르츠트라미너 등은 늦게 수확하면 고급 스위트 와인이 된다. 이들은 부케보다는 품종별 아로마가 강하며 과일과 꽃 향이 지배적이다.

수확방법

화이트 와인은 2차 아로마보다는 1차 아로마를 가지고 있어야 하는데, 이 아로마는 한번 형성된 후에 발효나 숙성으로 개선되지 않기 때문에 포도의 품종, 성숙도, 건강상태가 가장 중요하다. 청포도의 아로마는 포도가 완전히 익기 전에 형성되므로 늦게 수확하는 것보다는 약간 일찍 수확하는 편이 좋다. 소비뇽의 경우 변색기 직후에 수확하면 향은 강하지만 풋내가 나며, 껍질이나 잎을 씹는 냄새가 나고, 더 익은 다음에 수확하면 향이 안정되고, 과일 향이 난다. 과숙되면 풍부한 면은 있으나 느끼하고 신선도가 줄어든다.

특히, 더운 지방에서 신선한 와인을 만들려면 산도를 높이기 위해 완전히 익기를 기다리지 말고 수확해야 한다. 화이트 와인은 아로마도 좋아야 하지만, 산도가 높아야 신선도가 유지되고, 알코올 농도도 그렇게 높지 않아야 마시기 좋다. 최고의 화이트 와인은 건강한 포도로 만들어야 한다. 약간의 곰팡이만 있어도 품질이 떨어진다. 또 운반 도중에 손상되지 않도록 조심해야 한다.

병해의 상태

화이트 와인용 품종은 레드 와인용 품종보다 보트리티스 시네레아(*Botrytis cinerea*) 감염이 쉽다. 그리고 소비뇽, 세미용, 뮈스카델 등 품종은 메를로나 카베르네에 비해 건강한 상태로 수확하기가 어렵다. 그리고 지중해의 뮈스카, 샹파뉴의 샤르도네, 루아르의 슈냉 블랑 역시 감염이 잘 된다.

보트리티스는 초기에 감염되었다 하더라도 수확기가 가까울 때 폭발적으로 퍼질 수 있으므로 변색기나 포도가 익을 무렵에 비가 오면 심각하다. 보트리티스 포도는 그 감염 비율이 얼마 안 되더라도 드라이 화이트 와인의 아로마를 심각하게 손상시키고, 발효에서 나오는 향까지 불안정하게 만든다. 보트리티스 포도의 비율이 20%일 경우, 터펜 알코올(terpene alcohol)의 함량은 50% 가까이 감소되며, 특히 리나롤(linalool), 제라니올(geraniol), 네롤(nerol) 등이 가장 영향을 많이 받는다. 소비뇽에서는 회색 곰팡이 포도가 10% 이하인 경우에도 품종의 특성이 많이 사라진다.

그러나 노블 롯(noble rot)은 고급 보트리티스 스위트 와인을 만드는 품종의 특수한 아로마를 파괴하지 않는다. 소테른에서 나오는 세미용과 소비뇽은 레몬과 오렌지 향이 더 강해지고, 알자스나 독일의 노블 롯 품종인 리슬링의 미네랄 향, 게뷔르츠트라미너의 리치 향 역시 마찬가지다. 그렇지만 건강한 화이트 와인용 품종을 수확할 때는 보트리티스 곰팡이가 조금이라도 있으면 와인에 부정적인 영향을 끼친다. 이 회색 곰팡이는 먼지, 곰팡이 등 냄새를 풍기며, 병에서 숙성시키면 산화된 냄새로 발전하고, 나중에는 젖산균 오염(laccase)의 기회를 제공한다.

초산 오염(Sour rot)은 회색 곰팡이보다 덜 퍼졌더라도 덥고 습한 지방에서는 심각한 영향을 준다. 보르도 지방에서는 소비뇽이 감염되기 쉬우며, 며칠 내로 갈변하여 주스가 흘러나오면서 강한 초산 냄새를 풍긴다. 이것은 초파리가 호기성 효모(Hanseniaspora uvarum)나 초산박테리아를 옮기기 때문이다. 극도로 온도가 높을 때(30℃ 이상)는 보트리티스 시네레아의 성장은 방해를 받고, 초산 오염이 빠르게 진행되어 수일 내로 전체 수확물을 망칠 수 있다. 그리고 이 포도로 만든 와인은 초산 함량이 1g/ℓ 이상, 글루콘산(gluconic acid)도 수g/ℓ가 될 수 있다. 기타 흰가루병이나 노균병에 걸린 포도는 흙이나 곰팡이 냄새를 풍길 수 있다.

포도의 성숙과 수확시기 선택

수확시기의 선택은 아주 중요하며, 포도밭의 위치, 기후, 품종, 원하는 와인의 타입에 따라 달라진다. 향기 좋은 드라이 화이트 와인은 단순히 당도와 산도만으로 성숙도를 판단해서는 안 된다. 아로마와 그 전구물질의 생성 정도를 알아야 한다. 그러나 그 시기를 정확하게 결정하기는 어렵다. 포도는 안 좋은 풋내와 좋은 과일 향을 가지고 있는데, 이 두 종류의 향의 변화를 이론적으로 측정해야 한다. 다음 [그림 11-1]은 변색기 이후 7주간의 성분변화를 나타낸 것이다. 여기에 맞추어 테이스팅과 일치하는 점을 찾아서 결정하는 것이 좋다. 그리고 열매의 무게, 당분 함량, 산도, pH, 사과산 농도 등을 측정한다.

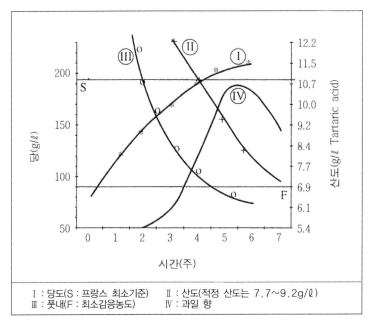

[그림 11-1] 소비뇽 포도의 성분 변화(7주간)

보통 열매 무게와 당도가 최대에 달했을 때 가장 완전한 성숙도로 보며, 과숙은 열매의 무게가 감소하면서 당도가 증가하는 시점이다. 과숙은 특별한 경우로서 보통 드라이 화이트 와인의 아로마를 감소시킨다. 보르도에서는 당도가 소비뇽의 경우 190g/ℓ, 세미용은 176g/ℓ 이하면 풋내가 날 수 있다고 보며, 적절한 산도를 소비뇽의 경우는 7.7~9.2g/ℓ, 세미용은 6.1~7.7g/ℓ로 보고 있다. 세계 어디서나 당도가 18~22.5브릭스 정도 때 수확한다.

대체적으로 산도가 천천히 감소하면 수확시기가 늦어지며, 좋은 테루아르에서는 포도의 성숙이 천천히 완벽하게 이루어진다. 그러나 더운 곳이나 조기 수확, 과도한 수분 부족인 경우는 바람직하지 못한 아로미기 나올 수 있다.

수확

청포도의 수확은 적포도보다 더 어렵고 주의해야 할 사항이 많다. 청포도는 산화가 쉽고, 쉽게 향이 파괴되면서 좋지 않은 향이 나올 수 있기 때문이다. 일찍 수확할수록 향이 손실되거나 변질될 가능성이 많다. 건강하고, 당도·산도·아로마 등이 균일하게 어느 수준이 되었을 때 수확한다. 그리고 잎, 가지, 흙, 파편 등이 혼입되지 않도록 주의한다. 와이너리에 도착할 때까지 포도의 원형이 파괴되지 않아야 산화를 최소화할 수 있다. 수확은 20℃ 이하에서 해야 하며, 더운 지방에서는 밤이나 이른 아침에 하되, 포도에 물기가 있어서는 안 된다. 그렇지 못할 경우는 머스트의 온도를 8~16℃ 정도 유지해야 한다.

손이나 기계수확 어느 것이든 감염된 포도는 포도밭에서 제거해야 한다. 잘 된 포도밭은 이미 작은 가지를 제거하고, 변색기 때 잎을 제거하고 송이를 솎아 놓기 때문에 수확이 한결 쉬워진다. 이렇게 하면 와인의 품질이 향상되고, 수확이 간편하다. 기계수확의 장단점에 대해 논란이 많지만, 수확한 포도는 빨리 와이너리로 운반하고, 으깨지지 않도록 조심해야 한다.

기계적인 조작

수확한 포도는 기계적 손상에 주의하고, 파쇄나 착즙 후에 일어나는 반응에 대해서도 주의해야 한다. 화이트 와인의 품질은 파괴되기 쉬운 성분을 잘 관리하면 개선될 수 있다. 될 수 있으면 기계적인 조작을 최소화하여 껍질이 뭉개지거나 난도질되는 것을 방지한다. 모든 시설은 계획적이고 준비가 잘 되어 있으며, 신속하게 처리하여 아황산을 첨가해야 공기 접촉을 최소화할 수 있다. 한마디로, 화이트 와인은 발효 전의 조작이 품질을 좌우한다고 볼 수 있다. 그리고 착즙된 주스는 될 수 있는 한 부유물질이 적고, pH는 3.0~3.4 정도 되어야 고급 와인을 생산할 수 있다. 부유물질이 적으면 나중에 청징이 쉽고, 풋내가 덜 나며, 산화 방지, 페놀화합물의 과도한 추출 방지, pH 증가 방지 등의 효과가 커진다.

파쇄

껍질이나 과육이 조각나거나 뭉개져서는 안 된다. 이렇게 되면 주스에 고형성분이 많이 나오고, 착즙이 어렵게 되므로, 간격과 속도를 조절할 수 있는 기계를 사용하여야 한다. 샴페인의 경우는 파쇄하지 않기 때문에 그대로 착즙하여 손가락으로 터뜨리는 효과를 줄 수 있으며, 레드 와인용 품종이라도 색깔이 덜 우러나온다. 이렇게 제경이나 파쇄를 하지 않으면 고형분이 적고 산화효소가 덜 나올 수 있으므로 나름대로 판단하여 파쇄의 강도를 결정한다.

주스 분리

파쇄 도중에 나오는 주스를 분리시키는 작업이다. 가장 취약한 부분으로 적합한 장치를 선정해야 한다. 보편적인 형태는 파쇄기에서 직접 착즙기(press)로 떨어지게 만들어, 착즙기에 머스트가 차는 동안 주스가 흘러나오며, 착즙기에 파쇄된 포도가 가득 차면 착즙하는 방식이다. 양이 많고 포도 유입량이 일정하지 않을 때는 분리 탱크를 사용하는 방법이 좋은데, 머스트를 탱크에 넣고 일정 시간 둔 다음 주스를 분리시키고 착즙하는 방법이다. 이 방법은 펙틴분해효소의 작용으로 착즙이 쉬워지지만 산화 우려가 있으므로 낮은 온도에서 보관해야 한다. 이렇게 나오는 프리 런 주스는 공기 접촉을 피해서 탱크에 받는다.

착즙기의 형태

파쇄된 포도에 압력을 가하여 주스를 얻는 과정으로 될 수 있으면 낮은 압력에서 많은 양의 주스를 얻도록 하는 것이 좋고, 점차적으로 압력을 증가시킨다. 너무 높은 압력에서는 껍질이나 씨에서 거친 향미까지 추출되므로 과도한 압력은 피하는 것이 좋다. 그리고 고급 와인의 경우는 착즙을 20℃ 이하에서 하는 것이 좋다.

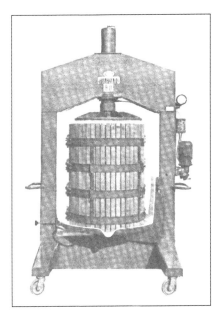

[그림 11-2] 수직형 착즙기

- 수직형 착즙기(Vertical presses) : 옛날부터 사용한 방법으로 머스트를 위에서 아래로 압력을 가하는 방법과 수압식으로 아래에서 위로 압력을 가하는 방법이 있다. 동력을 사용하든지 수동식으로 하든지 손이 많이 가고, 높은 압력이 필요하지만, 주스가 포도 박(cake) 사이로 흘러나오면서 어느 정도 걸러지는 효과를 볼 수 있다. 단, 박이 깨지지 않도록 조심해야 한다. 단, 작업시간이 길어지고, 공기 중에 노출이 심하여 산화의 우려가 있다.

- 수평형 스크루 착즙기(Horizontal screw presses) : 회전식으로 한두 개의 움직이는 판이 있고, 틀은 나무, 스테인리스스틸, 플라스틱으로 되어 있으며, 수동식과 자동식이 있다. 대개는 속도와 압력, 시간 등이 자동으

로 조절되는 것으로 포도의 투입과 배출이 편리하게
되어 있다. 비교적 낮은 압력으로 파쇄하지 않은 포
도까지 착즙할 수 있으나, 공기 접촉이 심하고, 찌꺼
기 양이 많아진다.

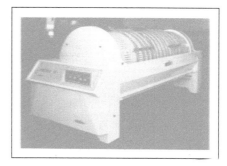

[그림 11-3] 수평형 스크루 착즙기

- 공압형 착즙기(Pneumatic presses) : 수평형으로
  내부에 두꺼운 고무막이 부풀게 되어 있다. 공기압으
  로 고무막을 부풀려 포도를 착즙하고 주스는 내부 파
  이프를 통해서 밖으로 나온다. 낮은 압력으로 포도에
  손상이 가지 않아 요즈음 가장 많이 사용되고 있다.
  그러나 단속식으로 시간이 많이 걸리므로 대량처리
  가 불가능하며, 공압을 이용하므로 과숙된 포도의 착
  즙은 어렵다.

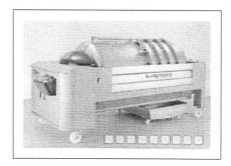

[그림 11-4] 공압형 착즙기

- 연속식 착즙기(Continuous presses) : 나선형 스크루
  를 이용하여 연속적으로 착즙하거나, 벨트 프레스
  (belt press)를 이용하기도 한다. 연속식은 대량생산(분당
  몇 백kg)에 적합한 구조로서, 프리 런 주스의 비율
  (70%)이 높지만, 부유물질이 많아서 가만 두면 찌꺼
  기 양이 30~50%까지 된다. 그러므로 대량 여과 및
  원심분리장치가 있어야 한다. 껍질이 갈리기 때문에
  쓰고 풋내가 나며, 색깔이 진해지며 pH가 상승한다.
  짧은 시간에 대량 처리하는 장치로서 요즈음은 대용
  량 공압식 착즙기가 많아서 보기 힘들다.

[그림 11-5] 연속식 착즙기

송이째 착즙하는 방법(Whole cluster pressing)

유명한 샴페인에 사용하는 방법으로 포도송이를 그대로 착즙기에 넣고, 파쇄·제경 등은 하지
않고 바로 압력을 가한다. 단속식(batch system)으로 포도를 채우고 착즙한 다음에, 비우고 다시
채우는 방식으로 한다. 이렇게 하면, 소량으로 질 좋은 주스를 얻을 수 있다. 대량으로 처리할 경
우는 포도밭에서 트레일러로 운반하여 붓고, 스크루를 사용하여 착즙기로 이송할 수도 있다. 이
때 이송거리는 4~5m를 넘지 않아야 하고, 스크루 위에 포도가 너무 높게 쌓이지 않도록 최소화
하고, 스크루 지름은 30~40cm, 회전속도가 느려야 한다.

착즙기는 형태에 따라 수직형, 수평형으로 나눌 수 있으며, 수직형은 고전적인 형태지만 현재 수압식으로 발전되었다. 이 수직형 수압식 착즙기 역시 박 사이로 주스가 흘러나오기 때문에 부유물질이 덜 우러나오며 4~5기압으로 시작하여 14기압까지 올라간다. 그러나 일이 느리고 노동력이 많이 소요되기 때문에 요즈음은 공압식 멤브레인으로 대체되고 있다. 공압식 멤브레인 형식의 착즙기는 압력, 시간 등을 자유롭게 설정하여 조절할 수 있어서 최근에 가장 널리 사용되고 있다.

침출법(Skin maceration)

일반적으로 화이트 와인은 될 수 있는 한 포도의 고형물이 우러나오지 않도록 하는 것이 좋다고 알려져 있다. 왜냐하면 덜 익은 포도에서는 풋내가 나고, 씨나 껍질에서 떫고 쓴맛이 나며, 병든 포도에서 곰팡이 · 흙냄새 등이 나기 때문이다. 그리고 성숙도가 일정하지 않거나 병든 포도는 즉시 착즙하여 이물질이 우러나오지 않도록 한다. 그러나 고급 품종으로 토양 · 기후조건이 좋고, 완전히 익고 건강한 포도는 레드 와인 식으로 껍질과 함께 침출하여 아로마와 바디가 풍부하고, 좀 더 장기 숙성을 할 수 있는 드라이 화이트 와인을 얻을 수 있다. 그러나 포도나무가 어리거나 충분히 익지 않은 경우나, 단위면적당 수확량이 많은 경우는 이 방법을 사용하지 않아야 한다.

침출법은 껍질과 주스를 제한된 조건에서 접촉시키는 것으로, 파쇄 · 제경한 포도를 탱크에 채우고 몇 시간 둔 다음에, 주스를 분리하고 착즙하는 것이다. 이 방법은 1980년대 중반 프랑스에서 유행하기 시작하여 보르도에서 좋은 결과를 얻었다. 포도를 완전히 제경한 다음에 머스트 펌프를 사용하여 산화방지를 위해 미리 탄산가스가 가득 찬 침출탱크에 채우는 방법이다. 아황산은 과도한 페놀 화합물 추출을 피하기 위해 첨가하지 않는다. 이 탱크는 주스를 따로 배출시키고 착즙할 수 있도록 설계를 하며, 용량은 착즙기 용량의 세 배로 한다. 착즙은 공압식 멤브레인 착즙기를 사용하면 낮은 압력에서 착즙을 할 수 있고, 찌꺼기 배출도 쉽게 되고 산화방지가 되며, 부유물질의 양도 적어진다.

[그림 11-6] 침출탱크와 착즙기

포도는 10℃ 이하(보통 5~10℃)를 유지해야 하는데, 침출탱크에 냉각장치를 하면 혼합이 어렵고, 잘 섞는다 하더라도 페놀 화합물과 부유물질이 많아진다. 이중 튜브를 통하여 이송 중에 냉각시키는 방법 역시 부유물질의 양이 증가한다. 가장 좋은 방법은 액체탄산가스를 머스트 펌프 배출구에 연결하여 침출탱크로 포도를 보내면서 냉각시키는 방법이다. 이렇게 하면 별도의 시설이 필요 없으며, 머스트에 용해된 산소도 제거할 수 있고,

침출탱크는 탄산가스로 가득 차게 된다. 제경된 포도 120㎏을 1℃ 냉각시키는 데 필요한 탄산가스의 양은 0.8㎏이다. 침출시간은 12~20시간으로 와이너리마다 다르다. 낮은 온도에서 산소가 없는 조건이면 아로마가 잘 우러나오고 페놀 화합물이 많이 나오지는 않는다.

이 기간 중 펙틴분해효소가 작용하여 펙틴이 분해되므로 일정 시간 후에 낮은 압력으로 쉽게 착즙할 수 있으며, 한두 번 착즙으로 주스를 얻을 수 있다. 단, 산도가 감소하고 pH가 증가할 수 있는데, 이는 침출기간 중 칼륨이 우러나와 주석산이 염으로 되기 때문이다. 산도는 1.5~2.3g/ℓ 감소하는데, 품종과 테루아르에 따라 다르게 나타난다. 산도가 높은 우리나라 포도에 적용해 볼 만하다.

[표 11-1] 침출법 머스트의 산도와 pH

포도	대조구		침출법		
	산도(g/ℓ)	pH	산도(g/ℓ)	pH	침출시간
포도 1	8.57	3.05	6.20	3.35	8
포도 2	8.11	3.15	6.12	3.35	12
포도 3	10.55	2.98	8.42	3.30	18

이 방법은 송이째 착즙시키는 방법에 비해 OD 280㎚와 페놀 인덱스가 증가하지만, 와인에서는 별 차이가 없다. 또 아미노산 함량이 증가하므로 발효가 빨라지고, 다당류·단백질 등도 증가하여 안정화에 필요한 벤토나이트 양이 증가한다. 그러나 침출법은 풋내가 증가하지 않고 품종별 아로마를 증가시켜 바람직한 결과를 가져온다.

펙틴분해효소 사용

파쇄된 포도에 펙틴분해효소를 첨가하면 착즙수율이 10~15% 증가된다. 이 효소는 1980년대 사과 주스에 적용하기 시작하여 긍정적인 결과를 얻었고, 미국 FDA에서도 비교적 안전한 물질(GRAS)로 분류하고 있다. 다만, 알코올 발효 때 메탄올이 약간 증가될 수 있으나 기준치에는 못 미치는 정도이므로 상황에 따라서 사용할 만하다.

시중에 판매되는 펙틴분해효소는 펙틴가수분해효소(pectinase), 섬유소가수분해효소(cellulase), 헤미셀룰로오스가수분해효소(hemicellulase) 등을 함유하고 있어서 주스의 추출과 청징은 물론, 여과를 방해하는 다당류를 분해하여 착즙수율을 높인다. 섬유소가수분해효소와 헤미셀룰로오스가수분해효소는 세포벽의 다당류를 분해하여 중간층의 용해도를 높여 착즙수율을 증가시키고 청징도를 높여 준다. 또 레드 와인의 경우는 색소추출효과가 커지고 아로마와 향미가 증가하며, 바디와 구조감도 개선된다.

보통 200~400mg/ℓ 정도의 농도로 첨가하여 짧게는 1~2시간 혹은 4~10시간 둔 다음에 착즙을 하면 프리 런 주스의 양이 상당히 증가한다. 상품으로 나오는 펙틴분해효소는 배당체가수분해효소(glycosidase), 단백질가수분해효소(protease) 등을 함유하고 있는 것도 있다. 이 펙틴분해효소는 온도에 따라 활성이 달라지는데, 적정온도는 45~50℃로서 10℃에서는 15~25%, 20℃에서는 25~35%, 30℃에서는 40~60%의 활성을 나타내지만, 파쇄할 때부터 첨가하면 장시간 접촉으로 활성이 좋아진다.

[표 11-2] 머스트의 펙틴분해효소 효과

주스	대조구	효소처리구
프리 런	63%	93%
프레스	37%	7%

냉동 착즙법

이 방법은 스위트 와인 제조에 사용되는 방법이었으나 최근에 드라이 화이트 와인에 적용되기 시작하였다. 포도를 송이째 20시간 정도 냉각시키거나, 큰 냉장고에서 영하 2~3℃에 보관한 후 착즙하는 방법이다. 착즙하는 방법에 따라 크라이오셀렉션(cryoselection)과 슈프라익스트렉션(supraextraction) 두 가지로 나눈다.

크라이오셀렉션은 낮은 온도에서 포도를 착즙시키는 방법으로, 물이 동결된 다음에 얼음을 제거하는 것이다. 즉 언 포도 열매를 착즙하게 되면 얼음은 착즙기에 남고 얼지 않은 주스만 흘러내리게 된다. 아이스 와인은 겨울에 언 포도를 수확하여 일종의 자연적인 저온추출로 만들어진 것이다. 이렇게 하면 주스는 얼지 않고 그대로 유출되므로 질 좋은 주스를 얻을 수 있다. 다음에 해동하여 두 번째 착즙을 하면 당도 낮은 주스를 얻는다.

슈프라익스트렉션은 해동시킨 포도송이의 즙을 짜는 것으로 냉동과 해동을 거치면서 껍질과 그 아래층의 성분이 변하여 침출 이상의 효과를 얻을 수 있다. 특히 아로마와 그 전구물질이 쉽게 유리되지만, 보통 방법보다 페놀 화합물의 추출은 적어진다. 껍질에서 나오는 당분도 증가하여 알코올이 0.3~0.6% 증가한다. 하지만 일이 늦고 제조원가가 상승하므로 아주 비싼 고급 와인에 적용한다.

어떤 형태든 손상된 포도를 제거하고, 마지막에 나오는 주스는 버리고, 나온 주스에 신속하게 아황산을 20~50mg/ℓ 정도 첨가하고, 따라내기를 하여 찌꺼기를 제거한다. 프리 런 주스의 품질이 좋으면 처음 나오는 프레스 주스를 합쳐서 사용해도 된다. 프레스 주스는 색깔이 진하고 풋내가 날 수 있으므로 질을 파악하여 사용할 줄 알아야 한다. 즉 주스를 정치시켰을 때 찌꺼기의 양과 질이 주스의 품질을 나타낸다. 그리고 모든 처리공정이 짧아야 한다. 포도에서 주스까지 시간을 단축하여 산화를 방지해야 한다. 화이트 와인은 포도를 잘 다루고 머스트를 잘 처리하면 손댈 필요가 없다.

주스의 청징

발효 전에 가라앉히기나 원심분리 등의 방법으로 착즙한 주스를 맑게 만드는 과정으로, 착즙 중에 나온 열매자루나 포도 껍질, 과육의 파편, 이물질 등을 분리하여 좋지 못한 맛이나 향을 제거한다. 보통은 아황산을 첨가한 주스를 15℃ 이하의 온도로 12~24시간 두었다가 맑은 상등액을 따라낸다 (débourbage). 이렇게 찌꺼기를 제거한 주스로 와인을 만들면 신선하고 산도가 있으며, 가볍고, 아로마도 깨끗하며 안정된다. 다시 말하면, 주변 환경조건에 덜 민감하게 되며, 주스의 색깔은 옅지만 산화효소가 파괴되어 안정된다.

찌꺼기 및 부유물의 형성과 조성

바로 착즙한 주스는 흙, 껍질과 열매자루의 파편, 과육의 섬유질, 불용성 침전물 등이 있어서 혼탁하다. 그리고 주스에서 불용성 물질이 가라앉는 도중에 고분자 물질이 혼탁을 일으키는데 이 중에서 펙틴성 물질의 역할이 크다. 또 보트리티스 곰팡이 낀 포도에는 다당류인 글루칸(glucan)이 있어서 더욱 혼탁하게 된다. 이 물질은 수㎎만 있어도 청징을 어렵게 만드는데, 이는 보호 콜로이드로 작용하여, 틴들(Tyndall) 현상을 일으키기 때문이다.

포도에 있는 천연 펙틴분해효소는 콜로이드성 물질에 작용하여 침전물을 가라앉히는데, 주스를 그대로 몇 시간 두면 주스는 유백색으로 맑아지고 침전이 형성된다. 이 침전물을 알코올 발효 전에 따라내기 등으로 제거한다. 가라앉는 양과 그 속도는 품종, 포도의 상태, 성숙도의 영향을 받지만, 특히 파쇄, 착즙 등 작업방법에 따라 달라진다.

정상적인 상태에서는 포도가 익어 가면서 펙틴분해효소가 나와 펙틴을 분해시키기 때문에 주스의 탁도가 감소한다. 그래서 성숙기 마지막 단계에서는 펙틴 함량이 청징의 지표가 된다. 즉 펙틴 함량이 적어야 청징이 잘 되므로 너무 많으면 펙틴분해효소를 첨가해야 한다. 곰팡이 낀 포도가 많으면 보트리티스에서 나온 글루칸이 보호 콜로이드 효과를 나타내기 때문에 청징이 어렵지만, 보트리티스 포도가 5% 이내일 경우는 펙틴분해효소가 건전한 포도보다 100배나 더 있어서 청징이 아주 잘 된다.

착즙하는 방법도 부유물질 형성에 큰 영향을 미친다. 천천히 진행시키면서 포도 박cake이 부서지지 않도록 하면 맑은 주스를 얻을 수 있다. 주스에 있는 찌꺼기의 물리적인 구조와 화학적인 성분은 완전히 알려지지 않았지만, 대체로 2㎜ 이하로 셀룰로오스, 헤미셀룰로오스, 펙틴 등 다당류와 효모가 이용하지 못하는 불용성 단백질, 금속염, 세포막에서 나오는 지방질 등으로 구성되어 있다.

주스의 청징이 화이트 와인의 향미에 미치는 영향

적절한 주스의 청징은 화이트 와인의 품질을 개선할 수 있다. 주스에 부유물질이 많으면 무겁고 풋내가 나며, 쓴맛이 나고, 색깔은 진해지지만 불안정하며, 페놀 화합물의 양이 많아지고, 발효 끝 무렵에 환원성 아로마를 풍긴다. 이런 물질들은 통기aeration 나 따라내기 등으로 제거하기 어렵지만, 제거하여 맑은 주스로 만든 와인은 품종별 아로마가 뚜렷하고 안정적이다.

1960년대부터 주스의 청징으로 화이트 와인의 아로마가 개선된다는 사실이 알려지기 시작하였다. 청징 주스로 와인을 만들면 고급 알코올의 무거운 향이 낮아지고, 바람직한 향인 지방산의 에틸에스터와 고급 아세테이트알코올의 함량이 많아지며, C6 알코올의 함량이 낮아진다. 발효 전 주스는 착즙하는 동안 세포막에서 나오는 리놀렌산linolenic acid과 리놀레산linoleic acid의 효소적 산화로 언제나 C6 알데히드hexanal, cis-3-hexanal, trans-2-hexanal를 가지고 있다. 이 물질은 주스에 용해되지 않고 침전물에 섞여 있다가 발효 때 해당 알코올로 환원되어 와인에 녹아 들어간다. 그러므로 이 찌꺼기를 제거하면 풋내가 없어진다.

주스의 탁도가 증가하면 휘발성 황 화합물인 황화수소H2S, 익힌 양배추 냄새인 메싸이오놀methionol의 양이 많아지는데, 이 물질은 안정성이 커서 따라내기나 통기로 제거되지 않는다. 그러므로 양질의 화이트 와인을 제조할 때는 주스의 탁도를 조절해야 한다. 첨가하는 아황산 역시 이런 황 화합물의 농도를 증가시키므로 첨가하는 양은 50㎎/ℓ 이하로 하는 것이 좋다.

주스의 청징이 발효에 미치는 영향

그러나 주스를 너무 맑게 청징하면 과일 향을 감소시키고, 영양부족으로 알코올 발효를 지연시켜 휘발산을 증가시키고, 더 하면 발효가 중단될 수도 있다. 그러므로 주스의 적절한 탁도로 조절하는 일은 매우 중요하다. 탁도는 100~250NTUNephelometric Turbidity Units 정도가 적당하다. 과도하게 청징된 주스의 발효가 불안정한 이유는 부유물질이 효모에 영양물질이 되고, 대사 방해물질을 흡수하기 때문이다. 부유물질의 지방성분이 주요 영양물질이 되는데, 특히 긴 불포화 지방산은 효모가 세포막의 인지질로 이용할 수 있다. 또 부유물질의 소수성 지방성분은 알코올 발효 때 나오는 독성 있는 지방산을 흡착한다.

청징방법

　가장 보편적인 작업은 가라앉힌 다음에 따라내기(racking)를 하는 것으로 프리 런 주스와 첫 번째 착즙 주스는 동일한 탱크에 받고, 다음 번 착즙 주스는 다른 탱크에 받아서 아황산을 첨가한다. 얼마 후, 첫 번째 탱크의 상등액을 펌프를 이용하여 위에서부터 침전물이 혼입되지 않도록 걸어내면서 호스가 찌꺼기 부위에 오면 멈춘다. 찌꺼기는 여과하여 상등액과 혼합한다. 마지막 착즙 주스는 대개 갈색이므로 여과하더라도 프리 런과 섞지 않고, 따로 발효시켜 처리하는 것이 좋다. 이때 주스는 5~10℃를 유지시키고, 2차 따라내기는 상황을 봐서 결정한다.

　정확한 탁도의 측정은 비탁계(Nephelometer)로 하는데, 이 기구는 화이트 와인을 제조하는 데 필수적이다. 탁도가 너무 심하면 2차 따라내기를 하고, 너무 깨끗하면 찌꺼기를 첨가하여 조절한다. 마지막 착즙 주스는 펙틴 가수분해효소를 사용하면 효과적이다. 이 주스의 사용 여부는 색깔, 맛, 폴리페놀, pH 등을 측정하여 결정한다. 기타 원심분리, 여과 등 방법을 사용하면 산화의 기회가 많아지기 때문에, 이 방법은 따라내기 후에 남아 있는 찌꺼기나 정제가 힘든 프레스 주스에 사용하는 것이 좋다. 찌꺼기 여과는 규조토를 이용하여 진공여과나 필터 프레스를 사용하면 20NTU 이하로 맑게 만들 수 있다. 그리고 당도나 산도의 조절은 청징 이후에 한다.

벤토나이트 처리

　벤토나이트(bentonite)를 처리하는 목적은 머스트에 있는 단백질을 제거하는 것이다. 단백질은 화이트 와인에서 혼탁을 일으키고 침전을 형성하기 때문에 벤토나이트로 단백질을 고정시켜 제거하는 것이다. 주스에 벤토나이트를 처리하면 발효가 끝난 후 바로 와인이 맑아진다. 그러나 주스에서는 단백질의 안정성이 부정확하므로 적절한 벤토나이트 첨가량의 산출이 어려워 실용적이지는 않다. 특히, 화이트 와인을 찌꺼기 위에서 숙성시키려면 벤토나이트 처리를 하지 않는 것이 좋다. 이는 벤토나이트와 함께 섞어 수개월 두면 향미가 손상되고, 장기간 숙성 중에 효모가 자가분해되어 벤토나이트와 반응하므로, 안정화에 필요한 벤토나이트 농도가 감소되기 때문이다. 그러므로 숙성 후에 벤토나이트를 처리해야 비교적 소량으로 정확하게 안정성을 확보할 수 있다.

발효관리

청징된 주스를 탱크에 채울 때는 탱크용량의 약 10% 정도 여유를 두어 넘칠 때를 대비한다. 청징도가 서로 다른 주스를 큰 탱크에 넣을 때는 가라앉은 미세한 찌꺼기까지 모두 섞이도록 만들어 탁도를 균일하게 해야 한다. 발효는 주스를 완전히 혼합한 다음에 시작한다. 화이트 와인의 관리는 온도조건이 가장 중요하다. 20℃를 넘지 않아야 최상의 품질을 얻을 수 있다. 온도가 높으면 포도의 아로마가 증발하고, 발효 도중 생성된 향도 사라지기 때문이다. 발효가 시작된 탱크에 주스를 넣으면, 효모가 주스에 있는 이산화황(SO_2)을 황화수소(H_2S)로 변화시키기 때문에 이 방법은 사용하지 않는 것이 좋다.

효모 접종

발효속도와 발효의 완결은 야생 효모의 종류에 따라 달라지며, 주스의 청징도 역시 영향을 끼친다. 발효속도가 느린 것은 효모 숫자가 적기 때문인데, 건조 효모를 사용하면 문제가 없다. 그러나 자연발효도 좋은 결과를 얻을 수 있는데, 이때는 포도재배나 포도의 처리를 항상 일정한 방법으로 고정시켜야 한다. 현재 사용하는 효모는 대부분 자연발효가 성공적일 때 그 야생 효모 중 선택하여 배양한 것이다.

현재, 사카로미세스 세레비시에(*Saccharomyces cerevisiae*)에 속한 30종의 건조 효모가 있으며, 각 지방에 따라 알코올 발효 양상, 향 생성 등 원하는 조건에 따라 적합한 종류를 선택하여 사용하고 있다. 건조 효모는 주스의 탁도가 100~200NTU, 당분 함량이 220g/ℓ 정도의 조건에서 과도한 휘발산을 생성하지 않고, 발효를 잘 진행시킨다. 그러므로 와인메이커는 주스의 조성, 효모의 성질은 물론, 만들고자 하는 와인에 미치는 제반요소까지 알고 있어야 한다.

건조 효모는 청징이 끝난 직후 100~150㎎/ℓ의 농도로, 양을 계산하여 균수가 10^6개/㎖ 정도 되도록 투입한다. 투입 20분 전에 더운물과 주스를 1 : 1로 섞어서 온도를 40℃로 맞추고, 여기에 건조 효모를 풀어서 활성화시킨 다음에 투입한다. 주스의 온도가 낮더라도(10~12℃) 온도가 오르기를 기다릴 필요 없이 효모를 접종하는 것이 좋다. 접종은 빠를수록 좋다. 접종 때는 발효탱크의 내용물은 균질화되어야 하며, 효모가 성장하는 동안에도 부유물질이 잘 섞이도록 해야 한다. 교반장치가 없는 큰 뱅크에서는 효모 스타터(starter)를 펌프를 사용하여 찌꺼기가 있는 아래층으로 투입해야 잘 섞인다.

암모늄염의 첨가와 주스의 공기 공급

일반적으로 효모가 생육하는 데는 질소질 물질과 산소가 필요하기 때문에 화이트 와인 발효에도 암모늄염과 공기가 어느 정도 필요하다. 서늘한 지방에서 자란 포도는 질소질 물질(암모늄 양이온과 아미노산, 프롤린은 예외)이 정상적인 효모가 생육하는 데 충분하지만, 여름이 아주 건조할 경우는 이런 성분이 부족하게 된다. 또 뿌리가 얕은 어린 포도나무, 배수가 좋지 않은 포도밭에서 겨울에 뿌리가 질식하는 경우, 보수력이 없는 가벼운 토양, 피복작물(cover crop)로 인한 질소와 물의 부족 등 좋지 않은 조건에서 자란 포도는 주스의 질소성분이 부족하기 쉽기 때문에 주의를 요한다. 이런 조건에서 나온 화이트 와인은 과일 향과 숙성력이 떨어진다.

주스의 암모늄 양이온 농도가 25mg/ℓ 이하거나, 사용할 수 있는 질소성분이 160mg/ℓ 이하일 경우는 황산암모늄이나 인산암모늄 등을 100~200mg/ℓ 정도 보충해야 한다. 이러한 무기 질소성분은 발효 중 황화수소의 형성을 방지하고, 발효가 완벽하게 끝날 수 있도록 도와준다. 질소함량이 아주 낮아 40mg/ℓ 이하인 경우는 황산암모늄을 300mg/ℓ(유럽의 최대 허용량) 정도 첨가해도 부족하다. 이때는 재배방법을 개선해야 한다. 암모니아태 질소를 첨가하는 방법은 효모 접종 때 한꺼번에 투입하거나, 두 번에 나누어 접종 때와 알코올 발효 2~3일 후에 투입하는 방법이 있는데, 나누어서 투입하는 방법이 효과가 더 좋다.

전에는 산화로 인한 아로마의 손실 우려 때문에 발효 중 공기 공급은 금기시되었으나, 발효 전반부의 공기 공급은 아로마의 손실이 거의 없다. 이때는 효모의 강한 환원력이 아로마를 보호하기 때문이다. 약간의 공기가 들어가는 것보다는 발효가 지연되거나 멈추는 것이 훨씬 심각하다. 공기 공급은 펌핑 오버하는 방법이나, 다른 장치를 이용하여 산소를 직접 주입하는 방법이 있는데, 산소를 주입(2~6mg/ℓ)할 때는 발효 첫날 하는 것이 좋다. 산소는 효모의 유도기 때 생존요인이며 세포막 조성에 필요한 스테롤 합성을 가능하게 해준다. 또 탁도가 낮고 당 함량이 높은 주스의 알코올 발효를 완결시키는 데 필요하다. 화이트 와인의 발효에는 주스의 탁도 조절, 질소성분의 측정과 조절, 효모 접종 시 공기 공급 등의 조치가 결정적인 요인이 된다.

온도관리

전통적으로 화이트 와인의 발효는 시원한 곳으로 온도가 12~16℃ 되는 실내에서 작은 오크통에서 했기 때문에 발효온도 역시 실내온도의 범위를 벗어나지 못했고, 가끔은 발효가 왕성할 때 22~25℃까지 올라갈 수 있었다. 요즈음도 부르고뉴, 소테른, 그라브, 루아르, 알자스 등 전통을 지키는 곳에서는 이렇게 작은 오크통에서 발효시키는 곳이 많다.

큰 탱크에서 발효시킬 때는 열교환기를 통과한 낮은 온도(2~6℃)의 물을 발효탱크의 코일이나 재킷을 통과시켜 온도조절을 하며, 대개는 센서를 부착한 자동조절장치로 관리하고 있다. 발효온도가 20℃ 이상이 되면 효모가 생성한 에스터가 손실되고 고급 알코올이 증가한다. 그러나 품종 고유의 아로마에 대한 온도의 영향은 아직 확실하게 밝혀진 것은 없다. 극단적으로 온도가 높은 경우28~30℃는 탄산가스가 방출되면서 아로마도 함께 빠져 나가지만, 그렇게 높지 않은 18℃나 23~24℃에서는 품종 고유의 아로마는 차이가 나지 않는다. 그러므로 18℃ 이하에서 발효시키는 것이 품종 고유의 아로마를 강화한다고 볼 수는 없고, 발효 전 조작과 효모의 선택이 훨씬 더 큰 영향을 미친다.

오크통에서 발효시키는 것과 같이, 발효가 왕성할 때는 22~23℃까지 올라갔다가 후기에 실온으로 떨어지는 식으로 대규모 탱크의 온도관리도 이렇게 하는 것이 바람직하다. 대부분 고급 화이트 와인은 10~16℃를 유지시키는 것이 보통이다. 오크통이든 탱크든 온도의 급작스런 강하는 피해야 한다. 예를 들면, 몇 시간 내에 23℃에서 16℃로 떨어뜨리면 효모가 충격을 받아 발효가 지연되거나 멈출 수 있다.

드라이 와인의 발효 종료

화이트 와인의 발효는 주스의 추출조건, 당과 질소의 함량, 탁도, 효모의 종류, 통기, 온도 등의 영향을 받는다. 와인메이커는 이 모든 것을 조절할 수 있어야 한다. 화이트 와인의 발효는 당도가 아주 높은 경우는 예외지만, 12일을 넘지 않는 것이 좋다. 날마다 밀도를 측정하여 발효가 완전히 끝난 것으로 보더라도 밀도로 측정한 당도는 불확실하다. 머스트의 밀도로 당도를 측정할 경우, 당도계의 눈금이 0°라도 실제 당분 함량은 30g/ℓ로 약 3%가 된다. 이는 알코올이 생성되어 밀도에 영향을 끼치기 때문이다. 비중이 0.994~0.993이 되더라도 반드시 화학적인 방법으로 당분을 측정해야 한다. 환원당의 양이 2g/ℓ 이하면 발효가 끝난 것으로 본다.

다음 처리는 MLF 여부에 따라 다르다. MLF를 한다면 찌꺼기 위에 그대로 두면서 아황산 처리를 과도하게 하지 않고, MLF가 끝나면 따라내기를 한다. MLF를 하지 않을 경우는 온도를 12℃로 낮추고, 효모 찌꺼기를 산소 혼입을 피해 가면서 저어 주거나 펌핑을 한다. 이 조작은 효모의 환원력을 이용하여 와인이 산화되지 않도록 보호하는 효과가 있다. 1~2주 후에 아황산을 처리하여 유리 아황산이 40~50㎎/ℓ 정도 되도록 한다. 최근까지 큰 탱크에서는 찌꺼기를 일찍 제거하는 것이 황화수소 냄새를 피할 수 있었지만, 요즈음은 탱크에서도 효모 찌꺼기 위에서 숙성sur lie시키기도 한다.

MLF(Malolactic fermentation)

MLF는 레드 와인에서는 필수적이지만, 화이트 와인은 품종과 지역에 따라 다르다. 부르고뉴의 샤르도네와 스위스의 샤슬라 등은 찌꺼기 위에서 숙성시키고 MLF를 하는데, 이는 산도를 낮추기 위해서이다. 이들 와인의 산도는 10.7g/ℓ 이상으로 pH도 낮다. MLF는 생물학적인 안정성을 증가시키므로 샴페인의 경우, 병에서 MLF가 일어나는 것을 방지하기 위해 알코올 발효가 끝난 다음에 MLF를 한다.

MLF는 샤르도네의 복합적인 향미를 증가시키기 때문에 고급 샤르도네는 MLF가 필수적이다. 그래서 부르고뉴의 샤르도네는 MLF를 통해서 산도를 조절하고 향미를 증가시키고 있다. 그러나 성숙도가 좋지 않은 샤르도네나 소비뇽, 슈냉 블랑 등은 아로마가 사라지기 때문에, 경우에 따라서 MLF 실행 여부를 선택한다.

MLF를 하려면, 효모 찌꺼기가 있는 채로 탱크에 와인을 위까지 가득 채우고 아황산을 첨가하지 않고 온도를 16~18℃로 유지시킨다. 이때는 찌꺼기를 휘저어 산화를 방지한다. 적당한 조건이 갖추어지면 MLF가 자연스럽게 시작되며, 기간을 단축하려면 판매용 균주를 접종하면 된다. 만약 MLF의 개시가 늦어져 산화 우려가 있을 경우는 아황산을 20㎎/ℓ 정도 첨가하여 MLF를 미루거나 하지 않고, MLF가 완료되어 사과산이 완전히 없어지면 아황산 농도를 40~50㎎/ℓ로 유지한다.

산화 방지

산화는 머스트나 와인을 갈변시키고, 그 특성이나 향미를 파괴시키는 과정으로 온도가 높은 조건에서 공기와 접촉으로 일어난다. 산화는 불가역적인 화학반응이기 때문에 산화로 손상된 와인이나 머스트의 품질은 회복되지 않는다. 특히, 화이트 머스트는 산화에 가장 취약하므로 산화 방지에 주의를 기울여야 한다.

발효 전 조치

곰팡이 낀 포도나 온도가 높은 상태에서는 산화효소의 활성이 강해져 포도를 파쇄하기 전에 이미 포도에 손상을 준다. 그러므로 오염되지 않은 건강한 포도만을 수확하고, 수확한 즉시 바로 가공에 들어가야 한다. 포도의 상태가 좋고, 온도가 낮고, 충분한 산도가 있는 경우는 아황산을 10~50㎎/ℓ 정도 첨가하면 되지만, 포도가 손상되고, 곰팡이가 끼고, 온도가 높은 경우는 첨가량을 더 늘려야 한다. 아황산은 살균제, 항산화제, 효소 불활성화 등의 작용을 하지만, 이미 발효가 시작된 머스트에서는 아세트알데히드나 다른 성분이 아황산과 결합하므로 효과가 감소한다.

무엇보다도 머스트의 공기 접촉을 방지해야 한다. 포도상태가 좋고, 온도가 낮고 15℃ 이하), 적절한 산도가 있으며, pH 3.0~3.3 정도의 머스트는 적당량의 아황산이나 아스코르브산이 있다면 산화를 방지할 수 있다. 그러나 산도가 낮고 온도가 높은데 아황산이 없으면 바로 산화가 진행된다. 상태가 좋지 않은 포도라면 공기와 접촉하는 시간을 줄이기 위해 제경을 하지 않고, 송이째 착즙하여 페놀 함량을 증가시킬 필요도 있다. 산화반응과 미생물의 활동은 절대적인 산도보다는 pH의 영향을 받으므로 pH를 3.0~3.4 정도가 되도록 유지시키는 것이 좋다.

발효 후 조치

- **아황산 농도** : 발효가 끝난 와인은 아황산 농도를 일정하게 유지시키는 것이 중요하다. 적절한 아황산 농도는 pH에 따라 달라지는데, pH가 높을수록 아황산 농도가 높아야 한다. 적절한 아황산 농도는 pH 3.0~3.2의 와인이라면 20mg/ℓ, 3.2~3.4일 경우는 30mg/ℓ, 3.4~3.5는 40mg/ℓ, 3.5 이상이면 50mg/ℓ 정도로 보면 된다.

- **온도** : 온도가 10℃ 올라가면 산화속도는 2배 증가하므로 모든 양조과정에서 온도를 낮게 유지하는 것이 중요하다. 와인 온도를 항상 18℃ 이하로 유지시키는 것이 이상적이다.

- **헤드스페이스(Head space) 관리** : 산화는 공기 접촉으로 일어나므로 탱크에 와인을 채울 때는 빈틈의 여지가 없이 가득 채워야 하며, 헤드스페이스가 생길 경우는 질소나 탄산가스를 채워서 보관해야 한다.

- **주병** : 주병할 때 병의 헤드스페이스에 공기가 있을 경우는 산소가 와인에 녹아 들어가므로 가장 심각한 산화의 기회를 주게 된다. 이 헤드스페이스 역시 뚜껑을 닫기 전에 질소나 탄산가스로 치환해야 한다.

- **기타** : 와인이나 주스를 이동할 때 공기와 접촉하는 기회가 많아지므로 펌프보다는 위치 차를 이용하거나, 질소 가스 등의 압력으로 이동시키고, 펌프를 사용할 경우는 와류渦流를 일으키지 않도록 위에서 떨어뜨리는 것보다 아래쪽으로 조용히 유입되도록 하는 것이 좋다.

작은 오크통에서 화이트 와인 양조

원리

이 방법은 비용이 많이 들고, 손이 많이 가는데다, 상당한 주의를 요하므로 아주 고급 와인에만 적용시킨다. 장기 숙성이 가능하고 병에서도 천천히 부케가 생기는 와인으로 비싼 가격으로 팔린다. 숙성 몇 년 후면 나무 향이 완벽한 조화를 이루어 전반적인 부케로 변하면서 최고의 와인이 된다. 과일 향이 풍부한 포도로 만들어서 영 와인 때 마실 것은 나무 향이 아로마를 차단시켜 과일 향이 약해지기 때문에 이 방법을 사용할 필요가 없다. 평범한 와인을 오크통에서 발효, 숙성시키는 것은 향이 부족한 와인에 오크 향을 첨가하는 데 지나지 않는다.

장기간 숙성시킬 수 있는 고급 화이트 와인은 전통적으로 작은 오크통(205, 225, 228ℓ)에서 발효하고 숙성을 한다. 주스를 작은 오크통에 넣고 시원한 셀러에서 20℃로 유지하면서 발효시키면, 부피에 비해서 표면적이 크므로 머스트의 온도가 실내온도 이상 오를 수 없기 때문이다. 또 작은 오크통은 공기 공급이 간접적으로 이루어져 대형 스테인리스스틸 탱크보다 효모 숫자가 많아 고농도 알코올을 얻을 수 있다. 예를 들면, 소테른은 15~16%까지 나온다. 그러나 날씨가 추워지면 셀러 온도가 떨어질 수 있다.

오크통에 주스를 채울 때는 가득 채우지 않고 10ℓ 정도의 공간을 두는 것이 넘치지 않고 좋다. 그러나 발효가 늦어지기 시작하면 바로 공간을 채워야 한다. 주스를 작은 오크통에 넣고 발효를 끝내고, 그대로 효모 찌꺼기 위에 몇 개월 두면, 이때 효모와 나무, 와인이 접촉하면서 여러 반응이 일어난다. 이 현상은 최근까지 확실하게 밝혀지지 않았지만, 효모 균체의 역할, 찌꺼기의 산화환원력, 나무에서 나오는 휘발성 성분 등의 특성과 변화 등 때문인 것으로 보고 있다.

효모 균체의 역할

효모 세포벽은 당류 콜로이드로서 안쪽은 베타 글루칸(β-glucan), 바깥쪽은 마노프로테인(만난 단백질, mannoprotein)으로 구성되어 있다. 효모 세포벽의 고분자 성분 특히 마노프로테인은 알코올 발효 중에 부분적으로 유리되거나 효모 찌꺼기에서 숙성시킬 때 빠져 나온다. 이때는 접촉시간, 온도, 효모 찌꺼기의 교반이 이 물질이 유리되는 것을 촉진한다. 와인을 오크통에서 발효시키고 효모 찌꺼기 위에서 숙성시키면서, 일주일에 한번 정도 교반(bâtonnage, 바토나주)시키면, 동일한 기간을 고운 찌꺼기가 있는 탱크에서 숙성시키는 것보다 효모 콜로이드(다당류)가 더 많아진다. 이 차이는 150~200mg/ℓ까지 될 수 있다.

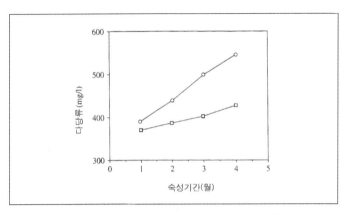

[그림 11-7] 작은 오크통의 찌꺼기 위에서 숙성시킨 와인(○)과 탱크의
고운 찌꺼기 위에서 숙성시킨 와인(□)의 다당류 농도 비교

마노프로테인은 찌꺼기의 효소적 자가분해로 유리된다. 효모 세포벽에 있는 베타글루카나아제(β-glucanase)는 세포가 죽은 후 수개월 동안 그 활성을 유지하면서, 글루칸을 분해시킴으로써 마노프로테인을 유리시킨다. 이 다당류가 와인의 관능적인 측면에 미치는 영향에 대해서는 아직 확실하게 밝혀지지 않았지만, 유리된 다당류가 페놀 화합물과 결합하므로 오크통의 찌꺼기 위에서 숙성되면서 폴리페놀과 황색이 점차적으로 감소한다. 그러므로 몇 개월이 지나면 탱크에서 숙성시킨 것보다 황색이 옅어진다. 즉 나무에서 우러나오는 타닌은 효모 세포벽과 찌꺼기에서 나오는 다당류(마노프로테인)에 고정되므로 와인의 타닌 농도가 낮아진다.

그리고 찌꺼기 위에서 숙성될 때 화이트 와인의 산화 때문에 일어나는 적변(pinking)이 방지된다. 화이트 와인이 안정화 과정이나 주병 중 산화되면 회색빛을 띤 핑크빛으로 변하는데, 특히 소비뇽으로 만든 영 와인이 심하다. 이 핑크빛은 안토시아닌 색소와는 달리, pH나 아황산에 따라 색깔이 없어지지 않지만, 빛에 노출되면 색이 사라진다. 그리고 주병한 후 몇 개월이 지나면 이 색깔이 사라질 수 있지만, 그동안 클레임 대상이 될 수 있다. 찌꺼기 위에서 숙성시키면 찌꺼기가 이 핑크빛을 내는 전구물질을 흡착하는 것으로 보고 있다. 또 찌꺼기 위에서 숙성 중 나오는 마노프로테인은 주석산과 단백질의 안정성도 증가시킨다.

효모 찌꺼기의 산화환원작용

큰 탱크에서 아황산을 첨가한 화이트 와인을 효모 찌꺼기 위에서 그대로 숙성시킬 때는 상당한 주의를 요한다. 좋지 않은 황 화합물 냄새가 나기 때문에 따라내기를 해야 한다. 그러나 적절한 청징도를 가진 와인에 아황산을 첨가하여 찌꺼기 위에서 숙성시키면 환원취가 나오지 않고 장기간 숙성시킬 수 있다. 반대로, 효모 찌꺼기를 제거하고 새 오크통에 넣으면 과일 향이 사라지고 산화취가 날 수 있다. 그리고 병에서 숙성되면서 수지, 왁스, 장뇌 등의 자극적인 냄새를 더할 수 있다. 그러므로 화이트 와인을 오크통에서 숙성시키려면 효모 찌꺼기는 필수적이다. 이들은 환원제로 작용하므로 레드 와인의 숙성에서 타닌의 역할과 비슷하다.

화이트 와인은 탱크에서보다는 오크통에서 산화환원전위(oxidation-reduction potential)가 더 높아진다. 그리고 이 힘은 표면에서 내부 찌꺼기로 갈수록 낮아진다. 숙성 초기에는 새 오크통에서 나오는 타닌(ellagtannins)이 산화작용에 촉매로 작용하기 때문에 시간이 지나면서 오크통의 산화력은 점차 감소한다. 그래서 환원작용은 새 오크통보다 헌 오크통에서 더 잘 일어난다. 교반하면 산화환원전위가 균일해지면서 찌꺼기의 환원력과 표면의 산화력이 모두 봉쇄된다. 그리고 교반은 헌 오크통이든 새 오크통이든 필수적으로 해야 하지만 각각 이유는 다르다. 즉 새 오크통의 와인은 산화작용이 방지되고, 헌 오크통의 와인은 환원작용이 방지된다. 숙성 중 효모 찌꺼기는 환원력이 강한 물질을 내놓기 때문에 나무로 인한 산화가 제한되고, 병에서도 천천히 숙성된다.

산화환원전위(oxidation-reduction potential)

어떤 물질이 산화되거나 환원되려는 경향의 세기를 나타내는 것으로, 이 수치가 높을수록 산화력이 강하다. 측정은 산화환원 가역 평형상태에 있는 수용액에 부반응성 전극을 주입시켜서 발생하는 전위를 측정하는 것이다. 머스트는 와인보다 이 수치가 높은데, 파쇄된 포도는 400㎷에서 480㎷로 상승하며, 발효는 이 수치를 감소시켜 한참 때 50~100㎷ 정도 된다. 발효가 끝나면 200~350㎷로 증가하며, 와인을 공기 중에서 취급하면 수치가 증가한다. 주병 후 병에서는 100~150㎷에 도달하여 평형을 이룬다.

휘발성 물질의 성질과 변화

나무에서 우러나오는 휘발성 물질은 휘발성 페놀, 베타 메틸 감마 옥타락톤(β-methyl-γ-octalactone), 페놀알데히드가 주를 이루며, 휘발성 페놀 특히, 유제놀(eugenol)은 스모키와 스파이시 향을 내고, 시스와 트랜스 메틸 감마 옥타락톤(cis and trans-methyl-γ-octalactone)은 코코넛 향을, 그리고 바닐린(vanillin)은 바닐라(vanilla) 향을 낸다. 퓨란 알데히드(furanic aldehyde)는 구운 냄새를 풍기지만 그 양이 많아야 인식되므로 거의 무시해도 된다.

오크통에서 발효시킨 와인은 탱크에서 발효시킨 다음에 오크통에서 숙성시킨 와인보다 나무 향이 더 적게 난다. 이는 효모가 바닐린을 냄새가 거의 안 나는 바닐 알코올(vanillic alcohol)로 환원시키기 때문이다. 그리고 퓨란 알데히드도 환원되어 알코올로 변한다. 그러므로 탱크에서 알코올 발효를 한 후에 오크통에서 숙성시킨 와인은 나무에서 우러나오는 냄새가 더 강하며, 오크통에서 알코올 발효를 하고 그대로 숙성시킨 와인은 나무 냄새는 적지만 조화가 잘 된 와인이 된다. 효모는 나무에서 우러나오는 향을 고정하거나 지속적으로 변화시키기 때문이다. 탱크에서 알

코올 발효한 후 오크통에서 숙성시키거나 미리 효모 찌꺼기를 제거하여 숙성시키는 방법은 나무 냄새가 과도하게 나기 때문에 요즈음에는 잘 사용하지 않는다.

오크통 종류와 사용법

프랑스에서 화이트 와인 양조에 가장 많이 쓰이는 오크통은 프랑스 중부지방 특히 알리에르 (Allier)에서 나오는 나뭇결이 고운 오크 즉, 세실 오크(Quercus sessilis)로 만든 것이다. 나뭇결 간격이 고운 오크는 거친 것보다 방향성 물질 특히, 베타 메틸 감마 옥타락톤의 함량이 많고, 나뭇결이 거친 리무쟁(Limousin) 오크는 방향성분이 적지만, 타닌 함량이 많다. 그러므로 리무쟁 오크에서 화이트 와인을 숙성시키면 노란색이 진해지고 타닌이 많아지기 때문에 화이트 와인보다는 증류주에 사용한다.

오크통의 내부를 어느 정도 태우느냐(toasting)에 따라 와인의 향미에 미치는 영향이 크기 때문에, 화이트 와인에 사용하는 오크통은 화이트 와인의 약한 향을 나무 향이 지배하지 않도록 중간 혹은 약간 더 토스팅을 한다. 나뭇결 간격이 중간 정도 되는 부르고뉴의 오크 역시 화이트 와인에 사용된다. 이 나무는 타닌이 많지 않고 나뭇결이 고운 것보다 향이 덜 하기 때문에 중간 정도 토스팅을 한다. 나뭇결 간격이 고운 북부 유럽 특히, 러시아의 것도 프랑스 중부의 것과 비슷하여 화이트 와인에 좋다. 미국산 오크(Quercus alba)는 향이 강하므로 화이트 와인에 잘 사용하지 않는다. 베타 메틸 감마 옥타락톤의 함량이 너무 많기 때문에 와인의 향을 가려 버린다. 단시간에 오크 향이 배게 만드는 평범한 와인에 사용하기 좋다.

새 오크통은 찬물로 헹구고 사용하기 몇 분 전에 물을 뺀다. 정기적으로 아황산을 첨가한 헌 오크통은 아황산이 유리되어 그 농도가 높아지고 알코올 발효과정에서 황화수소 냄새가 심해질 수 있다. 그러므로 사용하기 48시간 전에 물을 채워서 아황산을 제거해야 한다.

오크통은 시원한 곳(16℃)에 두고, 발효 전이나 발효가 시작된 상태에서 10%의 여유공간을 두고 주스를 채워야 발효가 왕성할 때 넘치는 것을 방지할 수 있다. 주스의 침전물이나 효모는 오크통에 넣기 전에 탱크에서 골고루 섞어서 균질화시키고, 오크통에 넣은 후 탱크에 가라앉은 침전물은 골고루 각 오크통에 넣어 준다. 즉 오크통마다 찌꺼기의 비율이 동일해야 한다. 발효가 시작된 주스는 통에 넣을 때 공기가 들어가므로 효모의 증식에 도움이 되며, 발효가 안 된 주스는 발효가 시작될 때 공기를 공급해 주는 것이 좋다.

발효가 끝날 무렵에는 동일한 주스를 채워서 완전히 통을 채워야 한다. 통마다 발효 양상이 다르므로, 발효가 지연된 것은 발효가 갓 끝난 동일한 와인으로 채우면 다시 발효가 왕성하게 일어날 수 있다. 발효가 끝나면 아황산을 첨가하기 전까지 매일 교반을 한다. 그러나 MLF가 진행 중인 와인은 발효가 끝날 때까지 아황산 첨가를 해서는 안 된다. 숙성 중에는 일주일에 한 번씩 교반하고 모자라는 양을 보충하고 유리 아황산 함량을 $30\text{mg}/\ell$ 로 유지시킨다.

화이트 와인 숙성 중 환원취의 조절

- **작은 오크통** : 오크통에서 발효, 숙성시킨 와인은 전 과정에서 효모 찌꺼기와 접촉하므로 알코올 발효 중에만 환원취가 나지 않으면 그 후에도 나오는 일이 드물다. 자주 찌꺼기를 섞어서 부유상 태로 만들고, 나무판 사이를 통해서 제한적인 산화가 이루어지므로 황에서 나오는 좋지 않은 냄새의 형성이 어렵기 때문이다.

    오크통에서 숙성되는 동안, 보통 발효 끝 무렵에 나타나는 휘발성 황 화합물인 황화수소나 메탄싸이올(methanethiol) 등 성분이 점차적으로 감소한다. 이 현상은 새 오크통에서 더 빨리 일어 나는데, 이는 산소의 용해도가 높고 새 나무에서 나오는 타닌의 산화작용 때문이다. 와인을 찌꺼 기 위에서 숙성시키면 별 문제가 없긴 하지만, 와인메이커는 효모의 황 화합물 형성에 영향을 주는 청징, 아황산 첨가 등에 대해 주의를 기울여야 한다. 사실은 새 오크통이든 아니든 발효 끝 무렵에 환원취가 나면, 냄새나는 효모 찌꺼기를 따라내기로 분리해야 한다. 오크통 숙성의 품질은 여러 가지 요인이 있지만, 새 오크통을 사용하거나 찌꺼기가 없는 상태에서는 산화에서 보호받기 어렵다.

- **탱크** : 환원취의 조절은 큰 탱크의 것이 더 어렵다. 효모 찌꺼기가 있는 경우는 숙성 한 달 내에 환원취가 다른 향으로 변해 버리지만, 대부분의 탱크 숙성의 경우는 바로 따라내기를 하여 찌꺼 기를 분리시켜 버린다. 환원취가 발생하기 전에 많은 양의 찌꺼기를 일찍 제거해 버리면 와인은 미세한 찌꺼기에서 별 문제 없이 숙성될 수도 있다. 즉, 초기에 따라내기를 하면 낮은 황 화합물 의 농도가 안정된다. 일찍 따라내기를 하면 황화수소, 메탄싸이올 등의 농도가 낮아지지만, 찌꺼 기가 가라앉는 데 한 달 정도 걸리고 이때 다시 안 좋은 냄새가 날 수 있다. 큰 탱크의 바닥에 있는 찌꺼기는 압력을 받아 아황산 첨가 후 환원작용을 촉진시킬 수 있기 때문이다.

    이 조건에서 효모는 시간이 지남에 따라 나쁜 냄새나는 황 화합물 형성능력이 점차적으로 감소하고, 수 주 후에는 완전히 사라진다. 이는 이산화황(SO₂)을 황화수소(H₂S)로 변화시키는 효모 의 설피토리덕타아제(sulfitoreductase) 활성이 없어지기 때문이다. 설피토리덕타아제의 활성이 남 아 있는 한, 대형 탱크에서 숙성시킨 와인은 환원취의 발생 없이 찌꺼기 위에서 숙성시킬 수 없 다. 그러나 이 효소의 활성이 멈출 때까지 찌꺼기를 일시적으로 제거했다가 다시 합치면 황 화합 물 발생 위험이 없어진다.

    실제로 아황산 첨가 후 며칠 후에 따라내기를 하고, 찌꺼기를 따로 남겨둔다. 그러면 미세 한 찌꺼기와 함께 있는 와인은 황 화합물이 안정되고, 동시에 찌꺼기에서 나오는 환원을 피하게

된다. 동시에 찌꺼기의 황화수소 농도가 점차적으로 감소한다. 이 찌꺼기는 분리된 지 하루 만에 메탄싸이올이 없어진다. 그리고 약 한 달 후에 이 찌꺼기를 와인과 합친다. 그러면 황 화합물이 없어지고, 메탄싸이올의 양도 상당히 감소하게 된다. 또 산화로 인한 갈변도 개선할 수 있다.

스위트 및 세미스위트 와인

스위트 와인(Sweet wine)은 완성된 와인에 당분을 첨가하거나 발효가 덜 된 상태로서 자연적으로 발효가 중지되거나, 인위적으로 발효를 중지시켜 당분이 남도록 만든 와인이다. 당도가 낮은 세미스위트와 멜로우는 드라이 와인과 비슷한 과정을 거치지만, 아주 단 스위트 와인은 과숙된 포도나 보트리티스 곰팡이 낀 당도 높은 포도를 사용한다. 그러므로 수확 시 선별해야 하거나, 날씨가 적합해야 가능하다. 자세한 사항은 18장에서 다룬다.

머스트의 준비

화이트 와인과 마찬가지로 공정을 빨리 진행시켜 산화를 방지하고, 과도한 추출은 피하지만, 프린 런 주스를 따로 분리하지 않고 프레스 주스와 함께 진한 주스를 얻는다. 건조된 포도로 곰팡이가 낀 것은 주스가 적고 착즙도 힘들다. 파쇄를 하든지 안 하든지 수평형 착즙기로 바로 착즙시키는 것이 좋다. 착즙하여 나온 주스에 아황산을 첨가하고 가라앉히는 것은 바람직하지 않다. 왜냐하면 이런 주스는 다른 포도에 없는 여러 성분이 많기 때문에 아황산이 이런 물질과 결합하여 축적되면서, 원하는 유리 아황산 농도를 유지하려면 법적인 총 아황산의 양을 초과할 수 있기 때문이다. 50mg/ℓ 정도를 투입하면, 발효를 장기간 중지시키거나 산화효소를 파괴하지는 못하지만 어느 정도 산화는 방지할 수 있다.

동시에 주스는 점도가 강하고 글루칸(glucan) 및 보호 콜로이드가 있어서, 가라앉혀서 찌꺼기를 제거하는 데는 너무 시간이 많이 걸리고 완벽하게 되지도 않는다. 이런 주스는 원심분리방법으로 맑게 만드는 것이 효과적이며, 정치시키는 동안 냉동기를 이용하여 낮은 온도를 유지시켜야 한다.

발효의 중지

스위트 와인은 주변 온도를 떨어뜨려 자연스레 발효를 중지시키는 것이 안전하다. 각 로트별로 15% 이상의 당도 차이를 보일 수 있으나 블렌딩으로 균형을 맞추면 된다. 저장 때는 충분한 아황산을 투입한다. 이 방법은 당도가 높은 와인에만 가능하다. 두 번째는 인위적으로 온도를 떨어뜨려 발효를 중지시키는 방법이다. 10℃ 이하가 되면 발효가 중지되지만, 효모는 죽지 않는다. 다시 온도가 올라가면 발효가 일어나므로 아황산을 첨가한다. 또 머스트를 45℃로 가열하여 효모를 사멸시켜 발효를 중지시키고, 아황산을 투입하여 안전하게 한다. 다음으로, 발효에 이용되는 모든 질소원 등 영양물질을 원심분리, 여과 등으로 제거하는 방법으로 아스티(Asti)에 많이 쓰인다. 실제로 발효가 될 수 없는 환경으로 만든 다음에 당분을 남기는 방법이다. 어느 것이든 발효 중지에 가장 많이 사용되는 방법은 당 함량에 따라 충분한 아황산을 투입하는 것이다.

발효 중지의 첫 번째는 아황산 투입시기의 선택이며, 아황산은 비교적 많은 양으로 적어도 80㎎/ℓ의 유리 아황산이 필요하다. 액이 진하면 200~300㎎/ℓ 정도라야 발효가 중지된다. 아황산은 즉각적으로 당의 전환을 중지시키지만 효모는 천천히 죽는다. 처음에는 마취제로 작용하다가 나중에는 독약이 된다. 실제로 모든 효모를 죽이는 데 24시간이 걸리지만 몇 주일 후 약간은 살아남는다. 즉 이 정도의 아황산 농도로 완전한 멸균은 불가능하다. 일반적으로 아황산의 효모에 대한 작용은 완벽하지 못하므로 원심분리나 여과 등으로 효모숫자를 줄여야 한다. 스위트 와인을 저장하려면 가능한 한 빨리 효모를 제거해야 한다.

스위트, 세미스위트 와인은 발효가 중단된 상태이므로 저장조건을 달리해야 재발효를 막을 수 있다. 이론적으로 몇 가지 방법이 있는데 아황산이 장기적으로 가장 안전한 방법이다.

드라이 와인의 가당

드라이 와인의 가당은 독일식으로 보관한 주스(süssreserve)를 첨가하거나 소량의 농축 주스를 넣는 방법으로 한다. 전자의 경우는 발효시킨 주스와 동일한 것으로 주스를 살균, 여과한 후 5~8℃로 보관하거나 고압의 탄산가스로 저장하여 효모의 활동을 정지시킨 것이다. 주병 전에 블렌딩하여 멸균상태로 가열·주입하거나 실온으로 주입한다. 농축 주스는 아황산을 처리하거나 하지 않은 것으로 당도 63~80%로 만들어 제품에 약 2% 정도 첨가한다. 제산을 하지 않은 농축 주스를 사용하면 산도가 증가하고, 탄산칼슘으로 제산한 것은 주석 형성이 잘 되는 단점이 있다. 이렇게 당분을 첨가한 와인은 재발효의 위험성이 있으나, 요즈음은 제균여과 등으로 위험요소를 제거하기 때문에 재발효 가능성은 낮다. 그렇지만 원하는 당도를 정확하게 유지할 수 있는 장점이 있다.

제12장 와인의 숙성

제12장 와인의 숙성

숙성은 정해진 기간이 있는 것이 아니고, 발효가 끝나고 마실 때까지의 기간이라고 할 수도 있다. 발효가 끝난 와인은 탱크나 오크통 혹은 병에서 우리가 마실 때까지 계속 변하고 있는 것이다. 그러나 좁은 의미의 숙성은 발효가 갓 끝난 와인을 맛과 향의 조화를 위해 일정 조건에서 보관하면서 바람직한 변화를 유도하는 것이라고 할 수 있다. 와인의 종류에 따라 몇 개월에서 몇 년까지 맛과 향의 조화를 위해 숙성기간을 두고 있는데, 이 점이 와인의 가장 큰 특성이라고 할 수 있다.

숙성 전 처리

따라내기(Racking, *Soutirage*) 효과

따라내기는 와인을 이 통에서 저 통으로 혹은 이 탱크에서 다른 용기로 옮기면서 찌꺼기를 조심스럽게 분리시키는 작업이다. 와인이 된 후 처음 행해지는 작업으로 따라내기를 잘못하거나 제대로 하지 않으면 저장 중에 문제가 발생한다. 따라내기는 다음과 같은 효과를 얻을 수 있다.

- **찌꺼기 제거** : 영 와인에서 가라앉은 찌꺼기는 효모 세포, 박테리아 세포, 외부에서 들어온 유기물 등으로 와인에서 제거되어야 찌꺼기에서 나오는 황화수소 생성을 감소시키고, 나쁜 맛을 없앨 수 있다. 그리고 미생물을 제거함으로써 그들의 활성이 재생되는 것을 막을 수 있다. 또 침전물이 제거됨으로써 침전물에 섞인 주석, 색소, 혼탁형성물질 등의 온도가 올라갈 때 재용해되는 것을 막을 수 있다.

- **공기 접촉** : 따라내기는 공기와 접촉하면서 $2{\sim}3㎖/ℓ$의 산소가 용해된다. 공기 접촉으로 효모는 완전히 변형되고, 와인의 숙성과 안정화에 유익하게 작용한다. 특히, 영 레드 와인은 공기 중에 노출시키면서 따라내기를 하는 것이 더 좋다.

- **증발** : 새 와인은 탄산가스로 포화되어 있다. 따라내기를 하면서 탄산가스가 휘발되고 동시에 발효취와 관련 있는 불쾌한 휘발성 물질도 없어진다. 알코올의 증발은 그 양이 극히 적어서 걱정하

지 않아도 된다.

- **균질화** : 따라내기로 오크통이나 탱크에 있는 와인의 성분이 균일하게 된다. 장기간 큰 탱크에서 가라앉히는 동안 찌꺼기가 있는 곳이 다르고, 유리 아황산 농도 역시 장소에 따라 다르다. 특정한 곳이나 표면, 찌꺼기 있는 곳 등에 따라서 성분이 다르다. 따라내기는 이렇게 서로 다른 부분을 혼합한다.

- **아황산 첨가** : 따라내기를 하면서 아황산 농도를 재조절할 수 있다. 방법은 훈증, 아황산 성냥, 아황산 용액 투입 등으로 한다.

- **와인 용기 세척** : 따라내기를 하면서 오크통을 점검하여 보수하고 깨끗하게 세척한다. 탱크 역시 브러시로 닦고 벽에 붙은 스케일을 제거한다.

따라내기의 시기와 횟수

어느 시점에서 따라내기를 하며 1년에 몇 번 하는 것이 좋은지 정해진 법칙은 없다. 따라내기는 작업자의 숙련도와 경험에 따라 필요할 때 한다. 그러나 정상적인 상태에서 와인의 숙성과 관련하여 일반적인 법칙이 있다. 탱크에 있는 와인과 오크통에 있는 와인의 따라내기 빈도는 같을 수 없다. 큰 탱크의 것은 2개월 간격으로 자주 하고, 오크통의 것은 1년에 네 번 정도가 좋다. 그리고 지역, 셀러의 온도, 와인의 타입에 따라 달라진다. 아로마가 풍부한 가볍고 신선한 화이트 와인이라면 좀 드물게 하고, 영 와인으로서 일찍 따라내기를 하고 여과를 했다면 그 간격은 더 길 수 있다. 발효 직후 MLF 기미가 보이면 MLF를 끝낸 후 따라내기를 한다.

예를 들면, 보르도의 고급 레드 와인의 경우는 첫 번째 따라내기를 MLF가 끝난 후 11~12월에 각 탱크별로 한다. 탱크에서 따라내기를 한 와인은 200ℓ 오크통에 넣어서 숙성을 시킨다. 그리고 스위트, 세미스위트, 화이트 와인의 첫 번째 따라내기는 발효가 종료되고 2~3주 후에 한다. 레드 와인의 두 번째 따라내기는 셀러의 온도가 오르기 전, 즉 추위가 끝나기 전인 3월에 한다. 이렇게 하면 겨울에 생성된 주석 등 침전물을 제거할 수 있다. 유황성냥을 사용하면 봄 동안 와인이 보호된다. 세 번째 따라내기는 여름이 되기 전, 포도 꽃이 필 때 즉 6월에 하고, 아황산을 보충하면 위험한 여름을 넘길 수 있다. 이때부터 보충하기 위해 뚜껑을 위로 하던 것을 돌려서 옆을 향하게 두는데, 이제는 보충이 필요 없기 때문이다. 대신, 실리콘 마개 등으로 완벽하게 밀봉시켜야 한다.

마지막으로 9월 초 즉 수확하기 전에 따라내기를 하거나 경우에 따라 생략할 수도 있다. 그 다음해는 2월 정제할 때나 3월 침전물 제거할 때, 그리고 6월 주병 몇 주일 전에 한다. 좀 더 오래 숙성시킬 것은 여름을 넘기고 따라내기를 할 수 있다. 어느 경우든, 다음해에 따라내기를 할 때는 맛과 향을 검사하고, 화학적인 성분검사도 한다. 어떤 식으로 하든지, 따라내기는 3개월에 한 번 정도 하는 것이 좋고, 빈 오크통은 유황 훈증으로 살균해야 노린내를 풍기는 브레타노미세스 (*Brettanomyces*)의 생성과 휘발성 페놀의 형성을 막을 수 있다.

빨리 소비할 레드 와인은 오크통에서 첫해 여름을 넘기고, 따라내기를 한 다음에 바로 정제하여 출하시키고, 누보(*nouveau*) 스타일은 발효 직후에 바로 청징하여 여과한다. 가볍고 신선한 화이트 와인이나 스파클링 와인은 오크통에서 숙성하지 않고, 발효가 끝나면 큰 탱크에서 몇 개월 숙성시키고 따라내기를 하는데, 이때는 공기 유입을 최소화해야 한다. 오크통에서 발효시키고 찌꺼기 위에서 숙성시키는 드라이 화이트 와인은 발효 직후에 큰 찌꺼기를 제거하고 미세한 찌꺼기는 남기는 정도로 따라내기를 한다. 오크통에서 숙성시키는 스위트 화이트 와인은 고급 레드 와인과 동일한 방법으로 따라내기를 하는 것이 좋다.

따라내기의 방법

따라내기 목적은 용기의 바닥에 가라앉은 찌꺼기나 오크통 벽면에 붙은 찌꺼기에서 와인을 분리시켜 다른 용기로 이동시키는 것이다. 이때 아황산 농도를 조절하고, 조작하는 동안 산소도 유입된다. 큰 탱크에서는 펌프나 중력을 이용하여 침전물 위까지 액을 조심스럽게 다른 탱크로 옮기면 된다. 와인을 따라내는 구멍은 침전물 표면보다 몇 ㎝ 위에 만드는 것이 좋다. 밑바닥에 있는 액체가 위로 올라와서는 안 되고 위에 있는 액이 빨려 오도록 해야 한다. 이때 표면에 보이는 입자는 벽에서 떨어져 나온 것으로 출구로 모인 것이다. 액이 혼탁해지면 바로 따라내기를 멈추는데, 이때는 바닥에 있는 침전물 때문이 아니고 벽에서 떨어져 나온 물질이 표면에 떠 있기 때문이다.

그러나 오크통은 형태가 찌꺼기 제거에 알맞지 않고, 표면에 퍼지면서 벽에 달라붙어 있는 경우가 많고, 찌꺼기가 많이 생기기 때문에 조심스럽게 다뤄야 한다. 보르도 지방에서는 다음 두 가지 방법을 사용한다. 오크통을 옆으로 눕혀서 따라내기를 하거나 수직형 흡입장치를 입구에 넣어서 빨아올린다. 입구를 통해서 따라내기를 할 때는 흔들림이 없이 조심스럽게 위의 뚜껑을 제거하고 아래쪽에 꼭지를 설치한다. 와인은 중력의 힘으로 아래쪽 오크통으로 이동한다. 몇 가지 방법의 예를 들면, 오크통에 있는 와인을 다른 통으로 옮긴 다음에, 이를 다시 깔때기를 사용하여 오크통에 넣는 방법으로 공기 접촉이 활발하게 된다. 다음은 아래쪽 꼭지에 짧은 목재 혹은 포로 피복된 고무호스를 연결하여, 와인을 따르면서 통의 뒤쪽을 들어 올려 앞으로 기울이는 방법이다. 잔을 손에 들고 탁도를 검사하는데 전등을 비추면서 확인한다. 찌꺼기가 나오면 바로 꼭지를 잠근다.

수직형 흡입장치는 수직으로 입구에 집어넣는데 이 튜브는 녹슬지 않는 금속이나 플라스틱 재질로 조절나사가 달린 것을 사용한다. 나사를 이용하여 침전물 양에 따라 높이를 조절해 가면서 사용한다. 따라내기는 액이 자연스럽게 유출되도록 해야 하는데, 동일한 평면에서는 컴프레서를 이용하여 이송한다. 따라내기는 오크통이 200 ℓ 인 경우 5~6분 정도 소요되도록 속도를 조절한 다. 너무 빠르면 침전물이 따라 올라가므로 펌프를 사용해서는 안 된다. 펌프는 침전물과 함께 무거운 입자까지 빨아올리므로 단순한 이동효과밖에 없다.

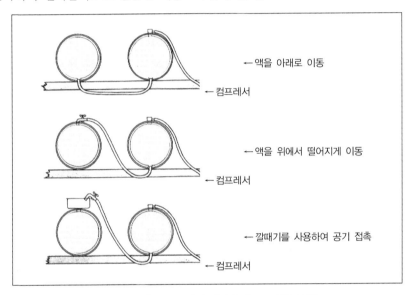

[그림 12-1] 오크통에서 따라내기(컴프레서 이용)

가스(Gas) 내 저장

어떤 용기든지 와인을 가득 채우지 않은 상태에서는 공기 접촉으로 산화나 초산균 오염을 초 래할 수 있으므로 이를 방지할 수 있어야 한다. 그리고 필요에 따라 와인을 따라내면 매번 새로 운 공기가 계속 들어간다. 이런 단점을 보완하려고 와인 표면을 비닐 등으로 덮는 장치를 사용하 기도 하지만, 빈 공간을 가스로 채우는 것이 가장 효과적이다. 내부 가스는 와인 표면이 공기 와 접촉하는 기회를 없애고, 표면에 오염균이 자랄 수 있는 여지를 없애는 데 그 목적 이 있다. 내부 가스는 질소나 탄산가스 혹은 이들의 혼합물을 사용하기도 하는데, 탱크의 빈 공 간은 불용해성인 질소, 탄산가스는 스파클링 와인 등에 많이 사용된다.

이 두 가지 기체는 용해도가 다른데, 질소는 20℃에서 19㎎ /ℓ 정도지만, 탄산가스는 용해도가 훨씬 커서 1.7g /ℓ 나 된다. 일반 와인에서 탄산가스 농도는 0.4~1.0g/ℓ 가 적당 하며, 1.2g/ℓ 이상인 경우는 압력이 발생하여 코르크를 밀어내게 된다. 이렇게 탄산가스는 용해도가 높아서 순수한 상태로는 사용할 수 없으므로 탄산가스가 와인에 녹아서 없어지는 것을 방지하기 위해 질소와 섞어서(질소 85% + 탄산가스 15%) 사용하기도 한다.

몇 가지 질소 주입장치가 있는데, 최선의 방법은 가스를 적게 쓰는 장치라야 한다. 탱크에는 질소가 가득 차야 하고, 탱크 또한 어느 정도의 압력에 견딜 수 있어야 한다. 이런 탱크는 금속재질이라야 한다. 유리나 코팅된 콘크리트 탱크 등은 좋은 결과를 얻을 수 없다. 대규모로 사용하면 유량은 10㎥/h이므로 옥외에 용기를 설치하여 액체상태로 보관하는 것이 좋다.

탱크에 질소주입장치가 되어 있으면 질소는 낮은 압력으로 들어가도록 되어 있다. 정지된 상태에서는 밸브를 모두 닫기 때문에 완전히 차단된 상태다. 탱크의 밀폐상태는 압력계를 보면 알 수 있다. 그리고 와인의 유출은 질소가스 압력으로 자연스럽게 이루어진다. 내부 압력은 보통 0.05~0.1kg/㎠로 고정시킨다. 이런 식으로 압력을 유지하면 깨끗하고 안정된 와인을 산화나 증발 없이, 질소가스 소비를 최소화하면서 몇 달 동안 저장할 수 있다. 가스는 와인 저장에만 사용되는 것이 아니고, 펌프 대신 배관에 질소를 채워서 그 압력으로 와인을 이송시키고, 주병할 때도 헤드스페이스를 질소로 치환하는 등 여러 가지로 사용할 수 있다.

블렌딩(Blending)

와인은 복합성을 강조하고, 관능적인 균형과 단점 보완 등 향미의 개선을 위해서 블렌딩을 한다. 블렌딩은 품종 사이의 혼합만 있는 것이 아니고, 동일한 품종이라 하더라도 포도밭이 다른 경우는 따로 발효시켜서 혼합하고, 또 프리 런(free run)과 프레스(press)의 혼합, 서로 다른 발효탱크의 것을 혼합하기도 하므로 다년간 경험이 필요하고 가장 어려운 작업이라고 할 수 있다.

블렌딩은 와인제조공정 중 여러 단계에서 이루어진다. 포도밭에서 시작하는 경우는 몇 가지 품종을 같은 밭에 심어서 같이 수확·파쇄하여 발효를 시키거나, 따로 수확하여 파쇄하고 착즙한 다음에 머스트를 블렌딩하여 한꺼번에 발효시킬 수도 있다. 또 품종별로 따로 발효시킨 다음에 숙성시킬 때 블렌딩하는 방법도 있으며, 청징·안정화·숙성까지 한 거의 완성된 와인을 병에 넣기 전에 블렌딩하는 방법도 있다. 샴페인의 경우 재배지역과 품종, 수확연도가 다른 것을 혼합하여 퀴베를 만들 수 있다.

생산업자는 품종을 섞을 때 향미와 구조적인 적합성을 바탕으로 정한 규율을 따른다. 예를 들면, 부르고뉴에서는 가끔 샤르도네와 피노 블랑을 혼합하며, 보르도와 캘리포니아의 화이트 '머리티지(Meritage)' 와인은 소비뇽 블랑과 세미용을 혼합하는 것이 모델로 되어 있다. 세미용은 소비뇽의 야성적인 성질을 순화시키고 복합성을 더해 주기 때문이다. 프렌치 콜롬바드나 톰슨 시들레스와 같이 중성인 품종은 제너릭 와인이나 품종별 와인에 다양하게 사용된다.

와이너리에서는 발효·숙성을 따로 한 2~3개의 배치(batch)의 것을 혼합한다. 이것은 각 배치

마다 잔당 함량, 오크 향, MLF 효과, 찌꺼기 위 숙성(sur lie) 등의 특성이 다르게 나타나므로 블렌딩하여 최종적으로 조화를 이루도록 배려한 것이다. 이 과정에서 와인메이커는 최종제품이 가져야 할 특성을 확실히 하고, 그 결과를 얻기 위해 여러 가지 경우수를 블렌딩하여 면밀한 테이스팅을 해야 한다. 블렌딩은 주병하기 전에 완료를 해야, 서로 다른 와인이 혼합되면서 그 향미가 섞이고, 예기치 못한 문제점을 수정할 수 있는 시간을 벌 수 있다. 또 동일한 와인을 만들었다 하더라도 서로 차이가 있을 수 있는데, 발효탱크나 저장탱크에 따라 달라질 수 있기 때문에 블렌딩으로 이를 개선해야 한다. 휘발산, 나쁜 냄새나 향미, 쓴맛 등 문제도 블렌딩으로 개선할 수 있다.

이렇게 혼합할 때는 상표의 표기법에 유념해야 한다. 예를 들어, 미국에서 빈티지를 표시할 경우는 그해의 포도를 95% 이상 넣어야 하고, 독일은 85% 이상 들어가야 한다. 품종을 표시할 경우도 나라나 지방별로 75%, 85% 등, 그 정해진 규정을 지켜야 한다. 마찬가지로, 원산지를 표시할 때도 정해진 그 비율을 지켜야 한다. 이렇게 그 품종이나 빈티지의 것을 100% 사용하도록 규정하지 않고, 어느 정도의 여유를 주는 이유는 똑같이 발효를 시켰어도 알코올 농도나 맛이 다를 수 있기 때문이다. 또 작년에 만든 와인으로 소량 재고가 있다면 이번 해 것과 섞어서 내보내야 한다. 어떤 방법을 사용하든 이렇게 혼합하여 와인의 맛과 향을 개선할 수 있어야 하지만, 양호한 와인에 문제 있는 와인을 조금이라도 섞었을 때 그 장점이 없어진다는 점을 명심해야 한다.

산소의 역할

와인과 산소의 반응은 이롭든지 해롭든지 상당히 복잡하다. "와인을 만드는 것은 산소다.", "산소는 와인의 적이다." 이 두 가지 주장은 와인의 타입과 숙성방법에 따라 다르게 적용된다.

사실 불가역적인 산화로서 산소를 이용하는 숙성방법이 있다. 랑시오(rancio) 스타일의 VDN, 포트, 셰리, 마데이라 등은 알코올을 첨가하여 장기간 공기와 접촉시킨다. 그러나 일반 테이블 와인은 공기를 차단하면서 숙성시키고, 고급일수록 산소의 유입을 막고 공기 중에서 움직일 경우는 아황산으로 보호한다. 전자의 경우는 와인의 숙성 때 환원력이 높고 산소가 있는 상태에서 공기 접촉으로 맛이 안정된다. 그러나 후자의 경우는 산화에 아주 약하거나 거의 일어나지 않아야 하는데, 이는 와인의 환원력이 낮아 공기와 접촉하면 버리기 때문이다.

벌크 와인의 숙성은 적절한 공기 접촉이 따른다. 더군다나 오크통은 완전 밀봉이 되지 않고 아황산을 처리하더라도 오크통에 있는 한 산소의 영향을 받는다. 그리고 이 산소는 필요하기도 하며 또 그렇게 된다. 그러나 병 숙성은 공기의 침투가 없는 상태에서 진행되며, 이것도 역시 필요하다.

산소의 용해

와인은 산소를 잘 흡수한다. 영 와인이든 오래된 와인이든 공기를 차단시킨 상태로 눕혀 두면 얼마 안 있어 와인에 있는 산소는 없어지며, 공기 중에서 조작하면 산소는 액으로 들어가 와인과 결합하여 바로 없어져 버린다. 특히, 온도가 높을수록 그리고 산화될 수 있는 물질이 많을수록 이 반응은 빨라진다. 와인이 산소를 흡수하는 것은 와인에 쉽게 산화될 수 있는 물질이 존재하기 때문이다. 이 반응은 산소가 용해되는 물리적 반응과 산소가 와인의 성분과 반응하는 화학적 반응 두 가지로 나눌 수 있다.

셀러에서 일하면서 여러 가지 조건에서 공기 접촉이 일어나는 동안, 이때 용해되는 산소의 양을 정확하게 알아야 하지만, 그 정도를 정확히 알기란 쉬운 일이 아니다. 우선은 공기 접촉을 최대한 피해야 한다. 오크통이든 탱크든, 액을 이송시킬 때는 위에서 떨어뜨리지 않고 바닥으로 유입시켜야 와류를 일으키지 않고, 표면만 공기와 접촉할 수 있다. 반대로, 공기를 넣고 격렬하게 섞어 주면 30초 만에 포화될 수 있다. 산소의 용해도는 알코올 농도가 높으면 커지고, 온도가 높을수록 적어진다. 용해도는 20℃에서 6㎖/ℓ, 0℃에서는 8㎖/ℓ가 된다.

와인을 공기와 접촉시켜 보관할 경우는 용기에 가득 채우지 않고, 산소가 들어갈 수 있는 표면적을 넓혀야 많이 녹아 들어간다. 용해되는 양은 표면적이 100㎠인 경우, 시간당 1.5㎖/ℓ가 된다. 약 네 시간이면 표면이 포화된다.

오크통에서 공기 접촉은 다음 세 가지 형태로 일어난다. 첫째, 나무 자체를 통해서, 둘째, 헤드스페이스를 통한 표면으로, 셋째, 따라내기를 할 때 산소가 유입된다. 양질의 오크나무를 뚫고 들어가는 산소의 양은 극히 미미하다. 연간 2~5㎖/ℓ 정도이다. 물론 두께와 재질에 따라 다르지만 나뭇결이 그렇게 촘촘하지 않고 통이 작으면 침투속도는 빨라진다. 큰 통으로 두께가 5㎝ 정도 되면 사실상 침투량은 0이다. 마른 통 안에 들어 있는 산소도 와인이 채워지는 동안 침투하기 때문에 이 양도 계산해야 한다.

표면을 통하여 흡수되는 산소의 양은 연간 15~20㎖/ℓ 정도인데 이는 뚜껑을 위로 하여 정기적으로 토핑하거나 옆으로 눕힌 경우다. 따라내기 때 흡수되는 산소의 양은 조건에 따라 다르지만, 한번에 3~4㎖/ℓ 정도로 1년에 네 번 하면 15㎖/ℓ가 될 수 있다. 그러므로 오크통에 있는 와인은 연간 30㎖/ℓ 정도의 산소를 흡수하게 된다. 큰 오크통이나 탱크에 있을 경우 조금 더 적다. 그러니까 따라내기나 토핑 중간에 표면에서 흡수하는 산소의 양은 제한적이다.

가장 심한 것이 펌프를 사용하여 이송하거나, 여과, 교반, 탱크에서 오크통으로 옮기는 등의 조작으로 짧은 간격으로 연속적으로 일어나므로 이때 산소 흡수와 와인의 산화가 가장 심하다. 그리고 주병할 때 산소의 유입은 더 많아진다. 이때 가장 강력한 산화가 일어날 수 있다. 그러니까 와인을 저장할 때는 밀폐만 잘 하면 산소 유입이 별 문제가 없으나, 액을 이송할 때 가장 많은

산소 접촉의 기회를 제공한다.

산소와 결합

용존산소가 들어 있는 와인을 공기와 차단시키면 산소의 소비 속도는 상황에 따라 다르지만 시간이 지나면 산소가 소모되어 버린다. 와인은 많든 적든 산화성 물질로 이루어진 복합체라고 할 수 있으며, 이 중 유리 아황산 함량이 가장 큰 요인이 된다. 예를 들면, 유리 아황산을 100㎎/ℓ 함유한 화이트 와인은 40㎎/ℓ 함유한 것보다 용존산소와 결합하는 속도가 두 배 빨라진다. 또 용존산소가 사라지는 속도는 저장온도의 영향을 받는데, 전체 산소가 소모되는 시간이 3℃에서 3개월이라면, 13℃에서는 25일, 17℃에서는 18일, 20℃에서는 14일, 30℃에서는 3일이 걸린다. 와인은 추울 때 산소에 더욱 민감하다고 하는데, 이는 산화상태가 오래 가기 때문이다. 즉 낮은 온도에서는 용존산소의 양이 많아지지만, 결합속도는 훨씬 늦어진다.

와인에서 산소는 다양한 산화 · 환원성 물질과 결합한다. 와인에 강한 환원성 물질이 존재하면 산화속도가 느려지거나, 적당한 수준이 되므로 나머지 성분이 보호된다. 산화는 가역반응이 될 수 있으며, 산화환원상태에 따라 달라진다. 그러므로 산화환원전위를 측정하면 바로 산화상태를 알 수 있다.

용존산소는 와인의 환원성 물질과 바로 결합하지 않고, 그중에서 페놀 화합물과 가장 빨리 결합한다. 이때는 철염과 같은 촉매의 도움으로 가능하게 된다. 그리고 극소량의 구리는 철의 촉매 효과를 상당히 촉진시킨다. 철이나 구리가 없는 상태에서 공기 중의 산소는 그다지 활동적이지 못하므로 와인의 환원성 물질과 결합력이 감소한다.

아황산은 그 자체가 용존산소를 잡아 버리기 때문에 비가역적인 항산화제 역할을 하여, 산소가 와인 자체 성분과 결합하는 것을 방지한다. 아황산은 와인의 환원성 물질보다 훨씬 활성이 강하므로 이들이 산화되는 것을 막는다. 아스코르브산ascorbic acid도 같은 역할을 하는데 훨씬 더 빠르다. 유리 아황산 농도가 100㎎/ℓ면 용존산소가 모두 아황산에 고정되어 와인을 완벽하게 보존할 수 있다. 만약 30~40㎎/ℓ라면 산소의 1/2 정도가 고정되고 나머지 산소는 와인의 다른 성분과 반응하므로 반밖에 효과를 보지 못한다.

산소는 레드 와인의 색깔에 변화를 주고, 영 와인을 완성시키고 안정되게 해주고 더 많은 일을 하지만, 오래된 와인의 전반적인 특성 특히, 부케에는 영향을 끼치지 못한다.

숙성 중 변화

색깔의 변화

숙성 중 레드 와인의 색깔 변화는 여러 가지 물질이 반응하는 아주 복잡한 과정이다. 오랜 기간 동안 한 가지 색소물질만 변하는 것이 아니고, 장기간 산화로 영 와인의 루비 빛이 벽돌색으로 변하게 된다. 레드 와인의 색소인 안토시아닌은 다른 갈색을 띤 붉은 색소로 대체되는데 이 물질은 안토시아닌과 타닌의 결합과 반응에서 나오며, 이 반응은 산화에 의해서 더욱 촉진된다. 이것은 타닌 분자의 크기로 알 수 있는데, 영 와인의 타닌 분자량은 700 정도인데 숙성된 와인은 4,000 정도에 이르게 된다. 저장 중 영 와인의 생생한 색깔에는 안토시아닌과 타닌이 동시에 관여하다가, 안토시아닌은 점점 없어지고 타닌과 안토시아닌 결합체가 벽돌 색깔을 주게 된다고 설명할 수 있다. 이 반응에 산소는 필수적이다.

역설적이기는 하지만, 색깔이 짙은 와인은 몇 달 동안 색깔이 옅어지고, 색깔이 옅은 것은 진해질 수도 있다. 전자는 SCT(Skin Contact Time)가 짧은 것으로 안토시아닌이 많고 타닌은 적은 것이고, 후자는 안토시아닌이 적고 타닌이 많다는 것이 된다. 아황산은 영 와인의 색깔을 일시적으로 없애지만, 숙성된 와인에서는 그렇지 못한 것을 보면 안토시아닌은 아황산에 민감하다는 것을 알 수 있다.

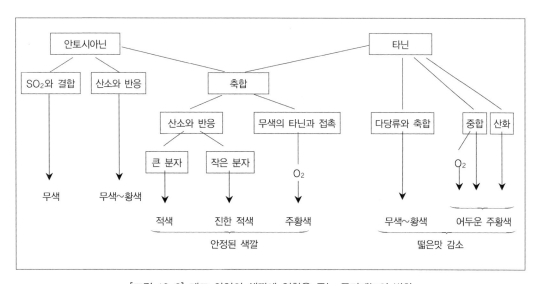

[그림 12-2] 레드 와인의 색깔에 영향을 주는 폴리페놀의 변화

맑은 영 레드 와인을 밀봉시켜 몇 달 동안 두면, 색소가 침전되는 현상을 관찰할 수 있다. 이 현상은 산화가 아니고 공기의 관여 없이 지속적으로 일어나는 것으로 온도의 지배를 받는다. 이런 것을 중합polymerization이라고 하는데, 색소가 자기들끼리 결합하여 큰 분자를 형성하여 가라앉는 것이다. 이 과정을 보면 용해성 물질이 처음에는 콜로이드 상태, 그 다음에는 불용해성 물질로 변하는데, 이때는 산소가 필요 없고 숙성된 와인의 병에서도 침전이 생긴다. 페놀 화합물의 중합은 온도가 높은 여름에 속도가 더욱 빨라지고, 반면, 침전 형성은 온도가 낮은 겨울에 더욱 잘 일어난다.

부케의 변화

숙성에 두 가지 형태가 있는 것처럼 부케에도 두 가지가 있다. 특수한 와인의 경우 아세트알데히드와 그 유도체의 심한 산화에서 나오는 산화성 부케와 고급 와인을 공기와 차단시켰을 때 나오는 환원성 부케로 나눌 수 있다. 첫 번째 여름을 지내면서 오크통이나 탱크에 있는 와인의 아로마는 부케로 변한다. 이 부케는 시간이 지날수록 강화되며, 병에서 몇 년 지내면 최고조에 달한다. 이 물질의 근원은 고급 포도의 껍질에서 나온 것으로 페놀 화합물이다. 이 물질은 저장 초기단계에서 과일 향으로 관여하지만, 점차 타닌 냄새, 나무껍질, 나무, 스파이시 등으로 교체된다.

부케의 발달은 특별한 향을 가진 물질도 있어야 하지만, 산소가 사라진 후에 일어나는 산화환원전위의 감소환원적 반응에 의해서도 일어난다. 부케의 강도는 도달할 수 있는 한계가 있으며, 이는 와인의 성질, 코르크 밀봉 효과, 온도 등에 따라 달라진다. 실제로 병에 들어 있는 고급 와인에서 부케의 발전은 18~19℃를 유지하고, 겨울에 온도가 떨어지지 않으면 가속된다.

에스터화 역할

에스터의 형성은 와인 숙성에서 아주 중요한 것으로 생각되고 있다. 에스터는 산과 알코올의 반응으로 형성되는데, 와인에서는 희박한 농도에서 일어나므로 이 반응은 느리고 불완전하게 된다. 와인의 에스터는 다음 세 군데에서 나온다. 적은 양이지만 포도의 방향성 물질에서, 효모의 알코올 발효에서, 와인의 알코올과 산의 반응으로 나온다. 그러므로 발효 후에는 2~3meq/ℓ, 2~3년 후에는 6~7meq/ℓ, 20년 후에는 9~10meq/ℓ가 발견된다. 에스터 반응은 대부분 초기 2년 셀러에 있는 동안에 일어나고, 그 후에는 속도가 느려서 거의 감지할 수 없도록 친천히 일어난다.

에스터는 1차, 2차 아로마에 관여하지만, 느린 화학적 에스터 반응은 부케의 발달에 실질적인 영향을 끼치지는 못한다. 경우에 따라서, 효모가 형성한 특정 에스터는 가수분해되기도 한다. 이 현상은 일반 와인에서도 일어나 오래될수록 와인의 질을 떨어뜨리지만, 고급 와인에서는 개선될 수 있다. 초산에틸(ethyl acetate)과 같은 초산 에스터는 박테리아가 형성하는데, 이는 초산 발효의 조짐으로서 나쁜 영향을 끼친다. 그러므로 전체 에스터 양과 와인의 품질은 무관하다.

알코올의 분산

숙성은 포도의 성분이 발효에 의해 새로운 성분으로 바뀌어 기존 성분과 섞이면서 조화를 이루어 가는 과정이라고 할 수 있다. 가장 대표적인 변화로 포도에 있는 물분자와 새로 생긴 알코올 분자가 섞이는 것으로 볼 수 있다. 물분자는 단독으로 존재하는 것이 아니라 수소결합으로 서로 연결되어 있는데, 이 물분자 사이에 새로 생긴 알코올 분자가 끼어들어야 하는데 이렇게 되기 위해서는 기존 결합이 풀어져야 한다. 이 결합은 인위적으로 풀어지지 않으므로 오랜 시간이 필요하다. 이렇게 결합이 풀어져 물과 알코올의 새로운 결합이 형성되면 서로 어우러진 맛을 낼 수 있다. 그렇지 않으면 '맛이 따로 논다'라는 표현을 하게 된다. 이렇게 물과 알코올이 분자상태로 섞이는 것을 숙성의 한 과정이라고 할 수 있다. 이런 식으로 기존 성분과 새로운 성분이 분자상태로 섞이면서 생기는 맛이나 향의 조화를 이루는 과정을 숙성이라고 하므로, 숙성이란 기간이 따로 정해진 것이 아니고 발효가 끝난 후부터 마실 때까지라고 할 수 있다. 그러므로 이 기간은 와인의 종류와 타입에 따라 다양할 수밖에 없다.

숙성기간 중 페놀 화합물의 변화

- **안토시아닌 반응과 색깔** : MLF가 끝난 다음부터 주병할 때까지 와인 성분을 정기적으로 측정해 보면 안토시아닌이 정기적으로 감소되고 있다는 것을 알 수 있다. 와인의 색깔이 붉은색으로 남아 있다 하더라도 2~3년 후에는 유리 안토시아닌이 완전히 사라진다. 실제로 안토시아닌 분자는 불안정하고, 타닌과 결합해야 안정된 색소를 만들어 오래된 와인의 색깔이 된다. 그러므로 오래된 와인에서는 타닌 함량이 색깔을 주도한다.

  안토시아닌 함량의 감소는 분해반응과 안정화 반응 모두 해당된다. 분해반응은 유리 안토시아닌이 열에 의해 페놀산(주로 말비딘)으로 변하거나, 격렬한 산화로 델피니딘(delphinidin), 페투니딘(petunidin), 시아니딘(cyanidin)으로 변하는 반응이다. 이들은 카보닐기가 두 개 있는 물질과 반응하여 무색의 카스타비놀(castavinol)이 된다. 안정화 반응은 타닌과 안토시아닌이 결합하는 몇 가지 반응으로, 온도, 산화 등 조건과 타닌의 종류, 타닌/안토시아닌 비율에 따라 달라진다. 이렇게 나온 색소는 등자색에서 오렌지색까지 다양하며, 유리 안토시아닌보다는 와인의 pH에 따라 더 진해질 수 있다. 이들 분자는 화학적인 안토시아닌 정량으로 잡히지 않고, 일부는 그 결과에 영향을 끼친다.

주병된 와인으로, 씨에서 나온 타닌 함량이 높은 와인은 반응성이 좋아서 빨리 변할 수 있으므로, 이런 와인은 숙성기간 중 산화를 통해 색소를 안정화시켜야 색소의 손실을 피할 수 있다. 반면, 껍질에서 나온 반응성이 약한 타닌이 많은 와인은 변화가 늦고, 온도가 너무 높으면 황색이 나타나기도 한다. 그리고 이런 와인은 콜로이드성 색소물질이 침전될 수 있다.

- **타닌의 반응과 향미** : MLF 끝 무렵부터 와인의 성분을 정기적으로 분석해 보면, 오크통 숙성기간 중 타닌 함량이 감소하거나 약간 변하며, 병 숙성 중에 증가하는 경향이 있는데, 이는 구조의 변화가 일어나기 때문이라고 볼 수 있다. 포도에서 나온 프로시아니딘 분자는 폴리머를 형성하고, 안토시아닌과 축합하고, 단백질이나 다당류 등 다른 중합체와 결합한다. 순수한 프로시아니딘만 중합하는 반응은 온도가 높으면 잘 일어나지만, 산화 정도와는 무관하다.

산소 존재하에서 몇 가지 반응이 일어날 수 있는데, 에탄알이 참여하는 여러 가지의 프로시아니딘과 퀴논기의 반응으로, 여기서 생성된 분자는 덩어리가 크고, 안정성이나 단백질과의 반응 등에서 프로시아니딘과 다른 성격을 나타낸다. 덩어리가 커지고, 불용성이 되면서 가라앉아 멈추게 되는데, 이것으로 와인은 숙성된 맛을 풍기게 된다. 숙성은 특정한 반응과 안정성을 얻을 수 있도록 조절되어야 한다. 이 반응이 와인의 향미에 중요한 역할을 한다.

타닌과 안토시아닌의 결합은 색도와 색소의 안정성을 증가시키지만, 타닌과 다당류, 단백질과의 반응에 대해서는 알려진 것이 별로 없다. 위와 같은 반응은 중합체의 타입이나 온도에 따라 다르며, 이들 반응은 와인의 향미에 관여하는데, 프로시아니딘의 중합체는 단백질과 반응성이 증가되어 타닌의 성격을 뚜렷이 변경시킨다.

- **숙성 중 조치사항** : 숙성기간 중에 와인메이커는 산화, 적절한 온도조절, 숙성기간 결정, 정제 등에 대한 조치를 한다. 산화는 공기 접촉(오크통 숙성, 따라내기, 산소 양의 조절)과 나무에서 나오는 촉매(엘라기타닌)에 의해서 촉진된다. 이때 색깔이 강해지고 안정되면서 향미가 부드러워지는 바람직한 방향으로 진행되도록 유도해야 한다. 그렇지 않으면 불가역적인 변질을 초래하게 된다.

온도는 조작에 따라 다르지만, 불안정한 콜로이드를 침전시키려면 낮은 온도가 좋다. 20℃ 이상이면 프로시아니딘에서 카보양이온 형성과 타닌-안토시아닌 화합물(적색, 오렌지색), 순수 중합체 형성 등이 촉진된다. 또 다당류와 화합물을 형성하기 쉽고, 색소가 파괴될 수 있다. 그러나 20℃ 정도의 낮은 온도에서는 이런 반응이 어느 정도까지만 진행된다. 오크통 숙성기간은 와인 타입과 원하는 변화에 따라서 바람직한 결과를 얻을 수 있는 정도라야 한다. MLF 이후, 이미 타닌의 구조가 잘 잡힌 와인은 숙성을 오래 할 필요가 없지만, 페놀 함량이 많은 와인은 타닌을 부드럽게 하기 위해 장기간의 숙성이 필요하다.

완벽하게 밀봉시킨 병에서 와인은 시간이 지남에 따라 처음에는 약간의 산화반응을 보이지만, 대부분은 산화와 관계없는 전환반응의 영향이다. 이 반응은 프로시아니딘에서 형성된 카보양이온이 관여하는 것으로 안토시아닌(붉은 오렌지색)의 축합과 타닌의 순수한 중합이 함께 일어난다. 온도가 높으면 이 반응이 촉진되면서 숙성도 빨라진다.

그러나 주병 후 1~3년이 지나면, 와인에 따라서 향미의 변화, 특히 타닌의 성질이 변하는 것을 관찰할 수 있다. 이런 와인은 색깔이 그대로 진하더라도 일시적으로 옅어지면서 바디가 약해지는 것같이 보인다. 이때 분석을 해 보면, 비산화적 환경에서 타닌의 구조가 재정리되며, 중합체의 붕괴가 일어난다. 순수 중합체가 다시 중합하기 전에 다른 물질과 이루어진 중합체도 일부 파괴된다. 이것은 고급 와인의 특성으로서 숙성기간 중 다양한 타닌 분자가 형성되는 것이다. 이 반응은 와인의 변화를 느리게 만들고, 색깔과 향미에 복합성을 부여한다. 중급 와인의 숙성에서는 이러한 복합적인 타닌의 변화가 일어나지 않고, 계속 빠르게 숙성된 와인으로 변한다.

색소물질의 침전

- **영 와인의 색소 침전** : MLF가 갓 끝난 영 와인을 냉장 보관하면, 탁해지면서 병이나 탱크 바닥에 침전을 형성한다. 이 침전물은 주병한 지 오래된 와인의 것과는 다르다. 약간 끈적거리며 밝은 적색으로 진주 같은 광택이 보인다. 첫 번째 따라내기 후 오크통이나 탱크에서 제거한 찌꺼기와 비슷하다. 이 침전물의 구성은 주석, 안토시아닌, 타닌, 다당류 등으로 거의 조성이 일정하다. 이 현상은 여름에는 콜로이드성 색소물질이 형성되고, 겨울에는 침전현상이 일어나는 것으로 설명할 수 있다.

  모든 와인이 이런 성질을 가지고 있지만, 추출을 과다하게 한 와인에서는 더 일어난다. 특히, 곰팡이 낀 포도로 만든 와인이나 높은 온도에서 발효시킨 와인, 과도한 기계적 조작(지나친 파쇄, 펌핑 오버, 찌꺼기 교반 등)으로 만든 와인에서 콜로이드성 색소물질이 많이 나온다. 이들이 색소물질의 기본 콜로이드를 이루며, 침전되면서 페놀 화합물 때문에 색을 나타내게 된다. 침전의 정도는 와인의 알코올 농도와 저장온도에 따라 다르다.

- **오래된 와인의 색소 침전** : 장기간 병 숙성은 와인이 변화를 멈출 때까지 일어나는 일련의 반응이다. 오래된 와인의 색소 침전도 타닌과 안토시아닌의 중합 때문에 일어난다. 중합된 타닌 분자가 100 Å 이하라도 소수성 물질을 형성하여 침전된다고 볼 수 있다. 이런 불안정한 콜로이드는 얇은 막 형태로 침전되기 때문에 병의 옆면을 코팅하기도 한다. 그렇지만 비슷한 온도조건이라도 와인에 따라서 침전 생성속도가 달라진다. 그리고 페놀 함량이 비슷하더라도 최고급 와인은 보통 와인보다 침전 형성이 늦다. 고급 와인에서는 침전이 약 20년 후에 일어나지만, 보통 와인은 2~3

년 후면 생긴다. 고급 와인은 특별한 페놀로 구성되어 숙성과정을 통하여 지속적으로 그 특성과 변화에 영향을 주기 때문이다.

숙성의 촉진

저장기간을 단축하기 위해 와인을 좀 더 빨리 숙성하려는 노력을 많이 하고 있으며, 여러 가지 방법으로 직접 숙성을 위한 방법을 시도하고 있다. 자연적인 변화를 유도하기 위해서 최적상태의 온도, 통풍, 저장조건을 찾아내야 한다. 그리고 숙성의 특정한 효과를 얻기 위해 노력하기도 한다. 그러나 자외선, 적외선, 초음파 등의 신빙성 있는 조치를 취하더라도 소비자는 그에 대한 이해가 부족하며, 이런 것은 자연적으로 이루어지는 숙성의 모방에 불과하다.

숙성을 유도하는 가장 좋은 방법은 여러 온도 조건에서 산화시키는 것이다. 산화는 비교적 넓은 범위의 온도에서 될 수 있는데, 인공적으로 여름과 같은 조건을 조성하여 숙성시키고, 바로 겨울과 같은 조건을 조성하여 안정화시킨다. 이런 조치는 고급 와인에는 적합하지 않다. 이 방법으로 와인의 맛이 좋아지기를 바랄 수는 없다.

숙성 촉진의 가장 좋은 방법은 빨리 시장으로 출하하여 마실 수 있도록 양조방법을 바꾸는 것이다. 영 와인일 때, 맛이 조화롭고 특히, 타닌과 같은 맛을 내는 물질과 향미를 바람직하게 나오도록 유도해야 한다. 사실, 떫은 와인이 시간이 지남에 따라 부드러워진다는 말도 맞지 않다. 이런 와인은 처음부터 부드러워야 숙성이 빠르고 더 좋다. 주병도 될 수 있는 한 빨리 하여 최고의 품질 즉, 바디, 신선도 등이 만족할 만큼 안정성이 있을 때 병에 넣는다. 숙성의 가장 좋은 방법은 영 와인 때의 좋은 맛이 오랫동안 변하지 않는 것이다.

미량 산소 주입(Micro-oxygenation)

프랑스에서는 '미크로뷜라주microbullage'라고 알려져 있는 첨단기술로서, 1990년 마디랑의 와인메이커 파트릭 뒤쿠르노Patrick Ducournau가 시도하여, 1996년 유럽연합에서 인증한 방법이다. 이는 양조과정의 여러 단계에서 미량의 산소를 주입하는 방법이다. 아직은 학자들 간에 논란의 여지가 많지만, 미량의 산소 공급으로 발효 중에는 적당량의 산소를 공급하여 효모를 활성화시켜 발효의 중단을 방지하고, 황화수소 등의 환원취를 감소시키며, 발효가 끝난 와인에서는 청징과 안정화에 도움을 주며, 숙성 중에도 환원취를 감소시킴으로써 오크통 숙성효과를 볼 수 있다고 한다. 특히, 숙성 중 오크 칩이나 오크 판을 넣어 숙성시키는 와인에 이 방법을 적용시키면 적은 비용으로 오크 숙성의 효과를 볼 수 있다고 한다.

미량의 산소를 주입하면, 타닌의 중합으로 맛이 부드러워지고, 타닌의 색소를 유지시켜 색깔이 안정된다. 그래서 보르도 일부 와인메이커는 레드 와인 발효 후 착즙하기 전 침출기간 중에 산소를 주입하면 덜 익은 포도에서 나오는 풋내가 사라지며, 숙성도 촉진된다고 주장하고 있다. 주입된 산소는 에탄올을 아세트알데히드로 산화시키고 중합과정을 촉진한다. 이 단계에서는 상대적으로 높은 농도의 산소가 공급되어도 안전한데, 이는 과잉 생산된 알데히드가 MLF 동안에 소모될 수 있기 때문이다. 또 안토시아닌이 타닌과 복합체를 이루어 색깔의 안정화 효과도 볼 수 있다. 다만, 산소 주입 직전에 아황산을 투입하면 아황산이 산소를 소비하기 때문에 효과가 저하된다. 이 방법은 타닌 함량이 많은 타나(Tannat)와 같은 포도로 만든 와인에 효과적이며, 네비올로와 같이 안토시아닌은 적고 타닌이 높은 포도에도 효과적이다. 요즈음은 프랑스, 칠레, 캘리포니아 등에서 이 방법을 많이 사용하고 있다.

산소는 레귤레이터를 통해서 탱크 바닥으로 들어와, 바닥에 부착된 다공성 세라믹 분사기를 통하여 와인에 퍼지게 되는데, 산소가 탱크의 바닥에서 윗부분으로 도달하기 전에 와인에 완전히 용해되도록 유량의 정밀한 조절이 필요하다. 한 달에 1ℓ의 와인에 0.75~3㎖의 산소를 주입하는데, 4~8개월 정도 지속적으로 한다. 그러나 와인에 필요한 양이나 기간에 대해서는 와인메이커 자신이 관능검사를 통해서 결정해야 한다.

오크통 숙성

숙성은 작은 오크통, 대용량 오크통, 콘크리트나 스테인리스스틸 탱크에서도 할 수 있지만, 고급 와인은 여전히 작은 오크통에서 숙성시키는 것이 좋다. 영 와인은 작은 탱크에서 빨리 숙성된다. 큰 탱크에서는 숙성이 느리고 고급 와인이 나올 수 없다. 그러나 큰 탱크에서 2년 정도 지난 것이 맛이 좋을 수도 있는데, 이는 작은 오크통보다 산소의 흡수가 천천히 지속적으로 이루어지기 때문이다. 그리고 몇 가지 다른 이유도 있다. 탱크에서는 작은 오크통보다 영 와인이 혼탁된 상태로 오래 있게 된다. 대용량 탱크에서는 자연적으로 와인이 잘 깨끗해지지 않는다. 그리고 완전히 밀폐된 탱크에서는 증발이 거의 없다고 봐야 하므로, 탄산가스가 와인에 남아 있어서 더 오랫동안 영 와인으로 남아 있게 된다.

오크통 숙성

공기는 와인의 적이지만 오크통에서는 증발하면서 간접적인 공기 접촉으로 와인의 산화가 미세하게 진행되어 부케가 강화되고, 페놀 화합물의 중합으로 타닌이 부드러워진다. 또, 와인의 알코올이 나무의 성분을 추출하므로 오크 향이 추출되어 복합적인 향을 얻는다. 일반적으로 레드 와인의 품질은 품종별 아로마와 숙성에서 나오는 부케의 균형이라고 할 수 있는데, 최종적으로 오크 향을 얻어야 제대로 된 와인이라고 할 수 있다. 그러나 오크통은 누수문제, 위생문제, 온도 조절, 사용하지 않을 때의 조치 등 관리가 쉽지 않기 때문에 오크통에서 숙성시킨 와인은 비쌀 수밖에 없다. 그래서 요즈음은 가벼운 화이트 와인이나 로제와인 등은 오크통 숙성을 하지 않고 바로 출하하기도 한다.

성분의 변화

오크의 타닌은 통을 만들면서 태우는 동안 파괴되어 그 양이 많지 않고, 와인에서는 알코올 때문에 불안정하다. 그리고 그 조성이 와인의 타닌과는 다른 것으로 와인에서 촉매로 작용하여 와인의 타닌을 더 농축시키고 안정된 상태로 만든다. 그리고 레드 와인은 통 안에 있는 동안 제한적으로 산화가 일어나 안토시아닌과 다른 페놀 화합물이 결합하므로 타닌이 부드러워지고, 색깔이 진해지고 안정되면서 숙성된 와인의 부케가 점차 증가한다. 그러나 3~4년 후에는 오크통이 와인에 미치는 영향력은 미미하고, 오히려 나쁜 향이 증가하고 과도한 산화를 유발할 수 있다.

증발

나무의 투과성은 액의 증발로 나타나는데, 이른바 감량의 결과이다. 나무에 기공이 있어서 어떤 것이 들락거리는 것을 말하는 것이 아니다. 나무에는 기공이 없다. 한쪽에서는 액체를 흡수하여 팽창하고 다른 한쪽은 공기와 접촉하여 건조된다는 뜻이다. 감량은 여러 가지 요인이 있는데, 습도가 높은 셀러에서는 1년에 1~2% 정도이고, 좋은 조건에서는 4~5%, 보다 덥고 통풍이 잘 되면 더 많이 일어난다. 이 감량은 나무의 성질과 품질, 그리고 두께에 좌우된다. 100 ℓ 의 새 와인은 2년 후 주병할 때 90 ℓ (찌꺼기로 빠져 나가는 양은 계산하지 않음) 정도로 양이 감소한다.

나무를 통해서 증발하는 것은 물과 알코올 모두 해당된다. 알코올은 물보다 휘발성이 좋지만, 분자량이 크기 때문에 반투과성 나무를 뚫고 나가기 어려워 물이 먼저 증발하지만, 주변 환경에 따라 상황이 달라진다. 습도가 높은 셀러에서는 대기의 습기가 물의 증발을 막고, 알코올은 그렇지 못하기 때문에 오크통 저장기간 중 알코올 농도가 낮아질 수 있다. 그러나 비교적 건조한 곳(상대습도가 60~75% 이하)에 저장하면, 228 ℓ 오크통에서 1년에 약 8 ℓ 정도 감량이 일어나면서, 물 분자는 알코올보다 빨리 증발하여 결과적으로 통에 있는 모든 와인의 성분은 농축되어, 알코올도 1% 이내의 범위에서 증가한다. 그러나 동굴 등 습한 곳에서는 1년에 약 4 ℓ 정도 사라지는데, 알코올 분자가 물이 증발한 것보다 더 증발하여 와인의 알코올 농도가 약간 낮아진다.

토핑(Topping, *Ouillage*)

와인을 오크통에 채울 때는 고무망치로 통을 두드려 가면서 여분의 거품을 제거하여 가득 채우고 입구를 옆으로 30° 정도 기울여 놓는다. 토핑이란 새 오크통에 와인을 가득 넣었을 때 새 오크통이 와인을 흡수하여 그 양이 줄어듦으로, 모자라는 양을 동질의 와인으로 채워 주는 일을 말한다. 이 토핑은 정기적으로 해야 한다. 헤드스페이스는 흡착과 수축으로 생기는데, 와인 저장의 가장 큰 취약점이다. 이 일은 간단하지만, 상당한 주의와 청결이 요구된다. 이 작업의 목적은 공기와 접촉하는 표면적을 줄여서 산화와 초산발효의 위험성을 방지하는 것이다.

토핑의 빈도는 주위 여건 즉 헤드스페이스 형성속도, 온도, 용기의 형태에 따라 다르다. 한번 보충하는 양이 0.5~1.0ℓ가 넘지 않도록 기간을 잘 조절하고, 새 통에 와인을 채우면 처음 토핑은 1~2주 이내에 해야 한다. 그 다음부터는 점차 기간이 길어진다. 토핑에 사용되는 와인은 동일한 수준으로 맑고 안정된 것이라야 한다. 질 나쁜 와인으로 토핑하면 와인을 대량 오염시킬 수 있다. 그리고 뚜껑을 반드시 닫고 위생적으로 처리해야 한다.

토핑 후 무조건 용기를 완전히 밀봉시키는 것만이 최선이 아니다. 위생상태에 주의를 기울여야 한다. 뚜껑에 헝겊을 대면 초산균 번식의 장소가 될 수 있으므로 인조목재나 유리마개 등이 청소하기 쉽고 가볍게 밀어 넣어 망치질하기도 좋다. 요즈음은 실리콘 마개를 사용하는 것이 보편적이다.

[그림 12-3] 비위생적인 오크통 관리

오크통에서 나오는 성분

오크통의 나무는 중요한 역할을 한다. 나무에서 나오는 물질이 맛과 숙성된 와인의 부케에 복합성을 주기 때문이다. 초기단계, 새 통에서 숙성시킨 와인의 부케는 바닐라 향과 묘한 나무 냄새가 감지될 수 있다. 저장기간 중 우러나오는 타닌의 양 또한 무시할 수 없다. 새 통에서 1년 동안 우러나오는 성분은 약 300㎎/ℓ 정도 된다.

- **락톤(Lactones)** : 오크에서 추출되는 가장 중요한 성분으로 위스키, 브랜디, 오크 숙성한 와인의 중요한 향미가 된다. 보통 오크 락톤이라고 하며, 화학적으로 베타 메틸 감마 옥타락톤(β-methyl γ-octalactones)으로서 두 가지 이성질체 cis와 trans형이 있다. 전반적으로 코코넛 향이 나지만, cis형은 여기에 흙냄새, 허브 향이 더 있고, trans형은 코코넛 향에 허브 향이 가해진 느낌을 준다. 30% 알코올 용액에서 최소감응농도는 cis형이 0.067㎎/ℓ, trans형은 0.79㎎/ℓ이다. 그러

니까 나무 향, 코코넛 향 등 락톤의 오크 향미는 주로 cis형이며, 오크나무에서 락톤의 농도는 10~50mg/kg 정도이다.

- 바닐린(Vanillin) : 천연 바닐라의 아로마 성분으로 오크에도 상당량이 있어서 오크에서 숙성시킨 와인의 중요한 향을 형성한다. 보편적으로 오크통에서 숙성시킨 와인의 바닐린 함량은 최소감응농도(0.5mg/ℓ in 10% 알코올 용액)를 훨씬 초과하여 나온다. 오크통에서 발효를 한 후 효모 찌꺼기 위에 몇 개월간 숙성시키면 바닐린 함량이 감소하는데, 이는 효모와 바닐린이 반응하여 냄새 없는 바닐 알코올(vanillic alcohol)이 되기 때문이다. 오크를 태울 때 이 함량이 증가하지만 너무 많이 태우면 감소한다.

- 과이아콜(Guaiacol) : 4-메틸 과이아콜(4-methyl guaiacol) 혹은 4-에틸 과이아콜(4-ethyl guaiacol)로서 리그닌이 타면서 나오는데 스모키 향과 스파이시한 향을 준다. 과이아콜의 최소감응농도는 레드 와인에서 20mg/ℓ이다.

- 유제놀(Eugenol) : 클로브 향의 주성분인 유제놀은 태우지 않은 오크에서 나오는데, 나무를 베어서 건조하기 전에 가장 농도가 높다. 건조된 나무는 2~3mg/kg, 건조하기 전에는 6mg/kg이다. 최소감응농도는 화이트 와인에서 0.18mg/ℓ, 레드 와인에서는 0.70mg/ℓ 정도 된다.

- 푸르푸랄(Furfural), 5-메틸푸르푸랄(5-Methylfurfural) : 당과 탄수화물의 가열반응으로 생성되는데, 캐러멜과 단 과자 냄새를 풍기며 약간의 아몬드 향도 준다.

- 엘라기타닌(Ellagitannins) : 나무에서 와인으로 추출되는 타닌은 엘라기타닌으로 알려져 있다. 떫은맛을 가지고 있는 가수분해형 타닌으로 와인의 조직감에 변화를 주며, 안토시아닌과 결합하여 색도를 증가시킨다. 오크를 너무 많이 태우면 함량이 감소한다.

- 쿠마린(Coumarins) : 신남산(cinnamic acid)의 유도체로서 오크통에서 숙성시킨 와인에 낮은 농도로 존재하지만, 향미에 영향을 끼친다. 배당체는 쓴맛을 내지만, 분해되면 신맛을 낸다.

레드 와인의 오크통 숙성

프랑스산 오크통은 섬세한 피노 누아에 보편적으로 많이 사용되고, 풍미가 강한 일부 카베르네 소비뇽, 시라, 진펀델 등의 숙성에는 미국산 오크통을 많이 사용한다. 레드 와인 숙성에 228ℓ 통의 사용이 증가하고 있지만, 2만ℓ 이상 되는 것도 오크 향을 얻기 위해 사용되고 있다. 캘리포니아의 고급 카베르네 소비뇽 생산자들은 6~8개월 동안 큰 탱크에 저장하면서 효모 냄새나 풋내를 없애고, 이어서 작은 오크통으로 옮겨서 12~18개월 숙성시켜 품종별 특성의 표현과 색소 안정, 쓴맛과 떫은맛 제거, 맛의 농축 등을 꾀한다.

피노 누아와 같이 섬세한 향을 가진 레드 와인은 오크통 숙성 중 공기 접촉을 최소화하고, 오크통에 채운 다음에 완전히 밀봉하고 통의 뚜껑이 젖을 수 있도록 뚜껑을 기준으로 통을 30° 정도 옆으로 돌려놓고, 숙성이 끝날 때까지 열지 않는 것이 좋다. 진펀델이나 카베르네 소비뇽 등 풍미가 강한 품종은 오크통 숙성 초기단계에 산소가 약간 필요하다. 이런 와인은 뚜껑이 위로 오도록 눕혀서 정기적으로 토핑할 때 뚜껑을 열 수 있도록 한다. 저장실 온도는 15~22℃를 유지시킨다.

화이트 와인의 오크통 숙성

값싼 화이트 와인은 오크통에서 숙성하지 않고, 고급 샤르도네는 프랑스 오크통에서 숙성하지만, 일부 와이너리에서는 다른 품종과 마찬가지로 미국산이나 미국과 프랑스 오크통을 혼용하기도 한다. 와인메이커는 나름대로의 스타일에 따라 방법을 달리한다.

- **안 하거나 약간 하는 경우** : 리슬링은 보통 스테인리스스틸 탱크에서 숙성시키지만, 독일에서는 전통에 따라 큰 오크통에서 숙성시키기도 한다. 이 숙성은 약간의 오크 향을 첨가시키는 것이므로 타원형의 큰 오크통으로 20~80톤 규모의 큰 통에서 단기간 약 3개월 정도 숙성시킨다.

- **중간 정도 하는 경우** : 캘리포니아 소비뇽 블랑, 드라이 슈냉 블랑 등에 적용되는 것으로 스테인리스스틸 탱크에서 발효를 시킨 후, 반 정도 태운 228ℓ 프랑스 오크통에서 3~4개월 숙성시킨다.

- **최대로 하는 경우** : 고급 샤르도네는 오크 향을 최대한 첨가한 화이트 와인이다. 오크통에서 발효시키기 시작하여 수개월 동안 오크통에서 숙성시켜 오크 향을 얻는다. 통 숙성은 3~12개월 동안 하는데, 228ℓ짜리 프랑스 오크통이 많이 쓰인다. 장기간 오크통 숙성은 리슬링, 소비뇽 블랑과 같이 꽃향기가 나는 품종보다는 샤르도네와 같이 은은한 특유의 향미가 오크 향과 함께 잘 어울린다. 숙성기간이 늘어나면 생산기간도 늦어지므로 와인 숍에서 빈티지 샤르도네는 다른 화이트 와인보다 1~2년 더 늦게 판매된다.

병 숙성_Bottle aging

병 숙성의 오해

병 숙성에 대해서는 잘못된 생각이 많다. "병 숙성은 코르크를 통하여 산소가 와인으로 침투함으로써 이루어지며, 코르크가 와인을 숨쉬게 한다!", 심지어는 "병 캡슐의 구멍이 병 숙성을 쉽게 해준다."라고 믿는 사람도 있지만, 캡슐의 구멍은 캡슐을 병에 씌울 때 공기가 캡슐에 막히지 않고 쉽게 내려갈 수 있도록 뚫어 준 공기구멍이다.

사실, 와인병을 옆으로 눕혀서 코르크가 팽창해 있으면, 코르크마개를 뚫고 들어간 산소가 있다는 뜻이지만 극히 소량이므로 무시해도 된다. 처음 몇 달은 코르크 내부에 있는 공기에서 0.2∼0.3㎤의 산소가 나오는데, 이것은 코르크가 압축되어 병목으로 들어갈 때 코르크 내부의 비어 있는 세포에서 나온 것이다. 그 후 들어가는 산소는 1년에 0.02∼0.03㎤ 정도로 극히 적은 양이다. 그러므로 산소는 병 숙성에 관여하는 것이 아니다. 한 가지 알아야 할 것은 유연성이 떨어지는 코르크가 병목에서 구부러지면 정상적인 병 숙성과 관계없이 산화가 급속히 진행되어 못 쓰게 된다는 점이다. 병이 새거나 헤드스페이스가 너무 크면 맛이 좋을 수 없고, 상품적 가치가 저하된다.

그러므로 병 속에서 와인은 산소의 도움으로 숙성되지 않는다. 오히려 산소의 침투로 와인이 오염되며, 병에서는 분명히 산소가 없는 상태에서 숙성된다. 좋은 와인의 병을 열어 보면 이 점을 알 수 있다. 아침부터 저녁까지 열어 놓거나 혹은 다음날까지 열어 놓으면 부케의 정교함이 사라지고, 와인의 품질이 저하된다. 이렇게 볼 때 오래된 고급 와인을 마시기 몇 시간 전에 디캔팅하라는 제안은 실제로는 질적 저하를 초래한다.

이것은 산화의 반대인 환원과정이나 질식으로 병 속에서 전개된다. 병 숙성과정은 산화환원전위를 측정함으로써 나타낼 수 있는데, 병 속에서 몇 달이 지나면 산화환원전위가 최소로 된다. 와인의 부케는 산화환원전위가 낮을 때만 나타난다. 부케는 그 바람직한 향이 환원상태에 있는 방향성분에서 나온다.

화이트 와인의 병 숙성

주병된 와인은 출하가 준비될 때까지 와이너리에서 보관된다. 병 숙성은 수일에서 수개월까지 다양하다. 보관할 때는 최상의 조건에서, 즉 어둡고 온도(18∼20°C)가 일정하면서 진동이 없는 곳이라야 한다.

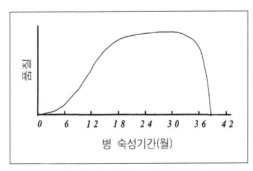

[그림 12-4] 가상적인 화이트 와인의 주병 후 변화

[그림 12-4]에서 대표적인 와인 숙성 그래프를 보여 주고 있다. 모든 와인은 주병 후 시간이 지나면서 맛이 개선되는데, 최고의 상태에 도달했다가 급격히 품질이 저하된다. 가끔 주병 중 일시적으로 약간 나쁜 냄새가 생기는 수가 있는데, 이것은 소위 말하는 '보틀 시크니스(bottle sickness)'로서 얼마 후 회복되어 개선된다. 최고의 상태란 복합성이 증가하고 신맛이 적어지는

것이지만, 소비자의 입맛은 아주 다양하다. 1~5년 병 숙성으로 개선되는 화이트 와인은 샤르도네, 퓌메 블랑, 피노 블랑, 게뷔르츠트라미너, 화이트 리슬링 등이다. 숙성기간이 짧은 것은 프렌치 콜롬바드, 실바네르, 슈냉 블랑이며, 화이트 진펀델과 같은 적포도로 만든 화이트 와인은 병 숙성 없이 바로 마신다. 그리고 서늘한 지방에서 나온 와인은 더운 지방의 것보다 더 오래 숙성시킨다.

일부 화이트 와인은 5년 이상 숙성시킬 수 있다. 1959년 알자스 게뷔르츠트라미너를 1977년에 마셔도 그 품질을 유지한 적이 있다. 즉 추운 지방의 것은 오크통과 병에서 더 오래 숙성시킬 수 있다는 법칙을 반영한 것이다. 1915년 화이트 리오하 역시 60년이 지난 후에도 시원한 저장실에서 그 맛을 유지한 적도 있다.

레드 와인의 병 숙성

최고의 포도밭에서 나온 카베르네 소비뇽은 빈티지에서 10년 후에 최고의 맛에 달하며, 그 후 5~10년 정도 그 맛이 유지된다. 고급 피노 누아나 진펀델도 카베르네 소비뇽과 비슷하지만, 대부분은 그보다 수명이 짧고 빈티지 이후 5년 정도가 최고의 맛을 가지며, 그 후 5년 이상 되면 질이 떨어진다.

병 숙성을 오래 할 수 있는 와인은 첫째, 알코올 농도와 산도가 높아야 한다. 즉 포도의 당도와 산도가 높아야 한다. 이 점은 절대적으로 포도가 자라는 환경 즉 테루아르(terroir)에서 나온다. 햇볕이 잘 비추고, 배수가 잘 되며, 수확기에 비가 없어야 하며, 단위면적당 수확량이 적어야 한다는 등의 조건을 갖춘 포도밭에서 나와야 한다. 더운 지방의 포도는 당도가 높고 산도는 낮고, 추운 지방의 포도는 당도가 낮고 산도는 높다. 예를 들어 프랑스라면 알자스, 샹파뉴, 루아르의 포도는 당도가 낮고 산도는 높을 것이고, 론이나 랑그독의 포도는 당도가 높고 산도가 낮을 것이다. 중간에 있는 보르도나 부르고뉴 와인이 옛날부터 유명한 이유는 당도가 높고 산도도 높은 와인이 나올 수 있기 때문이다. 물론 미기후(micro climate)에 따라서 예외는 있을 수 있다. 더운 지방이라도 밤의 기온이 시원하다면 산도가 높아질 수 있다. 참고로, 여기서 말하는 산도는 산의 함량이 아니고 산의 해리도로 나타나는 수소이온농도 즉 pH를 말한다. 즉 pH 수치가 낮아야(3.2~3.5) 오래 보관할 수 있다.

둘째는 타닌 함량이 높은 와인이라야 한다. 즉 이런 좋은 조건을 가진 포도를 사용하여 와인을 만들 때 타닌을 많이 추출해야 한다. 타닌은 추출과정(maceration) 중 껍질과 씨에서 우러나오고, 오크 숙성 중에 더해지기도 한다. 이 타닌은 항산화제로서 작용을 하기 때문에 오크통이나 병에서 오래 숙성시킬 수 있는 레드 와인은 영 와인 때 타닌 함량이 많아야 한다. 오크통과 병 숙성 중 타닌은 자기들끼리 또는 색소 분자와 중합체를 형성함으로써 떫은맛이 부드러워지고 붉은 보

랏빛에서 벽돌색으로 색깔도 변한다. 오래된 레드 와인의 색깔이 옅은 것도 색소 분자가 침전을 형성하여 병 밑에 가라앉기 때문이다.

와인 애호가들이 즐기는 병 숙성 중에 형성되는 관능적인 특성은 병에서 생기는 부케로서, 여러 가지 향이 서로 반응하고 오크 숙성에서 생기는 향까지 더해져서 나오는 다양하고 층층이 숨어 있는 일련의 향을 말한다. 타닌과 다른 성분이 반응을 하면서 와인에 녹아 있는 소량의 산소와 헤드스페이스에 있는 산소를 소비하기 때문에 주병 후 한 달이면 병 내부는 산소가 없는 상태가 된다. 이때가 레드 와인에 있어 산소가 배제된 상태에서 화학반응이 일어나는 첫 단계다. pH가 낮을수록 이런 병 숙성이 늦어지고, 이렇게 늦은 반응이 훨씬 더 복합적인 바람직한 최종산물을 낼 수 있다. 병 숙성은 새로운 차원의 복합성을 더할 수 있다.

셋째는 보관조건이 적합해야 한다. 와인을 오래 보관하려면 낮은 온도(13~18℃)에서 일정하게 온도가 유지되도록 해야 하고, 온도가 낮을수록 숙성이 더디며 궁극적인 복합성은 더 커진다. 반면, 온도가 높으면 숙성이 빨라지고, 아차 하면 전성기를 지나칠 수도 있다. 그리고 온도의 변화가 심하면 와인의 팽창과 수축으로 코르크에 힘을 가해 밀봉력이 약해져서 산소가 병 속으로 유입되어 녹고 와인이 오염될 수도 있다. 또 어두운 곳에서 보관한 와인은 빛이 와인에 있는 단백질과 반응하지 않아서 혼탁을 유발하지 않으며, 광산화반응도 촉매하지 않는다. 숙성이 천천히 진행되고, 진동이 없는 곳에서 와인의 전성기를 오래 유지할 수 있는 것이다.

마지막으로, 가능한 한 큰 병(magnum)에 보관하는 것이 더 높은 복합성과 품질을 얻게 된다. 작은 병에 비해 큰 병에 있는 와인은 어떤 변화에 민감하게 반응하지 않기 때문에 큰 병에서 숙성시키는 것이 훨씬 더 복합성을 얻을 수 있다. 375㎖와 1,500㎖ 병을 비교해 보면, 병목에 있는 공기의 양은 거의 같지만, 와인의 부피는 4배나 차이가 난다. 이것은 작은 병에 있는 와인보다 큰 병에 있는 와인에 산소가 덜 녹아 있다는 의미로서, 큰 병에 넣어서 병 숙성시키는 것이 산소와 관련된 반응이 훨씬 적다는 뜻이다. 대부분 와이너리에서는 레드, 화이트 모두 코르크로 밀봉하기 전에 헤드스페이스에 질소가스를 주입시켜 매그넘과 하프 사이즈 사이의 녹아 있는 산소의 양 차이를 줄이기는 한다. 경매에서 비싸게 팔리는 와인이 대부분 매그넘 사이즈인 것은 바로 이런 점 때문이다. 그러나 매그넘 사이즈보다 더 큰 병은 코르크도 큰 것을 사용하기 때문에 이런 효과는 없다.

최고급 샤토 와인이나 고급 카베르네 소비뇽 와인은 언제 마셔야 되나? 가장 현명한 대답은 상황에 따라 달라진다는 말이다. 품종, 스타일, 빈티지, 어떤 음식과 함께, 마시는 사람의 취향, 즉 타닌의 거친 맛을 좋아하느냐 부드러운 맛을 좋아하느냐 등에 따라 달라진다. 병 숙성의 진가를 알려면 고급 와인으로 동일한 빈티지의 영 와인을 한 케이스나 몇 병을 구입하여 적당한 장소에 두면서 때때로 마셔 봐야 한다. 이때는 향이 발전하는지, 떫은맛이 부드러워지는지, 타임차트를 만들어서 그 인상을 기록해 가야 알 수 있지만, 현실적으로 쉽게 실천할 수 있는 일은 아니다.

와인 보관온도

와인을 보관하는 데도 온도의 영향은 대단하다. 일반적으로 10~15℃가 와인 저장에 적당하다고 하는데, 이 온도는 옛날부터 와인을 일 년 사철 일정한 온도를 유지시킬 수 있는 유럽의 동굴 내 온도다. 여기서는 서서히 숙성이 이루어지면서 와인을 오래 보관할 수 있었던 것이다. 그러나 이론적으로 와인을 가장 오래 보관할 수 있는 온도는 화이트, 레드를 막론하고 4℃라고 할 수 있다. 이때가 물의 밀도가 가장 높기 때문에 차지하는 부피가 가장 적어진다. 모든 식품은 얼지 않을 정도의 낮은 온도에서 가장 오래 간다. 그러나 와인은 이 온도에서는 숙성이 거의 일어나지 않고, 처음의 맛을 그대로 유지한다고 할 수 있다. 이렇게 낮은 온도는 인위적으로 만들어야 하고, 고장이 나면 문제가 커지기 때문에 천연 동굴이 좋다고 하는 것이다. 바다 밑에 가라앉은 배에서 꺼낸 와인이 오랜 시간이 지나도 비싸게 팔리는 이유는 깊은 바다 밑의 온도는 항상 4℃이기 때문이다.

운송 중 와인의 온도변화

한여름 낮 기온이 30℃일 때, 컨테이너 내부의 온도는 60℃까지 올라가는데, 이 온도가 되면 와인은 급격히 팽창하여 코르크와 와인이 맞닿고, 그 이상 되면 코르크와 병 사이를 뚫고 새어 나올 수도 있다. 정상적으로 코르크가 똑바로 들어간 병은 내부 압력만 증가하지만, 그렇지 않은 것은 와인이 밖으로 새어 나온다. 가끔, 캡슐을 벗겨 보면 바깥쪽 코르크가 붉게 물들어 있는 경우는 바로 이런 이유 때문이다. 이 상태가 되었다고 와인의 질이 바로 떨어지지는 않지만, 마실 수 있는 기간이 짧아진다. 즉 전성기를 바로 지나칠 수 있다.

실험에 의하면, 53℃에서의 한 달은 13℃에서 4년만큼의 변화가 일어난다고 한다. 즉 온도가 10℃ 올라가면 2배 혹은 2배 반 정도 반응이 빨라진다는 것을 의미한다. 그래도 오래 둘수록 맛이 좋아지는 고급 와인은 맛의 변화가 적지만, 빨리 소비하는 값싼 와인은 높은 온도에 치명적일 수밖에 없다. 와인의 종류에 따라 그 수명이 긴 것도 있고 짧은 것도 있지만, 급격한 온도변화는 코르크의 밀봉력을 약화시켜 기하급수적으로 수명을 단축시킨다.

와인 전용냉장고, 와인 셀러란?

셀러cellar란 지하실을 뜻하는 말로 와인 저장실을 말한다. 세월이 흐르면서, 이 와인 저장실이란 뜻이 변질되어 와인을 제조하는 와이너리를 뜻하기도 하고, 길거리에 있는 와인 전문점도 이런 용어를 붙여서 '○○ 셀러'라는 말을 즐겨 쓴다. 불어로는 캬브cave, 독일어는 켈러keller,

이탈리아에서는 칸티나(cantina), 스페인 카탈루냐 지방에서는 카바(cavab)라고 한다. 이 중에서 스페인의 카바는 저장실을 말하기도 하지만, 샴페인 방식으로 만든 유명한 스파클링 와인이란 뜻도 된다.

요즈음은 셀러가 반드시 지하실일 필요는 없고, 일정한 온도에서 와인을 저장할 수 있는 시설을 갖춘 곳이면 된다. 어느 곳이든 일정한 온도로 일 년 내내 시원하고 진동이 없어야 하며, 어두운 곳이라야 한다. 온도는 보통 10℃에서 15℃가 이상적이지만, 7℃에서 21℃ 사이면 무난하다. 이 온도에서는 와인이 서서히 숙성되면서 오래갈 수 있다. 당연히, 와인병은 눕혀서 보관하여 와인과 코르크가 접촉하여 코르크가 건조되는 일이 없어야 한다. 이런 곳에서 오래 보관한 고급 와인은 세월이 흐를수록 값이 비싸지는 것이다.

유명한 고급 와인은 빈티지에 따라 세월이 흐르면서 몇 십 배씩 가격 차이가 나기 때문에, 고급 와인을 그 품질이 유지되도록 오래 보관하는 일은 대단히 중요하다. 그래서 요즈음은 현대인의 생활양식에 걸맞은 와인 전용냉장고를 만들어 이것을 와인 셀러라고 한다. 이 냉장고는 다른 냉장고와 달리 진동이 없다는 게 가장 큰 특징이며, 자동으로 습도까지 조절되는 것도 있다.

제13장 오크와 오크통

제13장 오크(Oak)와 오크통(Oak Barrels)

오크통은 2000년 동안 와인의 발효, 저장, 운반에 사용되있으나, 발효는 스테인리스스틸 탱크로 운반은 병으로 대체되고, 소비자도 신선한 와인을 원하기 때문에 수요는 점차 감소되고 있다. 와인 양조에서 가장 중요하고 가장 비용이 많이 드는 것이 오크통 구입과 그 저장관리라고 할 수 있다. 비싼 오크통을 구입하고 여기에 와인을 보관하는 일은 많은 인건비 투입, 공간 소요, 증발로 인한 손실 등으로 추가비용이 상승하여 제조원가 상승요인이 된다. 그러나 고급 와인은 여전히 작은 오크통에서 일정시간 동안 숙성하여 주병을 하고 있다. 참고로, 프랑스 오크통의 가격은 백만 원 가까이 되며, 병당 원가 상승비용은 2,000원 1/3 새것 정도로 계산하고 있다.

오크_Oak

오크(참나무)

오크는 우리의 참나무에 해당되는 것으로 고유명사가 아니고, 참나무속 Quercus 에 딸린 낙엽성의 상수리나무, 갈참나무, 졸참나무, 떡갈나무, 신갈나무, 굴참나무 등과 상록성의 가시나무, 붉가시나무, 종가시나무 등을 모두 일컫는 집합명사. 북반구의 온대에서 열대에 걸쳐 200~ 250종이 자라며, 참나무는 한 속 에 속하는 식물의 총칭으로 사용되지만 때로는 상수리나무를 뜻하기도 한다. 재목은 매우 단단하여 쓰이는 곳이 많으며, 옛날부터 선박이나 술통을 만드는 재료로 유명하였다. 속명의 '퀘르쿠스'란 켈트어로 '좋은 목재'라는 뜻이며, 우리말의 참나무 역시 '진짜 나무'라는 뜻이다. 프랑스는 수출

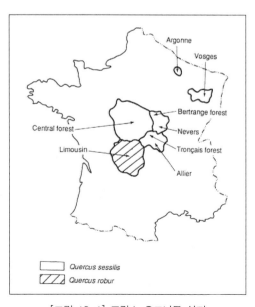

[그림 13-1] 프랑스 오크나무 산지

원목과 제재목의 약 45%를 참나무가 차지하고 있으며, 각국의 유명한 와인은 프랑스산 오크통에서 숙성되고 있다.

오크의 종류 및 특성

참나무속(Quercus)에는 레드와 화이트 두 가지가 있는데, 주로 화이트 오크가 와인 저장에 사용된다. 프랑스에는 퀘르쿠스 로부르(Quercus robur), 퀘르쿠스 세실리스(Quercus sessilis)의 두 종이 있지만, 지리적으로 구분이 어렵고 같은 숲에 두 종류가 자라기도 한다. 프랑스 오크 산지는 리무쟁(Limousin), 트롱세(Tronçais), 알리에(Allier), 느베르(Nevers), 보주(Vosges) 등이 유명하다. 그 밖에도 유럽 전역에 여러 종류가 있으며, 미국산 참나무도 와인 양조에 많이 사용되고 있다.

전문가에 의하면, 와인 제조자가 포도를 선택하는 것이 중요한 만큼, 오크통 제조업자(cooper)의 나무선택 또한 매우 중요하다고 한다. 그리고 사람 손이 여러 번 가므로 나무의 원산지나 품질을 명확하게 구분하기 힘들어, 나뭇결의 간격에 따라 리무쟁은 거칠고, 느베르는 중간, 트롱세, 알리에, 보주 것은 고운 것으로 구분된다. 이렇게 오크통은 나무의 종류, 생산지, 수령, 태우는 정도에 따라 성분이 다르기 때문에, 사전에 실험을 하여 선택하는 것이 좋다.

- 퀘르쿠스 알바(Quercus alba) : 미국의 화이트 오크로 여러 가지 종이 있으며, 잡종도 많다. 비교적 빨리 자라 나이테 간격이 넓으므로 향도 빨리 추출된다. 미국 동부지방에 널리 퍼져 있으며, 미네소타, 위스콘신 것을 최고로 치며, 그 밖에 펜실베이니아, 오하이오, 켄터키, 미시시피, 미주리의 것도 유명하다. 유럽 오크보다 타닌이 적지만, 달콤한 코코넛 향을 낸다. 스페인의 리오하, 오스트레일리아의 쉬라즈, 캘리포니아 진펀델에 적용한다.

- 퀘르쿠스 로부르(Quercus robur/Quercus pedunculata) : 나뭇결 간격이 넓고 타닌이 많고 아로마가 약한 것으로 리무쟁(Limousin)의 것이 유명하며, 기름지고 습한 토양에서 잘 자란다. 샤르도네에 적합하며, 브랜디 제조에 널리 쓰인다. 발칸 지방의 것은 슬로베니아 혹은 유고슬라브라고도 하는데, 나뭇결 간격이 치밀하고 타닌은 중간 정도, 아로마가 적다. 발칸 오크는 대규모 오크통 제조 특히, 이탈리아에서 많이 사용한다.

- 퀘르쿠스 세실리스(Quercus sessilis/Quercus sessiliflora/Quercus petraea) : 알리에(Allier)의 것은 치밀하면서 타닌과 아로마가 중간 정도이며, 아르곤(Argonne)의 것은 치밀하고 타닌과 아로마가 적으며 스테인리스스틸 탱크가 나오기 전에 삼페인에서 많이 이용했다. 부르고뉴의 것은 치밀하고 타닌이 많으며 아로마는 적다. 느베르(Nevers)의 것은 치밀하고 타닌과 아로마가 중간 정도이다. 트롱세(Tronçais)의 것은 결이 치밀하고 타닌 함량이 가장 많으므로 장기간 숙성에 좋은 오크이다. 보주(Vosges)의 것은 결이 치밀하고 타닌이 많으며 스파이시하다. 러시아

의 것은 결이 치밀하고 아로마가 적기 때문에 프랑스 것과 혼동할 수 있는데, 19세기에서 1930년 대까지 보르도에서 사용하였다. 요즈음 다시 프랑스에서 사용하기 시작하는데 프랑스의 1/10 가격 수준이다.

- 퀘르쿠스 가리아나(*Quercus gariana*) : 미국 오리건주와 포르투갈 오크로 결은 중간 정도이며 아로마가 좋고, 값이 싸다.

오크의 성분

- 셀룰로오스(Cellulose) : 건조된 나무 무게의 40~45%를 차지하며, 나무의 구조와 강도를 형성하지만, 향미에 영향력은 없다.
- 헤미셀룰로오스(Hemicellulose) : 건조된 나무 무게의 25~35%를 차지하며, 펙틴과 함께 부착력을 형성하여 셀룰로오스, 리그닌 등과 결합하며, 미량의 산, 당, 아세틸 물질이 나온다.
- 리그닌(Lignin) : 건조된 나무 무게의 20~25%를 차지하며, 페놀의 폴리머로서 향미 생성에 기여한다.
- 타닌(Tannin) : 건조된 나무 무게의 5~10%를 차지하며, 대부분 가수분해형 타닌으로 갈리타닌(galli-tannin)과 엘라기타닌(ellagi-tannin)으로 구성되어 있어서 포도의 것과 다르다.
- 신남산(Cinnamic acid) : 스파이시한 향이 된다.

그 외 200개 이상의 휘발성 성분이 있으며, 알코올, 산소 등과 반응하여 방향성분이 된다.

오크통

오크통의 사용

오크통은 로마시대부터 사용되었는데, 당시로서는 와인의 저장, 운반에 가장 적합한 용기였다. 돌이나 흙으로 만든 용기는 무겁고 깨지기 쉬웠고, 금속용기는 값이 비싸고, 와인이 금방 변질되므로 사용할 수 없었다. 그로부터 수천 년 동안 나무로 만든 통에서 와인을 발효, 저장, 운반하였기 때문에 서양 사람에게 와인의 맛은, 오크통의 냄새를 빼버리면 와인으로서 인정받기 힘들 정도가 되었다. 동양 사람들이 레드 와인을 처음 마셨을 때, 낯선 느낌을 받는 것도 바로 오크통에서 우러나오는 향기 때문이다.

이 나무통은 여러 가지 재질을 사용할 수 있으나, 세계적으로 가장 많이 사용되는 것이 화이트 오크나무(*Quercus robur* 혹은 *sessilis*)다. 밤나무나 물푸레나무는 너무 통기성이 좋고, 소나무나 전나무는 송진 냄새가 나고, 아카시아는 노란 색소가 추출될 수 있다. 화이트 오크는 나뭇결이 치밀하고 적당한 타닌을 함유하고 있으며, 냄새가 좋아서 고급 와인용으로 많이 쓰인다. 오크통의 제작은 전부 손으로 해야 한다. 배부른 오크통을 만들려면 우선 정교하게 자르고 가다듬어, 불을 이용하여 구부린다.

오크통은 재질의 특성 때문에 스테인리스스틸 탱크와는 달리 미생물의 침투가 용이하므로, 사용에 상당한 주의를 요한다. 사용 전에 깨끗이 씻고 멸균을 하고, 빈 통으로 보관하지 말고 항상 물을 채워서 건조를 방지해야 한다. 요즈음은 편의상 큰 탱크에 와인을 넣고, 오크나무의 작은 조각(oak chips)들을 넣어서 숙성시키기도 한다.

오크통 크기

- 바리크(Barrique) : 보르도의 전통적인 오크통. 용량 225ℓ. 길이 91㎝, 작은 둘레 1.90m, 큰 둘레 2.18m, 두께 12~14㎜

- 피에스(Pièce) : 부르고뉴 코트 도오르의 전통적인 오크통. 용량 228ℓ, 길이 87.5㎝, 작은 둘레 1.80~1.90m, 큰 둘레 2.28m, 두께 27㎜(가운데는 22~25㎜)

- 파이프(Pipe) : 522.5ℓ(포르투갈), 마데이라 파이프는 418ℓ

- 버트(Butt) : 500ℓ. 전통적으로 셰리에 사용

- 톤(Tonne/Tun) : 대용량 오크통. 가장 유명한 것이 18세기 중반에 만든 하이델베르크에 있는 220,000ℓ

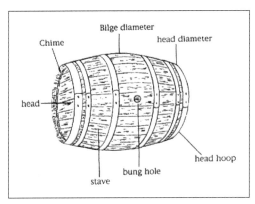

[그림 13-2] 오크통 각 부분의 명칭

오크통 제작

오크통 제작기술은 나무판으로 선박 제조기술을 터득한 다음에 나온 것으로, 일정한 크기의 나무판에 불을 이용하여 구부리고, 접착제를 사용하지 않고 조여서 밀착시키는 기술을 바탕으로 한 것이다.

수령 100~200년 된 오크나무를 1m 길이로 잘라서 4등분하여 18개월 동안 옥외에서 건조시키면서 6개월에 한번씩 뒤집어 준다. 완전히 건조된 나무를 통의 크기에 맞게 양쪽은 좁게 가운데는 넓게 다듬어, 철제로 된 링(hoop)에 끼워서 세운다. 그러면 윗부분은 좁고, 아랫부분은 넓게 퍼지게 되는데, 이 상태로 불 위에 놓고 아랫부분을 조이면서 통을 완성시킨다.

그리고 와인용은 가볍게 그을리고 위스키나 럼 등 증류주용은 강하게 그을린다. 이렇게 태우는 작업을 토스팅(toasting)이라고 하며, 가볍게 태우는 것(light toasting)은 5분 이내로 내부까지 태우지 않고, 천연 오크 향을 우려내고 싶을 때는 스팀으로 구부린다. 중간 정도 태울 경우(medium toasting)는 10~15분 정도로 내부 2㎜ 정도까지 태우는데, 이때 바닐라, 토스트 향이 나온다. 10분 이내로 태우는 것은 대부분의 레드 와인에 적합하고, 15분 이내는 화이트 와인이나 피노 누아에 적합하다. 많이 태우는 것(heavy toasting)은 내부 3~4㎜ 정도까지 태우는데, 화이트 와인이나 증류주용으로 쓰인다.

| 절단 | 조립 | 토스팅 | 후프 조립 |

[그림 13-3] 오크통 제작

오크통 관리

• **새 오크통 관리** : 새 통에는 물을 80~120ℓ 정도 채워서 내부 전체를 물로 부풀린다. 빈 채로 오래 둔 통은 판이나 헤드 쪽이 느슨해져서 물이 샐 수 있는데, 이때는 물을 가득 채우고, 하루가 지난 다음에도 물이 새면 계속 물을 보충하여 새지 않을 때까지 며칠을 둔다. 새는 부분에 참나무

조각을 망치로 집어넣으면 새는 것을 방지할 수 있다. 새는 것이 멈추지 않으면 통을 비우고 다시 물을 넣어 며칠 더 둔다. 이때 더운물을 사용하면 안쪽이 바깥쪽보다 더 빨리 팽창하므로 나무가 갈라지는 수가 있다. 그래도 샐 경우는 메이커나 전문가에게 의뢰할 수밖에 없다. 새 통에 화학약품을 사용하면 향의 변질을 초래할 우려가 있으므로 주의해야 한다. 나무가 완전히 팽창하면 약간 더운물(40 °C)을 사용해도 된다. 완전히 방수가 되는 통에 와인을 채울 때는 몇 시간 전에 통을 비워 둬야 한다.

- **사용한 빈 통의 보관** : 항상 와인을 채워 두는 것이 좋지만, 그렇지 못할 경우는 와인을 비우고 물로 깨끗이 씻는다. 빈 통에 물을 1ℓ 정도 넣고 아황산가스를 3~4초 동안 분무한 후 실리콘 마개로 닫는다. 유황 종이를 통 내부에서 태우는 것도 좋은 방법이다. 이렇게 통을 비우고, 씻고 아황산가스를 투입하는 일은 2~3개월마다 한번씩 한다. 이렇게 하면 헌 오크통도 새 통과 같이 팽창된 상태를 유지할 수 있다. 장기간 빈 통으로 두면 후프가 느슨해지는데, 이때 후프의 원위치로 강제 이동시키면 통이 팽창하면서 갈라질 수 있으므로 자주 물을 채워서 팽창시키는 방법이 가장 좋다.

- **화학약품의 사용** : 화학약품을 사용하면 통의 향을 손상시키고 나무의 구조를 변경시키기 때문에 바람직한 방법은 아니지만, 미생물 오염으로 안 좋은 냄새가 날 경우에만 사용한다. 가장 좋은 것은 수산화나트륨(NaOH)이나 탄산나트륨(Na₂CO₃)이다. 사용 농도는 통 하나에 100~400g 정도로서 0.5~2.0g/ℓ가 된다. 너무 높은 농도로 사용하지 않도록 한다. 먼저 약제를 물에 녹이고, 빈 오크통에 물을 반쯤 채운 다음에, 물에 녹인 약제를 투입하고 물로 가득 채운다. 몇 시간 후 통을 비우고 물로 씻는다. 남아 있는 수산화나트륨은 구연산이나 주석산(100g/통)으로 중화시킨다. 수산화나트륨은 강알칼리성(pH 13 이상)이므로 눈이나 피부에 닿지 않도록 사용시 주의해야 한다.

  염소나 아이오딘 제제도 미생물 오염에 효과적이다. 유효 염소로 200mg/ℓ, 아이오딘은 15~25mg/ℓ 정도 사용하되, 메이커의 사용지침을 따르는 것이 좋다. 이 약제 역시 미리 물에 녹여서 사용하는 것을 원칙으로 하며, 통에서 하루 혹은 이틀 두어야 약효를 발휘한다. 그런 다음에 통을 비우고 물로 세척하고 구연산이나 주석산으로 중화시킨다. 염소 제제는 오크통의 폴리페놀과 반응하여 좋지 않은 향미를 낼 수 있으므로 잘 사용하지 않는다. 중화용 주석산이나 구연산 등도 미리 녹여서 0.5g/ℓ 농도로 사용하고 몇 시간 두는 것이 좋다. 그 다음에 통을 물로 씻고 와인이나 아황산 멸균을 한다.

- **주석 제거** : 더운물(40 °C)을 채워서 녹여내는 것이 좋은데, 모두 녹이려면 몇 번 반복해야 한다. 단단한 것은 고압세척기로 내부를 닦아내는 것도 효과적이다. 통 내부에 두텁게 낀 주석은 수산화나트륨 용액으로 녹여서 제거한 다음에 산으로 중화시킨다.

- **숙성 중인 오크통 관리** : 증발되는 와인 때문에 토핑을 해야 하는데, 초기에 새 오크통은 일주일에 두 번, 그 다음부터는 점차적으로 그 간격을 늦추어 진행한다. 액이 약간 새면 보통은 저절로 멈추지만 곰팡이가 끼지 않도록 외부를 잘 닦아 주고, 계속 새면 새는 부분을 나뭇조각을 망치로 밀어 넣어 밀봉시킨다. 그러나 많은 양이 지속적으로 샐 경우는 통을 교환해야 한다.

  새 통에서 숙성 중인 와인은 오크 향미를 금방 추출하므로 맛과 향을 자주 검사하여, 너무 많은 오크 냄새가 나지 않도록 특히, 화이트 와인 주의한다. 숙성기간은 와인의 품질, 오크통의 나이, 저장조건 등에 따라 다르지만, 보통 레드 와인은 6개월에서 2년, 화이트 와인은 몇 주에서 몇 달 두는데, 주변 온도가 높을수록 추출이 빨라진다.

- **오크통의 수명** : 오크통에서 향미가 나올 수 있는 기간은 4~6년 정도이며, 오래된 통일수록 향미 추출이 오래 걸린다. 프랑스 고급 샤토에서는 새 통에 와인을 18~24개월간 숙성시킨 후에는 이 통을 팔아 버린다.

프랑스 오크와 미국 오크

두 오크의 차이점은 다음과 같다. 첫째는 오크나무의 종이 다르다. 프랑스 것은 퀘르쿠스 로부르(Q. robur), 퀘르쿠스 세실리스(Q. sessillis) 등이며, 미국 것은 퀘르쿠스 알바(Q. alba)가 약 50%를 차지하며, 그 외 비콜로르(Q. bicolor), 마크로카르파(Q. macrocarpa), 프리누스(Q. prinus), 스텔라타(Q. stellata), 리라타(Q. lyrata) 등도 사용된다. 그리고 나무가 자라는 토양과 기후의 차이, 성장률, 목재의 가공장소, 오크통 제작방법 나무의 건조, 자르는 방법, 굽부릴 때 사용하는 참나무 스텝, 태우는 방법과 정도이 다르다.

오크 추출물 중에서 총 고형물 양이나 총 페놀 함량도 큰 차이를 보인다. 프랑스 오크 유럽 오크 는 고형물과 페놀 함량이 미국 것보다 거의 두 배 정도 더 많다. 그러니까 동일한 양의 향미를 내기 위해 프랑스 오크는 미국 오크의 1/2 수준이면 된다. 그러나 이 결과는 특정 성분으로 분석하면 다르게 나온다. 프랑스 오크 Q. robur는 갈산 gallic acid 을 비롯한 총 페놀 함량이 높지만, 미국 오크 Q. alba에는 바닐린이 더 많이 들어 있다. 바닐린은 다른 성분에 비해 오크 향에 미치는 영향이 크기 때문에 미국 오크가 와인의 오크 향에 미치는 영향력이 더 크다고 할 수 있다. 반면, 타닌을 포함한 총 페놀은 프랑스 것이 높기 때문에 와인의 떫은맛에는 프랑스 오크의 영향이 더 크다고 할 수 있지만, 추출되는 양이 최소감응농도 이하이기 때문에 간접적인 영향력이라고 할 수 있다.

동일한 조건으로 만든 프랑스와 미국 오크통에서 카베르네 소비뇽을 숙성시켜 비교한 것을 보면, 두 오크통 숙성의 관능적인 차이는 심하지 않다. 이는 원래 와인에 있는 페놀 화합물 양의 영

향이 오크의 것보다 더 크기 때문이다. 참고로, 와인을 오크통에 1년 6개월씩 두면서, 두 번
사용할 경우, 프랑스 오크통을 사용하면 미국 것을 사용하는 것보다 병당 $0.7이 더 비싸진다.

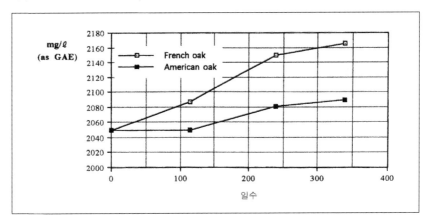

[그림 13-4] 프랑스와 미국 오크통에서 숙성시킨 와인의 총 페놀 함량 비교

오크의 대안

시간과 경비 절감을 위해 오크 칩(oak chip)을 사용하는 방법이 연구 중에 있다. 이 속성방법은
아직까지 나라에 따라서는 불법인 경우도 있지만 결과가 좋다면 사용하지 못할 것도 없다. 오크
향을 제대로 내려면, 레드 와인 1ℓ에 오크 칩이 15g 정도 들어간다. 추출은 대단히 빨라서 몇 시
간 후 평형을 이룬다. 와인 숙성을 새 오크통, 헌 오크통에 오크 칩을 넣은 것, 스테인리스스틸
탱크에 오크 칩을 넣은 것의 세 가지 경우로 비교하였으나, 맛이나 향의 차이가 나지 않은 것으
로 밝혀졌다. 참고로, 2006년 10월부터 EU 구역 내 와인생산에 오크 칩의 사용이 인정되었지만,
같은 해 11월 10일 프랑스 INAO에서 AOC 와인에는 오크 칩을 사용하지 못하는 법안을 가결시
켰기 때문에, 오크 칩의 사용에 대해서는 논란이 많은 편이다.

또 다른 방법으로 225ℓ 스테인리스스틸 탱크 내부에 오크 판을 장착할 수 있게 해서 갈아 끼
울 수 있게 만든 것도 있는데, 이렇게 하면 추출이 느리게 진행된다. 또 다른 방법은 드럼의 헤드
부분을 오크로 바꾸거나, 5년 정도 사용한 오크통 내부를 대패질하는 방법 등 여러 가지가 나오
고 있어서, 앞으로 전망을 지켜봐야 한다.

제14장 와인의 정제와 안정화

제14장 와인의 정제와 안정화

소비자는 아름다운 색깔에 맑고 빛나는 와인을 좋아한다. 이들은 와인이 혼탁하거나 침전이 있으면 아무리 맛이 좋아도 일단 병이 들었다고 판단한다. 그러므로 와인은 항상 맑고 깨끗해야 상업적으로 가치가 있다. 특히 투명한 병에 있는 화이트 와인은 병을 거꾸로 들었을 때 약간의 입자라도 떠돌아다녀서는 안 되는 것으로 인식이 되어 있다. 사실, 완성된 와인에서 주석과 같은 침전물은 맛에 영향을 주지 않지만, 상업적인 거래에서 소비자의 요구를 만족시킬 수 없다. 아무래도 혼탁한 와인은 무언가 약점이 있다. 와인에 떠돌아다니는 입자는 맛과 향에 나쁜 영향을 주고, 이런 것은 저장에 문제가 있었거나, 화학적, 미생물학적 문제가 있다고 할 수 있다. 그러므로 와인은 병에 넣기 전에 깨끗하고 맑게 만들어야 하고, 소비될 때까지 그 상태를 유지해야 한다.

와인의 정제

정제의 안정화 효과

올바른 정제는 액을 맑게 할 뿐 아니라 안정화도 시킨다. 정제는 와인에 떠 있는 입자를 제거하면서 혼탁을 일으키는 콜로이드 물질을 제거하는 것으로, 눈에 보이는 혼탁과 눈에 보이지 않는 혼탁 가능성을 제거하기 때문이다. 영 레드 와인의 경우는 정제를 하지 않아도 아주 맑게 될 수 있지만, 여기에는 항상 콜로이드(colloid) 형태의 색소물질의 일부가 존재한다. 이것을 주병하기 전에 제거하지 않으면 겨울에 혼탁이 형성되며, 상당량이 침전으로 가라앉고 병 옆면에 점착성 있는 찌꺼기가 달라붙게 된다. 그러므로 충분한 양의 알부민이나 젤라틴을 사용하여 정제시켜 콜로이드 상태의 색소물질을 제거하면, 오래되어도 침전이 형성되지 않고 겨울에도 변화가 일어나지 않는다. 정제는 레드 와인 주병 전에 필수적인 사항이다.

와인의 청징

정제(clarifying)란 와인을 혼탁하게 만드는 성분을 제거하여, 물리, 화학적으로 맑은 상태가 유지되도록 만드는 것이고, '청징(fining, collage)'이란 와인에 흡착력이 있는 물질을 첨가하여 혼탁을 일으키는 용해성 물질을 이와 결합시켜 제거하는 정제과정 중 하나의 방법을 말하며, 이런 목적으로 사용하는 물질을 '청징제(fining agent)'라고 한다. 그리고 청징은 지속적인 품질이라야 한다. 임시조치로 어느 순간만 청징이 되어서는 안 된다. 즉 온도변화가 심하더라도, 공기나 빛 등 모든 조건이 심하더라도 청징상태는 유지되어야 한다. 간단히 말해서 청징은 반드시 이루어지고 또 그것이 유지되어야 한다.

비교적 병에서 오래된 레드 와인은 상황이 좀 다르다. 왜냐하면 오랜 기간 동안 색소가 침전되는 것이 정상이고, 이 현상은 피할 수 없기 때문이다. 그러나 이런 침전이 너무 많아도 안 되며, 주병 후 4~5년까지는 나타나서도 안 된다. 그리고 이 침전은 병을 똑바로 세울 때 빨리 가라앉아야 한다. 그래야 디캔터를 사용하여 맑게 할 수 있다. 이런 침전물에는 색소를 비롯하여 효모, 박테리아, 주석 및 기타 여러 가지가 섞여 있다. 누구나 청징과 혼탁을 구분할 수 있다. 그리고 혼탁이란 부유물질이 있다고 생각하면 된다. 불빛으로 보면 빛과 입자가 만나서 빛의 강도를 감소시키고 혼란을 일으켜 흐리게 보인다.

청징도 검사

청징도 검사 등을 비롯하여 시료를 채취할 때는 오크통이든 탱크든 와인을 오염시키지 않고 시료를 채취해야 하므로 상당한 주의가 필요하다. 오크통에 있는 것은 피펫을 위에 뚫린 구멍으로 깊숙이 집어넣으면 시료가 오염될 수 있으므로 플라스틱 사이펀을 사용하는 것이 좋고, 큰 탱크의 시료 채취는 밸브를 열어서 와인을 약간 내보낸 후에 받는 것이 좋다.

청징도 검사에는 직접조명과 간접조명의 두 가지 방법이 있다. 직접조명은 잔이나 병을 광원에 직접 대고 와인을 보는 방법으로 거친 입자, 침전물이 관찰되며, 간혹 혼탁 원인물질도 관찰될 수 있으며, 밝은 점으로 서로 떨어져 있는 작은 입자들도 관찰되지만, 아주 가는 입자에 의한 흐림현상(light haze)은 보이지 않는다. 좀 더 면밀한 관찰은 간접조명으로 광원이 직접 눈으로 오지 않게 하여 사각조명으로 하면 검사의 예민도를 높일 수 있다.

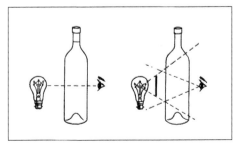

[그림 14-1] 직접조명과 간접조명의 비교

셀러에서는 촛불을 이용하여 어두운 면을 배경으로 잔을 살피거나 전구를 사용하는데, 화이트 와인은 15W, 레드 와인은 25W 정도의 약한 것을 사용한다. 광원이 눈을 어지럽히거나 피곤하게 해서는 안 된다. 요즈음은 비탁계(Nephelometer)라는 기구를 사용하면 정밀하게 검사할 수 있다. 일반적으로 와인의 청징도를 실리카 현탁액의 탁도를 기준으로 표현하여 'x ㎎/ℓ 실리카'라고 한다. 3㎎ 이하의 화이트 와인은 맑다고 표현할 수 있으며, 5~15㎎이면 청징이 부족하다고 할 수 있고, 그 이상이면 혼탁(cloudy)이라고 할 수 있다. 전자 카운터를 이용하면 현탁액의 미립자 수를 셀 수도 있다.

와인의 혼탁입자

와인은 아무리 맑다 하더라도 혼합물로 된 액체로서 수많은 입자를 지니고 있다고 봐야 하며, 이들 입자는 그 크기나 성질이 아주 다양하다. 떠도는 입자의 수가 많고 클 때 와인이 혼탁하게 보이므로 청징상태가 아무리 좋더라도 상당수의 입자가 남아 있다. 그러므로 와인에 있어서 절대적인 청징이란 있을 수 없다. 최대한 입자를 제거하더라도 콜로이드상 물질이 남아 있어서 틴들(Tyndall)현상을 나타낸다. 즉 투명한 유리용기에 와인을 넣고 강한 불빛을 비추면 빛이 지나가는 자국이 콜로이드 입자에 의해서 우윳빛을 나타낸다. 즉 먼지 있는 어두운 방에 햇빛 줄기가 드러나는 것같이 불빛이 와인에 있는 콜로이드를 보이게 만든다.

와인의 혼탁과 관련 있는 입자는 현탁 물질이든 콜로이드 상태든 상관없이 전기적으로 활성을 띠고 있다. 와인의 청징과 혼탁, 그리고 그 작업에 관련 있는 반응은 입자들의 하전된 상태를 근간으로 한 것이다. 부유물질과 용기 벽에 붙어 있는 대부분의 입자는 음– 전하를 띠고 있다. 이들은 축합형 타닌, 색소, 효모, 박테리아, 벤토나이트, 규조토, 탄소 등이다. 그리고 여과에 사용하는 섬유질이나 단백질 등 질소질 물질은 양+ 전하를 띤다. 그러므로 현탁액이나 콜로이드 용액의 안정성은 전기적 성질에 의한 반발력에 달려 있다. 즉 같은 전하를 띠고 있으면 반발하여 이들은 서로 엉기지 못하고 떨어져 있다. 그러나 반대되는 전하를 띤 물질을 첨가하거나, 어떤 이유로든 전기적 성질이 약해지거나 없어지면 엉겨 붙기 시작하면서 액의 내부순환으로 입자끼리 접촉하면서 중력에 의해 가라앉게 된다.

또 하나, 청징반응을 조절하는 중요한 요인은 '보호 콜로이드(protective colloids)'라는 것이다. 이것은 안정된 형태로 다른 콜로이드를 둘러싸서 응집되는 것을 방해한다. 이들 입자가 아주 작을 때는 청징을 유지시키기도 하고, 입자가 클 때는 혼탁을 형성하면서 안정되어 청징을 어렵게 만든다. 보호 콜로이드는 와인에 원래 존재하는데, 이들은 다당류, 검, 글루칸(glucan) 등이다. 입자가 아주 작다면 아라비아 검을 첨가하여 보호 콜로이드를 증가시키는 것도 좋다.

[표 14-1] 혼탁입자의 종류와 성질

입자의 크기(㎛)	종　류	성　질
5~10	효모, 각종 조직의 파편, 미생물 집합체, 주석 결정 등	보통 현미경으로 관찰되는 혼탁입자로서 필터를 사용하여 제거할 수 있음
0.5~1.5	초산박테리아, 젖산박테리아, 무정형 입자, 각종 침전물 등	
0.2~0.5	무정형 입자(현미경 관찰 한계)	
0.01 이하	검류, 점성물질, 다당류, 단백질, 색소, 타닌 등	콜로이드 물질로서 현미경으로 관찰이 불가능한 입자로 육안으로는 맑게 보이며, 각종 필터를 통과함

자동 청징

　발효가 끝난 와인은 효모, 박테리아, 포도 파편, 무결정형 입자, 콜로이드, 미세한 결정 등 현탁액으로 되어 있다. 그러므로 영 와인은 항상 혼탁상태가 된다. 이 와인을 가만히 두면 맑아지는데, 중력의 작용으로 부유물질이 점차적으로 가라앉는 것을 '자동 청징'이라고 말한다. 이렇게 조금씩 무거운 입자부터 가라앉기 시작하면 따라내기로 제거할 수 있다.

　가라앉는 속도는 보호 콜로이드 양에 따라 다른데, 특히, 곰팡이 낀 포도에서 나오는 덱스트란은 와인의 청징을 지연시킨다. 일반적으로 자동 청징은 용기가 작을수록, 탱크가 얕을수록 쉽게 된다. 큰 탱크는 대류작용으로 입자가 가라앉는 것을 방해한다. 그러나 자동 청징으로 맑아진 와인은 완전히 맑다고 할 수 없으므로 병에 넣기 전에 정제나 여과 등을 거쳐 청징을 해야 한다.

　자동 청징의 원리는 다음과 같다. 혼탁입자가 있는 액체 속에서 아주 작은 공이 낙하한다고 가정해 볼 때, 이 공은 액체의 밀도와 저항력에 의해서 속도가 달라질 것이다. 저항력은 해당 부피에 대한 표면의 마찰에 따라 달라진다. 그러므로 입자가 작을수록 천천히 가라앉는데, 이것은 해당 부피에 대해서 표면적이 커지면서 액체와 표면 마찰이 커지기 때문이다. 그러므로 입자가 클수록 낙하속도가 빠르고, 작을수록 느리게 된다. 입자는 스스로 크기대로 분류되는데, 이는 차례대로 침전층을 형성하여 표면에 가까울수록 맑아지기 때문에 각 층에는 비슷한 크기의 입자가 모이게 된다. 실제로 셀러에서는 연속적으로 가라앉히는 방법으로 영 와인의 떠다니는 이물질을 제거한다. 이 침전물을 계속 형성시켜 가라앉힌 다음에 따라내기로 제거한다.

　입자의 크기가 1：10이라면 낙하속도는 1：100으로 계산할 수 있다. 그러므로 부피가 큰 효모 세포는 박테리아 세포보다 낙하속도가 25배나 더 빠르다. 입자의 크기가 0.1㎛ 이하라면 가라앉지 않는다고 보면 된다. 이 계산으로 보면, 박테리아의 낙하속도는 매우 느리고 일반적으로 보호 콜로이드가 없는 상태에서 아주 작은 입자 역시 늦게 가라앉는다는 점을 알아야 한다. 그러므로 어떤 와인은 수개월 동안 혼탁상태로 있을 수 있다. 대용량 탱크를 사용할 경우는 입자가 확산되므로 더욱더 효율적인 청징방법을 사용해야 한다.

청 징

청징의 원리

청징이란 와인에 응집력이 있는 첨가제(청징제)를 투입하여 혼탁입자를 결합시켜 부피를 크게 만들어 가라앉혀 와인을 맑게 만드는 과정을 말한다. 이때 사용되는 첨가제는 대부분 단백질로서 이들은 타닌과 작용하여 응집되거나 와인의 산 때문에 스스로 응집되기도 한다. 이런 방법은 옛날부터 경험적으로 사용되었는데, 대개는 자연산물인 우유, 계란 흰자, 소의 피 등을 사용하였다. 요즈음 많이 사용하는 청징제는 젤라틴, 알부민, 카세인, 진흙, 벤토나이트 등이다.

청징의 원리는 두 개의 반대되는 전하를 띤 입자로 설명될 수 있다. 청징제로 사용되는 단백질은 (+)전하를 띠는 콜로이드 입자이며, 콜로이드 상태의 타닌은 (-)전하를 띠고 있다. 두 입자가 가까이 있으면 서로 끌어당겨 응집이 시작된다. 혼탁입자는 정제과정에서 활성상태로 있기 때문에 다른 물질과 반응하여 응집되면서 가라앉는다. 이러한 상호반응은 다공질의 규조토나 여러 가지 흙과 같은 비활성 물질을 첨가함으로써 더 활발해진다.

청징제(젤라틴 등)를 용액으로 만들어 화이트 와인에 첨가하면 몇 분 후 혼탁상태가 되면서 점점 진해진다. 이 혼탁상태에서 혼탁물질이 엉겨서 입자로 변하여 천천히 가라앉으면서 와인이 훨씬 맑아진다. 레드 와인에서는 혼탁이 즉시 나타나며, 몇 분 내에 응집상태가 된다. 그리고 점점 응집입자의 부피가 커지면서 색깔이 진해지고 용기 바닥에 고이게 된다. 응집 초기에는 여전히 혼탁하지만, 시간이 지남에 따라 천천히 응집이 이루어져 전체적으로 맑아지는 데 불과 며칠이면 된다. 그러므로 청징이란 시간이 많이 걸리거나 자연적으로 침전이 형성되지 않는 물질을 빨리 가라앉히는 조작이라고 할 수 있다. 이 과정에서 콜로이드성 색소가 고정되고, 타닌의 중합체 형성에 변화를 주어 떫은맛도 변한다. 청징은 두 단계로 나눌 수 있는데, 청징제와 타닌이 반응하여 응집되어 불용성 물질을 형성하는 과정과 침전이 형성되면서 다른 불순물을 안고 떨어지는 과정이다.

염의 작용

청징의 대표적인 과정은 타닌이 단백질을 변성시켜 친수성 콜로이드 상태를 소수성 콜로이드 상태로 변형시켜 와인의 염에 의해서 응집되는 현상으로 설명할 수 있다. 그러므로 와인에 칼슘, 마그네슘, 칼륨염이나 철염이 있으면 더 효과적이다. 이러한 염의 작용이 알려진 것은 오래전의 일이다. 옛날부터 소금이나 일반 염을 사용했지만, 이것을 와인에 직접 첨가하는 것은 금지되어 있다.

철염은 다른 염에 비해 와인의 청징에 매우 중요하다. 철 이온이 없는 화이트 와인(장기간 공기 접촉 없는)에 젤라틴을 첨가하면 응집과 청징작용이 상당히 늦어지거나 방해를 받는다. 철염이 형성되는 데는 공기가 필요하며 그래야 청징이 좋아진다. 그러므로 청징은 따라내기로 공기를 접촉한 후에 하면 더 효과적이다.

온도의 영향

온도가 높으면 단백질을 이용한 정제가 잘 되지 않는다(벤토나이트는 예외). 겨울에 10℃에서 하는 것과 여름에 25℃에서 정제하는 것이 상당히 다른 결과가 나온다. 온도가 낮아야 응집된 물질이 떨어지는 속도와 맑아지는 상태가 좋아지므로 청징은 겨울에 하는 것이 좋다. 오크통에서 오래 숙성시킬 고급 와인이 아니라면, 청징은 1차 따라내기를 한 다음에 하는 것이 적절한 공기 접촉을 할 수 있고, 겨울철로서 온도가 낮아서 효과적이다.

과잉 청징(Overfining)

청징을 위해 첨가한 단백질은 전부 응집되고, 와인에 남아 있지 않아야 한다. 과잉으로 투입된 청징제는 다시 와인을 불안정상태로 만들어, 온도가 내려가거나 올라가면 다시 혼탁상태가 될 수 있다. 또 다른 와인을 섞거나 시간이 지나거나, 나무의 타닌과 접촉하거나 심지어는 코르크와 접촉해도 혼탁이 일어날 수 있다.

와인에 타닌이 많을 경우 즉, 레드 와인에서는 청징제가 전부 응집되지만, 화이트 와인에 젤라틴을 사용할 경우 과잉 청징현상이 잘 일어난다. 이렇게 된 화이트 와인에는 타닌과 젤라틴이 공존하고 있다. 과잉 청징현상은 와인 시료에 0.5g/ℓ의 타닌을 첨가하여 24시간 후에 과잉된 만큼 혼탁의 강도가 나타나는 것으로 알 수 있다.

청징 테스트

청징제의 일종인 젤라틴은 타닌과 정량적으로 결합하지는 않는다. 시약과 같이 일정하게 반응하지 않고, 콜로이드 반응으로 엉겨 붙어 떨어지며, 그 침전물의 구성도 일정하지 않다. 예를 들면 타닌 함량이 낮은 와인에서 고정되는 양은 청징제 무게의 1/5이 되고, 타닌 힘량이 많은 와인에서는 그 무게의 두 배가 될 수 있다. 산도가 높고 pH가 낮은 와인의 폴리페놀은 쉽게 가라앉지 않는다.

그러므로 와인에 청징제를 첨가하기 전에 많은 시행착오를 겪어 봐야 한다. 청징제는 종류가

다양하고 저마다 특성이 있는데다 와인의 성분, 콜로이드 형태, 부유물질의 성질이 다르고 조건
이 각각 다르기 때문에 각 와인마다 응집력과 청징도가 다르다. 그러므로 정해진 법칙은 없다.
오로지 작업 전에 테스트를 거쳐서 사용량과 종류를 정할 수밖에 없다.

　테스트는 500~1,000㎖의 투명한 병이나 튜브형으로 높이 80㎝, 지름 3~4㎝의 시험관을 사용
하는 것이 좋다. 여기에 각 청징제의 종류와 양에 따라 다양하게 첨가하여 응집이 나타나는 시간
과 침강속도를 관찰하여 가장 맑게 나오는 것, 가장 빠르게 가라앉는 것, 침전물 높이가 가장 낮
은 것을 선택한다. 그러나 작은 병에서는 침전형성이 빠르고 청징제를 혼합하기도 좋기 때문에
소규모 테스트로는 실제 작업을 만족시켜 주지 못한다는 점을 잘 인식하고 실시해야 한다.

청징제의 종류와 사용방법

　청징제(fining agents)에는 여러 가지가 있다. 혼탁을 일으키는 단백질 안정화에는 벤토나이트
나 실리카겔 등이 사용되고, 거친 맛을 주고 과잉의 갈색을 제거하는 데는 젤라틴, 부레풀,
카제인, 계란 흰자 등이 사용된다. 그러므로 청징제는 한 가지만 사용하는 것이 아니고 서로
다른 것을 병용하여 앙금과 침전 형성을 잘 되도록 하는 것이 좋다.

벤토나이트(Bentonite)

　벤토나이트는 화산토의 일종으로 알루미늄과 규소의 음이온[Al₂O₃ · SiO₂(H₂O)n]으로 칼슘, 나
트륨, 칼륨, 마그네슘 등 양이온과 결합하여 중성을 띠고 있다. 나트륨과 결합한 벤토나이트가
가장 많고 효과적이지만, 칼슘 형태도 쓰인다. 현미경으로 보면, 0.1㎛의 작은 박편으로 표면적
(500~1,000㎡/g)이 넓다. 나트륨 벤토나이트는 격자의 간격(100Å)이 칼슘 벤토나이트(10Å)에 비해
훨씬 넓어서 단백질 흡착력이 훨씬 크다. 그리고 나트륨 벤토나이트는 물에 부풀리기는 어렵지만
그 용액은 안정성이 커서, 와인 청징에는 나트륨 벤토나이트가 더 효과적이다.

　이 박편은 물을 잘 흡수하기 때문에 벤토나이트는 물을 흡수하여 10배 이상 팽창하고, 콜로이
드로서 성질을 갖게 된다. 그리고 강한 음 전하를 띠기 때문에 양 전하를 띤 단백질과 흡착하
여 침전을 잘 형성한다. 그 외 여러 가지 금속과 결합하여 가라앉고, 또 레드 와인의 콜로이드 상
물질과 결합력이 강하지만, 대신 색소를 고정시켜 색깔을 옅게 만든다. 단백질과 결합력이 강해
서 화이트 와인의 청징에 많이 사용되고, 레드 와인에서는 젤라틴과 병용하면 좋은 결과를 얻을
수 있다.

　사용할 때는 하루 전에 더운물(50~60℃)에 풀어서(5~15g/100㎖) 팽윤시킨 다음에 죽과 같은 상

태로 만들어 사용한다. 와인에 첨가할 때 농도는 0.2~1.5g/ℓ 정도가 바람직하며, 첨가할 때는 잘 저어 주면서 액 표면에 뿌리고, 덩어리가 형성되어 가라앉지 않도록 주의한다.

벤토나이트 첨가 후, 단백질 안정성 실험은 다음과 같이 한다. 처리한 와인을 70~80℃로 6 시간 둔 후 실온으로 냉각시켜 가열하지 않은 와인과 비교하여, 가열한 와인에 무언가 생기면 아직은 와인이 불안정하다는 증거이므로 벤토나이트를 더 첨가하면 된다.

실리카겔(Silica gel)

실리카겔은 상업적으로 키셀졸(Kieselsol), 베이키졸(baykisol), 클레브졸(klebsol)이라는 이름으로도 나오는데, 흰색의 규산질의 콜로이드 용액으로 산화규소(SiO₂)를 30% 함유하고 있다. 벤토나이트와 같이 음전하를 띠고 있어서 양전하를 띤 단백질과 친화력이 강하다. 그리고 순도가 높아서 와인 아로마나 향미에 영향을 줄 수 있는 불순물이 없기 때문에 깨끗하고 순수한 결과를 얻을 수 있다. 타닌 함량이 적은 화이트 와인의 정제에 많이 사용되는데, 사용량은 0.1~0.25 ㎖/ℓ (30% 용액) 정도가 좋다. 첨가량은 면밀한 실험을 거쳐서 결정하고, 따라내기는 1~2주 후에 한다.

젤라틴과 병용하면 보호 콜로이드가 많아서 정제가 어려운 혼탁한 와인 특히, 점성 콜로이드가 많은 보트리티스 와인에 효과적이다. 화이트 와인에 젤라틴과 병용할 경우는 젤라틴을 20~50㎎/ℓ 정도 첨가하는데, 이때는 두 가지를 한꺼번에 넣지 않고, 따로 넣어야 한다. 청징을 위해서는 젤라틴을 먼저 첨가하고, 페놀 화합물을 제거하려면 실리카겔을 먼저 첨가하고, 하루 후에 젤라틴을 넣어야 한다. 실리카겔은 젤라틴을 완전히 제거하므로 과잉 청징현상이 없고, 형성된 침전물의 양이 적어서 와인의 손실이 적다. 화이트 와인 정제에 타닌 대용으로 사용하면 좋다.

타닌(Tannin)

상업적으로 판매되는 타닌은 포도에서 나오는 프로시아니딘을 근간으로 한 축합형 타닌과 오크에서 나오는 갈로타닌을 근간으로 한 가수분해형 타닌 두 가지의 혼합물이지만, 후자의 것이 더 많이 사용되고 있다. 타닌은 영 레드 와인에서 과잉의 단백질을 제거하는 데 사용되고, 일부 화이트 와인에도 사용되지만, 화이트 와인에서는 샴페인과 같은 특정 지역에서만 사용된다. 단백질을 제거하려면 타닌보다는 벤토나이트 등 과잉 청징을 일으키지 않는 다른 청징제가 더 낫다. 타닌은 화이트 와인을 거칠게 만들고 색깔을 변화시켜 납빛이 되기 쉽기 때문이다. 레드 와인에서는 정제에 필요한 타닌이 충분히 있지만, 필요하면 약간 첨가할 수도 있다. 레드 와인에는 50-100㎎/ℓ, 화이트 와인에는 50㎎/ℓ 정도가 적당하다.

젤라틴(Gelatin)

젤라틴은 단백질로서 콜라겐이 주성분인 뼈, 힘줄, 연골, 가죽 등을 진공에서 장기간 가열하여 만드는데, 아교가 가장 많이 쓰인다. 젤라틴은 식품, 제약, 화장품 산업 등에 널리 사용되고 있으므로 와인 청징에 적합한 성질을 가진 것을 선택해야 한다. 젤라틴은 단백질이 주성분인 열 용해성 젤라틴과 단백질이 없는 액체 젤라틴 등이 있으나, 와인 청징에 사용되는 것은 열 용해성 젤라틴으로 백색 분말이나 얇은 막 형태로 되어 있다.

와인의 청징에 사용되는 젤라틴은 분자량 15,000~150,000, 단백질 함량 85%, 겔(gel) 형성 능력 80~100 정도(겔 형성 능력은 Bloom으로 나타냄)가 되는 것이 좋다. 그리고 색깔이 거의 없고 냄새가 없어야 한다. 젤라틴은 등전점이 와인의 pH보다 높은 4.9~5.2이기 때문에 와인에서는 양(+) 전하를 띠고 있다. 와인에서는 페놀 중합체(polymer)와 결합력이 강하여 침전을 형성하며, 아울러 떫은맛이나 쓴맛, 중합된 안토시아닌도 어느 정도 제거된다. 그러므로 거칠고 색깔이 짙은 와인이나 프레스 와인에 효과적이다. 대신, 과잉 투입으로 와인의 향미나 특성에 손상을 줄 수 있으므로 주의가 필요하다. 적정 사용량은 레드 와인에는 50~100mg/ℓ, 프레스 와인에는 200 mg/ℓ 이상이 될 수도 있다.

화이트 와인의 경우는 20~50mg/ℓ가 적당한데, 벤토나이트로 청징이 어려운 경우에 사용하면 효과적이다. 그리고 화이트 와인의 쓴 뒷맛을 감소시키는 데도 좋다. 과잉 청징을 방지하기 위해서는 실리카겔과 병용하는 것이 효과가 좋다.

젤라틴은 조각이나 덩어리 혹은 분말형태로 판매되므로, 사용하기 전에 거의 비등점에 가까운 더운물에 계속 저어 주면서 첨가(1% 용액)하여, 완벽하게 녹인 다음에 뜨거운 상태(식으면 고체로 변함)로 와인에 투입한다. 와인에 첨가할 때도 천천히 부으면서 와인과 완전히 섞이도록 교반을 해야 한다. 레드 와인의 경우 젤라틴을 첨가하고 1~2주 후에 따라내기를 하면 된다.

부레풀(Isinglass)

부레풀은 물고기 부레로 만든다. 품질이 좋은 것은 투명한 조각으로 되어 있으며, 사용하기 좋게 가는 국수 형태를 한 것도 있다. 분자량은 140,000 정도이며, 등전점이 5.5~5.8로서 와인의 pH보다 높기 때문에 양(+) 전하를 띠고 있으며, 와인에서 페놀 중합체(polymer)보다는 페놀 단위체(monomer)와 결합력이 강하다. 이 부레풀은 화이트 와인 정제 시 젤라틴보다 더 장점이 많은데, 즉 소량(10~50mg/ℓ) 사용으로 와인이 훨씬 더 맑아지며, 과잉 청징이 되지 않고, 타닌이나 실리카겔과 병용할 필요가 없다.

부레풀 용액의 조제는 다음과 같이 한다. 찬물 10ℓ에 주석산 10g과 메타중아황산칼륨

(potassium metabisulfite) 4.4g(SO₂로 250mg/ℓ)을 넣고 완전히 용해시킨 후, 100g의 부레풀을 천천히 첨가하여 다음날까지 몇 번 더 저어 주면, 젤리와 같은 형태가 된다. 이 용액의 부레풀 농도는 10g/ℓ가 되므로, 이 용액 1㎖는 부레풀 10mg에 해당된다. 만약, 20mg/ℓ의 농도로 와인 4,000ℓ에 첨가하려면, 조제한 용액 8ℓ를 첨가하면 된다. 이 용액을 첨가한 후 1~2주 후에 따라내기나 여과를 한다. 한번 조제한 부레풀 용액은 상태가 좋아서 수일 동안 사용할 수 있다. 대신 응집된 상태의 밀도가 낮아서 침전물의 부피가 커지며 잘 가라앉지 못하고 벽에 달라붙는 수가 있다. 이를 제거하려면 두 번 따라내기를 해야 하며, 앙금이 여과포를 막는 경향이 있다.

카세인(Casein)

카세인은 우유 단백질의 70~80%를 차지하는 것으로 아주 오래전부터 청징제로 사용되었다. 상품으로 나온 것은 소량의 탄산칼륨을 첨가하여 용해성을 높인 것(potassium caseinate)으로 분말 형태라 물에 잘 녹는다. 카세인은 와인과 같이 낮은 pH에서는 물에 녹지 않고 첨가하자마자 침전을 형성한다. 화이트 와인에서 페놀 화합물에 의한 쓴맛을 감소시키고, 오크 향이 너무 나는 와인이나 나쁜 냄새나는 와인의 향미를 개선하고, 산화로 인한 갈변이나 적변(pinking) 등을 감소시키는 데 좋다.

사용량은 카세인 칼륨(potassium caseinate)으로 50~250mg/ℓ 정도가 적당하며, 사용할 때는 반드시 더운물에 녹여서(2% 농도) 사용한다. 더운물에 카세인 칼륨을 일정량 첨가하여 계속 저어 주고, 하룻밤 방치했다가 다시 완벽하게 녹을 때까지 저어 준다. 이렇게 만든 용액은 1~2일 정도 사용이 가능하다. 조제한 이 용액 1㎖는 카세인 칼륨을 20mg 함유하고 있으므로 투입량을 정확하게 계산하여 사용한다. 와인에 첨가할 때도 잘 저어 주는 것이 중요하다. 따라내기 전에 벤토나이트를 첨가하고 따라내기를 한 후 여과하면 효과적이다. 나라에 따라 금지된 곳도 있으며, 우유를 직접 첨가할 수도 있는데, 이때는 반드시 지방을 제거한 우유를 사용해야 한다. 와인 1ℓ에 우유 2~10㎖ 정도를 사용하면 된다.

계란 흰자(Egg white)

계란 흰자의 단백질 함량은 10% 정도이며, 알부민(albumin)과 글로불린(globulin)으로 구성되어 있다. 예전부터 많이 사용해 왔던 방법으로 화이트 와인에는 적합하지 않지만, 고급 레드 와인에 가장 좋다고 알려진 청징제로서, 와인에 묽은 맛이 나지 않고 부드러움을 더해 주고 정교한 맛을 준다. 이 단백질은 분자량이 작은 페놀이나 그 단위체(monomer)보다는 분자량이 아주 큰 페놀 중합체(polymer)와 결합력이 강하다. 사용량은 225ℓ 오크통에 계란 1~2개 혹은 5~6개로 와인에 따라서 그 차이가 심하다.

계란 흰자의 주성분인 알부민은 찬물에 녹지만, 글로불린은 염이 있어야 녹기 때문에 계란 흰자를 물과 함께 혼합하고, 여기에 소금을 첨가하여 용액으로 만들면 된다. 계란 15개를 0.5～0.9% 소금물 1ℓ에 녹여서 사용한다. 사용 당일 조제하고, 통에 넣을 때는 잘 저어야 하지만, 와인에 넣기 전에 거품을 일으켜서는 안 된다. 거품이 표면으로 떠올라 표면에서 응집되면서 방해를 하기 때문이다. 청징제를 사용할 경우 항상 거품을 일으키지 않는 것이 가장 중요하다. 따라내기는 일주일 후에 하는 것이 좋다. 상품으로 계란 흰자의 분말이나 조각 혹은 냉동 흰자의 형태로 판매되고 있지만, 효과는 싱싱한 계란보다 못하다.

PVPP(polyvinylpolypyrrolidone)

PVPP는 합성 중합체(polymer)로서 고분자 물질이다. 상품으로 나오는 것은 백색 분말로 입자의 크기는 약 100㎛ 정도이며, 난용성이다. 이 물질은 페놀 화합물과 반응성이 강한데, 그중에서도 중합도가 낮은 페놀 화합물인 카테킨, 안토시아닌 등과 반응성이 좋다. 물에 녹지 않기 때문에 페놀 분자가 PVPP의 표면에 흡착되어 바로 침전된다. 화이트 와인의 갈변이나 적변을 감소시키며, 그 예방 효과도 있다. 그리고 나쁜 냄새나 쓴맛을 감소시키며, 특히, 활성탄소와 병용하면 화이트 와인의 색깔을 감소시키는 데 효과적이다.

사용량은 화이트 와인에서 100～700㎎/ℓ 정도가 적당하며, 레드 와인에는 잘 사용하지 않지만, 쓴맛을 제거하고 색깔을 밝게 만드는 작용을 하므로 100～200㎎/ℓ 정도 첨가하면 효과가 좋다. PVPP는 공정 중 어느 단계(머스트에서 주병까지)에서나 사용할 수 있으며, 잘 혼합할 수 있다면 탱크에 직접 투입할 수 있는 장점이 있다. 그러나 사용 전에 5～10% 용액으로 만들어 사용하는 것이 좋다. 효과도 빨라서 1～2일이면 완전히 가라앉는다.

활성탄소(Active carbon)

활성탄소는 다공성 물질로서 표면적이 500～1000㎡/g 정도로 엄청나게 커서 흡착력이 좋다. 와인에서는 나쁜 냄새를 제거하고, 갈변이나 적변을 감소시키기 때문에 화이트 와인에 많이 사용된다. 용도에 따라서, KBB라고 되어 있는 것은 색도 감소에, AAA로 되어 있는 것은 냄새 제거에 좋다. 사용량은 50～250㎎/ℓ 정도이며, 경우에 따라 첨가량을 증가시킬 수 있다. 대신 아로마가 감소되므로 상태가 심각한 와인에 사용된다. 앞에서 이야기한 것과 같이 PVPP와 병용하면 효과적이다. 사용량을 정량하여 바로 와인에 투입하고 격렬하게 혼합시키면 1～2일 후 가라앉는다.

청징제 사용방법

와인을 대량 처리할 경우에는 청징제를 와인에 첨가하여 재빨리 혼합하는 데 어려움이 따른다. 청징제는 종류에 따라 신속하게 응고되는 것이 있기 때문에 재빨리 와인에 확산시켜야 하는데, 용액을 준비하는 데 시간이 많이 걸리면 와인과 혼합하기 전에 응고해 버린다. 이렇게 되면, 부분적으로 활성을 잃은 청징제를 사용하는 셈이 된다. 그러므로 청징효과를 높이려면 빨리 준비해서 바로 골고루 퍼지도록 해야 한다. 먼저, 사용할 용액이 혼합하기 쉬운지, 충분히 혼합되었는지, 작용이 빨리 혹은 천천히 일어나는지 등을 확인하고 조제해야 한다. 가장 중요한 것은 청징제를 와인에 직접 투입해서는 안 된다는 것이다. 이렇게 하면, 와인에 거의 용해될 수 없는 청징제가 들어가서, 효과를 거의 볼 수 없다. 물에 녹여서 와인 1,000ℓ당 조제한 용액이 2.5ℓ 정도가 들어가도록 만드는 것이 좋다.

가장 이상적인 방법은 조제한 용액을 약한 압력으로 소량씩 와인에 분출시켜 계속 교반시키는 것이다. 오크통에서도 휘저어 주면서 용액을 분출시킨다. 그리고 교반기나 브러시로 섞어야 제대로 된 혼합용액을 얻을 수 있다. 대량인 경우는 다음과 같이 몇 가지 방법을 사용할 수 있다. 와인을 탱크에서 탱크로 이동시키는 동안 작은 중간탱크를 설치하여 여기에 조제한 용액을 투입하여 와인이 거쳐 가도록 만들거나, 와인을 이동시킬 때 파이프에 조제한 용액을 지속적으로 투입하면서 섞어 주는 방법도 있다. 그리고 탱크에 교반기를 설치하거나 이동식 프로펠러를 이용하는 것도 좋다. 기타, 압력을 사용하여 청징제를 탱크에서 계속 순환시키거나, 정량펌프를 배관에 설치하여 와인이 이동하는 동안에 파이프에 조제한 액을 주입하면, 액의 투입과 혼합을 일정하게 해줄 수 있다.

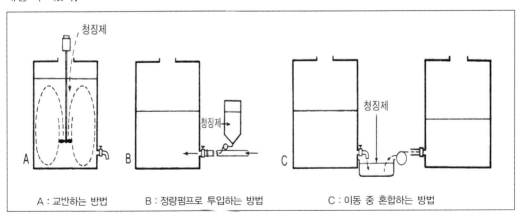

[그림 14-2] 청징제 투입방법

주석(酒石, Tartrate)의 형성과 제거

주석은 포도 주스나 와인에서 모래와 같이 나타나는 입자를 말하는데, 포도에 있는 주석산(tartaric acid, HT)이 칼륨과 결합하여 생성되는 주석산수소칼륨(potassium bitartrate, KHT)이 주성분이며, 칼슘 함량이 많은 포도에서는 주석산과 칼슘이 결합하여 주석산칼슘(calcium tartrate, CaT)도 생성된다. 와인에 침전으로 나타나므로 이 물질을 술에서 생긴 돌이라고 하여 '주석(酒石, tartrate)' 이라고 부른다. 처음에는 가는 입자로 나오다가 시간이 지나면서 입자가 커지고, 탱크 바닥이나 완성된 와인 병에 가라앉게 되는데, 인체에는 해가 없으나 상품성이 없어지므로 제거하는 것이 좋다.

[그림 14-3] 대표적인 주석산칼륨(KHT) 현미경 사진(100배)

주석의 변화 및 분포

머스트의 주석산 함량은 2.0~10g/ℓ 정도로서 지역, 품종, 성숙도, 토양, 재배방법 등에 따라 달라진다. 포도와 와인에서 주석산은 유리상태(tartaric acid)와 두 가지 이온상태로서 주석산수소이온(bitartrate, HT−), 주석산이온(tartrate, T=)으로 발견되며, 그 비율은 pH에 따라서 다르다.

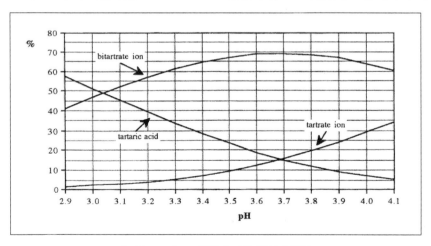

[그림 14-4] pH 변화에 따른 주석의 종류

머스트의 칼륨 함량은 600mg/ℓ에서 특정한 레드 와인 품종은 2,500mg/ℓ까지 된다. 변색기 동안 토양에서 흡수된 칼륨이 포도 알맹이 안으로 들어가 주석산과 결합하여 일부는 수용성인 주석산수소칼륨(KHT)이 되는데, 이 주석산수소칼륨은 포도 주스에서 부분적으로 용해성이지만, 알코올이 있고, 온도가 낮으면 용해도가 감소하여, 과포화상태가 되었다가 침전을 형성한다. 이 주석산수소칼륨은 pH 3.7 부근에서 그 양이 가장 많으므로 이 pH에서 침전이 많이 생긴다. 그러므로 블렌딩이나 MLF 등 어떤 과정으로 pH가 변하면 이 물질의 침전에 영향을 끼치게 된다.

주석의 성질

KHT는 포도에 존재하며, 발효 도중에 알코올이 생성되면 용해도가 낮아져 침전을 형성한다. 그러므로 와인의 주석산 함량은 머스트의 1/2 정도가 된다. 그리고 영 와인에서는 포화 혹은 과포화상태로 있다가 온도가 낮아지면 서서히 바닥이나 벽에 침전을 형성한다. 이때의 침전은 KHT와 색소가 함께 형성된다. 이렇게 서서히 침전이 되는 현상은 몇 주에서 몇 달까지 그 온도에서 평형을 이룰 때까지 지속된다. 그리고 온도가 더 낮아지면 새로운 평형에 도달할 때까지 침전 형성이 이어진다. 그러나 CaT 침전은 온도의 영향을 받지 않는다. 침전의 형성은 결정을 형성하고 성장시키는 핵의 형성, 결정의 표면적, 결정과 접촉할 수 있도록 확산되는 비율, 포도의 품종 등에 따라 달라진다. 또 알코올 함량이 높을수록, 온도가 낮을수록 KHT 용해도는 낮아진다.

[표 14-2] 온도에 따른 KHT 용해도

온도(℃)	KHT 용해도(g/ℓ)
30	4.60
25	3.72
20	3.05
15	2.53
10	2.12
5	1.75
0	1.41
-4	1.21

와인은 특히, 레드 와인의 경우는 과포화상태가 오래 지속된다. 그 이유는 와인에 $T^=$, HT^-, K^+ 등 비율이 복잡하여 침전을 잘 일으키지 않을 뿐 아니라, 금속, 황산이온, 단백질, 검, 폴리페놀 등이 유리 주석산과 결합하여 KHT 형성에 방해를 받기 때문이다. 이 화합물은 레드 와인에서는 주로 폴리페놀과 주석산, 화이트 와인에서는 단백질과 주석산의 결합으로 이루어진다. 보르도의 화이트 와인인 경우는 칼륨과 HT^- 다음으로 중요한 변수는 황산이온으로, 이들도 칼륨과 결합

한다. 화이트 와인에 있는 황산이온의 절반과 레드 와인에 있는 황산이온의 전부가 칼륨이온과 결합하여 황산칼륨(K_2SO_4 혹은 KSO_4^-)을 형성한다. 레드 와인의 색소도 주석산과 결합을 하는데, 색소의 중합이 일어나면 주석산 결합력이 감소하므로 결과적으로 KHT 침전 형성을 지연시키게 된다.

보트리티스 곰팡이가 생성하는 펙틴과 글루칸과 같은 다당류는 결정을 흡착하므로 KHT 결정화를 방해하여 더 이상의 성장을 막아 버린다. 그러나 독일의 화이트 와인은 젤라틴이나 검류의 방해를 받지 않는다고 한다. 그러므로 각 와인의 조성과 그 용해도와 평형상태, 온도 등의 조건에 따라 달라진다.

주석 안정성의 개선방법

결정 형성은 염의 농도와 결정의 평형에 관련 있는 성분에 따라 달라지며, 결정이 성장할 수 있는 핵의 존재 여부, 결정의 성장을 방해하는 요소 등에 따라 달라진다. 일반적으로 핵이 형성되려면 과포화용액이라야 한다. 한번 핵이 형성되면 결정이 생성되어 침전이 일어난다. 알코올 발효 중에는 KHT가 증가하여 과포화용액이 되며, 생성된 KHT는 저온에서 용해도를 낮추어 침전을 형성시키는 방법이 일반적이며, 그 외 침전 방해물질 첨가, 이온교환 등의 방법도 사용되고 있다.

- **청징의 효과** : 와인의 청징과 KHT 안정화는 깊은 관계가 있다. 예를 들면, 축합형 폴리페놀은 KHT 침전을 방해하기 때문에 냉동 전에 미리 청징제를 첨가하여 일정량의 폴리페놀을 제거하면 침전 형성이 잘 된다. 화이트 와인의 페놀은 산화, 중합, 결합되면서 단백질과 함께 침전이 일어나, 주석의 평형과 안정에 영향을 끼치는데, 냉각은 KHT도 침전시키지만 침전 형성을 방해하는 단백질도 함께 침전시킬 수 있다. 벤토나이트 청징은 단백질과 페놀 화합물을 감소시킴으로써 주석의 침전 형성에 도움이 된다. pH가 3.65 이하인 와인은 냉각으로 단백질이 침전될 수 있으므로, 벤토나이트로 청징하면서 냉각으로 주석을 제거하면 KHT 침전이 벤토나이트 침전을 더 낮고 단단하게 만들 수 있다. 벤토나이트를 300g/1,000ℓ 정도 첨가하면 화이트 와인의 침전 형성에 효과적이다. 어떤 와인이든 청징을 완료한 다음에 주석을 제거하는 것이 효과적이다.

- **냉동 처리(Cold stabilization)** : 전통적으로 와인의 온도를 낮추어 KHT 용해도를 떨어뜨리는 방법을 주로 사용한다. 이 침전 형성에는 여러 가지 요인이 작용하는데, 주석산과 칼륨이온의 농도, 결정이 형성될 수 있는 핵의 존재, 형성된 주석의 용해도 등의 영향을 받는다. 보통 와인을 적정한 온도에서 몇 주 동안 두는데, 알코올 농도와 당도가 높은 디저트 와인은 더 낮은 온도에서 더 오랜 기간 두어야 한다. KHT 안정에 필요한 냉각 온도는 다음과 같이 계산한다. 즉, 와인이 얼지 않는 가장 낮은 온도로 두는 것이다.

$$온도(-℃) = (알코올 농도 \div 2) - 1$$

KHT 침전은 두 단계로 이루어진다. 유도단계에서는 냉각으로 KHT 핵의 농도가 증가하고, 이어서 결정단계는 결정이 성장하면서 침전이 형성된다. 낮은 온도에서 KHT 침전 형성은 디저트 와인보다 테이블 와인이 더 빠르고, 레드 와인보다 화이트 와인이 더 빠르다. 냉각기간의 초기 12일 동안에 침전 형성이 가장 빠르고, 이후는 KHT 포화도가 감소하므로 침전속도가 느려진다. 냉각기간에 온도변화가 심하면 침전이 방해받는데, 이는 핵 형성 속도에 영향을 주기 때문이다. 핵 형성이 없으면 결정이 성장하여 침전이 일어나지 않는다. 그러므로 겨울에 셀러 문을 열어 둔다고 되는 일이 아니다.

와인을 천천히 냉각시키면 결정은 크지만 침전이 완벽하지 않고, 반대로 빠르게 냉각시키면 입자가 가늘어서 제거하기 힘들지만 완벽하게 가라앉는다. 낮은 온도로 오래 두면 솜털 모양의 침전이 생기고, 침전이 다시 위로 일어나는 수가 있으므로 여과를 해야 완벽하게 처리할 수 있다. 냉동처리를 하면 부수적으로 여과효율이 개선되는 효과도 볼 수 있다. 그러므로 낮은 온도에서 청징을 하면 더욱 효과적이다. 그리고 온도가 낮으면 산소의 용해도가 증가하므로 빈 공간은 철저하게 탄산가스나 질소로 채워야 한다. 또 온도가 낮으면 인산철이나 폴리페놀과 결합한 철 등의 용해도가 감소하지만 완벽하게 제거되지는 않고, 역시 화이트 와인의 단백질도 냉동으로 완벽하게 제거되지 않는다. 그러나 어느 방법이든 영구적인 콜로이드 안정성은 보장하지 못한다.

- **결정 첨가(Seeding)** : 결정 첨가는 시간을 단축시키고 효율성을 높이기 위해 사용된다. 고운 KHT 분말을 첨가하면 과포화상태가 되는데, 이는 표면적이 아주 큰 고운 KHT 분말이 핵이 형성되는 데 필요한 에너지를 감소시키기 때문이다. 보통 4g/ℓ 정도가 적당하며, 실질적으로는 더 낮은 농도에서도 안정성을 얻을 수 있다. 그러나 첨가량이 줄어들면 시간을 더 늘려야 한다. 첨가하는 결정의 크기는 30~150㎛ 정도라야 하며, 40㎛일 때 표면적이 가장 크다. 그리고 교반을 해야 표면적의 활성이 커지므로 결정이 성장할 수 있다. 침전이 형성되면, 바로 여과하여 주석의 재용해를 방지해야 한다.

- **침전방해물질 첨가** : 반대로, 주석을 가라앉지 못하게 만들어 안정성을 유지시키는 방법으로서 KHT 침전방해물질을 첨가할 수도 있지만, 그 목적에 완벽한 것은 없다. 보통 메타주석산(metatartaric acid)을 50~100mg/ℓ 정도 첨가하면 낮은 온도에서도 KHT 침전이 생기지 않는다. 이는 KHT 결정을 메타주석산이 코팅하여 보호 콜로이드 형태가 되기 때문이다. 그 외 CMC, 사과 펙틴, 타닌 등도 결정 형성을 방해한다.

- **이온교환** : 고급 와인에서는 바람직한 방법이 아니지만, 냉동방법과 병행하여 맛의 변화를 방지

하기 위해서 쓰이기도 한다. 와인의 양이온(칼륨, 칼슘이온)을 수소이온(H^+)이나 나트륨이온(Na^+)으로 교환하여 양이온의 농도를 감소시키는 방법이다. 즉 칼륨이온(K^+) 농도를 감소시키는 것으로 용해계수를 감소시켜 낮은 온도에서 염이 침전되는 가능성을 줄이는 것이다. 냉동법이나 결정 첨가와 달리 주석산의 농도에 변화가 없으므로 총산이나 pH의 변화가 없다. 그러나 나라에 따라서 와인에 이온교환 처리를 금지시키는 곳이 많다.

주석 제거의 부수적 효과

- **색소 침전** : 영 레드 와인은 콜로이드 상태의 색소물질을 많이 함유하고 있어서 정상적인 온도에서는 수용성이므로 와인이 맑게 보이지만, 온도가 낮아지면 불용성이 되어 와인이 혼탁해진다. 레드 와인을 0℃ 근처에서 보관하면 혼탁하게 되는 이유도 바로 이러한 콜로이드 상태의 색소물질 때문이다. 그러므로 겨울에 이런 현상이 잘 일어나며, 와인을 병에서 숙성시킬 때도 생긴다. 젤라틴 등의 청징제는 이 콜로이드 상태의 색소물질을 가라앉히므로 청징제로 처리한 와인은 온도가 낮아도 맑은 상태를 유지하며, 병에서도 침전이 아주 천천히 형성된다. 그리고 냉동 처리한 와인은 다시 온도가 낮아지더라도 맑은 상태를 유지할 수 있다. 이렇게 청징과 냉동으로 와인을 처리하면 몇 달 후에 다시 색소물질이 약간 생성될 수는 있지만, 실제로 이런 처리를 하면 몇 년간은 안정을 유지한다.

- **산도와 pH 변화** : pH가 3.65 이하인 와인은 냉동기간 중에 pH와 적정산도가 떨어지는데, 이는 KHT 침전이 형성되면서 양성자(H^+)가 생성되기 때문이다. pH는 약 0.2 정도 감소되며, 산도는 2g/ℓ 정도 감소한다. 그러나 pH 3.65 이상인 와인에서 KHT 침전이 형성되면, pH는 증가하고 산도만 떨어진다. 이는 침전되는 주석산 음이온당 하나의 양성자가 제거되기 때문이다.

- **맛의 개선** : 냉동 처리로 영 와인의 맛이 개선되는 효과는 뚜렷하다. 발효가 갓 끝난 와인은 냉동으로 숙성은 되지 않지만, 불순물이 제거되어 신선한 맛을 풍긴다. 그러나 겨울이 지나고 나중에 하면 차이가 뚜렷하지 않다. 1년이 지나고 하면 오히려 부케와 특성이 사라지므로 고급 와인의 경우는 별 혜택이 없다. 영 와인의 맛이 개선되는 것은 KHT 침전으로 신맛이 감소하기 때문이다. 냉동은 와인을 보다 부드럽게 만들지만, 쓴맛이나 떫은맛에 대한 효과는 거의 없다. 냉동 처리로 청징 만큼 폴리페놀 함량이 감소하지는 않는다.

주석산칼슘(Calcium tartrate, CaT)

칼슘은 와인에 6~165㎎/ℓ 정도 있으며, 주석산이온이나 수산이온과 결합하여 침전을 형성한

다. 그리고 제조과정 중에 첨가되는 물질에 따라 그 함량이 더 증가할 수 있다. 주석산칼슘(CaT) 은 발효 후 4~7개월부터 불안정해지는데, 침전은 칼슘 함량이 높지 않는 한 일반 테이블 와인에 서는 흔하지 않지만, 스파클링 와인이나 강화와인에서 잘 형성된다. CaT 침전은 특히 주병 후에 결정이 형성되는 경우가 많고, 결정 형성의 예측이 힘들다. CaT 침전 형성은 두 단계로서, 먼저 수용성 CaT가 형성되고, 이어서 수용성 CaT 핵이 형성되면서 침전이 된다.

CaT 침전은 pH 영향을 받는데, pH가 높을수록 용해도가 낮아지므로 MLF나 블렌딩을 비롯한 pH 상승요인이 발생하면 침전 형성이 많아진다. 또 알코올 농도가 증가하면 CaT 용해도가 감소 하여 침전이 증가한다. 그리고 KHT와 마찬가지로 사과산, 구연산, 젖산, 아미노산, 당분 등 역 시 CaT 침전 형성을 방해한다. 다만, 온도의 영향은 덜 받는다. 교반을 하면, 핵 형성에 영향을 끼쳐 침전 형성에 필요한 시간을 단축할 수 있다. 이것은 스파클링 와인에서 병 돌리기(rémuage) 직후 CaT 침전이 형성되는 것을 보면 알 수 있다. 그리고 여과 등 조작도 교반효과로 인해 CaT 침전 가능성을 증가시킨다.

여과(Filtration)에 의한 정제

혼탁한 와인을 여과하여 맑은 와인으로 만들기란 거의 불가능하다. 보통 혼탁한 와인은 콜로 이드 형태의 미세한 입자로 구성되어 있어서, 이들은 웬만한 여과재의 구멍은 통과해 버리기 때 문에 혼탁문제가 해결되지도 않고, 대신 미세한 여과재를 사용한다면 금방 막혀서 손실이 많아지 기 때문이다. 여과는 반드시 청징을 거친 와인으로 해야 한다. 뿌옇게 혼탁된 와인은 여과로 맑 게 되지 않는다. 자동 청징이든지 아니면, 청징제 등을 사용하여 침전을 형성시킨 다음에 맑은 부분을 여과하고, 침전물이 따라 올라와 여과막이 막힐 때까지 여과를 한다고 보면 된다. 그리고 입자의 크기와 성질에 따라 그에 적합한 여과재와 여과기를 선택할 수 있어야 한다.

여과의 원리

여과는 액체 중에 떠돌아다니는 물질을 미세한 구멍이나 관을 통과시켜 제거하는 과정으로, 현탁액의 입자와 불순물은 다양한 과정을 거쳐 남게 된다. 즉 여과는 질적인 문제로서 만족할 수 있는 청징상태를 얻어야 하고, 향미에 나쁜 영향을 주어서는 안 된다. 그리고 여과효율문제로서 될 수 있으면 막힘 없이 단위시간당 만족할 만한 양이 나와야 한다. 즉 만족할 만한 질과 양이 나올 수 있도록 그 원리를 알고 방법을 선택해야 한다.

여과재는 크게 두 가지 작용 즉, 흡착과 거름작용을 통하여 기능을 발휘한다. 흡착이란 표면의 인력 현상과 그 층에서 분리된 고체가 부착되는 것을 말한다. 필터의 구멍은 효모 세포보다 직경이 크지만 일정 시간이 지나면 그렇지 않다. 셀룰로오스 포는 양전하를 띠고 있어서 음전하를 띤 효모 세포를 잡아당기는데, 이 흡인력이 포화상태가 될 때까지 이런 현상이 일어난다. 그러므로 여과는 단순한 거름작용인 구멍 크기뿐 아니라 와인의 종류, 섬유의 종류, 표면적 등의 영향을 받는다. 그러므로 여과는 흡착과 거름작용이 동시에 일어난다.

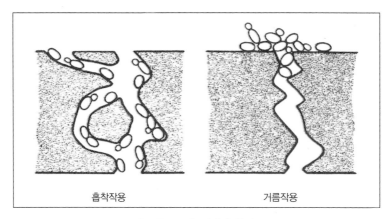

[그림 14-5] 여과의 원리

여과재

여러 가지 형태와 재료가 있는데, 여과재의 주재료는 섬유질(아마포, 면, 펄프, 셀룰로오스 분말)이며, 여기에 규조토나 펄라이트 등을 입혀서 패드(pad) 형태로 만든 것도 있다. 석면 섬유(감람석의 규산마그네슘)는 오래전부터 사용되었는데, 이것은 훨씬 섬세한 조직을 만들 수 있지만, 음료에는 발암 가능성 때문에 금지되어 있다. 요즈음은 미세한 여과에 멤브레인 필터(membrane filter)를 많이 사용하는데, 이는 셀룰로오스 에스터나 폴리머로서 대체적으로 1.0㎛ 이하 크기의 구멍을 가지고 있다. 이 필터(예, Millipore, Sartorius, Pall)의 구멍은 효모 세포가 통과할 수 없기 때문에 여과된 와인은 항상 맑을 수밖에 없지만, 곧 막히게 된다. 그러므로 용도에 따라서 여과재를 잘 선택해야 한다.

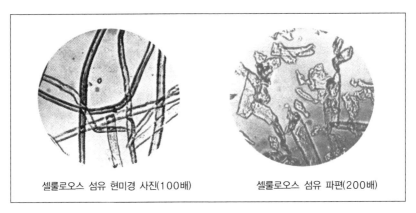

셀룰로오스 섬유 현미경 사진(100배)　　　셀룰로오스 섬유 파편(200배)

[그림 14-6] 셀룰로오스 섬유 현미경 사진

여과 보조제

포를 이용한 여과는 반드시 여과 보조제가 있어야 한다. 여과는 여과 포가 하는 것이 아니고, 여과 보조제가 한다. 여과 보조제가 없으면 포는 바로 막히게 되므로 포에 이 보조제를 입히거나 여과할 액에 풀어서 사용하면, 여과 면적이 커져서 효율이 엄청나게 커진다. 여과 보조제는 '프리 코팅precoating'을 하거나 연속식 주입, 혹은 여과 패드의 형태 등으로 다양하게 사용되고 있다. 프리 코팅은 고정된 여과 판에 규조토 등을 층층이 입히는 것으로 보통 여과 포에 규조토를 입혀서 사용한다. 그러면 혼탁입자가 여과 보조제 표면에 잡힌다. 이 방법은 별로 효과적이지 않으므로 요즈음은 잘 사용되지 않는다. 요즈음은 연속식 주입방법으로 여과 보조제를 여과될 와인에 섞어서 여과재에 분사시킴으로써 점차적으로 쌓이게 만드는 '바디 에이드body aid)' 방식을 사용하거나, 두 가지를 병용하기도 한다.

● 규조토(Diatom/Infusorial earth/Fossilized silica/Kieselguhr) : 규조토는 규조류의 유기질이 썩고 남은 규산질의 광물질이 바다 속에서 침적되어 생긴 백색 및 회백색의 흙으로, 주성분은 산화규소(SiO₂), 약간의 산화알루미늄(Al₂O₃), 기타 석회(CaO) 등으로 되어 있고, 이 암석을 분쇄하는 정도에 따라 입자의 크기는 몇 μm에서 수백 μm까지 다양하다. 다공성 분말로서 부피의 80%가 공극으로 되어 있으며, 가비중은 100~250g/ℓ, 1g의 표면적은 20~25㎡ 정도이므로 이 특성을 살려 여과 보조제로 사용하면 효과가 좋다. 또 흡수성이 좋아서 자체 무게의 4배의 수분을 흡수할 수 있다. 보통 800~1,200℃에서 가열 처리하여 유기물을 없앤 것을 사용하는데, 적색 분말은 고운 여과에, 백색은 거친 여과에 사용된다. 규조토는 와인에 이상한 맛이나 향을 내지 않는 것을 선택해야 한다. 이 점은 와인에 규조토를 넣어 보면 금방 알 수 있다. 가끔 질 나쁜 규조토 때문에 옅고 맥이 빠진 맛이 나올 수도 있다. 규조토는 거름작용을 하지만, 거대한 표면적 때문에 흡착작

용도 하여 청징에 중요한 역할을 한다. 보관 중 수분과 냄새를 잘 흡수하므로 건조하고 밀폐된 곳에 보관한다.

- 펄라이트(Perlite) : 화산암을 가공한 것으로 주성분은 규조토와 비슷하며, 보통 800~1,200℃에서 가열 처리하여 10~20배 팽창시켜 비중을 감소시키고 다공성을 갖게 만든다. 백색의 분말로 다양한 사이즈가 있다. 규조토보다 공극이 더 많고, 비중이 작고 미세한 구조를 가지고 있어서 여과 효율이 더 좋다. 흡착력이 낮아서 고운 프리코팅에 효율적이다.

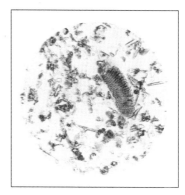

[그림 14-7] 규조토 현미경 사진
(1,200배)

규조토 여과기 원리 및 종류

여과기의 여과능력을 높이는 방법은 여과 면적을 크게 하거나 압력차를 크게 하는 두 가지가 있다. 여과 면적을 크게 하는 것은 경비가 많이 드는 일이며, 압력차를 크게 하기 위해서는 여과 보조제를 사용하여 퇴적층의 압축성을 낮게 하거나, 여액이 나오는 쪽을 감압상태로 하거나, 원심력에 의한 압력 증가를 도모하는 방법 등이 있다. 여과 막은 섬유, 플라스틱, 금속 등으로 만들어진 미세한 구멍을 가진 판으로, 일정 크기 이상의 고체를 통과시키지 않으며, 여과 막 안팎의 압력차를 견딜 수 있는 재질이라야 한다.

여과기는 자동으로 코팅되는 장치나 혼합기가 설치되어 규조토와 와인의 혼합액이 들어가면서 여과를 진행한다. 탁도나 막힘 상태에 따라 다르지만 1,000ℓ의 와인을 여과하는 데 400~1,200g의 규조토가 소요된다. 혼탁이 심하고 콜로이드가 많을수록 코팅을 많이 해야 한다.

- 판형가압여과기(Plate and frame filter press) : 가장 대표적인 형태로서 보통은 '필터 프레스'라고 부른다. 이 여과기는 여과 판(filter plate), 여과 포(filter cloth), 여과 틀(filter frame)을 교대로 배열하여 조립한 것이다. 여과 틀 안에 케이크가 채워지면 배출속도가 감소하고 압력이 급격히 상승하므로 여과를 끝내고, 케이크를 세척하고 여과기를 해체하여 케이크를 제거한다. 비교적 조작이 간편하고 여과기의 가격이 저렴하지만, 인건비와 여과 포 등 유지비가 많이 들고, 세척 효율이 좋지 않다.

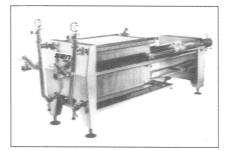

[그림 14-8] 필터 프레스

[그림 14-9] 엽상가압여과기

• **엽상가압여과기**(Leaf pressure filter) : 플라스틱이나 스테인리스스틸로 만든 스크린을 밀폐된 용기에 넣고 용기를 가압하면 스크린 중심부로 여액이 나오고, 주변에 케이크가 모이는 형식으로 되어 있다. 배출속도가 감소하면 스크린을 압력 변동 없이 세척할 수 있고, 다시 코팅하여 여과를 계속할 수 있다. 스크린의 형태는 사각, 원형, 원통 등 여러 가지가 있으므로 상황에 맞추어 선택할 수 있다. 밀폐되어 위생적이며, 여과 막의 손상이 적고 세척 효과가 뛰어나며, 여과 면적이 크므로 대량의 현탁액 청징에 사용된다.

• **회전원통진공여과기**(Rotary drum vacuum filter) : 연속식 여과장치로서 서서히 회전하는 다공성 원통의 일부가 현탁액 속에 잠기게 하고, 원통이 액 속에 잠기는 동안 그 부위에 감압이 걸려 여액을 빨아들이고 표면에 퇴적된 케이크를 칼날로 긁어내는 방식이다. 고형물이 많은 탱크 밑바닥의 찌꺼기 처리에 적합한 형태다.

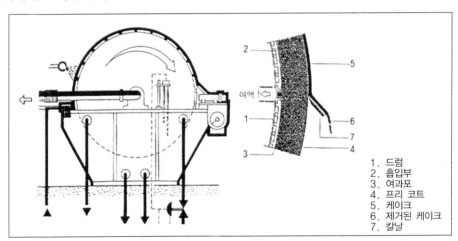

1. 드럼
2. 흡입부
3. 여과포
4. 프리 코트
5. 케이크
6. 제거된 케이크
7. 칼날

[그림 14-10] 로터리 드럼 필터 구조

필터 패드(Filter pads)

필터 패드는 셀룰로오스 섬유에 규조토나 활성탄소 등을 혼합하여 여러 가지 전 처리를 거친 것으로 다양한 구멍 크기와 조건을 갖도록 만든다. 가장 느슨한 판은 크고 긴 섬유로 되어 있고, 가장 치밀한 것은 제균 여과에 사용되는데, 마쇄한 섬유와 얇은 섬유를 착즙시켜 만든다. 패드 조직이 치밀하면 거름작용이 증가되면서 흡착작용이 감소되어 현탁액 중에서 작은 조각들이 많이 걸리기 때문에 통과량이 감소되고 쉽게 막힌다.

이 패드는 와인을 아주 맑게 만들지만 아주 혼탁한 와인에는 적합하지 않다. 어느 정도 맑은 와인에 적용하는 것이 좋다. 구멍의 크기에 따라 거친 여과부터 청징용, 제균용의 세 가지로 나눌 수 있으므로 목적에 따라서 선택을 달리해야 한다. 거친 여과용 패드는 두껍고 치밀한 작용을 하며, 대개 규조토를 함유하고 있어서 내부 표면적을 증가시켜, 통과량이 많고 막힘 현상이 적어 입자를 붙들어 주는 힘이 강하다. 이 여과 패드는 콜로이드 입자가 많은 와인의 첫 번째 여과용으로 청징 여과 전 단계로 사용된다.

청징 여과용 패드는 3~5㎜ 두께로 여러 사이즈가 있다. 번호No.로 분류하는데, 숫자가 클수록 구멍이 작다. 제조회사에 따라 여러 가지가 있지만, 제조회사가 다르면 비슷한 번호라도 통과량 등 차이가 심하다. 그러므로 같은 번호라도 회사가 다르면 호환성은 없다. 청징효과는 구멍 크기뿐 아니라 사용된 섬유의 종류와 성질에 따라서 달라진다.

제균용은 몇 가지 있는데, 셀룰로오스 섬유를 특수 처리하여 밀도 있게 만든 것이다. 구멍의 크기가 작고 바로 막히는 필터를 사용하면 와인은 맑아진다. 그러므로 청징용 필터를 통과시켜 콜로이드를 제거한 다음에 제균용을 사용해야 한다. 제균용 필터는 주병 전에 사용하는데, 이럴 경우는 모든 시설 여과기, 주병기, 코르크 타전기, 배관 등에 살균이 가능한 특수 장치를 갖추어야 하고, 공병과 코르크도 살균 처리가 된 것으로 해야 한다.

필터 패드는 흡착으로 시작하여 입자들이 관에 붙으면 다음은 거름작용이 일어나면서 통과량이 감소하면서 막히게 된다. 40 × 40㎝ 패드당 200~400ℓ 통과 후 막힌다면 양호한 여과상태라고 할 수 있다. 여과 패드에 표시된 액량이 많을수록 치밀하지 않고, 액량이 적을수록 비용이 증가한다.

패드를 사용할 때는 다음과 같은 점에 유의해야 한다. 패드를 통과한 와인에서 종이 냄새가 나는 수가 있으므로 먼저 물을 통과시키고, 다음에 와인을 통과시키고 물과 섞인 부분은 버려야 한다. 압력이 너무 높으면 섬유 조각이 나올 수 있으므로 압력의 변화에 유의하여 일정한 압력에서 사용해야 한다. 패드는 양쪽 면이 구분되어 있지 않다. 한쪽은 조직이 더 치밀하고 특수하게 처리되어 도장이 찍혀 있으므로 이 면을 와인이 나오는 쪽으로 해야 한다. 그리고 다른 한 면으로 와인이 들어가도록 한다. 잘못하면 와인에 섬유조각이 섞이게 된다.

멤브레인 여과(Membrane filtering)

가장 발달된 여과형태로서 주병 전에 와인에 남아 있는 미생물을 완벽하게 제거할 수 있다. 이 멤브레인은 셀룰로오스 아세테이트, 셀룰로오스 나이트레이트, 폴리프로필렌, 폴리카보네이트, 폴리아마이드 등 여러 가지 합성수지를 사용하여 다양한 구멍 크기를 만들 수 있다. 이들은 부유물질을 제거하는 능력이 약하므로 주병 직전에 미리 청징 여과로 콜로이드가 제거된 상태의 와인

에 사용한다. 즉 보완적인 여과방법으로 액을 맑게 만드는 것보다는 미생물 제거의 완벽성을 기하는 데 그 의의가 있다.

몇 가지 모델을 살펴보면, 수평으로 된 판 형태, 수직 튜브 식, 밀봉된 스테인리스스틸 하우징에 내장된 형태 등이 있다. 이 멤브레인은 엷은 막으로 되어 있지만 기계적 내성이나 열 내성이 좋다. 가동 압력은 3~5기압이며, 85℃ 멸균온도에서도 견딜 수 있다. 그러나 사전에 버블 포인트 테스트(bubble point test)를 거쳐서 필터의 상태와 장착상태를 살펴야 한다. 이들은 가는 체와 같은 작용을 하며, 구멍보다 큰 물체는 통과시키지 않는 거름작용만 할 뿐이다. 멤브레인은 구멍이 미세하지만 액의 통과상태는 좋은 편이다. 예를 들면, 동일한 압력과 동일한 여과 면적에서 두꺼운 패드보다 통과량이 40배 더 크다. 사실 멤브레인 전체 부피의 80%가 공극으로 되어 있다. 효모 제거에는 $1.2\mu m$, 젖산균이나 초산균 제거에는 $0.65\mu m$ 사이즈라면 충분하므로, 일반적으로 $0.45\mu m$ 사이즈를 사용하여 모든 균을 제거한다.

여과 막힘

여과는 와인에 따라 그 결과는 천차만별이다. 동일한 여과 면적을 가지고 동일한 방법으로 여과를 하더라도 어떤 와인은 거의 막히지 않고, 어떤 와인은 조금만 해도 금방 막혀 버리는 경우가 있다. 이 막힘 현상은 특정한 콜로이드, 점성물질, 글루칸 등의 방해작용 때문이다. 특히, 곰팡이에 오염된 포도로 만든 와인은 이 현상이 가장 심하다. 이렇게 막히게 만드는 물질은 판의 표면이나 조직에 달라붙어 부분적으로 끈적끈적한 물질로 발견된다.

그러므로 콜로이드 물질이 많은 와인은 먼저 규조토 여과를 하고, 그 다음에 2차 여과를 해야 한다. 또 콜로이드는 고분자 물질로서 체인이나 막 형태로 $8\mu m$ 이상 되므로 큰 분자를 작은 조각으로 분해시켜야 해결할 수 있다. 예를 들면, 펙틴분해효소를 사용(사용량은 $10\sim20 mg/\ell$)하면, 특히 프레스 와인의 경우는 좋은 결과를 얻을 수 있다. 현미경으로 보이는 미생물 중에서 효모는 거의 막힘이 없고, 박테리아 특히 구균은 잘 막히므로 효모 세포가 많은 와인은 쉽게 맑아지지만, 박테리아가 관여하는 MLF가 진행 중인 와인은 여과가 어렵다. 또 콜로이드성 혼탁으로 우윳빛을 띤 것은 입자가 너무 작기 때문에 여과로 맑아지지 않으므로 청징제를 사용하여 응집시켜 제거한 다음에 여과를 해야 한다. 이렇게 미리 청징을 하면, 문제를 일으키는 물질이 응집되면서 막힘 현상이 덜 일어난다. 반대로, 청징 후 가라앉은 침전물 특히 벤토나이트는 금방 막아 버린다.

여과 후 관능적인 변화

여과는 불과 30~40년 전부터 보편적으로 사용된 기술이다. 이 기술은 점차적으로 와인 제조 지역으로 퍼지게 되었으며, 이제는 영 와인의 마케팅과 주병기술의 발전으로 여과는 의무사항이 되었다. 여과 때문에 맛이 희석되고 약해진다는 반론도 있으나 여과재 사용이나 산소의 용해 등 나쁜 맛이 나오지 않도록 충분한 주의를 기울이면 질의 저하를 막을 수 있다. 기계적인 여과과정 이 품질에 부정적인 영향을 주지는 않는다.

부유물질 중 이물질이나 가라앉은 찌꺼기 등을 제대로 제거하면 맛은 훨씬 더 좋아진다. 즉, 혼탁한 와인은 여과하면 맛이 더 순수해진다. 동일한 와인이라면 혼탁의 정도가 가볍더라도 항상 깨끗한 와인의 맛이 혼탁한 것보다 좋다. 어떤 방법이든 패드를 통한 제균 여과나 멤브레인을 통 과한 와인의 맛이 더 개선된다.

원심분리(Centrifugation)

원심분리를 이용한 머스트나 와인의 청징은 최근에 발달되어, 대량으로 와인을 처리하는 곳에 서 많이 사용된다. 이 원리는 자동 청징 즉 침전에 의해서 분리되는 방법을 더욱 가속화시키는 것이다. 원심력은 고속회전으로 중심에서 발생되어 떨어져 나가는 힘으로, 이 힘은 회전속도에 따라 몇 배씩 커진다. 즉 속도의 제곱에 비례한다. 일반적으로 원심분리기는 5,000~10,000rpm 이며, 액의 투입속도는 1,000~20,000ℓ/h 정도 된다. 혼탁한 와인은 원심력으로 불과 몇 분 안 에 내부 찌꺼기나 미생물 잔류물질이 가라앉는다. 디캔팅과 동일한 원리로서 와인이 들어가면 불 순물은 중력으로 제거되고 맑은 와인만 나오게 된다.

다양한 모델이 있으므로 목적에 따라 선택하면 된다. 가장 많이 쓰이는 것은 연속으로 액이 주 입되면서 자동으로 찌꺼기가 분리되는 타입이다. 회전속도가 일정하다면 액의 투입속도에 따라 청징도가 달라진다. 천천히 투입할수록 액이 맑아지므로 경제적인 효율을 고려하여 투입량을 조 절한다. 화이트 와인의 경우는 착즙 직후 머스트에 아황산을 첨가한 다음에 찌꺼기를 분리시키거 나 발효 직후 효모 찌꺼기를 제거하는 데 사용하면 좋다. 효모 분리 효율은 시간당 5,000ℓ의 속 도라면 제거율이 99.8%, 박테리아의 경우는 80% 정도 된다. 고속으로 회전하는 경우는 입자의 크기가 1㎛ 이하라도 99.6% 제거율을 나타낸다. 그러나 콜로이드 물질은 청징과 여과로 제거해 야 한다.

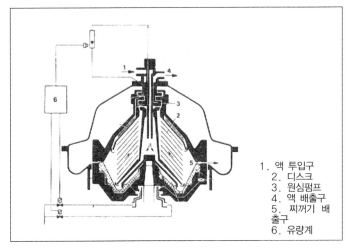

1. 액 투입구
2. 디스크
3. 원심펌프
4. 액 배출구
5. 찌꺼기 배
출구
6. 유량계

[그림 14-11] 원심분리기의 내부구조

제15장 와인의 산화와 오염

제15장 와인의 산화와 오염

와인은 알코올 농도가 20% 이하로서 산화에 대한 자체 방어력이 미약하고, 미생물이 생육할 수 있는 영양물질을 함유하고 있으므로, 제조, 저장 과정에서 항상 산화와 오염될 가능성을 안고 있다. 이러한 산화와 오염은 와인을 망쳐 놓고 심할 경우 소비할 수 없는 상태로 만든다. 한번 손상된 와인은 회복이 불가능하므로 산화와 오염에 대한 가능성을 파악하고, 미리 예방하는 것이 가장 좋은 방법이다.

와인의 산화

산화 메커니즘

산화는 와인에서 가장 흔한 결함으로써 산소가 있고, 촉매가 있으면 잘 일어난다. 산화는 와인 제조과정 전반에 일어나며, 심지어는 병 안에서도 일어날 수 있다. 안토시아닌, 카테킨, 에피카테킨 등 페놀 화합물이 가장 쉽게 산화되어, 색깔과 아로마에 변질을 초래한다. 그리고 에탄올도 산화되어 향미에 문제를 일으킨다. 그러나 대부분은 아황산 처리로 방지할 수 있다.

$$
\begin{array}{ccccc}
H_2 & & H & & OH \\
| & & | & & | \\
OH - C - CH_3 & \Rightarrow & O = C - CH_3 & \Rightarrow & O = C - CH_3 \\
\text{ethanol} & & \text{acetaldehyde} & & \text{acetic acid}
\end{array}
$$

[그림 15-1] 에탄올의 산화과정

대표적 산화물질인 아세트알데히드는 알코올 발효의 부산물로서도 나오지만, 보통은 에탄올데하이드로게나아제(ethanol dehydrogenase)가 에탄올을 산화하여 형성된다. 그리고 산막효모나 초산 박테리아도 이 물질을 생성한다. 최소감응농도 이하에서는 셰리 향을 주면서 풋사과나 감 냄새로 묘사되지만, 많으면 냄새가 고약하며, 숙취의 원인물질로도 작용한다.

화이트 와인의 산화

　몇 가지 특수한 와인을 제외하고, 공기는 화이트 와인의 가장 큰 적이다. 산소는 와인의 아로마를 변질시켜 신선도를 파괴하며, 색깔을 진하게 만든다. 머스트는 파쇄, 착즙, 이송, 따라내기 등 과정에서 자연히 공기와 접촉하게 되므로 완벽한 공기차단은 불가능하다. 게다가 완성된 와인보다 머스트가 산소에 민감하고 방지하기 어렵기 때문에 대부분의 와인메이커는 가능한 한 공기접촉을 최소화하는 데 노력하고 있으며, 적절한 아황산 처리로 페놀 화합물의 효소적 산화를 방지하고 있다.

　바로 착즙한 주스는 산소가 포화상태로 녹아 있으며, 이렇게 들어간 산소는 주스의 성분과 반응하여 산화를 일으킨다. 온도가 낮을수록 주스에 녹을 수 있는 산소의 양이 증가하지만, 산화속도는 온도가 높을수록 빨라진다. 그러므로 냉각상태의 주스나 와인을 이동시키거나 교반하면 많은 양의 산소가 녹아 들어가며, 이어서 이를 높은 온도에 보관하면 화학적인 혹은 효소적인 산화가 급속하게 진행된다. 그리고 알코올 농도가 높을수록, 다른 성분이 많을수록 용존산소의 양은 감소한다. 이 용존산소의 양은 휴대용 용존산소 측정기를 사용하면 바로 알 수 있으므로, 화이트 와인은 발효부터 포장까지 가능한 한 용존산소의 양을 가장 낮게 유지시켜야 한다.

과잉산화(Hyperoxidation/Hyperoxigenation)

　최근에는 완벽하게 산소를 차단한 머스트는 오히려 산화에 더 민감하다는 사실이 밝혀졌다. 공기를 차단시킨 환경에서 착즙하여 만든 와인은 공기와 접촉했을 때 전통적인 방법으로 만든 와인보다 먼저 갈변이 되며, 아황산으로 안정화시키기도 어렵다고 밝혔다. 1977년 뮐러 슈패트(Müller Späth)는 청징하기 전, 아황산을 첨가하지 않은 주스에 순수한 산소를 첨가하여 화이트 와인이 산화적 손상없이 색깔의 안정성이 개선되었다고 주장했다. 이런 조치를 '과잉산화'라고 하며, 주스의 폴리페놀을 미리 산화시켜 가라앉히는 동안 침전을 형성시켜 알코올 발효 때 제거하는 것이다.

　1989년에는 샴페인 지방에서도 과잉산화를 이용하여 피노 누아, 피노 뫼니에의 두 번째 착즙 주스의 질을 개선하였다. 이 기술은 품종과 테이스팅 패널에 따라 결과가 다르게 나타나며, 산화를 차단시킨 머스트는 특정 성분이 감소한다는 주장, 주스의 산화는 황 화합물의 침전으로 아로마의 강도를 감소시킨다는 주장, 주스의 과잉산화는 품종별 아로마를 손상시킨다는 주장 등이 있어서 아직은 논란이 많은 편이다.

주스의 효소적 산화

　주스의 산소 소비는 페놀 화합물의 효소적 산화 때문에 일어나는 것으로, 여기에 관여하는 효소는 주로 폴리페놀 옥시다아제(polyphenol oxidase)로서 건강한 포도에 있는 티로시나아제와 보드리티스 곰팡이 낀 포도에 있는 라카아제의 두 가지로 나눌 수 있다.

- 티로시나아제(Tyrosinase)에 의한 산화 : 티로시나아제(tyrosinase, monophenoloxidase)는 과일에 폭넓게 존재하며, 칼로 자른 사과를 갈변시키는 것도 바로 이것이다. 건강한 포도라도 산도가 낮고

온도가 높으면 머스트를 갈변시킨다. 기질은 페놀 화합물의 주성분인 신남산(cinnamic acid)과 신남산의 주석산 에스테르, 즉 카프타르산(caftaric acid/coutaric acid)이며, 티로시나아제는 이 카프타르산을 퀴논(quinone)으로 변화시킨다. 이 산화반응은 아주 신속하며, 주스가 처음 공기와 접할 때 분당 2mg/ℓ 이상의 빠른 속도로 산소를 소비하지만, 와인에서는 하루에 1~2 mg/ℓ 정도 소비된다. 그러므로 아황산을 첨가하기 전에 주스는 어느 정도의 산화가 필수적으로 일어난다. 나중에 산화속도가 감소되는 이유는 산화물이 형성되어 방해받는 것보다는 기질인 카프타르산의 농도가 낮아졌기 때문이다. 그러나 또 다른 산화효소인 라카아제(laccase)는 여러 가지 물질의 산화를 촉진시키며, 그 속도도 빠르지만 훨씬 상기간 지속된다.

생성된 퀴논은 반응성이 강하여 다른 페놀 화합물(플라보노이드)과 축합하여 중합체를 형성하는데, 이 중합 정도가 커질수록 갈변이 강해진다. 또 퀴논은 환원력이 강한 글루타티온(glutathione)과 결합하여 무색의 화합물(2-S-glutathionyl-2-caftaric acid)을 형성하는데 이것을 GRP(Grape Reaction Product)라고 한다. 글루타티온은 -SH (설프히드릴)기를 가진 트라이펩티드(tri-peptide)로서 특정 품종에는 100mg/kg 정도 함유하고 있다. 티로시나아제는 이 글루타티온 유도체를 산화시키지 못하기 때문에 글루타티온이 많으면 티로시나아제의 산화가 방해를 받는다.

그러므로 머스트의 갈변은 플라보노이드 농도와 포도 열매자루의 침출 등 기계적인 조작에 따라 달라지며, 글루타티온이 퀴논을 고정시킴으로써 산화가 저해되므로 글루타티온의 농도가 결정적인 역할을 한다. 티로시나아제는 활성이 강하지만 pH에 따라 불안정(최적 pH 4.75)하며, 이 효소는 55℃ 이상으로 처리하거나, 아황산을 50mg/ℓ 정도 첨가하면 활성이 사라진다. 퀴논은 주스의 아스코르브산과 같은 다른 환원제와도 결합하여 다시 카프타르산을 내놓는다.

- 라카아제(Laccase)에 의한 산화 : 라카아제는 훨씬 더 위험한 산화효소로서 보트리티스 곰팡이에서 나온 것이다. 그러므로 페놀 화합물의 산화는 보트리티스 곰팡이가 낀 포도에서 가장 위험하다. 이런 포도는 라카아제(p-phenol oxygen oxidoreductase)를 가지고 있는데, 티로시나아제에 비하여 pH 변화나 아황산에 저항성이 강하고, GRP를 산화시켜 복잡한 퀴논을 형성하므로, 보트리티스 곰팡이 낀 포도에서는 글루타티온이 퀴논을 고정시키지 못한다. 그러므로 일반 와인에 곰팡이 낀 포도가 들어가지 않도록 주의해야 한다.

주스의 산소 소비속도와 형성된 물질의 성격은 초기 카프타르산, 글루타티온, 아스코르브산, 플라보노이드 등의 농도에 좌우되며, 이들의 농도는 품종과 성숙도에 따라 다르다. 콜럼바르 주스의 경우는 글루타티온과 아스코르브산이 풍부하기 때문에 카프타르산 퀴논이 거의 없다. 초기 단계에서 카프타르산이 형성되면 아스코르브산이 환원시켜 버리기 때문이다. 아스코르브산이 없어지면 카프타르산은 글루타티온과 결합하여 GRP를 형성하며, 이것이 축적된다. 주스의 색깔은

녹색에서 베이지색으로 변한다. 그러니까 퀴논이 형성되지 않아 갈변이 일어나지 않으면, 플라보노이드와 반응도 거의 없다. 위니 블랑은 글루타티온이 거의 없고, 아스코르브산이 없으므로 산소의 소비가 빠르고 많은 양의 퀴논이 형성되어 주스가 갈변된다.

화이트 와인의 적변(Pinking)

화이트 와인이 발효 후나 주병 후에 핑크빛으로 변하는 현상인데, 적포도를 사용하여 만든 화이트 와인과는 관계가 없는 현상이다. 이 현상은 화이트 와인의 황색을 흐리게 만들어 산화된 인상을 주며, 갈변된 것으로 보이게 만든다. 산화와는 다른 현상이지만, 산화와 마찬가지로 발효 후 공기 접촉으로 나타나는 현상이다. 즉 발효 후에 공기와 접촉하면서 용존 탄산가스 함량이 감소하면서 일어난다. 맛과 향에는 영향이 없으며, 일시적인 현상으로 시간이 지나면 정상으로 돌아온다.

보통은 유리 아황산의 부족으로 일어나며, 발효 초기의 산소 부족, 높은 저장 온도, 빛이나 공기에 노출되었을 때 나타난다. 낮은 온도에서 철저하게 공기를 차단시킨 환원적인 상태에서 발효시킨 와인을 공기에 노출시키면 이런 현상이 일어나므로, 현대적인 기술을 사용하여 만든 화이트 와인에서 많이 볼 수 있다.

PVPP를 사용하여 청징을 시키면 적변을 일으키는 물질을 제거할 수 있으며, 적절한 아황산 농도 유지, 공기 접촉 최소화 등으로 이 현상을 방지할 수 있다. 적변이 안 된 와인이라도 와인 1 ℓ 에 과산화수소 15㎎ 정도를 첨가하여 색깔이 변하면, 적변이 일어날 수 있는 소지를 가지고 있다고 예견할 수 있다.

산화 방지

- **아황산 첨가** : 와인메이커는 주스의 산화를 억제하기 위해 여러 가지 조치를 할 수 있다. 주스의 산화 방지를 위해서는 첫째 아황산을 첨가하는 것으로 가장 간편하고 효과적이다. 티로시나아제를 파괴하기 위해서는 50mg/ℓ 정도면 되지만, 퀴논을 함유한 진한 색의 프레스 주스에는 첨가량을 증가시킨다. 아황산은 첨가량을 계산하여 일시에 넣고 골고루 섞일 수 있게 해야 한다. 첨가량이 50mg/ℓ 이하일 경우는 산화 정도가 낮아져 일시적으로 산화와 갈변이 연기될 뿐이고, 주스에 녹아 있는 산소가 그동안 소모되어 버린다. 가장 나쁜 것이 아황산을 조금씩 점차적으로 첨가하는 방법이다. 이렇게 하면 총 산소 소비량이 아황산을 넣지 않은 머스트보다 더 많아지고 최종 머스트의 색깔은 둘 다 비슷하게 된다. 그리고 아황산을 으깬 포도에 첨가할 경우는 껍질에서 페놀 화합물 추출을 촉진하므로 화이트 와인에서는 유의해야 한다. 발효가 끝난 와인은 주병할

때까지 적절한 아황산 농도를 유지하도록 해야 한다.

- 아스코르브산(Ascorbic acid) 첨가 : 아스코르브산을 첨가100mg/ℓ하면, 산화를 방지할 수 있지만, 아스코르브산은 항산화제로 작용하는 것이 아니고, 낮은 농도의 아황산과 같이 퀴논을 환원할 뿐 산소의 소비를 억제하지는 못한다. 그러므로 아스코르브산을 사용할 경우는 공기를 차단시켜야 한다. 예를 들면, 침출탱크나 착즙기에 포도를 채울 때 드라이아이스를 넣거나, 탱크에 와인을 항상 가득 채우고 그렇지 못한 것은 내부를 탄산가스나 질소로 채우는 것도 좋다. 어쨌든 아황산이 없는 주스는 공기 접촉을 최대한 방지해야 한다.

- 저온 보관 : 산화효소는 온도가 높을수록 활성이 강해지고, 낮을수록 약해진다. 30℃에서 산소의 소비속도는 12℃ 때의 세 배가 되므로, 주스를 냉각시키는 방법도 산화를 억제시키는 데 아주 좋은 방법이다. 액체 탄산가스를 착즙기나 탱크에 연결하여 주스가 나오자마자 냉각시키는 방법이 좋다. 냉동 착즙법 역시 산화 억제 효과가 있으며, 아로마도 훨씬 좋아진다. 그리고 완성된 와인도 저온에서 보관하는 것이 좋다.

- 기타 : 페놀 화합물은 주로 과육 입자에 결합되어 있으므로 주스를 청징하는 것도 산화를 어느 정도 억제하지만, 주스의 갈변은 막지 못한다. 왜냐하면 청징을 하더라도 티로시나아제 활성이 남아 있어서 산소가 있으면 갈변이 빠르게 진행되기 때문이다. 청징은 축합된 플라보노이드 등 산화물질을 제거할 뿐이다. 또 가열160℃로 수분은 이론적으로 산화효소를 파괴하지만, 부반응이 일어나기 때문에 실제로는 잘 사용하는 방법이 아니다. 주스가 나오자마자 재빨리 처리하고, 가열 역시 짧은 시간에 처리하는 것이 좋다.

    와인을 이동할 때는 공기 접촉을 최소화하고, 탱크에 보관할 때는 빈 공간을 가스로 채워야 한다. 영 레드 와인은 어느 정도 공기에 저항력이 있고, 약간의 공기 접촉이 타닌을 부드럽게 만들고, 색소를 안정시키는 효과도 있지만, 화이트 와인은 공기에 민감하므로 이송할 경우에 펌프보다는 질소 등 가스 압력을 이용하여 이동하는 것이 좋다. 이상적인 조건으로서, 화이트 와인의 pH는 3.1~3.4, 유리 아황산 농도는 15~35mg/ℓ, 아스코르브산은 50~100mg/ℓ 정도를 유지시키는 것이 좋다.

미생물 오염

와인의 미생물 오염은 몇 가지로 나눌 수 있는데, 일반적으로 '아스상acescence'과 '투른tourne'으로 나눈다. 아스상은 몇 가지 원인이 있는데, 휘발산의 증가로서 초산 형성으로 규정할 수 있다. 투른은 와인의 분해라고 할 수 있는데, 맛과 외관이 변하면서 신맛을 동반한다. 와인에

질병을 일으키는 미생물은 두 가지 종류 즉 혐기성과 호기성으로 나눈다. 공기 중에 노출된 와인의 표면에서 번식하는 호기성균은 초산이나 피막을 형성하고, 공기와 접촉되지 않은 상태에서 번식하는 혐기성균이나 통성 혐기성균은 당이나 주석산, 글리세롤 등을 공격하여 심각한 손실을 일으킨다.

초산균 오염 혹은 아스상(*Acescence*)

초산박테리아가 초산 발효를 일으켜 초산을 생성하는 것으로 '아스상' 혹은 '사우어링(*souring*)'이라고 한다. 여기에 관여하는 미생물은 초산박테리아인 아세토박테르(*Acetobacter*)에 속한 것으로, 현미경에서 작은 실린더 모양의 세포로 짧은 체인을 형성하여, 두 개씩 그룹으로 되어 숫자 8 모양을 이룬다. 지름은 1㎛ 이하이다. 초산균은 와인 표면에 형성되어 재빨리 전체를 덮어 버리는데, 여러 가지 양상을 보여 준다. 얇고 하얀 것으로 빨리 자라는 것, 두껍고 천천히 형성되는 것, 두껍고 끈적끈적한 것 등 모두 초산 생성 균이다. 종류는 아세토박테르 란센스(*Acetobacter rancens*), 아세토박테르 아센덴스(*Acetobacter ascendens*), 아세토박테르 자일리늄(*Acetobacter xylinum*) 등이 있다. 이들 박테리아는 호흡으로 자라기 때문에 공기가 필요하며, 와인에 있는 알코올을 산화하여 초산으로 만든다.

$$CH_3-CH_2-OH + O_2 \rightarrow CH_3-COOH + H_2O$$
$$알코올 + 산소 \rightarrow 초산 + 물$$

[그림 15-2] 초산의 생성반응

그러므로 이 박테리아가 번식하고 산화하는 데 많은 양의 공기가 필요하다. 0.5g의 휘발산이 증가되려면 와인 1ℓ에 공기가 1ℓ 필요하다. 이렇게 대량의 산소가 필요하다는 것은 초산균은 표면에서 즉 와인과 공기가 접촉하는 곳에서만 자란다는 뜻이 된다.

[그림 15-3] 초산박테리아 현미경 사진(1,000배)

- 초산(Acetic acid) 형성 : 초산은 휘발산으로 식초 냄새를 풍기는데, 효모나 박테리아의 오염으로 생긴다. 발효의 부산물로서 약간 생성되지만, 대부분은 완성된 와인의 초산박테리아 오염으로 생성된다.

- 초산에틸(Ethyl acetate) 형성 : 초산 형성에는 항상 초산에틸 형성을 동반한다. 이 휘발성 에스터는 아세톤 냄새와 비슷하며, 초산과 에탄올의 반응으로 생성된다. 그러니까 초산에틸 역시 아세토박테르(*Acetobacter*)가 작용하여 남긴 흔적이다. 초산은

사람이 750mg/ℓ 농도부터 감지할 수 있지만, 초산에틸은 120mg/ℓ 이상이면 감지할 수 있기 때문에, 초산에틸 냄새가 나면 이미 초산이 형성된 것으로 판단하므로 초산에틸은 초산 오염의 지표가 되는 물질이 된다. 160~180mg/ℓ 이상 되면 와인과 사람에 따라 다르지만 냄새에 영향을 주며 품질을 떨어뜨린다. 셀러에 있는 와인의 관리에 대한 평가는 초산에틸 함량으로 평가될 수 있다. 그래서 경우에 따라 휘발산 농도가 낮은데도 와인을 버렸다고 하기도 하고, 휘발산 농도가 높아도 냄새 없이 참을 만하다고 느끼기도 하는 이유는 초산에틸 함량에 따라 느낌이 다르기 때문이다.

- **초산균 오염의 원인** : 초산균 오염은 탱크나 오크통의 토핑이나 밀봉상태의 불량과 관계가 있다. 좋은 저장조건이란 뚜껑의 위생적인 밀봉상태를 말한다. 밀봉이 불량한 오크통의 경우는 봄이나 여름에 냄새로써 그 오염을 감지할 수 있다. 이런 경우는 뚜껑을 옆으로 오게 하면 오염을 방지할 수 있다. 초산박테리아는 포도, 셀러의 벽과 바닥, 오크통 내부 등 어디서나 발견된다. 레드 와인을 온도 조건이 좋은 곳에서 공기 중에 노출시키면 영 와인은 피막이 형성되고 시어지지만, 오래된 와인은 바로 시어진다. 초산균 오염은 pH가 가장 중요한 인자가 된다. pH 3.0 이하에서는 아스상이 거의 불가능하지만, pH 3.2~3.4에서는 쉽게 일어난다. 온도 또한 중요한 요소가 되는데, 28℃에서는 23℃보다 오염이 두 배 더 빠르고, 23℃는 18℃보다 두 배 더 빠르다.

  셀러에서 공기에 의해 와인이 오염됐다는 말은 잘못된 것이다. 왜냐하면 오염인자인 균은 공기 중에는 거의 없고 와인 자체나 용기에 훨씬 더 많기 때문이다. 대부분의 오염은 용기에서 이루어진다. 특히, 빈 통은 냄새로는 감지할 수 없지만 항상 초산이 존재한다. 이 초산은 나무 내부에 들어 있던 와인에서 나온다. 어떤 용기에 와인을 가득 채우지 못할 경우 빈 공간에 아황산 가스를 주입하는 것보다는 내부 가스로 보호하는 방식을 선택해야 한다. 또 아황산 용액으로 둘러싼 뚜껑은 침투하는 공기를 소독하는 것이 아니고, 아황산의 확산으로 와인의 표면을 덮는 것이 되므로 별 소용이 없다.

아스상은 심각한 문제로서 와인을 마실 수 없게 만든다. 그리고 대부분은 용기 관리를 잘못하거나 가득 채우지 않은 경우, 밀봉이 잘못되었을 때 문제가 일어난다. 약간의 주의와 청결을 유지하면 쉽게 피할 수 있다. 이들은 소량의 아황산으로 충분히 방지할 수 있다.

피막 효모(Film yeast, Flor)

와인 표면에 백색의 피막을 형성하는 효모는 칸디다*(Candida*, 대부분 *Candida mycoderma)*속, 피히아*(Pichia*, 대부분 *Pichia membranfaciens)*속, 한세눌라*(Hansenula*, 대부분 *Hansenula anomala)*속, 사카로미세스*(Saccharomyces*, 대부분 *Saccharomyces beticus, Saccharomyces fermentati)*속 등이 일으키는

것으로, 그렇게 위험한 것은 아니지만, 가끔 난처한 경우도 있다.

칸디다 미코델마(Candida mycoderma)는 강한 호흡작용을 하지만 당에 대한 발효력은 없다. 이 균은 알코올을 산화하여 아세트알데히드를 만들고, 와인의 다른 성분 특히 유기산을 공격한다. 그러므로 피막 형성균이 자라는 동안에는 산도가 낮아지며 심지어는 휘발산까지 낮아진다. 피막이 커지고 두꺼워지면 와인은 공기로 가득 차고 아세트알데히드 냄새가 지배한다. 그리고 산도와 알코올이 감소되어 물과 같이 맛이 약해지고 혼탁을 동반한다. 이런 형태에서 피막은 와인에 주의를 기울이지 않고 장기간 방치시켰을 때 일어난다.

심각한 변화를 수반하지 않는 피막은 알코올 농도가 낮은 와인을 저장할 때 잘 일어난다. 9~10% 알코올을 가진 영 와인을 탱크에 저장할 때는 뚜껑 안쪽, 오버플로우관(overflow duct), 공기와 접촉하는 와인의 표면, 심지어는 오크통 뚜껑 주변에서도 이 균이 잘 자란다. 와인이 전체적으로 꼭 오염되지는 않지만 이러한 균의 오염을 피하기 위해서는 적절한 밀봉장치가 있어야 한다.

피막의 심각한 형태는 여름에 밀봉이 약한 큰 병에서도 나타날 수 있다. 이 병은 오염에 충분한 공기구멍이 있는데다 운반이나 취급 시 병을 세워 두기 때문이다. 피막의 파편이 병목 부분에 생긴다. 이것은 청징이 불충분하고 안정화가 안 됐다는 것을 의미한다. 이 현상은 정밀여과, 30 mg/ℓ의 유리 아황산 농도 유지, 완벽한 밀봉, 헤드스페이스 축소 등으로 방지할 수 있다. 가열하여 주병하면 오염 방지에 가장 완벽하다.

젖산균 오염

젖산균은 와인 양조(MLF)에서 중요한 균으로 작용하지만, 여기서는 원하지 않는 반응 즉, 오염균으로서 작용하는 젖산균을 말한다. 어떤 면에서는 피막 형성균보다 더 심각하지만, 쉽게 방지할 수 있다. 이것은 젖산박테리아가 일으키는데, 와인 내부 깊숙한 곳에서 생육한다. 이들은 관리를 잘한 와인에도 나타나 셀러에서 일하는 사람을 난처하게 만든다. 토핑, 따라내기, 청징, 여과 등을 여름에 할 때나 2~3주 간격으로 테이스팅할 때 갑자기 맛이 나쁜 방향으로 변할 때가 있다. 맛이 건조해지고 휘발산 때문에 맛이 싱거워지며, 가끔 신선도가 사라지며 맛이 나빠지거나 가스가 차게 된다. 심심하며 좋지 않은 냄새와 더불어 색깔도 흐려진다. 공격받는 성분을 기초로 다음과 같이 구분한다.

- 투른(Tourne) : 이 질환은 주석산의 총괄적인 발효라고 정의할 수 있다. 이 변화는 심각한 것으로 와인을 마실 수 없게 만든다. 이 질환은 몇 가지 종에 속하는 젖산박테리아가 일으키는데, 이 균은 적절한 조건에서 산도가 낮을 때 주석산을 공격하여 젖산과 초산 그리고 탄산가스를 형성한다. 현미경에서 투른을 일으키는 균은 간균으로 나타나며, 처음에는 MLF 박테리아와 구분

하기 힘들다. 이들이 길고 두꺼울수록 성장이 잘 됐다는 것을 나타낸다. 구균 역시 주석산을 공격한다. 심할 때는 박테리아끼리 뭉쳐서 부피가 큰 침상의 결정을 형성하여 마치 속기사의 글처럼 꾸불꾸불하고 긴 필라멘트처럼 보인다.

이 박테리아의 공격을 받은 와인은 산도가 떨어지고 휘발산이 높아진다. 와인의 필수적인 신맛이 사라지므로 싱거운 맛을 내고 pH가 증가하며, 레드 와인의 색깔은 생동감이 사라지고 둔한 갈색으로 변한다. 미생물 증식에 따라 혼탁해지고 와인을 잔에서 흔들면 비단결 같은 무늬를 볼 수 있다. 그리고 가스가 차면서 탄산가스를 방출하며, 특이한 냄새가 형성된다. 이 질환이 너 발날하면 냄새가 안 좋아지며, 쥐 냄새가 난다.

박테리아가 주석산을 공격할 때는 산도가 낮은 와인(pH 3.5 부근)에서 일어나지만, 박테리아가 주석산을 공격하는 일은 MLF만큼 자주 일어나지는 않는다. 이들은 아황산에 매우 민감하므로 발효를 잘 하고 저장조건을 유의해서 조절하면 극히 일어나기 힘들다. 요즈음에는 거의 없어졌지만, 아황산을 사용하지 않으면 자주 나타난다.

- **글리세롤 발효** : 이 현상을 '비터니스(bitterness)'라고도 하며, 19세기 말 부르고뉴 지방 와인에 심한 타격을 준 것으로 알려져 있다. 오늘날에는 양조기술의 발달로 극히 드물지만, 포도가 덜 익은 상태에서 곰팡이가 끼거나 포도나무가 오염된 안 좋은 해에 나타난다. 페디오코쿠스(Pediococcus), 락토바실루스(Lactobacillus), 오에노코쿠스(Oenococcus) 등의 오염으로 나타나며, 산도가 낮은 와인 특히, 프레스 와인이나 찌꺼기 와인(lees wine)에 영향을 준다. 이 발효는 젖산, 초산, 그리고 지방산 생성을 동반한다. 그리고 아크롤레인(acrolein)을 형성하는데, 이 물질은 와인의 페놀 화합물과 반응하여 쓴맛을 형성한다. 와인을 가열하면 얼얼한 냄새를 내므로 쉽게 식별할 수 있다. 아크롤레인은 잘못 보관된 효모 찌꺼기나 포도 찌꺼기로 만든 증류주에서도 나올 수 있다.

- **당의 젖산 발효** : 이 발효는 당이 있는 와인에서 일어나는데, 젖산박테리아가 당을 공격하여 젖산과 초산을 형성하는 반응이다. 젖산균은 사과산을 발효시켜 와인을 부드럽게 하기도 하지만, 알코올 발효가 멈추었을 때 와인에서 자라면 위험하다. 젖산균 오염은 다음과 같은 경우에 일어난다. 알코올 발효 도중 온도가 너무 올라가서 효모가 충격을 받아 발효가 거의 일어나지 않거나, 발효가 정지되어 당분이 남아 있는 상태에서, 재빨리 알코올 발효가 시작되지 않으면 휘발산과 고정산이 증가하는데, 이렇게 발효가 중단되면 젖산박테리아가 남아 있는 당을 공격하여 시고 단맛을 낸다.

이 현상을 '만니톨(mannitol) 발효'라고도 하는데, 이는 만니톨 형성을 동반하기 때문이다. 이것은 시계접시 위에 와인 수㎤ 정도만 증발시켜 보면 금방 알 수 있다. 만니톨 결정은 48시간 이내에 비단 모양의 투명한 침상형태를 나타낸다. 만니톨은 과당(fructose)의 젖산발효로 나온

다. 이 현상은 요즈음 별로 흔하지 않은데 이는 아황산 사용 덕분이다. 아직도 0.7~0.8g/ℓ 의 휘발산을 나타내는 심하지 않은 오염상태가 있을 수 있는데, 대부분 프레스 와인에서 일어난다.

- **잔당의 젖산발효** : 알코올 발효가 완전히 끝난 레드 와인에는 1.5~2.0g/ℓ 정도의 약간의 당이 남아 있다. 이 당은 발효가 안 되는 오탄당(pentose)으로 아라비노스(arabinose), 자일로스(xylose) 그리고 발효가 안 되고 남아 있는 포도당과 과당의 혼합체로 되어 있다. 또 발효가 끝난 와인은 처음 한 달 저장기간 중 배당체(glucoside)의 가수분해로 포도당이 증가할 수도 있다. MLF 중에 젖산박테리아는 이렇게 남아 있는 적은 양의 당을 이용할 수 있는데, 젖산박테리아는 사과산이 사라진 다음에 이런 당을 공격하거나, 때에 따라서 몇 달 후에 다시 시작하는 수도 있다. 이 박테리아의 번식으로 오크통에 있던 와인의 산도가 높아지고, 더욱 드라이 상태로 되고, 묽은 맛을 낸다. 소량의 젖산 생성으로 고정산도가 약간 높아지며, 더불어 휘발산도 증가한다.

와인에 따라서 첫 번째 혹은 두 번째 여름의 어느 순간에 박테리아 작용으로 휘발산이 0.2~0.3g/ℓ 정도 증가하게 된다. 화학적 분석을 하지 않으면 지나치기 쉬운데, 이때도 청징상태를 유지하기 때문이다. 휘발산은 0.3g/ℓ에서 MLF가 끝난 뒤에는 0.5~0.6g/ℓ으로 증가되는데, 이때를 지나면 와인은 안정되고 더 이상 반응이 진행되지 않는다.

요즈음 고급 레드 와인을 저장할 때 휘발산이 증가하는 경우가 있는데, 이 상태는 진짜 오염이 아니고 초기단계에서는 부케도 손상되지 않는다. 그렇지만 와인이 드라이해지고 풍부함과 진한 맛이 사라진다. 사람들은 이러한 변화를 인식하지 못하는데, 이 변화는 오크통마다 다르게 일어나며 시간에 따라 다르지만, 아무리 가벼운 반응이라도 경우에 따라 오염을 촉진시킬 수 있어 품질의 손상은 심각하다. 이 현상을 점검하려면 고급 와인일수록 주병 직전까지 휘발산을 계속 분석하고 있어야 한다. 휘발산이 0.5g/ℓ 이상 되면 박테리아 반응이 일어나고 있다는 신호로 생각해야 하며, 이런 와인은 신선도와 섬세함을 잃게 된다. 사실, 레드 와인은 이런 현상이 자주 나타나는데, 주병할 때 휘발산이 0.5g/ℓ를 초과하는 경우가 많다.

여기에 관여하는 박테리아는 MLF가 끝난 후에도, 여과를 일찍 한 경우를 제외하고는 와인에 오랫동안 남아 있으며, 이 박테리아가 활성을 잃고 가라앉기까지는 시간이 오래 걸린다. 대부분 박테리아는 pH 3.3 이하에서는 자라지 못하지만, pH가 높으면 잘 자라고, 산을 생성하면서 다시 pH가 낮아지므로, 박테리아가 자랄 수 있는 환경이 되지 못한다. 즉 박테리아는 자기들이 생산하는 산에 의해서 방해를 받는다. 저장시설을 개선하고, 제조방법을 개선하고, 빨리 정제하여 액을 맑게 만드는 등 와인에 필요한 조치와 계절환경에 따라 적절한 살균 조치를 하면 방지할 수 있다.

- 점착성 증가 현상(Ropiness, *Graisse*) : 젖산균의 작용으로 점성이 증가하는 현상으로, 이렇게 된 와인을 점착성 와인(ropy wine, vins filants)이라고 하는데, 양조기술이 발달함에 따라서 점차 발생빈도가 낮아지고 있다. 증류하기 위해 아황산을 첨가하지 않은 와인에서 간혹 생긴다. 그리고 항상 오염되는 것이 아니고 MLF 중 특별한 경우에 생긴다. 조건을 정확하게 설명할 수 없지만 (사과산 함량이 많고 아황산이 없을 때), MLF에서 로이코노스톡(Leuconostoc)이 점액상 물질로 자신들을 감싸 서로 엉켜서 글루칸 타입의 다당류로 와인을 기름으로 보이게 만든다. 와인이 무거워지고 따를 때 로프 모양으로 점성이 나타나면서 소리 없이 미끈하게 떨어진다. 휘발산은 높지 않아 보통 0.5g/ℓ 정도 된다. 이 현상은 심각한 오염의 준비단계로서 위험하다.

  방지책은 MLF를 방해하지 않을 정도의 아황산을 사용하여 점성물질의 생성을 방지하는 것이다. 적절한 처리로는 60~80㎎/ℓ 아황산을 첨가하여 강렬하게 기계적으로 저어 주는 것이다. 이 방법으로 와인에 점성물질이 생성되는 것도 막고 즉시 멈추게 할 수도 있다. 이 현상은 레드, 화이트 공히 형성된다.

- 다이아세틸(Diacetyl) 생성 : 젖산균으로 주로 오에노코쿠스 오에니(Oenococcus oeni)가 생성하며, 낮은 농도에서는 견과류 혹은 캐러멜 냄새가 나지만 5㎎/ℓ 이상이 되면 버터 냄새나 버터스카치 냄새가 난다. 사과산이 사라진 뒤에 남아 있는 구연산의 대사로 생성될 수 있다.

- 쥐 냄새(Mousiness) 생성 : 쥐 냄새는 브레타노마이세스의 작용으로 생성되지만, 젖산균인 락토바실루스 브레비스(Lactobacillus brevis), 락토바실루스 퍼멘툼(Latobacillus fermentum) 등이 라이신(lysine)을 변형시켜 생성한다. 와인의 pH에서는 휘발하지 않아 냄새가 없지만, 입에 들어가 침과 섞이면서 pH가 변하면 느낄 수 있다.

- 제라늄(Geranium) 냄새 생성 : 젖산균이 소르브산(sorbic acid)을 대사하여 생기는 물질로서 제라늄 잎의 향을 풍긴다. 소르브산은 스위트 와인에 효모의 활성을 없애고자 첨가하는데, 이 냄새는 젖산균이 소르브산을 변화시켜 나온 물질과 에탄올과 반응하여 생성되므로, 머스트에서는 제라늄 향이 생성되지 않는다.

브레타노미세스(*Brettanomyces/Dekkera*)

브레타노미세스(Brettanomyces)는 진균류에 속하는 단세포 효모로 와인을 부패시키는 미생물이다. 1900년대 초에 맥주공정에서 처음으로 확인되었고, 와인에서는 1950년대에 처음으로 관찰되었다. 이 브레타노미세스를 '데케라(Dekkera)'라고도 하는데 데케라는 자낭포자를 형성하는 데 반해, 브레타노미세스는 포자를 형성하지 않는다. 이들을 간단하게 '브레트(Brett)'라고도 하는데, 와인에서 자랄 때 휘발성 페놀 화합물을 생성하여 헛간 냄새와 비슷한 냄새를 풍긴다. 이때

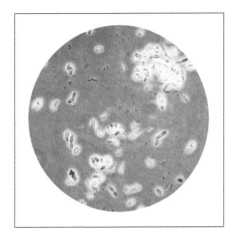

[그림 15-4] 브레타노미세스(*Brettanomyces*)
현미경 사진

나타나는 성분은 마구간 냄새를 풍기는 4-에틸페놀(4-ethylphenol), 스모키하고 스파이시한 4-에틸과이아콜(4-ethylguaiacol), 말 냄새로 악취를 풍기는 아이소발레르산(isovaleric acid) 등이다. 그러나 소량의 성분이 있어서 향미에 긍정적인 작용을 한다는 주장도 설득력을 얻고 있다.

이들의 성장조건이나 대사작용에 대해서 자세하게 알려진 것이 많지 않지만, 알코올 발효가 끝나고 당분이나 질소원이 소량 남아 있는 경우에만 성장할 수 있으며, 기질이 일정하지 않아 폴리페놀까지 변화시켜 휘발성 페놀을 만들 수 있다. 화이트 와인에 생기기도 하지만, 레드 와인에서 문제가 심각하다. 레드 와인은 폴리페놀 함량이 높고, 일반적으로 pH가 높아서 브레트의 확산을 촉진시키기 때문이다.

브레트 오염 방지에 효과적인 수단은 유리 아황산 농도를 높게 유지하는 것이지만, 25㎎/ℓ에서는 일시적인 효과가 있을 뿐이고, 유리 아황산이 결합형으로 변하면 다시 활성이 나타난다. 가장 효과적인 수단은 제균 여과지만, 여과하지 않은 와인은 잔당을 없애고 낮은 온도에서 보관하는 것이 좋다.

저스민(Geosmin) 생성

흙 냄새, 나무 냄새가 풍기는 화합물로서 최소감응농도가 아주 낮다(10 ppt). 스트렙토미세스(*Streptomyces*)나 보트리티스 시네레아(*Botritis cinerea*), 페니실륨 엑스판숨(*Penicillium expansum*) 같은 미생물의 대사작용으로 생성되며, 오염이 아니고 환경(terroir)에 따라 이 냄새가 날 수도 있다. 오염된 코르크 냄새에도 작용한다.

재발효(Refermentation)

진당이 있는 와인을 살균 없이 주병하였을 경우 다시 일어나는 알코올 발효로서 와인이 혼탁해지고, 알코올 농도가 상승하며, 탄산가스가 나와 스파클링 와인이 된다. 진당을 1.0g/ℓ 이하로 하거나, 주병하기 전에 소르브산 첨가, 제균 여과 등의 조치를 취하면 방지할 수 있다.

미생물 검사

모든 와인의 질병은 그에 따른 특수한 미생물이 있다지만 실제로는 그렇지 않다. 현재 와인에 있는 박테리아는 처음에 여러 종류의 박테리아가 환경에 적응해 가면서 그 결과로 나타난 것이다. 이러한 미생물들은 시간이 지남에 따라, 돌연변이나 적응력이 증가되면서 와인의 성분(주석산, 글리세롤)을 이용하면서 오염 박테리아로 변한다.

현미경 검사를 통해서 와인의 미생물 존재와 번식을 알 수는 있으나, 번식 초기 즉 가장 활발할 때는 이들의 성질을 파악할 수 없다. 개방된 상태의 공기 접촉 검사(air test)는 병에 와인을 반만 채워서 25℃ 오븐에 보관한 후, 만약 48시간 이내에 피막이 형성되면 문제가 있는 것이고, 5~6일 후에도 변화가 없으면 잘된 것으로 판단하면 된다. 공기 접촉 없는 검사(MLF 균을 비롯한 모든 박테리아)는 와인을 넣고 밀봉한 병을 25℃에서 몇 주일 동안 보관한 후, 휘발산과 산도의 변화를 측정해 보면 그 변화를 알 수 있다.

살아 있는 미생물 숫자는 현미경 관찰로는 힘들고, 배지에서 2~3일 배양하여 살아 있는 균수를 검사하는 방법이 더 효율적이다(20장 참조). 배지에 검사할 와인 한 방울을 떨어뜨려 2~3일 배양하면 일정 양의 와인에 젖산균, 초산균, 살아 있는 효모(혼탁이나 재발효를 일으키는 것)가 얼마나 있는지를 파악할 수 있다. 이 기술은 활성이 있는 즉, 번식하는 미생물 세포의 숫자를 알 수 있다. 현미경 검사만으로 와인 보관이 잘 될 것인지 판정하기는 불충분하다. 그리고 이 검사는 미생물학적 청징상태를 측정할 수 있으므로 청징작업도 효과적으로 할 수 있다. 즉, 정제, 여과, 주병을 위한 준비작업, 주병 후 살균 여부, 병에서 와인 보관, 침전 형성이나 새로운 미생물의 번식상태 추정 등을 할 수 있다.

화학적 결함

금속 오염

요즈음은 금속 오염이 흔하지 않지만, 가끔 문제를 일으키기도 한다. 금속 오염은 철, 구리, 알루미늄 등이 일으키는데, 옛날에는 이들 금속으로 만든 기구나 용기에서 오염이 되었지만, 요즈음은 스테인리스스틸, 플라스틱, 나무 등을 사용하기 때문에 현저하게 위험성이 감소하였다.

- **철 오염** : 산화상태에서 철 이온이 일으키는데, 화이트 와인에서는 인산철(백색 혼탁)이, 레드 와인에서는 타닌과 철의 결합(청색 혼탁)으로 일어난다. 철의 농도가 5~10mg/ℓ 이하면 별 문제가 없지만, 그 이상 되면 심각한 문제를 일으킬 수 있다. 혼탁한 와인 샘플에 해당 와인 부피의 1/4에 해당하는 10% 염산(HCl)을 첨가하여, 혼탁이 사라지면 금속 오염 가능성이 있다고 볼 수 있다.

여기에 5% 페로시안화칼륨(K₄Fe(CN)₆ · H₂O) 용액을 몇 방울 떨어뜨려, 청색으로 변하면 와인 샘플에 철이 존재한다는 표시가 된다.

- **구리 오염** : 구리 오염은 화이트 와인의 환원상태에서 구리 이온과 단백질의 반응으로 일어난다. 구리의 농도가 0.5~1.0㎎/ℓ 이하면 별 문제가 없지만, 그 이상 되면 심각한 문제를 일으킬 수 있다. 혼탁한 와인 샘플에 해당 와인 부피의 1/4에 해당하는 10% 염산을 첨가하여, 혼탁이 사라지면 금속 오염 가능성이 있다고 볼 수 있다. 또 혼탁한 샘플에 3~10%의 과산화수소(H₂O₂)를 몇 방울 떨어뜨려 혼탁이 사라지면 구리 오염 가능성이 있는 것이다. 완벽한 검사는 5% 페로시안화칼륨 용액을 몇 방울 떨어뜨리는 방법으로, 적색으로 변하면 와인 샘플에 구리가 존재한다는 표시가 된다.

- **알루미늄 오염** : 극히 드물지만, 알루미늄으로 만든 기구나 용기를 사용할 경우에 나타나며, 와인에 금속성 향미를 풍긴다. 그러나 알루미늄 함량이 3㎎/ℓ 이하면 별 문제가 없다.

황 화합물 생성

황은 양조과정 중 산화 방지와 살균효과를 얻기 위해 첨가되는 아황산이나 발효의 부산물로서 생성되는 것으로 적당량이 존재할 때는 감지되지 않지만, 많은 양이면 와인의 향미에 부정적인 영향을 끼친다. 황 화합물은 최소감응농도가 매우 낮기 때문에 사용하는 데 주의가 필요하다.

- **황화수소(Hydrogen sulfide)** : 양조과정 중 가장 흔하게 나타나는 냄새로 썩은 계란 냄새와 비슷하며, 최소감응농도가 아주 낮다(와인에서 50~100㎎/ℓ). 이 냄새는 포도의 단백질에서, 포도에 살포하는 살균제에서 나올 수 있으며, 양조과정에서 첨가하는 아황산에서 유래될 수 있다. 발효가 갓 끝난 와인에는 많으면 1,000㎍/ℓ까지 나온다. 공기 중에서 감지될 수 있는 양은 20㎍/ℓ정도 된다. 황화수소는 반응성이 강한 물질로서, 와인에 한번 형성되면 바로 머캅탄 등 다른 물질로 변하여 마늘이나 양파 냄새가 날 수 있으므로 발견 즉시 제거해야 한다.

　흰가루병(oidium) 방제 목적으로 분무한 유황에서 황화수소가 유래되므로 수확하기 한 달 전에는 이런 종류의 약제를 사용하지 않아야 한다. 또 효모에 따라서 아황산을 황화수소로 환원시키는 종류가 있으므로 효모 선택에 유의한다. 머스트에 질소원이 부족할 경우는 효모를 분해하여 질소원으로 사용하므로 이때 황을 함유한 아미노산이 유리되어 부산물로 황화수소가 나올 수 있다. 그러므로 발효 전에 인산암모늄 등 질소원을 첨가하면 이러한 부반응을 피할 수 있다.

　황화수소 냄새를 제거하는 가장 간단한 방법은 통기시키는 것으로 와인을 이 탱크에서 다른 탱크로 옮기면서 공기와 접촉시키는 것이다. 그러나 좀 더 심각한 상태로 머캅탄 등이 형성되었을 경우는 1㎎/ℓ 정도의 구리(황산구리로서)를 첨가한다. 이때는 황산구리 0.4g을 1ℓ의 물에 녹인 용액을 조제하여, 와인 100㎖에 조제한 용액 1㎖ 비율로 첨가하면 1㎎/ℓ에 해당된다. 그러면 황화수소는 구리와 결합하여 불용성 물질이 되어 침전을 형성한다. 또 다른 방법으로 25㎎/ℓ 정도의 아스코르브산을 첨가하면 된다. 그래도 안 될 경우는 활성탄으로 처리할 수밖에 없다. 어떤 경우든 반드시 실험실에서 소규모로 테스트를 한 다음에 조치를 해야 한다.

- 아황산(Sulfur dioxide) : 와인 양조과정에 필수적이지만 많은 양이 와인에 있으면 성냥, 고무 타는 냄새 등이 난다.

- 머캅탄(Mercaptan) : 황화수소나 함황아미노산 메싸이오닌 등이 에탄올과 반응하여 생성되는 물질로서 효모 찌꺼기와 장기간 접촉했을 때도 생성된다. 최소감응농도는 1.5ppb로서 이보다 많으면 양파, 고무, 스컹크 냄새가 난다.

- 황화다이메틸(Dimethyl sulfide) : 이 성분은 대부분의 와인에 존재하며, 함황아미노산의 분해로 생성된다. 또 오크통 숙성 중 머캅탄의 산화로도 생성된다. 최소감응농도 화이트 와인 30ppb, 레드 와인 50ppb 이하에서는 신선함과 복합성에 기여하지만, 그 이상이면 삶은 양배추 냄새가 난다.

환경적 요인

- 코르크 오염 : 코르크 오염은 주로 TCA2, 4, 6-trichloroanisole와 기타 여러 가지 성분 때문에 일어나는 것으로, 이 TCA는 코르크나 오크나무를 살균할 때 사용하는 염소제를 곰팡이가 변형시킨 것으로 흙냄새, 퀴퀴한 곰팡이 냄새를 풍기면서 와인의 신선한 아로마를 덮어 버린다.

- 열 팽창 : 가열취의 원인이 되는 손상으로 와인의 저장온도가 지나치게 높을 때 발생한다. 특히 병에 들어 있는 와인이 높은 온도에 노출되었을 때 액이 팽창하여 코르크를 밀고 나오거나, 액이 코르크와 병 사이를 뚫고 나와서 코르크 윗면을 적시는 경우, 그리고 코르크 길이를 따라 와인의 흔적이 보이는 경우도 있다. 이렇게 되면 당장 와인이 이상하게 변하지는 않지만, 곧이어 산화되거나 레드 와인 색깔이 벽돌색으로 변할 수 있다. 즉 와인의 전성기가 짧아진다. 이 현상은 너무 흔하여 지나치기 쉽다.

- 광선 : 광선 특히 자외선에 와인이 노출되었을 때, 예민한 샴페인의 경우는 물에 젖은 종이 냄새나 젖은 털 냄새가 날 수 있다. 그러나 레드 와인은 페놀 화합물 때문에 이 현상이 드물다. 이 현상은 황화다이메틸과 같은 황 화합물 때문에 일어나는 것으로 알려져 있다.

단백질 혼탁

주병한 와인을 쌓아둘 경우 맨 위층부터 가벼운 무정형 침전물이 생기는 경우가 있다. 이들은 열에 불안정한 단백질로서 온도가 높아지면 천천히 변성되어 가라앉는다. 이 물질은 수산화나트륨에는 녹지만, 묽은 염산에는 녹지 않는다. 단백질 문제가 있는 와인은 80℃로 중탕하여 30분 동안 유지시키면 가열하는 동안은 맑지만, 식으면 혼탁이 일어난다. 이런 와인은 단백질 침전이 일어날 수 있으므로 24시간 후에 관찰하면 알 수 있다. 또 다른 방법으로 0.5g/ℓ 농도의 타닌을 첨가하면 침전이 나타난다. 단백질 혼탁은 벤토나이트로 처리하면 쉽게 해결할 수 있다.

페놀 화합물 침전

- **플라보놀(Flavonol)** : 흔하지 않지만 최근 화이트 와인에서 발생하고 있다. 단백질로 처리한 와인에서 발견되는데, 플라보놀과 단백질의 결합체로 나타난다. 이 종류의 프라보놀은 케르세틴, 캠프페롤, 미리세틴 등으로 머스트에 극소량 존재하는데, 배당체에서 분리된 후 남아 있는 단백질과 결합하여 황색 침전물을 만든다. 이러한 플라보놀은 포도를 기계로 수확할 때 혼입된 잎이 함께 파쇄되면서 나오는 경우가 많다.

- **엘라그산(Ellagic acid)** : 오크 칩을 사용한 화이트 와인에서 관찰되는데, 여과하여 주병한 후 몇 주 뒤에 와인에 갈색 침전으로 나타난다. 이 침전은 엘라그산으로 엘라기타닌 배당체의 가수분해로 나오는데 엘라그산은 불용성이다. 레드 와인에서도 나타나지만, 진한 색깔 때문에 눈에 띄지는 않는다. 오크 칩을 사용하고 몇 주 후에 주병하거나, 멤브레인 필터를 사용하여 제거하는 것이 좋다.

제16장 이산화황 및 기타 보존료의 사용

제16장 이산화황 및 기타 보존료의 사용

와인에서 이산화황 혹은 아황산, SO₂은 항산화제로서 산화방지, 살균작용, 갈변방지 등의 작용 때문에 옛날부터 널리 사용된 물질이며, 와인뿐 아니라 일반 식품, 음료, 약품 등의 보존제로도 널리 사용되고 있다. 고대 이집트인들이 와인 담는 용기를 살균할 때 황을 태워서 나오는 연기인 이산화황 아황산가스을 최초로 와인에 사용한 것으로 보고 있다. 이산화황의 적절한 사용은 와인 양조와 저장의 가장 기본적인 사항이다. 오크통을 훈증하고 머스트와 와인에 이산화황을 사용함으로써 오늘날 여러 가지 타입의 와인을 만들고 발전시켰다고 이야기할 수 있다. 와인은 자체로서 보존력이 없고 그대로 두면 오염이 시작되어 곧 식초로 변한다. 그리고 보존료가 없이는 조작이나 운반, 유통 시 견디지 못하고 수출도 불가능하게 된다. 오크통에 장기간 보관하고 병 숙성이나 과일 향과 신선도 유지 등이 가능한 것은 이산화황 덕분이다. 그러나 요즈음은 식품첨가물에 대해서 소비자들의 반응이 예민하기 때문에 규정량보다 훨씬 더 적은 양을 사용하고 있다.

이산화황의 역할

항산화작용

이산화황은 항산화제로서 항미생물제 및 표백제로 작용하므로 와인에서는 항산화제와 항미생물 기능을 위해서 첨가된다. 이산화황은 산화효소인 폴리페놀 옥시다아제polyphenol oxidase의 작용을 방해하거나, 산소나 과산화수소와 같은 산소 유도체와 직접 반응하여 산화를 방지하거나 최소화한다. 와인에서 항산화제의 작용은 산화되려는 페놀 화합물을 보호하는 것이다. 이산화황은 상대를 환원시키고 자신은 산화되면서 와인의 관능적인 성질에 아무런 영향이 없고, 건강에도 영향이 없는 불활성 황산염을 형성한다. 또 이산화황은 비효소적인 갈변반응Maillard reaction을 억제시켜 갈변을 방지하며, 안토시아닌 색소와 일시적으로 결합하여 무색의 화합물을 만들기 때문에, 안토시아닌이 다른 폴리페놀과 결합하여 폴리머를 형성하는 것을 방해함으로써 색소의 변질과 감소를 방지한다. 그래서 영 와인에서는 색소의 안정성에 상당한 영향을 끼치므로 이산화황의 사용은 색깔의 유지에도 큰 역할을 한다.

향미의 개선

이산화황은 아세트알데히드나 이와 유사한 물질과 결합하여 와인의 아로마를 보호한다. 아세트알데히드는 알코올 발효의 부산물로서 생성되거나, 저장 중 공기와 접촉하여 비효소적 알코올 산화로 소량 생성되지만, 대부분은 공기가 있는 상태에서 미생물적 산화로 생성된다. 이산화황은 이렇게 생성된 아세트알데히드와 반응하여 안정된 황 화합물hydroxysulfonate을 만들어, 와인 맛을 개선하고 신선도, 아로마를 유지시키므로 생동감을 준다. 그러나 고농도의 이산화황은 와인의 관능적인 특성에 직접적으로 영향을 끼쳐, 와인에 금속성 느낌을 주며, 과량일 경우는 자극적인 냄새를 풍기므로 주의해야 한다. 이산화황은 와인의 관능적인 품질과 수명에 가장 중요한 영향을 끼친다고 할 수 있다.

선택적 작용

용해된 아황산가스아황산는 효모를 비롯한 초산균, 젖산균 등의 생육을 억제한다. 그러나 효모는 이산화황에 내성이 강하여, 많은 양을 넣으면 효모까지 영향을 받지만, 적당량을 넣으면 세균은 방해를 받고, 효모는 오히려 활성을 자극하여 발효가 더욱 잘 일어난다. 즉, 선택작용으로서, 적정량을 계산하여 투입하면 알코올을 생산하는 효모는 활성화시키고, 다른 효모나 잡균의 생육을 방해한다.

분자상태의 이산화황SO_2은 효모를 비롯한 미생물의 효소 시스템에 강한 방해작용을 하는데, 단백질의 S-S결합과 반응하고, 핵산, 지방과도 반응을 하며, 티아민thiamine을 파괴한다. 이렇게 이산화황은 다양한 미생물에 작용하지만, 발효 중인 효모는 이산화황에 내성이 있다. 이는 알코올 발효 중에 생성되는 아세트알데히드와 이산화황이 신속하게 결합하기 때문이다. 그러므로 발효를 중단시키기 위해서 이산화황을 첨가할 경우는 규정량인 350㎎/ℓ 이하우리나라 규정의 양으로 효과를 기대하기 힘들다. 그리고 사카로미세스Saccharomyces가 아닌 다른 효모도 이산화황에 대해서 내성이 강하지만, 휴면상태의 효모는 활동 중인 효모보다 내성이 약하기 때문에 포도껍질이나 와이너리에 있는 야생 효모를 선별하여 제거할 수 있다.

힝박테리아 작용

일반적으로 주스나 와인에 있는 박테리아는 효모보다 이산화황에 대한 내성이 훨씬 약하다. 즉 이산화황이 조금만 있어도 살지 못한다. 효모는 유리 이산화황에만 예민성을 나타내지만. 박테리아는 결합형에도 민감하다. 대개의 초산균은 이산화황 50㎎/ℓ 안팎의 농도에서 활동을 할 수 없으며, 젖산균은 10~50mg/ℓ 농도에서 제약을 받고, 결합형 이산화황, 심지어는 알데히드와 결합한 이산화황(sulfurous aldehyde acid)으로도 방해를 받는다.

와인에서 이산화황의 형태

명명법

흔히 이야기하는 '아황산(sulfite)'이란 이산화황과 아황산의 무수물을 비롯한 아황산의 모든 종류와 염에 대한 일반적인 개념이다. 그러니까 이산화황이나 아황산 어느 것으로 이야기하든 별 문제가 되지는 않는다. 여기서 유리 이산화황이란 pH에 따라 농도가 달라지는 결합하지 않은 모든 아황산을 말하는데, 그 종류는 다음과 같다. 오른쪽은 왼쪽의 진하게 써진 화학식의 이름이다.

SO_2 이산화황(sulfur dioxide), 가스 상태
$SO_2 + H_2O = H_2SO_3$ 아황산(sulfurous acid) 혹은 분자상태 아황산(sulfite)
$H_2SO_3 = H^+ + HSO_3^-$ 중아황산 이온(bisulfite ion)
$HSO_3^- = H^+ + SO_3^{-2}$ 아황산 이온(sulfite ion)

와인에 아황산가스 형태나 메타중아황산칼륨(potassium metabisulfite, $K_2S_2O_5$) 분말 중 어느 형태로 첨가하든지, 이들이 와인에 녹으면, 극히 적은 양의 이산화황(SO_2)이 유리된 가스 상태로 존재하며, 그 다음에는 아황산 이온(SO_3)형태로 있고, 중아황산 이온(HSO_3)이 유리 이산화황의 가장 많은 형태를 차지하고, 나머지 유리상태는 아황산(H_2SO_3)으로 존재한다. 어떤 형태든 아황산은 와인에 존재하거나 발효 중 생성되는 알데히드나 안토시아닌 색소, 카보닐 화합물 등과 결합한다. 이런 식으로 결합된 아황산이 와인의 총 아황산의 양 중에서 가장 큰 비율을 차지한다. 총 아황산(total SO_2)은 유리상태(free SO_2)와 결합상태(bound SO_2)를 합친 것으로, 결합상태의 아황산은 항미생물 작용이 없으며, 항산화작용을 가지고 있지 않다. 아황산을 투입하고 시간이 지남에 따라 유리 아황산의 양이 줄어드는 이유는 이렇게 다른 물질과 반응하여 결합형을 형성하고, 비가역적 산화로 황산염(sulfate)이 되기 때문이다.

[그림 16-1]에 나타난 것과 같이 와인에서 이산화황은 두 가지 형태로 존재한다. 하나는 유리 이산화황이고 또 하나는 와인의 성분과 결합한 결합형 이산화황이다. 총 이산화황은 유리 이산화황과 결합 이산화황을 더한 것이다.

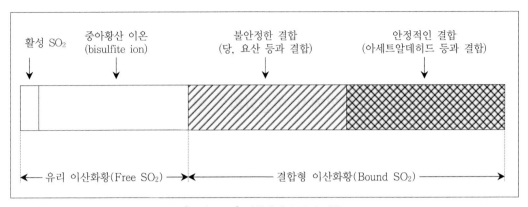

[그림 16-1] 아황산의 종류별 비율

와인에는 주로 메타중아황산칼륨 형태의 아황산을 첨가하는데, 이는 백색의 결정 또는 결정성 분말로서 이산화황의 냄새를 가지고 있다. 대부분의 국가에서는 총 아황산의 농도를 350㎎/ℓ 이 하로 규제하고 있지만, 제조업자는 최소 필요량만 넣고 있다. 포도를 파쇄할 때부터 넣기 시작하 는데, 곰팡이 등으로 오염이 안 됐으면 최소량으로 충분하다.

유리 이산화황(Free SO₂)

산으로 처리한 와인을 아이오딘으로 직접 정량할 수 있는 부분이다. 와인에서 발견되는 유리 이산화황의 대부분은 수소이온이 유리될 수 있는 산이나 중아황산염의 형태이다. 이런 형태의 유 리 이산화황은 효모에 대해 어느 정도 항균작용을 갖지만, 냄새는 없다. 모든 아황산의 종류 중 에서 기체상태의 이산화황(SO₂)이 항균작용이 가장 강하다. 이때는 좋지 않은 유황 냄새가 난다. 공기 중에서는 가스 상태지만 수용액에서는 아황산(sulfurous acid), 즉 H2SO3 형태로 존재한다. 다른 형태의 아황산은 세포막을 통과할 수 없지만 이 형태만은 투과할 수 있기 때문에 그 작용이 강력하다.

그러나 동일한 유리 이산화황을 가진 와인이라도 와인의 pH에 따라 미생물에 대한 효과가 다 르다. 화학적으로 와인의 pH가 낮을수록 더 많은 양의 아황산(sulfurous acid)이 존재하기 때문에, 같은 양의 아황산을 pH가 3.2인 와인과 3.6인 와인에 넣는다면 전자가 후자보다 항균력이 훨씬 강하다. 다음 [그림 16-2]는 0.5 혹은 0.8㎎/ℓ의 활성상태의 이산화황을 얻으려면 pH에 따라서 그 양이 결정된다는 것을 보여 주고 있다. 즉 0.8㎎/ℓ의 활싱성태의 이산화황이 나오려면 pH 3.2에서는 유리 이산화황 20㎎/ℓ가 pH 3.6에서는 50㎎/ℓ가 필요하다.

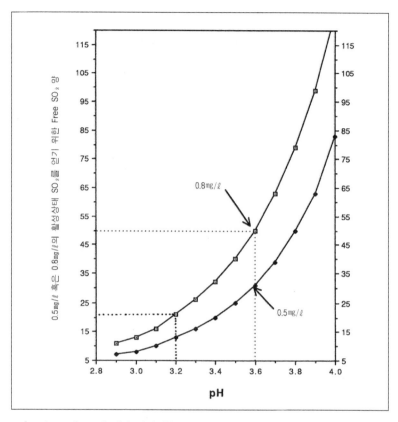

[그림 16-2] pH에 따라 이산화황으로서 0.5mg/ℓ 및 0.8mg/ℓ 농도를 얻을 수 있는 유리 이산화황 농도(mg/ℓ)

결합형 이산화황(Bound SO₂)

이산화황은 알데히드와 케톤에 속하는 여러 가지 물질과 결합하여, 안정성이 다른 두 가지 타입의 화합물을 형성한다. 먼저, 이산화황은 효모가 만든 아세트알데히드와 결합하여 아주 안정된 상태의 화합물을 형성한다. 스위트 와인에 이산화황을 첨가해도 재발효가 일어나는 이유도 많은 양의 이산화황이 아세트알데히드와 결합하여, 효모의 활성을 억제하지 못하기 때문이다. 이렇게 해서 이산화황 화합물이 와인에 축적된다.

또 이산화황은 여러 성분과 가역적으로 불완전하게 결합한다. 이 결합은 반응의 평형으로 이루어지는데, 결합할 물질의 양, 총 이산화황의 양, 온도에 따라 달라진다. 이러한 평형을 이루기 위해서 와인에 이산화황을 첨가하면 이산화황 화합물이 증가하지만, 유리 이산화황은 다른 물질과 결합하므로 점차 없어지면서 감소한다. 이 현상은 온도가 낮으면 증가하고 온도가 높으면 감소하기 때문에, 0℃에서 유리 이산화황이 68mg이면, 15℃에서 85mg, 30℃에서는 100mg이 된다.

불안전한 상태로 결합된 이산화황 화합물은 산화됨에 따라 침전을 형성하면서 유리 이산화황을 소모하는 잠정적인 상태가 된다. 와인에서 불안전한 형태로 이산화황과 결합하는 물질은 건강한 포도나 머스트에 존재하는 포도당, 아라비노스, 갈락투론산(galacturonic acid), 다당류, 폴리페놀 등이다. 보트리티스 곰팡이 낀 포도나 당을 산화하는 세균의 공격을 받은 포도에서는 다이케토글루콘산(diketogluconic acid), 케토프럭토오스(ketofructose) 등이며, 정상적인 조건이든 곰팡이 낀 포도든 효모가 형성한 피루브산, 알파 케토글루타르산(α-ketoglutaric acid) 등도 대상이 된다.

그러므로 정상적인 상태 즉, 건강한 포도를 사용할 때와 비정상적인 상태 즉 곰팡이 낀 포도를 사용할 때 이산화황의 결합 정도를 고려하여야 한다. 이산화황의 가장 큰 단점은 화학적으로 재반응을 함으로써 불활성화되는 부분이 많아진다는 점이다. 와인에 충분한 활성을 나타내는 이산화황을 유지시키려면, 몇 십mg/ℓ의 유리 이산화황, 몇 백mg/ℓ의 총 이산화황 농도를 유지해야 한다.

이산화황 첨가 시 결합비율

이미 이산화황이 들어 있는 와인에 다시 이산화황을 보충할 경우, 이산화황은 첨가할 때마다 와인의 성분과 반응을 하기 때문에 성분에 따라 결합비율이 달라진다. 그리고 첨가한 지 몇 시간 후에는 기대한 만큼 양이 되지 않는다. 예를 들면, 유리 이산화황 40mg을 가진 디저트 와인에 이산화황 60mg을 첨가하면 유리 이산화황의 양이 100mg(40 + 60)이 되지 않는다. 더 낮은 80mg이 될 수 있는데, 이 경우는 20mg이 결합한 것이다.

실제로, 양을 정확하게 계산하여 유리 이산화황의 농도를 맞추려면 결합되는 양을 고려해야 한다. 결합비율은 와인에 따라 즉 결합하는 물질의 질과 양에 따라 다르며, 이미 들어 있는 유리 이산화황의 양에 따라 다르다. 대략적인 계산으로, 정상적인 와인에서 "2/3는 유리 이산화황으로 남아 있고, 1/3은 결합한다."라고 생각하면 된다. 예를 들면, 현재 유리 이산화황의 양이 16mg인데, 40mg으로 하고 싶으면, 보충할 양은 24mg이다. 그러면 첨가량은 24 × 3/2 = 36, 즉 36mg이 된다. 이렇게 대략적인 계산이 실제로 많이 이용되고 있지만, 특별한 경우 결합비율이 더 높을 수도 있다.

이산화황 첨가량 및 방법

와인의 이산화황 투입은 수학적으로 해야 한다. 조건에 따라 첨가량이 너무 강하면 와인에 매운맛과 좋지 않은 뒷맛이 나는데, 이것을 아황산 맛이라고 하며, 상업적으로 문제를 일으킬 수 있다. 반면, 조건에 비해 첨가량이 너무 약하면 드라이 와인의 산화가 방지되지 못하고, 스위트 와인은 재발효가 일어날 수 있다.

머스트 상태의 아황산 첨가

아황산은 알코올 발효가 일어나기 전에 투입해야 한다. 발효 중인 머스트에 아황산을 첨가하면, 발효 중 생성되는 아세트알데히드와 즉시 결합하여 그 효과가 감소되기 때문이다. 아황산의 투입시기는 빠를수록 좋지만, 머스트에 골고루 혼합하기 힘들다는 점이 문제다. 농일한 농도라도 혼합 정도에 따라서 그 효과가 달라질 수 있다.

- 레드 머스트 : 포도를 파쇄하자마자 첨가하는데, 미리 들어갈 양을 계산하여 계산치보다 조금 더 용액으로 만들어 플라스틱 용기에 넣고, 탱크에 머스트가 채워지는 동안 조금씩 떨어지게 만들거나, 정량 펌프를 이용하여 일정량을 투입한다. 탱크에 머스트가 가득 찰 때 동시에 조제한 용액이 모두 소모되도록 해야 머스트에 골고루 잘 섞였다고 볼 수 있다. 머스트에 아황산을 분말이나 가스 상태로 투입할 경우 일부는 아황산과 접촉이 안 되고, 일부는 머스트가 과량의 아황산과 접촉하여 착즙할 때까지 색깔이 회복되지 않는 경우도 있다. 투입이 완료되면 펌핑 오버로 한 번 더 섞어 준다.

- 화이트 머스트 : 화이트 와인은 착즙한 다음, 주스 상태에서 아황산을 첨가하는 것이 좋다. 파쇄한 포도에 아황산을 첨가하면 침출효과가 커지고, 포도의 고형물이 이산화황을 고정시키기 때문이다. 그러나 화이트 와인 역시 아황산 투입시기는 빠를수록 좋기 때문에, 착즙 후 주스를 받는 탱크에 미리 조제한 아황산 용액을 레드 와인 방식으로 떨어뜨리는 것이 좋다.

[표 16-1] 머스트의 이상적인 이산화황 농도(mg/ℓ)

	상 태	이산화황 농도
레드 와인	건강한 포도, 평균 성숙도, 높은 산도	50
	건강한 포도, 과숙상태, 낮은 산도	50~80
	곰팡이 낀 포도	80~100
화이트 와인	건강한 포도, 평균 성숙도, 높은 산도	50
	건강한 포도, 과숙상태, 낮은 산도	60~80
	곰팡이 낀 포도	80~100

저장 및 주병할 때의 아황산 첨가

저장 중에 아황산을 첨가하는 목적은 무엇보다도 산화를 방지하기 위해서다. 장기간 저장 중

아황산 농도는 레드 와인은 5~10mg/ℓ, 건강한 포도로 만든 화이트 와인은 20mg/ℓ, 약간 불량한 포도로 만든 화이트 와인은 30mg/ℓ 이상을 유지시켜야 한다. 그리고 저장 중 효모나 박테리아의 발생을 방지하기 위해서도 아황산을 첨가한다. MLF를 완료한 와인은 산화를 방지할 정도의 아황산 농도로 충분하지만, MLF를 하지 않을 와인은 아황산 농도를 더 높여야 한다.

아황산은 스위트 와인에서 아황산에 내성이 있는 효모가 일으키는 재발효를 방지하기 위해서도 첨가한다. 재발효는 와인의 당 함량보다는 알코올 농도의 영향을 받으므로 알코올 농도 11%의 스위트 와인에는 유리 이산화황 농도가 50mg/ℓ, 알코올 농도 13%인 경우는 30mg/ℓ가 필요하다. 그러나 효모 찌꺼기가 있는 상태나 아직 청징이 안 된 스위트 와인은 유리 아황산 농도가 60mg/ℓ 이상 되어야 하므로, 스위트 와인은 가능한 한 빨리 청징과 여과를 끝내야 아황산 첨가량이 줄어든다. 그리고 실내환경, 용기, 기구 등의 위생적인 처리도 아황산 첨가량을 감소시킨다.

[표 16-2] 저장 및 운송 중 필요한 유리 이산화황 농도(mg/ℓ)

상태	레드 와인	드라이 화이트 와인	스위트 화이트 와인
저장 중	5~30	20~40	40~80
주병 시	10~30	20~30	30~50
운송 중(bulk)	25~35	35~45	80~100

와인을 병에 넣지 않고 작은 탱크나 오크통으로 운반할 경우는 아황산 농도가 높아야 된다.

탱크나 오크통에 저장 중인 와인의 유리 이산화황 농도는 일정하게 유지되지 않는다. 병에 들어 있는 와인에서도 시간이 지남에 따라 그 농도는 감소하고 있다. 이는 철이나 구리 이온의 촉매작용으로 산화가 촉진되어 그 함량이 계속 떨어지기 때문이다. 보통, 유리 이산화황이 와인의 성분과 반응하여 그 함량이 줄어드는 것으로 생각하는 경우가 많지만, 아황산을 첨가하고 4~5일이면, 유리 이산화황은 와인의 성분과 더 이상 결합하지 않고 평형을 이룬다. 사실, 유리 이산화황 농도가 감소하는 것은 바로 산화 때문이다.

이렇게 유리 이산화황의 함량이 줄어드는 것으로 보아 이산화황이 계속 효력을 발생하고 있다고 생각할 수 있다. 이는 산화시키는 산소를 와인에서 제거시켜 버리기 때문이다. 그러므로 아황산은 산화되어 황산으로 변하며, 특히, 이산화황 농도가 높은 스위트 와인이나 유황으로 훈증한 오크통에 오래 보관한 와인은 황산이 축적되어 pH가 감소하고, 와인은 거친 맛을 내므로 품질의 저하를 가져올 수 있다.

200ℓ 오크통에서 유리 이산화황의 평균적인 손실량은 한 달에 약 10mg/ℓ가 되므로 총 이산화황은 15mg/ℓ로서 연간 180mg/ℓ가 없어진 셈이다. 그러나 큰 탱크에서 보관할 때 이산화황의

감소비율은 2~3배 더 적다. 그리고 병에서는 연간 몇 mg/ℓ 이하에 불과하다.

이산화황 첨가량 계산

첨가하는 이산화황은 기체, 액체, 고체 등 여러 가지 형태가 있는데, 사용자의 편의에 따라서 사용량을 쉽게 측정할 수 있는 형태로 각 제품의 장점을 살려서 사용한다. 각각 다른 형태의 제품이라도 유리 이산화황의 양은 동일해야 한다. 왜냐하면 이 제품들은 첨가할 당시의 형태로 존재하지 않기 때문이다.

액체상태의 이산화황은 3기압의 압력으로 액화시켜 10~50kg 단위의 금속으로 된 용기에 들어 있는 것으로 대량 처리에 사용되며, 첨가량은 무게로 측정한다. 또 소규모 처리에 적합하도록 소형 금속 용기에 들어 있는 것도 있다. 그러나 취급하기 어렵고, 누출될 경우 냄새가 강하기 때문에 대형 와이너리를 제외하고는 잘 사용되지 않는다. 보통은 분말상태의 메타중아황산칼륨 (potassium metabisulfite, $K_2S_2O_5$)을 사용하는데, 이를 10% 용액으로 조제하여 사용하면, 취급하기 간편하고 냄새도 적다. 메타중아황산칼륨의 투입량은 다음과 같이 계산한다.

$K_2S_2O_5$의 화학식량은 $39 \times 2 + 32 \times 2 + 16 \times 5 = 222$
SO_2는 $32 + 16 \times 2 = 64$
$K_2S_2O_5$ 1몰에서 SO_2 2몰이 나올 수 있으므로, $K_2S_2O_5$에서 SO_2 양은 128/222 즉 58%가 된다. ($128 = 64 \times 2$)

즉 SO_2로 100mg/ℓ를 투입하려면 $K_2S_2O_5$ 172mg/ℓ가 필요하다.

이산화황 허용량

유럽(EU)과 다른 나라의 규정을 보면, 총 이산화황 함량(total SO_2)의 규정을 다음과 같이 설정하고 있다.

- 레드 와인(당 함량 5g/ℓ 이하) : 160mg/ℓ
- 화이트 와인(당 함량 5g/ℓ 이하), 레드 와인(당 함량 5g/ℓ 이상) : 210mg/ℓ
- 화이트 와인(당 함량 5g/ℓ 이상) : 260mg/ℓ
- 독일과 프랑스의 스위트 와인은 300~400mg/ℓ
- 미국, 오스트레일리아, 일본, 한국 등은 스위트, 레드 모두 350mg/ℓ

오크통 훈증

유황을 연소시켜 용기를 훈증하는 것은 고전적인 방법으로 와인과 용기 표면을 동시에 아황산으로 처리할 수 있는 이점이 있지만, 산이 축적되고, 통마다 불규칙하므로 대용량 처리에는 부적합하다. 그리고 냄새 때문에 이 방법을 금지시키는 나라도 있다. 이 방법은 소형 오크통에만 적용시키는 것이 바람직하다. 훈증용 유황은 다른 물질과 혼합하여 링 형태로 판매되고 있다.

이론적으로 유황은 두 배의 이산화황을 내면서 탄다. 32g의 유황은 32g의 산소와 반응하여 64g의 이산화황을 발생시키지만, 실제로는 이렇게 되지 않고 10g의 유황으로 13~14g의 이산화황이 나오므로 30% 손실이 발생한다. 이 손실은 아황산 이온이 형성되기 때문이다. 유황이 탈 때 1/3은 살균력이 없는 강산인 황산이 되고, 2/3가 이산화황이 된다. 그러므로 유황을 여러 번 태우면 황의 손실과 와인에 산이 축적이 될 수 있다. 오크통에서 연소될 수 있는 유황의 양은 불완전 연소 때문에 한계가 있다. 200ℓ 오크통에서 연소되는 유황의 양은 20g 이하이기 때문에 최대 30g의 이산화황을 발생시킬 수 있다. 그러나 연소되는 양은 나오는 가스 때문에 한계가 있다. 대기 중 농도가 5%가 되면 바로 연소가 중지된다. 유황을 오크통에서 연소시키면, 타지 않고 반은 통 바닥에 남아 있게 된다. 대략적으로, 225ℓ의 오크통에 유황 5g을 태우면 와인의 이산화황 농도는 10~20㎎/ℓ 상승한다.

이렇게 아황산을 첨가하는 방법은 정확하지 않고 불규칙하여, 오크통 상태, 생성되는 이산화황의 양, 따라내기 때 와인에 녹는 양 등에 따라 차이가 심하다. 유황의 연소는 오크통에 따라 다른데, 습기 찬 오크통에서는 방해를 받고, 따라내기 때 와인에 녹는 양은 더 불규칙하다. 또 와인을 채우는 속도와 떨어지는 힘 때문에 구멍을 통해 10~50%의 아황산가스가 증발한다. 결국, 따라내기 후에 와인에서 이산화황의 분포가 고르지 않게 된다. 처음에 따르는 와인은 흡수율이 높고 마지막 와인은 이산화황이 거의 없다. 오크통에서 이산화황 분포가 고르게 되려면 10일 정도 소요되므로, 균질화를 위해서는 통을 굴리는 것도 좋다. 이런 이유로 600~900ℓ 이상의 와인 오크통을 훈증하는 것은 효율이 좋지 않다.

이산화황과 함께 사용되는 기타 보존료

이산화황의 사용량을 줄이기 위한 방법과 이 물질을 대체할 수 있는 제품에 대한 연구가 활발하지만, 아직까지 만족할 만한 결과를 보지 못하고 있다. 보완적인 대책으로 소르브산은 효모에 대한 강력한 작용, 그리고 아스코르브산은 항산화력을 강화하는 작용 때문에 와인에 첨가하지만, 이들도 이산화황과 병용하였을 때 효과가 있다.

소르브산(Sorbic acid)의 사용

소르브산은 식품의 보존료로서 1950년대에 도입되었으며, 효모와 곰팡이를 죽이지는 못하지만, 억제하는 효과가 있어서 널리 사용되고 있다. 이 소르브산은 불포화지방산의 일종으로 독성이 없으며, 생체 내에서 완전히 대사된다. 공기가 없는 조건에서 효모의 증식을 방해하며, 당의 발효를 막는 강한 힘을 가지고 있다. 소르브산은 알코올 발효를 하는 사카로미세스(*Saccharomyces*), 오염균인 브레타노미세스(*Brettanomyces*), 칸디다(*Candida*), 피히아(*Pichia*), 토룰롭시스(*Torulopsis*), 데바로미세스(*Debaromyces*), 로도토룰라(*Rhodotorula*), 지고사카로미세스(*Zygosaccharomyces*) 등에 효과적이며, 곰팡이 중에서는 아스페르길루스(*Aspergillus*), 보트리티스(*Botrytis*), 페니실륨(*Penicillium*) 등에 그리고 일반 박테리아에는 별 효과가 없지만, 아세토박테르(*Acetobacter*) 작용은 방해한다. 그러나 말로락트발효를 일으키는 젖산박테리아에는 효과가 없다.

와인에서 소르브산은 스위트 와인의 재발효 방지를 위해 사용되는데, 효모 숫자가 너무 많을 경우 효과가 없으므로 웬만한 농도에서 발효를 중단시키지는 못한다. 소르브산의 항미생물 작용은 해리 정도에 따라 달라지므로 pH의 영향을 받는다. pH 3.0~4.0에서 효과적이다. 최대 허용량은 나라에 따라서 200~300mg/ℓ로 정하고 있지만, 이 물질이 들어 있는 와인의 수입을 금지하는 곳도 있다. 와인에서 최소감응농도는 300~400mg/ℓ 정도 된다. 소르브산의 실제적인 효과는 알코올과 이산화황이 있을 때 만족할 만한 결과를 얻을 수 있다. 알코올 농도에 따라 다음과 같이 사용할 수 있으며, 오염 가능성이 있을 때 사용량을 더 증가시킬 수 있다.

[표 16-3] 알코올 농도와 소르브산 사용량

알코올	사용량
10%	150mg/ℓ
11%	125mg/ℓ
12%	100mg/ℓ
13%	75mg/ℓ
14%	50mg/ℓ

소르브산은 난용성이므로 소르브산칼륨을 사용하는 것이 와인에 더 잘 녹는다. 소르브산칼륨 270g은 소르브산 200g에 해당된다. 소르브산은 용해도가 낮으므로 와인에 사용할 때는 상당한 주의가 필요하다. 천천히 첨가하고, 격렬하게 섞어야 한다. 그리고 알코올 함량과 pH를 고려하여 첨가량을 정하고, 사용할 와인은 정제된 것(효모 100개/㎖ 이하)이라야 하며, 처리할 저장용 와인은 산화와 박테리아 오염 방지를 위해 유리 이산화황을 함유하고 있어야 한다.

소르브산은 에탄올과 반응하여 셀러리 냄새와 같은 소르브산에틸(ethyl sorbate)을 형성할 수 있으며, 젖산박테리아가 있을 때는 제라늄 냄새를 형성할 수도 있으므로, 이산화황과 병용하는 것이 좋다.

아스코르브산(Ascorbic acid)의 사용

아스코르브산(비타민 C)은 환원력이 있어서 와인의 산화를 방지한다. 이 물질은 포도에 소량(50~150mg/ℓ) 존재하지만, 발효나 첫 번째 따라내기 때 사라지므로 와인에는 거의 없다고 봐야 한다. 아스코르브산은 환원력이 약한 화이트 와인에 사용되는데, 와인에서 용존산소를 고정하여 즉시 디하이드로아스코르브산(dehydroascorbic acid)이 된다. 즉 50mg의 아스코르브산은 3.5㎖의 산소를 소모한다. 대체로 아스코르브산의 사용량을 최대 150mg/ℓ로 규정하고 있으며, 실제로는 50~100mg/ℓ 정도 사용되고 있다.

아스코르브산은 다음 두 가지 효과가 있다. 철의 산화를 방지하여 철염의 혼탁을 방지하고, 산소를 소모하여 향 성분의 산화를 방지하여 신선한 아로마를 유지시킨다. 와인에 아스코르브산을 첨가하고 공기를 접촉시키면, 철 함량의 대소에 관계없이 철은 전부 2가 철(ferrous iron) 형태로 있지만, 아스코르브산이 없는 와인은 몇 mg의 3가 철(ferric iron)이 생긴다. 철염 혼탁은 이런 방법으로 맑게 만들 수 있다. 공기 접촉 후에 아스코르브산을 첨가하면, 와인의 철은 이미 3가 철이 된 상태지만, 이 철은 2가 철 상태로 환원되어 혼탁한 와인이 맑아질 수 있다.

아스코르브산의 환원력이 실제로 사용되는 경우는 이러한 철염 혼탁의 처리 때 적용하는 것이다. 아스코르브산 첨가로 철 함량이 많은 와인을 옮기거나 여과, 주병할 때 공기와 접촉하여 생길 수 있는 철염 혼탁을 방지할 수 있다. 그러므로 과량의 철을 함유한 와인은 다른 처리 없이 주병할 수 있다. 아스코르브산의 산화 방지력은 공기 접촉이 제한되었을 때 효과적이다. 그러므로 일시적인 공기 접촉에 아스코르브산이 분명 효과가 있지만, 지속적인 산화에는 효과가 없다.

아스코르브산의 실질적인 사용 목적은 주병할 때 계속적인 공기 접촉에서 와인을 보호하는 역할만 하므로, 오크통에 저장할 때는 이점이 없다. 향이 좋은 포도로 만든 드라이 화이트 와인을 영 와인으로 주병할 때 아스코르브산을 첨가하면 지배적인 아로마인 과일, 꽃 향을 보존할 수 있다. 레드 와인에서는 병에서 맛이 잠시 나빠지는 기간(bottle sickness)이 짧아지고, 스파클링 와인에서는 보충(dosage)할 때 시럽과 함께 첨가하면 좋은 결과를 얻을 수 있다.

아스코르브산은 와인에 충분한 유리 이산화황이 있을 때 환원력이 완벽하게 작용하므로 이산화황과 병용해야 한다. 결국, 아스코르브산은 공기 접촉으로 인한 맛의 변화를 피하기 위한 예방 조치로서 이미 산화된 와인을 치료하는 효과는 없다.

제17장 와인의 주병과 포장

제17장 와인의 주병과 포장

와인을 포장하는 목적은 주병에서 소비에 이르기까지 수송, 보관, 판매, 소비 등 제반 과정에서 와인의 품질과 가치를 보호하고, 취급하기 편리하게 만들고, 와인 판매를 촉진하기 위해서라고 할 수 있다. 주병과 포장은 와인의 최종 공정이며 저장의 최종적인 형태라고 할 수 있다. 주병과 포장은 와인을 올바른 상태로 제공하는 것이 목적으로, 결코 편리한 유통방법을 목적으로 하는 것은 아니며, 좋은 와인의 품질을 유지하고 발전시키는 최상의 방법이라야 한다.

유리병과 그 청결

유리병과 와인글라스의 역사

와인을 담는 용기는 옛날 동물의 위나 가죽 주머니에서 출발하여, 고대 지중해 연안 국가에서 토기형태인 암포라amphorae로 대체되었다. 이 암포라는 기원전 1400년 이집트, 길게는 기원전 3500~2900년 이란에서 사용되기 시작하였으며, 중동에서는 AD 625년까지 사용되었다. 유리병은 로마시대에 발명되기는 했지만, 와인 등 음료를 보관하지는 못하고 주전자와 같이 와인을 서비스하는 용도로 사용되었다. 로마 이후 유럽은 와인의 운반이나 저장에 오크통이 보편적이었으며, 유리병은 극히 제한된 용도로만 사용될 뿐이었다.

16세기 이탈리아에서 유리공업이 발달되면서 유리병 사용이 증가하였으나 내구성이 약하였고, 이후 17세기부터 영국에서 강도가 있는 병이 나오기 시작하였지만, 밀봉이 어려워 보관이나 운반은 불가능하고 디캔터 기능으로 사용되었다. 18세기부터 스위트 와인과 샴페인 병마개로서 코르크를 사용하면서 와인을 병에 보관하기 시작하였다.

19세기에는 과학기술의 발달과 더불어 유리생산이 활발해지면서 대형 유리공장이 생기기 시작하였고, 주형을 만들어 유리 용기를 만드는 방법도 생겼다. 이때부터 병에 라벨을 붙이고, 병 단위로 판매도 가능하게 되었다. 19세기는 충분한 양을 생산할 만큼 유리공업이 빠르게 발전하여, 유리병뿐 아니라 유리로 만든 글라스는 신분의 상징이 되었고, 모든 고급 파티에서는 각 손님에게 여러 형태의 글라스가 제공되어, 샴페인용, 레드, 화이트, 셰리 등 와인의 종류에 따라서 다양

해졌다. 이러한 주형기술은 병의 모양과 색깔도 다양하게 만들었다. 유럽의 유리공장은 특정 와인을 구별할 수 있는 용도별로 병을 만들어, 어깨 쪽이 미끈한 부르고뉴 스타일, 목이 긴 독일 스타일, 어깨가 높은 보르도 스타일까지 다양한 모델의 유리병이 생기게 되었다.

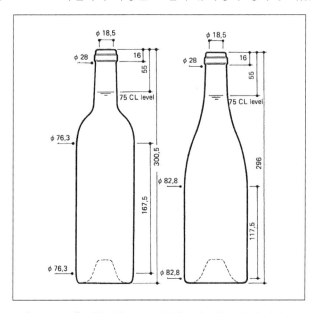

[그림 17-1] 전통적인 보르도와 부르고뉴 병 모양과 사이즈

유리병의 색깔

햇볕이 와인의 품질을 저하시킨다는 사실은 잘 알려져 있다. 특히 자외선은 와인에 치명적인 광화학반응을 일으키는데, 보통 가시광선의 파장이 400~700nm이지만, 자외선과 유사한 성질을 가진 빛은 파장이 200~420nm로서 동일한 조건에서 투과율이 훨씬 더 좋다. 갈색 병은 파장 450 nm 이하는 통과시키지 않기 때문에 자외선 손상을 방지할 수 있으며, 2mm 두께라면 조사된 빛의 5%만 통과시킨다. 반면, 투명하거나 옅은 녹색 병은 파장 330nm 빛까지도 통과시키며, 2mm 두께에서 조사된 빛의 80%까지 통과시킨다. 그래서 와인 병은 대개 녹색이나 갈색으로 만들어 햇볕의 침투를 방지한다.

화이트 와인은 착색 유리병보다 투명 유리병에서 더 빨리 숙성되며, 투명 유리병에서는 산화환원전위도 더 빨리 감소하여 그 수준이 낮아진다. 이 때문에 화이트 와인은 투명 유리병에서 바람직한 부케를 얻을 수 있는 이점이 있지만, 아로마가 좋은 포도로 만든 와인은 신선미가 사라진다. 또 구리염이 환원되어 혼탁이 일어날 수도 있다. 레드 와인은 빛에 덜 예민하지만, 색깔 있는 병에 보관하는 것이 좋다.

이렇게 유리병의 색깔은 와인의 품질에 아주 중요하지만, 대부분의 와인은 케이스에 넣어 창고에 두기 때문에 어두운 곳에 보관된다. 단지, 소매점에 진열되어 햇볕에 노출되는 경우만 위험하기 때문에, 외관이나 판촉을 고려하여 안전한 갈색보다는 투명한 병이나 녹색 병이 더 많이 쓰이고 있다.

유리병의 세척

공장에서 바로 나온 새 병은 가열되어 살균되므로 세척이 필요 없지만, 다루는 과정이나 저장 중에 오염될 수 있으므로 살균이 필요하다. 새 병이 와이너리에 도착할 때 1/3은 미생물 특히 곰팡이에 오염될 수 있다. 공정에 따라 다르지만 새 유리병은 황산나트륨과 같은 화학물질이 미량 묻어 있을 수 있는데 병의 외벽이나 병목 안쪽에도 있을 수 있다. 새 병은 먼지나 유리 가루 또는 기름의 불완전연소로 나오는 얼룩, 금형의 윤활유에서 나오는 검댕 등이 묻어 있을 수 있다. 그리고 저장과 운반조건에 따라 먼지, 곤충, 빗물 등의 유입도 가능하다.

일부 와이너리에서는 새 병을 세척하지 않고 사용하기도 하지만, 주병 전에 반드시 세척을 해야 소비자 불만을 해소할 수 있다. 아황산 용액을 분무하거나, 아황산 용액이나 열수에 침출하거나, 아니면 간편하게 열수를 분사하는 것만으로 충분히 목적을 달성할 수 있다. 그러나 압축공기를 분사하여 먼지를 제거하는 정도로는 불충분하다. 어쨌든 공병을 세척하는 것은 법적인 의무사항이기도 하다.

회수한 공병은 여러 가지 더러운 것이 많다. 병 내부에 남아 있는 액에는 곰팡이, 효모, 박테리아, 특히 초산박테리아가 있으며, 내벽에는 말라붙은 미생물, 그리고 갖가지 오물과 먼지가 있으며, 외벽은 상표, 접착제, 캡슐에서 나오는 염류 등이 있다. 이런 병은 완벽하게 세척하여 보이는 물질은 물론, 나중에 와인을 오염시키는 보이지 않는 미생물까지 제거해야 한다.

요즈음은 기계적인 세척장치를 많이 사용하는데, 여기에는 적절한 세제와 약품이 투입되도록 되어 있다. 기계적인 세척은 브러시와 함께 고압으로 열수를 흡수하여 분산하는 힘으로 이루어져 있다. 이 장치는 한 시간에 600병 정도 가능하며, 브러시를 가동하면서 열수를 넣고 고압으로 헹군다. 성능이 좋은 것은 기계적인 세척에 다양한 약제를 사용하여 모든 미생물을 살균하도록 되어 있다. 적합한 세제의 선택은 사용자가 실험으로 최선의 것과 그 방법을 선택할 수밖에 없다.

세척된 병은 밝은 빛을 비추어 세척상태를 하나씩 검사해야 하며, 전자 검사대를 사용하면 많은 양을 처리할 수 있다. 아울러 미생물학적인 검사도 이루어져야 한다. 공병을 멸균한 소량의 물로 헹군 다음 이 물을 직경 5㎝의 멤브레인 필터(Millipore)를 통과시킨다. 이 필터를 무균 고체배지에서 며칠 동안 배양한 다음에 콜로니의 숫자를 파악하면 오염 여부를 알 수 있다.

주병_Bottling

주병은 와인 생산에서 최종 공정인 만큼, 가장 중요한 일로 세밀한 주의가 요구된다. 주병과정을 거쳐서 와인의 품질이 좋아지지는 않지만, 품질의 손상은 최소화해야 한다. 주병은 빈병에 정확한 양과 원하는 품질의 와인을 채우는 것과 액의 팽창을 허용할 수 있는 헤드스페이스를 두는 것으로 말할 수 있다. 특히, 주병 공정 중에는 산소 접촉 방지, 미생물 오염 방지, 여과로 불순물 제거, 공병의 세척 등 여러 가지를 고려해야 한다. 와인 제조공정 전반에 걸쳐 조심스럽게 진행됐던 일이 주병기에서 산소가 들어가거나 여과기가 오염되어 주병 라인에 문제가 생기면 바로 물거품이 된다. 그리고 주병 라인은 기계화가 되었더라도 인력이 집중되는 곳으로, 기계에 고장이 나면 많은 사람들이 대기하게 되므로 사전 준비가 철저하지 않으면 안 된다.

주병 및 포장 과정

공병이 주병 라인에 들어오면 케이스는 마지막 라인으로 가서 와인을 채운 병을 그 케이스에 다시 넣는 방식이 일반적이다. 공병은 균을 없애기 위해 세척, 헹굼 과정을 거쳐, 병에 질소 등 가스를 채우고 와인을 주입한 다음에 코르크로 밀봉한다. 이 코르크에는 와인을 오염시키는 미생물이 있을 수 있으므로 이산화황으로 미리 처리해야 하지만, 요즈음에는 이산화황을 주입하여 제품으로 나오는 것도 많다.

고급 와이너리에서는 병에 있는 와인 표면에 가스를 불어넣거나, 헤드스페이스를 진공으로 만들어 코르크가 들어갈 때 공기의 혼입을 최소화한다. 그리고 라벨로 장식을 한 다음, 병구에 캡슐을 씌우고 박스에 넣든지 옆으로 눕혀서 병 숙성에 들어간다. 주병 일자를 스탬프로 박스에 찍어서 빈티지가 없는 와인이라도 언제 마시는 것이 좋은지 알 수 있게 만드는 것도 좋은 방법이다. 일부는 라벨을 붙이지 않고 저장실에 쌓아두고, 주문을 받으면 주문자 상표를 붙이기도 한다. 왜냐하면 나라에 따라서 라벨의 표기사항이 달라질 수 있기 때문이다.

펌프와 배관

주병 라인의 펌프는 주병장치에 맞는 것을 사용해야 하므로, 주병장치를 설치할 때 업자와 상의하여 펌프를 포함한 레이아웃, 배관, 여과 등 라인과 적합한 모델을 선정해야 한다. 일반 펌프는 원심형으로 압력이 발생하지 않으므로, 다른 형태의 펌프로서 안전밸브, 바이패스(by-pass) 등의 장치가 있어야 한다.

펌프와 여과장치는 주병기에서 병으로 들어가는 전체 와인 양의 1.5배가 흘러가는 동안 계속 일정한 압력을 유지시킬 수 있어야 한다. 그리고 대부분의 주병기가 와인을 연속적으로 보내지 않고, 가스 압력을 이용하는 것이 많으므로 주병 탱크와 배관이 충분한 압력을 유지할 수 있어야 한다.

그리고 펌프와 주병기 사이의 파이프는 동일한 사이즈로 통일해야 액의 흐름에 균형을 이룰 수 있으며, 배관은 가능한 한 짧고 구부러지는 부분을 적게 해야 한다. 잘못된 배관이라도 주병하는 속도에 영향을 주지는 못하지만, 산소 흡입, 가스 손실, 오염 등 기회를 제공하며, 여과 효율에도 영향을 끼친다.

살균

와인을 상온으로 주병(cold sterile filling)하는 것은 가열 등으로 와인의 향미에 손상을 주지 않고, 제균여과 등을 거친 무균상태의 와인을 병에 넣는 일이다. 이런 경우는 모든 기구와 탱크를 무균으로 유지시켜야 한다. 최종 여과기부터 주병장치까지는 115℃ 스팀으로 20분 정도 유지시켜 살균할 수 있도록 만들고, 그 외 와인, 가스, 공기 등도 무균상태로 만들어야 한다. 어떤 부분이든지 가열되지 않고 찬 상태로 남아 있지 않도록 주의 깊게 살펴야 한다.

주병장치

와인은 최종 여과 무균상태를 거쳐 맑은 상태로 주병기에 들어가는데, 주병기는 주병 라인의 중심으로서 조심스럽게 다뤄야 한다. 고급 스테인리스스틸로 만들어 내부 청소가 용이해야 하며, 요즈음 나오는 대부분의 주병기는 자동으로 안전장치가 잘 되어 있다. 이 주병기를 필러(filler)라고 하며 여러 종류가 있다. 어떤 형태든지 산소 유입을 최소화하여야 하며, 청소와 살균이 쉽고, 정확한 양이 들어가야 하고, 병 모양의 변경, 액의 높이, 부피 등 변화에 대처할 수 있는 것이라야 한다. 필러는 압력(counter pressure)식, 진공(vacuum)식, 중력(gravity) 식 그리고 사이펀(siphon) 식으로 나뉘는데, 스파클링 와인에는 압력식이 사용된다. 실링기와 코르크 타전기는 충전실로서 하나의 칸막이가 된 방에 설치하여 제균된 건조 공기를 보낼 수 있도록 설계하는 것이 좋다.

주병 중 산소의 흡수

주병 중 어느 때나 와인에 산소가 들어갈 수 있는 기회가 많다. 주병 탱크, 기계 내부, 병, 헤드스페이스, 심지어는 코르크의 기공에서도 산소가 녹아 들어갈 수 있다. 산소가 들어가면 유리

아황산이 감소되며, 정도의 차이는 있지만 보틀 시크니스(bottle sickness)라는 것으로 와인이 일시적으로 싱거워진다. 그러므로 공기 접촉을 최소화하도록 장치를 하고 비어 있는 공간은 질소가스 등으로 채워야 한다.

주병하는 동안 극히 짧은 시간에 공기와 접촉하지만 와인이 와류를 일으키기 때문에 공기 접촉면적은 상당히 커진다. 이렇게 녹아 들어가는 산소는 0.5~2.0mg/ℓ가 된다. 감압 주병장치는 이런 의미에서 산소 흡수가 가장 적다. 용해되는 산소의 양은 꼭지의 길이와 모양 그리고 와인을 분사하는 힘 등의 영향을 받는다. 꼭지 종류에 따라 공기가 너무 많이 흡입되어 일시적으로 거품을 일으키는 것도 있다. 그러나 상응 압력장치가 있으면 질소를 주입하여 산소접촉을 최소화할 수 있다.

헤드스페이스에서 녹아 들어가는 산소의 양은 상황에 따라 달라진다. 코르크를 할 경우는 헤드스페이스가 불과 몇 ㎜에 지나지 않지만, 크라운 캡이나 스크루 캡을 할 경우 그 공간이 20㎖로 산소가 4㎖나 된다. 산화방지를 위해서는 적절한 장치가 된 기계를 선정하고, 질소 등으로 공간을 채워야 한다. 이 모든 일은 뚜껑을 닫기 전에 해야 한다.

고온 주병(Hot filling)

상온 주병은 고도의 기술과 주의가 필요하고, 비용이 많이 소요되므로 고급 와인에 적용시키고, 일반적인 품질의 와인이나 스위트 와인은 고온 주병이 바람직하다. 와인이 가열되면 와인의 살균은 물론, 병과 뚜껑까지 살균되므로 일석삼조라고 할 수 있다. 그리고 무균 여과나 무균 시설, 미생물 검사 등이 필요하지 않기 때문에 상당한 비용을 절감할 수 있다.

먼저 맥주에 주로 사용되는 방법으로, 상온의 와인을 병에 넣은 후 뚜껑을 닫고 이 병을 가열하여 살균하는 방법이다. 또 다른 방법은 와인을 82~87℃로 수십 초 가열살균한 후에 냉각시켜 상온으로 주병하는 방법도 있지만, 이 방법을 고온 주병이라고 하지는 않는다. 와인을 뜨거운 상태로 병에 넣고 자연스럽게 냉각시키는 방법을 고온 주병이라고 하는데, 다음과 같은 과정을 거친다.

와인을 벤토나이트로 처리하여 단백질을 제거하고, 냉동으로 주석을 제거한 다음 병에 넣어 실험실에서 80℃로 6시간 둔 후에 문제가 있는지 살핀다. 문제가 없으면, 여과한 와인을 열교환기(스팀이 아닌 열수로만)를 통하여 53~55℃로 가열하여 그 온도로 주병하고 뚜껑을 닫는다. 이때 열교환기는 원하는 온도보다 3℃ 더 높게, 열수의 흐르는 양은 와인보다 5배 더 많게 보낸다. 이렇게 하면, 열로 내용물에 있는 것은 물론 주병 라인 중에서 유입된 미생물도 살균된다. 주스의 경우는 72~75℃로 하는데, 와인은 pH가 낮고 알코올 농도가 비교적 높기 때문에 이 정도 온도면 충분하고, 냉각이 천천히 되므로 살균에 문제는 없다.

이 고온 주병장치는 정확한 온도와 양이 자동으로 조절될 수 있도록 설계해야 한다. 예를 들면 필러의 작동이 멈출 때 와인이 자동으로 탱크로 들어가도록 바이 패스가 되어 있어야 한다. 주의할 점은, 와인의 온도가 20℃에서 55℃로 올라가면 부피가 1.6% 정도 증가하니까, 와인 한 병(750㎖)당 12㎖가 증가하므로, 온도변화에 따른 부피 팽창을 고려하여 수위를 결정해야 한다. 그리고 병뚜껑은 열에 강한 재질이라야 한다. 이렇게 고온으로 주병된 와인이 냉각되어 실온에 도달하는 데 걸리는 시간은 병 사이즈, 실내온도 등에 따라서 4~22시간 정도 걸린다. 고온 주병하는 동안 가장 조심할 것은 가열 전후 와인과 공기의 접촉이다. 산소의 용해도는 온도가 낮을수록 높지만, 산화는 온도가 높을수록 빨라지므로 이 과정에서 산소가 유입되지 않도록 주의해야 한다.

고온 주병은 가열로 인해 와인의 신선도가 떨어지는 단점이 있지만, 약간의 숙성 효과가 있어서 맛이 부드러워지는 장점도 있다. 또 투자비용과 운전비용이 절감되지만, 에너지가 많이 소요되는 단점이 있다.

와인의 열팽창

와인은 온도가 올라가면 부피가 증가하는 성질이 물보다 훨씬 강하다. 이는 와인에 있는 알코올의 열 팽창력이 강하기 때문이다. 그리고 당분 등 다른 성분이 있으면 열 팽창력이 더 증가한다. 이 점은 고온 주병이나 와인 저장에 고려해야 할 점으로 아주 중요하다. 예를 들면 여름에 자동차 내부의 온도가 80℃로 상승하였을 경우, 750㎖ 와인 병에서 부피는 18㎖ 증가한다. 이렇게 되면 와인이 팽창하여 코르크를 밀고 나오게 된다.

[표 17-1] 와인 온도가 20℃에서 40℃로 변할 경우의 부피 변화

알코올 농도(%)	당 농도(g/ℓ)	부피 팽창(㎖/ℓ)
10.0	2	7.3
12.0	2	7.7
14.0	2	7.9
14.0	100	8.6
11.8	–	6.5
12.0	–	6.9
12.2	–	7.6
18.0	100	10.7

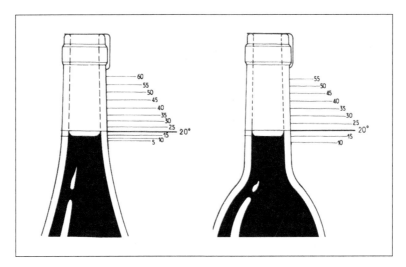

[그림 17-2] 온도 변화에 따른 와인의 부피 팽창

코르크(Cork) 및 기타 마개

코르크 밀봉은 와인을 병에 보관할 무렵부터 시작된 것으로 코르크 없이는 완벽한 밀봉을 할 수 없었기 때문이다. 오늘날도 고급 와인을 장기간 보관할 때 그 품질을 유지하기 위한 가장 좋은 방법으로 코르크가 사용되고 있는데, 코르크는 천연 소재로서 가장 우수한 물리적, 화학적 성질을 가지고 있기 때문이다. 그러나 코르크는 천연 재질로서 품질이 일정하지 않기 때문에 요즈음은 스크루 캡 등 새로운 인공 소재를 이용하기도 한다.

코르크나무

[그림 17-3] 코르크의 채취

코르크는 껍질을 벗기면 다시 껍질 층이 형성되는 우리나라 굴피나무와 같은 참나무 계통이다. 코르크나무Quercus suber는 주로 지중해 연안을 중심으로 강우량 400~800㎜, 최저기온 영하 5℃ 이상 되는 곳에서 자라므로, 포르투갈과 스페인 일부, 이탈리아 등에 많이 분포되어 있다. 특히 포르투갈은 세계 코르크의 약 50%를 공급하고, 코르크마개는 세계시장의 90% 이상을 차지하고 있다. 이 나무는 높이 16m,

지름 20~60㎝로 지상에서 4~5m까지 자란 다음에 가지를 뻗기 때문에 넓은 껍질(bark)을 얻을 수 있다. 보통, 수령이 30년 이상 될 때부터 200년까지 코르크를 채취할 수 있으며, 500년까지 자라지만 100~200년 사이의 것이 질이 좋다. 코르크는 고대 그리스, 로마시대부터 사용되었으나, 17세기 제병공업이 발달하면서 병마개로써 코르크 사용이 보편적으로 이루어졌다. 포르투갈에서 병마개로는 포트와인에 처음 사용하였다고 하며, 프랑스에서는 동 페리뇽이 최초로 사용했다고 주장하고 있다.

코르크의 구조

코르크란 식물의 줄기, 가지, 뿌리의 가장 바깥쪽에 있는 보호조직인 표피 바로 밑에 있는 층이며, 그 밑을 코르크 형성층이라고 한다. 코르크 조직세포는 규칙적인 배열을 나타내며, 원형질이 없는 속이 빈 죽은 세포로, 세포벽은 지방산의 중합체인 수버린(suberin)의 두꺼운 층으로 이루어져 있다. 이렇게 코르크 조직에서 세포벽에 수버린(suberin)이 퇴적하여 두꺼워지는 현상을 코르크화(suberization)라고 한다. 이 수버린(suberin)은 큐틴(cutin)과 비슷하여 물과 공기를 통과시키지 못한다. 그러니까 코르크 조직이 만들어지면 바깥쪽 2차 체관부 조직은 수분의 공급을 받을 수 없어 죽게 된다.

코르크는 벌집구조로 되어 있는 껍질 층이다. 속이 비어 있는 작은 육각형 세포로 그 크기는 40㎛이며 각 세포벽의 두께는 1㎛로서 1㎠의 코르크에 1,500만~4,000만 개의 세포가 들어 있다. 이렇게 전체구조의 85% 이상이 기체(질소, 산소)로 되어 있어서 천연물질 중에서 가장 비중이 낮은 편에 속한다. 그리고 격자구조 때문에 탄력성이 뛰어난 물리적 성질을 갖게 된다.

코르크 조직은 그 질이 일정하지 않다. 그리고 렌티셀(lenticel)이라고 하는 구멍과 통로 등이 이어져 있고 이 속에는 타닌이 풍부한 적갈색 가루가 많이 있어 잘못하면 와인에도 이 가루가 떨어지게 된다. 그리고 이 렌티셀은 공기와 습기가 통과할 수도 있고 곰팡이 등 미생물도 침투하므로 좋은 코르크에는 이것이 적어야 한다.

[그림 17-4] 코르크의 벌집구조

코르크의 성분

- **수버린(Suberin)** : 주성분으로 약 45%를 차지하며 코르크에 탄력성을 부여한다.

- **리그닌(Lignin)** : 결착조직으로 약 27%를 차지한다.

- **셀룰로오스(Cellulose) 및 다당류(Polysaccharide)** : 약 12%를 차지하며, 코르크 감촉을 결정한다.

- **페놀 화합물(Phenolic compound)** : 약 6%를 차지하며, 색깔, 카테킨(catechin), 타닌(tannin) 등을 가지고 있지만 오크나무보다는 적다. 이 타닌은 와인의 단백질과 반응하는 등 성질에 영향을 끼칠 정도는 된다.

- **세로이드(Ceroide)** : 5~20%를 차지하며, 소수성 성분으로 코르크에 불투과성을 부여한다.

- **기타** : 무기물 등이 6% 정도 들어 있다.

코르크의 성질

- **압축성** : 코르크는 압축성, 불투과성을 가지고 있기 때문에 액체를 장기간 보관할 수 있고, 표면의 독특한 구조 때문에 유리병을 완전히 밀봉하여 그 보존성이 유지된다. 코르크는 공기가 차지하는 공간이 대부분이기 때문에 그 비중이 평균 0.2 정도로 극히 낮다. 그리고 유연성이 좋고, 빈 공간 때문에 압축이 잘 되고, 또 원상복구 능력이 우수하다. 예를 들면 25, 65, 85% 수축에 각각 5, 10, 15kg/㎠의 압력이 필요하다. 이러한 압축상태는 영구적이 아니고, 다음과 같이 두 단계로 회복된다. 압력을 가했다가 바로 풀어 주면 바로 원래 크기의 4/5가 회복되고, 두 번째는 24시간 이내에 복구된다.

  부드러운 코르크는 금방 압축되지만 쉽게 원상복구되지 않는다. 부드러운 코르크는 딱딱한 것보다 관성이 낮지만, 첫 번째 단계의 회복능력은 딱딱한 코르크보다 빠르다. 그러나 두 번째 단계의 회복능력은 딱딱한 코르크의 회복능력이 더 낮다. 그리고 장시간 병목을 막고 있는 코르크는 그 탄력성과 밀봉성이 약해진다. 이때는 성장이 느린 단단한 코르크보다는 나이테 간격이 넓은 부드러운 코르크가 더하다. 또 코르크의 부드러움은 수분함량에 따라 달라지는데, 8%일 때가 가장 부드러워 손으로 부러뜨릴 수 없다. 또 다른 특성은, 코르크는 압축되면 다른 방향으로 팽창하지 않는다는 점이다. 그래서 와인 병에서 코르크를 제거하기가 쉽고, 특정 조건에서 플라스틱보다 더 누설이 되지 않는다.

- **불투과성** : 코르크는 실질적으로 액체와 기체에 대해 불투과성이며, 세포벽이나 세포막을 통한 액체의 삼투압이나 기체의 확산 역시 매우 느리다. 이는 두께 1㎜일 경우 30개의 세포층으로

이루어져 있기 때문이다. 또 화학적 구성 때문에도 불투과성이 된다. 이들 성분이 물을 싫어한다. 왁스나 세로이드 부분 전체 코르크 무게의 5%은 유기용매에 녹고, 수버린은 주요 구성성분으로 유기용매에 저항성이 강하고, 폴리머(polymer)가 된 후 용해성이 된다.

- **마찰계수** : 코르크는 마찰계수가 높아서 표면에 미끄럼이 없다. 특히 유리와 마찰이 크기 때문에 유리병에서 밀봉효과가 커서 병목 내부를 잘 막을 수 있다.

코르크마개의 제조

- **수확 및 건조** : 코르크나무 껍질(bark)의 두께는 2~6㎝ 정도로 2~3년 동안 날씨의 영향에 따라 달라진다. 코르크는 수령 40년 이상이 된 나무의 껍질을 벗겨서 수확하는데, 처음 수확한 코르크는 질이 좋지 않아서 병마개로는 사용하지 않는다. 대개 9~10년 간격으로 수확하는데, 보통 6~9월에 이 작업을 한다. 이렇게 벗겨낸 껍질을 옥외에서 껍질 안쪽이 흙을 향하도록 쌓아서 1~2년 동안 방치한다. 이 기간 중 코르크의 수액이 빠져 나가고, 풋내가 사라지며, 조직이 수축하면서 성분이 균일화된다.

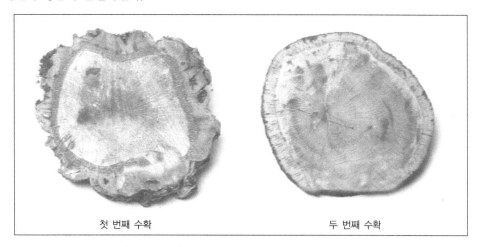

| 첫 번째 수확 | 두 번째 수확 |

[그림 17-5] 첫 번째 수확과 두 번째 수확 시 차이

- **가열 처리** : 건조된 코르크를 두께에 따라 구분하여 삶는데, 이때 해로운 미생물이 제거되고, 부피가 20% 정도 팽창하며, 코르크의 탄력성도 좋아진다. 그리고 삶는 과정에서 타닌과 광물질을 함유한 수용성 성분이 제거된다. 이를 습한 방에서 15~20일 정도 두면 병마개로서 적절한 수분을 함유하게 된다.

- **검사 및 분류** : 다음에 각 바크를 잘라서 두께와 품질에 따라 등급을 정한다. 코르크의 품질 검사

는 정량적이고 문서화된 기준으로 하는 것이 아니고, 검사자가 외관을 살펴 눈에 보이는 핀홀이나 렌티셀을 보고 구분한다. 코르크를 제조하는 데 많은 노동력과 인건비가 들어가고 수동작업이 많으므로, 검사가 철저하게 이루어져야 한다. 코르크는 천연 소재로서 그 구성이 일정하지 않으므로 선별작업은 아주 중요하고 어려운 일이다.

- **성형** : 바크를 일정한 크기로 잘라서 구멍을 뚫는 식으로 펀칭하여 코르크마개를 만든다. 펀칭 작업 후 표면을 매끄럽게 연마한다. 100kg의 바크를 가공하면 60~80kg은 버리게 되고, 20~40kg만이 코르크마개를 만드는데, 이것으로 보통 8,000~12,000개의 코르크마개를 얻을 수 있다. 모양이 완성되면 잘 씻어서 이물질을 제거한다. 먼저, 코르크를 염화칼슘이나 염소를 녹인 물에 담아 표백을 하고, 물로 씻은 다음에 수산(oxalic acid) 용액에 접촉시키면 중화되면서 철분 등 불필요한 잔유물질을 제거할 수 있다. 그런 다음에 물로 세척하고 건조시킨다. 보편적인 코르크마개 사이즈는 길이 44mm, 지름 24mm이지만, 오래 보관할 와인에 사용할 코르크마개는 더 긴 것을 사용한다.

- **후처리** : 소비자의 요구에 따라 착색을 하거나, 표면의 구멍을 풀과 코르크 가루 혼합물로 매끄럽게 처리하거나 파라핀이나 왁스, 수지, 실리콘 오일 등으로도 표면을 처리한다. 완성된 코르크는 플라스틱 백에 넣고 아황산가스를 팽팽하게 채워서 밀봉시킨다. 무균 여과법으로 생산되는 와인에는 스팀이나 약제로 살균된 코르크를 사용한다.

코르크는 9~10년 간격으로 수확하므로, 9~10개의 나이테를 가지고 있는데, 코르크마개를 살펴볼 때, 나이테가 많을수록 좋은 것이다. 그만큼 조직이 치밀하다는 이야기가 된다. 즉 똑같은 나이인데도, 두꺼운 바크로 만든 코르크마개는 나이테가 적을 것이고, 얇은 바크로 만든 코르크마개는 나이테가 많게 된다. 그래서 얇은 바크는 샴페인이나 고급 와인에 쓰이고, 두꺼운 바크는 값싸고 회전이 빠른 와인에 쓰인다.

기타 코르크마개

- **압착 코르크(Agglomerated corks)** : 가공하고 남은 부스러기 코르크를 과립형태로 만들어 성형한 것이다. 입자의 크기는 용도에 따라서 달라지며, 입자가 작을수록 탄력성은 줄어든다. 적절한 크기로 만든 코르크 과립을 폴리우레탄 풀과 반죽하여 압착시켜 가래떡 모양으로 성형하여 95~105℃로 가열한 후 적당한 길이로 자른다. 또 다른 방법으로 반죽을 몰드에서 압력과 열을 가하여 성형하기도 한다. 대체적으로 길이는 38~45mm, 지름은 22.5~23mm로서 천연 코르크보다 지름이 적다.

- **샴페인 코르크** : 압착 코르크 만드는 방식으로 코르크 과립과 풀을 혼합하여 몰드에서 압력과 열을 가하여 성형하고 난 다음에, 와인과 직접 접촉하는 면에 천연 코르크 디스크를 동일한 지름으로 6~8㎜ 두께로 만들어 붙여서 만든다. 대체적으로 길이는 47㎜, 지름은 31㎜ 사이즈가 많이 사용되는데, 와인에 따라 사이즈가 달라질 수 있다.

- **합성수지 코르크** : 합성수지로 천연 코르크와 동일한 모양으로 만들어, 코르크에 대한 이미지와 정서를 그대로 재현한 것이다. 주로 회전이 빠른 값싼 와인에 많이 사용되고 있는데, 코르크 곰팡이 문제가 일어났을 때 영국의 슈퍼마켓 업자들이 처음으로 사용을 주장하여, 현재는 신세계 와인에 많이 사용되고 있다. 겉모양과 재질이 점차 개선되고 있어서 누수, 산화방지에 효과가 크지만, 2차 공해의 가능성이 문제다.

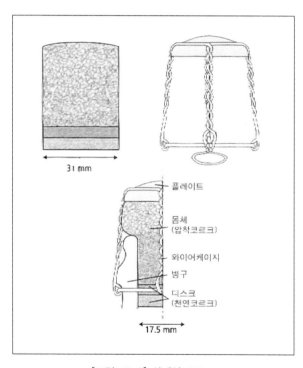

[그림 17-6] 샴페인 코르크

코르크 밀봉작업

코르크 밀봉작업은 병목의 형태, 코르크 기계의 종류, 코르크의 상태를 고려하여 기계적인 조작을 해야 한다.

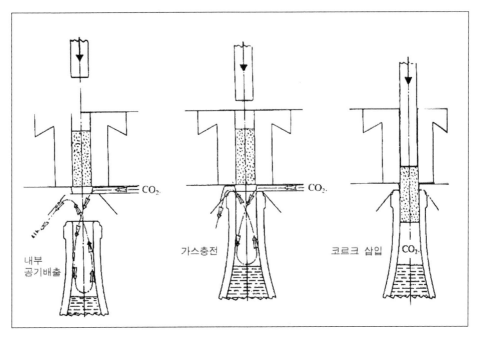

[그림 17-7] 탄산가스 치환작업과 코르크 밀봉

- **코르크 상태** : 너무 건조된 코르크를 호퍼에 투입하면 슈트를 잘 통과하지만 먼지를 날리거나, 유연성 부족으로 들어갈 때 부서질 수가 있다. 반대로 너무 습기가 많은 코르크는 서로 달라붙어 기계입구까지 잘 가지 않는다. 코르크의 수분함량은 8~12%가 적절하지만 손으로 눌렀을 때 부드럽고 탄력성을 보이는 것이 좋다. 고급 와인에 사용하는 코르크는 길이 54mm 정도 되는 것으로, 특별한 처리는 하지 않고 먼지가 없는 것으로, 사용하기 직전에 살짝 씻어서 물기를 제거하는 것이 좋다.

- **병목의 형태** : 여러 가지 형태의 병이 있지만 병목은 기계화 때문에 국제적으로 규격이 일정하다. 병구의 지름은 18.5 ± 0.5mm이며, 위에서 45mm 지점의 병구 지름은 21mm이다. 코르크 기계는 코르크의 지름을 1/4 즉 6mm만큼 축소하므로 코르크는 원래 부피의 55%로 줄어든다. 스파클링 와인은 압력이 1기압인 경우 7mm, 5~6기압인 경우는 12mm를 감소시켜 압력을 견딜 수 있게 만든다.

- **코르크 기계** : 코르크 밀봉은 두 단계로 진행된다. 코르크의 지름이 먼저 병구 지름보다 더 작은 사이즈가 될 수 있도록 코르크를 압착시켜 병구에 접촉시킨 다음 지름 14~15mm 정도 되는 봉으로 코르크를 병구에 밀어 넣는다. 기계는 수동부터 자동까지 여러 가지가 있으므로 사정에 따라 선택할 수 있다.

코르크와 액의 높이

피스톤이 코르크를 완전히 밀어 넣을 때 피스톤의 끝이 병구의 상단에 오도록 잘 조절해야 한다. 너무 밀어 넣으면 밀봉 효과가 떨어진다. 병의 수위는 와인의 온도에 따라 달라지므로 포장에 걸리는 시간과 숙성기간을 고려하여 결정해야 한다. 예를 들어 와인의 온도가 40~50℃인 경우 코르크와 와인이 닿아야 식은 다음에 30㎜의 공간이 남게 된다. 코르크와 와인 사이에는 어느 정도 공간이 있어야 저장 중에 팽창과 수축이 일어나 압력의 균형이 잡히고 코르크가 제자리를 잡는다. 그러나 고급 와인에서는 긴 코르크를 사용하고 10~20년 이상 보관할 때 수위가 너무 낮아지지 않도록 고려한다.

1~2㎝의 헤드스페이스를 두고 막으면 코르크가 공기를 압축시켜 헤드스페이스의 압력이 3㎏/㎠가 되며, 그 공간은 20㎖가 된다. 만약 바로 캡슐을 씌우고 눕히면 와인이 병목과 코르크 사이로 새어 캡슐과 상표를 버릴 수도 있으며, 많은 양의 공기를 헤드스페이스에 잡아두는 결과가 된다. 이 현상을 방지하려면 코르크로 밀봉하기 전에 병목에 있는 공기를 탄산가스로 치환시키는 것이 좋다. 소량의 탄산가스는 와인에 용해되어 압력을 감소시키므로 와인이 팽창할 때 새어나오지 않는다. 잘 밀봉시킨 와인 병은 옆으로 눕히거나 케이스에 거꾸로 하여 코르크와 와인이 닿은 상태로 보관한다.

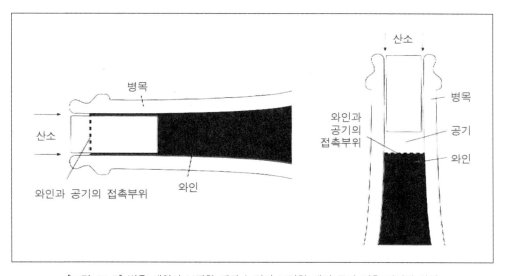

[그림 17-8] 병을 세워서 보관할 때와 눕혀서 보관할 때의 공기 접촉 면적의 차이

오염된 코르크 냄새(TCA)

일반적으로 '코르키드(corked)'라는 말로 표현되는데, TCA(2, 4, 6-trichloroanisole)라는 성분에서

유래된 퀴퀴한 목재 썩은 냄새를 풍기는 경우를 말한다. 습한 환경에 익숙한 우리나라 사람들은 이 냄새에 대해서 그렇게 예민하지 않지만, 서양 사람들에게는 참기 어려운 향으로 분류된다. 이 물질은 곰팡이와 염소화합물 그리고 페놀 화합물의 반응으로 생성되는데, 이 물질이 생성되어 와인을 오염시키는 경로는 크게 세 가지 경우를 생각할 수 있다.

먼저, TCA는 코르크나무에서 껍질을 벗겨 가공하기 전에 이미 곰팡이 등의 오염으로 생성된 것으로 이 코르크 마개를 사용한 와인에는 이 냄새가 퍼질 수밖에 없다. 또 코르크를 가공하는 과정에서 코르크를 소독하고 탈색하기 위해 염소제제(chlorine)를 처리하는데, 이때도 TCA가 생성될 수 있다. 만약, 이 과정에서 TCA가 생성되면 그 코르크를 공급받는 특정 와이너리의 모든 와인에서 이 냄새가 나게 된다.

두 번째 오염으로, 나무를 처리하는 데 사용되는 살균제(pentachlorophenol)에서 나오는 것으로 보고 있다. 1994년부터는 이 살균제의 사용이 금지되었지만, 새 나무판과 각목에 있는 살균제는 습한 셀러에서 TCA와 같은 불쾌한 휘발성 성분을 밀폐된 공간에 퍼뜨리게 된다.

세 번째로는, 셀러를 청소할 때 사용되는 표백분이나 락스와 같은 염소(chloride) 성분으로 구성된 세제가 문제를 일으킬 수 있다. 이 세제의 염소성분이 곰팡이와 페놀의 화학작용으로 TCA를 합성하여 전체 셀러를 오염시키게 된다.

1996년 유럽연합에서 일부 지원한 와인과 증류주 그리고 기타 음료의 오염원인에 대해 6년간의 연구 결과를 발표했다. TCA는 코르크 숲에서 발견하기 힘들고, 이것은 주로 곰팡이라고 결론 지었다. 이 성분은 어디서나 발견되는데, 식품, 음료는 물론 재료 즉 플라스틱 유리, 금속용기 그리고 코르크까지 광범위하게 분포되어 있다. 코르크 공업에서 TCA 오염을 줄이려면 코르크마개 생산 전 과정에서 이를 검토해야 한다. 이에 따라, 연구진과 협력하여 많은 돈을 투자하여 새로운 시설, 마이크로웨이브, 오존, 진공, 오토크레이브 등을 도입하였기 때문에 TCA를 비롯한 기타 물질이 와인에 오염될 가능성은 많이 감소되었다.

기타 코르크 결함

- **코르크 벌레** : 나방이 코르크 위에 알을 낳아 애벌레가 코르크를 뚫고 들어간 경우로, 살충제를 살포하여 방제한다.

- **코르크 민지** : 주병한 다음, 와인 표면에 먼지가 떠다니는 것을 관찰할 수 있다. 이는 코르크 제조 과정에서 완벽을 기하더라도, 운반이나 저장 중 마찰로 가는 부스러기가 생길 수 있다. 호퍼에 코르크를 투입하기 전에 잘 살펴야 한다. 또 코르크가 너무 건조되었거나 코르크 기계와 마찰하여 부스러기가 생길 수 있으므로 사전 주의가 필요하다.

- **액의 누수(밀봉 결함)** : 코르크 기계에서 손상되어 코르크가 주름지거나 원형이 파괴된 경우, 병구나 코르크 사이즈가 불규칙하거나 코르크가 너무 부드럽거나 둥글지 못한 경우, 껍질 가까운 쪽에서 잘라 코르크의 질이 낮고 구멍이 많은 경우, 온도 변화로 와인이 팽창과 수축을 반복하여 밀봉력이 약해진 경우, 코르크가 너무 오래되어 탄력성을 잃은 경우에 발생한다.

- **코르크가 안 빠지는 경우** : 사이즈가 너무 큰 코르크를 작은 병목에 집어넣은 경우나, 나이테 많은 코르크로서 거의 탄력성이 없는 경우에 일어난다. 코르크의 표면에 파라핀을 처리하면 대개 온도가 상승 파라핀 용융점 50℃ 했을 때 파라핀이 녹아서 병과 코르크를 접착시키는 경우가 생긴다. 반대로, 너무 작은 사이즈의 코르크가 들어가면 코르크스크루를 돌릴 경우 겉도는 현상이 생긴다.

- **코르크 돌출** : 주병 후, 병구 높이에 맞게 들어간 코르크가 내부 압력이 증가하여 약간 치솟는 경우를 볼 수 있다. 병구 내면이 일직선이 아니고 약간 돌출된 경우는 코르크가 압력을 받아 위로 상승할 수 있다. 또 다른 경우로서 병목이 젖어 있으면 마찰력이 감소하여 코르크가 치솟을 수 있다. 그러나 대부분은 헤드스페이스가 충분하지 않을 경우에 생긴다. 특히, 온도 상승으로 와인이 팽창할 경우 자주 일어난다.

스크루 캡(Screw caps)

스크루 캡은 1906~1909년 사무엘 본드 Samuel C. Bond 가 개발한 것으로 타전과 동시에 주름이 형성되도록 한 것이다. 정식 명칭은 롤 온 필퍼 프루프 캡 roll-on pilfer-proof cap, ROPP cap 으로 PP란 도용방지, 변조방지의 뜻을 가지고 있다. 캡이 열릴 때 PP 밴드부에 붙어 있는 브릿지나 스코어가 절단되어 개봉한 증거가 남는 구조로 되어 있는데, 알루미늄 재질이 대표적이다. 이 캡은 마개를 할 때 나사가 형성되는 롤 온 형으로 나사 롤러와 스커트 롤러로 캡핑작업과 동시에 나사 형상을 만듦으로 미리 성형되어 있는 것보다 치수맞춤에서 더 정밀하다고 할 수 있다. 밀봉 재료로는 폴리에틸렌이나 연질 폴리염화바이닐 등이 사용되고 있다.

품질 좋은 코르크 생산의 어려움으로 코르크 대체품이 요구되어, 와인에는 1970년대부터 값싼 제품에 적용하였으나 밀봉효과가 약하여 실패하고, 2001년부터 문제점을 개선한 신제품이 나와 뉴질랜드를 시작으로 유행하고 있다. 특히 코르크의 TCA 오염 문제를 해결할 수 있다는 점으로 부각되고 있다.

21세기부터 가장 많이 사용되고 있는 제품은 프랑스에서 나오는 스텔빈 Stelvin 캡이다. 스커트를 길게 만들고 라이너를 특수하게 고안하여, 병구에서 2.8㎜ 아래쪽에서 나사가 시작되도록 만들었다. 여기에 들어가는 '사라넥스 Saranex ' 라이너는 폴리에틸렌, PVDC polyvinylidene

chloride), 발포 폴리에틸렌(expanded polyethylene)으로 만들어 2~5년 보관하는 와인에 사용하고, 좀 더 밀봉이 잘 되는 '사란 필름(Saran film)'은 PVDC 사이에 주석층을 넣고 흰색 크래프트지와 폴리에틸렌으로 만든 것으로 10년 이상 보관하는 와인에 사용한다.

미국의 호그 셀러(Hogue Cellars)에서 2004년 발표한 결과를 보면, 1999년 메를로, 2000년 샤르도네를 천연 코르크, 압착 코르크, 스크루 캡으로 밀봉하여 6개월 간격으로 30개월 동안 관찰하여, 코르크 냄새, 색깔, 아황산 농도, 신선도 등을 조사한 결과를 보면, 스크루 캡, 천연 코르크, 합성 코르크 순으로 우열이 나타났다. 이에 대해서 와인 전문가나 학자들은 특별한 견해를 내놓지 않고, 향후 장기적으로 그 결과를 지켜보겠다는 시각이 지배적이다.

제18장 기타 와인 제조

제18장 기타 와인 제조

로제(Rosé) 와인

로제 와인은 화이트와 레드의 중간 상태로 추출이 안 되거나 약간 되어 있는 상태라고 할 수 있다. 로제 와인은 바디나 약간의 안토시아닌, MLF로 부드러운 맛을 가진 것들은 레드 와인을 많이 닮았지만, 추출이 거의 안 되고, 안토시아닌이 50mg/ℓ 이하로 신선하고 사과산이 남아 있는 것은 화이트 와인을 닮았다. 지역에 따라서는 부분적으로 화이트 와인용 포도를 일부 사용하기도 하지만, 레드 와인과 화이트 와인을 혼합하여 만드는 것은 나라에 따라 금지된 곳이 많다.

대부분 드라이로 만들지만, 일부 지방에서는 세미 스위트 타입을 만든다. 로제 와인은 매혹적인 색깔과 신선한 맛, 그리고 과일 향이 살아 있기 때문에 식사 시 어느 때나 마실 수 있다. 고급 레드와 화이트 와인은 많지만, 고급 로제 와인은 거의 없는데, 이는 숙성에 의한 복합성이 나타나지 않기 때문이다. 어떤 경우든지, 로제 와인의 성공 여부는 포도의 상태 즉, 건강하고 충분히 익은 포도의 사용에 달려 있다.

로제 와인은 두 가지 방법으로 제조되는데, 레드 와인용 포도로 화이트 와인 방식으로 만들거나 부분 추출 기술을 사용하여 만든다.

화이트 와인 방식

레드 와인용 포도를 화이트 와인 방식으로 파쇄하여 바로 착즙을 하되, 일반적인 화이트 와인과 같이 추출이 덜 되도록 주의할 필요는 없다. 색깔을 강조하기 위해 침출시간을 약간 거친 후에 착즙하기도 한다. 압착시간이 길어질수록 페놀 함량이 증가하여 색깔이 진해지므로 처음에 나온 프리 런 주스와 나중에 나오는 프레스 주스를 잘 혼합해야 한다. 그러나 마지막에 나오는 프레스 주스는 풋내가 많이 날 수 있으므로 사용하지 않는 것이 좋다.

주스가 나오면 아황산을 첨가하고(50~80mg/ℓ), 필요에 따라 벤토나이트로 처리한다. 이때 안토시아닌이 고정됨으로써 색깔은 옅어지지만, 이 때문에 색깔이 더 밝아지고, 산화가 덜 된다. 옛날에는 신선한 맛을 유지하기 위해 MLF를 하지 않은 경우가 많았지만, 요즈음은 더 묵직한 와인을 만들기 위해 MLF를 하는 곳이 많다. 로제 와인은 보관 중에도 아황산 농도가 충분해야 하는데, 유리 이산화황 농도가 20mg/ℓ 정도는 되어야 한다. 아황산은 색깔을 연하게 만들고 황색을

띠게 만들지만, 장기적으로 색깔이 훨씬 더 안정되고 순수한 적색을 나타낸다. 나머지는 화이트 와인과 동일하게 낮은 온도에서 저장하고, 산화를 방지한다.

단기 침출 방식

　제경, 파쇄한 적포도에 아황산을 첨가하고, 발효탱크에 5~36시간 두면서, 껍질에서 원하는 정도의 색소가 우러나오면, 탱크에 들어 있는 내용물을 꺼내어 착즙을 하는 방식이다. 일반적인 방법은 발효탱크에서 주스의 색깔이 어느 정도 진해지면 이 주스를 뽑아내고, 그 양만큼 파쇄한 포도를 다시 발효탱크에 채우기도 하는데, 이렇게 만들면 와인이 거칠기 때문에 바람직한 방법은 아니다. 또 다른 방법은 페놀 함량이 많은 레드 와인을 만들기 위해, 껍질 층이 위로 떴을 때 일정 부분의 주스를 제거하면, 껍질 대비 주스의 양이 적어져 남아 있는 와인의 페놀 함량이 높아지는데, 이렇게 미리 제거한 주스로 로제 와인을 만들 수 있다. 즉 레드 와인 양조의 부산물로서 로제 와인을 생산하는 방법이다.

　로제 와인은 색소를 비롯한 페놀 화합물의 추출은 온도와 아황산 농도의 영향을 상당히 받는다. 아황산이 페놀 화합물의 용해도를 높여서 추출효과를 높인다고는 하지만, 레드 와인의 경우는 시간, 펌핑 오버 등 여러 가지 변수의 작용을 받기 때문에 그 효과가 눈에 띄지 않는다. 그러나 기간이 짧은 로제 와인은 그 효과가 확실하다. [표 18-1]은 동일한 포도를 다른 방법으로 만들었을 때 로제 와인의 페놀 화합물의 추출효과를 보여주고 있다.

　페놀 함량이 많은 로제 와인은 MLF를 하면 산도가 낮아지면서 타닌의 떫은맛도 감소된다. 탄산가스 침출법으로 로제 와인을 만들면 페놀 화합물이 확산되어 풀 바디의 와인을 얻을 수 있다.

[표 18-1] 제조방법에 따른 로제 와인의 페놀 화합물 함량

제조방법	페놀지수	안토시아닌(mg/ℓ)	타닌(mg/ℓ)	색도	타닌/안토시아닌
화이트 와인 방식	6	7	100	0.41	14.3
12시간 침출 (아황산 무첨가)	11	26	320	0.52	12.3
12시간 침출 (아황산 100mg/ℓ 첨가)	16	100	760	1.53	7.6

스파클링 와인_Sparkling wine

스파클링 와인은 와인과 직접적인 관련이 없는 과학기술의 발전으로 이루어진 것으로, 가장 중요한 요인은 1700년대 유리병 제조기술이 향상되면서 고압에 견딜 수 있는 유리병의 출현이라고 할 수 있다. 이 스파클링 와인은 동 페리뇽시대에 시작되었지만, 지난 150년 동안 꾸준히 발전되어 오늘날 스파클링 와인이 완성된 것이다.

스파클링 와인이란 와인에 과량의 탄산가스가 녹아 있는 와인으로, 이것이 와인 표면에 거품을 일으킨다. 탄산가스를 와인에 녹이는 방법은 몇 가지 있는데, 어떤 것을 선택하느냐에 따라 와인의 관능적인 성격과 가격이 달라진다. 가장 많이 쓰이는 방법은 알코올 발효를 두 번 하여 두 번째 발효에서 생기는 탄산가스를 잡아 두는 것이다. 첫 번째 발효 때는 드라이 테이블와인을 만들고, 두 번째 발효는 와인에 설탕과 효모를 넣어서 발효시켜 나오는 탄산가스를 밖으로 나가지 못하도록 환경을 조성하여 만드는 것이다. 스파클링 와인을 한 번의 발효로 만들 수도 있는데, 알코올 발효나 MLF 때 생기는 탄산가스를 잡아 두거나, 발효 대신에 인위적으로 탄산가스를 주입하는 방법도 있다. 이 두 가지 방법은 많이 쓰이지 않는다.

스파클링 와인에서 2차 발효를 하는 방법에는 두 가지가 있다. 즉 탱크 발효법과 병 발효법이다. 이 두 가지 방법은 아주 다른 맛을 낸다. 탱크 발효법은 비용이 적게 들고, 시장에 빨리 출하할 수 있으며, 아로마와 풍미가 포도의 향을 강조하는 신선미가 특징이다. 병 발효법은 신선한 영 와인으로 낼 수도 있지만, 보통은 2차 발효 때 생기는 효모 찌꺼기와 장기간 접촉하여 복합적인 풍미가 생기면서 고유의 부케를 갖게 된다.

샴페인 방식(Méthode champenoise) : 병 발효법

- **품종** : 샴페인 방식의 스파클링 와인 생산에 적합한 품종은 샤르도네와 피노 누아 그리고 피노 뫼니에로서 프랑스 샹파뉴 지방에서 가장 많이 사용되고 있다. 샤르도네는 우아함과 섬세함을 주고, 피노 누아는 바디, 피노 뫼니에는 과일 향과 부드러움을 준다. 신세계에서는 피노 뫼니에 대신 피노 블랑이 사용되기도 하고, 루아르에서는 슈냉 블랑, 스페인에서는 파레야다, 사렐로, 비우라 등이 사용된다.

  아주 추운 지방이라 비티스 비니페라가 잘 자라지 못하는 곳에서는 미국종 품종을 사용하기도 한다. 샹파뉴에서 피노 누아를 선호하는 이유는, 추운 지방이지만 다른 품종에 비해 해마다 품질의 변동이 적고, 껍질 바로 안쪽에 붉은 색소 세포가 있어서 갓 짜낸 주스는 색깔이 없기 때문에, 특수한 기술을 사용하면 화이트 와인을 만들 수 있기 때문이다. 샤르도네와 피노 누아

안에는 여러 가지 클론이 있다. 현재 세계 각국의 스파클링 와인 생산자들은 어떤 클론이 이 와인을 만드는 데 적합한지 실험하고 있다.

- **재배조건** : 독일의 모젤 지방을 제외하고, 샴페인 지방은 세계 포도생산지역 중 가장 북쪽에 있다. 이곳은 춥기 때문에 포도가 천천히 익으며, 산도와 사과산 비율이 높고, pH와 당도가 낮고, 품종의 특성이 별로 없어서 스파클링 와인 생산에는 완벽한 조성을 갖추게 된다. 스파클링 와인에는 뚜렷한 품종별 특성이나 풍미를 갖춘 것이 필요하지 않다. 샴페인에서 가장 중요한 향은 2차 발효 때 효모와 장기간 접촉해서 생기는 '샴페인 부케'이기 때문에 샴페인용 포도는 일찍 수확한다. 그래야 산도가 높고 pH가 낮아진다. 이 산도와 pH는 스파클링 와인 생산에 가장 중요한 요소가 된다. 그러나 덜 익은 포도에서 풋내가 나는 것은 피해야 한다. 그리고 곰팡이 낀 포도를 골라내고, 포도가 으깨지지 않도록 반드시 손으로 수확해야 한다. [표 18-2]는 캘리포니아에서 자라는 샤르도네, 피노 누아, 피노 블랑의 수확기 때 나오는 대표적인 성분을 나타낸 것이다.

[표 18-2] 각 품종별 수확기 때 성분

	샤르도네	피노 누아	피노 블랑
브릭스	17.8~21.4	17.0~20.0	16.5~17.5
산도(g/100㎖)	0.85~1.5	0.9~1.7	1.05~1.1
pH	2.85~3.3	2.9~3.3	3.1~3.2

스파클링 와인용 포도는 위와 같이 테이블 와인용 포도보다 당도와 pH는 낮고, 산도는 높게 나온다. 이런 포도로 만든 와인은 품종의 특성이 약하고, 신맛이 강하고, 알코올 함량이 낮아서, 따뜻한 지방에서 나오는 산도 약한 와인과 블렌딩하면 좋지만, 스파클링 와인에는 이런 조성을 가진 포도가 이상적이다. 신맛은 나중에 설탕물을 넣어 균형을 이루고, 알코올 농도도 2차 발효 때 더 올라가기 때문이다.

수확기를 결정할 때는 화학적 분석과 관능검사를 거쳐서 품질과 아로마를 평가한다. 따뜻한 지방에서는 당분 함량이 적은 상태라서 과일의 풍미가 강할 수 있다. 물론, 수확시기를 결정할 때는 포도(병들었는지 혹은 건강한지?)와 포도나무(더 익을 수 있는지?) 상태를 고려해야 한다. 서늘한 지방에서 좋은 스파클링 와인을 만들려면, 상쾌한 신맛이 좋을 때 수확하고, 나무가 왕성하게 자라는 깊고 기름진 토양을 피하는 것이 좋다.

- **수확**(*Vendange*, 방당주) : 껍질과 과육에서 색소 추출을 최소화하기 위해 약간 덜 익었을 때 손으로 수확하여, 60~80kg 단위의 용기로 운반한다. 포도를 검사하여 곰팡이 (색소의 산화를 약하게 하거나 다른 껍질을 파괴한다) 낀 것을 제거한다. 이것은 어느 스파클링 와인용 포도에나 모두 쓰이는 방법으로 껍질에서의 타닌과 색소 추출을 최소화한다.

- **착즙**(*Pressurage*, 프리쉬라주) : 포도를 송이째 착즙하는데, 접촉 면적이 크고 깊이가 낮은 수직형 샴페인 착즙기를 사용하여 색소, 고형물, 산화효소 추출을 최소화한다. 지역에 따라 수평형 착즙기도 사용한다. 부드럽게 착즙하여 나온 주스는 조심스럽게 맛을 보고, 프리 런 주스와 프레스 주스로 구분한다. 포도 4,000kg을 착즙시키면 처음에는 2,050ℓ의 주스 *tete de cuvée*, 테트 드 퀴베)가 나오며, 두 번째는 500ℓ의 주스 *première taille*, 프르미에르 타이유)가 나온다. 즉 4,000kg의 포도에서 총 2,550ℓ의 주스를 얻는다. 그 이상 나오는 주스는 팔거나 프랑스 전통에 따라 증류하여 강화와인을 만드는 데 쓰인다.

- **알코올 발효**(*Fermentation alcoolique*, 페르망타시옹 알콜리크) : 주스가 착즙기에서 나올 때 소량의 아황산 50mg/ℓ)을 첨가하고, 냉동장치가 되어 있는 스테인리스스틸 탱크로 옮겨 10℃를 유지시키면서 12~15시간 가라앉히거나 원심분리로 주스를 맑게 만든다 débourbage). 각 착즙기, 품종, 포도밭, 수확시기가 다른 포도에서 나온 주스는 따로 분리하여 발효시킨다. 그러므로 일반 테이블 와인에 비해 스파클링 와인의 시설은 작은 용량의 탱크가 더 많아야 한다. 피노 누아 등 적포도를 사용할 경우는 껍질과 접촉을 최소화하고, 필요에 따라 활성탄소 10g/ℓ)나 PVPP 0.5g/ℓ)를 첨가하여 색도를 조절한다. 보통, 발효 끝 무렵에 벤토나이트를 첨가 1g/ℓ)하면 색깔을 조절할 수 있다.

  각 배치(batch)별로 효모를 접종하고, 필요에 따라 인산암모늄 등 영양제를 첨가하여 11~14℃의 온도로 스테인리스스틸 탱크나 프랑스 오크 탱크에서 발효를 한다. 품종별 특성이 나타나지 않아야 하므로, 향 성분이 빠져 나갈 수 있도록 비교적 높은 온도에서 발효시키면 발효도 빨리 끝나 7~10일 정도 걸린다.

  발효온도가 너무 낮으면 풋내가 나고, 높으면 섬세함이 사라진다. 발효가 끝난 와인은 철저하게 공기 접촉을 차단시키고, 아황산을 20mg/ℓ 이하로 첨가하고, 나쁜 냄새를 풍기는 효모나 기타 이물질 제거를 위해 여과하거나 따라내기, 원심분리 등으로 정제하고 냉각시켜 주석을 제거한다. 산도를 감소시켜 당/산 비율을 개선하고, 좀 더 복합적이고 뒷맛이 오래 가는 와인을 만들려면 MLF를 한다. 그러나 사과산이 와인에 신선함과 적당한 신맛을 주는 데 중요하다고 생각하거나 당분 함량이 높으면 MLF를 하지 않는다.

- **혼합**(*Assemblage*, 아상블라주) : 샴페인 방식의 궁극적인 목적은 여러 품종과 빈티지의 와인을 혼합하여 독특한 스타일을 창조하는 데 있다. 이렇게 여러 가지 와인을 섞어서 2차 발효를 할 수 있는 한 단위의 와인을 '퀴베 cuvée)'라고 한다. 그리고 빈티지 사이의 성분 변화를 최소화하기 위해서 전년도에 혼합했던 와인을 이번에 혼합한 와인에 20~30% 정도 섞어서 사용하는 곳이 많다. 그러므로 샴페인 방식은 테이블 와인에 비해 빈티지를 나타내는 경우가 드물다.

  퀴베의 조제는 스파클링 와인에 있어 가장 예민한 단계로서 블렌딩과 테이스팅에 5~7주가 소요되는 작업으로 늦은 가을이나 봄에 한다. 퀴베를 만드는 가장 이상적인 기본 와인은 맑고, 색깔이 옅고, 나쁜 냄새나 풍미가 없어야 하며, 미묘한 향과 풍미를 지니고, 알코올 농도가 높지 않고, 산도가 높으며, 바디가 약한 것이라야 한다. 이 와인은 테이블와인으로 마시기에는 부적합하지만, 혼합하여 2차 발효를 시키면 탄산가스가 생기고, 알코올 농도가 1~2% 높아지고, 산도가 약간 감소하며, 풍부하고 복합적인 향과 풍미가 더해지면서 균형 잡힌 스파클링 와인이 된다.

와인메이커는 블렌딩할 때 이 퀴베가 2차 발효를 거치고 2~4년 동안 효모 위에서 병 숙성을 거치면서 어떻게 변할 것인지 예측할 수 있어야 한다. 여기에는 많은 경험이 필요하다. 퀴베를 만들기 위해서는 기본 와인을 품종, 착즙 순서, 포도밭, 수확시기별로 구분하여 보관하여야 하며, 각각 맛을 봐 가면서 이것을 서로 혼합하고, 지난해 저장 와인과 혼합한다. 그러면서 다시 테이스팅하고 또 섞는 과정을 반복하여 블렌딩을 완성한다. 이 과정은 스파클링 와인의 스타일을 창조하는 퀴베가 만족스러울 때까지 반복하므로, 심하면 70가지 이상의 와인이 혼합되기도 한다. 퀴베를 만든 다음에는 열, 저온 안정성을 거쳐 2차 발효를 시작하기 전에 다시 여과한다.

- **주병(*Tirage*, 티라주)** : 퀴베를 큰 탱크에 넣고 리큐르 와인에 설탕을 녹인 것와 티아민 $0.5mg/\ell$, 인산암모늄 $100mg/\ell$ 등 효모 영양제, 활성 효모를 혼합한다. 설탕과 효모 영양제를 첨가하는 이유는 1차 발효 때 거의 모든 포도의 당분이 소모되고, 기타 영양분도 소비되었기 때문이다. 설탕을 $19~26g/\ell$ 비율로 첨가하는데, 첨가하는 설탕의 양은 [표 18-3]과 같이, 알코올 농도와 원하는 압력에 따라 달라진다. 예를 들어 6기압의 압력이 필요하다면, 기본 와인의 알코올 농도가 9%일 경우는 설탕이 $23g/\ell$ 필요하고, 기본 와인의 알코올 농도가 12%라면 설탕이 $26g/\ell$ 필요하다.

[표 18-3] 기본 와인의 알코올 농도와 설탕 첨가량

알코올(%)	설탕 첨가량(g/ℓ)		6기압
	5기압	5.5기압	
9	19	21	23
10	20	22	24
11	21	23	25
12	22	24	26

MLF가 안 된 와인일 경우는 제균 여과를 하고, 유리 이산화황 농도를 $10mg/\ell$ 이상으로 조절하는 것이 좋다. 이렇게 혼합한 와인을 병에 넣는 일을 '티라주*tirage*'라고 한다. 병은 고압에 견딜 수 있는 두꺼운 것이라야 하며, 왕관 마개 등으로 밀봉시키고, 옆으로 눕혀서 높게 쌓거나 큰

용기(리프터로 쌓을 수 있음)에 넣는다.

- 2차 발효(Deuxième *Fermentation*, 두시엠 페르망타시옹) : 2차 발효는 약 30일이면 완성되는데, 첨가된 당분이 알코올(약 1% 상승)로 변하면서 탄산가스가 발생됨으로써 스파클링 와인이 탄생된다. 2차 발효에 사용되는 효모는 1차 발효 때 사용하는 효모와는 다른 종류가 사용되는데, 2차 발효는 전혀 조건이 다른 곳에서 일어나기 때문이다. 즉 알코올 함량이 높고(8~12%), 당도가 낮고(2~3%), pH가 낮고(2.8), 고압의 탄산가스 압력(발효 끝 무렵에는 6~7기압), 낮은 온도(10~13℃)의 환경이 된다.

  스파클링 와인용 효모는 발효가 끝나면 사멸해야 하고, 응집해야 하고, 병 안에서 엷은 막을 형성하면서 잘 가라앉아야 하며, 숙성기간 중 분해되어 바람직한 향을 내고, 황화수소, 아세트알데히드, 초산, 초산에틸 등의 형성이 적어야 하며, 효모가 병 내부 벽에 달라붙거나 얼룩을 형성하지 않아야 한다.

  이렇게 까다로운 조건에서 효모가 활동하려면 사전에 적응이 되어야 한다. 잘못하면 발효가 시작되기 전에 대부분의 효모가 사멸할 수 있다. 효모를 20~25℃ 포도당 용액에 미리 풀고 공기를 넣어 주면 세포분열에 필요한 불포화지방산과 스테롤이 생성되므로, 효모가 활성을 보이기 시작한다. 이를 소량의 퀴베와 40 : 60 비율로 섞어서 2~3일 배양한 다음에, 준비된 퀴베에 첨가한다. 균수가 $3~4 \times 10^6$개/㎖ 되는 것이 좋다. 너무 균수가 많으면 황화수소 냄새가 나고 너무 적으면 발효가 안 될 수도 있다. 발효기간은 온도에 따라 다르지만, 보통 4~6주 정도 걸린다.

캡슐 효모(Encapsulated yeast)

스파클링 와인용 효모를 겔 형태로 만들어 작은 바늘구멍을 통과시켜 구형으로 만든 것으로 입자 하나에 효모 세포가 수백 개 들어 있다. 물에 녹지 않고 효모로서 작용을 하므로 발효가 끝난 뒤 제거하기가 쉬워 비용이 절감된다. 겔 형태로 첨가되는 물질은 알긴산칼슘(calcium alginate)이 사용된다.

- 효모 위에서 숙성(*Sur lie*, 쉬르 리) : 발효가 끝난 와인은 좀 더 시원한 곳으로 옮기거나, 10℃ 정도의 온도에서 병을 옆으로 눕힌 채로, 병에 형성된 엷은 효모 찌꺼기 위에 와인을 적게는 9개월, 보통은 2~4년 둔다. 샴페인의 경우는 1년 이상, 빈티지 샴페인은 3년 이상, 크레망(crémant)은 9개월 이상 숙성시킨다.

  숙성 중 여러 가지 변화가 일어나는데, 발효가 끝나면 효모 개체수가 감소하면서 사멸하여 6개월이면 모두 활성이 없어지고, 죽은 효모 세포가 자가분해(autolysis)되어 아미노산과 기타 여러 성분을 와인에 방출한다. 이 자가분해 산물은 아미노산과 펩티드로서 토스트 향을 내면서 샴페인 부케를 발전시킨다.

또 지방산과 유지의 농도와 종류도 변하는데, 처음에는 지방산이 증가하지만 곧 감소하며, 극성 지방이 중성 지방으로 바뀐다. 에스터 역시 변하여, 대부분의 초산이나 지방산의 에틸에스터는 감소하고 유기산의 에스터가 증가한다. 이때는 효모의 종류, 저장조건, 접촉기간에 따라 효모 세포에서 나오는 물질이 달라진다.

일반적으로 효모 접촉기간 중 적정온도는 10℃로서, 더 높으면 질소질 물질의 생성속도가 빨라지면서 그 성분도 변한다. 그리고 발효 중에 방출된 탄산가스는 숙성기간 중 천천히 와인에 녹아 들어가, 병을 개봉했을 때 작은 거품이 천천히 방출될 수 있도록 도와줌으로써 즐거움을 더해 준다.

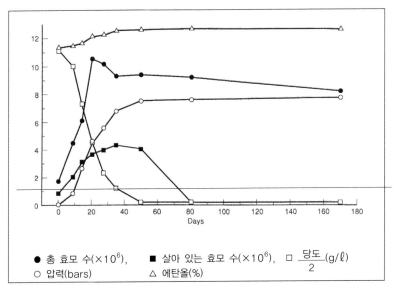

[그림 18-1] 제조과정 중 성분 변화

• 효모 포집(*Remuage*, 르뮈아주) : 샴페인 부케가 적절히 형성됐다고 판단될 때 효모 찌꺼기를 모아서 제거하는 일이다. '르뮈아주'란 병에 달라 붙어 있는 효모 찌꺼기를 제거하기 위해 중력을 이용해 가라앉은 효모를 병목에 모으는 과정을 말한다. 거품의 손실 없이 찌꺼기를 제거해야 한다. A자 모양의 경사진 나무판*(pupitre*, 퓌피트르) 구멍에 각각 병을 거꾸로 세워 놓는다. 그리고 병을 회전시키면 찌꺼기가 병 입구로 모이면서 뭉쳐진다. 그러면서 점차 경사도를 높여 최종적으로 거의 수직상태가 된다. 병 돌리기는 1주에서 12일 정도 하면 완성되는데, 그 기간은 여러 가지 변수에 따라 달라지며 아직 그 이유는 불분명하다. 각 배치마다 청징도가 다르고 작업자는 각 퀴베마다 최선의 방법을 결정해야 하기 때문이다. 자동으로 병 돌리는 장치가 세계 여러 곳에서 개발되고 있다. 기계는 지속적으로 일하고, 하루에 2~3회 할 수 있기 때문에 병 돌리는 시간을 단축할 수 있다. 그래서 수작업은 소규모 생산에 사용된다. 병 돌리기가 끝나면 모든 효모 침전물

은 병목 뚜껑에 쌓이게 된다. 병을 조심스럽게 나무판에서 내리고 효모 찌꺼기를 제거할 때까지 거꾸로 세워 둔다.

- 효모 제거(*Dégorgement*, 데고르주멍) : 효모 찌꺼기를 제거하기 전에 병을 영하 4℃로 냉각시켜 1~2주 정도 두면 주석이 가라앉는다. 찌꺼기를 제거하는 동안에는 와인을 7℃ 정도 유지시켜 탄산가스 압력을 줄여서 뚜껑을 열었을 때 가스의 손실을 줄여야 한다. 냉각된 병은 거꾸로 세워서 영하 20℃ 냉매가 들어 있는 통에 병목만 담근다. 병목이 얼면 효모 찌꺼기와 주석은 작은 얼음 덩어리 속에 포함되어 버린다. 이때 병을 45도 각도로 세워서 뚜껑을 제거하면, 찌꺼기를 포함한 얼음이 탄산가스 압력에 밀려 병 밖으로 나오고, 남아 있는 와인은 아주 깨끗해진다. 이 과정을 빨리하면 와인과 탄산가스의 손실은 거의 일어나지 않는다. 손실된 양은 미리 준비한 당액이나 동일한 퀴베로 보충한다. 이 제거과정은 대개 자동으로 이루어지면서 바로 이어서 보충하고 코르크로 밀봉시킨다.

- 당도의 조절(*Dosage*, 도자주) : 찌꺼기를 제거한 다음에는 제거된 양만큼 모자라는 양을 보충하는데, 이때 보충하는 액은 대개 설탕과 화이트 와인의 혼합물로서 당도가 63~75% 되는 것을 사용한다. 가끔은 브랜디나 코냑이 들어간 혼합물을 사용하며, 아황산 50mg/ℓ나 비타민 C 100mg/ℓ 정도 들어갈 수도 있다. 이 보충액은 와인의 스타일에 따라 조제하고, 병 숙성도 고려해서 한다. 이 혼합액의 당분 함량에 따라 완성된 스파클링 와인의 당도가 결정된다. 당분을 보충하지 않는 스파클링 와인도 있지만, 대개는 산도와 균형을 위해서 당분이 첨가된다. 보충을 하면 코르크로 바로 밀봉하고 이 코르크를 철사로 묶는다. 그리고 병을 흔들어서 들어간 용액이 잘 섞이도록 해준다. 이 병을 창고에 보관하거나 상표를 붙이고 캡슐을 씌워 상자에 넣는다.

- 병 숙성(Bottle aging) : 샴페인 방식에서 최소한의 병 숙성기간은 몇 개월로서 와인이 시장에 도착하기 전에 경과해 버리기 때문에 별 의미는 없다. 초기 3~9개월의 병 숙성기간 동안 보충액은 와인과 반응하여 또 다른 복합적인 부케를 형성한다. 스파클링 와인은 탄산가스가 많이 녹아 있기 때문에 일반 테이블 와인의 병 숙성과 같은 변화는 일어나지 않는다. 그러나 고급 스파클링 와인은 병에서 몇 년 동안 개선될 수 있다. 일반적으로 스파클링 와인은 10년 이상 두지 않도록 이야기하고 있으며, 출하된 지 2~3년 정도가 가장 마시기 좋다고 한다. 빈티지 샴페인은 빈티지 이후 5~6년, 특수한 경우는 그 이상이 될 수도 있다.

탱크 발효법(Charmat process/Tank fermentation)

1910년 프랑스의 샤르마(Eugene Charmat)가 처음 개발한 방법으로 2차 발효를 탱크에서 일으키는 방법이다. 여기에 사용하는 탱크는 압력을 6~8기압 견딜 수 있는 압력탱크라야 한다. 이

방법은 품종의 특성이 나타나는 머스캣Muscat을 비롯한 스위트 스파클링 와인을 만들 때 사용한다. 간혹 숙성된 부케를 내기 위해 탱크에서 9개월 이상 숙성시키기도 하지만, 비용 때문에 짧게 숙성시키는 것이 보통이다. 거품이 빈약한 것이 문제지만 요즈음은 많이 개선되었다.

기본 와인을 압력탱크에 넣기 전에, 압력탱크를 물로 가득 채운 다음, 탄산가스 압력으로 물을 밀어내면서 와인을 이동시키면 공기 접촉이 방지된다. 기본 와인을 채운 다음에 설탕과 효모를 첨가하는데, 설탕은 미리 시럽700g/ℓ으로 조제하여 사용하고, 효모도 미리 소량의 기본 와인에 설탕과 함께 풀어서 활성화시켜서 균수가 1억 개/㎖ 정도 되었을 때 첨가한다. 온도를 12~15℃로 유지시키면서 발효가 끝나면 압력은 5기압 정도 된다. 온도를 영하 2~0℃로 떨어뜨리면 압력은 4기압으로 변한다.

이렇게 2~3일 둔 다음에, 원심분리나 여과를 통해서 효모 찌꺼기를 제거하고, 미리 탄산가스를 2기압 압력으로 채운 탱크로 보낸다. 그런 다음 당도에 따라서 설탕 시럽을 첨가하고, 아황산 농도를 20~25㎎/ℓ로 조절하고, 잘 혼합한 다음에 당도, 아황산, 산도, 알코올 농도 등을 분석하고, 필요에 따라 조절한다. 동일한 온도와 압력을 유지시키면서 0.45㎛ 정도의 제균 여과를 하고, 주병한다. 모든 과정은 0℃ 이하에서 이루어져야 탄산가스 용해도를 유지할 수 있다.

기본 와인을 발효할 때 알코올 농도 6% 정도일 때 발효를 중단시켜 남은 당분으로 2차 발효를 하거나, 추가로 시럽을 넣지 않고 발효되지 않은 당을 남김으로써 당도를 유지할 수도 있다. 압력이 떨어질 경우 바로 탄산가스가 보충될 수 있는 장치를 갖춰야 한다.

이동식 방법(Transfer method)

1940년대에 개발된 방법으로 경비가 많이 소요되는 샴페인 방식과 품질이 떨어지는 탱크 방식의 절충에서 나온 것이다. 자동으로 병 돌리는 장치, 캡슐 효모의 개발 등으로 이 방법의 장점이 없어지고 있다. 게다가 탱크 발효법의 단점이 개선되고, 이동식 방법으로는 샴페인 방식의 고급 이미지를 갖출 수 없기 때문에 점차 용도가 줄어들고 있다.

안정화 및 정제된 와인 1ℓ당 설탕 20~24g, 와인 1㎖당 백만 개의 균수가 될 수 있도록 효모를 넣고 주병하여 발효를 시킨 후에, 효모 찌꺼기 위에서 9개월 이상 숙성시킨다. 병 돌리기, 찌꺼기 제거 등 샴페인 방식은 생략하고 0℃로 냉각시킨 병의 뚜껑을 따서 질소나 탄산가스를 채운 탱크에 붓는다. 빈병은 세척을 하고 탄산가스로 채워 놓는다. 따라낸 와인을 원심분리기나 규조토 여과기를 사용하여 찌꺼기를 제거히어, 미리 2기압의 압력으로 탄산가스를 채운 탱크에 넣는다. 이때 아황산20~25㎎/ℓ, pH3.2 이하, 잔당 함량, 압력4.8~5.5기압, 온도영하2℃에서 0℃ 등을 체크하고 필요하면 조절한다.

탱크 내용물은 0℃ 정도를 유지하여 탄산가스 용해도를 높이고, 압력을 4기압으로 유지하면서 당액을 첨가하여 잘 혼합한다. 다음에 멤브레인 필터 등을 사용하여 제균 여과를 하고 동일한 온도와 압력으로 탄산가스가 가득 찬 병에 넣고 코르크로 밀봉한다.

이동식 방법은 병마다 당도와 압력이 균일하고, 노동력이 절감되고, 저장 장소를 적게 차지하지만, 시설비가 많이 들고, 공기를 철저하게 배제시키지 않으면 산소 접촉의 기회가 생길 수 있다. 효과적인 방법은 두 개의 탱크에 각각 물과 탄산가스를 채우고, 와인을 탱크에 넣거나 꺼낼 때 물을 이동시키면서 탄산가스 압력을 이용하여 공기 접촉의 기회를 차단시키는 것이다.

아스티 스푸만테(Asti Spumante)

아스티 스푸만테는 머스캣 포도로 만든 가장 유명한 스파클링 와인으로 달고 향이 있으며, 압력탱크에서 발효시킨다. 이 와인은 머스캣 고유의 향과 당도를 유지하면서 발효를 중지시킨 것이다. 이렇게 하기 위해서는 머스트를 정치시켜 청징제를 첨가하여 맑게 한 다음에 여과하고, 효모가 자라서 발효가 시작되면 다시 여과를 반복하여 효모 찌꺼기와 질소 화합물을 제거한다. 즉 효모가 사용할 수 있는 질소 화합물이 줄어들면서 와인은 생물학적인 안정성을 얻게 된다. 이 방법은 질소원 부족을 유도하여 안정성을 얻는 것이다. 현재는 원심분리나 냉동으로 자유롭게 할 수 있다. 이렇게 얻은 와인은 알코올 5~7%, 당도는 8~12% 정도 된다.

옛날에는 2차 발효를 병에서 했으나, 이렇게 하면 발효가 불규칙하고, 관리하기 힘들어서 요즈음은 압력탱크에서 2차 발효를 한다. 와인에 청징제를 첨가하여 여과한 후 탱크에 넣고, 발효는 18~20℃에서 시작하여, 점차적으로 온도를 낮추어 14~15℃까지 떨어뜨린다. 압력이 5기압에 도달하면, 와인의 온도를 0℃까지 낮추어 여과한 후, 영하 4℃에서 10~15일 동안 둔 다음에 마지막으로 여과하여 주병한다. 재발효를 방지하기 위해 제균 여과를 하거나 병에서 저온살균을 할 수도 있다. 이렇게 만든 아스티 스푸만테는 알코올 6~9%, 당도 6~10% 정도가 된다.

탄산가스 주입법(Carbonation)

탄산가스를 주입하는 방법은 가장 비용이 적게 들면서 기본 와인의 특성을 더 살릴 수 있지만, 기본 와인에 흠이 있으면 안 된다. 맑게 여과된 기본 와인을 0℃로 냉각시키고 탱크의 빈 공간은 탄산가스로 채운 다음, 탄산가스 압력으로 기본와인을 탄산가스 주입기로 밀어 넣는다. 필요에 따라 여과한 다음에 주병을 한다.

기타

MLF 때 발생하는 탄산가스를 이용하는 방법으로, 포르투갈의 비뉴 베르데(Vinho Verde)에서 많이 사용한다. 당도가 낮고 산도가 높은 포도로 와인을 만들어 따라내기를 늦게 하면서 MLF 를 유도시켜 뚜껑을 잘 닫으면 겨울과 봄에 탄산가스가 생성된다. 큰 탱크에서는 탄산가스 유실이 많아지므로 작은 탱크에서 하는 것이 좋다. 이 와인을 안정화시키고 맑게 여과하여 병에 넣는다.

스파클링 와인의 기포

스파클링 와인에서 기포의 크기, 형태, 성질, 지속성, 안정성 등은 미적으로 가장 중요한 요소가 된다. 이산화탄소는 물에서 미세한 기포 형태, 용해된 가스 형태, 탄산, 탄산 이온, 중탄산 이온 등 다섯 가지 형태로 존재하는데, 정상적인 pH에서 이산화탄소는 주로 용해된 가스 형태로 존재한다. 가스의 용해도는 여러 가지 요인의 지배를 받는데, 와인의 당분과 알코올 함량 그리고 온도가 증가할수록 용해도는 감소한다. 일단 병이 개봉되면 용해도는 주변 기압의 영향력이 가장 크다. 외부 대기압이 낮기 때문에 용해도가 감소하여 거품의 핵이 형성된다.

병이 개봉되면 일반 스파클링 와인의 압력은 6기압에서 대기압으로 떨어지고 이산화탄소의 용해도 역시 $14g/\ell$에서 $2g/\ell$로 감소하면서 $750m\ell$의 와인에서 5ℓ의 탄산가스가 방출된다. 이 가스는 즉시 방출되지는 않는데, 이는 기포 형성에 필요한 자유 에너지가 부족하기 때문이다. 대부분의 이산화탄소는 불안정한 상태이기 때문에 천천히 방출된다.

와인에서 탄산가스가 방출되는 형태는 여러 가지가 있다. 가장 느리고 눈에 띄지 않는 것이 확산이고, 대부분은 기포로 빠져 나간다. 기포 형성은 자발적인 것과 외부 힘의 작용으로 일어나는데, 자발적인 기포 형성이 스파클링 와인에서 바람직한 것으로 지속적인 기포의 흐름으로 일어난다. 강제적인 기포의 발산은 바람직하지 않고, 분출되어 와인의 손실을 초래한다.

자발적인 기포 발생은 '이물질로서 핵형성(heterogeneous nucleation)'이 있어야 가능한데, 이 핵형성에는 상당한 자유 에너지가 필요하다. 유리의 거친 표면이나 와인에 있는 이물질 등이 기포 형성의 촉매가 되는데, 이들이 와인에서 미세한 기포를 잡아 두기 때문에 와인을 잔에 따르면 기포가 형성된다. 핵이 형성되는 지점은 미세기포를 잡아 두는 한, 활성을 띤 형태로 남아 있게 된다. 이러한 이물질에 의한 핵형성 때문에 탄산가스가 천천히 방출된다. 자발적인 기포 발생은 잘 알려진 바와 같이 세제가 남아 있으면 방해를 받는다. 세제는 유리 표면의 핵형성 지점에서 기포가 형성되고 커지는 것을 막기 때문이다.

병을 개봉하거나 따를 때 분출되는 것은 또 다른 핵형성 과정의 결과이다. 병을 개봉하거나 따를 때 나오는 기계적인 충격이 충분한 자유 에너지를 공급하여 물과 이산화탄소의 결합을 약하게 만들기 때문에 기포가 발생한다. 즉 반 데어 발스(Van der Waals) 힘의 붕괴로 이산화탄소 분자가 기포 발생을 유도한다. 이 과정을 '동종 핵형성(homogeneous nucleation)'이라고 하며, 기포가 어느 크기로 되면, 방출되는 것보다 더 많은 탄산가스가 형성되면서 계속 커져 표면에 떠오르기 시작한다. 동종 핵형성에 필요한 자유 에너지는 일시적인 것이기 때문에 지속되지는 않는다.

또 하나의 분출은 안정된 미세 기포 때문이다. 대부분의 기포는 형성되면서 표면에 떠올라 파괴되고, 작은 기포는 이산화탄소를 와인으로 이전시켜 용해될 수 있게 만든다. 그러나 와인에 있는 계면활성제는 기포를 감싸 가스가 통과하지 못하는 막을 형성하여 안정된 기포가 된다. 병이 개봉되면 이 기포는 표면으로 떠올라 몇 초 후에 터지게 된다. 불안정한 미세 기포 역시 와인을 거칠게 다루는 동안 잠깐 형성되어 분출한다. 흔들면 기포 발생 지점에 기포 형성을 촉진하여 불안정한 미세 기포와 동종 핵형성이 작용하여 터지게 된다.

스파클링 와인에서 지속적인 미세한 거품의 줄기는 관능적인 면에서 아주 중요한 요소가 된다. 이 성질에 대해서는 아직 자세히 연구된 것은 없지만, 발효와 숙성 중 온도가 낮고, 효모 찌꺼기와의 오랜 접촉 등이 이런 성질 유지에 중요한 요소가 된다고 보고 있다. 효모의 자가분해 때 나온 콜로이드성 당단백질이 미세한 거품줄기를 형성하는 데 기여한다는 보고도 있다.

스파클링 와인의 또 다른 품질요소는 글라스 가장자리에 생기는 작은 기포의 링(cordon de mousse)이라고 할 수 있다. 맥주의 것과는 달리 재빨리 붕괴되면서 계속 생겨야 한다. 이 기포의 지속시간은 계면활성제와 금속 이온의 타입과 양의 지배를 받는다. 중력 때문에 기포와 기포 사이의 액체가 제거되면서 하나씩 녹게 된다. 기포 사이의 액체 층이 얇아지면서 기포는 다면체를 이루어, 기포의 옆면에 작용하는 균일한 압력의 균형이 깨지게 된다. 작은 기포 내에 있는 탄산가스의 압력이 큰 기포의 것보다 점점 더 높아져서 작은 기포의 탄산가스가 큰 기포의 것으로 확산되며, 남아 있는 기포는 크기가 커지면서 더 파괴되기 쉬운 형태가 된다.

단백질이나 다당류의 계면활성제가 존재하면 기포의 압축이 방해를 받고, 계면활성제와의 상호작용으로 기포의 굵기와 신축성에 영향을 준다. 즉 기계적인 충격의 힘을 흡수하여 기포의 용해나 붕괴를 제한한다.

샴페인을 흔들면 거품이 강하게 분출되는 이유

이 현상은 압력 때문에 일어나는 것이 아니다. 샴페인 병을 흔들든지 안 흔들든지 내부 압력은 동일하다. 열쇠는 샴페인에 있는 이산화탄소는 흔들면 매우 빨리 방출된다는 데 있다. 즉 병을 흔들면 샴페인에 녹아 있는 이산화탄소는 빠져 나가려는 힘이 강해지는데, 이때 손가락이나 뚜껑을 떼면 즉시 달려 나가게 된다.

탄산음료에서 이산화탄소는 생각보다 쉽게 방출되지 않는다. 이산화탄소는 거품을 저절로 형성하지 않고, 거품을 만들 수 있는 자리 즉 핵이 필요하다. 미세한 먼지나 병 안의 흠집 같은 것이 있으면 기체분자들이 점점 많이 모여들면서 거품이 커지고 결국 표면으로 떠오르게 된다. 병을 흔들면 꼭대기 공간에 있던 기체가 액체 속으로 들어가 조그만 거품을 만드는데, 이 거품이 핵이 되어 기체 분자들이 모여들어 붙으면서 점점 커지고 뚜껑이 열리는 순간 엄청난 힘으로 이산화탄소가 액체를 동반하여 밖으로 나가게 된다.

보트리티스 와인_Botrytized wines

보트리티스 화이트 와인은 아주 달면서 복합적인 풀 바디 와인으로 살구, 꿀, 견과류, 버섯 등의 향과 풍미가 농축되어 있다. 보르도의 소테른과 독일의 모젤 및 라인의 늦게 수확한 포도로 이런 와인을 만든다. 소테른은 소비뇽 블랑과 세미용을 블렌딩한 것으로 12~13%의 알코올과 6~8%의 잔당을 가지고 있으며, 독일의 늦게 수확한 리슬링으로 만든 와인은 알코올 함량이 낮고(7~10%), 당도가 소테른보다 높다(12~15%).

보트리티스 곰팡이(*Botrytis cinerea*, Noble rot)

정상적인 수확기가 지난 포도를 나무에 오래 매달아 놓으면, 포도 껍질에 곰팡이가 끼면서 포도 열매의 수분이 증발하여 열매가 수축되므로 건포도와 같이 당분이 농축된다. 이렇게 포도 껍질에 낀 곰팡이를 '보트리티스 시네레아*Botrytis cinerea*'라고 하는데, 이 곰팡이는 자연의 산물로서 가을 날씨가 특별해야 가능하다. 그렇지 않으면, 포도재배자, 와인메이커 모두 위험을 감수해야 한다. 이 현상을 영어로는 '노블 롯noble rot', 프랑스어로는 '푸리튀르 노블pourriture noble', 독일어는 '에델포일레edelfäule', 일본에서는 '귀부貴腐'라고 부른다.

이 보트리티스 시네레아는 곰팡이에 속하는 것으로 포도의 병충해 중 '회색곰팡이 병gray rot'이란 질병을 일으킨다. 이 곰팡이는 어느 식물체든 죽은 것이나 산 것 가리지 않고 자라는데, 심지어는 냉장고에 있는 셀러리에도 회색 실을 퍼뜨린다. 이 곰팡이는 전 세계적으로 과일과 채소밭은 물론 수확 후에도 감염되어 식품 생산에 악영향을 끼친다. 심지어는 부케의 생화까지 망치는데, 포도나무도 이 곰팡이의 좋은 공격 대상이 된다. 그러나 숲 속의 부엽토humus에 작용하여 다른 식물에 필요한 영양소 순환에 도움을 주기도 한다.

이렇게 동일한 곰팡이가 일으키는 현상을 적절한 기후조건에서 이용하여 스위트 와인을 만들면 '노블 롯noble rot'이라고 하며, 좋지 않은 기후조건에서 수확도 못 하고 농사를 망치게 되면

'그레이 롯(gray rot)'이라고 한다. 누가 처음으로 보트리티스 곰팡이 낀 포도로 와인을 만들었는지 모르지만, 헝가리의 토카이는 1600년대 중엽, 독일은 1750년, 프랑스 소테른은 1830~1850년대부터 곰팡이 낀 포도로 와인을 만들어, 많은 사람이 좋아하는 것으로 변화시켰다는 얘기가 있다. 이것은 재앙을 성공으로 전환시킨 좋은 예로 최고의 와인을 새로 소개한 것이다.

포도밭 환경

- **보트리티스의 생성** : 모든 포도밭에서 발견되는 보트리티스 곰팡이는 포도나무에 심각한 병해가 될 수 있다. 성장기 어느 때나 나무에 영향을 끼쳐 부드러운 조직(순, 잎, 과일)을 공격하여 이들을 고사시키는 질병의 과정이다. 보트리티스 포자는 겨울 동안 식물 더미 속에서 살다가 곤충에 의해서 포도나무에 퍼진다. 이 순환과정을 보면, 월동한 포자는 봄비가 내린 다음에 발아하고 자라게 된다. 이 곰팡이는 부드러운 부분에 퍼지다가 나

중에는 포도 열매에 퍼져 더 많은 포자를 형성하여 다른 조직과 옆에 있는 다른 나무로 옮겨 간다. 포도 열매는 이 곰팡이가 번식하는 데 가장 좋은 조건을 갖추고 있는데, 상처 난 포도 껍질을 통해 영양분을 섭취할 수 있으며, 손상되지 않은 포도라도 이를 뚫고 들어갈 수 있는 구조를 가지고 있기 때문이다. 이 곰팡이의 침투를 받으면 보트리티스 곰팡이의 효소작용 때문에 포도 열매는 미세한 구멍과 함께 갈라지며, 다음에는 초산균이나 다른 곰팡이, 해충 등이 2차 감염을 일으킨다. 보트리티스 곰팡이로 인하여 수확량의 40% 정도의 손실을 입을 수 있다.

[그림 18-2] 포도 모양을 닮은 보트리티스 시네레아 포자의 현미경 사진

- **관리** : 일반적으로 보트리티스 곰팡이가 낄 수 있는 포도밭은 습한 환경(바다, 호수, 강 옆에 있어서 여름 안개가 끼는 곳)을 가지고 있으며, 토양도 수분을 유지하다가 이를 공기 중으로 방출시키는 곳이다. 재배방법도 이 곰팡이가 잘 자랄 수 있도록 변경해야 한다. 포도밭은 물이 잘 빠지고, 성장기 때 캐노피의 통기와 건조를 위한 잎 솎기, 살균제 살포 등의 방지작업을 최소화하고, 성숙기 끝 무렵에는 포도송이가 햇빛을 잘 볼 수 있도록 만들어 주고, 포도송이의 포도 열매가 너무 빽빽하게 달리지 않도록 조절하는 것이 좋다.

- **날씨** : 보트리티스 곰팡이가 퍼질 수 있도록 정상적인 포도밭 관리방법을 변경하는 결정은 전체적

인 수확량 감소 위험을 감당할 수 있는지를 감안하여 신중하게 결정해야 한다. 가을 날씨가 부적합하면 보트리티스 포도가 스위트 와인을 만들 만큼 농축되지 못한다. 또 가을 날씨가 적절하더라도 이 병이 퍼져서 포도가 갈라지고 다른 곰팡이, 초산균에 오염되고, 부패되어 열매가 떨어지는 등 경제적 손실이 따른다.

이상적인 날씨는 포도의 당도가 18~19브릭스 정도 되었을 때 소량의 비가 뿌리거나 이슬이나 안개의 수분으로 포도 껍질에 있는 포자가 발아할 수 있도록 해야 하며, 이어서 따뜻하고 건조한 날씨로 포도 내용물을 농축시킬 수 있어야 한다. 포자의 발아에 수분이 꼭 필요하다. 발아에 적합한 최적 조건은 습도가 거의 100%, 온도는 18~24℃ 정도로 20~35시간 유지되는 것이다. 습한 조건에서 포자가 발아하면, 거미줄 모양의 균사가 포도 표면을 덮고 껍질을 뚫고 들어가면서 수백만 개의 미세한 구멍을 만들고, 여기를 통해서 수분이 증발된다. 이어서 시원하고 따뜻하며 (20~25℃) 건조한 날씨 (습도 60% 이하)가 반복되면 성공적이다. 이런 날씨는 곰팡이의 성장을 더디게 해서 적절한 상태로 만들고, 열매가 손상되지 않은 채 주스를 농축시킨다. 그렇지 않으면, 포도가 갈라지거나 2차 감염이 일어날 수 있다.

보트리티스 곰팡이에 감염된 포도송이는 처음에 투명한 점들이 생긴다. 포도가 수축되면서 모양이 붕괴되어 건포도같이 되면서 회색 균사가 보이기 시작한다. 포도송이의 모든 포도가 일시적으로 감염되지는 않고, 점차적으로 퍼진다. 한 포도송이 내에서 모든 과정을 볼 수 있다. 즉 시작 단계에서 완전히 건조된 것까지 다 볼 수 있다. 보트리티스 감염은 덥고 습한 조건에서는 매우 빠르게 진행될 수도 있다. 이틀 만에 10%에서 90%까지 증가하는데, 이렇게 너무 빠르면 안 좋은 2차 감염을 피할 수 없다. 적당하게 따뜻하고 건조한 조건에서는 포자의 발아에서 포도의 수분이 적절한 상태로 증발하는 데 약 2주 정도 걸린다. 그러니까 밤이 습한 곳으로 이슬이 많거나 아침 안개가 끼고, 낮에는 따뜻하고 건조하면서 햇볕이 잘 비추는 곳이 이상적이다.

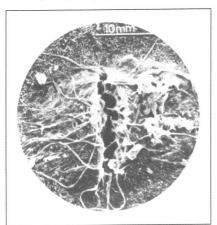

[그림 18-3] 포도 껍질 상처 부위의
보트리티스 시네레아 균사

● **포도 품종** : 품종에 따라 보트리티스에 대한 예민도가 다르다. 미국종은 유럽종보다 껍질이 두껍기 때문에 이 곰팡이에 저항력이 있다. 유럽종에서도 비교적 껍질이 두꺼운 카베르네 소비뇽은 균사의 침투에 방어막이 있으며, 일부 레드 와인용 품종은 곰팡이 저항 성분이 있으므로, 주로 화이트 와인용 품종으로 이런 와인을 만든다. 적합한 품종은 만생종으로 성숙기간이 길어야 이 곰팡이가 잘 자랄 수 있다. 이들은 비교적 껍질이 두꺼운 편이지만, 보트리티스 곰팡이에 감염되

면서 부드러워지므로 껍질이 너무 약한 품종은 수확이 어렵다. 리슬링과 세미용이 이 와인을 생산하는 데 적합한 품종이다. 헝가리에서는 푸르민트(Furmint) 품종을 사용하며, 다른 곳에서는 게뷔르츠트라미너, 슈냉 블랑, 피노 블랑 등도 사용하고 있다. 세미용, 소비뇽 블랑, 카리냥, 피노 누아, 메를로는 보트리티스에 감염되기 쉬우며, 샤르도네는 중간, 카베르네 소비뇽은 내성이 높은 편이다.

성분의 변화

- **당과 산** : 감염된 포도 열매의 수분이 증발하면 내부에서 중요한 변화가 일어난다. 포도 주스에 용해된 모든 성분이 고도로 농축된다는 점이다. 이 반응은 아주 빨리 일어난다. 열매의 무게는 거의 반으로 줄지만, 모든 성분이 그만큼 농축되지는 않는다. 이 곰팡이는 당분도 일부 소비하고, 산은 더 많이 소비하므로 당도는 눈에 띄게 상승하지만, 산도는 그렇지 않다. 보트리티스는 포도의 산 특히, 주석산을 일부 사용하므로 산의 농축이 당의 농축과 동일한 비율로 일어나지는 않는다. 그리고 당분이 농축되면서 포도당이 대사되어 감소하므로 과당의 비율이 높아진다. 또 부수적으로 휘발산 함량도 증가한다.

- **글리세롤과 글루콘산 생성** : 이 곰팡이는 당에서 글리세롤(glycerol)과 글루콘산(gluconic acid)을 형성하는데, 이 성분이 와인의 성격을 규정짓는다고 할 수 있다. 글리세롤은 보트리티스 곰팡이 생육 초기단계에서 생성되며 글루콘산은 한참 후에 생긴다. 이 포도에서 나오는 머스트는 글리세롤 함량이 20 g/ℓ, 글루콘산은 3g/ℓ까지 도달할 수 있다. 글루콘산에 비해 글리세롤 함량이 많아야 좋은 보트리티스 와인이 된다.

- **다당류 생성** : 보트리티스 곰팡이가 자라는 동안에 두 가지의 다당류가 생성되는데, 하나는 항생제 성분인 보트리티신(botryticine)으로 발효 때 효모의 활동을 방해하지만, 나중에는 잔당의 재발효를 억제하기도 한다. 또 하나는 글루칸(β-glucan)과 같은 고분자 물질로서 보호 콜로이드로 작용하여 청징과 여과를 어렵게 만든다. 그리고 일부 당류의 중합체도 형성된다.

- **효소의 변화** : 보트리티스 곰팡이는 포도의 효소를 변화시켜, 건강한 포도에 있는 티로시나아제(tyrosinase)를 대신하여, 훨씬 강력한 활성을 지닌 산화효소인 라카아제(laccase)를 형성하여 페놀류를 산화시키기 때문에 색깔의 변화도 일으킨다. 이런 머스트는 수확 때 이미 산화가 일어나 버렸기 때문에 다른 머스트보다 산화에 덜 민감하다.

- **품종의 특성** : 가장 큰 변화는 품종의 특성이 사라지는 것인데, 이는 이 곰팡이가 터펜(terpene)을 분해하고, 또 곰팡이에서 에스터 가수분해 효소(esterase)가 나와 에스터를 파괴하기 때문이다. 이 곰팡이는 향 성분을 파괴하면서 새로운 향을 합성도 하기 때문에 머스캣 포도의 경우는 가지고

있는 아로마보다 더 잃고, 리슬링이나 세미용은 오히려 향을 더 얻어 복합성이 커진다. 보트리티스 곰팡이가 합성하는 대표적인 향 성분은 단내가 나는 소톨론(sotolon)으로 와인에 꿀 냄새를 풍긴다.

• **기타** : 보트리티스 곰팡이는 와인의 맛과 향에 영향도 주지만, 포도 수확, 주스에서 효모나 박테리아 활성, 여과, 숙성 등에도 영향이 크다. 이 곰팡이의 가수분해 효소는 껍질의 원형을 파괴하고 수확을 어렵게 만들고, 포도의 미생물 분포에도 변화가 일어난다. 발효 때는 티아민(thiamine) 부족으로 아세트알데히드가 황과 결합하므로 유리 이산화황의 함량이 감소하며, 초산박테리아 역시 황 화합물과 결합하므로 발효 전에 이산화황을 더 많이 첨가하고, 티아민을 보충해야 한다.

[표 18-4] 보트리티스 곰팡이 낀 포도(세미용)의 성분 변화의 예

성 분	건강한 포도	감염된 포도
열매 100개의 무게(g)	202	98
당분 함량(g/ℓ)	247	317
총 산도(g/ℓ)	6.0	5.5
주석산(g/ℓ)	5.3	2.5
사과산(g/ℓ)	5.4	7.8
구연산(g/ℓ)	0.26	0.34
글루콘산(g/ℓ)	0	2.1
암모니아(mg/ℓ)	165	25
pH	3.3	3.6

와인 제조

• **수확** : 당도가 35~45브릭스일 때 만든 와인은 보트리티스 고유의 특성이 가장 잘 나타나며, 당과 산의 조화도 잘 된다. 이보다 당도가 더 높아지기를 기다리면, 가을비 등으로 전체를 잃을 위험이 커진다. 그래서 보트리티스 포도는 1~2주에 걸쳐 선택적으로 여러 번 수확한다. 선택적인 수확에는 올바른 작업자와 감독이 필요하다. 한꺼번에 포도밭 전체를 수확하는 보통 포도와 달리, 선별 수확은 힘든 일로서 작업자 한 사람이 하루에 1.5톤 정도 수확하며, 일이 느릴 수밖에 없다. 작업자는 각 송이를 잘 보면서 냄새를 맡아 보고 초산균에 의한 2차 감염이 안 된 순수한 보트리티스 포도만을 수확해야 한다. 보트리티스 포도는 아주 약하므로 조심스럽게 다루어 알맹이가 떨어지지 않도록 해야 한다. 시간 절약을 위해 일부 와이너리는 일괄적으로 수확한 다음에 선별하기도 한다. 보트리티스 포도는 수분이 증발하여 수축된 상태이므로, 단위면적당 수확량은 잘해야 보통 포도의 1/3밖에 안 된다.

- **착즙** : 첫 번째 풀어야 될 문제는 와인을 만들기 위해 건포도와 같은 포도에서 주스를 얻어내는 것이다. 대부분의 파쇄기는 신선하고 단단하고 물기가 많은 포도를 터뜨리는 형식으로 되어 있어서 보트리티스 포도는 제경 과정을 생략하고 바로 착즙기로 가는 것이 좋다. 포도를 너무 거칠게 다루면 부유물질이 많아지고 풋내가 날 수 있다. 대개는 흘러나온 주스 안에서 파쇄하고 침출시켜 당분이 많이 나오도록 한다. 대개 제경을 하지 않지만 한 번 착즙하고 나서 가지를 제거하면 고압으로 인해 나오는 타닌이나 풋내를 제거할 수 있다.

  스크루를 사용한 연속식 착즙기는 그 지름이 커서 천천히 움직이더라도 포도를 갈기갈기 찢어서 부유물질과 글루칸이 많아지기 때문에 부적합하다. 고전적인 수직형 착즙기가 부유물질이 적게 나오고, 포도 박을 자유스럽게 다룰 수 있어서 효과적이다. 두세 번 착즙하고 마지막에 아주 고압으로 착즙하면 효과적이다.

  착즙을 천천히 하면 진한 호박색 시럽이 소량 나온다. 수확 시 당도가 높을수록 수분이 많이 증발하여 주스가 적게 나온다. 예를 들어 동일한 포도를 24브릭스 때 수확하면 톤당 740ℓ 나왔다면, 35브릭스의 보트리티스 포도에서는 주스가 톤당 289ℓ 나온다.

- **냉동착즙법(Cold pressing/Cryoextraction)** : 용액의 어는점은 용질의 농도가 증가할수록 낮아지므로, 포도의 온도를 0℃ 근처로 낮추면, 당 함량이 낮은 포도만 얼게 된다. 이 온도에서 포도를 착즙하면, 양은 적어지지만, 당도 높은 주스만 빠져 나오게 된다. 온도를 더 낮추면 언 포도가 많아지고 이것을 착즙하면 더 적은 양의 주스를 얻지만 당도는 높아진다. 이런 식으로, 영하 5~영하 15℃로 포도의 온도를 낮추어 착즙하면, 온도에 따라 주스의 양은 60~80% 정도로 감소되지만, 당도 높은 주스를 얻을 수 있다. 이 포도는 높은 압력이 필요하지 않아서 수평식 착즙기나 공압식 착즙기 사용도 가능하다.

[표 18-5] 냉동착즙의 예(소테른 지방)

포도밭	포도 온도(℃)	대조구 머스트 당도(%)	냉동착즙 머스트 당도(%)
A	-13	27.9	37.7
B	-9	23.2	34.7
C	-7	22.8	33.3
D	-7	23.9	35.6
E	-9	31.6	40.9

- **아황산 첨가** : 아황산은 보트리티스 곰팡이가 생성하는 라카아제의 활성을 방해하여 산화를 방지할 수 있지만, 과숙되는 동안 포도의 페놀 화합물이 이미 산화되어 버렸기 때문에 이 효소의 폐해는 생각보다 심각하지 않다. 그러나 아황산이 첨가되면 약간의 청징 현상이 일어나 발효를 쉽게

해주며, 일부 항생제 성분을 파괴하여 알코올 발효가 잘 일어나는 효과도 있다. 무엇보다도 아황산은 미생물에 선택적으로 작용하여 초산박테리아나 해로운 효모를 제거함으로써 부산물 생성을 방지한다. 첨가량은 30~50mg/ℓ 정도면 무난하다.

- **주스의 청징 및 조정** : 일반 화이트 와인과 마찬가지로 과도한 청징은 발효를 어렵게 만들지만, 어느 정도의 청징은 향미를 개선한다. 보통은 18~24시간 정치시킨 후 큰 입자를 제거하고, 약간 문제가 있을 때는 0℃에서 3~4일 두는 것이 좋다. 펙틴분해효소는 청징에 효과가 없다. 왜냐하면 보트리티스 곰팡이가 이미 펙틴분해효소를 분비하여 주스에 상당량 들어 있기 때문이다. 벤토나이트도 발효 전에 첨가하면 콜로이드 때문에 흡착력에 방해를 받으므로, 발효 전에 첨가하는 것보다는 주병하기 몇 달 전에 첨가하는 것이 효과적이다.

　보트리티스 곰팡이는 효모 활동에 필요한 영양분을 이미 소모해 버렸고, 머스트의 당도가 높기 때문에 와인용 효모를 포함한 미생물의 활동을 방해하므로 보트리티스 머스트의 발효는 시작이 어렵다. 그리고 효모 활동을 방해하는 항생제 '보트리티신(botrytiene)'의 양이 발효를 좌우한다. 소량의 아황산은 이 물질의 작용을 감소시키므로 주스에 아황산이 소량 있으면 발효가 빨라지고 완벽해진다.

　이런 점을 극복하기 위해서는 영양소를 첨가할 수 있다. 황산암모늄(NH₄)₂SO₄) 100~150 mg/ℓ, 티아민(thiamine) 500mg/ℓ, 또 사카로미세스 오비포르미스(Saccharomyces oviformis)의 분말 100mg/ℓ 정도를 첨가하면 좋다. 일반 드라이 화이트 와인을 같이 발효시키고 있는 와이너리라면, 건강한 포도 주스를 정치시켜 나온 찌꺼기를 1~2% 첨가하여 탁도를 200~400NTU로 조절하면, 알코올 발효가 잘 되고, 휘발산 생성량도 적어진다. 이때 사용하는 찌꺼기는 미리 아황산으로 처리하여, 저온에서 보관한 것이라야 한다.

- **알코올 발효** : 보트리티스 머스트는 고농도의 당분을 가지고 있고, 보트리티스 곰팡이가 이미 영양분을 소비하여 영양물질이 부족하고 항생물질도 생성되어 알코올 발효가 어렵다. 선택된 효모는 고농도의 당도와 알코올에 견뎌야 하고, 휘발산을 적게 생성해야 한다. 건조 효모(dry yeast)는 직접 투입하지 말고, 희석된 머스트에서 1~2일 배양한 다음에 투입한다. 즉 주모를 만들어서 대량 첨가하는 것이 좋다.

　전통적으로 보트리티스 와인은 작은 오크통에서 발효를 시키는데, 날마다 선별하여 수확한 포도를 착즙하여 따로따로 작은 오크통에서 발효시키므로 발효 온도는 외기 온도의 영향을 받는다. 발효 온도는 발효실의 온도를 조절하여 20~24℃를 유지하는 것이 좋다. 또 오크통 발효는 간접적인 공기 접촉으로 탱크발효보다 높은 알코올 농도를 얻을 수 있다. 어떤 방법을 사용해도 20~23브릭스인 보통 화이트 와인보다는 발효가 늦다.

　소테른 타입의 보트리티스 와인의 맛은 당도와 알코올 농도의 균형에 달려 있다. 알코올 농도가 높으면 당도도 높아야 균형을 이룬다. 보통, 현재의 알코올 농도와 생성될 알코올 농도 (potential alcohol strength)의 비율을 13 + 3, 14 + 4, 15 + 5 정도로 하는 것이 이상적이다. 현재의 알코올 농도가 13%라면, 잔당의 농도는 5.3(3 ÷ 0.57 = 5.3)브릭스가 이상적이다. 그러나 이 비율은 발효 조절로는 불가능하고, 나중에 블렌딩으로 조절할 수밖에 없다.

소테른 스타일은 특수한 효모를 사용하여 알코올 농도를 최대한 높이고, 독일 스타일은 발효가 일찍 끝나 알코올 농도가 낮게 된다. 그러나 발효는 원하는 알코올 농도와 당도에서 자연적으로 멈추지는 않는다. 발효가 빨라서 알코올 농도가 높게 나올 수도 있고, 아주 발효가 늦어서 휘발산이 더 많이 생성될 수도 있다. 특히 발효가 늦어지면 포도밭에서 시작된 초산균에 의한 휘발산도 생성된다는 뜻이 된다. 법적인 휘발산의 한계는 1~1.2g/ℓ이므로 이 수치가 되기 전에, 알코올이 낮고 잔당이 많더라도 발효를 중지시켜야 한다. 이때는 와인에 아황산을 첨가시키는 방법이 일반적인데, 와인의 온도를 약간 높여서 아황산을 첨가(200~300mg/ℓ)하면 더 효과적이다. 그런 다음에 와인을 냉각시켜 따라내기로 효모를 제거한다. 이때부터는 빈 공간에 가스를 채우는 등 철저하게 공기를 차단시켜야 한다. 저장 중에는 유리 이산화황 농도가 60mg/ℓ 정도를 유지시키는 것이 좋다.

- **숙성** : 청징과 안정화를 한 다음에는 작은 오크통에서 숙성하는 것이 보통이다. 늦게 수확한 리슬링으로 만든 와인은 큰 오크통이나 스테인리스스틸 통에서 짧게 숙성시켜 소테른보다 더 빨리 시장에 내놓지만, 고급은 오크통에서 12~18개월 숙성시키며, 2년 이상 하는 것도 있다. 이때도 토핑(topping)은 필수적이고, 완전하게 밀봉시켜야 한다. 잔당이 있어서 위생적으로 처리하지 않으면 재발효 가능성이 있기 때문이다. 따라내기를 3개월 간격으로 하면서 찌꺼기를 제거하고, 새로 사용할 오크통은 잘 세척하고 더운물이나 스팀을 이용하여 80℃로 살균해야 한다. 그리고 매번 따라내기 때 아황산 농도를 측정하여 항상 유리 이산화황 농도가 60mg/ℓ를 유지하도록 하되, 법적인 한계치를 넘지 않도록 주의한다. 그러므로 소르브산과 병용하거나, 50~55℃로 몇 분간 처리하면 효과적이다. 프랑스와 독일의 보트리티스 와인은 병에서도 10년 이상 숙성이 되면서 색깔이 진해지고 부케도 형성되면서 약간 덜 달게 느껴질 수 있다.

보트리티스의 인위적 유도

생육상태가 왕성한 보트리티스 시네레아(Botrytis cinerea) 균주를 선별하여, 실험실에서 선별한 균주의 포자를 대량 배양한다. 23브릭스의 건강한 세미용 포도를 따로 수확하여, 포도 한 송이 정도 깊이의 건조상자에 펼치고, 포도 상태가 좋지 않으면 2차 감염으로 초산 등 휘발산이 증가할 수 있으므로 좋지 않은 포도를 골라낸다. 이 포도에 배양한 고농도 포자를 접종시키고 플라스틱 필름을 덮은 다음에 습도 75% 이하, 온도 20~22℃로 1~2주를 두면서, 보트리티스 곰팡이가 잘 자랄 수 있는 환경으로 조성한다. 처음에는 포자가 발아할 수 있도록 따뜻하고, 습한 조건으로 한 다음, 따뜻하고 건조한 조건으로 수분이 증발하여 포도의 성분이 농축되게 만든다.

세리_Sherry

세리는 스페인에서 나오는 강화와인으로 그 특성은 의도적으로 산화시킨 것이라고 할 수 있다. 두 가지 기본 타입의 세리가 있는데, 피노(Fino)와 올로로소(Oloroso)로 나눈다. 피노는 효모막이 형성되면서 독특한 부케를 부여하지만, 올로로소는 효모막 없이 장기간 숙성시켜 만든 것이다. 다른 스타일로 만사니아(Manzanilla), 아몬티야도(Amontillado)가 있는데 이들은 피노의 일종이다.

기본 와인의 제조

옛날에는 9월 첫 주에 수확하여 팔로미노(Palomino/Listán)는 12~24시간, 페드로 히메네스(Pedro Ximenez, PX)와 모스카텔(Moscatel)은 10~21일 건조(이렇음 soleo라고 함)시켰으나, 대부분 업자들은 요즈음은 이를 생략하고 9월 두 번째 주에 수확한다. 그러나 스위트 세리에 사용하는 페드로 히메네스와 모스카텔은 아직도 건조시켜서 만들기도 한다. 가지를 제거하고 착즙하기 전에 소량의 석고($CaSO_4$, yeso)를 넣어 산도를 높여 부패를 방지하고, 주석을 가라앉히는 방법을 사용하는 곳도 있으나, 석고를 사용한 경우는 상표에 표시해야 한다. 옛날에는 발로 밟으면서 착즙했으나, 요즈음은 기계를 사용하여 신속하게 착즙하여 과도한 타닌이 나오지 않도록 한다. 산도가 낮을 경우는 주석산을 첨가하여 산도를 높인다.

세리에 배양 효모를 사용하는 곳은 드물고, 포도에 있는 야생 효모 그대로 발효를 한다. 전통적인 방법으로 작은 통에서 발효시킬 때 90%만 채우고 25~30℃에서 발효시키면, 10일 이내에 당이 알코올(알코올 13.5도)로 완전히 변한다. 이것을 40~50일간 그대로 두다가 따라내기를 하면 드라이 와인이 완성된다. 예전에는 516ℓ 오크통을 사용했으나, 요즈음은 스테인리스스틸 탱크를 사용한다. 세리가 될 화이트 와인(sherniña)은 수율이 높고, 품종의 특색이 없는 와인이다. 완전히 발효시켜 드라이 와인으로 한 다음에, 따라내기를 하여 화이트 와인을 만든다.

알코올 첨가와 산화

세리를 만들려면 산화기간 중 초산박테리아의 성장을 방지하기 위해, 위에서 만든 화이트 와인에 알코올을 부어 그 농도를 15.0~15.5%로 하는데, 이는 단순히 초산박테리아의 성장을 방지하기 위한 것으로, 이보다 농도가 강하면 와인 표면에 효모막이 형성되지 않기 때문이다. 스페인에서는 알코올 농도를 조절한 화이트 와인을 나무통에 가득 채우지 않고 두면, 와인 표면에서 효모막이 형성되는데, 이 효모는 포도밭이나 전에 사용하던 통에서 나오는 것으로, 스페인어로 '꽃'이란 뜻으로, '플로르(flor)'라고 한다. 와인 표면에서 자라는 모습이 수많은 작은 흰 꽃이 떠서 겹쳐 있는 것같이 보이기 때문이다.

이 플로르의 대사 작용을 통해서 셰리 특유의 자극적인 부케가 형성되는데, 이 향과 풍미는 오크와 효모의 자가분해(샴페인 방식과 마찬가지로 효모 세포는 나중에 사멸하면서 향을 낸다)에서 나온 향과 어우러져 피노(Fino) 셰리에 신선하고 미묘한 복합적인 부케를 준다. 아몬디야도 셰리는 더 오래 숙성시켜 색깔이 더 진하고, 토스트 냄새기 더 나지만 자극적인 부케는 덜 난다. 그러나 올로로소(Oloroso)는 플로르 없이 와인을 가득 채우지 않은 오크통에서 장기간 숙성시키면서 만든 것이다.

피노(Fino)

* **환경** : 피노에 형성되는 플로르는 알코올 발효를 하는 효모와 동일한 것으로, 와인 표면에 바로 자라야 하므로, 플로르가 빨리 생성되지 않으면 다른 통의 것을 접종해야 한다. 첫 번째 따라내기 후 알코올 농도를 15.0~15.5%로 조절하면, 초산균 오염이 방지되고, 효모에 소수성 세포벽이 만들어져서 플로르가 와인 표면에 떠오를 수 있게 된다. 또 pH가 낮고, 비오틴이나 약간의 당분과 페놀 화합물이 있으면 플로르가 잘 자란다. 그러나 페놀 화합물이 너무 많으면 색깔이 진해질 수 있다. 젖산발효를 방지하기 위해 아황산을 100mg/ℓ로 조절하고, 오크 향이 나지 않도록 한 번 사용한 500ℓ의 미국산 오크통(Butt)에 채우되, 공간을 20% 정도 남겨 둔다. 새 와인은 계속 발효가 일어나는지 살피고, 안 되면 다른 타입으로 전환하거나 증류한다.

* **미생물** : 플로르에는 여러 가지 효모가 자랄 수 있지만, 주로 사카로미세스(Saccharomyces)에 속한 것으로, 사카로미세스 세레비시에(Saccharomyces cerevisiae), 사카로미세스 오비포르미스(Saccharomyces oviformis), 사카로미세스 베티커스(S. beticus), 사카로미세스 체리엔시스(S. cheriensis) 등이다. 이 서로 다른 종의 효모들이 알코올, 에스터, 터펜 등을 다양하게 생성하고 있다. 그러나 플로르가 완벽하게 끼더라도 그 활성은 일정하지 않다. 보데가의 온도가 15~20℃인 봄과 가을에 가장 왕성하고, 여름과 겨울에는 성장이 느리고 드문드문 자란다.

* **새 와인과 오래된 와인의 블렌딩(Solera)** : 이 오크통에 있는 와인은 한 통에 고정되어 있는 것이 아니고, 정기적으로 다른 통으로 이동되는 솔레라 시스템(solera system)을 거치면서 차례로 아래쪽으로 이동하게 된다. 이렇게 이동함으로써 플로르 성장에 필요한 프롤린(proline)과 소수성 세포벽을 만드는 비오틴(biotin) 등 영양소를 공급받을 수 있다. 공기와 접촉하는 면적도 플로르 형성

에 중요한데, 20% 정도 공간이 있으면 부피당 표면적이 15㎠/ℓ 비율이 되어 가장 좋은 환경이 된다.

솔레라 시스템은 플로르 성장에 필요한 영양분 공급과 최종 와인에서 빈티지 차이를 최소화하기 위해서 새 와인을 오래된 와인에 점차적으로 혼합한다. 솔레라는 동일한 와인 타입의 와인이 들어 있는 통을 쌓아 둔 것을 말하지만, 최근 것을 가장 위에 두는 식으로 숙성연도가 다른 것을 차례대로 쌓아 둔 것이다. 주병할 때는 솔레라에서 가장 오래된 단에서 5~30%의 와인을 꺼내 여과하고 블렌딩하여 주병한다. 꺼내어 주병한 와인을 보충하기 위해서 가장 오래된 단에 그 다음 오래된 단의 와인을 채우는 식으로 차례로 진행하여 꺼낸 만큼 새 와인을 솔레라의 가장 최근 단에 채운다. 솔레라는 5단에서 12단까지 있는데, 새 와인이 모든 단을 통과하는 데 몇 달에서 몇 년이 걸리면서 점차적으로 오래된 와인에 섞이게 된다. 가장 밑에 있는 첫 번째 단을 '크리아데라(criaderas, nursery)'라고 한다. 일 년에 3~4회 정도 이동을 시키고, 이동하는 양은 원하는 타입에 따라 달라진다.

● **성분의 변화** : 이 플로르는 피노 셰리에 중요한 역할을 하는데, 효모의 에너지원이 되는 에탄올, 글리세롤, 초산 등과 호흡에 필요한 산소가 있어야 한다. 그래서 뚜껑도 살짝 열어 두어야 한다. 산소가 있으면 효모의 미토콘드리아에서 알데히드탈수소효소(aldehyde dehydrogenase)가 생성되어 에탄올을 산화하여 아세트알데히드(acetaldehyde)를 만든다. 와인이 공기에 노출된 것 같지만, 피막이 형성되면 효모 호흡은 와인의 용존산소 때문에 제한을 받는다. 에탄올, 글리세롤, 초산, 기타 영양성분의 대사로 휘발산과 글리세롤이 감소하고, 아세트알데히드와 기타 아로마 성분이 나오며, 아래쪽 잠긴 부분에서는 잔당의 발효가 일어난다.

효모의 호흡으로 생성된 아세트알데히드는 셰리에 산화성 부케를 주며, 아세트알데히드, 에탄올, 글리세롤, 다른 폴리올(polyols)은 아세탈(acetal)을 형성한다. 이 아세탈(1,1-diethoxyethane)은 축적되면서 와인에 풋풋한 향(green)을 준다. 플로르 효모는 꽃 향을 이루는 리나룰(linalool)과 같은 터펜(terpene) 계통의 향도 소량 합성하며, 뷰티로락톤(γ-butyrolactone)과 같은 락톤(lactone)도 셰리에서 나오는데, 이는 피노 특성에 중요한 역할을 한다. 특히 소톨론(sotolon, 40~150ppb)은 호두 향을 내는 중요한 락톤으로서 프랑스 뱅 존(Vin Jaune)에서도 분리된다. 이러한 락톤, 아세탈, 터펜, 알데히드를 비롯한 여러 가지 방향성분이 모여서 피노의 성격을 규정짓는다.

이러한 산화적 대사에 추가하여 휘발성 성분의 손실도 생긴다. 셰리는 연간 5%의 양이 증발하기 때문에 물을 뿌려서 증발량을 줄이기도 하지만, 셰리의 성분이 농축되는 효과도 있다. 시간이 지나면서 피막이 두꺼워지면 피막 아랫부분은 파괴되면서 바닥으로 가라앉는다. 이 효모가 자가분해(autolysis)되어 천천히 가라앉아 쌓이므로 오크통을 청소해야 하지만, 자가분해되어 나오는 영양분 때문에 플로르의 지속적인 성장이 가능하며, 샴페인과 비슷한 피노 고유의 부케가 나올 수 있다.

● **주병** : 솔레라에서 나온 와인은 다른 솔레라에서 나온 와인과 블렌딩될 수 있으며, 이때 알코올 농도도 보통 16.5%로 조절하며, 시장상황에 따라 그 이상으로 조절될 수도 있다. 이렇게 알코올 농도가 높아지면 플로르는 활성을 잃는다. 숙성기간 중 사과산 함량이 떨어져 산도가 감소하므로 주석산을 첨가하는 경우가 많다. 청징과 안정화를 거쳐 주병하며, 가끔 단맛이 강하고 색깔이 진한 와인과 섞기도 한다.

아몬티야도(*Amontillado*)

피노와 동일한 방법으로 만들지만, 숙성을 더 오래 시킨 것으로, 솔레라에서 자주 이동하지 않으므로 영양공급이 원활하지 못해 플로르 성장이 서서히 멈추게 된다. 또 이동이 늦기 때문에 오크통에서 수분 증발이 촉진되어 알코올 농도가 높아지므로 플로르 대사가 방해를 받는다. 그러므로 공기와 접촉하는 표면이 필요하지 않아, 아몬티야도 만들기가 결정되면 오크통에 가득 채운다. 플로르가 없는 상태에서 와인의 색깔이 진해지고 산화취가 형성된다. 그러므로 아몬티야도의 크리아데라는 몇 단 되지 않고, 이 단수에 따라 향미가 달라진다. 아몬티야도 솔레라는 예전부터 우연히 생긴 것이 아니고 의도적으로 시작된 것이다. 솔레라에서 나온 아몬티야도는 시장상황에 따라 알코올 농도를 조절하고 청징과 안정화를 거쳐 주병하며, 가끔 크림 타입 셰리에 사용되기도 한다.

만사니아*Manzanilla*는 동일한 원리로 대서양 연안의 산루카르 데 바라메다*Sanlucar de Barrameda*에서 만들어, 이 지역의 습한 미기후 때문에 약간 짠맛이 있는 듯한 자극성을 갖게 된다.

올로로소(*Oloroso*)

예전에는 플로르가 형성되지 않은 와인을 올로로소로 만들었지만, 요즈음은 처음부터 기본 와인의 알코올 농도를 17.5~18%로 조절하여 숙성시킨다. 이 농도에서는 효모와 박테리아의 성장이 방해를 받으므로, 플로르가 형성되지 않고, 물리화학적인 반응이 일어난다. 와인의 신선한 향미가 산화로 사라지는데, 이것은 오크통의 투과성 때문인 것으로 생각하고 있다.

솔레라 시스템에 들어가지 않고 숙성시키는 것은 빈티지가 표시되며, 솔레라 시스템을 통과하더라도 그렇게 자주 이동시키지 않는다. 또 알코올 농도가 높아서 다른 셰리에 비해 숙성 중 온도 변화에 민감하지 않다. 대개 보데가에서도 온도의 변화가 심한 곳에 솔레라가 있으며, 통에도 95% 정도 채우고 토핑이 불규칙하므로 산화도 많이 되지 않아, 숙성 중에 아세트알데히드가 거의 증가되지 않는 편이다. 그러나 아세트알데히드가 초산으로 변하고 에탄올이 지속적으로 초산에틸로 변한다. 그러므로 올로로소 역시 초산과 초산에틸 함량이 증가한다. 오래 숙성시킬수록 색깔이 진해지고 강하고 복합적인 향과 풍미가 나온다. 스페인의 올로로소 셰리는 세계적으로 상당히 좋은 시장을 가지고 있는데 그 품질과 비교할 만한 디저트 와인보다 값이 비교적 비싸지 않기 때문이다.

올로로소와 아몬티야도는 오크통에서 장기간 숙성되기 때문에 페놀 화합물 함량이 높아지며, 당분과 알코올 함량도 약간 높아진다. 크리아데라 단수가 적고 이동 횟수가 적어 연간 15% 와인만 이동하기 때문에 통마다 맛 차이가 심하다. 그래서 와인메이커는 블렌딩으로 맛을 조절한다. 블렌딩이 안 된 올로로소는 많지 않고, 대개는 당분과 색깔을 강화한 알코올 농도 21% 정도가 많다.

플로르 없는 산화는 가열하거나 와인을 가득 채우지 않은 오크통에서 장기간 숙성시키면서 진행한다. 가열법은 대형 탱크에서 산소를 접촉시키면서 값싼 셰리를 만드는 데 쓰이는데, 49~60℃로 45~120일간 가열한다. 마르살라, 마데이라, 말라가 등의 이름으로 시장에 나오는 값싼 디저트 와인은 이런 가열법으로 만든 것이다.

색깔과 당도의 조절

가당은 대개 PX와 미스텔라(Mistela)의 두 가지 특수한 와인으로 하는데, PX는 건조한 페드로 히메네즈 포도에서 추출한 주스에 알코올을 첨가하여 9% 농도로 한 후 솔레라에서 숙성시킨 것으로 당도가 49%나 된다. 미스텔라는 팔로미노 포도의 프리 런 주스와 첫 번째 착즙분에 알코올을 첨가하여 15% 농도로 조절한 후 오크통이나 탱크에서 숙성시킨 것으로 솔레라를 거치지 않은 것이다. 당도는 16% 정도 된다.

색깔 조절용 와인은 팔로미노 포도의 두 번째 착즙 주스로 만든다. 이 주스를 끓여서 1/5로 농축시키면 캐러멜 반응으로 색깔이 진해지고 당도가 70%나 되는데 이것을 '아로베(Arrobe)'라고 한다. 팔로미노가 발효할 때 아로베를 연속적으로 첨가하면 최종산물은 아로베와 발효된 주스의 비율이 1 : 2가 된다. 이 와인은 알코올 8%, 당도 22%가 되므로 알코올을 첨가하여 15%로 한 후 솔레라로 보내 숙성시킨다.

침지 배양법

스페인에서 사용하는 플로르 형성 방법은 노동력과 시간을 많이 소모한다. 그래서 제약공업에서 사용되는 침지 배양법을 적용하여, 큰 탱크에서 플로르 셰리를 대량생산하는 방법을 사용하면, 훨씬 효율적이면서 효모의 바람직한 복합적인 향을 얻을 수 있다. 대형 탱크에서 15% 알코올을 가진 화이트 와인에 플로르 효모를 접종한 다음, 공기방울이나 순수한 산소를 와인에 지속적으로 주입한다. 그리고 교반하여 효모 세포를 떠돌아다니도록 하면서 아세트알데히드(셰리의 향을 결정짓는 관능적 지표) 농도와 균주의 개체수를 검사한다. 와인에 충분한 아세트알데히드와 플로르 효모 특성이 생겼다고 판단되면, 와인에 바로 알코올을 부어 알코올 농도를 17~19%로 한 다음 효모 세포를 제거한다. 이렇게 만든 플로르 셰리는 가열법 셰리와 블렌딩하기도 하는데, 이렇게 하면 복합성과 짧은 뒷맛이 개선된다. 그리고 숙성시켜서 피노 스타일 와인으로 시장에 나온다. 캘리포니아에서 몇 개의 소규모 업체는 플로르 방법을 사용하고, 대부분의 와이너리는 침지 배양법을 사용한다.

포트와인_Port wines

포트와인은 당도가 높은 디저트 와인의 대표적인 것으로 포르투갈의 도우로(Douro) 계곡에서 생산된다. 발효가 반쯤 진행되었을 때, 즉 당분의 절반 정도가 알코올로 변하면 껍질을 걷어내고 와인을 증류시켜 만든 알코올을 부어서 알코올 농도를 20% 정도로 만든다. 그러면 이 술은 당분이 남아 있기 때문에 단맛이 있으며, 알코올 농도가 보통 와인보다 더 높은 술이 되는 것이다. 이것을 오크통에서 오랜 기간 숙성시켜야 제대로 된 포트가 되는데, 만드는 방법에 따라 여러 가지 종류가 나온다.

기본 와인의 제조

• **환경** : 포트가 나오는 도우로 계곡은 스페인에서 흘러온 도우로(스페인에서는 Duero) 강이 만든 가파른 곳으로 포도가 자라는 곳으로는 가장 척박한 곳이라고 할 수 있다. 편암과 화강암으로 이루어진 경사진 언덕에 수천 개의 계단식 포도밭이 조성되어 있고, 그것도 흙은 별로 없고 대부분 돌덩어리로 된 포도밭에 퇴비를 섞어 농사를 짓는다. 덕분에 포도밭의 배수는 잘 되고, 뿌리는 양분을 찾아 돌과 돌 사이로 20m 이상 깊게 뻗어 안정을 찾는다. 그래서 여름날 고온에도 포도나무가 견디는 것이다.

　　도우로 계곡의 긴 여름은 악명 높기로 유명하다. 한낮의 고온 때문에 포도나무가 일시적으로 시들었다가 밤이 되면 활동을 할 정도다. 이런 기후는 도우로 북서쪽에 산맥이 가로막혀 대서양의 시원하고 습한 공기가 차단되기 때문이다. 도우로의 포도밭은 구불구불한 강을 따라 언덕에 계단식으로 있기 때문에 다양한 토양에 일조량, 고도 등이 일정하지 않아서 수많은 미기후가 형성되며, 품종 또한 다양하여 세계에서 가장 다양한 와인이 나오는 곳이라고 할 수 있다. 이런 조건에서 나온 포도는 당도와 페놀 화합물의 농도가 높고 향과 색깔도 진하게 나온다.

- **품종** : 옛날부터 한 포도밭에 여러 품종을 한꺼번에 재배하고 수확하여 와인을 만들었지만, 요즈음은 품종별로 포도밭을 조성하여 와인을 만든 다음에 섞는다. 블렌딩은 전통적인 것으로 포트와인의 복합성을 내는 데 기여한다. 현재 도우로 계곡에는 화이트 와인용 품종이 38종, 레드 와인용이 51종 있는 것으로 알려져 있다. 그러나 포트를 만드는 품종은 레드 와인용 품종 15종, 화이트 와인용 품종 6종이며, 중요한 품종은 토우리가 나시오날(Touriga Nacional), 틴토 카웅(Tinto Cão), 틴타 호리스(Tinta Roriz), 틴타 바호카(Tinta Barroca), 토우리가 프란세자(Touriga Francesa) 다섯 가지를 들 수 있다.

- **발효 및 추출** : 수확은 포도가 완전히 익었지만 건조되지 않은 상태에서 하고, 조심스럽게 상태가 좋지 않은 것을 골라낸다. 전통적인 방법으로, '라가(lagar)'라는 높이 80㎝의 화강암이나 혈암으로 만든 사각 통에서 가지를 제거하지 않고 파쇄한 다음에 발효시킨다. 이 라가의 형태는 껍질에서 폴리페놀을 완전히 추출하기 위하여 밟아서 포도를 전부 으깨는 데 적합하게 만들어져 있다. 발효는 효모를 접종시키지 않고 자연적으로 진행시키며, 껍질은 일정한 간격으로 가라앉힌다. 그리고 원하는 당도가 되었을 때 껍질을 제거하고 브랜디를 부어서 발효를 중지시킨다.

  오늘날에는 포도가 도착하면, 기계를 이용하여 가지를 제거하고, 파쇄하여 아황산을 첨가한다. 왕성한 발효를 피하기 위해 대개는 효모를 접종하지 않고, 자연발효를 시킨다. 발효 온도는 30℃ 정도로 조절하며, 자동으로 펌핑 오버를 하여 머스트를 뒤섞어 추출을 한다. 알코올 농도가 4~5% 이상 되었을 때 머스트를 꺼내어 착즙하고, 나온 액은 로터리 필터(rotating filter) 등을 이용하여 맑게 만든 다음에 브랜디를 붓는다.

- **색도와 당도** : 포트 생산에서 중요한 색도와 당도는 포도밭에서 시작되는데, 높은 온도는 당도를 높여 주지만, 너무 더울 경우는 대부분의 레드 와인용 품종의 색깔이 옅어진다. 문제는 색도와 당도를 동시에 최대화해야 하고, 이것이 발효 때 이루어져야 한다는 것이다. 포도를 수확(당도 23~25%)하여 파쇄하고, 발효가 시작된 다음에는 색깔은 많이 추출하고 당분의 손실은 최소화해야 한다. 보통, 레드 와인 생산에서는 발효 도중에 포도 껍질 세포에서 색소와 타닌을 우려내는데, 이는 껍질 세포가 죽거나 파괴되어 열릴 때 색소와 타닌 분자가 나오기 때문이다. 포트 역시 발효 도중에 추출을 빠르게 하기 위해 껍질을 관리하지만, 추출기간이 길어질수록 당분의 소비가 많아지므로, 색소를 비롯한 향미와 타닌을 최대한 빨리 추출해야 하고, 포도의 당분도 가능한 한 많이 남도록 해야 한다.

  보통 24~48시간 내에 색소를 추출하고, 그것도 매우 진해야 한다. 껍질을 분산시키고, 색소를 내기 위해서, 규모가 작은 곳은 하루에 2~4번 펌핑 오버를 하며, 큰 곳에서는 연속식 펌핑 오버 장치를 갖추고 있다. 목표는 색소의 추출이고, 이어서 알코올을 첨가하여 발효를 중지시키기 전에 당도가 10% 정도 되었을 때 재빨리 착즙을 해야 한다. 경우에 따라 색소를 더 많이 추출하기 위해 착즙하기 전에 알코올을 첨가하는 수도 있다.

캘리포니아에서는 색도와 당도의 문제를 해결하기 위해서 보통의 포트에는 발효 전에 머스트를 높은 온도로 가열하여 색소를 추출하거나, 과육이 붉고 특성이 약하며 잉크 색깔의 주스를 가진 알리칸트 부셰(Alicante Bouschet)나 루비레드(Rubired)와 같은 품종을 사용하기도 한다.

- **첨가하는 알코올의 기능과 향미** : 포트에 사용하는 알코올, 즉 브랜디는 알코올 농도 77~78% 정도 되는 것으로 여러 가지가 나올 수 있다. 와인을 증류한 알코올은 무취에서 과일 향까지 여러 가지 향이 나오며, 증류 중에 성분이 농축되는 정도에 따라서 향이 좋을 수도 있다. 이런 이유 때문에 선택된 알코올은 직접적으로 최종 제품의 품질에 영향을 끼친다. 그래서 이 알코올의 향과 받아들일 와인의 관능적 품질을 비교하여 선택해야 한다.

만약 루비 포트와 같이 가볍고 신선한 와인으로 최소한 숙성을 하는 것이라면 특성 없는 알코올을 첨가하여 와인이 원래 가지고 있는 특성을 지배하지 않도록 한다. 그러나 올로로소 셰리나 빈티지 포트와 같이 장기간 오크통이나 병에서 숙성을 시키는 와인에는 좀 더 강한 향을 가진 알코올을 첨가하여 숙성기간 중 와인의 향과 섞이게 만든다.

알코올 농도가 17% 이상이면 효모와 박테리아를 죽일 수 있으므로 알코올을 첨가하면 발효가 중단되어 당분이 남게 되며, 이 강화와인은 미생물적 안정성을 얻게 된다. 즉 공기 중에 노출이 되어도 상하지 않는다.

- **블렌딩(Blending)** : 발효 도중의 색소 추출과 알코올 붓는 시점에 대한 정확한 이론이 없기 때문에, 포트와인의 색깔과 당분 함량은 다양한 색깔과 당도를 가진 와인의 블렌딩에 의해 기술적으로 이루어진다. 와인메이커는 발효 후에 블렌딩을 유념하고 나중에 발효하는 배치(batch)의 관리는 처음 한 것을 고려해서 해야 한다. 예를 들면, 처음 발효시킨 것이 달고 색깔이 옅다면, 다음 것은 더 오래 발효시켜 색깔을 껍질에서 더 우려내고 좀 더 드라이해도 된다. 그리고 브랜디를 첨가할 때 일정량의 프레스 와인도 첨가하여 타닌과 색깔을 강조할 수 있다.

포르투갈의 도우로 강 계곡에 있는 대표적인 포도밭을 보면, 대부분 오래된 포도밭에 여러 가지 품종이 있어서 수확이 바로 블렌딩을 뜻한다. 다른 나라에서도 포도밭에서 블렌딩을 할 수 있지만 대부분은 품종별로 따로 발효하여 발효가 끝난 다음에 색깔, 품종, 바디, 산도, 타닌 등을 고려하여 혼합한다. 수확한 해 겨울 첫 번째 따라내기를 한 다음에, 맛을 봐 가면서 블렌딩을 하는데, 특정 연도의 것으로 맛이 뛰어난 것은 빈티지 포트를 만들고, 나머지는 대부분 블렌딩한다.

숙성(Barrel aging)

- **숙성 중 변화** : 블렌딩과 안정화를 거친 와인은 500~600ℓ 오크통pipe에서 높은 산화환원전위를 유지시키는 산화적인 조건으로 몇 년씩 숙성한다. 이때 금속 이온 특히, 구리나 철 이온은 폴리페놀 산화에 중요한 역할을 한다. 이런 와인은 병에서도 높은 산화환원전위를 갖는다. 산소가 모든 환원성 물질을 파괴하는 것처럼 철은 제2철Fe³⁺ 형태로 남게 된다. 이러한 지속적인 산화와 에스터 작용으로 와인은 풍부하고 복합적인 부케를 갖게 된다. 그리고 타닌의 거친 맛이 부드러워지고, 색소가 침전되면서 변한다. 산화가 덜 된 루비 포트는 영 와인의 신선함을 유지하고 색깔이 약간 어두운 적색으로 되지만, 더 산화시킨 토니 포트는 황금색이나 더 진한 색깔이 된다. 화이트 포트는 적절한 침출시간을 거쳐 산화적인 조건에서 숙성시키면, 대개 신선함을 유지하고, 색깔도 진해지지 않는다. 아주 오래 숙성시키는 토니 포트10년, 30년 숙성도 산화적인 조건에서 숙성이 이루어진다. 이렇게 산화시킨 와인은 주병할 때 공기가 있어도 안정적이며, 병 숙성기간 중 변화는 거의 없다.

- **빈티지 포트의 숙성 중 변화** : 최고급인 빈티지 포트는 색소를 안정시키기 위해 초기에는 공기를 접촉시키고, 고급 레드 와인과 마찬가지로 오크통에 가득 채워 숙성시킨다. 그리고 오크통에서는 2~3년 혹은 4~6년 숙성시킨 다음에 병에 넣는다. 이 와인은 병 숙성기간 중에 현저하게 개선되는데, 특히, 환원성 부케가 발전한다. 이 와인은 철을 제1철Fe²⁺ 형태로 유지시키는 낮은 산화환원전위를 갖기 때문이다. 이런 빈티지 포트는 상당한 숙성력을 가지고 있으며, 폴리페놀 농도가 높기 때문에 공기가 없는 상태에서 20년 이상 숙성이 가능하다. 이 와인은 영 와인 때는 아주 강한 맛을 내고, 숙성 후에도 불휘발분의 농도가 높게 유지되고, 신선한 맛과 강렬한 색깔을 유지할 수 있다. 그러나 병에 들어가면 산소에 아주 예민하므로 한번 개봉하면 그 품질이 재빨리 떨어진다.

포트의 종류

포트는 숙성방법에 따라 여러 가지 스타일이 나올 수 있는데, 보통 색깔에 따라서 루비 스타일과 토니 스타일의 두 가지로 나눌 수 있으며, 오크통 숙성과 병 숙성의 두 가지로 나눌 수도 있다. 오크통에서 숙성시킨 것은 주병 후 바로 마실 수 있으며, 2년 이내에 소비하는 것이 좋지만, 병에서 주로 숙성시킨 것은 오크통에서 짧게 숙성시키고 장기간 병에서 숙성을 하기 때문에 마실 때는 디캔팅을 하여 찌꺼기를 제거한 다음에 마신다.

기본급(Basic Ruby, White and Tawny)

- **루비 포트(Ruby Port)** : 빈티지에 상관없이 적포도로 만든 색깔이 짙은 포트로서, 맛도 신선하며 생동감이 있다. 대형 오크통이나 탱크에서 2~3년 숙성시키며, 병 숙성은 하지 않는다. 약간 시원하게 만들어 디저트 와인으로 사용한다. '파인 루비(Fine Ruby)'라고도 한다.

- **화이트 포트(White Port)** : 청포도로 만든 것으로 드라이, 스위트 두 가지가 있다. 고급은 오크통에서 10년 이상 숙성시키기도 한다. 차게 마시는 것이 좋다.

- **토니 포트(Tawny Port)** : 색소 추출을 최소화하거나 하이트 포트를 섞어서 만들기 때문에 약한 호박색을 띤다. 루비 뽀트보다는 맛이 부드럽다. 대형 오크통이나 탱크에서 2~3년 숙성시켜 병 숙성할 필요 없이 바로 마신다. 식전주로 그냥 마시거나 얼음을 넣어서 마시기도 한다.

에이지드 토니(Aged Tawnies)

- **에이지드 토니 포트(Aged Tawny Port)** : 빈티지 구분 없이 여러 와인을 블렌딩하여 작은 오크통에서 장기간 숙성시켜 10년, 20년, 30년, 40년 단위로 표시하기 때문에 붉은 색깔이 옅게 변하여 토니 스타일이 되며, 캐러멜, 호두 향이 난다. 된다. 영국, 프랑스에서 인기가 좋다. 고급 포트 중에서 빈티지 포토가 힘이라면, 에이지드 토니 포트는 섬세함이라고 할 수 있다. 일명 '파인 올드 토니(Fine Old Tawny)' 혹은 '인디케이티드 토니(Indicated Tawny)'라고도 한다. 숙성기간의 표시는 숙성기간보다는 포트와인위원회의 심사기준에 따른다. 20년 된 것이 가격대비 가장 좋다고 알려져 있다. 병 숙성 없이 바로 마신다.

- **콜라이타(Colheita)** : 단일 빈티지의 포도만 사용하여 7년 이상 숙성시켜야 하지만, 보통 10년이나 20년 심지어는 50년까지 숙성시킨 것도 있다. 포트 생산량의 1%를 차지한다. '리저브 에이지드 토니(Reserve Aged Tawny)'라고도 한다. 빈티지 포트와의 혼동을 피하기 위해 숙성기간을 표시한다.

- **싱글 킨타 토니 포트(Single-Quinta Tawny Port)** : 단일 포도밭에서 나온 토니 포트.

빈티지 스타일(Vintage and similar styles)

- **빈티지 포트(Vintage Port)** : 이 와인은 그해 수확한 포도만을 사용하여 만든 포트이다. 와인을 완성시킨 후 오크통에 담아서 항구도시인 빌라 노바 드 가야(Vila Nova de Gaia)로 옮겨서 2년 동안 숙성시켰다(1986년까지). 한때는 오크통에 담긴 빈티지 포트를 영국으로 수출하여, 영국업자들이

병에 넣었는데, 1974년부터는 전량 포르투갈에서 병에 담는다. 알코올 농도는 21%이며 병에서도 천천히 숙성되므로, 10년, 20년, 50년 보관 후에 개봉하면 맛이 훨씬 더 부드러워진다. 빈티지를 표시한 최고급 포트로서 여과를 하지 않고 주병하기 때문에 마실 때 디캔팅이 필요하다.

- LBV(Late Bottled Vintage, 레이트 보틀드 빈티지) Port : 최근에 인기가 상승하고 있는 포트이며 단일 연도의 포도만을 사용하여, 대형 오크통에서 최소 4~6년 숙성시킨다. 빈티지를 상표에 표시한다. 병 숙성이 없이 주병 후 바로 마시는 것이 좋다.

- 트레디셔널 레이트 보틀드 빈티지 포트(Traditional Late Bottled Vintage Port) : LBV와 비슷하지만 빈티지 포트의 성격을 가지고 있다. 가장 좋지는 않지만 괜찮은 빈티지의 포도를 사용하여 대형 오크통에서 4년간 숙성시킨다. 병 숙성 없이 바로 마시지만, 병에서 20년 정도 숙성될 수도 있다. 여과를 하지 않기 때문에 마실 때 디캔팅이 필요하다.

- 빈티지 캐릭터 포트(Vintage Character Port) : 서로 다른 빈티지를 혼합하여 대형 오크통에서 4~6년 숙성시킨 것으로 빈티지 포트는 아니다. 색깔이 진하고 풀 바디 와인이 된다.

- 싱글 킨타 빈티지 포트(Single Quinta Vintage Port) : 좋은 포도밭으로 알려진 단일 포도밭에서 나온 것으로 만든 포트로서 빈티지 포트의 일종이다. 오크통 숙성기간은 빈티지 포트와 같지만 병에서 더 오래 숙성시킨다. 오크통에서 2년, 병에서 5~50년 숙성시킨다. 빈티지가 표시된다.

- 가하페이라 포트(Garrafeira Port) : 특정 연도의 것으로 오크통에서 짧게 숙성한 다음 큰 유리통에서 20년 이상 숙성시켜 병에 넣는다. 빈티지 포트의 풍부함과 에이지드 토니의 부드러움을 가지고 있다. 생산량은 많지 않다.

기타

- 크러스트 포트(Crusted or Crusting Port) : 두 해 이상의 것을 혼합하여 대형 오크통에서 3년 정도 숙성시킨 것으로 병에서 적어도 2년은 두어야 한다. 고급 루비 포트로서 신선하고 색깔이 진하다. 주병 후 침전이 생긴다. 요즈음은 LBV에 밀려서 찾아보기 힘들다.

천연감미와인_VDN, Vins Doux Naturels

프랑스 루시용 지방에서 옛날부터 만들던 와인으로 주로 프랑스 남부시방에서 많이 나온다. 신선한 포도 주스의 발효로 생산되는데, 발효가 반쯤 진행되었을 때 알코올을 첨가하기 때문에 매우 달다.

규정

● **품종** : 사용하는 품종은 원산지 명칭에 따라 규정이 다르지만, 그르나슈가 대부분이며, 여기에 마카베오, 말부아지 등이 추가되며, 일부에서는 머스캣과 머스캣 오브 알렉산드리아를 사용한다.

● **수율** : 단위면적당 와인 생산량은 4,000ℓ/ha 이하지만, VDN 제조용 와인의 경우는 3,000ℓ/ha 로 규정하고 있다.

● **기준 당도** : 머스트의 당도는 252g/ℓ 이상으로, 알코올 농도가 14.5%까지 나올 수 있는 당도다.

● **알코올 첨가 시기와 양** : 포도의 당분이 1/2 이상 알코올로 전환되었을 때 알코올을 첨가하여 최 종 알코올 농도가 15~18% 되도록 한다. 이 와인이 완전히 발효된다면 이론적인 알코올 농도는 21.5% 이상이 된다. 잔당은 지역에 따라서 95~125g/ℓ가 된다.

양조

품종에 따라 수확시기를 잘 선택해야 하는데, 과숙되면 당도가 급격하게 증가하고 산도는 상 당히 감소하기 때문에 주의해야 한다. 그리고 보트리티스 곰팡이는 부정적인 영향을 끼치므로 이 곰팡이가 자라기 쉬운 머스캣 포도는 주의가 필요하다. 이 곰팡이 낀 포도가 있을 경우는 바로 주스를 짜서 발효시키는 것이 좋다. 화이트 와인은 침출을 하지 않거나 약간 한다. 레드 와인은 침출을 수일 하는데, 주스를 분리하고 나서 알코올을 첨가하는 경우가 대부분이지만, 알코올을 첨가하고 10~15일 침출하기도 한다. 그러면 색깔이 진하고 추출도 많이 되어 장기간 숙성시킬 수 있는 와인이 된다. 머스캣은 주스를 분리하고 나서 화이트 와인과 동일한 방법으로 만들지만, 침출을 하면 아로마와 추출물질이 많아지지만, 차후 처리를 잘 해야 한다.

수확한 포도는 제경, 파쇄하고 아황산을 50~100mg/ℓ 첨가하여 약 30℃에서 발효를 시킨다. 주스를 분리한 후에 알코올을 첨가할 경우는 2~8일 정도 침출시키는데 이때는 알코올 발효 속도 조절을 잘 해야 한다. 알코올을 첨가한 후에도 침출할 경우는 8~15일 정도 한다. 침출 없이 바 로 착즙하여 주스를 분리할 경우는 화이트 와인과 동일한 방법으로 아황산을 50~100mg/ℓ 첨가 하여 낮은 온도에서 찌꺼기를 가라앉혀 따라내기나 원심분리로 제거한다. 효모를 접종한 다음에 는 아로마의 손실을 방지하기 위해 비교적 낮은 온도20~25℃에서 발효시킨다. 이 점은 머스캣 포도에 아주 중요하다.

알코올 첨가(*Mutage*)

알코올을 첨가하면 효모의 활동이 정지되고, 침출기간에 추출된 페놀 화합물의 용해도가 증가한다. 알코올은 반드시 와인 증류한 것을 사용해야 한다. 알코올을 첨가하는 시점은 머스트의 밀도를 측정하여 정해진 규정에 따라 그 시기를 잘 선택해야 한다. 이 점이 VDN의 품질을 결정짓는다. 알코올은 90% 농도의 것이 효과적이며, 경우에 따라 알코올과 머스트를 혼합하여 사용하기도 한다. 머스트를 냉각시켜 발효를 중지시키거나 원심분리나 여과 등으로 효모를 먼저 제거한 다음에 알코올을 첨가하는 것이 더 좋다. 아세트알데히드 형성과 와인의 산화를 방지하기 위해 아황산을 첨가하는데, 유리 이산화황 농도를 $8 \sim 10 \text{mg}/\ell$ 정도는 유지하도록 계산하여 첨가한다.

숙성

종류에 따라 숙성방법이 다르지만, 어떤 종류든 1년은 탱크에 두면서 따라내기를 반복하여 맑게 만든다. 머스캣은 주병할 때까지 탱크에 두면서 산화를 방지하고 아로마 손실을 방지해야 하므로, $15 \sim 17℃$를 유지하고 내부의 빈 공간에는 가스를 채운다.

침출기간을 거친 레드 VDN은 600ℓ 오크통에 두고 햇볕을 받도록 한다. 그러면 느린 산화로 인해 와인은 호박색으로 되고, 특유의 부케를 얻게 된다. 대개는 오크통에 넣기 전에 저온으로 처리하여 주석을 가라앉혀 여과한다. 전통적인 방법으로는 큰 유리그릇에 가득 채우지 않고 옥외에 두기도 하는데, 요즈음은 보기 힘들다. '랑시오*Rancio*' 와인은 600ℓ 오크통에 와인을 가득 채우지 않고 숙성시키면서, 일부는 주병하고 그만큼 새 와인을 채우는 방식으로 한다. 섬세한 향을 가진 화이트, 레드 VDN은 보통 와인과 마찬가지로 225ℓ 오크통에 넣어 $15 \sim 17℃$ 되는 셀러에서 30개월 정도 산화를 거치지 않은 숙성을 한 후 정제하여 주병한다.

VDN은 알코올 농도가 높아서 미생물적인 안전성이 있을 것 같지만, pH가 높고 잔당이 많아서 항상 오염될 가능성이 있다. 위생적으로 처리하고 아황산 농도를 잘 조절하고, 가열 살균이나 제균 여과 등으로 오염의 기회를 줄여야 한다.

애플 와인_Apple wine

애플 와인은 우리나라 최초의 과실주로 등장하여, 한때 전성기를 누렸지만, 지금은 소수 농가에서 소규모로 명맥을 유지하는 정도다. 유럽에서 사과로 만든 술은 포도재배가 불가능한 프랑스의 북부, 영국 등을 중심으로 발달하였고, 아직도 세계 여러 나라에서 상당량을 생산하고 있다. 특히 프랑스의 브르타뉴 지방과 노르망디 지방은 사과주를 이용한 스파클링 와인과 브랜디 (칼바도스) 생산으로 유명하다.

사이다(Cider)

사과로 만든 술을 영어로 '사이다(cider)', 프랑스어로는 '시드르(cidre)'라고 하는데, 이는 라틴어 '시세라(sicera)', 그리스어 '시케라(sikera)', 히브리어 '쉐카르(shokar)' 등 비슷한 어원에서 출발하여 고대 프랑스어 '시드르(sidre)'라는 말을 거쳐서 생긴 것으로 추측하고 있다. 오늘날에는 사과 주스를 '소프트 사이다(soft cider)', 사과 주스를 그대로 발효시켜 만든 술을 '하드 사이다(hard cider)'라고 부르며, 알코올 농도는 8% 이하로서 바로 소비하는 것이 좋다. 그러나 '애플 와인(apple wine)'은 사과 주스에 가당하여 발효시킨 것으로 알코올 농도 9~12% 정도 되는 것을 가리킨다.

착즙

- **품종** : 애플 와인에 적합한 사과는 육질이 단단하고 신맛이 강한 품종을 선택한다. 우리나라에서는 요즈음은 찾아보기 힘들지만, 국광이 가장 적합하다.
- **마쇄 및 착즙** : 사과를 깨끗이 씻은 다음 갈아서 착즙을 하는데, 마쇄한 과육을 몇 시간 두었다가 즙을 짜면 펙틴이 분해되어 주스의 양이 많아지고, 색깔이 진해지는 효과가 있다. 애플 와인은 프리 런 주스나 프레스 주스의 구분 없이 모두 혼합하여 사용한다.

과즙 조절

- **아황산 첨가** : 주스가 분리되면 바로 아황산을 첨가하여 유리 이산화황 농도를 50㎎/ℓ 정도로 조절한다.
- **찌꺼기 제거** : 주스를 0~4℃에서 24~48시간 두면 찌꺼기가 가라앉는다. 따라내기로 찌꺼기를 제거한다.
- **당도와 산도** : 당도와 산도를 측정하여 설탕과 산을 첨가한다. 가당은 원하는 알코올 농도를 기준으로 하고, 산도는 주석산으로 0.8% 정도가 나올 수 있도록 주석산과 사과산을 동일한 비율로 첨가한다.
- **영양제 첨가** : 사과는 포도에 비해 효모의 영양원이 부족하므로 인산암모늄 등 영양제를 첨가할

필요가 있다. 사용량은 화이트 와인 양조를 기준으로 한다. 필요에 따라 타닌이나 펙틴분해효소 등을 첨가할 수도 있다.

알코올 발효

- **효모 준비** : 샴페인용 효모를 사용하는 것이 저온에서 발효가 잘 되고, 아로마 유지에 좋다. 효모는 화이트 와인과 마찬가지로 미리 활성상태로 만든 다음에 투입한다.
- **발효 관리** : 발효 온도는 10~20℃로 될 수 있으면 낮은 온도를 유지시키는 것이 좋다.

숙성 및 주병

일반 화이트 와인과 동일하게 취급한다.

제19장 브랜디

제19장 브랜디(Brandy)

와인을 증류하여 고농도 알코올을 얻은 다음에, 오크통에서 숙성시킨 술을 브랜디라고 한다. 브랜디를 만드는 기본 와인의 알코올 농도가 낮고 산도가 높을수록 그 품질이 우수하므로 우리나라 포도에 적합하다고 할 수 있다. 처음부터 증류를 목적으로 만든 와인을 사용할 수 있으나, 발효가 끝난 머스트를 착즙하고 난 포도 박이나, 따라내기 때 나오는 찌꺼기 등 와인을 만들면서 나오는 부산물을 이용하는 것도 좋다. 그러나 좋은 브랜디는 원액이 좋아야 한다는 것은 말할 필요도 없다.

알코올 증류 이론

일반적으로 두 종류의 액체 혼합물을 가열할 때 발생하는 증기는 원액보다 저 비점 성분이 더 많아진다. 즉 알코올과 물의 혼합액을 가열하여 발생하는 증기는 원액보다 알코올을 더 많이 함유하게 된다. [표 19-1]은 알코올과 물의 혼합액을 끓일 때 그 액의 비등점과 발생한 증기 중의 알코올%를 나타낸 실험 결과이다. 예를 들면 알코올 10% 수용액을 끓이면 발생하는 증기의 알코올 농도는 51%가 된다.

[표 19-1] 알코올과 물의 혼합물 비등점

혼합액 중의 알코올%(v/v) A	혼합액의 비등점(℃)	혼합액 증기 중 알코올%(v/v) a	증발계수 Ka (= a/A)
0	100	0	–
10	92.50	51.00	5.10
20	87.50	66.20	3.31
30	85.00	69.20	2.31
40	83.75	71.95	1.80
50	82.50	74.95	1.50
60	81.25	78.17	1.30
70	80.00	81.85	1.17
80	79.38	86.49	1.08

혼합액 중의 알코올%(v/v) A	혼합액의 비등점(℃)	혼합액 증기 중 알코올%(v/v) a	증발계수 Ka (= a/A)
90	78.75	91.80	1.02
95	–	95.35	1.004

증발계수

액체 중 알코올%를 A, 혼합액에서 발생하는 증기 중 알코올%를 a라 하면, a/A를 알코올, 물 혼합액의 증발계수라 하고, 이를 Ka로 나타낸다. [표 19-1]과 같이 혼합액 중의 알코올 농도가 높아질수록 Ka는 작아진다.

예를 들면 [그림 19-1]에서 알코올 10% 용액을 가열하면 92.5℃에서 끓기 시작한다. 이 때 발생하는 증기를 냉각하면 응축되어 그 농도는 51%가 되며, 이 액의 비등점은 약 82℃ 가 된다. 이 액을 다시 끓이면 d점으로 표시되는 알코올 농도로 약 75%의 증기가 발생하며, 이 액의 비등점은 약 80℃가 된다. 이와 같이 비등과 응축이 반복되면서 그때마다 알코올 농도가 높아져 마침내는 k점에 도달하는데, 이 k점에서 알코올 농도는 97.2%로서 비등점과 응축점이 모두 78℃가 된다. 그러므로 더 이상 가열하여 끓더라도 알코올 농도는 높아지지 않으며, 99%의 알코올을 끓이면 이때 발생하는 증기의 알코올 농도는 오히려 더 낮아진다. 이 k점으로 표시되는 비등점을 공비점이라고 하며, 이 혼합물을 공비혼합물(azeotropic mixture)이라고 한다.

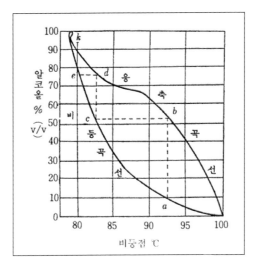

[그림 19-1] 알코올, 물 혼합액의 비등 · 응축 곡선

증류장치

- **단식증류기(Pot still)** : 알코올 농도가 낮은 술을 용기에 넣고 끓여서 발생하는 증기를 냉각기에서 응축시키면 고농도 알코올을 가진 액을 얻을 수 있다. 이 방법을 사용하면 원액의 고형분, 즉 불휘발성 성분만 제거되고 알데히드, 퓨젤오일, 휘발산은 증류한 알코올 용액 중에 남게 된다. 전통 소주, 브랜디, 위스키는 이런 방법을 이용한다. 이 방법은 원료에 따라 생성되는 알데히드, 에스터, 고급알코올 등 향미물질의 종류가 달라지므로 술마다 특유의 향미를 갖게 된다. 그러나 균일한 알코올 농도를 얻을 수가 없으며, 조작이 번거롭고 비연속적인 방법으로 경제적인 효율성이 떨어지는 난점이 있다. 이 장치는 조작이 까다롭고 한 번 증류하면 찌꺼기를 제거하고 다시 증류해야 하므로 복잡하고 경비가 많이 들지만, 코냑이나 스카치위스키에서는 이런 구식증류방법을 고집하고 있어서, 향기성분을 그대로 간직한 세계적인 명주를 만들고 있다.

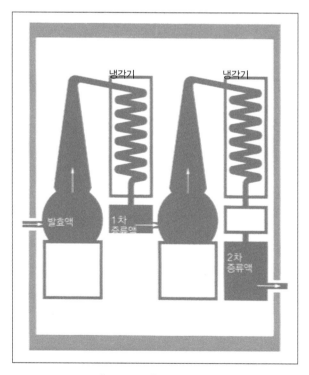

[그림 19-2] 단식증류기

- **연속식 증류기(Patent still)** : 단식증류기의 단점을 보완하여 특허patent를 얻은 것으로 단식 증류기를 수십 개 연결해 놓은 형태이다. 그래서 연속적으로 원액이 들어가면서 증류되고, 찌꺼기도 연속적으로 흘러나오므로 연속 생산이 가능하다. 이 증류기는 증류 부분불휘발성분 제거과 저 비

점 성분 분리기, 정류탑, 메탄올 분리기 그리고 응축기로 조합되어 있어서 시설비가 많이 든다. 높은 온도에서 연속적인 단계를 거치므로 향기성분 등이 휘발되어 순수 에틸알코올에 가까운 증류액을 얻게 된다. 원료의 특성이 나타나지 않아서 고급 증류주의 제조에는 사용하지 않고, 주정 제조 등 대규모 알코올 생산에 많이 이용되며, 현재 우리나라 소주도 전부 연속식 증류장치에 의해서 얻어진 고농도 알코올로 만들고 있다.

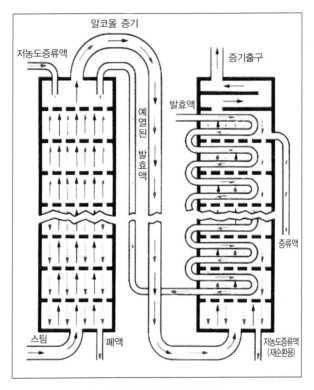

[그림 19-3] 연속식 증류장치

증류의 역사

증류의 기원

증류는 오래된 기술로서 중국에서는 기원전 3000년, 인도는 기원전 2500년, 이집트는 기원전 2000년부터 사용한 기록이 나타난다. 그러나 증류기술을 이용하여 고농도의 술을 만들어 소비하는 단계까지는 이르지 못했다. 고대 이집트에서는 나무를 태워 나무의 휘발성 성분을 모아서 화장품을 만드는 데 증류기술을 사용하였으며, 고대 페르시아에서도 장미 향기를 추출하기 위해 증류기술을 사용하였다. 또 아리스토텔레스는 기원전 320년에 바닷물을 증류하면 먹는 물을 만들 수 있다고 주장하였고, 그리스 선원들은 바닷물을 끓여서 발생하는 증기를 스펀지 같은 것으로 흡수하여, 먹는 물을 만들었다는 기록도 있다.

그러나 증류장치가 본격적으로 사용된 것은, 아라비아의 연금술사가 일반금속으로 금이나 은을 만들려는 노력에서 비롯되었다. 이 연금술사(alchemist)의 'al'은 아랍어의 관사이며, 'chemist'는 그리스어의 '녹이다, 추출하다'의 뜻이다. 이렇게 아라비아의 연금술사는 중세 유럽의 화학의 기초를 확립하였고, 알코올이란 단어도 아라비아어 'koh'l'에서 유래된 것으로, 원래는 눈썹 화장용 숯가루였다. 와인을 처음 증류할 때도 이와 비슷한 과정에서 만들어졌다고 'al-kohl'이라고 부르게 되었고, 이것이 오늘날 'alcohol'이 되었다.

이라비아인의 유럽 침입으로 증류법이 유럽에 전파되었으며, 초기에는 와인이나 맥주를 증류하여 얻은 무색투명한 알코올을 '생명의 물'이라고 했으며, 당시에는 술이라기보다는 의약품으로서 취급하였다. 그러나 증류기술이 일반화되자, 증류주의 원료인 양조주는 각 지방별로 구하기 쉬운 술을 선택하여 사용하였다. 포도가 많은 지방에서는 와인을 증류하여 브랜디를 만들게 되었고, 곡류가 풍부한 지방에서는 위스키나 보드카 그리고 진 등이, 사탕수수가 많은 곳에서는 럼 등이 나오게 되었다.

브랜디의 역사

유럽대륙에 연금술이 전파된 것은 8세기 이슬람교도의 스페인 침입에서 비롯된 것으로 생각되고 있다. 유럽 몇 곳에서 이 연금술에서 파생된 증류기술을 사용하여 와인을 증류한 흔적이 있지만, 유럽대륙에서 와인을 증류한 기록 중 확실한 것은, 13세기 연금술사 아르노 드 비에느브(Arnaud de Villeneuve)와 그의 제자 룰리(Raymond Lully)에 의해서 이룩된 것을 최초의 와인 증류로 보고 있다.

아르노 드 비에느브(1238~1314)는 스페인에서 태어나, 시칠리아에서 교육을 받았다. 당시 이 두 지역 모두 이슬람교도의 지배권에 있었고, 그는 이들의 영향력을 많이 받았다. 그는 연금술, 의학, 천문학 등을 가르치기 위해서, 프랑스의 아비뇽과 몽펠리에서 활동을 시작하였다. 당시 아랍인들은 증류기술을 향료 추출을 위해서 사용하였고, 와인의 증류는 금지하고 있었으나, 아르노는 아랍 영향권을 벗어나 프랑스에 정착하고 있었기 때문에 와인을 증류할 수 있었다. 그는 와인을 증류하여 얻은 액을 만병통치약으로 생각하였고, 그의 제자 룰리는 이 기술을 더욱 발전시켰다. 룰리는 이 신비한 액체를 신의 힘이라 생각하고, 옛날부터 숨겨진 명약으로 인간의 노쇠에 새로운 활력을 주는 '생명의 물(프랑스어, eaux de vie)'이라고 믿었다. 룰리의 와인 증류기술은 프랑스와 유럽 전역에 빠른 속도로 퍼졌으며, 만병통치약, 특히 젊음과 미를 보전하는 약으로서의 가치와, 와인의 부피를 줄여 운송량을 줄일 수 있다는 경제적인 가치 때문에 증류기술은 일반화되기 시작하였다.

　지금의 '브랜디(brandy)'라는 명칭은 네덜란드 사람들이 프랑스에서 증류한 와인을 사 가면서 자국어로 'brandewijin(타는 와인)'이라 불렀고, 이 말이 그대로 런던으로 전달되어 'brandywine'이 되었고, 후에 'brandy'라고 줄여서 부르게 된 것이다.

브랜디 증류장치의 발전

　오늘날 코냑에서 사용하는 증류기를 알람빅(alambic)이라고 하는데, 이는 그리스어 'ambix'에서 나온 것으로 입구가 작은 항아리를 말하는 것으로 증류장치의 일부분을 말한다. 이를 아랍에서는 'ambic'이라고 하였으며, 나중에 유럽에서 'alambic'으로 부르게 된다. 현재 코냑에서 사용되고 있는 이중 증류장치는 1600년대에 그 모습을 갖추고, 그 후 샤프탈(1780)과 아담(1805)이 효율성을 개선하여 현재까지 내려온 것이다.

기본 와인의 제조

원료용 포도

　코냑에서는 90% 이상이 위니 블랑(Ugni Blanc)이라는 품종이 차지한다. 이 품종은 이탈리아에서 들여온 트레비아노(Trebiano)라고 하는 것으로, 코냑에서는 완전하게 익기가 어려워 수확한 포도는 산도가 높고(약 1%), 당도가 낮을(15~19%) 수밖에 없어, 그냥 마시기에는 부적합하다. 그러나 주스의 산도가 높으면 발효 중 잡균의 오염을 방지할 수 있고, pH가 낮아서 증류할 때 화학반응이 촉진되어 향미가 더 생성된다. 또 당도가 낮으므로 발효 후에 알코올 농도가 낮아지고, 이 와인을 증류할 경우 알코올 농도가 높은 와인보다 더 많은 와인이 필요하기 때문에 향미가 풍부해지고 바디가 증가한다. 또 이 포도에서 유래되는 방향 성분으로 터펜(terpene) 화합물, 헥산올(hexanol) 관련 화합물, 메탄올 관련 화합물이 생성되어 다양한 향을 형성한다.

수확 및 착즙

　수확은 10월에서 11월 초에 과숙되어 산도가 낮아지기 전에 완료한다. 와이너리에 도착한 포도를 파쇄, 제경한 후, 착즙한다. 코냑의 착즙수율은 55~60%(포도 100kg에서 주스 55~60리터 얻는다)로서 다른 와인에 비해 낮다. 이는 과육, 껍질 등의 주스 혼입을 최소화하여 맑은 주스를 얻기 위해서다. 그리고 단위면적당 생산량은 10,000ℓ/ha 이하로 규제하고 있다. 착즙한 주스는 껍질, 과육, 씨 등 협잡물이 있으므로 이를 저온에서 가라앉혀 제거하거나 원심분리 등으로 맑게 만든다. 이렇게 찌꺼기를 제거하면, 방향 성분이 증가하고 퓨젤알코올 생성이 억제되어 가볍고 깨끗한 와인을 얻게 된다.

발효

착즙 후 얻은 주스의 당도는 15~19%, 산도는 1% 정도 된다. 처음부터 증류를 목적으로 만들 와인은, 주스에 가당이나 산도 조절, 가라앉히기 등을 할 필요가 없으며, 향미에 변화를 줄 수 있는 아황산을 첨가하지 않는 것이 좋다. 그러므로 위생적인 환경에서 빨리 발효를 끝내야 한다.

대개 브랜디용 기본 와인의 발효는 포도에 있는 효모로 자연발효를 하며, 배양 효모를 첨가하지 않는다. 이는 포도 껍질에 있는 다양한 미생물이 관여하여 복합적인 휘발성분을 내놓기 때문이다. 발효기간은 10~21일, 발효 온도는 20~30℃이며, 30℃ 이상이 되지 않도록 자동으로 조절된다. 발효탱크는 예전에 콘크리트 탱크를 사용하였으나, 최근에는 스테인리스스틸 탱크를 사용한다. 발효 후에는 당분이 완벽하게 발효되어 잔당이 없도록 한다. 기본 와인의 알코올 농도는 7~10%로서 알코올 농도가 이보다 낮으면 옅은 풍미가 나고, 이보다 높으면 바람직하지 못한 농축미가 풍긴다.

산도가 낮을 경우 주석산을 첨가하거나, 사과산의 비율이 높은 와인은 MLF를 한 다음에 증류하기도 한다. 발효가 끝난 와인은 따라내기를 하지 않아도 되지만, 찌꺼기가 너무 크거나 많을 경우는 제거하여 증류한다. 와인을 증류기로 이송할 때는 와인에 남아 있는 효모 찌꺼기를 제거하지 않고, 균일하게 잘 섞어서 증류기에 투입해야 한다. 이 효모 찌꺼기는 증류할 때 다양한 지방산과 에스터를 생성하기 때문이다. 증류는 알코올 발효가 끝나자마자 시작하는 것이 좋다. 바로 증류하지 않는 와인은 탱크에 가득 채우고, 개구부를 파라핀 등으로 밀봉하고, 헤드스페이스는 탄산가스나 질소로 채워 낮은 온도에서 보관하여 와인의 변질을 방지해야 한다.

기본 와인의 품질

기본 와인의 품질은 완벽해야 한다. 약간의 결점이라도 있으면, 기본 와인에서는 검출되지 않지만, 증류를 하면 모든 성분이 농축되어 쉽게 검출되기 때문이다. 그러므로 증류를 하기 전에 다음 세 가지 사항을 체크해야 한다. 기본 와인을 테이스팅하여 향미의 이상 여부를 확인하고, 화학분석을 통하여 문제 있는 성분이 있는지 검사하고, 최종적으로 실험실에서 동일한 방법으로 증류하여 이상 여부를 확인해야 한다. 특히 아세트알데히드, 초산에틸, 아크롤레인(acrolein), 낙산(butyric acid) 등의 냄새, 산화취, 휘발성 페놀 화합물, 황 화합물의 오염 등을 면밀하게 체크해야 한다.

예를 들면 기본 와인에 아황산을 처리했을 경우, 아세트알데히드는 발효 초기에 생성되어 아황산과 결합을 하지만, 증류 중에는 분해되어 아세트알데히드가 유리된다. 그리고 아세트알데히드의 최소감응농도는 $60{\sim}80mg/\ell$로서, 알코올 농도 8%인 기본 와인에 $30mg/\ell$ 있을 경우는 검출이 되지 않지만, 증류하여 알코올 농도가 70%로 되면 아세트알데히드 농도는 이론적으로 8.75배 증가하여 $262.5mg/\ell$가 되므로 쉽게 검출될 수 있다(실제로는 50% 정도 손실이 되어 $130mg/\ell$ 정도). 이런 식으로 모든 성분이 농축되므로 기본 와인의 미량 성분에도 주의를 기울여야 한다.

와인의 증류

기본 와인의 성분은 포도의 종류, 제조방법에 따라 차이가 있지만, 주로 알코올과 물의 혼합물에 불휘발성 성분, 휘발산, 알데히드, 에스터, 고급 알코올, 기타 여러 가지 방향 성분 등으로 구성되어 있다. 이 와인은 증류장치를 거치면서 먼저, 고형분, 불휘발성 성분이 제거되고, 이를 다시 휘발성 차이를 이용하여 휘발산, 고급 알코올, 알데히드, 에스터를 분리하면 순수한 알코올을 얻을 수 있다.

증류장치는 여러 가지 형태가 있지만, 가장 널리 알려진 코냑에서는 독자적인 형태의 단식증류장치를 이용하여 두 번 증류한다. 증류는 강한 불로 빨리 하는 것보다 약한 불로 천천히 할수록 좋은 품질을 얻을 수 있다. 증류가 빨라지면 휘발산과 좋지 않은 에스터 등이 섞일 수 있기 때문에 천천히 해야 좋은 브랜디를 얻을 수 있다. 한 번 증류에 10시간 정도 소요되므로 2차 증류까지는 거의 24시간이 소요된다. 이렇게 해서 알코올 농도 9%의 와인 9ℓ가 알코올 농도 71%의 브랜디 1ℓ가 된다.

브랜디 증류장치

코냑에서는 보통 10월 말이나 11월 초부터 발효가 끝난 와인(알코올 농도 7~10%)을 가져와서 증류하기 시작한다. 이 지방의 증류기는 연속식 증류기가 아닌 가장 원시적인 것으로, 이 지방 이름을 따서 이 증류기를 '샤랑트 포(Charente pot)'라고 부르는데, 그림과 같이 벽돌로 만든 아궁이에 둥근 구리 솥이 얹혀 있는 형태이며, 솥 끝에 달린 가는 관이 냉각수 탱크를 통과하게 되어 있다.

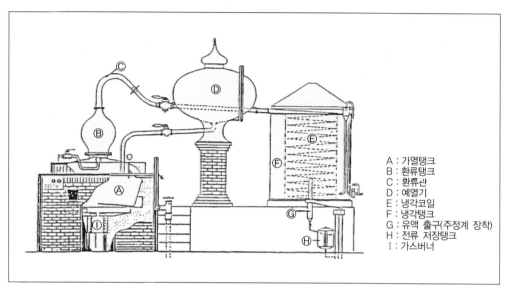

A : 가열탱크
B : 환류탱크
C : 환류관
D : 예열기
E : 냉각코일
F : 냉각탱크
G : 유액 출구(주정계 장착)
H : 전류 저장탱크
Ⅰ : 가스버너

[그림 19-4] 코냑의 증류장치(표준 용량 2,500 ℓ)

A. 가열탱크(Copper boiler, *Chaudiere*) : 3,000ℓ 용량의 탱크인 경우, 와인은 2,500ℓ를 채운다. 이 탱크는 가스 불이 직접 닿아 약 800℃의 열을 지속적으로 받는 데 견딜 수 있어야 하며, 내부는 미끈하게 가다듬어 청소하기 쉽게 만들어야 한다. 코냑에서는 구리와 청동을 사용하여 증류장치를 만든다. 그리고 가열탱크에는 와인을 채우는 파이프 및 밸브, 환기구, 액량을 체크할 수 있는 사이드 글라스, 청소용 스프링클러, 폐액을 비우는 밸브 등을 설치한다.

B. 환류탱크(Hat, *Chapeau*) : 가열탱크 바로 위에 설치한 부분으로 가열탱크 용량의 10~12% 크기로 만든다. 와인에서 발생한 증기는 이 부분에서 일부는 응축되어 다시 밑으로 떨어지고, 나머지는 다음 환류관으로 넘어가므로, 이 부분의 형태와 용량은 어떤 휘발성 성분을 어느 농도로 얼마나 선택할 것인가에 따라 달라진다.

C. 환류관(Swan's neck, *Col de cygne*) : 이 구부러진 관을 통하여 증기가 이동한다. 이 관의 높이와 각도가 환류과정에서 아주 중요한 요소가 된다.

D. 예열기(Preheater, *Chauffe-vin*) : 이 탱크는 환류관을 통해 들어온 증기를 물이 아닌 다음에 증류할 와인으로 냉각시키면서 와인을 미리 가열하는 장치로, 에너지 효율을 높이는 장치라고 할 수 있다. 환류관의 파이프가 예열기 내부를 지나면서 열 교환이 일어난다. 예열기에 있는 와인의 온도가 일정 온도로 유지되면, 더 이상 온도가 올라가지 않도록 예열기를 통과하지 않는 파이프를 따로 설치하여, 이 파이프를 통해서 냉각기로 보내야 한다.

E. 냉각코일(Coil, *Serpentin*) : 이 냉각코일 역시 구리로 만든다. 증기가 응축되는 동안 증기에 있는 황화합물이나 지방산 등 성분이 구리와 반응하여 불용성 물질을 형성하므로, 이 불용성 물질은 유액 출구에 있는 필터에서 제거될 수 있다. 냉각코일은 증기를 응축시키고, 동시에 유액을 여과에 적당한 온도로 냉각시키는 두 가지 기능이 있다. 냉각코일이 시작되는 부분은 응축이 잘 되도록 구경이 크지만, 갈수록 구경이 작아지는 형태를 가지고 있다.

F. 냉각탱크(Condenser, *Condenseur*) : 구리나 스테인리스스틸로 만든 원통형 탱크로서 안에 냉각코일

이 부착되어 있다. 약 5,000ℓ 용량으로 항상 물이 채워져 있으며, 냉각수는 바닥에서 들어와 코일에 있는 증기를 응축시키고 더워지면서 위쪽으로 배출된다.

G. 유액 출구(Hydrometer port, *Porte-alcoomètre*) : 이 부분 역시 구리로 만들어져 있으며, 유액을 여과하고 온도와 알코올 농도를 체크하여 증류과정을 조절할 수 있어야 한다.

H. 전류 저장탱크(Head tank, *Cuvon de têtes*) : 60ℓ 정도 되는 작은 스테인리스스틸 탱크로서 처음에 흘러나오는 액(전류)을 보관한다.

I. 가스버너(Gas burner, *Bruleur*) : 가스버너는 점화장치와 안전장치를 갖추고 있어야 하며, 연료는 프로판, 부탄, 천연가스 등을 사용한다. 버너는 가열탱크 밑에 설치하고 제어판은 증류기 앞에 설치하여 온도는 760~870℃가 되도록 조절한다. 이 온도로 와인이 가열되면서 여러 가지 아로마가 형성된다.

- **재질** : 코냑의 증류기는 구리나 청동을 사용하여 만드는데, 구리 성분이 코냑을 제조하는 데 중요한 역할을 한다. 증류장치의 부품 중 밸브나 냉각탱크 등에는 실용적인 스테인리스스틸을 사용하지만, 구리는 증류장치에서 아직도 가장 효율적인 금속으로 중요한 위치를 차지하고 있다. 구리는 가공이 쉽고, 열전도율이 높고, 내열성이 양호하고, 쉽게 부식되지 않는다는 물리적인 측면의 장점도 있지만, 방향 성분을 생성한다는 측면에서 아주 중요한 역할을 한다. 예를 들면, 브랜디에 자극적인 향을 내는 와인의 성분 중 하나인 황 화합물과 반응하여 다른 물질로 변화시키고, 브랜디 향미에 중요한 지방산 에스터 반응이나 가수분해 반응, 카로티노이드 화합물의 산화적 열분해 반응을 촉진하는 촉매 역할을 함으로써 브랜디의 향미를 개선한다.

- **용량** : AOC 규정을 보면, 1차 초류 증류기의 용량은 14,000ℓ로서 와인은 12,000ℓ까지 넣을 수 있으며, 2차 재류 증류기의 용량은 3,000ℓ로서 액량은 2,500ℓ까지 넣을 수 있다. 그러나 규모가 작은 곳은 초류나 재류 모두 3,000ℓ 용량의 것을 사용한다. 가열은 가스를 이용한 직화 방식으로 스팀은 사용하지 않는다.

증류방법

먼저, 예열기(과열 냉각기)를 통과한 와인은 40~45℃가 되며, 이 와인을 증류하면 처음에는 약 28% 정도의 알코올(brouillis, *brouillis*)이 나온다. 이렇게 나온 액을 모아서 다시 증류하면 70% 정도의 알코올을 가진 액체를 얻는다. 이때, 처음 나오는 액(heads, *têtes*)과 나중에 나오는 액(tails, *queues*)은 제품으로 만들지 않고 다시 와인 탱크에 집어넣는다. 처음 나오는 액은 끓는점이 낮은 아세트알데히드(비점 20.2℃), 메틸알코올(비점 64.5℃) 등이 섞일 우려가 많고, 나중에 나오는 액은 끓는점이 높은 퓨젤오일(fusel oil)이 섞여 나오기 때문이다. 이 퓨젤오일은 아이소아밀알코올(isoamyl alcohol) 등이 주성분으로, 섭취했을 때 두통을 일으키는 원인이 될 수 있다.

- **1차 증류** : 불을 붙인 후 액이 유출될 때까지는 강하게 가열하고, 액이 유출되기 시작하면 약한

불로 서서히 가열한다. 처음에 나오는 액과 나중에 나오는 액의 선택은 대개 경험에 의존하여 선택하는데, 증류를 할 때는 액이 나오는 입구에 주정계를 설치하여 지속적으로 알코올 농도를 체크해야 한다. 코냑에서는 와인 2,500ℓ(알코올 농도 8.5%)를 증류할 경우, 처음에 흘러나오는 액을 '전류(heads)'라고 하며, 알코올 농도 60% 이상으로 약 10ℓ 정도를 모아서 와인 탱크로 되돌려 보낸다. 이렇게 전류를 제거한 다음에 유출되는 액의 알코올 농도가 낮아질 때까지(보통 5% 전후) 증류를 계속하여 1차 증류를 끝내기도 하고, 더 할 수도 있다. 이렇게 받은 액을 '초류(heart, brouillis)'라고 하며, 2차 증류의 원료가 된다. 1차 증류는 8~11시간 걸리며, 2,500ℓ의 와인을 증류할 경우, 얻은 액은 약 700ℓ, 알코올 농도는 약 28% 정도 된다. 마지막으로 알코올 농도가 0% 될 때까지 나오는 액을 '미류(tails)'라고 하는데, 이 액은 150ℓ 정도로 알코올 농도는 3% 정도 된다. 이 액 역시 와인 탱크로 되돌려 보낸다.

- **2차 증류** : 2차 증류는 1차 증류에서 얻은 초류와 1차 증류 후 남은 액을 혼합한 액을 사용하는 것이 일반적이지만, 고급인 경우는 초류만 사용한다. 증류기에 투입한 액의 알코올 농도는 약 28% 정도 된다. 1차 증류와 마찬가지로 전류 즉, 처음에 흘러나오는 액으로 알코올 농도 75% 이상으로 약 25ℓ 정도를 모아서 와인 탱크로 되돌려 보낸다. 전류를 제거한 다음에 나오는 액으로 알코올 농도가 60% 전후가 될 때까지 나오는 액을 '중류(hearts)'라고 하는데, 가장 고급으로 이 부분을 모아서 오크통에서 숙성시킨다. 2,500ℓ의 액을 2차 증류하면 얻은 증류 액량은 약 700ℓ, 알코올 농도는 70% 전후가 된다. AOC 규정에는 증류 액의 알코올 농도를 72% 이하로 하고 있다.

  증류를 얻은 다음에, 알코올 농도 5%까지 흘러나오는 액을 '후류(seconds)'라고 하는데, 경우에 따라 알코올 농도 2%까지 흘러나오는 액을 후류라 하고, 이때 2차 증류를 종료하는 곳도 있다. 2,500ℓ의 액을 2차 증류하여 얻은 후류의 액량은 약 600ℓ, 알코올 농도는 약 30%가 된다. 이 후류 액은 초류 액과 함께 다음 증류에 사용하거나, 와인 탱크로 되돌려 보낸다. 후류를 얻은 다음에, 알코올 농도 9%까지 흘러나오는 미류(tails)는 150ℓ에 알코올 농도가 3% 정도 되는데, 전류와 마찬가지로 와인 탱크로 되돌려 보낸다.

- **증류의 구분** : 위에서 이야기한 전류, 초류, 미류의 구분은 대표적인 것으로 와인의 성질과 목적하는 유액의 품질에 따라 설정을 달리할 수도 있다. 예를 들면 증류할 때 전류(heads)를 많이 제거하지 않으면 훨씬 거친 맛이 나오지만, 숙성 후에는 향미가 더 좋아진다. 또 1차 증류 때 초류만 사용하고, 2차 증류 때도 중류만 사용하여 만들면 향미가 좋아지지만, 1차 증류 때 와인에 전류와 미류를 혼합하고, 2차 증류 때 중류와 후류를 섞어서 증류하면 처음에는 거칠지만 장기간 숙성시키면 향미가 더 좋아질 수 있으므로, 경우에 따라서 얼마든지 나름대로 증류방법을 선택할 수 있다.

증류 중 성분변화

1차 증류는 약 10시간, 2차 증류는 약 14시간이 소요되므로 이때 여러 가지 반응이 일어난다. 특히, 1차 증류 때 중요한 반응이 많이 일어나는데, 이 반응은 와인의 품질, 발효 찌꺼기 사용, 와인의 pH와 산도, 증류장치의 규모, 온도, 증류시간, 청결상태 등에 따라 달라진다. 발효 후 남은 찌꺼기의 60~70%는 효모로서 이것을 증류할 때 사용하면, 카프릴산에틸(ethyl caprylate), 카프르산에틸(ethyl caprate), 라우르산에틸(ethyl laurate) 등 지방산에스터와 지방산, 아미노산 등이 많아진다. 지방산에스터는 코냑에 신선한 감을 주고, 지방산은 바디를 주면서 다양한 방향성분을 보호하는 역할을 한다. 아미노산은 열분해반응에 관여하는 등 모두 향미성분의 생성에 기여한다.

와인을 증류하면 알코올을 비롯한 각종 휘발성분이 분리되어 농축되고, 열화학반응으로 2차적인 방향성분이 생성되며, 효모 등에서 균체성분이 추출된다. 이렇게 생성된 미량 성분은 약 1,000종에 달하며, 각 성분의 양과 종류는 원액의 성질이나 증류방법에 따라 달라진다. 증류 중에 유출되는 각 성분의 농도 변화를 보면 [그림 19-5]와 같이 세 가지 양식으로 나눌 수 있다. ①은 메탄올 등으로 에탄올과 비슷한 양상으로 증류 초기에는 농도가 높고 시간이 지남에 따라 서서히 농도가 낮아지므로 성분 회수율은 높은 편이다. ②는 초산에틸이나 아세트알데히드 등으로 증류 초기에 농도가 높고 이어서 급격하게 감소하므로 성분 회수율이 100%가 된다. ③은 푸르푸랄(furfural), 펜에틸알코올(phenethyl alcohol) 등으로 증류 전반부터 유출되지만, 증류가 끝나는 시점에 가장 농도가 높아지므로 성분 회수율은 낮다.

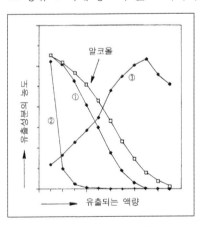

[그림 19-5] 미량 성분의 유출 곡선

또 마이야르(Maillard) 반응(당과 아미노산의 반응)이 일어나면서 퓨란(furan), 피리딘(pyridine), 피라진(pyrazine) 등이 형성되기도 한다. 이렇게 증류 중에 일어나는 반응은 가수분해, 에스터반응, 아세탈반응, 구리와 반응, 푸르푸랄 생성 등으로 와인에 있는 휘발성 성분은 반응에 따라 증가하거나 감소하며, 새로운 휘발성 성분이 생성되기도 한다. 이런 모든 반응이 코냑의 품질을 결정한다.

숙성 및 포장

증류해서 얻은 알코올 농도 70% 전후의 무색투명한 액을 '누벨(nouvelles)'이라고 하는데, 이를 오크통에 넣어서 일정기간 숙성시켜야 브랜디로서 자격을 갖추게 된다.

오크통

코냑에서는 300~400ℓ 용량의 오크통을 가장 많이 사용한다. 오크는 리무쟁(Limousin)이나 트롱세(Troncais)의 것을 사용하며, 숙성 중 코냑의 품질은 오크통의 종류와 오래된 정도, 누벨의 품질, 숙성의 정도 등에 따라 달라진다. 각 증류공장에서는 일정 기간이 지난 후에 통을 비우고, 혼합하여 다시 오크통에 넣어서 숙성하는 곳이 많다. 새 오크통에 저장하면 맛이 강하고 통에서 향이 빨리 우러나오며, 한 번 이상 사용한 오크통을 사용하면 은은하게 숙성되면서 전체적인 균형 잡힌 품질을 얻을 수 있다.

숙성 환경

저장 창고는 전통적으로 석재로 만든 건물을 많이 사용하지만, 요즈음은 콘크리트 창고도 사용되고 있다. 어떤 재질이든 온도는 여름에도 20℃를 넘지 않아야 한다. 숙성기간이 아주 오래된 원주를 보관하는 창고를 '파라디(paradis)'라고 하는데, 여기서는 필요 이상의 오크 향미가 추출되지 않도록 코냑을 오래된 오크통이나 유리병에 넣어서 보관한다.

숙성 중 성분의 변화

숙성과정에서 공기와 접촉하면서 서서히 증발도 되고(연간 2~3%), 오크통에서 타닌, 리그닌 등 성분이 나와서 색깔이 진해지면서 브랜디 고유의 향을 갖게 된다. 350ℓ 오크통에서 25년간 숙성시키면 오크통에서 약 500g의 성분이 추출된다. 숙성을 오래 시키면 알코올 농도가 낮아지고 오크 냄새가 강해지기 때문에 처음에는 새 오크통을 사용하고 나중에는 헌 오크통으로 옮긴다.

오크통에서는 간접적인 공기 접촉으로 물과 알코올 그리고 휘발성이 높은 성분이 증발하며, 한편으로는 공기 중의 산소 등이 유입되며, 오크통의 리그닌 성분 등이 유출되고, 물과 알코올이 분자상태로 혼화되어 숙성반응이 촉진된다. 이렇게 해서 브랜디는 자극적인 향미나 거친 맛이 부드러워지고, 숙성감이 있는 원만한 향미로 변하게 된다.

숙성 중 공기 중으로 증발하는 성분은 물, 알코올, 아세트알데히드, 초산에틸 등이며, 숙성 중에 상호 반응으로 증가하는 성분은 카프르산(capric acid), 카프로산(caproic acid), 카프릴산(caprylic acid) 등의 에틸에스터와 초산에틸(ethyl acetate) 등으로, 이런 성분은 지방산과 에탄올의 에스터 반응으로 생성되며, 초산은 전부 오크통에서 나온 것이다. 그리고 카보닐 화합물이나 그 아세탈 종류도 증가하는데, 각종 알데히드와 각종 알코올의 반응으로 생성된다. 아세탈 반응이 일어나면 자극적인 향미가 감소하여 부드러운 향미로 변하게 된다. 푸르푸랄은 증류할 때 생성되지만, 숙

성 중에 5-메틸푸르푸랄(5-methyl furfural), 아세틸퓨란(acetyl furan), 레불린산(levulinic acid)과 함께 증가한다. 이들 성분은 오크통을 태울 때 셀룰로오스 등 탄수화물이 가열반응으로 생성되기도 하고, 가수분해된 것이 숙성 중에 유출된 것이다. 또 오크통 가열 중에 생긴 단맛을 풍기는 캐러멜 향도 나온다. 그러나 숙성 중에 아이소아밀알코올(isoamyl alcohol)과 펜에틸알코올(phenethyl alcohol) 등의 성분은 감소한다. 그리고 산성 조건에서 다량의 에탄올과 에스터 교환반응이 일어난다. 이렇게 여러 가지 반응이 일어나면서 브랜디는 더욱 숙성된 부드러운 맛을 갖게 되고, 불쾌한 황 화합물도 숙성 중에 현저히 감소하여 불쾌하고 자극적인 냄새가 많이 사라진다.

무엇보다도 오크통에서 유출된 방향족 알데히드나 락톤 계통의 물질이 향미를 상승시키는 중요한 역할을 한다. 방향족 알데히드는 오크통의 리그닌에서 나와 바닐린 등 여러 가지 향을 형성한다. 이런 여러 가지 향의 조화가 잘 숙성된 브랜디는 감미로운 향미를 형성한다. 락톤 계통의 향은 화이트 오크가 지닌 특성으로 미국산 오크에 많고, 맛에 영향을 주는 타닌은 리무쟁을 비롯한 유럽산 오크에 더 많다.

블렌딩 및 주병

이렇게 브랜디는 발효, 증류, 숙성 등 장기간의 제조공정을 거치면서 품질의 변화가 생기게 된다. 이런 품질은 재배지역, 오크통의 종류, 숙성기간, 숙성장소 등에 따라 다르고, 오크통마다 다르므로, 이들을 혼합하여 균일한 품질을 가진 브랜디를 만들어 다시 숙성한 다음에 제품으로 만든다. 이때는 전문가가 통을 하나씩 체크하여 그 숙성도와 품질을 파악하여 혼합비율을 정한다. 블렌딩 후에도 바로 병에 넣지 않고, 오크통에서 6개월~1년 정도 숙성한 다음에 주병한다. 알코올 농도는 40% 이상으로 조절하는데, 물은 증류수나 이온교환수를 사용하고, 기타 당이나 캐러멜 등을 첨가한 다음에 여과하여 주병한다.

여과는 코냑을 영하 5℃나 영하 7℃로 냉각하여 3~10일 정도 둔 다음 저온상태에서 하는데, 이는 제품의 색깔, 투병도, 저온에서의 혼탁 유무 등의 문제점을 미리 체크하기 위해서이다. 이렇게 여과가 끝난 브랜디는 알코올 농도, 기타 품질을 체크한 다음에 병에 넣는다.

코냑의 숙성기간 표시

가을부터 시작하여 증류가 갓 끝난 새 술을 공식적으로 '콩트(*compte*, count) 00'이라고 한다. 3월 31일이 되면 공식적인 증류가 끝나고, 4월 1일부터는 콩트 0이 된다. 그리고 다음해 4월 1일이 되면 콩트 1이 되고, 매년 공식적인 나이가 하나씩 더해진다. 코냑으로 판매가 가능한 것은 최소 30개월 이상(콩트 2) 숙성된 것이며, VS나 쓰리스타 (★★★)로 표시한다. 레세르브(*Réserve*), VO 혹은 VSOP는 4년 반 이상(콩트 4)이다. 그리고 더 오래된 코냑은 콩트 6이 넘어야 한다. 콩트 6 이상이면 엑스트라(Extra), 나폴레옹(*Napoléon*), 비요(*Vieux*), 비예이 레세르브 (*Vieille Réserve*) 등의 표시를 할 수 있다. 단, XO는 콩트 10이 넘어야 한다. 65% 이상의 코냑이 VSOP가 되기 전에 팔리며, 그 양이 워낙 많아서 코냑 사무국에서는 콩트 6 이상만 관리가 가능하다. 이에 대한 규정과 품질관리, 숙성에 대한 정직성 등은 회사의 책임이며, 그 명성과 금지 등의 문제도 회사 스스로 관리할 수밖에 없다. 관련법규에 의하면, 코냑의 숙성연도 표시는 의무규정이 아니므로, VSOP, 엑스트라(Extra), 나폴레옹(*Napoléon*) 등에 대한 정해진 규정은 없고, 최소 숙성기간만 만족시키면 된다. 그러니까 A사의 나폴레옹과 B사의 나폴레옹이 같은 등급일 수 없다.

제20장 성분 분석

제20장 성분 분석

포도나 머스트 그리고 완성된 와인의 성분을 분석하지 않고, 우수한 와인을 제조한다는 것은 불가능하다. 아무리 작은 와이너리라 해도 간단한 실험설비를 갖추고, 이를 다룰 수 있는 인력을 배치하여 필요할 때마다 성분을 분석하여 상황을 판단할 수 있어야 한다. 와인에는 600여 가지의 성분이 있으나, 여기서는 간단한 실험장치를 이용하여 와이너리에서 품질을 유지하고 관리하는 데 필요한 성분을 분석하는 방법만 소개한다. 필수적으로 측정을 해야 하는 성분 외의 것들은 고가의 장비와 고도의 전문지식이 요구되므로, 필요할 때 전문기관에 의뢰하여 측정하는 것이 경제적이다.

단 위

단위는 어떤 측정에서나 필수요소이며 모든 측정량과 측정자료의 계산에는 반드시 단위를 붙이도록 습관화해야 한다. 여기서는 과학적 계산을 가급적 쉽게 할 수 있도록 고안된, 단위 및 접두사 체계인 미터법의 기본요소를 활용한다.

[표 20-1] 미터법의 기본단위

	단위	기호
거리	meter	m
질량	gram	g
부피	liter	L

길이

미터법에서 길이의 기본단위는 미터(meter)다.
m의 1,000배는 km, 1/1,000은 mm.

[표 20-2] 미터법 접두사

접두사	약자	의미	
Mega-	M	백만	1 000 000
Kilo-	k	천	1,000
Deci-	d	십분의 일	0.1
Centi-	c	백분의 일	0.01
Milli-	m	천분의 일	0.001
Micro-	u	백만분의 일	0.000 001
Nano-	n	십억분의 일	0.000 000 001

질량

미터법에서 질량의 기본단위는 그램이지만 그램은 너무 작은 단위이기 때문에 SI 단위체계와 미국에서는 질량의 표준단위로 킬로그램을 사용한다.

g의 1,000배는 kg, 1/1,000은 mg, kg의 1,000배는 ton.

부피

부피는 두 가지 방법으로 측정될 수 있다. 용기의 용량을 이용하는 방법과 각 변의 길이가 1인 정육면체로 정의된 공간을 기준으로 사용하는 방법이 있다. 부피의 미터법 단위는 리터다. 최초의 정의에 의하면 리터는 각 변의 길이가 정확히 10㎝인 정육면체가 차지하는 공간이다.

ℓ의 1,000배는 kℓ, 1/1,000은 mℓ, 그 외 cℓ는 ℓ의 1/100, hℓ는 ℓ의 100배가 된다. 물 1mℓ는 1㎤이며 이때 무게는 1g이 된다. 물 1ℓ는 1,000㎤이며 이때 무게는 1kg이 된다. 1mℓ와 1cc는 같다.

- 넓이 : 1ha는 사방 100m×100m의 넓이로 10,000㎡이며, 약 3,000평이 된다. 1에이커는 약 1,224평이다.

유효자리

측정한 값을 나타낼 때는 얼마나 정밀하게 측정했는지를 반드시 표시해 주어야 한다. 가능하다면 가장 작은 눈금보다 한 자리 아래의 자리까지 구하도록 한다. ㎜로 표시된 자를 사용하여 측정한 결과 정확하게 4.1cm가 나왔다면 4.10cm라고 표시해야 한다. 4.1cm라고 표시한다면 최소 단위가 cm인 자를 사용해서 측정한 값으로 오해하기 쉽다. 0은 크기에 영향을 미치지 않고 측정의 정확도를 나타낸다.

- **계산된 결과의 유효자리**

$8.2cm + 8.107cm = 16.307cm \rightarrow 16.3cm$

$8.2cm \times 4.001cm = 32.8082cm^2 \rightarrow 33cm^2$

밀도(Density)

밀도는 단위부피당 질량으로 정의된다. 즉 밀도 = 질량/부피, 질량 단위를 부피로 나눈 것이다. 예를 들면 g/㎖나 g/㎤로 나타낸다.

[표 20-3] 일부 물질의 밀도

물질	밀도(g/㎖)	물질	밀도(g/㎖)
알루미늄	2.702	수은	13.6
구리	8.92	옥탄	0.7025
금	19.3	백금	21.45
철	7.86	염(NaCl)	2.165
납	11.3	설탕(sucrose)	1.56
마그네슘	1.74	물(4℃에서)	1.000

온도

섭씨온도는 물의 어는점을 0도, 끓는점을 100도로 한 것이고(100등분), 화씨온도는 물의 어는점을 32도, 끓는점을 212도로 한 것(180등분)이다.

$℃ \times 9/5 + 32 = ℉$, $℉ - 32 \times 5/9 = ℃$

예) 50℉는 $(50 - 32) \times 5/9 = 10℃$

함량 표시법

- **중량백분율(Percentage by weight)** : 시료 100g 중에 함유되어 있는 목적 성분의 g 수를 뜻하고, %, w%, w/w% 등의 기호를 쓴다.

- 용량백분율(Percentage by volume) : 시료 100㎖ 중에 함유되는 목적 성분의 ㎖ 수를 뜻하고, v%, v/v% 등의 기호를 쓴다.

- 중량 대 용량백분율 : 시료 100㎖ 중에 함유되는 목적 성분의 g 수를 뜻하며, w/v% 기호를 쓰고 주사제 등의 농도를 표시할 때 상용된다.

- 용량 대 중량백분율 : 시료 100g 중에 함유되는 목적 성분의 ㎖ 수를 뜻하며 v/w%의 기호를 쓰고 목적성분이 액체일 때 사용한다.

- 중량천분율 : 시료 1,000g 중에 함유되는 목적 성분의 g 수를 뜻하며, ppt, ‰ 등의 기호를 쓴다.

- ㎎ 백분율(㎎ percentage) : 시료 100g 중에 함유되는 목적 성분의 ㎎ 수를 뜻하며 ㎎%, ㎎/100g 등의 기호를 쓰며, 시료 100㎖ 중에 함유되는 목적 성분의 ㎎ 수는 보통 ㎎/100㎖로 표시한다.

- 백만분율(part per million) : 시료 100만g 중에 함유되는 목적 성분의 g 수를 뜻하며, 시료 1,000g 중에 함유되는 목적 성분의 ㎎ 수와 같고 ㎎/ℓ의 기호를 쓴다. 비중이 1에 가까운 액체시료는 1ℓ 중에 함유되는 목적 성분의 ㎎ 수 또는 ㎎/ℓ로 표시되며 수질검사 등에서 사용된다.

기타 함량표시법으로 ppb(part per billion)가 있으며 이것은 시료 1,000g 중에 함유되어 있는 목적 성분의 ㎍ 수를 뜻한다.

안정성 검사

새 와인은 근본적으로 불안정하다. 과포화상태의 주석, 콜로이드 상태의 단백질과 고분자 물질, 또 미생물이나 그 찌꺼기가 불안한 상태로 존재한다. 그래서 와이너리에서는 이런 불안정한 물질을 제거하여 병에 넣지만, 와인은 소비자의 손에 들어가기 전에 장거리 이동, 장기간 보관 중 환경의 변화로 품질의 변화가 생기기 마련이다. 소비자는 와인이 맑고 깨끗하며, 오랫동안 그 품질이 유지되기를 원하기 때문에 와이너리에서는 안정성 검사를 거친 다음에 출하해야 한다.

저온 안정성(Cold stability) 검사

- **목적** : 와인이 낮은 온도로 보관되었을 때 주석 등 결정이 생성될 수 있으므로 미리 가능성을 판단하여 제거한다.

- **원리** : 저온에서 주석의 용해도가 감소하는 현상을 이용하여, 와인을 저온으로 처리하여 결정 생성 여부를 판단한다. 그러나 저온에서는 주석뿐 아니라 단백질과 타닌의 결합체, 다당류 등도 침전을 형성하기 때문에 경우에 따라 온도와 시간 등을 다르게 설정하여 여러 가지 방법을 사용하고 있다.

- **실험방법** : 와인을 한 병은 실온에서, 다른 한 병은 영하 5℃에서 2일 둔 다음에, 두 개를 비교하여 침전 생성 여부를 살핀다. 이때 결정이 생성되면 이 와인은 불안정한 것이다.

고온 안정성(Heat stability) 검사

- **목적** : 와인을 장기간 높은 온도에서 보관할 경우, 와인에 존재하는 단백질이 혼탁을 일으킬 수 있으므로 그 가능성을 판단하여 제거한다.

- **원리** : 단백질이 고온에서 응고되는 현상을 이용하여, 와인을 고온으로 처리하여 혼탁 여부를 검사한다.

- **실험방법** : 멤브레인 필터를 통과시킨 와인을 80℃로 6시간 가열한 다음에, 식혀서 살피거나, 타닌산을 0.5g/ℓ 첨가하여 혼탁 여부를 살핀다. 혼탁물질이 생성되지 않으면 고온 안정성이 있는 것으로 본다.

미생물학적 안정성(Microbiological stability) 검사

- **목적** : 와인에 효모나 박테리아가 존재하면 심각한 문제를 일으킬 수 있으므로, 주병하기 전이나 후에 와인의 미생물 존재 여부를 확인해야 한다.

- **원리** : 와인에 존재하는 미생물 중에서 표준한천배지 내에서 발육할 수 있는 중온균을 검색하는 것으로 미생물의 존재 여부를 판단하는 실험이므로 전 과정은 무균상태에서 진행되어야 한다.

- **실험방법**

① 검사할 와인 1㎖를 채취하여 멸균 페트리접시에 떨어뜨리고, 미리 조제하여 약 43~45℃로 유지한 표준한천배지 약 15㎖를 이 페트리접시에 첨가하여 뚜껑에 부착되지 않도록 주의하

면서, 조용히 회전하여 좌우로 기울이면서 검체와 배지를 잘 섞고 냉각 응고시킨다.

② 확산집락의 발생을 억제하기 위하여 다시 표준한천배지 3~5㎖를 가하여 중첩시킬 수 있다. 이 경우 검체를 취하여 배지를 가할 때까지의 시간이 20분 이상 경과하여서는 안 된다.

③ 냉각 응고시킨 페트리접시는 거꾸로 하여 35±1℃에서 24~48시간 검체에 따라서는 35℃에서 72±3시간 배양한다. 이때 대조시험으로 검액을 가하지 아니한 동일 희석액 1㎖를 배지에 가한 것을 대조로 하여 페트리접시, 희석용액, 배지 및 조작이 무균적이었는지 여부를 확인한다. 배지는 배양 중에 그 중량이 15% 이상 감소되어서는 안 된다. 시험에 사용하는 페트리접시는 지름 9~10cm, 높이 1.5cm의 것을 사용한다.

④ 배양 후 콜로니가 생성되었는지 여부를 확인한다.

- 표준한천배지(Standard Methods Agar), 균수 측정용(Plate Count Agar)

트립톤(Tryptone)	5.0g
효모 추출물(Yeast Extract)	2.5g
포도당(Dextrose)	1.0g
한천(Agar)	15.0g

위의 성분에 증류수를 가하여 1,000㎖로 만들고, 멸균한 후 pH 7.0±0.2로 조정한 후 다시 121℃로 15분간 멸균한다.

다당류(Polysaccharides) 검사

- 목적 : 와인에 존재하는 다당류의 중합체는 곰팡이 낀 포도에서 유래된 글루칸(glucan) 등으로 여과를 어렵게 만들고, 다른 물질의 안정성에도 영향을 끼치므로 녹아 있는 다당류를 검사하여 제거해야 한다.

- 원리 : 고농도의 알코올에서 다당류가 불용성 침전을 생성하는 성질을 이용한다.

- 실험방법 : 시험관에 96% 알코올 3㎖와 검사할 와인 2㎖를 혼합하여, 침전이 형성되면 다당류가 존재한다는 것을 의미한다. 이때의 다당류 농도를 10mg/ℓ 정도로 본다.

당도 및 그 측정방법

당도 측정

비중계식 당도계(hydrometer)나 굴절 당도계(refractometer)는 포도 주스에 녹아 있는 모든 고형물(total soluble solids)의 양을 나타내는 것으로, 전체 수용성 고형물 중 90~94%가 당분이기 때문에 그 측정치는 대략적인 당도라고 할 수 있다. 그러나 간편하고 신속하게 결과를 알 수 있으며, 경험이 쌓이면 정확한 당도를 유추할 수 있어서 가장 많이 사용하는 방법이다. 발효가 거의 끝난 머스트나 완성된 와인을 비중계식 당도계로 측정하면 0 이하로 나오므로, 이때의 정확한 당도는 화학적인 방법으로 분석해야 한다.

비중계식 당도계

- **원리** : 정해진 온도에서 머스트의 비중을 측정하여 이를 브릭스 단위로 바로 읽을 수 있게 눈금을 조정한 것이다. 사용하는 실린더는 당도계 지름의 두 배 정도는 되어야 당도계와 실린더의 마찰과 흡착을 방지할 수 있다.

- **측정방법**

① 머스트를 채취하여 껍질이나 과육 등 큰 파편을 제거하고, 액만 실린더에 붓는다.

② 당도계를 실린더에 조심스럽게 넣고, 눈금을 보고 수치를 기록한다.

③ 눈금은 그림과 같이 메니스커스 아랫부분 수치를 기준으로 한다.

④ 별도로 머스트의 온도를 측정하여 20℃ 기준으로 보정한다. 보정하면 오차가 커지므로 시료를 20℃로 조절한 다음에 측정하는 것이 좋다.

⑤ 발효 중인 머스트는 탄산가스를 제거한 후 측정하며, 탁도가 심한 머스트는 가라앉힌 후에 상등액만 채취하여 측정한다.

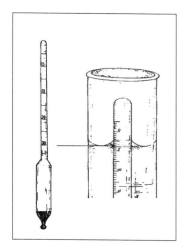

[그림 20-1] 당도계의 눈금 읽기

[표 20-4] 비중계식 당도계 온도 보정계수

	Temp (°C)	°Brix								
		0	5	10	15	20	25	30	35	40
눈금에서 (-)할 수치	0	0.30	0.49	0.65	0.77	0.89	0.99	1.08	1.16	1.24
	5	0.36	0.47	0.56	0.65	0.73	0.80	0.86	0.91	0.97
	10	0.32	0.38	0.43	0.48	0.52	0.57	0.60	0.64	0.67
	11	0.31	0.35	0.40	0.44	0.48	0.51	0.55	0.58	0.60
	12	0.29	0.32	0.36	0.40	0.43	0.46	0.50	0.52	0.54
	13	0.26	0.29	0.32	0.35	0.38	0.41	0.44	0.46	0.48
	14	0.24	0.26	0.29	0.31	0.34	0.36	0.38	0.40	0.41
	15	0.20	0.22	0.24	0.26	0.28	0.30	0.32	0.33	0.34
	16	0.17	0.18	0.20	0.22	0.23	0.25	0.26	0.27	0.28
	17	0.13	0.14	0.15	0.16	0.18	0.19	0.20	0.20	0.21
	18	0.09	0.10	0.10	0.11	0.12	0.13	0.13	0.14	0.14
	19	0.05	0.05	0.05	0.06	0.06	0.06	0.07	0.07	0.07
	20°C									
눈금에서 (+)할 수치	21	0.04	0.05	0.06	0.06	0.06	0.07	0.07	0.07	0.07
	22	0.10	0.10	0.11	0.12	0.12	0.13	0.14	0.14	0.15
	23	0.16	0.16	0.17	0.17	0.19	0.20	0.21	0.21	0.22
	24	0.21	0.22	0.23	0.24	0.26	0.27	0.28	0.29	0.30
	25	0.27	0.28	0.30	0.31	0.32	0.34	0.35	0.36	0.38
	26	0.33	0.34	0.36	0.37	0.40	0.40	0.42	0.44	0.46
	27	0.40	0.41	0.42	0.44	0.46	0.48	0.50	0.52	0.54
	28	0.46	0.47	0.49	0.51	0.54	0.56	0.58	0.60	0.61
	29	0.54	0.55	0.56	0.59	0.61	0.63	0.66	0.68	0.70
	30	0.61	0.62	0.63	0.66	0.68	0.71	0.73	0.76	0.78
	35	0.99	1.01	1.02	1.06	1.10	1.13	1.16	1.18	1.20

굴절 당도계

● **원리** : 수용성 고형물이 증가함에 따라 굴절률이 증가하는 원리를 이용한 것으로, 알코올도 굴절률을 높여 주기 때문에 알코올이 이미 생성된 머스트나 와인은 굴절 당도계를 사용하여 당도를 측정해서는 안 된다.

● **측정방법**

① 당도계 유리판을 증류수로 깨끗이 씻고 물기를 잘 닦아낸 다음에, 20℃ 증류수를 한 방울 떨어뜨려 0점을 조절한다.

② 머스트의 당도를 측성하고, 별도로 온도를 측정하여 20℃ 기준으로 보정한다. 보정하면 오차가 커지므로 시료를 20℃로 조절한 다음에 측정하는 것이 좋다.

③ 발효 중인 머스트는 탄산가스를 제거한 후 측정하며, 탁도가 심한 머스트는 가라앉힌 후에 상등액만 채취하여 측정한다.

[표 20-5] 굴절 당도계 온도 보정계수

Temp. °C	Per cent Sucrose														
	0	5	10	15	20	25	30	35	40	45	50	55	60	65	70
	눈금에서 (-)할 수치														
10	0.50	0.54	0.58	0.61	0.64	0.66	0.68	0.70	0.72	0.73	0.74	0.75	0.76	0.78	0.79
11	0.46	0.49	0.53	0.55	0.58	0.60	0.62	0.64	0.65	0.66	0.67	0.68	0.69	0.70	0.71
12	0.42	0.45	0.48	0.50	0.52	0.54	0.56	0.57	0.58	0.59	0.60	0.61	0.61	0.63	0.63
13	0.37	0.40	0.42	0.44	0.46	0.48	0.49	0.50	0.51	0.52	0.53	0.54	0.54	0.55	0.55
14	0.33	0.35	0.37	0.39	0.40	0.41	0.42	0.43	0.44	0.45	0.45	0.46	0.46	0.47	0.48
15	0.27	0.29	0.31	0.33	0.34	0.34	0.35	0.36	0.37	0.37	0.38	0.39	0.39	0.40	0.40
16	0.22	0.24	0.25	0.26	0.27	0.28	0.28	0.29	0.30	0.30	0.30	0.31	0.31	0.32	0.32
17	0.17	0.18	0.19	0.20	0.21	0.21	0.21	0.22	0.22	0.23	0.23	0.23	0.23	0.24	0.24
18	0.12	0.13	0.13	0.14	0.14	0.14	0.14	0.15	0.15	0.15	0.15	0.16	0.16	0.16	0.16
19	0.06	0.06	0.06	0.07	0.07	0.07	0.07	0.08	0.08	0.08	0.08	0.08	0.08	0.08	0.08
	눈금에서 (+)할 수치														
21	0.06	0.07	0.07	0.07	0.07	0.08	0.08	0.08	0.08	0.08	0.08	0.08	0.08	0.08	0.08
22	0.13	0.13	0.14	0.14	0.15	0.15	0.15	0.15	0.15	0.16	0.16	0.16	0.16	0.16	0.16
23	0.19	0.20	0.21	0.22	0.22	0.23	0.23	0.23	0.23	0.24	0.24	0.24	0.24	0.24	0.24
24	0.26	0.27	0.28	0.29	0.30	0.30	0.31	0.31	0.31	0.31	0.31	0.32	0.32	0.32	0.32
25	0.33	0.35	0.36	0.37	0.38	0.38	0.39	0.40	0.40	0.40	0.40	0.40	0.40	0.40	0.40
26	0.40	0.42	0.43	0.44	0.45	0.46	0.47	0.48	0.48	0.48	0.48	0.48	0.48	0.48	0.48
27	0.48	0.50	0.52	0.53	0.54	0.55	0.55	0.56	0.56	0.56	0.56	0.56	0.56	0.56	0.56
28	0.56	0.57	0.60	0.61	0.62	0.63	0.63	0.64	0.64	0.64	0.64	0.64	0.64	0.64	0.64
29	0.64	0.66	0.68	0.69	0.71	0.72	0.72	0.73	0.73	0.73	0.73	0.73	0.73	0.73	0.73
30	0.72	0.74	0.77	0.78	0.79	0.80	0.80	0.81	0.81	0.81	0.81	0.81	0.81	0.81	0.81

환원당(Reducing sugars) 측정법(Clinitest)

당뇨 측정에 사용하는 키트를 이용하면 간편하고 쉽게 당도를 알 수 있다. 색깔의 변화에 따라 와인의 환원당을 측정할 수 있는데, 범위는 0~1%이므로 당도가 높은 것은 희석하여 측정하고 희석배수를 보완하면 된다.

환원당(Reducing sugars) 정량(Lane-Eynon법)

* **원리** : 일정량의 알칼리성 황산구리 용액과 반응하는 데 필요한 표준 포도당 용액의 양을 측정하고, 동일한 반응을 와인이 들어 있는 상태에서 측정하여 그 차이를 이용하여 와인에 들어 있는 환원당의 양을 계산한다.

* **시약**

① Fehling A 용액 : 2ℓ 메스플라스크에 황산구리(CuSO₄·5H₂O) 138.6g을 넣고, 증류수 약 1,800㎖를 넣고 잘 녹인 다음에, 증류수로 표선까지 채운다. 사용하지 않을 때는 냉장고에 보관한다.

② Fehling B 용액 : 2ℓ 메스플라스크에 주석산칼륨나트륨(C₄H₄O₆KNa · 4H₂O) 692g과 수산화
나트륨(NaOH) 200g을 넣고, 증류수를 적당량 가하여 잘 녹인 다음에, 증류수로 표선까지
채운다.

③ 포도당 용액(0.5%) : 2ℓ 메스플라스크에 무수 포도당(dextrose) 10.00g을 넣고, 증류수를 적
당량 가하여 잘 녹인 다음에, 증류수로 표선까지 채운다. 표선을 채우기 전에 벤조산나트륨
2g과 구연산 1g을 첨가한다.

④ 지시약 : 메틸렌 블루(Methylene Blue) 1g을 증류수 95㎖에 녹인다.

● 시험절차

① 500㎖ 삼각플라스크에 증류수 약 70㎖와 비등석을 몇 개 넣는다.

② 여기에 Fehling A 용액 10㎖를 정확하게 취하여 넣는다.

③ 다시 Fehling B 용액 약 10㎖를 넣고 잘 혼합한다.

④ 이 플라스크를 미리 가열시킨 버너 위에 놓고, 뷰렛으로 0.5% 포도당 용액을 약 18㎖ 정도
넣은 다음에 가열한다.

⑤ 용액이 빨리 끓으면 가볍게 끓도록 화력을 조절하고, 지시약으로 메틸렌 블루 다섯 방울을
떨어뜨리고, 뷰렛에 있는 0.5% 포도당 용액으로 종말점이 올 때까지 적정한다. 종말점은
지시약의 푸른색이 사라지고 적색이 보이는 시점으로 한다. 이 적정은 끓기 시작하여 3분
이내에 마쳐야 한다.

이론적으로 이 공시험에서 소비되는 0.5% 포도당 용액은 21.8㎖가 된다.

⑥ 이 공시험은 몇 번 반복하여 그 차이가 0.2㎖ 이하라야 한다.

⑦ 적정된 양을 기록하여 이를 'B'라고 한다.

⑧ 공시험과 동일한 방법으로 ③단계에서 와인 1㎖를 가한다.

⑨ 동일한 요령으로 적정하여 종말점으로 추정되는 양보다 약 2㎖가 덜 들어간 상태에서 끓이
면서 지시약으로 메틸렌 블루 다섯 방울을 떨어뜨리고, 종말점이 올 때까지 적정한다.

⑩ 와인 적정에 들어간 양을 기록하여 이를 'W'라고 하고, 다음과 같이 계산한다.

$$R.S.(g/\ell) = 5(B-W)$$

당 함량이 5% 이상인 와인은 희석하여 측정한다.

알코올 농도 및 그 측정방법

와인의 에틸알코올 함량은 부피로 나타낸다. 보통 와인의 다른 성분은 g/ℓ로 나타내지만, 알코올 함량은 유일하게 부피 비율로 표시한다. %와 도는 동일한 개념으로 알코올의 함량을 부피로 나타낸 것이다. 순수한 알코올은 100도이며, 용액 100㎖에 알코올 1㎖가 있으면 1도로 나타낸다. 예를 들어 11도라면 와인 100㎖에 11㎖의 알코올이 있는 것으로 11%라고도 하며, 와인 1ℓ에는 알코올이 110㎖, 와인 100ℓ에는 11ℓ의 알코올이 있는 것이다. 알코올은 온도에 따라 부피 변화가 심하므로 대개의 나라에서 알코올 농도는 20℃일 때를 기준으로 하지만, 우리나라는 15℃를 기준으로 한다.

에틸알코올(Ethyl alcohol) 정량(비중계식 측정방법)

- **원리** : 시료를 실린더에 취하고, 비중계와 온도계를 넣어 15℃에서 비중계나 주정계의 눈금을 읽어 알코올의 용량%를 구한다. 그러나 와인에는 알코올 이외 당분, 덱스트린, 단백질 등 추출분이 함유되어 있으므로, 증류하여 그 유출액의 알코올 농도를 측정한다.

- **시약** : 2N 수산화나트륨(NaOH) ; 1ℓ 메스플라스크에 NaOH 약 82g을 넣고 증류수 약 800㎖를 가하여 잘 녹인 다음, 증류수로 표선까지 채운다.

- **시험절차**

① 200㎖ 메스플라스크를 측정하고자 하는 와인으로 몇 번 헹군 다음에, 표선 아래 1㎝까지 와인을 채운다.

② 이것을 15℃로 온도를 조절한 후 동일한 온도의 와인 샘플로 표선까지 채운다.

③ 이 와인을 증류 플라스크로 옮기고, 메스플라스크를 증류수로 몇 번 헹군 물도 증류 플라스크로 옮긴다. 당분이 많은 와인은 가열로 증류 플라스크 바닥이 타는 것을 방지하기 위해 증류수를 40~50㎖ 더 첨가한다.

④ 증류 플라스크에 비등석 몇 개를 넣고, 그림과 같이 증류장치에 연결하고, 모든 연결부분이 새는 곳이 없는지 점검한다.

⑤ 냉각기에 냉각수를 연결하고, 서서히 끓인다.

⑥ 수기에 약 195㎖의 증류액을 받는다. 불휘발분(extracts)을 정량할 경우는 증류 플라스크 내용물을 보관한다.

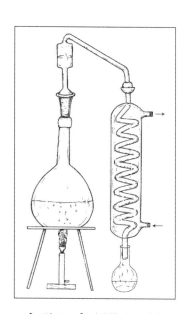

[그림 20-2] 간단한 증류장치

⑦ 수기의 내용물을 15℃로 조절하고, 이를 200㎖ 메스플라스크에 채우고, 동일한 온도의 증류수로 표선까지 채운다.

⑧ 메스플라스크 내용물을 실린더로 옮긴 다음, 주정계를 실린더에 조심스럽게 넣고, 눈금을 보고 수치를 기록한다.

⑨ 휘발산 함량이 0.10% 이상이거나 이산화황 농도가 200㎎/ℓ 이상일 경우는, 이 시험에 영향을 끼치므로 증류 전에 2N NaOH로 중화시킨다.

메틸알코올(Methyl alcohol) 정량

- **원리** : 와인의 증류액을 희석하여 과망간산칼륨(KMnO₄) 용액을 가한 후, 수산(oxalic acid) 용액을 가해 탈색시키고, 푹신(Fuchsin) 아황산용액을 가해 방치한 후 비색 정량한다. 와인의 메탄올 함량은 1.0㎎/㎖ 이하로 규정되어 있다.

- **시약**

① 과망간산칼륨(KMnO₄) 용액 : 과망간산칼륨(KMnO₄) 3g과 85% 인산(H₃PO₄) 15㎖를 증류수에 녹여 100㎖로 한다.

② 수산 용액 : 진한 황산(H₂SO₄)과 증류수의 같은 용량 혼합액(1:1) 100㎖에 수산 5g을 녹인다.

③ 푹신(Fuchsin) 아황산용액

㉠ 특급 염기성 푹신 0.5g을 유발에 갈아 약 300㎖의 더운물에 용해시켜 방랭한다.

㉡ 무수아황산나트륨(Na₂SO₃) 5g을 증류수 약 50㎖에 녹인다.

㉢ ㉡액을 잘 교반하면서 ㉠액을 넣어 혼합한 액에 진한 염산(HCl) 5㎖를 가하고, 다시 물을 가하여 500㎖로 한다. 이 액 500㎖에 10N 황산 40㎖를 가하고, 5시간 이상 방치한 다음 사용한다. 이 용액이 홍색으로 나타나서는 안 되며, 갈색 병에 넣고 냉암소에 보존한다.

- 메틸알코올 표준용액 : 0.1% 메틸알코올과 95% 에틸알코올을 [표 20-6]과 같이 혼합하여 메틸알코올 비색표준용액을 만든다.

[표 20-6] 메틸알코올 비색표준용액

번 호 \ 혼합액	0.1% 메탄올 (㎖)	95% 에탄올 (㎖)	물(㎖)	검액 1㎖ 중에 함유된 메탄올(㎎)
1	0.05	0.25	4.70	0.01
2	0.10	0.25	4.65	0.02
3	0.15	0.25	4.60	0.03
4	0.20	0.25	4.55	0.04
5	0.30	0.25	4.45	0.06
6	0.40	0.25	4.35	0.08
7	0.50	0.25	4.25	0.10
8	0.60	0.25	4.15	0.12
9	0.75	0.25	4.00	0.15
10	1.00	0.25	3.75	0.20
11	1.25	0.25	3.50	0.25
12	1.50	0.25	3.25	0.30
13	1.75	0.25	3.00	0.35
14	2.00	0.25	2.75	0.40
15	2.50	0.25	2.25	0.50

• 시험절차

① 와인 100㎖에 물 15㎖를 가하여 에틸알코올 정량과 같은 방법으로 증류하여, 증류액 100㎖를 받고, 그중에서 10㎖를 취하여 증류수 40㎖를 가해서 시험용액으로 한다.

② 시험용액 5㎖와 표에 따라 조제한 메틸알코올 비색표준용액 5㎖를 각각 같은 형의 시험관에 취하여 과망간산칼륨 용액 2㎖씩 가하여 15분간 방치한 다음, 수산 용액 2㎖씩을 가하여 과망간산칼륨을 탈색시킨다.

③ 완전히 탈색되면, 각 시험관에 푹신 아황산용액 5㎖씩을 가하여 잘 흔들고 섞고, 30분간 실온에 방치한 다음, 시험용액의 색을 표준용액의 색과 비교하여 표에 의해서 시료 중의 메틸알코올 함량을 구한다.

④ ①과정에서 시료가 5배 희석되었으므로, 위 표에서 메틸알코올 함량mg/ml을 구하여 5배한 것이 시료 1㎖ 중에 함유된 메틸알코올의 mg 양이 된다.

pH 및 유기산 정량

pH 측정

● **원리** : pH는 수소이온농도로서 pH 메타에 있는 두 개의 전극을 시료 용액에 삽입하여, 전극 사이에 생기는 전위차에 의해 전류를 증폭시켜 밀리암페어로 측정하는 원리를 이용한 것이다. 여러 가지 형태의 pH 메타가 있으나, 일반적인 측정순서는 다음과 같다.

● **pH 메타 측정순서**

① Power 스위치를 켜서 10분 이상 워밍업을 하도록 한다.

② 전극을 증류수로 세척한 다음, 페이퍼 티슈 등을 이용하여 물기를 제거한다.

③ 시료 용액의 pH와 가까운 pH값을 가진 완충용액 25㎖를 비커에 담아서, 온도 보정 다이얼을 이 용액의 온도에 맞춘다.

④ 전극을 표준 완충용액에 담그고, 기능 스위치를 pH 위치로 전환한다.

⑤ 표준화 다이얼을 조절하여 pH 메타 눈금의 지침이 완충용액의 정확한 pH값을 가리키도록 한다.

⑥ 기능 스위치를 stand-by 위치에 놓고, 전극을 앞의 방법과 같이 세척하고 물기를 제거한다.

⑦ 전극을 시험용액에 담근 다음, 온도보정 다이얼을 용액의 온도에 맞춘다. 가장 정확한 결과를 얻기 위해서는 시험용액과 표준 완충용액의 온도 차이가 2~3℃보다 적어야 한다.

⑧ 기능 스위치를 pH 위치에 놓고, 눈금을 읽는다.

⑨ 기능 스위치를 stand-by 위치에 놓고 전극을 세척하고 물기를 제거한다. 전극은 사용하지 않을 경우 항상 저장액에 담가 둔다.

유기산(Organic acid) 정량/적정 산도(Titratable acidity)

● **원리** : 산과 알칼리가 결합하여 물과 염을 만드는 반응을 중화반응이라고 하는데, 와인 중의 산을 표준 알칼리 용액으로 적정하여 중화반응을 일으키게 만들어, 이를 액성에 따라 색깔이 변하는 지시약을 이용하여 반응의 종결을 알아내는 방법이다. 이에 따라 소비되는 알칼리 액의 양으로 산도를 추산하며, 이를 적정 산도라고 한다.

● **시약**

① 0.1N 수산화나트륨 용액 : 수산화나트륨 약 4g을 비커에 넣고, 증류수 500㎖를 가해 녹인 후, 1,000㎖ 메스플라스크로 옮기고 표선까지 증류수를 채운다. 이를 표정하여 역가

를 정확하게 구한다. 요즈음은 역가가 표시된 0.1N NaOH 표준용액을 판매하고 있다.

② 지시약 : 페놀프탈레인(phenolphthalein) 0.5g을 95% 에틸알코올 50㎖에 녹인다.

- 시험절차

① 시료 용액 10㎖를 홀 피펫으로 정확하게 취해서 100㎖ 삼각플라스크에 넣고, 지시약을 한 두 방울 떨어뜨린다.

② 25㎖ 뷰렛에 표준 0.1N NaOH를 넣고, 삼각플라스크를 흔들면서 적정한다.

③ 담홍색이 될 때까지 적정하고, 소비된 0.1N NaOH 양을 기록한다.

④ 와인이나 머스트에는 유기산으로 주석산, 사과산 등이 있으므로 가장 함량이 많은 산을 대표로 하여 다음 식으로 계산한다.

유기산의 양(%) = V × F × A × D × 1/S × 100

V : 0.1N NaOH 용액의 소비량(㎖)
F : 0.1N NaOH 용액의 역가
A : 0.1N NaOH 용액 1㎖에 해당하는 유기산의 양
D : 희석배수
S : 시료 채취량(㎖)

0.1N NaOH 용액 1㎖에 해당하는 유기산의 양은 아래 표와 같다.

[표 20-7] 0.1N NaOH 용액 1㎖에 해당하는 유기산의 양

유기산의 종류	분자량	상당량
초산(acetic acid)	60.0	0.0060
사과산(malic acid)	134.1	0.0067
주석산(tartaric acid)	150.1	0.0075
구연산(citric acid)	210.1	0.0064
젖산(lactic acid)	90.1	0.0090

휘발산도(Volatile acidity) 측정

- 원리 : 휘발산도란 휘발하는 산으로 주로 초산의 산도를 말한다. 와인을 수증기로 증류하여 나온 증류액을 산도 측정방법과 동일하게 알칼리 표준 용액으로 적정하여 산출한다.

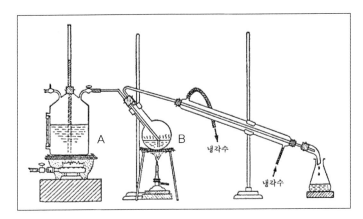

[그림 20-3] 수증기 증류장치

- **시약** : 유기산 정량과 동일

- **시험절차**

① 플라스크 A에 증류수를 넣고 약 10분 정도 끓여 탄산가스를 제거한다.

② 측정할 와인을 정확하게 10㎖ 취하여 플라스크 B에 넣고, 0.3% 과산화수소(H_2O_2) 1㎖를 첨가하여 이산화황을 산화시킨다.

③ 수증기 증류장치를 연결하고 냉각수를 보내면서 증류를 시작하여 수기에 100㎖를 받는다.

④ 수기에 받은 증류액에 지시약을 몇 방울 떨어뜨리고, 표준 0.1N NaOH 용액으로 적정한다.

⑤ 담홍색이 될 때까지 적정하고, 소비된 0.1N NaOH 양을 기록한다.

⑥ 와인에 있는 휘발산의 대부분은 초산이므로 다음과 같이 계산한다.

$$휘발산의 양(\%) = V \times F \times A \times D \times 1/S \times 100$$

V : 0.1N NaOH 용액의 소비량(㎖)
F : 0.1N NaOH 용액의 역가
A : 0.1N NaOH 용액 1㎖에 해당하는 유기산의 양(0.0060)
D : 희석배수
S : 시료 채취량(㎖)

수증기 증류는 내용물이 격렬하게 흔들리기 때문에 증류할 물질은 적게 넣고, 증류 플라스크는 [그림 20-3]과 같이 비스듬하게 장치한다. 그리고 증류 플라스크에서 수증기의 응축을 방지하기 위해 증류 플라스크도 약하게 가열하는 것이 좋다.

말로락트발효(Malolactic fermentation) 측정 : Paper chromatography

- **원리** : 말로락트발효의 완결 여부는 사과산과 젖산의 존재 여부를 확인해야 하지만, 중화반응을 이용한 산도의 측정으로는 각종 유기산의 종류를 알 수 없다. 와인에 존재하는 각각의 유기산의 양을 알기 위해서는 고가의 장비를 도입해야 하지만, 페이퍼 크로마토그래피(paper chromatography)를 이용하면 간편하게 그 결과를 알 수 있다.

- **기구 및 시약**
  ① 크로마토그래피용 여과지(Whatman No.1)
  ② 크로마토그래피 전개장치
  ③ 분액깔때기(Separatory funnel)
  ④ 마이크로 피펫(20㎕)
  ⑤ 각종 표준 산 용액(0.3%)
  ⑥ 전개용매 : 다음 용액을 분액깔때기에 넣고, 위 아래로 격렬하게 흔든 다음, 하층의 액은 버리고 상층의 액만 취한다.
  - n-butanol 100㎖
  - 증류수 100㎖
  - formic acid 10.7㎖
  - 지시약 용액 15㎖(bromocresol green 1g을 증류수 100㎖에 녹인 것)
    이 전개용매는 일주일 단위로 조제하여 사용할 것

- **시험절차**
  ① 전개용매를 전개장치에 넣고, 용매가 포화되도록 30분간 방치한다. 전개장치에서 전개용매의 깊이는 0.75㎝ 이상이 되어야 한다.
  ② 크로마토그래피용 여과지(이하 여과지)를 가장자리만 조심스럽게 잡고 전개장치 크기에 맞게 재단하고, 여과지 밑에서 2.5㎝ 되는 부분에 연필로 평행선을 긋는다.
  ③ 연필로 그은 선 위에 마이크로 피펫을 이용하여 표준 산 용액과 시료 와인을 2.5~3.0㎝ 간격으로 묻힌다. 반점의 크기는 3~5㎜로 1㎝가 넘지 않아야 한다. 마이크로피펫으로 두 번 이상 하는 것이 좋다.
  ④ 표준 산 용액과 시료 와인을 묻힌 여과지를 전개장치로 옮겨, 전개용매에 여과지 끝부분 1㎝ 정도만 담그고, 윗부분은 코르크나 고무마개로 고정시켜 용매가 균일하게 상승하도록 장치한 다음에 뚜껑을 닫는다.
  ⑤ 전개용매가 여과지 위쪽 끝부분 가까이 도달하면, 여과지를 전개장치에서 꺼내어 건조시

킨다.

⑥ 건조시킨 여과지는 푸른 바탕에 각 산의 노란 반점이 나타나 있다. 각 반점의 Rf(relative frontier)값을 측정하여 표준 산 용액의 것과 비교하여 확인한다.

$$Rf = \frac{\text{원점에서 각 성분의 반점 중심까지 거리}}{\text{원점에서 전개용매 침투전선까지 거리}}$$

이 방법으로 각 산은 $100mg/\ell$ 까지 검출될 수 있으므로, MLF가 완료되었다면, 사과산의 반점은 나타나지 않는다.

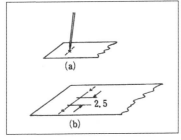

[그림 20-4] 여과지에 시료를 묻히는 방법

[표 20-8] 와인에 존재하는 각종 산의 Rf값

산	Rf 값의 범위
Tartaric	0.28~0.30
Citric	0.42~0.45
Malic	0.51~0.56
Lactic	0.69~0.78
Succnic	0.69~0.78

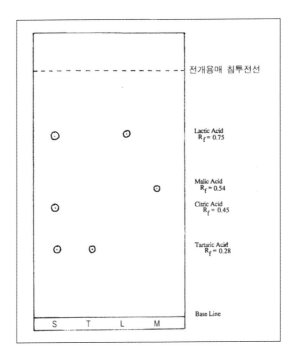

[그림 20-5] 와인에 존재하는 유기산의 페이퍼 크로마토그래피 결과의 예

이산화황 정량

이산화황 정량 방법에는 여러 가지가 있으나, 여기서는 가장 간편하게 정량할 수 있는 아이오딘 적정법을 소개한다. 오차 범위는 ±7㎎/ℓ로 정밀하지는 않지만, 와이너리에서 정기적으로 분석하여 조치를 취하는 정도의 일에는 문제가 없다.

유리 이산화황(Free sulfur dioxide) 정량

- **원리** : 아이오딘 표준용액으로 유리 이산화황을 적정하는 방법으로 종말점은 아이오딘에 정색반응을 보이는 전분지시약을 사용하여 판단한다.

- **시약**

① 0.1N 아이오딘 표준용액 : 이 용액 1,000㎖ 중에는 아이오딘의 0.1g 당량인 12.692g을 함유하고 있다. 아이오딘은 정제할 수 있으므로 정제품을 사용하였을 때는 표정할 필요가 없다. 먼저, 칭량병에 50% 아이오도칼륨 용액 약 40㎖를 넣고, 이것의 무게를 정확하게 측정하고, 여기에 따로 작은 칭량병에 정제한 아이오딘 12.72g을 칭량한 것을 재빨리 넣고 마개를 한 후, 다시 정밀하게 칭량을 한다. 그 다음 이것을 1,000㎖ 메스플라스크에 넣고 50% KI 용액으로 칭량병을 세척하여 넣는다. 잘 흔들어 녹인 다음 염산 3방울을 넣고 물을 가하여 1,000㎖로 한다.

$$F = I_2 \text{ 채취량}/12.692$$

아이오딘을 정제하려면, 아이오딘(I_2) 10g과 아이도오칼륨(KI) 1g, 염화칼슘($CaCl_2$) 2g을 섞어 깨끗하게 건조한 비커에 넣고, 찬물을 담은 둥근 바닥 플라스크를 덮는다. 이를 서서히 가열, 승화시켜 얻은 결정을 가루로 만들어 데시케이터에서 건조한다.

② 1N 수산화나트륨 용액 : 수산화나트륨 41g을 증류수 1ℓ에 녹인다.
③ 1+3 황산 용액 : 황산과 증류수를 부피 1 : 3 비율로 섞는다.
④ 1% 전분지시약 : 가용성 전분 10g과 증류수 1ℓ를 잘 섞은 다음, 살짝 끓인다. 식혀서 냉장고에 보관한다. 이 지시약은 항상 투명해야 한다. 그렇지 않으면 버리고 다시 조제한다.
⑤ 탄산수소나트륨

- 시험절차

① 와인이나 머스트 25㎖를 정확하게 취하여 250㎖ 삼각플라스크에 넣는다.

② 여기에 전분지시약 5㎖와 탄산수소나트륨 1~2g을 넣는다.

③ 여기에 1+3 황산 용액을 5㎖ 넣는다.

④ 재빨리 0.1N 아이오딘 표준용액으로 적정하고, 청색이 20초 정도 유지되는 시점을 종말점으로 한다.

⑤ 계산하는 방법은 다음과 같다.

$$SO_2(mg/\ell) = \frac{(아이오딘\ 표준용액\ 적정량,\ m\ell)\ (아이오딘\ 표준용액\ N)\ (32)\ (1,000)}{채취한\ 와인의\ m\ell}$$

총 이산화황(Total sulfur dioxide) 정량

- 원리 : 총 이산화황은 수산화나트륨으로 와인을 처리하여, 결합된 이산화황을 유리시켜서 정량한다.

- 시약 : 유리 이산화황과 동일

- 시험절차

① 와인이나 머스트 25㎖를 정확하게 취하여 250㎖ 삼각플라스크에 넣는다.

② 여기에 1N 수산화나트륨 용액 25㎖를 첨가하고, 잘 저은 다음에 마개를 하고, 10분 동안 방치한다.

③ 여기에 전분지시약 5㎖와 탄산수소나트륨 1~2g을 넣는다.

④ 1+3 황산 용액을 5㎖ 넣는다.

⑤ 재빨리 0.1N 아이오딘 표준용액으로 적정하고, 청색이 20초 정도 유지되는 시점을 종말점으로 한다. 레드 와인의 경우는 종말점을 확인할 때 아주 밝은 조명이 있으면 좋다.

⑥ 계산하는 방법은 다음과 같다.

$$SO_2(mg/\ell) = \frac{(아이오딘\ 표준용액\ 적정량(m\ell)\ (아이오딘\ 표준용액\ N)\ (32)\ (1,000)}{채취한\ 와인의\ m\ell}$$

페놀 화합물의 정량

와인에는 수많은 종류의 페놀 화합물이 존재하며, 그 양에 있어서도 천차만별의 다양성을 보이고 있다. 이러한 페놀 함량을 측정하는 가장 이상적인 방법은 모든 성분을 각각 분석하는 것이겠지만, 종류가 많고, 그 종류와 양이 항상 변하고 있기 때문에 각 성분을 모두 분석한다는 것은 불가능에 가깝다. 아무리 효율적인 기술이라 하더라도 실행하는 데 어려움이 있고, 결과도 완벽하게 얻을 수 없으며, 그것을 해석하기도 힘들어서 실제 와인 양조에 적용하기는 힘들다.

그러나 레드 와인의 특성을 나타내는 페놀 화합물을 측정하지 못하면, 양조과정 중 추출효과나 와인의 특성을 파악할 수 없으므로, 비교적 간편한 조작으로 실험할 수 있는 폴리페놀지수를 측정하는 방법과, 고가의 실험기기지만 분광광도계(spectrophotometer)를 사용하여 간편하게 총 페놀 함량과 색도를 측정할 수 있는 방법을 소개한다. 그러나 전체적인 수치는 부분을 나타내거나 경우에 따라서 미세한 양일 수도 있는 물질로서 대표성이 없다고 볼 수도 있기 때문에 용도에 따라서 해석을 잘 해야 한다.

폴리페놀지수(Polyphenol index)/과망간산지수(Permanganate index)

- **원리** : 산화제 표준용액인 과망간산칼륨(KMnO₄) 용액으로 환원성을 가진 페놀 화합물을 적정하는 방법이다. 이 방법은 고전적인 방법으로 과망간산칼륨은 당이나 주석산과 반응하고, 일부 페놀 화합물과 반응하지 않는 단점도 있지만, 대략적인 페놀 함량을 신속하게 파악할 수 있기 때문에 아직도 와이너리에서 많이 사용하고 있다.

- **시약**
① 0.01N 과망간산칼륨 용액 : 1ℓ 메스플라스크에 과망간산칼륨(KMnO₄) 315mg을 정확하게 취하여 넣고, 증류수 약 500㎖를 가해 녹인 다음, 증류수로 표선까지 채운다.
② 인디고 카민(Indigo carmine) 용액 : 1ℓ 메스플라스크에 인디고 카민 150mg을 넣고, 증류수 약 500㎖를 가해 녹인 다음, 황산(1+2) 용액 50㎖를 가하고, 증류수로 표선까지 채운다.
③ 황산(1+2) 용액

- **시험절차**
① 피펫으로 인디고 카민 용액 50㎖를 취하여 500㎖ 삼각플라스크에 넣는다.
② 이것을 과망간산칼륨 용액으로 적정하여, 청색이 오렌지 색깔로 변할 때를 종말점으로 소비된 과망간산칼륨 ㎖ 수를 기록하여 A로 한다.

③ 다시, 피펫으로 인디고 카민 용액 50㎖를 취하여 다른 500㎖ 삼각플라스크에 넣고, 와인 2㎖를 넣는다.

④ 이것을 과망간산칼륨 용액으로 적정하여, 청색이 오렌지 색깔로 변할 때를 종말점으로 소비된 과망간산칼륨 ㎖ 수를 기록하여 B로 한다.

⑤ 계산은 다음과 같이 한다.

$$\text{폴리페놀지수} = 5(B-A)$$

⑥ 폴리페놀지수 25는 대략 320㎎/ℓ GAE값과 동일하며, 95는 2,390㎎/ℓ GAE값과 동일하다. 페놀 함량이 낮은 와인은 이 값이 35~50 정도이며, 페놀 함량이 높은 와인은 100 혹은 그 이상 된다.

GAE : Gallic acid equivalent

총 페놀(Total phenol) 정량 : OD 280값

• **원리** : 방향성 고리를 가진 화합물에 의한 자외선 흡광도를 기초로 페놀 화합물 양을 측정한다.
• **시험절차** : 레드 와인은 1/100, 화이트 와인은 1/10로 증류수로 희석시켜 280㎚에서 10㎜ 셀로 OD를 측정한다.

$$I_{280} = OD \times \text{희석배수}$$

이 값은 6~120 사이가 된다. OD 280㎚ 값은 측정이 신속하고, pH 영향을 받지 않으며, 재현성이 좋기 때문에 폴린 시오칼투 값보다 편하기는 하지만, 특정한 분자 즉, 신남산(cinnamic acid)이나 칼콘(chalcone) 등은 이 파장에서 잡히지 않는다. 그러나 와인에 이들의 양이 아주 적기 때문에 영향력은 크지 않다.

총 페놀(Total phenol) 정량 : 폴린 시오칼투 시약(Folin-Ciocalteu reagent)법

• **원리** : 폴린 시오칼투 시약(Folin-Ciocalteu reagent, FCR)법은 산화환원반응을 이용한 것으로, FCR

이 와인에 첨가되면 페놀 이온은 FCR의 산화제와 반응하여 노란색에서 청색으로 변한다. 이 반응은 알칼리성에서 완벽하게 일어나므로 혼합액을 알칼리성으로 조절한다.

● **시약**

① 폴린 시오칼투(Folin-Ciocalteu) 시약 : 시중에서 구입

② 탄산나트륨 용액 : 1ℓ 비커에 증류수 700㎖ 정도를 넣고, 무수 탄산나트륨(Na₂CO₃) 200g을 넣고, 완전히 녹을 때까지 끓인다. 다 녹으면 식인 후 1ℓ 메스플라스크로 옮기고, 추가로 탄산나트륨(Na₂CO₃) 2~3g을 더 넣고, 표선까지 증류수로 채운다. 사용하기 직전에 여과한다.

③ 페놀 표준용액(5,000mg/ℓ gallic acid) : 100㎖ 메스플라스크에 갈산(gallic acid) 500mg을 넣고 적당량의 증류수로 녹인 다음, 증류수로 표선까지 채운다.

● **시험절차**

① 준비한 페놀 표준용액(5,000mg/ℓ gallic acid)에서 아래 표와 같이 일정량을 취하여 100㎖ 메스플라스크에 넣고 증류수로 표선까지 채워, 표준곡선 작성을 위한 각 농도별 용액을 준비한다.

[표 20-9] 페놀 표준용액(5,000mg/ℓ gallic acid)

채취량(㎖)	100㎖ 메스플라스크에서 최종 농도(mg/ℓ GAE)
0	0
1	50
2	100
3	150
4	200
5	250
10	500

② ①에서 준비한 표준용액 각각 1㎖, 화이트 와인 샘플은 1㎖, 레드 와인 샘플은 증류수로 1+9로 희석시킨 다음에 1㎖씩 취하여 각각 100㎖ 메스플라스크에 넣는다.

③ 위의 각 메스플라스크에 증류수 60㎖를 가하고 잘 섞은 다음에, 폴린 시오칼투 시약 5㎖를 첨가하고 30초 동안 섞는다. 여기에 탄산나트륨 용액 15㎖를 첨가하고 8분 이내, 잘 섞은 다음에 표선까지 증류수로 채운다.

④ 조제한 표준용액과 와인 샘플 용액은 20℃에서 2시간 둔 다음에, 분광광도계로 765nm에서 흡광도를 측정한다.

⑤ 표준용액의 흡광도와 농도를 기준으로 표준곡선을 그린 다음에, 측정할 와인의 흡광도에 일치하는 농도를 읽는다. 레드 와인은 10배 희석하였으므로 산출된 값에 10을 곱하여 이를 페놀 화합물 농도로 한다.

- **참고사항** : 환원당은 알칼리 용액에서 다른 고분자 물질을 환원시키므로, 스위트 와인인 경우는 측정치를 보정해야 한다. 아래 표와 같이 당도 함량에 따라 해당 숫자로 측정치를 나눈다.

[표 20-10] 페놀 함량 보정

당도(g/100mℓ)	나누는 수치(factor)
1.0~2.5	1.03
2.5~10.0	1.06
10.0~20.0	1.10

- **간편 정량법** : 1mℓ의 레드 와인 1/10 혹은 1/5로 증류수에 희석에 폴린 시오칼투 시약 5mℓ를 첨가한다. 다음에 탄산나트륨 용액 20mℓ를 넣고 증류수를 부어 100mℓ로 맞춘다. 30분 후에 OD 760nm에서 10mm 셀로 OD를 측정한다.

$$I_{FC} = (OD \times 희석배수) \times 20$$

이 값은 10~100 사이가 된다.

색도(Intensity/Density)와 색조(Hue/Tint) 측정

- **원리** : 레드 와인의 스펙트럼은 520nm에서 최대를 나타내고 420nm에서 최저값을 보인다. 색도는 적색과 황색으로 표현되는데, 이 두 값은 와인 연구를 하는 데 최적이지만, 영 와인의 깊은 색깔의 표현에는 부족함이 있다. 안토시아닌의 청색도 고려해야 한다. 그래서 색도(intensity)는 420, 520, 620nm에서 측정한 OD의 합으로 나타낸다. 이 색도는 색의 양을 나타낸 것으로 포도의 종류에 따라 0.3~1.8 정도 된다. 색조(hue)는 오렌지색으로 가는 정도를 나타낸 것으로 영 와인은 0.5~0.7, 숙성됨에 따라 1.2~1.3까지 된다.
- **화이트 와인** : 화이트 와인이나 화이트 머스트는 0.45~1.2μm 멤브레인 필터로 여과한 다음에 분광광도계로 420nm에서 증류수의 OD를 0으로 맞춘 다음에 와인 샘플의 OD를 측정한다.
- **레드 와인** : 레드 와인이나 레드 주스는 0.45~1.2μm 멤브레인 필터로 여과한 다음에, pH를 측정한다. 증류수로 1+9 비율로 희석한 다음에, 원래의 pH로 조절하여 분광광도계로 420nm와 520nm, 620nm에서 증류수의 OD를 0으로 맞춘 다음에 와인 샘플의 OD를 측정한다.

$$색도(Intensity) = A_{420} + A_{520} + A_{620}$$
$$색조(Hue) = (A_{420})/(A_{520})$$

레드 와인의 경우 희석시키는 것보다는 0.1㎝ 마이크로 셀을 사용하는 것이 좋다. 예전의 색도 (Intensity)는 A_{420} + A_{520}만으로 나타낸 경우가 많으므로 문헌에 따라 해석을 달리해야 한다.

기 타

비중과 상대밀도(Specific gravity and Relative density)

비중은 20℃에서 와인이나 머스트의 특정 부피가 차지하는 무게를 측정하여 그 무게를 부피로 나눈 것으로 g/㎖로 표시한다. 상대밀도는 동일한 온도에서 특정 부피의 와인이나 머스트의 무게를 동일한 부피의 물의 무게로 나눈 것이다.

불휘발분(Dry extract)

- 원리 : 불휘발분은 물리적인 조건에서 휘발하지 않는 성분을 말한다. 물리적인 조건이란 불휘발분을 이루는 성분이 최소한의 변화를 유지할 수 있는 조건을 말한다. 이 불휘발분에는 당, 고정산, 글리세롤, 페놀 등이 포함된다. 불휘발분의 양이 많은 와인일수록 바디가 강한 것이라고 할 수 있다. 국제적인 단위로 g/ℓ로 표시하지만, 우리나라는 g/100㎖로 표시한다.

- 시험절차 : 105~110℃에서 건조, 방랭, 칭량하여 항량에 달한 니켈 혹은 자제 증발접시에 시료 10㎖를 피펫으로 취한 다음 수욕(water bath)상에서 가열하여 수분과 알코올을 증발시키면 엿과 같은 색깔의 잔류물이 남는다. 이 증발접시를 105~110℃의 건조기(dry oven)에 넣고 2시간 건조하여 데시케이터 안에서 방랭하여 칭량하되, 항량이 될 때까지 건조, 방랭, 칭량을 반복한다.

- 계산 : 시료 중의 불휘발분의 양은 증발접시의 무게를 제외하고, 10배 하여 100㎖ 중 g으로 표시한다.

와인메이커의 역할

와인 양조학을 영어로 'enology'라고 하며, 유럽에서는 'oenology'라고 합니다. 그리고 와인과 와인 양조에 대한 과학적인 원리와 지식을 갖추고 이를 시행하는 사람을 영어로 'enologist', 유럽에서는 'oenologist'라고 하며, '와인메이커(winemaker)'와 동일한 뜻으로 사용됩니다. 이들 모두 그리스어로 와인이란 단어인 'oinos'에서 나온 것입니다. 그래서 대학에서도 학위를 수여할 때는 'oenology'라는 단어를 즐겨 사용합니다. 이렇게 와인 양조학은 학문적인 깊이와 그 배경이 심오하기 때문에, 정규 대학에서 하나의 학문으로 영역을 차지하고 있습니다.

오늘날의 와인메이커는 좋은 와인을 만들기만 해서는 안 되고, 합리적인 가격으로 질 좋은 와인을 만들고, 이를 팔 수 있어야 하므로, 포도재배와 와인 양조에 대한 지식은 물론, 관능검사, 경영, 마케팅까지 포괄적인 지식을 갖추어야 합니다. 항상 시장의 요구에 부응하여 이에 적합한 제품을 만들어 내기 위해서는, 최신 기술의 습득과 개발, 양조에서 포장에 이르는 효율적인 품질관리, 그리고 이를 실천할 수 있는 종업원의 교육과 관리, 더 나아가 와이너리 운전에 필요한 엔지니어링 지식과 와인 생산과 판매의 법적인 충족사항에 이르기까지에 대한 이해가 있어야 합니다.

학문적 배경

와인메이커는 최신 기술을 이해하고 수용할 수 있는 학문적인 배경을 가지고 있어야 합니다. 권위 있는 교육기관에서 제대로 된 교육을 받고, 같이 수강했던 다양한 사람들과 교류의 폭도 넓혀야 합니다. 현대의 와인 양조는 복합적인 기술이 요구되므로 어느 한 분야의 지식에 머물러서는 안 되고, 화학, 미생물, 화학공학, 컴퓨터 프로그램까지 포괄적인 지식을 갖추고, 이를 응용할 수 있어야 합니다. 또 국내에서 와인 양조에 대한 지식을 습득하기는 어려우므로 영어를 비롯한 외국어로 된 문헌을 소화할 수 있는 능력도 있어야 합니다.

관능검사

와인메이커는 관능검사를 통하여 와인의 구성요소와 맛 사이의 관계를 이해하고, 전문 감정가로서 자질을 갖춰야 합니다. 그래야 자기가 만든 와인에 대한 객관적인 평가를 할 수 있으며, 양조과정에서의 문제점과 해결책을 찾아낼 수 있으며, 더 나아가 경쟁업체보다 유리한 위치를 차지할 수 있습니다. 와이너리에서는 와인 감정 전문 패널을 구성하여 정기적으로 교육을 하고, 테이스팅을 해야 합니다. 양조와 관능검사는 동전의 양면이라고 합니다. 양쪽 모두 고도의 지식과 경험이 요구되는 사항입니다.

품질관리

완성된 와인은 물론, 양조과정에서도 알코올 농도, 당도, 산도, 휘발산, pH, 폴리페놀, 안토시아닌 함량 등 화학적인 분석은 물론, 관능적인 면까지 조사하여 외국산과 비교할 수 있어야 합니다. 이런 실험은 기초 지식과 간단한 장비만 있으면 큰 돈 안 들이고 얼마든지 가능합니다. 와이너리는 필수적으로 실험시설을 갖추고 전문 인력을 확보하고 있어야 합니다. 실험실이 없는 와이너리는 나침반 없이 항해하는 것과 같습니다.

정보 수집

와인 양조에 대한 학문은 다른 학문과 마찬가지로 해마다 급속도로 발전하고 있으나, 대도시에서 멀리 떨어진 포도밭에서 일하고 있는 와인메이커는 새로운 지식을 접하기가 쉽지 않습니다. 대도시에서 열리는 학술대회, 와인전시회, VINEXPO를 비롯한 국제적인 와인행사 등에 적극적으로 참가하여 새로운 정보를 수용할 수 있어야 합니다. 그리고 관련 학술 잡지를 정기적으로 구독하거나, 가까운 대학이나 도서관을 이용하는 것이 좋습니다. 정보를 많이 수집하고 분석하다 보면, 공개되지 않은 노하우까지도 알 수 있습니다.

시장 파악

와인메이커는 와인 양조에 대한 지식뿐 아니라, 항상 시장의 흐름과 변화에 민감하게 대응할 수 있어야 합니다. 즉 잘 팔리는 와인을 만들어야 합니다. 기술자의 아집으로 자기 와인이 '최고의 와인'이란 환상에 빠져, 아무리 좋은 와인을 만들었다 하더라도 팔리지 않으면 아무런 가치도 없습니다. 와인메이커는 잘 팔릴 수 있는 와인 스타일을 찾아내고, 최근의 경향과 미래의 동향을 예측할 수 있어야 합니다. 그리고 상표나 포장의 디자인까지 잘 팔릴 수 있는 요소가 되어야 하므로 마케팅, 영업 분야와 지속적인 커뮤니케이션이 있어야 합니다. 작은 와이너리들이 살아남지 못하는 것도 바로 이런 이유 때문입니다.

관련 법규 준수

주세법, 식품위생법, 환경보전법, 건축법 등 와인 제조 및 유통에 관한 제반 법률을 이해하고, 수출할 경우는 상대국의 것까지 알아야 합니다. 제조허가에서 판매, 소비까지 모든 사항은 제반 법률의 규정을 따라야 합니다.

참고문헌

국세청기술연구소, 주류분석규정(2000).

김준철, 와인 앤 스피릿(양주상식), 노문사(2005).

김준철, 와인, 백산출판사(2008).

대한화학교재편찬회, 응용을 위한 대학 화학, 지구문화사(2001).

대한화학회 화학술어위원회, 유기화합물 명명법 Ⅰ, Ⅱ, 대한화학회(2000).

류순호, 토양사전, 서울대학교출판부(2001).

방병호 외, 기본식품미생물학, 진로연구사(1999).

유기화학교재편찬회, 유기화학, 광림사(2003).

이광연 외, 앞으로의 포도재배, 대한교과서주식회사(1986).

이철호 · 채수규 · 이지근 · 고경희 · 손혜숙, 식품평가 및 품질관리론, 유림문화사(1999).

일반화학연구회, 기초 일반화학, 광림사(2003).

사토 신, 천만석 역, 술, 알고 마십시다, 아카데미서적(1992).

채수규, 표준식품화학, 도서출판 효일(2000).

채수규 외, 표준식품분석학, 지구문화사(2000).

하덕모, 발효공학, 문운당(1997).

한국식품과학회, 식품과학용어집, 대광서림(1994).

ワイン學編輯委員會, ワイン學, 産調出版(1998).

Bruce W. Zoecklein, Kenneth C. Fugelsang, Barry H. Gump, and Fred S. Nury, *Wine Analysis and Production*, Chapman & Hall(1995).

Bryce Rankine, *Making Good Wine*, Sun Australia(1996).

C. S. Ough, & M. A. Amerine, *Methods for Analysis of Musts and Wines*, Wiley Interscience Publication(1988).

Douglas O. Adams, Phenolics and Ripening in Grape Berries, *Am. J. Enol. Vitic*, 57 : 3(2006).

Emile Peynaud, *Knowing and Making Wine*, Wiley Interscience Publication(1984).

Enology Institute of the University of Bordeaux, *The Barrel and The Wine II*, Seguin Moreau(1995).

Ian Hornsey, *The Chemistry and Biology of Winemaking*, RSC Publishing(2007).

James F. Kennedy, Cédric Saucier, and Tves Glories, Grape and Wine Phenolics : History and Perspective, *Am. J. Enol. Vitic*, 57 : 3(2006).

James F. Harbertson, & Sara Spayd, Measuring Phenolics in the Winery, *Am. J. Enol. Vitic*, 57 : 3(2006).

Jancis Robinson, *The Oxford Companion to Wine*, Oxford University Press(2006).

Karen MacNell, *Wine Bible*, Workman Publishing New York(2001).

Linda F. Bisson, Ethyl Carbamate, Wine in Context : Nutrition, Physiology, Policy, 24-25 June 1996, Reno, Nevada.

Maynard A. Amerine, and Edward B. Roessler, *Wines their Sensory Evaluation*, Freeman(1976).

Nicholas Faith, *Cognac*, David R. Godine, Publisher, Inc(1987).

P. Ribéreau-Gayon, Y. Glories, A. maujean, and D. Dubourdieu, *Handbook of Enology*, John Wiley & Sons, Ltd(2000).

Philip Jackisch, *Modern Winemaking*, Cornell University Press(1985).

Robert Léauté(1989), Robert Léauté, Distillation in Alambic, *Am. J. Enol. Vitic*, 41(1990).

Roger Boulton, The Copigmentation of Anthocyanins and Its Role in the Color of Red Wine : A Critical Review, *Am. J. Enol. Vitic*, 52 : 2(2001).

Ron S. Jackson, *Wine Science*, Academic Press(1994).

Thomas J. Petuskey, From Apples to Wine, *American Wine Society Journal*, Fall issue(1988).

Yair Margalit, *Concepts in Wine Chemistry*, 2nd Edition, The Wine Appreciation Guild(2004).

찾아보기

H

I

J

K

김준철

고려대학교 농화학과 졸업
고려대학교 자연자원대학원 식품공학과 졸업. 농학석사
캘리포니아주립대학(California State University, Fresno) 와인양조학과(Enology) 수료
동아제약 효소과, 연구소 근무
수석농산 와인 메이커
서울와인스쿨 원장
현재_ 김준철와인스쿨 원장, 한국와인협회 명예회장

저서_ 국제화시대의 양주상식(1994, 노문사)
와인과 건강(2001, 유림문화사)
와인(2003, 백산출판사)
와인 핸드북(2003, 백산출판사)
양주이야기(2004, 살림출판사)
웰빙와인상식50(2004, 그랑뱅코리아)
와인의 발견(2005, 명상)
와인, 어떻게 즐길까(2006, 살림출판사)
와인양조학(2009, 백산출판사)
와인종합문제집(2013, 도서출판 한수)
한국와인 & 양조과학(2014, 퍼블리싱킹콘텐츠)

논문_ 발효 동안 Phenol류 증진을 위한 적포도 MBA의 처리방법
한국 전통 장류의 문헌적 고찰

이선희

연세대학교 식품공학과 졸업(공학사)
전북대학교 대학원 석사과정 졸업(농학석사)
전북대학교 대학원 박사과정 졸업(농학박사)
써니헬프 대표

현재_ 전북대학교 자연과학대학 생물과학부 겸임교수
전북대학교 평생교육원 와인 소믈리에 과정 강사
전남대학교 평생교육원 와인 소믈리에 과정 강사
롯데백화점 문화센터(전주점) 와인 소믈리에 과정 강사
전주대학교, 우석대학교, 전주기전대학 강사

저서_ 식품위생학(2002, 훈민사)

민혜련

성신여자대학교 불어불문학과 졸업
프랑스 깡대학 불문학 석사
프랑스 깡대학 불문학 박사 수료
서경대학교 생물공학과 박사(공학박사)

현재_ Atelier 閔 대표
숙명여자대학교 한국음식연구원 외래 강사
기업체 특강 전문 강사

저서_ 과학과 예술과의 만남 - 와인과 요리

이동승

연세대학교 의과대학 졸업
정형외과 전문의 획득

서울 와인스쿨 소믈리에 10기
서울 와인스쿨 마스터 4기
중앙대학교 와인 마스터 2기
서울 와인스쿨 양조학 1기
건국대학교 대학원 와인학 전공(와인학석사)

현재_ 정형외과 원장

저자와의
합의하에
인지첩부
생략

와인 양조학

2009년 10월 31일 초 판 1쇄 발행
2024년 1월 10일 제2판 1쇄 발행

지은이 김준철 · 이선희 · 민혜련 · 이동승
펴낸이 진욱상
펴낸곳 백산출판사
교 정 박시내
본문디자인 오행복
표지디자인 오정은

등 록 1974년 1월 9일 제406-1974-000001호
주 소 경기도 파주시 회동길 370(백산빌딩 3층)
전 화 02-914-1621(代)
팩 스 031-955-9911
이메일 edit@ibaeksan.kr
홈페이지 www.ibaeksan.kr

ISBN 979-11-6639-389-1 93570
값 40,000원